AF369814

ENCYCLOPÉDIE

DES
TRAVAUX PUBLICS

Fondée par M.-C. LECHALAS, Inspr génal des Ponts et Chaussées.

PONTS MÉTALLIQUES

PAR

JEAN RÉSAL

INGÉNIEUR EN CHEF DES PONTS ET CHAUSSÉES

TOME PREMIER

SECONDE ÉDITION, REVUE ET AUGMENTÉE

CALCUL DES PIÈCES PRISMATIQUES,
RENSEIGNEMENTS PRATIQUES, FORMULES USUELLES,
POUTRES DROITES A TRAVÉES INDÉPENDANTES,
PONTS SUSPENDUS, PONTS EN ARC.

PARIS

LIBRAIRIE POLYTECHNIQUE
BAUDRY ET Cⁱᵉ, LIBRAIRES-ÉDITEURS

RUE DES SAINTS-PÈRES, 15
MÊME MAISON A LIÈGE

PONTS MÉTALLIQUES

Tous les exemplaires du premier volume des Ponts métalliques devront être revêtus de la signature de l'auteur.

ENCYCLOPÉDIE

DES

TRAVAUX PUBLICS

Fondée par **M.-C. LECHALAS**, Inspr génal des Ponts et Chaussées.

PONTS MÉTALLIQUES

CALCUL DES PIÈCES PRISMATIQUES.
RENSEIGNEMENTS PRATIQUES, FORMULES USUELLES.
POUTRES DROITES A TRAVÉES INDÉPENDANTES.
PONTS SUSPENDUS, PONTS EN ARC.

PAR

JEAN RÉSAL

Ingénieur en chef des Ponts et Chaussées.

SECONDE ÉDITION, REVUE ET AUGMENTÉE

PARIS

LIBRAIRIE POLYTECHNIQUE

BAUDRY ET Cie, LIBRAIRES-ÉDITEURS

RUE DES SAINTS-PÈRES, 15

MÊME MAISON A LIÈGE

1893

TABLE DES MATIÈRES

CHAPITRE QUATRIÈME

PONTS SUSPENDUS

I. — PONTS SUSPENDUS FLEXIBLES

§ 1er. Description.

§ 4. — Contreventement et déformation.

§ 5. — Poids propre des ponts suspendus.

CHAPITRE CINQUIÈME

PONTS EN ARC

I. — ARCS ARTICULÉS AUX NAISSANCES ET A LA CLEF.

§ 1er — Calcul des ponts à arcs paraboliques.

§ 2. — Calcul des arcs de forme quelconque.

§ 3. — Forme générale des arcs.

§ 4. — Calculs accessoires.

III. — ARCS ARTICULÉS AUX NAISSANCES.

§ 1ᵉʳ. — Calcul des arcs circulaires à section constante avec articulations sur l'axe de figure.

§ 2. — Calcul des arcs de forme quelconque.

§ 3. — Déformation.

§ 4. — Contreventement.

§ 5. — Dispositions générales des arcs et des tympans.

III. — ARCS ENCASTRÉS AUX NAISSANCES

IV. — POIDS DES PONTS EN ARC

TABLES POUR LE CALCUL DE LA POUSSÉE DES ARCS CIRCULAIRES
A SECTION CONSTANTE ARTICULÉS AUX NAISSANCES

NOTES ANNEXES

A. — POUTRES DROITES

B. — PONTS SUSPENDUS

**Calcul des poutres auxiliaires ou poutres de rigidité
des ponts suspendus. Emploi des haubans de suspension.**

C. — PONTS EN ARC

INTRODUCTION

Les premiers ponts métalliques ont été construits en Angleterre à la fin du siècle dernier : ce sont des arcs en fonte, dont les dispositions très défectueuses ont servi de modèle pour les ouvrages établis en France au commencement du siècle actuel. Cette innovation n'eut pas grand succès au début, et resta à l'état de curiosité jusqu'au moment où *Polonceau* créa, dans le pont du *Carrousel* (1833), un type très bien conçu et infiniment supérieur aux œuvres imparfaites de ses devanciers, et que l'on s'empressa d'imiter.

L'invention et le développement des chemins de fer eurent une influence décisive sur la construction des ponts métalliques. Ce ne fut plus une affaire de curiosité ou d'expérience, mais une question de nécessité, qui obligea à édifier en maintes circonstances des ouvrages en fer ou en fonte, au lieu des ponts en pierre dont l'usage était jusqu'alors général.

La construction des ponts en maçonnerie est régie par un certain nombre de règles pratiques très étroites et très rigoureuses, dont l'application est souvent bien difficile, et auxquelles il faut pourtant se soumettre. Pour un pareil ouvrage, il faut des fondations solides et inébranlables qui puissent supporter un poids énorme sans tasser ou se déplacer, sous peine d'entraîner la ruine du monument. L'ouverture, ou la distance entre deux piles, ne peut guère dépasser 35 mètres ; au delà de cette dimension, si des circonstances particulières permettent de la dépasser, on a un ouvrage exceptionnel qui doit être traité avec un soin tout particulier et entraîne de fortes dépenses. Il n'y a pas d'exemple que l'on ait atteint 68 mètres d'ouverture.

Le rapport de la hauteur à l'ouverture ne peut être fixé arbitrairement : il ne s'écarte guère, en plus ou en moins, de la valeur 1/2, sauf pour les portées inférieures à 20 mètres, où il peut être considérablement augmenté. Chacun a pu voir qu'aux abords des anciens ponts en pierre, établis à la traversée des rivières, les routes présentent des rampes très prononcées, si la vallée est large et unie, et des pentes non moins accentuées si la vallée est étroite et profonde : leurs auteurs ont dû en effet ramener le niveau de la chaussée à la hauteur qui convenait au pont, et ils ont subordonné le profil en long de la route aux exigences de la construction. Si l'on ne veut pas recourir à cet artifice, et qu'on ne dispose que d'une faible hauteur, il faut, bon gré mal gré, diviser l'ouvrage en arches d'ouvertures réduites, et multiplier les piles, quelque coûteuses qu'en soient les fondations. Si au contraire la hauteur est considérable et dépasse 20 mètres, on est encore forcé de diminuer les ouvertures, et l'on a un viaduc, ouvrage coûteux, qui exige des matériaux excellents et beaucoup de soin dans leur emploi, nécessite des fondations multiples, et présente dans son exécution des difficultés sérieuses. Lorsque la hauteur dépasse 60 mètres, il faut renoncer au pont en pierre qui n'est plus admissible, à part des cas absolument exceptionnels

D'autres sujétions naissent de la nécessité de laisser une hauteur libre suffisante pour la navigation, sous les ponts établis pour la traversée des fleuves et des rivières.

Vu le poids énorme des maçonneries qui entrent dans la construction d'un pont en pierre, il faut que des matériaux convenables soient rencontrés à peu de distance de son emplacement, ce qui, au moins pour les grands ouvrages qui exigent l'emploi de pierres d'excellente qualité, est souvent une condition difficile à remplir. Il est bien évident que le transport à une longue distance d'une telle quantité de matériaux coûterait fort cher, et pèserait lourdement sur les dépenses d'établissement. Enfin on doit, autant qu'il est possible, établir le pont en ligne droite, le diviser en arches d'ouvertures égales, le faire reposer sur des piles parallèles, éviter les biais trop prononcés, etc.

Lorsque l'on établit une route, il est assez facile de se plier à l'observation des règles que nous venons de mentionner rapidement : on dévie la chaussée, on en relève ou l'on en abaisse le niveau et l'on finit par la raccorder convenablement avec le pont en maçonnerie, que l'on a pu exécuter en toute tranquillité et indépendance suivant les règles de l'art, à la condition unique de satisfaire aux exigences de la navigation. .

Rien n'est plus simple, et il ne peut guère se présenter de complications rendant difficile ou même impossible la construction d'un ouvrage en pierre. Admettons pourtant le cas : si par hasard le lit de la rivière est trop large pour être franchi d'une seule portée, et trop profond pour qu'on puisse y fonder des piles, si le sous-sol est trop inconsistant pour porter un ouvrage en maçonnerie, si la navigation exige une grande hauteur libre et qu'il ne semble pas possible d'élever la chaussée jusqu'au niveau requis, si enfin on ne peut trouver qu'à une très grande distance, et par suite à de très grands frais, les matériaux nécessaires, il n'y a qu'un parti à prendre, c'est de renoncer au pont. Un bac fera l'affaire et assurera la circulation de l'une à l'autre rive. Si le cours d'eau est peu important et qu'on n'ait pas de matériaux sous la main, on pourra à la rigueur se contenter d'un gué. On s'explique donc que les ponts en maçonnerie aient suffi jusqu'en 1840, et qu'à présent encore on les emploie ordinairement pour l'établissement des routes et chemins.

Pour les chemins de fer, la question se présente tout autrement : le tracé n'a plus la même souplesse et la même complaisance, il ne se laisse pas dévier, relever ou abaisser avec la même facilité, il est subordonné à des règles rigoureuses dont on ne s'écarte pas sans inconvénients graves, et l'on conçoit qu'il y ait fréquemment opposition absolue entre les nécessités du tracé et les conditions obligatoires pour l'établissement d'un pont en maçonnerie, au moins lorsqu'il s'agit d'un ouvrage important. Un bac n'est d'ailleurs pas une solution acceptable pour une exploitation régulière, et si un pareil expédient est encore admis provisoirement à la rencontre de quelques grands fleuves, il est bien évident que ce ne peut être qu'à titre tout à fait exceptionnel, en attendant que le trafic justifie l'établissement d'un pont. Ceci montre comment les ingénieurs qui ont construit les premiers chemin de fer se sont trouvés acculés à des difficultés inextricables, dont ils n'ont pu sortir qu'en entrant résolument dans la voie des constructions métalliques.

Voilà pourquoi les premiers ponts métalliques (*Britannia*, *Conway*, *Chepstow*, *Saltash*, etc.) ont été exécutés avec de très grandes ouvertures, à la traversée des cours d'eau ou bras de mer où il était manifestement impossible de réduire les portées à la limite maximum acceptable pour les ponts en pierre, et où par conséquent il fallait imaginer une solution toute nouvelle, ou renoncer à prolonger le chemin de fer.

L'emploi de la fonte, exclusivement admis dans les premiers temps, exigeait aussi certaines conditions qui souvent n'étaient pas réalisées. Il fallut donc avoir recours au fer, infiniment plus maniable et plus commode, et dès 1845 il fut admis d'une manière courante dans l'établissement des ouvrages de chemins de fer.

Ce ne fut pas sans inquiétude et sans regrets que cette détermination fut prise par les constructeurs de chemins de fer. Tout en se soumettant à une nécessité absolue, que nul ne contestait, on n'était pas sans crainte sur les résultats qu'on en pouvait attendre.

La durée des ponts métalliques paraissait fort problématique, et on redoutait leur prompte disparition, sous l'influence de causes de destruction multiples, dont les principales étaient les suivantes : 1° corrosion du métal par la rouille ; 2° relâchement des rivets des ponts en fer ; 3° modification moléculaire du métal, surtout du fer, dont la texture deviendrait cristalline sous l'action des vibrations produites par le passage des charges roulantes. Ainsi ramené à l'état granuleux, le métal devait perdre toute résistance et devenir cassant, et l'ouvrage métallique se trouvait condamné à une ruine prochaine.

L'expérience a donné tort à ces funèbres pronostics, et a démontré que les craintes manifestées, si elles n'étaient pas sans fondement, étaient au moins fort exagérées, puisque les plus anciens ponts, quoique défectueux et imparfaits à tous égards, ont résisté victorieusement à l'action du temps.

1° *Effet de la rouille.* — Le pont des *Arts* à Paris, construit en 1803, porte allègrement ses quatre-vingts ans d'existence ; il date pourtant d'une époque où les lois de la résistance des matériaux étaient inconnues, et où l'on fixait à peu près au hasard les dimensions des pièces métalliques, reliées les unes aux autres par des assemblages rudimentaires et mal combinés. En somme, bien que la plupart des anciens ponts métalliques aient été entretenus avec peu de soin, que pour beaucoup même l'entretien ait été nul, nous n'avons pas connaissance qu'un seul ait été détruit par la rouille (1).

(1) Nous avons signalé à l'auteur un rapport de M. Dupuit concernant la chute du pont suspendu de la Basse-Chaîne à Angers, rapport publié dans les Annales de 1850, et M. Résal a pensé qu'il pourrait être utile de donner ici un extrait de ce document. On y verra que les effets de la rouille sur les pièces tenues dans une humidité permanente, par une disposition vicieuse des ouvrages, peuvent conduire à des catastrophes.

M.-C. L.

M. Chaley, dans sa description du pont de Fribourg, dit (*Annales*, 1835) : « Pour garantir de l'oxydation la partie des câbles cachée dans les puits : « une pâte liquide de chaux grasse a été versée dans les cheminées « qu'elle remplit entièrement en enveloppant les câbles. »

« Le résultat des recherches de la commission a donc malheureusement une très grande portée. Il ne s'agit pas, en effet, d'un vice de construction particulier au pont de la Basse-Chaîne, il s'agit d'un vice de système qui peut avoir compromis la solidité d'un très grand nombre de ponts suspendus, sans qu'on s'en soit aperçu ; car, dans la plupart des ponts, comme dans celui de la Basse-Chaîne, les conduits d'amarre bourrés de chaux et traversant d'ailleurs le massif de retenue, ne peuvent être visités.

« En faisant découvrir ces conduits avec précaution au pont de la Basse-Chaîne, la commission a remarqué que le massif de chaux n'était pas en général adhérent aux parois du conduit. Une espèce de retrait s'était opéré et avait produit non seulement des fissures longitudinales le long des parois, mais des fissures transversales qui pénétraient jusqu'aux câbles. La pâte de chaux avait conservé sa blancheur partout où elle était restée compacte ; mais dans l'intérieur des fissures elle avait pris une teinte jaune, produite par l'eau de filtration qui s'y était introduite. La commission a remarqué en outre que dans plusieurs parties, principalement dans les câbles d'amarre qui sont plus gros, la pâte de chaux n'était pas adhérente aux câbles ; elle formait autour d'eux une espèce de gaîne produite probablement par leur vibration. Ces parties de câbles se trouvaient ainsi complètement isolées de la chaux. Enfin, la commission a constaté que la pâte de chaux ne pénétrait nulle part dans l'intérieur des câbles, qui se trouvaient

Le seul renseignement que nous puissions fournir à cet égard est un extrait de l'ouvrage de M. *Comolli* sur les Ponts américains. Nous laissons à cet ingénieur la responsabilité de ses allégations très optimistes.

« Des expériences de *Mallet*, il résulte que l'épaisseur « de la rouille sur une pièce de fer exposée à l'humidité « n'était guère que de 87 centièmes de millimètre en « 100 ans et de 5 millimètres et demi dans le même temps « si une pièce de même nature était exposée à l'eau de « mer; de sorte qu'il faudrait 715 ans pour ronger une « plaque de fer de 6 millimètres d'épaisseur, plongeant « dans l'eau douce, et 116 ans, pour opérer cette destruc- « tion sur une plaque de fer de même dimension plongeant « dans l'eau de mer.

« Le pont tubulaire de *Conway*, qui fut l'objet d'un « examen près de vingt ans après sa construction, était

ainsi exposés à toutes les causes d'oxydation qui résultent de leur position sous le sol, dans un terrain où les maçonneries sont périodiquement submergées par suite des variations du niveau de la rivière. Cet effet n'a pas été moins sensible dans les seize petits câbles de retenue que dans les quatre gros câbles d'amarre, quoique le contact avec la pâte de chaux fût beaucoup plus considérable dans les premiers que dans les seconds.

... « En résumant les faits exposés dans ce rapport la commission croit avoir établi :

... « 2° Que la chute du pont a été déterminée par le passage simultané, sur le pont, de 487 personnes pendant un violent ouragan, ce qui a porté la tension des câbles à près du double de celle que donne l'épreuve réglementaire.

« 3° Que cette chute a été déterminée aussi parl'oxydation des câbles de retenue dans les conduits d'amarre, quoique ces conduits eussent été primitivement remplis d'une pâte de chaux grasse;

« 4° Que cette oxydation ne tient pas à un vice de construction particulier au pont de la Basse-Chaîne, mais à un vice du système luimême; de sorte qu'il est à craindre qu'il ait produit les mêmes résultats partout où il a été appliqué. »

L'administration a exigé qu'on modifiât les amarrages des ponts suspendus, de manière à faire disparaître le vice de construction signalé par M. Dupuit.

« dans des conditions d'oxydation telles, qu'on jugea qu'il
« faudrait 1200 ans avant que la rouille eût atteint 12 mil-
« limètres de profondeur, soit un peu plus de 8 dixièmes
« de millimètres en 100 ans. Des morceaux de fer coupés
« des colonnes placées sous les hauts fourneaux de la
« Compagnie des fers du *Phénix*, en Pennsylvanie, où
« elles étaient restées depuis neuf ans, ont été reconnus
« intacts, et des pièces coupées du pont tubulaire près de
« *Canton*, dans l'Ohio, qui avait été bâti depuis plus de
« douze ans, ne présentaient aucune trace de rouille sur
« les faces intérieures, ce qui montre que l'oxydation
« agit encore moins rapidement sur les surfaces inté-
« rieures d'un conduit que sur la surface extérieure,
« l'oxydation pour se produire exigeant le rôle de l'air et
« de l'humidité dans des conditions parfaitement connues.

« Il résulte de ces expériences que les effets de la
« rouille peuvent être prévenus ou combattus, en appli-
« quant une couche de peinture sur les surfaces internes
« avant qu'elles soient jointes, puis ensuite sur les parties
« externes. »

Il est de règle, lorsque l'entretien d'un pont est bien
fait, de renouveler les peintures environ tous les cinq ans,
c'est-à-dire de passer une nouvelle couche générale, en
s'attachant à faire disparaître par un grattage la rouille
partout où une circonstance accidentelle a mis le métal à
nu, avant de le recouvrir de peinture.

2o *Relâchement des rivets*. — On a prétendu que les
rivets, qui relient entre eux les divers éléments d'un pont
en fer, étant soumis à un effort d'extension excessif, sont
sujets à fatiguer et à se détendre, et finissent nécessairement par se relâcher ou se rompre.

Il est incontestable qu'après la mise en service des
ponts en fer, on constate toujours de temps en temps

que certains rivets sont relâchés et ne serrent plus les
tôles, et beaucoup plus rarement que des têtes de rivets
ont sauté. Quand l'entretien est bien fait, on remplace les
pièces au fur et à mesure que l'on en constate le besoin. Eu
égard au petit nombre de rivets ainsi mis hors de service,
dont la proportion n'atteint jamais annuellement $\dfrac{1}{10.000}$
du nombre total, il semble peu probable que ce phénomène soit dû à une transformation moléculaire du métal
du rivet : si le rivet à remplacer était primitivement de
bonne qualité et parfaitement posé, on ne s'expliquerait
guère que les rivets voisins, qui subissent exactement les
mêmes causes de destruction, pussent se maintenir dans
leur état primitif. Il est beaucoup plus probable que la
pose des rivets, qu'elle se fasse à la machine ou à la main,
présente des irrégularités qui, dans certains cas, rendent
le résultat mauvais : les rivets ont pu être posés trop
chauds ou trop froids, le martelage de la tête a pu être
excessif ou insuffisant, et voilà l'explication du relâchement ultérieur ou de la rupture de cette pièce. En général
les défauts que présentent les rivets sont reconnus pendant le montage du pont, et on effectue immédiatement
leur remplacement. Mais on conçoit aisément que, sur un
nombre considérable de pièces, il puisse y avoir oubli ou
insuffisance dans la vérification; d'ailleurs les défauts ne
sont pas toujours aisés à reconnaître au premier abord.
Après quelques années de service, les vibrations produites
par le passage des trains accentuent les défectuosités et
les rendent apparentes. Comme d'autre part il est nécessaire de renouveler la peinture des ouvrages métalliques
tous les 5 ou 6 ans, il n'est pas difficile à ce moment de
vérifier l'état des rivets et de remplacer ceux qui sont
reconnus mauvais.

Si l'on admettait réellement que les rivets de bonne nature, dont la pose a été exécutée avec le plus grand soin, soient susceptibles avec le temps de se modifier et de perdre leurs qualités, on ne s'expliquerait pas que certains ouvrages, comme le pont de *Britannia* sur le détroit de *Menai*, construit par *Stephenson*, soient encore debout après cinquante ans d'existence, alors que la presque totalité des rivets qui relient leurs éléments sont placés de façon à ne pouvoir être remplacés. En supposant que quelques-uns se soient relâchés, on doit admettre que la grande majorité a tenu bon et se maintient intacte, ce qui viendrait à l'appui de notre opinion.

2° *Modifications moléculaires du métal des ponts sous l'influence des vibrations.* — Le pont du *Carrousel*, construit à Paris en 1833, est, par suite des dispositions qui lui ont été données, sujet à subir des oscillations très sensibles sous l'influence de la moindre charge mobile. Vu l'énorme circulation qu'il dessert, on doit admettre qu'il est toujours en mouvement et que ses diverses parties sont soumises à des vibrations incessantes. Aussi, dix ans après sa construction, *Polonceau*, son auteur, reconnaissant les défauts de son œuvre, la croyait-il condamnée à une disparition prochaine (*Annales des Ponts et Chaussées*, 1844). Pourtant ce pont est toujours en place, et cinquante années d'existence ne semblent point avoir fait perdre au métal ses qualités premières.

Nous en dirons autant du pont suspendu établi sur le Niagara en 1855 : bien que ses câbles soient dans un état permanent de vibration, un examen minutieux, auquel on a procédé récemment, a fait reconnaître que les fils de fer, dont se composent les câbles de suspension, ont gardé

exactement les mêmes qualités d'élasticité et de résistance qu'à l'époque de la construction. Vu le soin scrupu-
leux avec lequel cette vérification a été conduite, nous
voyons là un document péremptoire et irrécusable, qui
met à néant les craintes manifestées au début pour les
premières constructions des ponts métalliques. Nous
ajouterons que ces craintes n'étaient pas absolument
chimériques, et qu'elles s'appuyaient sur des faits d'observation très exacts et très réels, mais mal connus et mal
étudiés; l'erreur commise provient ainsi non du point de
départ, mais des conclusions défavorables que l'on en
tirait au sujet de la durée des ponts métalliques.

M. *Wœhler* a, dans ces dernières années, étudié la
question avec un soin tout particulier, et il semble avoir
découvert les lois qui la régissent. Ce n'est pas le moment
d'exposer les résultats de ses observations et de ses recherches; nous nous bornerons à en donner une indication
des plus sommaires. Il a constaté ce qui suit :

1° Une barre métallique, soumise à un effort d'extension
permanent et constant, se rompait au bout d'un temps
plus ou moins long, lorsque cet effort atteignait une
valeur déterminée, dépendant de la nature du métal,
comprise entre l'effort correspondant à la limite d'élasticité (page 4) et l'effort correspondant à la charge de rupture proprement dite, c'est-à-dire à la charge qui produirait la rupture du métal en un temps très court. Le
temps exerce là une influence manifeste, puisque l'on
constate qu'un effort, incapable de produire immédiatement la rupture de la barre, finit par la déterminer s'il
est prolongé pendant un laps suffisant. Il y a évidemment
désorganisation lente du métal, et par suite transformation moléculaire.

2° Supposons que la barre métallique, au lieu d'être

soumise à un effort permanent et constant, subisse un effort variant périodiquement entre une limite supérieure et une limite inférieure, de telle sorte que les forces moléculaires développées dans le métal présentent des changements fréquents et alternatifs. M. *Wœhler* a trouvé que la barre pourrait encore dans ces conditions se désorganiser lentement et arriver à se rompre, si la limite supérieure des efforts intermittents supportés par elle atteignait une valeur déterminée, qui dans le cas présent serait inférieure à l'effort permanent et invariable capable de produire à la longue le même effet, dans les conditions de la remarque qui précède. Par conséquent, un effort variable et alternatif est plus destructeur qu'un effort constant et permanent, et la différence est d'autant plus accusée que l'écart entre les limites inférieure et supérieure est plus considérable. Lorsque le métal travaille tantôt à la compression, tantôt à l'extension, ce phénomène est plus marqué, et la valeur de l'effort limite capable d'amener la destruction de la barre s'abaisse notablement.

Considérons maintenant une barre métallique, portant une charge déterminée, qui soit en état de vibration. Nous ferons à son égard les remarques suivantes : 1° l'intensité des efforts moléculaires développés dans la barre varie entre une limite inférieure correspondant au commencement de la période de la vibration simple et une limite supérieure correspondant à la fin de cette vibration. La limite inférieure peut être égale à zéro, et l'écart entre les limites atteint alors, ainsi qu'on le voit, la valeur même du travail maximum développé dans le métal ; 2° la limite supérieure du travail, développé dans la barre en état de vibration, est notablement plus grande que le travail statique constant et invariable que la même charge développerait dans la barre supposée immobile : le travail dynamique peut en certains cas atteindre le double de la valeur du travail statique correspondant à la même charge.

Ces deux circonstances, variation incessante du travail entre deux limites très écartées, et augmentation dans la limite supérieure des efforts moléculaires, expliquent, en vertu des lois de M. *Wœhler*, comment une charge dynamique, c'est-à-dire mettant la pièce en état de vibration, peut produire des effets incomparablement plus destructeurs qu'une charge statique de même poids. Il en résulte que la valeur maximum de la charge dynamique à admettre pour une pièce, dont on veut éviter la destruction, peut dans certaines circonstances se réduire au tiers et même au quart de la charge statique qu'on pourrait lui faire supporter sans inconvénient.

Telle est l'explication de la très grande force qu'il faut donner à certaines pièces de mécanisme, bielles, tiges de piston, tringles de transmission, etc., et des ruptures qui s'y produisent fréquemment bien que le calcul indique pour le travail une valeur très peu élevée.

Ç'est encore à cette cause qu'il faut imputer la rapide destruction des rails en fer, et l'on conçoit que les premiers constructeurs de ponts aient craint de voir leurs œuvres éprouver le même sort. Nous avons déjà expliqué que l'expérience leur a donné tort à cet égard. En appliquant d'ailleurs les lois de *Wœhler* aux ponts métalliques existants, on constate que la théorie justifie très bien ce fait d'expérience, et que, à part peut-être les ouvrages d'ouverture très faible, il n'y a pas à craindre de modifications moléculaires, le travail, dont la valeur a été généralement établie à l'aide d'une règle pratique basée sur la charge statique, ne dépassant pas en fait la limite admissible en vertu des considérations qui précèdent. L'influence des vibrations et de la variation des efforts est d'autant moins sensible que l'ouverture des ponts est plus grande.

C'est là évidemment un résultat très heureux, de nature à répandre l'emploi des constructions métalliques, qui progresse actuellement d'une manière très marquée. On semble de moins en moins disposé à se plier aux sujétions qu'entraîne l'établissement des ponts en maçonnerie. D'autre part le développement des voies de communication était jusqu'à présent entravé, dans les pays très accidentés ou coupés par des cours d'eau importants, par la difficulté de franchir les obstacles naturels avec des ouvrages d'ouverture restreinte. Or on a dans ces derniers temps exécuté avec succès, dans des conditions de dépenses très acceptables, un très grand nombre de ponts métalliques de 100 à 160 mètres de portée avec des hauteurs atteignant jusqu'à 120 mètres au-dessus du niveau du sol. Les ponts suspendus, qui sont pour le moment proscrits en Europe, permettraient de dépasser notablement ces limites, puisque l'on a pu adopter à New-York une ouverture de près de 500 mètres. Nous n'insistons pas sur les facilités que cette branche de construction est appelée à donner pour l'exécution des voies de communication.

Les constructeurs des premiers ponts métalliques en ont évidemment arrêté à peu près au hasard les dimensions et les dispositions, en se basant sur des analogies avec les constructions en pierre et en charpente. *Stephenson* et *Fairbairn*, qui ont les premiers employé le fer, se sont appuyés sur les résultats de quelques expériences et sur les connaissances très restreintes que l'on possédait alors en fait de *résistance des matériaux*. Au fur et à mesure que cette dernière science s'est développée, on a fait une application de plus en plus fréquente de ses formules au calcul des ouvrages en métal, et cette substitution d'une méthode exacte et sûre aux règles empiriques suivies dans le début a permis d'accroître la stabilité des ouvrages tout en réduisant le poids du métal. On admet aujourd'hui que, pour obtenir le maximum de sécurité avec le minimum de dépense, il convient de faire le calcul exact de toutes les pièces qui entrent dans la composition des ponts métalliques, et l'on ne se contente plus de reproduire servilement les ouvrages existants, sauf pour les petites ouvertures où l'on gagnerait peu de chose sur la dépense totale par une réduction sur le poids du métal, tandis qu'il importe, au point de vue de l'économie, de reproduire les types consacrés par l'usage, dont la fabrication se fait couramment.

Le rôle d'un ingénieur chargé de dresser le projet d'un pont métallique comporte les trois séries d'opérations suivantes : 1° il a d'abord à choisir le type d'ouvrage le plus convenable dans le cas particulier dont il s'agit, à en arrêter les dimensions principales et à en fixer les dispositions générales; 2° il doit ensuite effectuer d'une manière complète les calculs de stabilité relatifs aux différents éléments de la construction, de façon à déterminer exactement leurs dimensions et leurs poids; 3° cela fait, il lui reste encore à étudier les détails du pont, notamment les assemblages qui doivent relier les différentes pièces de l'ossature, et à préparer les dessins d'exécution en tenant compte des sujétions que peuvent entraîner d'une part le travail à l'usine, et de l'autre les nécessités du montage et de la mise en place. Il arrive souvent que ce dernier travail, qui consiste à rendre pratique la réalisation matérielle d'un ouvrage complètement étudié et calculé, est confié aux ingénieurs spécialistes qui dirigent les ateliers de constructions métalliques, et ont évidemment dans la question une compétence toute particulière. A supposer même que ce travail ait été complètement effectué avant l'adjudication du projet, il est toujours nécessaire que ces ingénieurs le retouchent et le remanient, en préparant les dessins destinés à guider les ouvriers des ateliers ainsi que les monteurs du chantier.

Les renseignements nécessaires pour traiter la première et la troisième partie de ce programme sont fournis par des traités de construction, qui donnent avec dessins à l'appui la description des ponts métalliques existants et offrent ainsi des exemples et des modèles pour tous les cas que l'on peut rencontrer, en faisant ressortir les mérites et les défauts des différents types passés en revue. Quant à la seconde partie, elle nous a paru avoir été jusqu'ici laissée un peu de côté dans les ouvrages spéciaux dont il s'agit : les questions qui se rattachent aux méthodes de calcul sont traitées très sommairement, et surtout d'une manière incomplète. Les traités de *résistance des matériaux* suppléent à cette lacune, mais ils embrassent un champ très vaste, où le calcul des ponts métalliques ne figure qu'à titre d'application, fort importante à la vérité, d'une science très étendue. Il en résulte que les questions traitées y sont d'habitude envisagées à un point de vue plutôt théorique que pratique, et que l'on s'attache à mettre en relief des méthodes d'investigation et des formules d'une grande généralité, plutôt qu'à fournir des procédés de calcul d'une application facile et des formules présentées de la manière la plus simple et la plus pratique.

Nous nous sommes proposé d'étudier successivement tous les types de ponts classés suivant un ordre logique, en donnant pour chacun une méthode de calcul aussi

complète que possible basée sur des formules ramenées à
une forme commode, de façon à supprimer le travail préliminaire, quelquefois pénible et compliqué, que les
ingénieurs doivent faire pour adapter à chaque cas particulier les méthodes et les équations générales, qui leur
sont fournies par les traités de *résistance des matériaux*
et les entraînent souvent sans utilité à des calculs longs
et fastidieux.

Nous ne croyons pas inutile d'entrer dans quelques
détails sur la marche suivie dans notre travail.

Le chapitre premier, que nous avons intitulé *Calcul
des pièces prismatiques*, est un exposé succinct des principes fondamentaux de la résistance des matériaux et des
formules élémentaires qui en découlent. Nous avons
jugé nécessaire de préciser et d'expliquer les notations
adoptées dans le cours de l'ouvrage ; il nous a paru également utile de rappeler les notions générales que nous
aurons sans cesse occasion d'invoquer et d'appliquer
dans notre étude, de manière à dispenser le lecteur,
quelque familiarisé qu'il puisse être avec ces questions,
de la nécessité où il se trouverait de recourir en certains
cas à un traité de résistance des matériaux pour en tirer
les renseignements dont il s'agit. Mais nous nous sommes
borné à donner des définitions et des formules, avec des
explications qui en indiquent et en justifient l'usage, sans
y joindre les démonstrations analytiques, qui eussent paru
inutiles et superflues.

On pourra s'étonner que nous n'ayons fait aucune mention
des effets produits sur les ponts par les charges dynamiques
qui sont susceptibles de déterminer des vibrations, ni des
recherches de M. *Wœhler* sur les résultats causés par des

efforts d'intensité variable, dont nous avons parlé plus haut. Il nous a semblé que ces questions seraient déplacées dans le premier chapitre, où elles introduiraient la confusion et l'obscurité, et qu'il était préférable d'en ajourner l'exposé jusqu'après l'étude complète des différents types de ponts. Les formules, qui servent à calculer les divers éléments d'une construction métallique, sont établies dans l'hypothèse d'une charge statique, conformément aux principes exposés dans le chapitre premier. Ce n'est qu'après avoir effectué tous les calculs suivant cette méthode qu'il convient de se préoccuper des effets dus aux charges dynamiques, et des conséquences des lois découvertes par M. *Wœhler*. On peut être alors conduit à modifier d'après certaines règles les dimensions fournies pour les différentes pièces par les formules préliminaires.

L'ordre naturel des opérations justifie donc la place que nous attribuons à l'exposé de ces différentes questions dans un traité complet de calcul des ponts métalliques : comme d'ailleurs nous n'avons, ainsi qu'on le verra plus loin, abordé qu'une partie seulement du programme que comporterait un semblable ouvrage, nous nous sommes arrêté avant d'être arrivé au point convenable pour ce nouvel ordre de recherches.

Le titre du chapitre deuxième, *Renseignements généraux et formules usuelles*, indique suffisamment son objet : nous nous sommes proposé de réunir un certain nombre de documents et de règles pratiques, dont on a toujours un besoin fréquent dans l'étude des projets de ponts et qu'il est utile d'avoir à sa disposition.

Nous avons ensuite abordé l'étude des différents types d'ouvrages métalliques, pour lesquels nous admettons la classification suivante :

Poutres droites à travées indépendantes,

Ponts suspendus,
Ponts en arc,
Bow-strings,
Poutres droites à travées solidaires,
Ponts-grues,
Piles métalliques.

Nous nous bornons dans cet ouvrage à étudier les trois premiers groupes : *poutres droites à travées indépendantes, ponts suspendus* et *ponts en arc*. Chacun d'eux se divise en un certain nombre de catégories présentant des caractères distincts, et comportant des méthodes de calcul différentes. Nous nous abstiendrons ici d'en faire l'énumération, leurs définitions et leurs descriptions étant données dans les chapitres qui leur sont consacrés. Nous ferons remarquer seulement que nous nous sommes efforcé dans la plupart des cas de donner à la fois des méthodes générales de calcul, s'appliquant à toute une classe d'ouvrages, et des formules spéciales, d'un emploi aussi commode et aussi rapide que possible, relatives à chaque type particulier, et permettant d'en faire l'étude complète en peu de temps et avec peu de travail.

On nous reprochera peut-être d'avoir consacré une partie notable de cet ouvrage à des types de ponts inusités ou abandonnés, et de nous être, par exemple, longuement étendu sur les ponts suspendus. Nous croyons, en effet, que l'on reviendra à ce genre de construction. Les catastrophes, qui en ont fait proscrire l'emploi en Europe, étaient plutôt dues à des erreurs dans la conception et dans l'exécution des ouvrages qui se sont écroulés, qu'à un vice inhérent au principe même des ponts suspendus, et les Américains, qui en font un si grand usage sans éprouver les mêmes désastres, en donnent une preuve irrécusable. En condamnant les ponts suspendus, nous

nous sommes privés d'un moyen commode et économique pour traverser les grands fleuves et les vallées profondes, où l'établissement de poutres droites ou d'arcs
est impossible, ou bien se présente dans des conditions
de dépense inabordables, sauf pour les voies de communication d'une importance extrême. Il en est résulté un
ralentissement très sensible dans la construction des
grands ponts, eu égard surtout à l'énorme développement qu'ont pris en France, durant ces dernières années,
les travaux de viabilité. Le jour où, pour compléter le
réseau des voies de communication, on se trouvera dans
la nécessité d'exécuter simultanément, avec des ressources
limitées, un grand nombre de ponts de très grande portée,
il faudra bien en revenir au système des ponts suspendus:
on obtiendra sans aucun doute des résultats très satisfaisants en suivant l'exemple donné par les Américains,
et ce genre de ponts reviendra en faveur. Tels sont les
motifs qui nous on conduit à en faire une étude d'autant
plus complète et étendue qu'il faudra sans nul doute que
les ingénieurs, en proposant d'y avoir recours à nouveau,
appuient leur avis sur des projets bien complets et bien
inattaquables, pour triompher des répugnances qui se
manifesteront tout d'abord.

Nous avons de même étudié, à propos des ponts en arc,
un grand nombre de types qui n'ont jamais été ni appliqués ni proposés. Nous avons pensé qu'ils avaient leur
raison d'être et pourraient en certains cas être employés.
Avec la tendance actuelle d'augmenter les ouvertures des
ponts, on sera sans doute conduit à abandonner les anciens modèles qui convenaient à des portées moyennes, et
à créer de nouveaux types, mieux appropriés aux conditions nouvelles où l'on se trouvera placé. — Dans de
pareilles circonstances, les constructeurs du pont de

Saint-Louis en Amérique, et du pont de *Porto* sur le *Douro* en Europe, ont dû rompre avec les errements de leurs devanciers.

Telles sont les considérations qui nous ont conduit à faire une étude complète des ponts en arc, embrassant tous les types connus ou inconnus qui rentrent dans la définition générale que nous avons donnée de ce genre de construction.

Dans l'étude des différents systèmes de ponts, nous avons insisté particulièrement sur les trois points suivants, qui nous ont semblé jusqu'ici avoir été laissés un peu de côté :

1º *La Déformation.* — Les ponts sont calculés de façon que le travail du métal, sous l'influence de la charge permanente et de la surcharge d'épreuve, ne dépasse jamais le cinquième, le quart tout au plus de la limite de rupture. Il en résulte que, dans les épreuves que l'on fait subir à ces ouvrages avant de les livrer à la circulation, le poids supplémentaire qu'on leur fait supporter devrait pouvoir être quintuplé, dans certains cas même décuplé, sans entraîner la chute de la construction. On doit en conclure que celle-ci, quelque mal conçue et mal exécutée qu'elle puisse être, devra toujours supporter victorieusement cet essai préliminaire, et c'est effectivement ce que l'expérience démontre : tous les ponts, bons, médiocres ou mauvais, résistent aux épreuves réglementaires. Celles-ci ne peuvent donc donner d'indication utile et de renseignement probant sur la valeur de l'ouvrage que l'on se propose d'éprouver, qu'à la condition de vérifier, en mesurant les déformations subies par lui, qu'il se comporte sous la charge comme le prévoit le calcul. Il convient donc de comparer la déformation effective avec la déformation théorique, et l'on doit admettre que, si le pont remplit bien les conditions voulues, et que les calculs de stabilité aient été faits correctement, l'écart constaté sera insignifiant. Si, au contraire, la divergence est notable, on ne pourra raisonnablement avoir aucune confiance dans la solidité du pont.

Nous nous sommes attaché par ces motifs à donner, pour tous les types de ponts que nous avons passés en revue, des formules de déformation aussi exactes que possible. Par exemple, nous avons déterminé la formule qui convient aux poutres droites américaines ou articulées, auxquelles on appliquait jusqu'ici à tort celle qui est relative aux poutres rigides à âme pleine. De même, nous avons fait une étude complète et détaillée de la déformation des câbles des ponts suspendus.

2º *Le Contreventement.* — En général, on s'est peu occupé de calculer les pièces de contreventement des ponts. On a préféré s'en rapporter aux ouvrages construits et les prendre pour modèles. Nous avons pensé que pour les ouvrages de grande portée, exposés à des vents très violents, dont l'action est en somme comparable à celle de la surcharge, il était indispensable d'étudier le contreventement avec le même soin que les autres parties du pont, et nous avons en conséquence indiqué, dans chaque cas, les formules à employer.

3º *Le Poids.* — La partie métallique d'un pont se compose de deux parties : 1º les poutrelles et le platelage du tablier, les pièces de contreventement, les garde-corps, les corniches, etc., en un mot les pièces auxiliaires dont les dispositions et les dimensions sont à peu près indépendantes du type de pont considéré, et peuvent varier entre des limites très écartées sans rien changer aux conditions de stabilité de l'ouvrage. Le poids par mètre courant de ces pièces auxiliaires est indépendant de l'ouverture ; 2º la partie essentielle, c'est-à-dire les poutres droites, les arcs avec leurs tympans, les câbles des ponts suspendus avec les tiges de suspension et les poutres de rigidité, etc., dont les dispositions et les dimensions dépendent absolument du type de pont choisi et de la limite à laquelle on se propose de faire travailler le métal. Le poids de cette partie du pont croît proportionnellement d'une part à l'ouverture, et d'autre part à la charge à supporter, comprenant le poids propre et la surcharge d'épreuve. Le rapport de ce poids au produit de la charge totale par l'ouverture est, toutes choses égales d'ailleurs au point de vue des conditions de stabilité, un nombre qui définit la valeur économique du type et que par ce motif nous avons appelé son *coefficient économique*. Nous avons cherché, en nous appuyant sur les exemples fournis par les ouvrages existants, à déterminer avec exactitude les coefficients économiques relatifs aux différents types d'ouvrage.

Les exemples choisis par nous sont trop peu nombreux, et surtout les renseignements recueillis à leur sujet sont trop incomplets pour que nous puissions avoir une confiance absolue dans nos résultats. Mais nous pensons que notre méthode, lorsqu'elle sera basée sur un nombre suffisant de documents complets et incontestables, pourra donner des indications utiles, et permettra notamment de résoudre les questions suivantes qui nous paraissent avoir une grande importance :

1º Dans le cas où il s'agirait d'établir un pont sur un emplacement déterminé et dans des conditions connues, choisir le type et les ouvertures des travées correspondant au minimum de dépense, à égalité de solidité ; 2º étant donné un pont existant dont on connaisse seulement le type, l'ouverture, le poids de la partie métallique, celui de la charge totale, enfin le travail maximum du métal,

vérifier si son coefficient économique est relativement trop
ou trop peu élevé. Dans le premier cas, le pont est lourd
et mal conçu, ou bien le travail du métal est inférieur
aux prévisions ; dans le second cas il est exécuté avec le
plus grand soin et la plus stricte économie, ou plutôt le
travail du métal y dépasse la limite annoncée et il est
établi dans des conditions de stabilité moins satisfaisantes
qu'on ne l'annonçait. Cette dernière vérification se com-
binerait au besoin avec les renseignements que l'on tire-
rait de la déformation subie par l'ouvrage sous l'effet de
la surcharge, déformation qui dépend aussi uniquement
du type du pont, de son ouverture, et du travail maximum
du métal. Les résultats donnés par les deux méthodes
doivent concorder.

Nous n'insisterons pas sur cette indication rapide du
programme que nous nous sommes efforcé de remplir
dans le présent ouvrage.

Rappelons en terminant que nous avons systématiquement laissé de côté toutes les démonstrations analytiques
qui se trouvent dans les traités de *résistance des matériaux*;
nous nous sommes borné à énoncer les résultats, en ren-
voyant d'ailleurs aux ouvrages classiques de nos profes-
seurs, M. *Bresse* et M. *Collignon* [1].

Le lecteur devra également se reporter au livre que
M. *Flamant*, professeur à l'École des ponts et chaussées,

---

1. Nous n'avons eu malheureusement entre les mains la nouvelle édition de l'ouvrage de M. *Collignon*, inspecteur de l'École des ponts et chaussées, que lorsque notre travail était sous presse. Nous n'avons pu en conséquence profiter des changements apportés à ce livre et des additions
très nombreuses et très intéressantes qui y ont été faites. Tous les ren-
vois à cet ouvrage faits dans le cours de notre travail se rapportent à l'édition de 1877.

publiera prochainement dans l'*Encyclopédie des Travaux publics*. Il pourra y trouver des développements sur les questions incomplètement traitées dans notre ouvrage.

Nous avons adopté la même règle pour un certain nombre de formules relatives aux ponts en arc, empruntées aux beaux travaux de M. *Darcel*, ingénieur en chef des ponts et chaussées.

Enfin, toutes les fois que nous l'avons pu sans nuire à la clarté du sujet, nous sommes passé sans transition de l'énoncé de la question aux formules définitives, sans nous attarder dans des calculs algébriques peu intéressants qui eussent encombré sans utilité le présent ouvrage, et que le lecteur pourra, s'il le juge utile pour son édification, retrouver sans difficulté aucune. Nous ne nous sommes écarté de cette règle que pour les questions que nous jugeons très importantes, et pour celles où la méthode de calcul nous semblait intéressante à faire connaître.

Les sources où nous avons puisé ont été scrupuleusement indiquées.

L'étude des ponts métalliques ne peut se faire d'une manière théorique et abstraite, indépendamment des détails d'exécution : pour suppléer à l'insuffisance des figures contenues dans le texte, le lecteur devra recourir aux ouvrages suivants qui nous ont été d'une grande utilité, et où il trouvera, dans la description de ponts existants, une série d'exemples qui donneront plus de clarté à nos raisonnements :

Morandière : *Construction des ponts.*

Lavoinne et Pontzen : *Chemins de fer en Amérique,* tome I.

Comolli : *Ponts de l'Amérique du Nord.*

CROIZETTE-DESNOYERS : *Travaux publics en Hollande.*

DUPUY : *Construction des ponts en arc.*

SEYRIG : *Pont de Porto sur le Douro.*

DEBAUVE : *Manuel de l'Ingénieur. Ponts en métal.*

ANNALES DES PONTS ET CHAUSSÉES. REVUE GÉNÉRALE DES CHEMINS DE FER : *Monographies de ponts, et mémoires divers.*

La variété des sujets traités dans cette étude ne nous a pas permis de conserver les mêmes notations dans tous les chapitres successifs. Toutefois nous en mentionnerons ici quelques-unes, que nous avons maintenues sans changement d'un bout à l'autre, et au sujet desquelles il n'y a pas d'équivoque possible :

X Moment fléchissant.

F Effort normal.

V Effort tranchant.

Ω Aire d'une section transversale.

I Moment d'inertie   —

r Rayon de giration   —

h Hauteur d'une section transversale.

l ou $2a$ Ouverture ou portée du pont.

b Flèche d'un pont suspendu ou d'un pont en arc.

p Charge par mètre courant d'ouverture.

π Surcharge   —   —

R Travail du métal par unité de surface.

E Coefficient d'élasticité longitudinale du métal.

Janvier 1883.

Avant de faire paraître la seconde édition de cet ouvrage, nous avons jugé nécessaire, tout en conservant le plan général primitif, de modifier et de remanier le texte dans une large mesure.

Il ne nous a pas semblé utile d'attribuer un plus grand développement aux deux premiers chapitres, qui ne constituent qu'une sorte de préambule ou d'introduction à l'étude des ponts métalliques ; les matières traitées dans ces chapitres ont d'ailleurs été l'objet d'une étude complète et détaillée dans un autre volume (1) de l'*Encyclopédie des Travaux Publics*, auquel le lecteur pourra se reporter, s'il juge trop sommaires les renseignements fournis par les chapitres I et II.

Le chapitre III (*Poutres droites à travées indépendantes*) n'a pas subi de changements notables. Il n'en est pas de même pour les chapitres IV (*Ponts suspendus*) et V (*Ponts en arc*), qui ont été d'autre part complétés par l'insertion dans les *Notes annexes* de recherches étendues sur le calcul des poutres de rigidité des ponts suspendus américains, et sur le calcul des ponts en *arc-cantilever*, combinaison de l'arc ordinaire et du pont-grue, type nouveau qui n'a, il est vrai, pas encore été consacré par l'expérience, et n'a pas fait l'objet d'applications bien caractérisées, mais nous paraît néanmoins appelé à un certain avenir.

Le présent ouvrage comporte aujourd'hui un second volume (*Poutres à travées solidaires*), qui renferme les méthodes de calcul applicables aux types de ponts, mentionnées à la page XXXIII de l'introduction, dont l'étude n'a pas été abordée dans le premier volume.

---

(1) Constructions métalliques : Fonte, fer et acier.

CHAPITRE PREMIER

CALCUL DES PIÈCES PRISMATIQUES

SOMMAIRE :

CALCUL DES PIÈCES PRISMATIQUES

1. Principes de la résistance des matériaux. --
Les corps solides qui sont les éléments constitutifs des ponts
métalliques, doivent être considérés comme engendrés par
un profil plan fermé, de forme variable ou invariable, qui se
déplace normalement à une ligne continue, droite ou courbe,
que le centre de gravité de son aire est assujetti à décrire. Le
profil plan s'appelle la *section transversale* et le lieu des centres de gravité des sections successives est *l'axe longitudinal*
de la pièce.

Pour que les formules de la résistance des matériaux soient
applicables à une semblable pièce, il faut :

1° Que la variation de la section transversale soit continue
et peu rapide, de telle façon que deux sections très voisines
soient presque identiques ;

2° Que l'axe de la pièce ne présente ni points angulaires ni
points multiples, et que son rayon de courbure soit toujours
très grand comparativement à la dimension de la section
transversale prise suivant ce rayon.

Dans ces conditions, si l'on considère deux sections infiniment voisines, on peut admettre sans erreur appréciable que
la portion de pièce comprise entre elles est un prisme à bases
égales et parallèles, et c'est l'hypothèse dans laquelle on se
place pour la détermination des formules de résistance à lui
appliquer. On appelle *élément de fibre* ou *fibre élémentaire*
un prisme engendré par un élément infiniment petit de l'une
des sections, se déplaçant parallèlement à l'axe du prisme
élémentaire : celui-ci se compose donc d'une infinité de fibres
toutes parallèles entre elles. Une file d'éléments de fibres
successifs constituent une *fibre* de la pièce elle-même : cette

fibre ne serait, on le voit, rigoureusement parallèle à l'axe longitudinal que si la pièce était exactement prismatique. Enfin on appelle *fibre moyenne* celle qui suit d'un bout à l'autre l'axe de la pièce.

Appliquons une série de forces extérieures au corps solide que nous venons de définir et que nous appellerons *pièce prismatique*, bien qu'au point de vue géométrique ce ne soit pas en réalité un prisme : il se déformera et prendra un nouvel état d'équilibre, dans lequel les *actions moléculaires* ou *forces élastiques* développées dans la matière qui le constitue, par l'effet même de sa déformation, feront équilibre aux forces extérieures.

Tant que la déformation du corps est très petite relativement à sa longueur, elle croît proportionnellement à l'intensité des forces extérieures ; supprime-t-on celles-ci, le corps revient exactement à son état primitif. On dit alors que le *travail* du métal, qui est la mesure par unité de surface des actions moléculaires ou forces élastiques qui avaient été développées par les forces extérieures, n'a pas dépassé la *limite d'élasticité* de la matière qui constitue le corps.

Dès que l'on remarque que la déformation subie croît plus rapidement que l'intensité des forces extérieures, on constate également que la suppression de ces forces ne ramène plus la pièce à son état primitif. Elle a subi une déformation permanente, et, sa forme à l'état libre ayant changé, on en conclut que son état moléculaire a été modifié par l'action des forces extérieures. On dit alors que le travail du métal **a** dépassé la *limite d'élasticité* de la matière.

Enfin il peut arriver qu'en faisant croître les forces extérieures on produise une rupture, une dislocation ou une désagrégation du corps : alors les efforts moléculaires ont dépassé la cohésion de la matière, et l'on dit que le travail développé a atteint la *limite de rupture*.

2. But du calcul des ponts métalliques. — Lorsque l'on calcule les pièces constitutives d'un pont métallique, on se propose de leur donner des dimensions telles que sous l'action des forces extérieures auxquelles elles seront soumises, le travail du métal, en chaque point, n'atteigne pas la limite d'élasticité, *à fortiori* la limite de rupture, et reste inférieur ou égal à un maximum que l'on se donne à l'avance. On est assuré dans ces conditions que le pont présentera une stabilité satisfaisante, puisque les charges qu'il aura à supporter, non seulement ne pourront en rompre aucune pièce, mais encore ne pourront lui faire subir une déformation qui ne disparaisse pas entièrement après l'enlèvement de la charge.

D'après une règle empirique qui a toujours été admise par tous les constructeurs, et que paraît justifier une expérience déjà fort longue, on doit prendre pour limite pratique de la charge le sixième de celle qui produirait la rupture (charge que l'on a pu déterminer, par expérience, pour tous les corps), s'il s'agit de pièces métalliques, et le dixième seulement s'il s'agit d'une autre matière : bois, pierre, etc..

Pour calculer un pont, le problème à résoudre est donc le suivant : étant donné un ouvrage de forme déterminée, soumis à un certain nombre de forces connues, et assujetti, le cas échéant, à certaines conditions particulières également connues (fixité de certains points, invariabilité de l'orientation de certaines sections, etc., etc.), déterminer les dimensions des différentes pièces qui le composent, de façon que le travail du métal qui mesure l'intensité des forces élastiques développées dans les différentes pièces, ne dépasse en aucun point un maximum que l'on a fixé *à priori* au-dessous de la limite d'élasticité du métal. Il peut arriver aussi que les conditions auxquelles la pièce est assujettie ne lui permettent pas de se dilater ou de se contracter librement sous l'action des changements de température, et donnent lieu, de ce chef, à des efforts moléculaires, qu'il convient également de déterminer et d'ajouter à ceux dus aux charges extérieures.

Enfin en général, on se propose en outre de rechercher les déformations passagères que peut subir le pont sous l'influence de ces diverses causes.

3. Recherche de l'effet produit par les forces extérieures sur une pièce prismatique. — Considérons un corps remplissant les conditions précédemment posées, et supposons qu'on lui applique un système quelconque de forces.

Les formules de la résistance des matériaux supposent encore :

1° Que les sections transversales de la pièce restent planes après la déformation ;

2° Que la figure d'une section quelconque ne subit aucun changement.

La pièce, dite prismatique, ne peut donc se déformer que par des changements de position des sections les unes relativement aux autres.

Il doit être bien entendu que si on se trouvait dans de telles circonstances, que l'une des hypothèses précédemment adoptées ne fût évidemment pas réalisée, les formules que nous allons donner plus loin ne seraient plus applicables au cas considéré.

Dans le cas, par exemple, d'un rouleau ou cylindre de métal placé entre deux plans parallèles qui tendent à se rapprocher, l'effort exercé tend à écraser ce rouleau en déformant sa section transversale, qui s'aplatit nécessairement dans une certaine mesure. Les formules de la résistance des matériaux ne sont pas applicables à ce cas qui, on le sait, se présente souvent dans la pratique (36).

Cela posé, considérons la pièce ABA′B′, qui a pour axe longitudinal la droite YY′ (*fig.* 1) située dans le plan de projection de la figure. Soient CD et C′D′ deux sections infiniment voisines de ladite pièce, qui est supposée en équilibre.

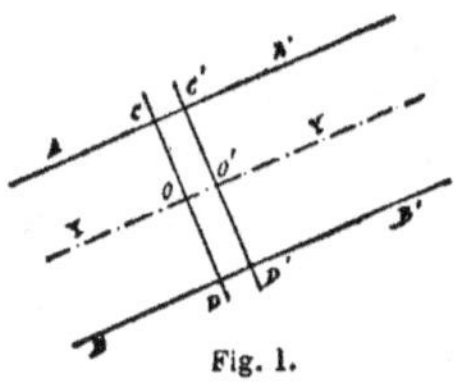

Fig. 1.

Il en résulte que toutes les forces extérieures appliquées sur la partie ABDC de la pièce, située à gauche de la section CD sont équilibrées par les actions moléculaires développées entre les deux sections CD et C′D′.

Or l'ensemble de ces forces extérieures situées à gauche de CD peut être remplacé par une résultante passant au centre de gravité O de la section et par un couple.

La résultante peut elle-même être décomposée en deux forces :

1° Une force perpendiculaire au plan CD. Cette force F, que

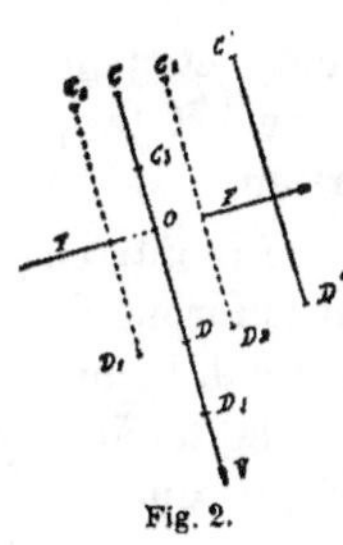

Fig. 2.

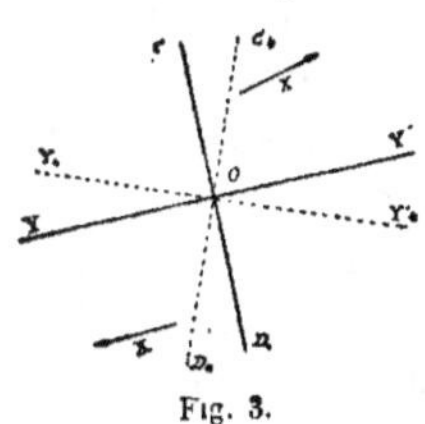

Fig. 3.

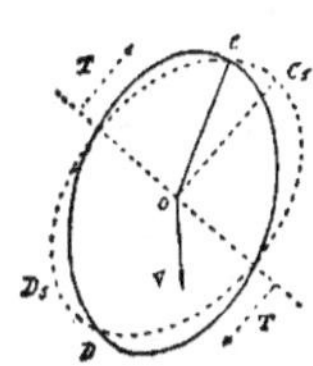

Fig. 4.

nous appellerons *effort normal*, fait travailler le métal à la *compression* ou à *l'extension*, suivant qu'elle tend à rapprocher la section CD de la section C′D′ ou à l'en écarter, sans modifier d'ailleurs l'orientation du plan CD qui vient en $C_2 D_2$ ou en $C_1 D_1$ (*fig.* 2).

2° Une force V située dans le plan CD.

Cette force, dite *effort tranchant*, tend à imprimer à la section CD un mouvement de translation dans son plan. Elle fait travailler le métal au *cisaillement*, et tend à amener CD en $C_3 D_3$.

Le couple lui-même est décomposable en deux autres :

3° Un couple X (*fig.* 3) situé dans un plan passant par l'axe longitudinal YY′ et ayant par suite son axe situé dans le plan CD, et passant par le centre de gravité de la section. Ce couple dit *moment de flexion* ou *moment fléchissant* tend à faire tourner la section autour d'une droite située dans son plan et projetée en O sur la figure. L'axe YY′ de la pièce suit nécessairement ce mouvement, et subit un déplacement angulaire égal à celui du plan CD, qui l'amène en $Y_4 Y_4'$ tandis que CD vient en $C_4 D_4$. Ce couple fait travailler la pièce à la *flexion*.

4° Un couple TT (*fig.* 4) situé dans le plan de la section CD et ayant par suite son axe dirigé suivant l'axe de la pièce YY′, normal en O au plan CD. Ce couple dit *couple de torsion* tend à faire tourner la section dans son plan autour du point O. Il fait travailler le métal à la torsion. CD vient en $C_5 D_5$.

4. Problème à résoudre pour le calcul d'un pont métallique. — Les considérations qui précèdent nous conduisent à diviser en deux parties distinctes le problème général du calcul des ponts métalliques, que nous avons précédemment défini :

1° Étant donné un pont de forme déterminée, soumis à un ensemble de forces connues ou que l'on peut calculer d'avance, chercher pour chaque pièce de ce pont, et pour chaque section de cette pièce, l'effort normal, l'effort tranchant, le moment fléchissant et le couple de torsion.

2° Connaissant ainsi pour une pièce quelconque (dont, en général, la longueur seule est déterminée par la forme du pont) et pour chacune de ses sections l'effort normal, l'effort tranchant, le moment fléchissant et le couple de torsion, arrêter les dimensions de la section de telle façon que les actions moléculaires développées ne dépassent, en aucun point, par unité de surface, la limite admise, c'est-à-dire, que le travail maximum du métal y ait, autant que possible, une valeur constante, que l'on fixe *a priori* en raison de la nature du métal.

5. Calcul des dimensions à donner aux pièces prismatiques, et des déformations qu'elles subissent sous l'action des forces extérieures. — Nous allons indiquer immédiatement la solution complète du second problème, qui est indépendante de la forme de l'ouvrage que l'on a à étudier. Cela fait, nous donnerons la solution du premier dans un grand nombre de cas, embrassant tous les systèmes de ponts qui sont en usage. Nous aurons ainsi rempli complètement le but que nous nous sommes proposé.

Nous indiquerons d'abord sans démonstration les formules permettant de calculer la section des pièces soumises à un seul genre de déformation, et nous adopterons dans cet exposé l'ordre suivant :

Effort normal : Extension et compression. — Moment fléchissant. — Effort tranchant. — Couple de torsion.

Nous donnerons en même temps les formules permettant de calculer la déformation de ces pièces.

Dans ce qui suit, nous prendrons pour unité de force le kilogramme, l'unité de longueur et de surface étant le mètre.

6. Effort normal. Pièces tendues. — Soit F l'effort d'extension appliqué au centre de gravité de la section, Ω l'aire de cette section.

L'effort se répartit uniformément sur toute la section.

La tension du métal, c'est-à-dire la force élastique par unité de surface est donc égale à :

$$R' = \frac{F}{\Omega} \; ;$$

l'allongement par unité de longueur, au droit de la section considérée est :

$$\Delta = \frac{F}{E\Omega} = \frac{R'}{E} \, ,$$

E étant un coefficient numérique ou *constante spécifique* dépendant de la nature du métal, et appelé *coefficient d'élasticité longitudinale à l'extension.*

Si le rapport $\dfrac{F}{\Omega}$ reste constant sur une longueur L de la pièce, l'allongement de cette fraction de la pièce aura pour valeur :

$$\Delta L = \frac{FL}{E\Omega}.$$

Soit R la limite pratique adoptée pour le travail du métal à l'extension ; on doit avoir :

$$\frac{F}{\Omega} \leq R; \quad \text{d'où} \quad \Omega \geq \frac{F}{R},$$

ce qui permet de calculer Ω connaissant F, ou réciproquement. Les valeurs des coefficients R et E sont données pour les différents métaux dans le tableau placé à la fin du présent chapitre (n° 21).

7. Pièces comprimées de faible longueur. — Lorsque la longueur de la pièce comprimée n'est pas très grande relativement à sa plus petite dimension transversale, la solution du problème est la même que celle du précédent. Pour les distinguer, on convient d'attribuer le signe — à l'effort normal F, lorsqu'il a pour effet de comprimer le métal. Le travail à la compression donné par la formule $R' = -\dfrac{F}{\Omega}$ est donc aussi négatif. Le changement de longueur de la pièce est donné, par unité de longueur, par la formule $\Delta = -\dfrac{F}{E\Omega}$ et pour une pièce de longueur L par la formule

$$\Delta L = -\frac{LF}{E\Omega}$$

Cette expression est aussi négative, ce qui indique que la pièce s'est raccourcie et que sa longueur L se trouve diminuée de la quantité Δ L. E est ici le *coefficient d'élasticité longitudinale à la compression*.

Le tableau du n° 21 montre que les matières en usage, sauf la fonte, ont le même coefficient d'élasticité à l'extension et à la compression.

Enfin pour calculer l'aire Ω de la section on a l'inégalité :

$$\Omega \geqq \frac{F}{R} \cdot$$

R étant la limite pratique adoptée pour le travail du métal à la compression (Tableau I).

8. Pièces comprimées de grande longueur. Formule théorique. — Dans les deux cas déjà traités, on voit que la figure de la section est indifférente : son aire seule est fournie par le calcul.

Il peut arriver que la longueur de la pièce soit très grande par rapport à sa plus petite dimension transversale ; si par exemple elle dépasse douze à quinze fois cette dimension, la formule précédente n'est plus applicable : elle donnerait pour Ω des valeurs trop faibles, et on aurait une pièce qui se romprait par flexion sous une charge bien inférieure à la limite admise pour le travail de compression proprement dit.

En ce cas, si la pièce comprimée a ses extrémités libres, la théorie indique que la force de rupture F ne dépasse pas en valeur absolue la limite $\dfrac{EI\pi^2}{L^2}$, où L représente la longueur de la pièce, π le rapport de la circonférence au diamètre, E le coefficient d'élasticité longitudinale à la compression, et enfin I le moment d'inertie minimum de la section transversale (nous indiquerons dans l'article 10 ce qu'on entend par moment d'inertie et rayon de gyration d'une aire plane par rapport à une droite de son plan).

On aurait donc :

$$F \leqq \frac{EI\pi^2}{L^2}.$$

D'où :

$$I \geqq \frac{FL^2}{E\pi^2}.$$

Si la pièce a ses extrémités encastrées, c'est-à-dire, si l'orientation des sections d'about est invariable, la valeur de F est quadruplée :

$$F \leqq 4\,\frac{EI\pi^2}{L^2}.$$

Ici l'on voit que la section de la pièce est donnée par une inégalité qui ne fournit aucune indication relativement à son aire. Il y a lieu de déterminer un profil plan tel que le moment d'inertie *minimum* ne soit pas inférieur à une limite donnée. Il en résulte qu'on est conduit par une raison d'économie à chercher un profil de telle forme que le moment d'inertie minimum soit aussi peu différent que possible du moment d'inertie maximum qui présente un excès de résistance tout à fait superflu, et ait la plus grande valeur compatible avec l'aire de la section transversale, ou, ce qui revient au même, avec le poids de la pièce.

On reconnaît que le profil le plus avantageux à adopter pour la section transversale est un anneau limité par deux cercles concentriques. Lorsqu'on ne peut adopter cette forme, il faut choisir, pour les pièces longues soumises à des efforts de compression, des sections évidées se rapprochant de la section annulaire (polygones inscriptibles concentriques) ou des sections en croix ou double té, qui déjà sont moins avantageuses.

En général, on ne se sert pas de la formule théorique que nous venons d'indiquer, parce qu'elle ne semble pas toujours donner des résultats concordant absolument avec l'expérience.

On emploie, d'habitude, des formules empiriques que nous allons mentionner.

9. Formules de Hodgkinson, Love, Rankine et Gordon. — Ces formules fournissent, comme la formule théorique précitée, les charges de rupture des pièces auxquelles elles s'appliquent. Pour avoir la limite pratique de charge, il faut prendre $\frac{1}{10}$ des résultats obtenus si la pièce est en bois, et $\frac{1}{6}$ si elle est en métal, suivant la règle précédemment donnée. Cependant pour la fonte on ne prend souvent que $\frac{1}{7}$ ou $\frac{1}{8}$.

I. *Formules de Hodgkinson.*

— Poteaux en chêne de bonne qualité, à section rectangulaire et à *bases plates.*

Soient L la longueur, a le plus grand côté de la section et b le plus petit.

La charge de rupture est donnée par la formule :

$$N = 2500 \times 10^6 \frac{ab^3}{L^2} \text{ entre les limites : } 20\,b < L < 120\,b.$$

— Poteaux en sapin rouge de même forme :

$$N = 2100 \times 10^6 \times \frac{ab^3}{L^2} ; \text{ limites : } 20\,b < L < 120\,b.$$

— Colonnes pleines en fonte à *bases plates* et section circulaire.

Soit D le diamètre de la section.

$$N = 3290 \times 10^6 \times \frac{D^{3.6}}{L^{1.7}} ; \text{ limites : } 30\,D < L < 120\,D.$$

— Colonnes creuses en fonte à *bases plates* et section annulaire.

Soient D et d les diamètres extérieur et intérieur.

$$N = 3290 \times 10^6 \times \frac{D^{3.6} - d^{3.6}}{L^{1.7}} ; \text{ limites : } 30\,D < L < 120\,D.$$

II. *Formules de Love. Limite pratique de charge.*

— Colonnes pleines en fonte à bases plates.

$$N = \frac{1250 \times 10 \times D^4}{1.85\,D^2 + 0{,}0043\,L^2} ; \quad 4\,D < L < 120\,D.$$

— Colonnes pleines en fer à bases plates.

$$N = \frac{600 \times 10^4 \times D^4}{1.97\,D^2 + 0,00064\,L^2}\; ; \; 4\,D < L < 120\,D.$$

Pour les colonnes annulaires, on prend la différence entre le nombre correspondant à la colonne supposée pleine, et celui relatif à la colonne pleine qui remplirait le vide intérieur.

III. *Formule de Rankine.*

Cette formule s'applique à une pièce de section quelconque à bases plates. Soit r son rayon de gyration minimum :

$$N = \frac{\Omega\,C}{1 + K\,\dfrac{L^2}{r^2}}\cdot$$

C et K sont des constantes que nous donnerons plus loin.

IV. *Formule de Gordon.*

Elle s'applique de même à une pièce de section quelconque à bases plates. Soit h le plus petit côté du rectangle plein ayant même aire et même moment d'inertie minimum que la section considérée.

On a :
$$N = \frac{\Omega\,C}{1 + K'\,\dfrac{L^2}{h^2}}\cdot$$

Ces formules sont en somme identiques ; on a en effet $h^2 = 12\,r^2$. Donc les coefficients K et K' sont liés entre eux par la relation $K' = 12\,K$. La première formule est d'ailleurs d'une application plus rapide (sauf le cas de pièces à section rectangulaire) puisqu'on doit chercher d'abord r pour calculer h.

Les coefficients C et K de la formule de Rankine sont donnés par le tableau suivant :

	Bois.	Fonte.	Fer.	Acier.
$K =$	$\dfrac{1}{3000}$	$\dfrac{1}{6400}$	$\dfrac{1}{36000}$	$\dfrac{1}{36000}$
$C =$	36×10^6	56×10^6	25×10^6	30×10^6

Ces dernières formules, qui s'appliquent indifféremment à toutes les formes de pièces et donnent de bons résultats, même pour de petites valeurs de L, nous semblent beaucoup plus rationnelles que les précédentes, et nous **croyons** que leur emploi doit être recommandé.

Toutes les formules précédentes supposent que les colonnes reposent sur des bases plates : dans le cas où l'une des extrémités est arrondie ou articulée, il convient de multiplier par $\frac{4}{7}$ la valeur donnée pour N par les formules I et II, et dans le cas où les deux extrémités sont dans le même cas par $\frac{2}{7}$. Pour les formules III et IV il faut multiplier le coefficient K par 2 dans le premier cas et 4 dans le second.

Ces formules supposent aussi une qualité moyenne dans les matériaux employés. Lorsque l'on aura affaire à des matériaux de valeur médiocre ou d'excellente qualité, il conviendra d'abaisser ou de relever en conséquence les limites pratiques de résistance, en raison des résultats fournis par les expériences de rupture auxquelles ces matériaux auront été soumis. (Voir le n° 21 du présent chapitre.)

Pour déduire la limite pratique de la charge de la valeur N de la charge de rupture trouvée, on suit la règle indiquée au commencement du paragraphe.

V. Nous terminerons en donnant les formules employées par la Compagnie du chemin de fer de New-York au lac Erié et de l'Ouest, en Amérique, extraites de la *Revue générale des Chemins de fer* (1879, 2ᵉ semestre).

Ces formules, qui donnent ici, non plus la charge de rupture, mais la *limite pratique de travail par millimètre carré de section*, sont déduites simplement de la formule de Rankine, donnée plus haut. Elles ne s'appliquent qu'aux pièces en fer de bonne qualité.

Le travail par millimètre carré d'une pièce comprimée en fer ne doit pas dépasser la limite suivante :

1° Si les deux extrémités sont plates :

$$R = \frac{5,6}{1 + \dfrac{L^2}{40000\, r^2}}$$

2° Si une extrémité est plate, et l'autre arrondie ou articulée :

$$R = \frac{5,6}{1 + \dfrac{L^2}{30000\, r^2}}$$

3° Si les deux extrémités sont arrondies ou articulées :

$$R = \frac{5,6}{1 + \dfrac{L^2}{20000\, r^2}}$$

On pourrait, partant de la formule générale de Rankine, établir des formules pratiques analogues pour la fonte, l'acier et le bois.

10. Moment d'inertie. — Nous croyons utile, avant de parler du calcul des pièces fléchies, de rappeler ici ce qu'on entend par moment d'inertie, rayon de gyration, ellipse d'inertie d'une surface plane.

Soit un profil plan fermé quelconque, O son centre de gravité, Ω son aire, AB une droite quelconque passant par le point O (*fig.* 5).

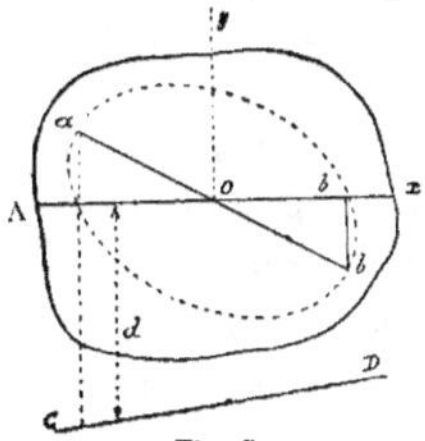

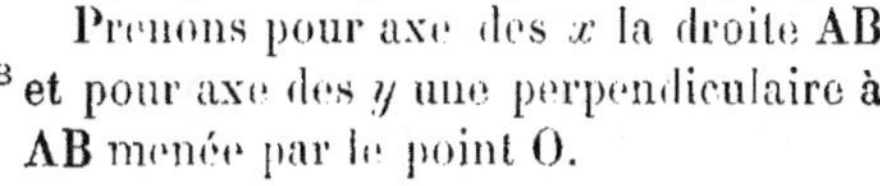

Prenons pour axe des x la droite AB et pour axe des y une perpendiculaire à AB menée par le point O.

Soit ω un élément infiniment petit de la surface du profil. On appelle *moment d'inertie* I du profil par rapport à la

Fig. 5.

direction AB l'intégrale $\int \omega y^2$ étendue à tout le profil.

On a donc :

$$I = \int \omega y^2,$$

On a d'ailleurs :

$$\Omega = \int \omega,$$

Posons :

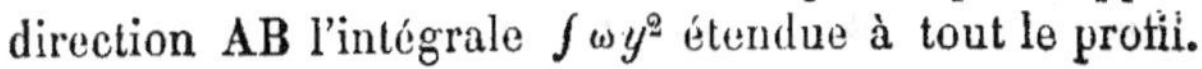

$$I = \Omega\, r^2 ; \quad r^2 = \frac{I}{\Omega} = \frac{\int \omega y^2}{\int \omega}.$$

r est ce qu'on appelle le *rayon de gyration* du profil par rapport à la droite AB.

On peut pour effectuer l'intégration donner aux valeurs de I et de Ω les formes suivantes :

$$I = \int \int y^2 \, dx \, dy. \quad \Omega = \int \int dx \, dy.$$

Connaissant la figure du profil, c'est-à-dire la relation qui existe entre x et y, on peut toujours calculer I et r, soit par une intégration exacte, soit par des formules de quadrature.

Supposons que nous ayons calculé les rayons de gyration de la surface par rapport à toutes les droites qui passent par le point O : *il existe toujours, quelle que soit la figure du profil considéré, une ellipse telle que si l'on abaisse de l'extrémité* b *du diamètre* a o b *de cette ellipse conjugué du diamètre* AOB, *une perpendiculaire sur* AOB, *cette perpendiculaire* bp *a une longueur égale à celle du rayon de gyration du profil par rapport à la direction* AOB.

Cette ellipse est appelée *l'ellipse centrale d'inertie* de la figure.

On voit que, si l'on connaît les rayons de gyration de la figure par rapport à deux directions, cette ellipse est déterminée et peut être tracée ; elle permet ensuite de mesurer ou de calculer la longueur du rayon de gyration par rapport à une direction quelconque passant par O.

Si la direction considérée est celle de l'un des axes de l'ellipse, le rayon de gyration correspondant est égal à la moitié de l'autre axe. On voit que le rayon de gyration minimum, qui est égale au demi petit axe, correspond à la direction donnée par le grand axe de l'ellipse, et réciproquement. Ces deux directions rectangulaires sont dites les axes principaux d'inertie du profil : lorsque celui-ci a un axe de symétrie, il coïncide nécessairement avec un axe principal.

Soit CD une parallèle à la droite AB menée dans le plan de la figure, d la distance de ces deux droites : on pourrait calculer le moment d'inertie I′ de la figure par rapport à CD, comme on a calculé le moment I par rapport à AB. Mais il suffit de recourir à la relation suivante qui lie entre eux ces deux moments d'inertie :

$$I' = I + \Omega d^2 ;$$

par suite on a entre les rayons de gyration r et r' la relation :

$$r'^2 = r^2 + d^2 ;$$

r' est l'hypothénuse d'un triangle rectangle qui aurait pour côtés r et d.

Si l'on considère un point M du plan, il existe une ellipse d'inertie ayant son centre en M qui jouit, par rapport aux rayons de gyration relatifs à toutes les directions passant par M, des mêmes propriétés que l'ellipse centrale d'inertie par rapport aux directions passant par le centre de gravité O de la figure.

Connaissant l'ellipse centrale d'inertie, on peut donc tracer une infinité d'ellipses d'inertie relatives à tous les points du plan de la figure.

Nous croyons utile de donner ici la valeur des moments d'inertie principaux de quelques surfaces que l'on rencontre fréquemment dans les applications.

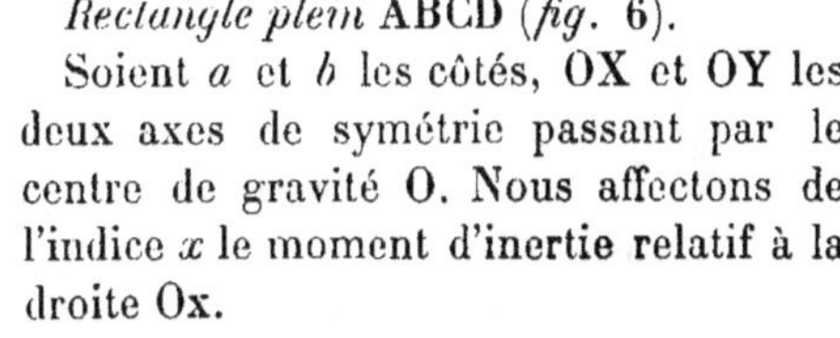

Rectangle plein ABCD (*fig.* 6).

Soient a et b les côtés, OX et OY les deux axes de symétrie passant par le centre de gravité O. Nous affectons de l'indice x le moment d'inertie relatif à la droite Ox.

Fig. 6.

$$I_x = \frac{1}{12} ab^3 , \qquad r_x^2 = \frac{1}{12} b^2 ,$$

$$I_y = \frac{1}{12} a^3 b , \qquad r_y^2 = \frac{1}{12} a^2 .$$

Rectangle évidé ABCDEFGH. Soient c et d les côtés du rectangle intérieur.

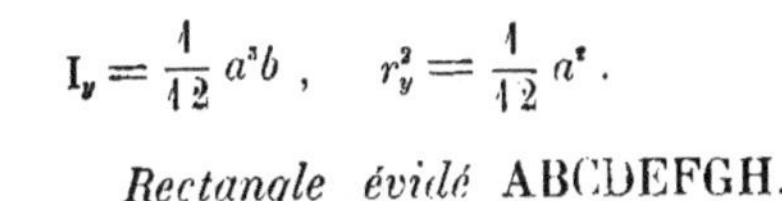

$$I_x = \frac{1}{12} (ab^3 - cd^3) , \qquad r_x^2 = \frac{1}{12} \left(\frac{ab^3 - cd^3}{ab - cd} \right) ;$$

$$I_y = \frac{1}{12} (a^3 b - c^3 d) , \qquad r_y = \frac{1}{12} \left(\frac{a^3 b - c^3 d}{ab - cd} \right) .$$

Pièce en forme de I (*fig.* 7).

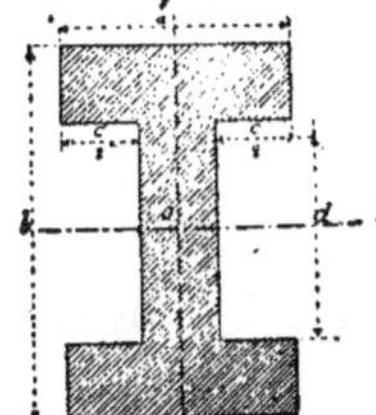

Fig. 7.

$$I_x = \frac{1}{12} (ab^3 - cd^3) , \qquad\qquad r_x^2 = \left(\frac{ab^3 - cd^3}{ab - cd} \right) .$$

$$I_y = \frac{1}{12} \left[a^3 (b - d) + d (a - c)^3 \right] , \qquad r_y^2 = \frac{I_y}{ab - cd} .$$

Cercle plein

$$I = \frac{1}{4} \pi R^4.$$

L'ellipse de gyration est un cercle qui a pour **rayon**

$$r = \frac{1}{2} R.$$

Couronne circulaire.

$$I = \frac{1}{4} \pi (R^4 - R'^4) \quad , \quad r = \frac{1}{2} \sqrt{R^2 + R'^2} \cdot$$

Ellipse pleine.

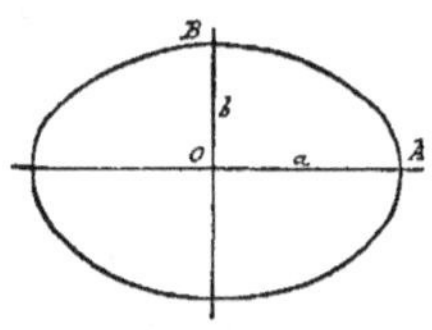

Soient a et b les deux demi-axes (*fig.* 8).

$$I_A = \frac{1}{4} \pi ab^3 \quad , \qquad r_A = \frac{1}{2} b ;$$

$$I_B = \frac{1}{4} \pi a^3 b \quad , \qquad r_B = \frac{1}{2} a .$$

Fig. 8.

Couronne elliptique.

Si l'ellipse présente un vide intérieur formé par une ellipse concentrique et semblable à elle, les rayons de gyration principaux, en appelant m le rapport de similitude des ellipses, sont :

$$\frac{a}{2} \sqrt{1 + m^2}, \quad \frac{b}{2} \sqrt{1 + m^2} \cdot$$

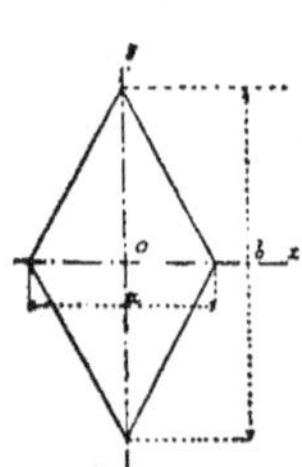

Losange (*fig.* 9).

$$I_x = \frac{1}{48} ab^3 , \qquad r_x = \frac{b}{\sqrt{24}} \cdot$$

Polygone régulier quelconque.

Soient a le côté et h l'apothème, R le **rayon** du cercle circonscrit et n le nombre des

Fig. 9.

côtés. On a :

$$I = \Omega \left(\frac{h^2}{4} + \frac{a^2}{48} \right) = \frac{1}{2} n R^4 \sin \frac{2\pi}{n} \left(\frac{1}{4} \cos^2 \frac{\pi}{n} + \frac{1}{12} \sin^2 \frac{\pi}{n} \right) \cdot$$

On peut se servir indifféremment de ces deux formules.

L'ellipse centrale est d'ailleurs un cercle ainsi qu'il arrive toujours lorsque le profil a plus de deux axes de symétrie.

A l'aide des formules qui précèdent, on peut calculer le moment d'inertie et le rayon de gyration d'un profil quelconque par rapport à une direction donnée : après avoir déterminé son centre de gravité, on le décompose en rectangles ou en figures régulières dont on connaît le moment d'inertie par rapport à la parallèle à la direction donnée qui passe par leur propre centre de gravité, et on calcule alors par la formule indiquée plus haut, le moment d'inertie par rapport à la droite donnée elle-même.

Nous donnons comme exemple le profil représenté par la figure 10. Ce profil qui se rencontre fréquemment dans la pratique peut, ainsi qu'on le voit, se subdiviser en rectangles dont on calculera aisément le moment d'inertie par rapport à une droite passant par le point G, situé dans leur plan, qui est le centre de gravité du profil total. Pour les profils évidés, on retranche le moment d'inertie du vide, par rapport à la droite

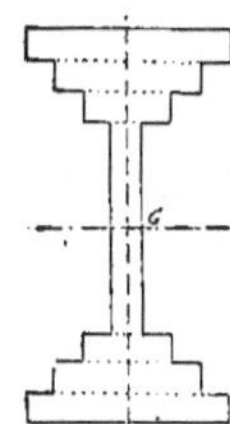

Fig. 10.

passant par le centre de gravité de la surface, du moment d'inertie, par rapport à la même droite, de la surface supposée pleine. Par exemple, dans la figure 11, le moment d'inertie de la surface est égal au moment d'inertie du cercle extérieur O par rapport à la droite passant par le point g, centre de gravité de la surface évidée, diminué du moment du cercle intérieur O′ par rapport à cette même droite.

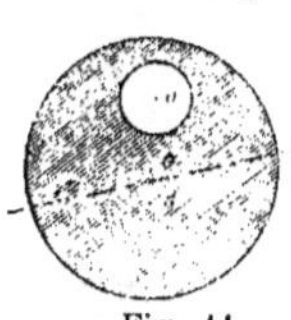

Fig. 11.

Comme en général on ne se sert dans les ponts métalliques que de pièces ayant leur profil déterminé par des droites parallèles à deux directions rectangulaires, le problème de la détermination des moments d'inertie ne présente aucune difficulté. Si l'on rencontre un profil irrégulier, il y a lieu de le décomposer en petits rectangles, suivant la méthode qui sert à déterminer l'aire et le centre de gravité.

En général on voit *a priori* que la section a un axe de symétrie, et on en conclut la direction des axes principaux de l'ellipse d'inertie.

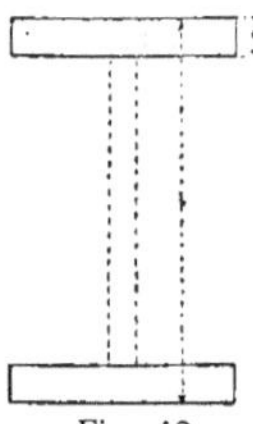

Il arrive que dans les grandes poutres ayant une section en forme de double té, on peut négliger sans grande erreur dans le calcul du moment d'inertie la surface de la tôle centrale dite *âme du double té*, ainsi que le moment d'inertie propre de chacune des autres tôles dites *semelles, tables, platebandes*, ou *ailes* de la poutre, par rapport à leur centre de gravité (*fig.* 12).

Fig. 12.

Le moment d'inertie de la poutre a alors sensiblement pour valeur :

$$I = \frac{\Omega \, h^2}{4},$$

en désignant par Ω la somme des aires des deux sections transversales des deux semelles et par h la hauteur de la poutre.

On a en ce cas :

$$r = \frac{h}{2}.$$

Pour que cette formule soit suffisamment exacte, il faut que l'on puisse négliger sans grande erreur l'épaisseur e des semelles devant la hauteur de la poutre, sans quoi il conviendrait de recourir à la formule :

$$I = \frac{\Omega \, (h - e)^2}{4}.$$

On se sert fréquemment dans le calcul des ponts métalliques d'albums indiquant les sections des fers du commerce préparés par les usines métallurgiques et donnant avec chaque coupe le poids par mètre courant, l'aire et le moment d'inertie : on est dispensé ainsi de la recherche toujours laborieuse des moments d'inertie, et il suffit de prendre dans l'album le fer dont la section a le moment d'inertie voulu.

11. Moment fléchissant. Pièces fléchies. Calcul du travail. — Revenons maintenant au calcul des pièces fléchies.

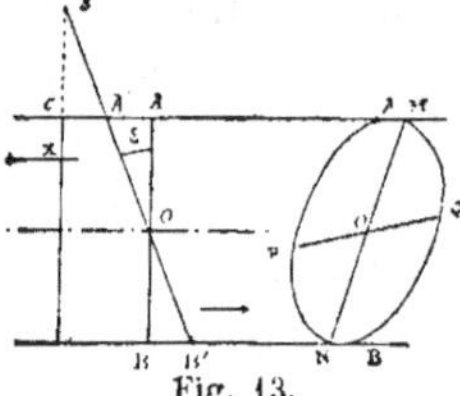

Fig. 13.

Soient AB la section considérée, X le moment du couple de flexion, ou moment fléchissant, MN la trace sur le plan de la section du plan qui contient le couple X (*fig.* 13).

Soit PQ le diamètre de l'ellipse centrale d'inertie, conjugué du diamètre MN précédemment défini. La section **AB**, sollicitée par le couple de flexion, va tourner dans le sens indiqué par le couple autour de la droite PQ. Chaque élément de la surface **AB** décrira donc un arc de cercle situé dans un plan perpendiculaire à la droite PQ, et ayant son centre sur cette droite.

Si la droite MN est un axe principal de l'ellipse d'inertie, il en est de même de sa conjuguée PQ, qui lui est par conséquent perpendiculaire. Ce cas se présente en particulier toutes les fois que MN est un axe de symétrie de la section, ou est perpendiculaire à un axe de symétrie.

Il en est généralement ainsi dans la pratique, et nous supposerons toujours dans les applications que cette condition est remplie, et que par conséquent l'axe de rotation de la section, que l'on appelle son *axe neutre*, est perpendiculaire au plan du couple de flexion, que l'on appelle le plan de flexion.

Lorsque ce plan de flexion reste invariable d'une extrémité à l'autre de la pièce, ce qui est le cas le plus fréquent, on convient de le prendre pour plan de projection de la pièce, et les axes neutres de toutes les sections, étant perpendiculaires au plan de la figure, se projettent suivant les différents points de l'axe longitudinal de la pièce, ainsi que l'indique la figure 14.

La section AB, primitivement parallèle à la section infiniment voisine CD, est venue en A′B′, en subissant un déplacement angulaire ε. Les plans des deux sections infiniment voisines AB et CD ne sont plus parallèles, et se coupent suivant une droite projetée en S (*fig.* 14).

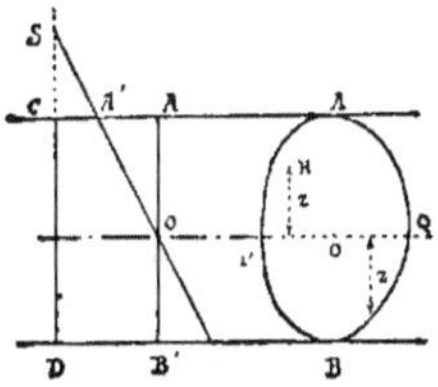

Fig. 14.

La fibre CA, devenue CA′, s'est raccourcie : il en est de même de toutes les fibres qui composent le prisme élémentaire qui a pour base PAQ. Au contraire la fibre DB, devenue DB′ s'est allongée, ainsi que toutes les fibres du prisme qui a pour base PBQ. Donc la partie supérieure PAQ de la section est soumise à un effort de compression, et la partie inférieure PBQ à un effort d'extension.

Quant à la fibre moyenne, et aux fibres que coupe l'axe neutre PQ, elles n'ont subi ni allongement ni contraction, et sont donc restées à l'état naturel.

Soient H un point quelconque de la partie supérieure PAQ de la section, z sa distance à l'axe neutre PQ : le travail du métal en ce point, c'est-à-dire la compression par unité de surface, est donné par la formule : $R = -\dfrac{Xz}{I}$. Pour un point H′ situé dans la zone inférieure de la section PQB, le travail, c'est-à-dire la tension par unité de surface, serait de même : $R = \dfrac{Xz'}{I}$.

Changeons le sens du couple de flexion, sans modifier **sa** valeur absolue, on aura un résultat inverse :

Compression en H′, tension en H. Il importe donc de toujours définir le sens du couple X, de telle façon que l'on sache toujours immédiatement quelle est la zone de la section transversale qui travaille à l'extension, sans qu'il y ait aucune incertitude à cet égard.

Nous conviendrons de désigner par zone supérieure de la section transversale celle dont le centre de gravité est plus élevé que le centre de gravité de la section totale, par rapport à un plan horizontal inférieur à la section, et partie supérieure de la pièce le volume engendré par la zone supérieure de la section. Nous attribuerons le signe $+$ au moment fléchissant lorsqu'il donnera lieu à un travail négatif, c'est-à-dire *à une compression dans la partie supérieure de la pièce*, et le signe $-$ lorsqu'il donnera lieu à un travail positif, c'est-à-dire à une *tension*.

Comme en général, dans les cas que l'on rencontre dans la pratique, il arrive que toutes les forces extérieures, et par suite le couple de flexion, sont comprises dans un plan vertical ou peu incliné sur la verticale, l'axe neutre PQ est horizontal ou à peu près, et il est aisé de distinguer immédiatement la zone supérieure de la section transversale.

La règle précédente est inapplicable lorsque le plan de la section transversale est horizontal (supports métalliques verticaux), ou que les forces extérieures sont comprises dans **un plan horizontal (contreventements des ponts).**

Dans ces cas tout à fait exceptionnels, il importe de convenir avec précision de l'interprétation à donner au signe du moment fléchissant.

Ceci posé, on voit que le travail dû au moment fléchissant X, appliqué à une section transversale quelconque, a pour expression $-\dfrac{X z}{I}$ pour la partie supérieure de la pièce, z désignant la distance à l'axe neutre du point considéré, et $+\dfrac{X z}{I}$ pour la partie inférieure. Suivant que X est positif ou négatif,

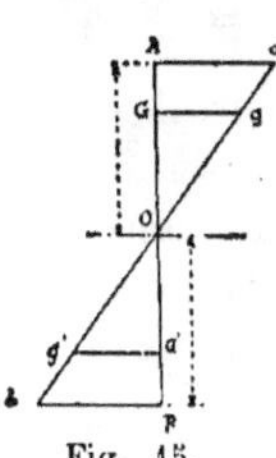

Fig. 15.

le travail est négatif ou positif à la partie supérieure, et correspond par conséquent à une pression ou à une tension. Le travail a même valeur pour toutes les *fibres équidistantes* de l'axe neutre. Soit AOB une perpendiculaire à cet axe neutre, menée dans le plan de la section (*fig.* 15). Le travail est maximum en A et B, et il est nul en O, où il change de signe. Si l'on représente par Aa et Bb le travail en A et en B, la droite aob sera la courbe figurative du travail du métal pour tous les points de la droite AB, le travail en G étant représenté par Gg et en G' par G'g'.

Si dans la section considérée le moment X est variable et susceptible d'atteindre deux maxima, l'un positif X', l'autre négatif X'', et si l'on désigne par u et u' les distances à l'axe neutre des points A et B de la zone supérieure et de la zone inférieure qui, étant les plus éloignés de cet axe, travaillent le plus sous l'action du moment fléchissant, on voit que le travail maximum à la compression sera

dans la zone supérieure : $-\dfrac{X'u}{I}$,

et dans la zone inférieure : $\dfrac{X''u'}{I}$,

et le travail maximum à la tension, dans la zone supérieure :

$$-\dfrac{X''u}{I},$$

et dans la zone inférieure : $\dfrac{X'u'}{I}$.

Soient R' et R'' les limites pratiques du travail à la compression et à l'extension ; il faut, pour que les pièces soient établies en de bonnes conditions, que les inégalités suivantes soient satisfaites :

$$\frac{X'u}{I} \leqq R' \geqq - \frac{X''u'}{I} \; ;$$

$$- \frac{X''u}{I} \leqq R'' \geqq \frac{X'u'}{I} \cdot$$

— Si la hauteur h de la section mesurée perpendiculairement à l'axe neutre est divisée en deux parties égales par cet axe, ce qui est le cas le plus ordinaire, on a $u = u' = \dfrac{h}{2}$, et le maximum dû au moment fléchissant a même valeur absolue dans la zone supérieure et la zone inférieure. Il suffit donc de considérer la plus grande valeur absolue de **X**, sans se préoccuper de son signe : le maximum de la compression et le maximum de la tension sont donnés par l'expression :

$$\frac{X h}{2 I} \cdot$$

La condition à remplir pour que la pièce soit stable est alors la suivante :

$$R' \geqq \frac{X h}{2 I} \leqq R'' \cdot$$

Si on admet la même valeur R pour les limites pratiques à l'extension et à la compression, ce qui est le **cas ordinaire,** on doit avoir simplement :

$$R \geqq \frac{X h}{2 I} \cdot$$

Pour que la pièce soit stable, il faut que cette inégalité soit satisfaite dans toutes les sections de la pièce, et l'on doit toujours s'en assurer, si la section de la pièce est donnée *a priori*.

12. Détermination de la section. — Si l'on connaît **X** et **R**, et qu'il s'agisse de calculer les dimensions de la section transversale, on voit que l'inégalité précédente ne donne qu'une limite supérieure du rapport $\dfrac{h}{I}$ ou un minimum de $\dfrac{I}{h} \cdot$

La figure de la section est indéterminée, et en général on

la choisit de telle sorte que l'aire Ω, et par suite le poids de la pièce par unité de longueur, soit aussi faible que possible : c'est ce qui conduit à adopter la forme dite en double té.

A titre d'application, examinons le cas où l'on veut donner à la pièce une section rectangulaire, et soient a et h les dimensions de la section.

$$\frac{I}{h} \text{ est égal à} : \frac{1}{12}\frac{ah^3}{h} = \frac{1}{12}ah^2.$$

On peut donc se donner *a priori* une des dimensions a et h, en calculant l'autre de façon à satisfaire à la condition de stabilité précitée.

Dans le cas d'une pièce métallique ayant une section en double té, si l'on suppose que l'on puisse négliger le moment d'inertie de l'âme (10), on sait que le moment d'inertie est $\frac{\Omega h^2}{4}$; Ω est la section totale des tables, c'est-à-dire le produit $2eb$, si l'on appelle b la largeur et e l'épaisseur d'une table.

On a donc :

$$\frac{I}{h} = \frac{\Omega h}{4} = \frac{ebh}{2}.$$

On peut se donner deux des dimensions e, b et h, avec la condition de calculer la troisième de façon à satisfaire à la condition de stabilité. On voit que l'on a toujours une grande latitude dans le choix de la section, et que l'on peut satisfaire aux conditions particulières qui résultent souvent de circonstances spéciales étrangères aux questions de stabilité. Souvent l'on se propose de réduire le plus possible le poids de la poutre, ou de ramener la déformation au minimum, ce qui en général conduit à attribuer à h une valeur très grande relativement à e et b.

Quand la section d'une pièce varie d'une extrémité à l'autre, il faut s'assurer que la limite pratique du travail n'est dépassée nulle part. Si l'on fait varier la section suivant une loi telle que le travail maximum du métal atteigne exactement la même valeur dans toutes les sections, on désigne la pièce ainsi définie sous le nom de *solide d'égale résistance*.

Si la section est constante d'un bout à l'autre, il suffit de faire la vérification pour la section la plus fatiguée, c'est-à-dire pour celle où le moment fléchissant atteint la plus grande valeur pour toute la pièce.

Pour le fer, l'acier et le bois, on attribue toujours en pratique, dans le calcul des pièces fléchies, la même valeur aux limites de résistance à la compression et à l'extension. On ne saurait en faire autant pour la fonte, vu l'écart considérable qui existe entre les charges de rupture à l'extension et à la compression (voir le tableau du n° 21). On doit donc, lorsqu'on calcule une pièce en fonte qui doit travailler à la flexion (ce que l'on évite en général aujourd'hui, vu la nature cassante de ce métal), veiller à ce que le travail maximum à la tension n'atteigne pas la moitié ou même le tiers du travail maximum à la compression.

Il suffit, pour obtenir ce résultat, d'adopter une section dissymétrique par rapport à l'axe neutre, comme l'indique la figure 16. Supposons que la zone supérieure travaille à la compression, on voit dans le cas présent que $u = 2\,u'$: donc le travail maximum à la compression est le double du travail à l'extension. Ce procédé n'est évidemment applicable que lorsque le moment fléchissant ne peut changer de signe et faire travailler la table supérieure à l'extension.

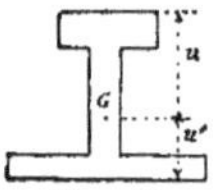

Fig. 16.

Bien que l'on n'exécute plus guère en fonte les pièces destinées à l'extension, cette remarque pourra toutefois trouver son application lorsque nous parlerons des arcs, système de ponts où la fonte est encore admise d'une façon courante, bien que le métal y travaille en certains points à la flexion.

13. Déformation des pièces fléchies. — Le calcul de la déformation d'une pièce fléchie est, en général, un problème d'une grande complication, lorsque la pièce n'est pas rigoureusement prismatique. L'on doit en effet tenir compte de la courbure initiale de l'axe longitudinal, qui n'est négligeable qu'entre deux sections infiniment voisines, et de la variation de figure de la section transversale. Soit ρ_0 le rayon de courbure de l'axe longitudinal en un point déterminé, ρ ce que devient ce rayon après la déformation. On a, en conservant les notations précédentes, l'équation :

$$\frac{1}{\rho} - \frac{1}{\rho_0} = \frac{X}{EI} \quad (1);$$

E est ici le coefficient d'élasticité longitudinale, que l'on doit supposer avoir même valeur pour l'extension et la compression, sans quoi l'équation serait inapplicable, car tout ce que nous venons de dire au sujet du travail à la flexion des pièces prismatiques se trouverait faux : c'est encore un motif de plus pour exclure la fonte des pièces qui travaillent à la flexion, car pour ce métal, on ne peut guère admettre, dans la plupart des cas, l'égalité des deux coefficients d'élasticité longitudinale, qui est la base fondamentale de la théorie de la flexion, et par conséquent les résultats des calculs sont entachés d'incertitude.

Quoi qu'il en soit, l'équation que nous venons de donner est une équation différentielle du deuxième ordre dont l'intégration est une opération en général laborieuse, et doit être faite dans chaque cas particulier, connaissant la relation qui existe entre X, I et ρ_0.

Si l'on appelle θ et θ' les angles formés par une section transversale de la pièce courbe avant et après la déformation avec un plan de comparaison arbitrairement choisi, et θ_0 et θ'_0 les mêmes angles relatifs à une section de la pièce prise pour origine, l'équation (1) peut être intégrée une première fois et, en désignant par ds un élément infiniment petit de l'axe longitudinal, prend la forme :

$$\theta' - \theta = \int_{s_0}^{s} \frac{X}{EI} \, ds + \theta_0' - \theta_0 \quad (2).$$

On ne peut effectuer cette seconde intégration que connaissant la relation qui lie entre elles les variables X, I et s.

Lorsque l'axe longitudinal primitif de la pièce est une droite, l'équation se simplifie et devient

$$\frac{1}{\rho} = \frac{X}{EI} \quad (3).$$

Si l'on prend pour origine des coordonnées un point de l'axe longitudinal, son extrémité de gauche par exemple (*fig.* 17), pour axe des x cet axe lui-même, et pour axe des y une perpendiculaire à ox, l'équation précédente, relative à la déformation des pièces prismatiques à axe rectiligne, peut, eu égard à la petitesse de cette déformation, être mise sous la forme ci-après :

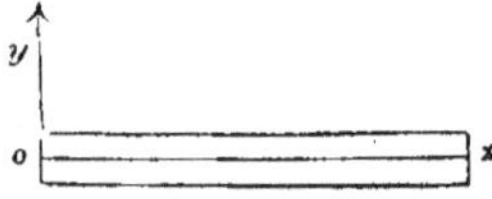

Fig. 17.

$$\frac{d^2 y}{dx^2} = \frac{X}{E\,I} \quad (4).$$

Cette équation différentielle peut s'intégrer connaissant l'expression de X et de I en fonction de la distance x à l'origine du centre de gravité de la section considérée.

Nous donnerons le résultat de cette intégration dans tous les cas que nous étudierons ultérieurement.

Nous examinerons seulement ici le cas où le rapport $\dfrac{X}{I}$ est constant d'une extrémité à l'autre de la pièce. Alors la valeur de ρ est aussi constante et l'axe de la pièce déformée affecte la forme d'un arc de cercle dont le rayon a pour valeur $\dfrac{E\,I}{X}$.

Si la hauteur h de la pièce est également constante, on voit qu'il en est de même de $\dfrac{X h}{I}$. La pièce est par suite un solide d'égale résistance. D'où l'on conclut que lorsqu'un solide d'égale résistance, à axe rectiligne et de hauteur constante, se déforme, son axe prend la forme d'un arc de cercle.

14. Effort tranchant. — L'effort tranchant, qui est une force située dans le plan de la section transversale, est la dérivée du moment fléchissant, ce qui signifie que, si l'on passe de la section AB à la section infiniment voisine CD (*fig.* 18), le moment fléchissant X s'augmente du produit de l'effort tranchant V par la distance dx des deux sections.

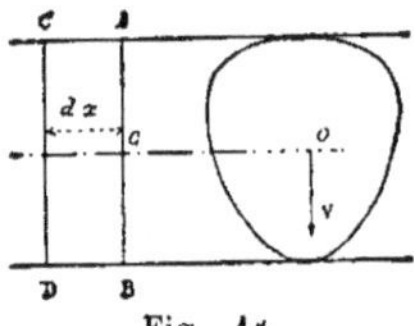

Fig. 18.

$$d\,X = V\,dx, \quad \text{d'où} \quad V = \frac{d\,X}{dx}.$$

Connaissant V en fonction de x, on peut toujours en déduire par une intégration la fonction qui représente X.

On voit que l'effort tranchant n'existe que dans les pièces

fléchies, et que toute section d'une pièce fléchie, à l'exception du cas où le moment fléchissant ne varierait pas d'une section à la suivante, est soumise à l'action d'un effort tranchant.

Pour définir le sens dans lequel s'exerce l'action de l'effort

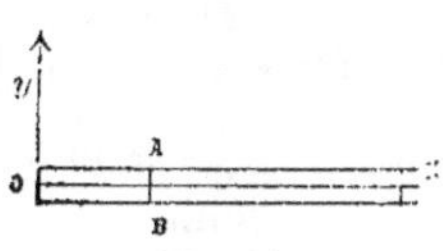
Fig. 19.

tranchant, nous supposerons toujours que, en prenant pour origine des longueurs une extrémité de la pièce (par exemple celle de gauche pour fixer les idées), l'effort tranchant est positif lorsque c'est la partie de la pièce située au delà de la section considérée par rapport à l'origine (c'est-à-dire la partie ABX située à droite de la section (*fig.* 19), qui tend à glisser de haut en bas : dans ces conditions, si l'on considère la variation de X en parcourant la pièce de gauche à droite, c'est-à-dire dans le sens des x positifs, X croît lorsque l'effort tranchant V est positif, et décroît lorsque V est négatif.

Cet effort ne se répartit pas, ainsi qu'on serait tenté de le croire *a priori*, uniformément sur toute la section, comme l'effort normal. A l'inverse de ce qui se passe pour le moment fléchissant, le travail dû à l'effort tranchant est nul sur les fibres les plus éloignées de l'axe neutre de la section, et il n'est jamais nul sur les fibres qui rencontrent cet axe : *en général* même, il est maximum sur l'axe neutre.

L'effort tranchant a du reste, ainsi que le travail à la

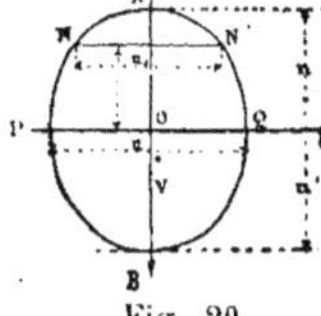
Fig. 20.

flexion, même valeur pour toutes les fibres que coupe une parallèle à l'axe neutre PQ (*fig.* 20).

Cherchons le travail par unité de surface S développé sur la parallèle NN′ située à une distance z_1 de la droite PQ et dont la longueur comprise à l'intérieur de la section est u_1

On a, en désignant par V l'effort tranchant total, par u et z les variables qui prennent pour NN′ les valeurs u_1 et z_1, et par n la valeur maximum Ao que peut atteindre z :

$$S = \frac{V}{I} \times \frac{1}{u_1} \int_{z_1}^{n} uz\,dz \quad (1).$$

1. Voir Collignon : *Traité de résistance des matériaux*, n° 107.

Cette expression donne, bien $S = o$ pour $z = n$: l'effort tranchant est nul sur les fibres les plus éloignées de l'axe neutre.

Pour avoir le travail maximum il **faut** chercher quelle est la plus grande valeur que puisse atteindre l'expression $\frac{1}{u_1} \int_{z_1}^{n} uz\,dz$ quand on fait varier la limite inférieure z_1 de o à n. En général ce maximum correspond à $z_1 = o$ et $u_1 = u_0$ et le travail maximum a lieu sur l'axe neutre de la section.

$$S = \frac{V}{I} \times \frac{1}{u_0} \int_{0}^{n} uz\,dz.$$

Mais si la section présente un rétrécissement excessif en

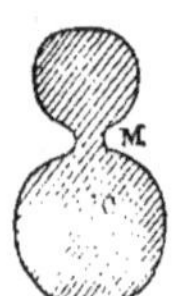

M (*fig.* 21), comme en ce point le coefficient $\frac{1}{u_1}$ est très grand, c'est là que se manifeste l'effort tranchant maximum et non au centre de gravité O. Nous verrons plus loin que dans la pratique on rencontre de semblables points faibles, et qu'il convient de vérifier si en ces points la valeur de S ne dépasse pas la limite admise.

Fig. 21.

La valeur de S peut s'intégrer soit d'une façon exacte, soit par des formules de quadrature, lorsque l'on connaît la relation qui lie u et z. Nous donnerons le résultat de cette intégration dans quelques cas particuliers.

Poutre à section rectangulaire. — Soient a et b les deux côtés du rectangle.

$$u = a \qquad n = \frac{b}{2}.$$

$$S = \frac{V}{ab}\left(\frac{6z^2}{b^2} - \frac{3}{2}\right) \text{ maximum pour } z = o, \quad S = \frac{3}{2}\frac{V}{ab}.$$

Poutre à section en double té (*fig.* 22). — S est ici représenté par deux formules différentes.

Depuis $z = o$ à $z = \frac{b'}{2}$,

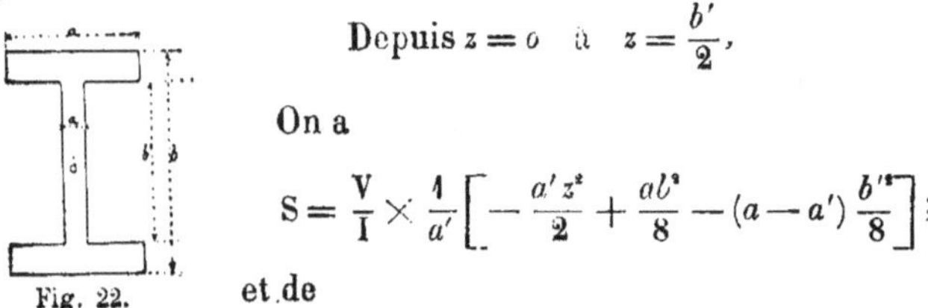

On a

$$S = \frac{V}{I} \times \frac{1}{a'}\left[-\frac{a'z^2}{2} + \frac{ab'^2}{8} - (a - a')\frac{b'^2}{8} \right];$$

et de

Fig. 22.

$$z = \frac{b'}{2} \quad \text{à} \quad z = \frac{b}{2}.$$

On a

$$S = \frac{V}{2\,I}\left(-z^2 + \frac{b^2}{4}\right).$$

Le maximum a toujours lieu pour $z = o$ et il a pour valeur

$$S = \frac{V}{a'\,I}\left[+\frac{ab^2}{8} - (a - a')\frac{b'^2}{8}\right] = \frac{3}{2}\frac{V}{a'b'}\left[1 - \frac{ab^2(b - b')}{ab^3 - ab'^3 + a'b'^3}\right].$$

Supposons que dans le calcul du moment d'inertie on puisse négliger l'âme verticale, et substituons à la valeur exacte de I, qui est $\dfrac{ab^3 - ab'^3 + a'b'^3}{12}$, la valeur approximative $\dfrac{ab^2(b - b')}{4}$; la parenthèse de l'équation qui précède devient égale à $\dfrac{2}{3}$ et la valeur de S se réduit à $\dfrac{V}{a'b'}$: ainsi le travail maximum a lieu sur la fibre moyenne, et il a la même valeur que si on supposait l'effort tranchant uniformément réparti sur l'âme verticale du double T, à l'exclusion des semelles. C'est ce qui explique pourquoi les constructeurs ont l'habitude dans le calcul des pièces fléchies de ne tenir compte que des semelles lorsqu'ils déterminent la surface destinée à résister au moment fléchissant, et au contraire de calculer l'âme verticale comme si elle devait résister seule à l'effort tranchant uniformément réparti sur sa surface.

On peut d'ailleurs toujours vérifier sans difficulté, par les formules que nous venons de donner, l'exactitude du résultat donné par la méthode approximative. Dans certains cas, on pourrait être amené à donner à l'âme plus de force que ne l'indique la méthode usuelle.

Poutre à section circulaire. — Soit R le rayon.

$$S = \frac{4}{3}\frac{V}{\pi R^2} \times \frac{R^2 - z^2}{R^2};$$

pour $z = o$, on a :

$$S = \frac{4}{3}\frac{V}{\pi R^2}.$$

S est les $\frac{4}{3}$ du travail qui résulterait de l'effort tranchant uniformément réparti sur la surface.

On admet tantôt que la limite pratique à l'effort tranchant
peut être évaluée aux $\frac{4}{5}$ de la limite à l'extension, tantôt qu'elle
lui est égale. C'est ce que nous supposerons pour plus de simplicité, en l'absence de tout résultat d'expérience suffisamment précis.

Dans la pratique, le travail à l'effort tranchant est presque
toujours bien inférieur à ces deux limites, l'âme verticale des
poutres recevant généralement, pour des raisons de construction, une épaisseur bien plus grande que ne l'exige l'effort
tranchant.

L'effort tranchant ne joue aucun rôle dans la déformation
des pièces fléchies : ce résultat ne paraît pas paradoxal lorsqu'on réfléchit au mode de répartition, qui est tel que les
fibres extrêmes, n'étant soumises à aucun travail, ne peuvent
être déformées de ce chef. C'est pourquoi l'effort tranchant
ne figure pas dans les formules relatives à la déformation.

**15. Pièces fléchies. Travail du métal dans une
direction quelconque.** — Nous venons de donner des
formules permettant de calculer dans une pièce fléchie : 1° le
travail à la compression ou à l'extension qui se manifeste
dans une direction normale à la section transversale de la
pièce ; 2° le travail au cisaillement qui se manifeste dans une
direction parallèle au plan de la section transversale. Dans la
pratique en effet, on ne tient compte, pour le calcul des
dimensions de la pièce, que de ces deux éléments.

Toutefois il n'est pas pas inutile de remarquer que le couple
de flexion qui tend à faire tourner la section transversale
autour d'une droite de son plan, et l'effort tranchant qui est
une force située dans le plan de la section, font travailler le
métal à la compression ou à l'extension, aussi bien qu'au
cisaillement, dans toutes les directions menées dans le plan
de flexion que nous supposons ici, comme c'est le cas général
de la pratique, contenir l'effort tranchant.

Soit M un point du plan de flexion *fig.* 23), AB la trace sur
ce plan de la section transversale qui passe par M, CD une

droite du plan passant par M et définie par l'angle qu'elle fait avec la droite AB, cet angle φ étant mesuré de gauche à droite à partir de l'extrémité A de la droite AB, la plus voisine du point M.

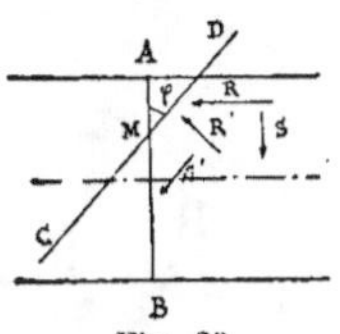

Fig. 23.

Proposons-nous connaissant le travail à la flexion R, qui se manifeste en M perpendiculairement à la direction AB, et le travail au cisaillement S qui se manifeste parallèlement à AB, de déterminer le travail à la flexion R′ perpendiculaire à CD, et le travail au cisaillement S′ parallèle à CD.

Nous obtiendrons le travail à la flexion (extension ou compression) perpendiculaire à CD par la formule :

$$(1) \qquad R' = \frac{1}{2} R \left(1 + \cos 2\varphi\right) + S \sin^2 \varphi$$

et le travail au cisaillement par l'équation :

$$(2) \qquad S' = -\frac{1}{2} R \sin 2\varphi + S \cos 2\varphi.$$

On trouvera la démonstration de ces formules dans le *Traité de Résistance* des matériaux de M. Collignon (n. 113).

Nous croyons utile de les discuter sommairement.

La figure 24 montre comment varient R′ (trait plein) et S′ (— · — · — · —) lorsque l'angle φ croît de *o* à π.

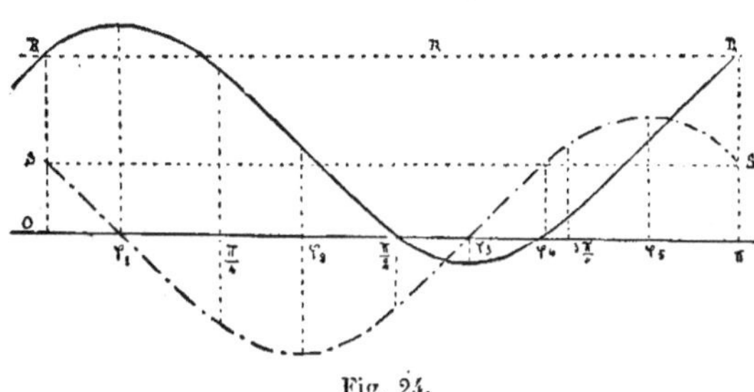

Fig. 24.

Les angles φ_1, φ_2, φ_3, φ_4 sont définis par les conditions :

$$\text{Tg. } 2\varphi_1 = \frac{2S}{R}, \qquad \text{Tg. } 2\varphi_2 = -\frac{R}{2S}, \qquad \text{Tg. } 2\varphi_3 = \frac{2S}{R}$$

$$\text{Tg. } 2\varphi_4 = -\frac{R}{2S}.$$

On voit facilement que φ_1 est compris nécessairement entre o et $\dfrac{\pi}{4}$ et que l'on a :

$$\varphi_5 = \frac{\pi}{4} + \varphi_3 = \frac{\pi}{2} + \varphi_2 = \frac{3\pi}{4} + \varphi_1.$$

L'angle φ_4 est défini par la condition : $Tg.\ \varphi_4 = -\dfrac{R}{2\,S}$. Il est plus petit ou plus grand que $\dfrac{3\pi}{4}$ suivant que R est plus grand ou plus petit que 2S. Dans le cas de la figure on a $R > 2S$ et par suite $\varphi_4 < \dfrac{3\pi}{4}$.

Le tableau suivant résume les principales valeurs que prennent R' et S' quand φ croît de o à π.

VALEURS de φ	VALEURS de R'	VALEURS de S'	OBSERVATIONS
o	R	S	Pour $\varphi = \varphi_1$, R' passe par un maximum de même signe que R. S' s'annule et change de signe : le travail au cisaillement change de sens. Pour $\varphi = \varphi_2$, S' passe par un maximum de signe contraire à S. Pour $\varphi = \dfrac{\pi}{2}$, R' s'annule pour changer de signe : le travail à la flexion devient une tension si R représente une pression et *vice versâ*. Pour $\varphi = \varphi_3$, R' atteint un maximum de signe opposé à R. S' s'annule et change de signe. Pour $\varphi = \varphi_4$, R s'annule et reprend le signe positif. S' redevient égal à S. Enfin pour $\varphi = \varphi_5$, S' passe par un maximum positif. φ croissant au-delà de π, R' et S' repassent par les mêmes valeurs.
φ_1	$\dfrac{1}{2}(R+\sqrt{4S^2+R^2})$	0	
$\dfrac{\pi}{4}$	$S+\dfrac{R}{2}$	$-\dfrac{R}{2}$	
φ_2	$\dfrac{1}{2}R$	$-\dfrac{1}{2}\sqrt{R^2+4S^2}$	
$\dfrac{\pi}{2}$	0	$-S$	
φ_3	$\dfrac{1}{2}(R-\sqrt{4S^2+R^2})$	0	
φ_4	0	S	
$\dfrac{3\pi}{4}$	$\dfrac{R}{2}-S$	$\dfrac{R}{2}$	
φ_5	$\dfrac{1}{2}R$	$\sqrt{R^2+4S^2}$	
π	R	S	

En résumé le travail à la flexion R' passe par deux maxima :
l'un $\frac{1}{2}(R + \sqrt{4S^2 + R^2})$ de même signe que **R**, et l'autre
$\frac{1}{2}(R - \sqrt{4S^2 + R^2})$ de signe contraire.

Le travail au cisaillement S' présente également deux
maxima de signes contraires, mais de valeurs égales
$\pm\frac{1}{2}\sqrt{R^2 + 4S^2}$. D'autre part S' est égal à $\pm$ S pour $\varphi = o$
et $\varphi = \frac{\pi}{2}$, ce qui veut dire que le travail au cisaillement dans
le sens parallèle à l'axe longitudinal de la pièce, que l'on
appelle aussi la *tendance au glissement longitudinal*, a même
valeur que le travail à l'effort tranchant.

D'autre part le maximum de R' est égal à R lorsque l'on a
$S = o$, c'est-à-dire sur les fibres extrêmes de la pièce, pour
lesquelles la valeur de R atteint son maximum : il en résulte
que la méthode usitée en pratique, qui consiste à calculer le
travail à la flexion dans le sens perpendiculaire à la section
transversale, donne bien la pression ou la tension maximum
pour les fibres extrêmes de la pièce, qui sont en général les
plus fatiguées.

De même le maximum de S' est égal à S lorsque $R = o$,
c'est-à-dire sur les fibres neutres de la pièce, pour lesquelles
la valeur de S atteint son maximum, ce qui justifie encore la
méthode habituelle qui consiste à calculer le cisaillement dans
la direction perpendiculaire à l'axe longitudinal de la
pièce.

En somme, la méthode usuelle fournit toujours des résultats
suffisamment exacts, car les valeurs qu'elle donne pour le
travail à la flexion et au cisaillement sont en général très peu
inférieures aux maxima absolus que l'on calculerait au moyen
des formules précédentes. En cas de doute, rien n'est plus
simple que d'en faire la vérification dans chaque cas : d'ailleurs il est facile de reconnaître que les maxima absolus de
S' et R' s'observent toujours dans les points où la section
subit un élargissement brusque, comme aux points d'attache
des ailes des fers à double T sur leurs âmes.

Si une vérification est utile en certains cas, c'est donc

toujours sur ces points particuliers qu'elle doit porter.

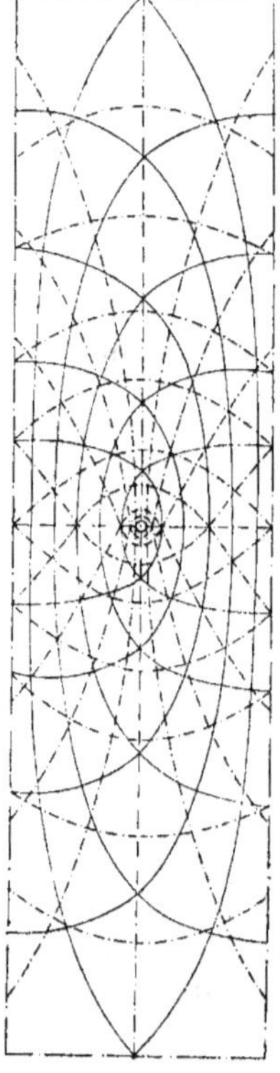

Fig. 25.

Nous terminerons cette étude en donnant pour une poutre à section rectangulaire (*fig.* 25) dans le plan de flexion les courbes de travail maximum à la compression ou à l'extension (————) et au cisaillement (—·—·—·—), qui indiquent en chaque point les directions pour lesquelles les différents travaux atteignent leur maxima.

Une courbe de compression quelconque coupe à angle droit la fibre comprimée et toutes les courbes d'extension qu'elle rencontre, et à 45° la fibre neutre et les courbes de cisaillement; enfin, elle est tangente à la fibre extrême tendue.

La fibre moyenne de la poutre et la perpendiculaire à cette fibre qui passe en son milieu, sont des axes de symétrie de ces deux systèmes de courbes orthogonales.

Nous donnerons encore à titre d'exemple, pour une pièce à section rectangulaire (*fig.* 26), et trois poutres à double **T** (*fig.* 27, 28, 29) les épures indiquant pour les différents points de la section transversale le travail à la compression perpendiculaire à la section transversale (—R) et le travail à la compression maximum (—R′) dans les différents points de chaque pièce, et donnant les mêmes renseignements pour le travail à l'extension (+ R et + R′) et le travail au cisaillement (S et S′). On voit, ainsi que

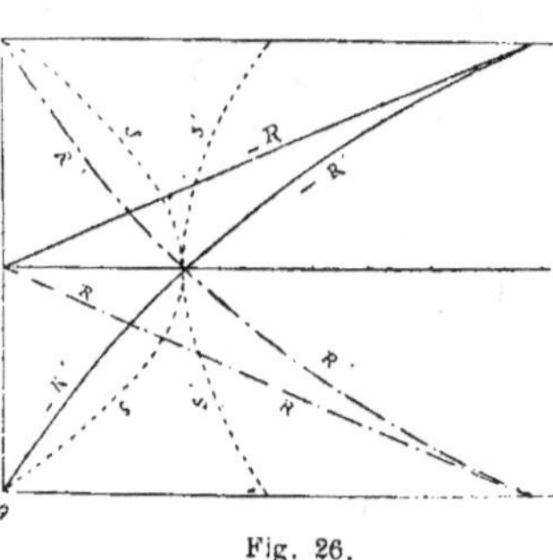

Fig. 26.

nous l'avons dit, que les points où la section s'élargit brusquement sont les points critiques où R′ et S′ atteignent leurs maxima absolus, et où il peut être utile de vérifier que la méthode usuelle n'a pas conduit à donner à la pièce des dimensions insuffisantes.

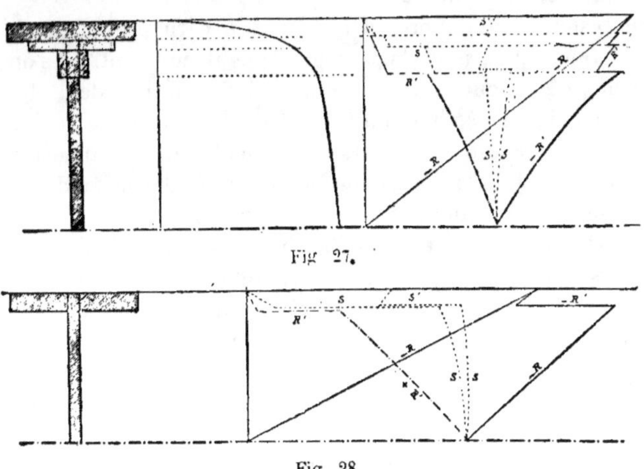

Fig. 27.

Fig. 28.

Tel serait le cas pour le travail à la flexion du 2ᵉ fer à double T (*fig.* 28) : le travail au point de passage de l'âme à la semelle dépasse de $\frac{1}{4}$ le travail sur les fibres extrèmes ; il en est généralement de même quand le maximum de S est à peu près égal au maximum de R.

Ce cas ne se rencontre presque jamais, à moins que R ne soit très inférieur à la limite pratique du travail, comme dans le voisinage des points d'appui des poutres.

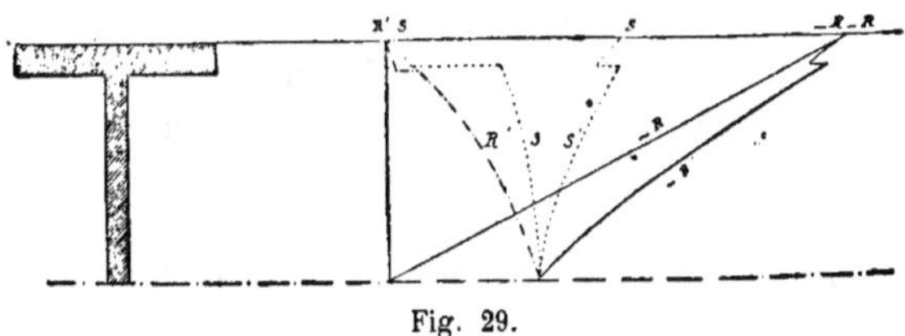

Fig. 29.

Pour le 3ᵉ fer à double T (*fig.* 29) où le maximum de S est très inférieur au maximum de R, on voit qu'au contraire c'est le travail au cisaillement qui, au point d'attache de la semelle sur l'âme, dépasse de $\frac{4}{5}$ la valeur maximum de S; mais comme ce travail reste toujours inférieur à R, on n'a rien à craindre à ce point de vue.

En résumé l'étude précédente nous a paru présenter un intérêt théorique ; mais dans la pratique il convient de s'en tenir aux règles que nous avons énoncées pour le calcul des pièces fléchies, en se bornant à dériminer le travail à la flexion perpendiculaire à la section transversale et le travail au cisaillement parallèle à ladite section, lequel est égal à la tendance au glissement longitudinal au point considéré.

16. Rupture des pièces fléchies. — Le travail à la compression ou à l'extension présentant son maximum sur les fibres extrèmes, ce sont celles-ci, lorsqu'il atteint la limite de rupture, qui se brisent tout d'abord, puis la section de la pièce étant diminuée d'autant, les fibres suivantes se brisent également, etc., etc. La rupture se propage donc depuis les fibres extrèmes jusqu'aux fibres neutres, et elle s'effectue par la rotation d'une section relativement à la section voisine.

Quand c'est le travail au cisaillement qui atteint la limite de rupture, il n'y a jamais glissement d'une section sur la section voisine, comme on serait tenté de le croire. En effet, il faudrait pour cela que toutes les fibres se rompissent à la fois, ce qui est inadmissible puisque l'effort tranchant est nul sur les fibres extrèmes et à peine sensible sur celles qui les avoisinent. C'est ce qui explique pourquoi on peut pratiquer impunément dans l'âme d'un fer à double **T** une ouverture R S, dirigée normalement à l'axe neutre, sans que la pièce se brise. L'effort tranchant se répartit dans les parties de la section AR et SB restées pleines, et la pièce reste intacte (*fig.* 30).

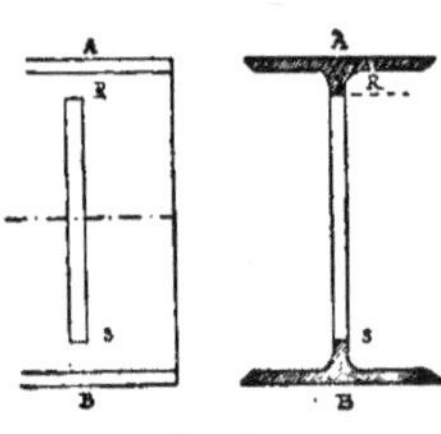

Fig. 30.

Supposons que dans la section AB d'une pièce prismatique, il y ait en M un point faible où le travail dû à l'effort tranchant atteigne la limite de rupture (*fig.* 31). En vertu de l'hypothèse faite sur la constitution des pièces prismatiques, le rétré-

cissement M se poursuit dans les sections voisines, et la
pièce présente une zone MN, parallèle à l'axe neutre, où

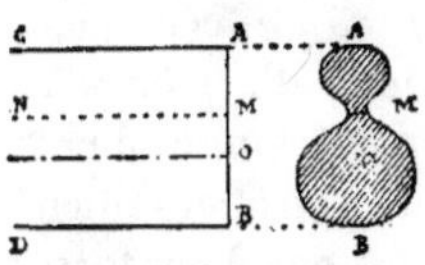

Fig. 31.

le travail dû à l'effort tranchant atteint
la limite de rupture : or on sait que la
tendance au glissement longitudinal,
c'est-à-dire le travail au cisaillement
parallèle à l'axe longitudinal et par
suite à MN, est égal au travail à l'effort

tranchant : on conçoit donc que, puisque l'effort, qui tend à
séparer la partie supérieure de la pièce AMNC de la partie inférieure NMBD, dépasse sur toute la surface de jonction MN la
cohésion du métal, la rupture se produit nécessairement, et la
pièce prismatique se divise en deux pièces primastiques
superposées.

On voit que la rupture des pièces prismatiques se fait en ce
cas par glissement longitudinal des fibres, et jamais par cisaillement normal à l'axe longitudinal.

Il faut donc veiller à ce que les pièces fléchies ne présentent pas dans leur âme un affaiblissement régnant sans dis-
continuité parallèlement à l'axe longitudinal. C'est ainsi que
dans les rails il se produit fréquemment des ruptures longitudinales suivant les soudures des divers paquets de métal
qui ont servi à leur confection.

Dans les poutres à double T composées, les points faibles
sont les attaches des cornières sur les tables et sur l'âme ;
lorsque celle-ci se compose de deux tôles superposées dans le
sens de la longueur, la solution de continuité, qui se prête-
rait au glissement longitudinal, doit être compensée par des
couvre-joints *cc'*, tôles verticales auxiliaires assemblées avec
chacune des parties de l'âme . On voit qu'il faut calculer en

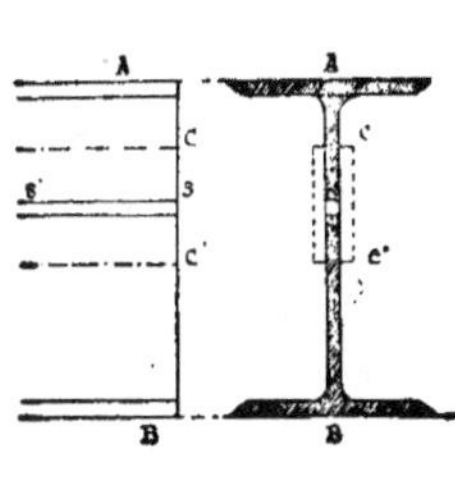

Fig. 32

raison de l'intensité de l'effort tranchant les dimensions de ces couvre-
joints, ainsi que le nombre de leurs
rivets d'attache, de façon que le glissement ne puisse pas se produire
suivant la direction SS' (*fig.* 32) : les
formules à employer sont données au
chapitre suivant (n° 38).

A titre d'exemple, considérons une

poutre composée formée de deux pièces de bois A et B reliées entre elles par de simples barreaux perpendiculaires aux semelles P et R, comme dans une échelle (*fig. 33*). Si cette pièce travaille à la flexion, elle pourra se rompre par glissement longitudinal : chacun des barreaux est en effet sollicité à ses deux extrémités par deux forces de sens contraire g et g', dont chacune est égale à l'effort tranchant total V multiplié par le rapport $\frac{l}{h}$ de l'espacement de deux barreaux consécutifs à la hauteur totale de chaque barreau. Par conséquent, si l'on veut que la poutre puisse résister, il faut que l'assemblage du barreau avec le montant soit suffisamment solide pour résister à la force de glissement longitudinal g : c'est à quoi l'on peut arriver en introduisant dans chaque barreau un boulon en fer qui résiste par cisaillement ou développe par son serrage un frottement capable de faire équilibre à la tendance au glissement longitudinal. Nous ajouterons, pour compléter l'étude de ce genre de poutre, que le barreau R est soumis à un moment fléchissant égal en M à $\frac{gh}{2} = \frac{Vl}{2}$ et en N à $-\frac{g'h}{2}$. Ce moment fléchissant s'annule au milieu de la longueur du barreau. On voit donc que cette pièce peut aussi se rompre par flexion.

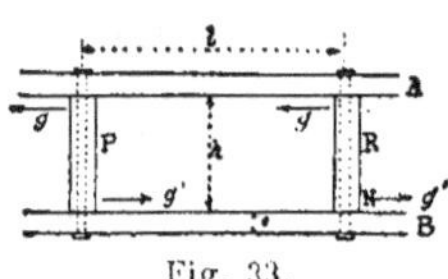

Fig. 33.

Les formules qui précèdent supposent que le barreau a une longueur considérable par rapport à l'épaisseur des semelles. Dans le cas contraire, on devrait calculer l'effort de glissement et le moment fléchissant en M par les formules exactes des numéros 11 et 14, en supposant que la matière qui constitue le barreau soit répartie sur la longueur de la poutre, de façon à constituer une âme mince continue, puis concentrée en R sans rien changer à la distributiou des efforts.

17. Rupture des pièces fléchies au point d'application d'une charge concentrée. — Ce que nous venons de dire s'applique à l'effort tranchant proprement dit, *qui est transmis d'une section de la pièce à la section infiniment voisine.*

Il existe dans les poutres des points particuliers, où ce qui vient d'être exposé n'est plus applicable, parce que les hypothèses formulées au début de ce chapitre, au n° 3, ne sont plus vérifiées, et que par suite les formules de la résistance des matériaux ne peuvent plus s'appliquer.

Ces points singuliers sont ceux où une force isolée U, d'une

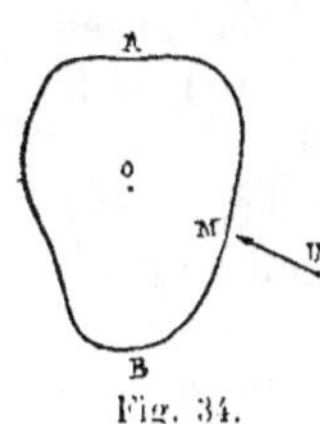
Fig. 34.

certaine intensité, est appliquée en un point déterminé d'une section de la poutre, soit pour fixer les idées au point M de la section AB (*fig.* 34). Pour éliminer l'influence du couple de torsion, nous supposons bien entendu que la direction de cette force prolongée passe par le centre de gravité O de la section.

La pièce à laquelle est appliquée la force U n'étant pas un solide invariable, mais bien un corps élastique, on voit que, avant de se répartir sur toute la section, elle tend à déformer la figure AB en l'aplatissant. Nous ne sommes plus dans les conditions posées au n° 3. Il est donc bien entendu que les considérations qui précèdent sont inapplicables aux sections des pièces prismatiques qui sont soumises à l'action d'une force extérieure appliquée en un point de leur contour.

Considérons par exemple la poutre AB, dont les extrémités

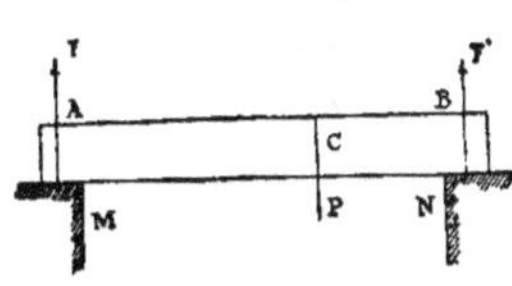
Fig. 35.

reposent sur deux culées en maçonnerie M, N (*fig.* 35). Le poids total de la poutre est reporté sur ces culées. Il en résulte que la section extrême A de la poutre est soumise à une force F, égale et opposée à la moitié du poids total, qui représente la réaction de la culée sur la poutre.

De même la section B est soumise à l'action d'une force analogue F'.

Supposons qu'un poids concentré P soit appliqué à la section intermédiaire C : cette section sera encore dans le même cas.

C'est pourquoi nous formulerons la règle pratique suivante que nous croyons inutile de justifier, les considérations qui précèdent nous paraissant en montrer suffisamment l'évidence : lorsqu'une force isolée U est appliquée en un point d'une section, il faut calculer celle-ci de façon :

1° Qu'elle résiste dans de bonnes conditions **au moment flé-chissant** et à l'effort tranchant d'après la règle ordinaire;

2° Que la portion de pièce comprise entre deux sections voisines, situées l'une en deçà, l'autre au delà du point d'application de la force, puisse résister convenablement, en la considérant comme une pièce isolée, comprimée ou tendue par la force U suivant le sens dans lequel agit celle-ci.

Telle est la raison pour laquelle on raidit l'âme des poutres métalliques, au droit des piles et culées, et souvent au point d'attache des pièces de pont, partout en un mot où un effort considérable venant de l'extérieur vient s'exercer sur la poutre, et pourquoi, lorsque l'on a négligé cette précaution, on voit l'âme se gondoler et s'écraser dans ces points spéciaux, se comportant comme une pièce comprimée dans le sens de sa longueur et travaillant au delà de la limite d'élasticité [1].

En résumé (*fig.* 36) si une force isolée U est appliquée en M à une poutre métallique, il convient de raidir la partie d'âme verticale comprise entre deux sections voisines AB et CD, de telle façon que la pièce métallique ABCD, considérée comme isolée et soumise à un effort de compression U, se trouve dans de bonnes conditions de résistance.

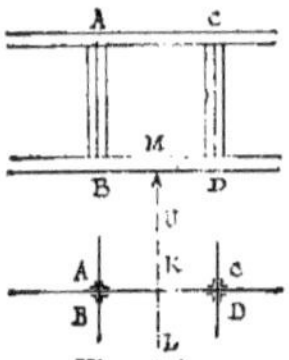

Fig. 36.

La figure 36 indique un des moyens pratiques qui permettent d'arriver à ce résultat : il faut donner à la section de la pièce ABCD une des figures recommandées au n° 8, et si l'on peut, adopter une section annulaire ou une section en forme de polygone régulier évidé.

Il résulte également de l'étude déjà faite des pièces comprimées qu'il est inutile, si une circonstance particulière relative au mode de construction n'y oblige pas, de donner aux renforts AB et CD un écartement tel que le moment d'inertie de la section soit notablement plus grand, par rapport à la direction KL que par rapport à la direction perpendiculaire AC.

Nous ferons remarquer en terminant que ce que nous avons dit à propos de l'effort tranchant n'est pas applicable, **pour**

---

1. Morandière. — Cours de Ponts, chapitre IX, page 800.

les mêmes raisons que précédemment, aux pièces travaillant 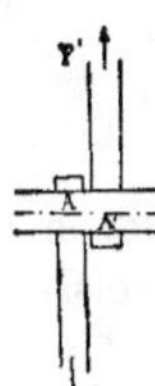 *au cisaillement* proprement dit, c'est-à-dire aux pièces placées dans des conditions telles que deux sections extrêmement voisines soient soumises à des forces égales et de sens opposé F et F' (*fig.*37), appliquées en des points A et A' opposés, par rapport à l'axe longitudinal de la pièce.

C'est ainsi que travaillent par exemple les *chevilles* des ponts américains.

Fig. 37

Nous donnerons au chapitre suivant les formules à employer pour le calcul de ces pièces.

18. Couple de torsion. — Soient AB la section transversale d'une pièce prismatique, O son centre de gravité qui devient ici le centre de torsion, a et b les deux demi-diamètres principaux de l'ellipse centrale d'inertie, Ω l'aire de la section, T le moment du couple de torsion qui tend à faire tourner la 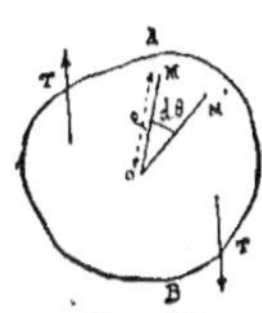 section dans son plan autour du point O, et développe une tendance au glissement ou un effort de cisaillement parallèle au plan de la section.

Soit M un point de la section situé à la distance ρ du point O (*fig.* 38).

Fig. 38.

Le travail développé en M est donné par la formule : $R = \dfrac{T\rho}{(a^2 + b^2)\,\Omega}$.

Le maximum du travail correspond donc au maximum de ρ, c'est-à-dire qu'il se manifeste dans le point de la section le plus éloigné du centre de gravité O.

Cette formule, exacte pour les pièces qui ont une section circulaire ou annulaire (comprise entre deux cercles concentriques), est suffisamment approchée pour les pièces dont la figure a une section peu différente, par exemple pour un polygone régulier avec un évidement concentrique; elle donnerait des résultats absolument faux si on prétendait l'appliquer à des prismes ayant une section très dissemblable.

Il en est de même de la formule qui donne la déformation du prisme.

Soit $d\theta$ l'angle décrit par le rayon vecteur OM du point M, lequel est venu en OM'.

On a :

$$d\,\theta = \frac{2\,T}{\pi\,G\,(r^4 - r'^4)} \cdot dx$$

r et **r'** étant les rayons extérieur et intérieur de la section annulaire et dx la distance de deux sections infiniment voisines.

Si la pièce cylindrique tordue a une longueur L, l'angle dont l'une des sections extrêmes aura tourné par rapport à l'autre prise comme point de comparaison, sera donné par la formule :

$$\theta = \int_{o}^{L} \frac{2\,T}{\pi\,G\,(r^4 - r'^4)}\,dx \cdot$$

Si l'expression $\dfrac{2\,T}{\pi\,G\,(r^4 - r'^4)}$ est une constante, la torsion totale de la pièce est donnée par la formule :

$$\theta = \frac{2\,T\,L}{\pi\,G\,(r^4 - r'^4)}\cdot$$

La quantité G est une constante spécifique, coefficient d'élasticité du métal à la torsion, qui figure au tableau placé à la fin de ce chapitre. Il en est de même de la limite pratique qu'il convient de ne pas dépasser pour le travail maximum du métal à la torsion.

Les formules qui précèdent ne sont guère employées que dans le calcul des machines. Il est rare que l'on rencontre dans le calcul des ponts métalliques des pièces travaillant à la torsion. Toutefois, le cas pouvant se présenter à titre exceptionnel, nous n'avons pas jugé inutile de donner en passant ces quelques renseignements sur la question.

19. Composition des effets dus à différentes causes. — Nous avons examiné précédemment comment on devait calculer les pièces prismatiques soumises soit à un effort normal, soit à un moment de flexion, soit à un couple de torsion. Il peut arriver que les forces appliquées à une pièce donnent lieu à la fois à un effort normal, à un moment fléchissant et à un couple de torsion.

En pareil cas, on doit admettre que le travail total est la résultante *géométrique* des travaux partiels dus à chaque cause considérée isolément, et qu'il en est de même de la déformation.

On devra donc ajouter algébriquement le travail dû à l'effort normal au travail dû au moment fléchissant $\dfrac{X z}{I} + \dfrac{F}{\Omega}$, en ayant soin de tenir compte des signes (positif pour les tensions, négatif pour les compressions), et on aura ainsi avec son signe le travail du métal au point considéré. On aurait de même à faire la somme du travail dû à l'effort tranchant et du travail dû au couple de torsion :

$$\frac{V}{I}\,\frac{1}{u_1}\int_{z_1}^{n} u z\,dz + \frac{T\rho}{(a^2 + b^2)\,\Omega}.$$

Chacun de ces résultats devra être inférieur à la limite pratique admise pour le travail du métal.

Si l'on veut calculer le travail total résultant de la combinaison des efforts de compression ou d'extension dus au moment fléchissant et à l'effort normal, et des efforts de cisaillement qui se manifeste par l'effet de la flexion et de la torsion, on aura à résoudre le même problème que celui que nous avons traité en recherchant la distribution des efforts dans les pièces fléchies (15). Cette recherche nous paraît d'ailleurs sans utilité pratique.

20. Méthode générale de calcul des ponts métalliques. — Nous croyons avoir traité complètement le problème que nous avons posé au début de ce chapitre. Désormais lorsque nous aurons donné le moyen de calculer l'effort normal, le moment fléchissant, l'effort tranchant et le couple de torsion en une section quelconque d'une pièce prismatique, nous nous en tiendrons là et nous ne reviendrons pas sur la méthode à suivre pour en déduire les dimensions attribuées à cette section : on n'aura en effet qu'à se reporter au présent chapitre pour compléter à ce point de vue le calcul de l'ouvrage étudié.

Quant à la déformation, nous donnerons toujours, autant que possible dans chaque cas considéré, la formule à appliquer.

La méthode générale qui permet de déterminer l'effort normal, le moment fléchissant, l'effort tranchant et le couple de torsion relatifs à une section déterminée d'une pièce prismatique est la suivante :

Supposons connues toutes les forces extérieures appliquées à la pièce en question, depuis la section considérée jusqu'à une de ses extrémités : l'effort normal est la résultante des projections de toutes ces forces sur une perpendiculaire à la section transversale ; l'effort tranchant est la résultante géométrique des projections de toutes ces forces sur le plan même de la section : le moment fléchissant est la résultante géométrique des moments de toutes ces forces pris pour chacune d'elles par rapport à la projection du centre de gravité de la section sur un plan perpendiculaire à ladite section mené par la force dont il s'agit ; enfin le couple de torsion est la résultante géométrique des moments par rapport au centre de gravité des projections de ces forces sur le plan de la section.

Quand le couple de torsion dû à une force est nul, la projection de cette force sur le plan de la section passe par le centre de gravité, et la recherche du moment fléchissant se simplifie : le moment fléchissant est égal au moment de la force par rapport au centre de gravité de la section.

Dans tous les cas simples, ou habituellement traités dans les ouvrages de résistance des matériaux en usage, nous nous bornerons à énoncer les résultats, sans en donner la démonstration analytique, afin d'abréger et de ne pas encombrer cet ouvrage d'équations que des constructeurs à la recherche de formules immédiatement applicables se garderaient bien de parcourir. Nous ne donnerons le calcul complet que dans les cas non traités dans les ouvrages de résistance, où il nous paraîtra utile d'exposer la marche suivie, soit dans un but de justification, soit plutôt pour faire connaître des méthodes générales applicables en d'autres circonstances.

21. Tableau des constantes spécifiques relatives aux divers matériaux. — Nous terminerons ce chapitre par le tableau numérique de toutes les constantes spécifiques ou coefficients pratiques qui entrent dans les formules que nous avons données précédemment, et dont on a par suite un besoin continuel dans les applications.

Nous ferons remarquer que les limites de charge, relatives aux pièces comprimées, ne s'appliquent qu'aux pièces de petite longueur : lorsque la longueur dépasse quinze fois la plus petite dimension transversale, il convient de se reporter aux formules du n° 9.

On admettra que la résistance à l'effort tranchant est égale à la résistance à l'extension ou à la compression.

On dit souvent que dans les grands ouvrages métalliques la valeur du coefficient d'élasticité est notablement plus faible que dans les petites pièces : par exemple le coefficient d'élasticité des grands ponts en fer, formés de pièces qui ont, chacune considérée isolément, un coefficient égal à 200×10^8, se réduit à 16×10^8 et même 14×10^8. La raison en est que, dans les ouvrages formés d'un grand nombre de pièces, les assemblages n'ont pas l'invariabilité que leur suppose le calcul : il y a toujours un certain jeu qui augmente d'autant les déformations dues à l'action des causes extérieures, et il faut dans le calcul de la déformation du pont, tenir compte de cette circonstance, ce qui se fait très aisément en réduisant la valeur de E.

Les pont articulés américains (73) présentent naturellement ce phénomène à un bien plus haut degré que les ponts rivés européens, dont les assemblages sont sensiblement indéformables. Il en est de même des ponts en fonte formés de tronçons mis en contact par des surfaces rabotées, qui forcément se rapprochent plus ou moins suivant la pression mutuelle exercée entre elles.

Nous pensons que si l'on considère une série d'ouvrages établis suivant le même type, les mieux construits sont ceux dont le coefficient d'élasticité se rapproche le plus du coefficient relatif aux pièces élémentaires considérées isolément.

Nous n'avons jusqu'ici considéré que des pièces en état d'équilibre statique. C'est l'hypothèse où l'on se place toujours dans le calcul des ponts. Mais il arrive que dans la réalité les forces extérieures présentent des variations considérables dans un temps très court (charges mobiles, rafales du vent). Il en résulte dans les ouvrages des phénomènes dynamiques qui augmentent notablement le travail du métal.

Nous indiquerons plus tard comme il convient d'en tenir compte, en modifiant en conséquence les résultats donnés par le calcul, qui suppose toujours l'équilibre statique établi.

DÉSIGNATION des MATIÈRES	POIDS du MÈTRE cube	COEFFICIENT D'ÉLASTICITÉ			LIMITE D'ÉLAS	
		à l'extension E	à la compression E	à la torsion G	à l'extension	à la compression
					En kilog. par millim.	
Fer { fil de fer				66×10^8		
Fer { forgé en barres	7800	$\frac{180}{\frac{200}{220}} \Big\} 10^8$	$\frac{180}{\frac{200}{220}} \Big\} 10^8$	60×10^8	20.15.12	20.15.12
Fer { tôles						
Acier { fil d'acier		270×10^8	»	10×10^9	53	»
Acier { forgé en barres	7800	225×10^8	225×10^8	7×10^9	40.25.18 / 22	30.20.17 / 20
Acier { tôles						
Fonte	7200	$\frac{60}{\frac{90}{120}} \Big\} 10^8$	90×10^8	22×10^8	7.6.5	50.25.15
Bois { chêne sec	800	11×10^8	11×10^8	40×10^7	$\frac{2}{2}$	$\frac{2}{2}$
Bois { sapin sec	530	12×10^8	12×10^8	43×10^7	$\frac{2}{2}$	$\frac{2}{2}$

Les chiffres soulignés indiquent les valeurs des moyennes applicables à des matériaux de qualité ordinaire, et par suite généralement adoptées dans les calculs. Les autres chiffres indiquent des limites supérieures ou inférieures, qu'il convient de choisir si l'on sait avoir affaire à des matériaux excellents ou à des matériaux détestables. Par exemple, les données relatives au *fil d'acier* sont tirées du cahier des charges relatif au pont de Brooklyn sur la rivière de l'Est, et par conséquent il s'agit là d'un métal de qualité absolument supérieure.

En tout cas, lorsque l'on s'est donné une limite pratique de résistance, égale, inférieure ou supérieure à la moyenne, il convient de stipuler au cahier des charges que le métal aura la qualité voulue, et de s'assurer en exécution que cette condition est bien remplie, en faisant des expériences de rupture sur des portions de la fourniture.

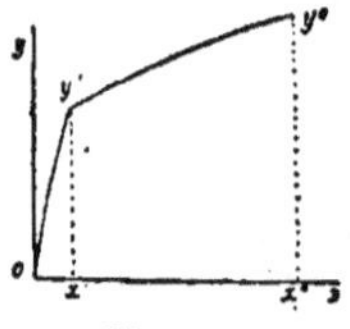

D'ailleurs pour déterminer la limite pratique de résistance à admettre pour le métal que l'on soumet aux épreuves, on tient compte non pas seulement de la valeur de la charge qui a déterminé la rupture du barreau d'essai, mais d'autres éléments relatifs à la ductilité et à la fragilité de la matière.

Supposons qu'on ait mesuré les allongements subis par le barreau d'essai sous l'effet de charges croissantes jusqu'à la charge de rupture : on peut représenter l'ensemble de l'essai par une courbe ayant pour ordonnées y les charges, et pour abscisses x les allongements. La limite d'élasticité définie précédemment correspond à la charge y' (*fig.* 39).

Fig. 39.

divers matériaux.

TICITÉ	CHARGE DE RUPTURE			LIMITE PRATIQUE DE RÉSISTANCE		
à la torsion	à l'exten-sion	à la compres-sion	à la tor-sion.	à l'exten-sion	à la com-pression	à la tor-sion
carré.	En kilogr. par millimètre carré.			en kilog. par millim. carré.		
					R	
	90.60.50	»	»	45.10.8,6	»	»
14	60.40.25	50.30.25	30	10. 6,7. 5	8.6.5	5
	40.35.30	50.30.25	»	7.6.5	8.6.5	»
»	112	»	»	18	»	
17	100.60.36	70. 45.35	50	16.10.6	11. 7,2.6	6
17	45	40	»	7,2	7,2	»
»	15.12.9	112.63.40	»	4.3.2	10.8.6	
»	9.7.6	4,5	2	0,8 0,6	0,8. 0,6	0,2
»	9.7.6	4,5	1,4	0,6 0,5	0,6. 0,5	0,14

A égalité de charge de rupture y'', on accepte pour limite pratique de la charge une valeur d'autant plus grande que la limite d'élasticité y' est plus élevée, que l'allongement ox' est plus considérable, et que l'aire $oy'y''x''$ qui représente la résistance vive du barreau à la rupture, ou le travail nécessaire pour le rompre, est plus considérable. Par l'effet de cet allongement ox'', le volume du barreau restant à peu près invariable, la section de rupture présente une contraction importante : le rapport de son aire à l'aire de la section primitive, que l'on appelle le coefficient de striction, est encore un élément d'appréciation dont 1 faut tenir compte.

Enfin un métal quoique tenace et ductile peut être fragile (certains fers phosphoreux sont dans ce cas), et ce défaut oblige à réduire considérablement la limite de charge à accepter. On doit encore vérifier sa fragilité par des épreuves au choc.

D'autre part les conditions spéciales de l'emploi peuvent obliger à faire des épreuves diverses à chaud ou à froid, pliages, poinçonnages, etc., permettant de reconnaître si le métal présente les qualités requises pour être admis.

En résumé, cette question est des plus complexes, et nous ne la traiterons pas ici en détail : nous avons voulu seulement mettre en évidence ce fait, qu'il ne faut pas accorder une confiance absolue aux nombres inscrits dans le Tableau précédent, et que les constantes à admettre dans chaque cas doivent être choisies en raison de la nature du métal que l'on aura à sa disposition, ou que l'on se propose d'exiger, la charge de rupture, la limite d'élasticité et le coefficient d'élasticité de ce métal devant être en tout état de cause vérifiés avant la mise en œuvre, au moyen d'expériences de rupture, d'allongement ou de choc au sujet desquelles nous pourrons donner quelques renseignements à la fin du présent ouvrage.

R.	4

CHAPITRE DEUXIÈME

RENSEIGNEMENTS PRATIQUES

FORMULES USUELLES

SOMMAIRE :

RENSEIGNEMENTS PRATIQUES

FORMULES USUELLES

---

§ Ier.

CHARGE ET SURCHARGE DES PONTS. EFFETS DU VENT
ET DE LA TEMPÉRATURE

22. Généralités. — Avant de commencer le calcul
d'un pont métallique, il est de toute nécessité que l'on se soit
rendu compte des charges qu'il aura à supporter, ainsi que de
l'intensité des actions extérieures qui pourront être exercées
sur lui à un moment quelconque, puisque le but du calcul est
de prouver que, dans les circonstances les plus défavorables
qui se puissent prévoir, le travail du métal dû à ces différentes causes ne dépassera pas la limite assignée pour la
résistance.

Nous commencerons donc par faire connaître le moyen de
déterminer ces données de la question, et de calculer en
conséquence les coefficients à introduire dans les formules.

Les causes extérieures qui agissent sur les ouvrages métalliques et influent sur le travail du métal en ses différentes
parties sont au nombre de quatre :

Charge permanente, — charge accidentelle qui a pour
limite supérieure la surcharge d'épreuve que doit supporter
le pont avant sa mise en service, — vent, — température

23. Charge permanente. — On a en général besoin
de connaître d'avance approximativement le poids propre
que présentera l'ouvrage que l'on se propose de calculer.
Les calculs achevés, il est aisé de déterminer exactement
ce poids et de vérifier *à posteriori* que l'hypothèse primitivement faite était suffisamment exacte, et que l'erreur

commise n'est pas de nature à modifier en rien les conclusions du calcul. En pareil cas, une erreur de 15 à 20 p. 100 n'a en général aucun inconvénient et ne peut conduire à rejeter les calculs faits. Au surplus, il est toujours aisé de recommencer les opérations, en multipliant les résultats par un coefficient qui représente le rapport de la charge hypothétique à la charge réelle, le nombre qui représente la charge n'entrant jamais que comme facteur du premier degré dans les formules de résistance et par conséquent dans tous les résultats, ainsi qu'on le verra ultérieurement.

L'on obtiendra donc dans la pratique une exactitude suffisante en calculant le poids permanent indépendant de la superstructure métallique proprement dite, qui pourrait résulter des dispositions adoptées par l'ingénieur pour l'ouvrage en question (chaussées empierrées ou pavées, — ballast, — voûtes en briques, etc...), et y ajoutant le poids de la superstructure métallique résultant des formules empiriques suivantes dues à M. l'Inspecteur général des ponts et chaussées Croizette-Desnoyers, qui les a déduites de l'examen d'un très grand nombre d'ouvrages existants.

l représente l'ouverture de l'ouvrage mesurée entre parements des piles ou culées.

PONTS EN TOLE POUR CHEMINS DE FER

1° Poids par mètre courant en kilogrammes.

Ponts à une voie $\qquad y = 51 \sqrt{50^2 + (l + 28)^2} - 2420.$

Ponts à deux voies $\quad y = 92.82 \sqrt{50^2 + (l + 28)^2} - 4404.$

2° Poids par mètre superficiel.

$$y = 11.59 \sqrt{50^2 + (l + 28)^2} - 550.$$

PONTS POUR ROUTES ET CHEMINS PAR MÈTRE SUPERFICIEL.

Tôle : $\qquad y = 8.50 \sqrt{50^2 + (l + 20)^2} - 375.$

Fonte : $\qquad y = 9.20 \sqrt{50^2 + (l + 30)^2} - 440.$

Ainsi que le fait remarquer M. l'inspecteur général Croizette-Desnoyers, au-dessous de 30 mètres pour les ponts de chemins de fer et de 20 mètres pour les ponts-routes, l'exactitude de ces formules est très sujette à caution, parce que les différences entre les surcharges admises, les divergences entre les dispositions adoptées, ont une grande influence sur les poids et que la moyenne s'écarte beaucoup des limites inférieure et supérieure. Aussi, lorsqu'on a à calculer un ouvrage de faible ouverture, préfère-t-on en général se servir de l'exemple fourni par un ouvrage existant de même ouverture et de même type, et l'on n'a guère en pareil cas que l'embarras du choix.

En réalité, ces formules ne sont d'une utilité réelle que pour les grandes ouvertures : or, nous avons constaté que dans ces conditions, on pourrait les simplifier d'une manière notable et les remplacer par des formules du premier degré dont les résultats ne diffèrent que d'une façon insignifiante des résultats exacts des formules précédentes. En consé quence, nous proposons de se servir le cas échéant des formules qui suivent :

PONTS EN TOLE POUR CHEMINS DE FER

	Poids par mètre courant.	Poids total.
Ponts à une voie	$y = 47\,l$	$Y = 47\,l^2$
Ponts à double voie	$y = 85\,l$	$Y = 85\,l^2$

	Poids par mètre superficiel.	Poids total par mètre de largeur du tablier.
	$y = 10,6\,l$	$Y = 10,6\,l^2$

Ces formules exigent que l'on ait $l > 30^{\mathrm{m}}$.

PONTS POUR ROUTES ET CHEMINS

	Poids par mètre superficiel.	Poids total par mètre de largeur du tablier
Tôle	$y = 7\,l + 30$	$Y = 7\,l^2 + 30\,l$
Fonte	$y = 8\,l + 80$	$Y = 8\,l^2 + 80\,l$

Ces formules exigent que l'on ait $l > 20$.

Elles peuvent être commodes lorsque l'on se propose d'examiner quelle sera l'ouverture à admettre pour les travées d'un pont, connaissant le prix de fondation d'une pile. Il est aisé d'en conclure la division la plus économique du débouché total en travées.

Dans tous les cas où ces formules ne sont pas applicables :

ponts suspendus, ponts en fonte pour chemins de fer, etc., il convient de s'en rapporter aux ouvrages existants pour le calcul de la charge du pont.

24. Calcul de la charge permanente d'après un ouvrage existant du même type. — Supposons que l'on connaisse le poids du métal entrant dans la construction d'un pont existant. Il est facile d'en déduire assez exactement le poids qu'exigerait un ouvrage semblable, c'est-à-dire du même type et de dimensions proportionnelles pour une ouverture quelconque.

Partageons en effet le poids y par mètre courant du métal en deux portions : 1° le poids p qui dépend de la portée du pont, c'est-à-dire le poids des poutres principales ou des arcs métalliques, ou des câbles de retenue : c'est ici l'inconnue à déterminer ; 2° le poids p' qui est indépendant de l'ouverture et comprend les pièces du tablier et du contreventement. Ce poids p' est immédiatement fourni par l'exemple du pont considéré.

On voit que le poids total maximum par mètre courant de l'ouvrage, charge et surcharge, ne contient qu'une inconnue, savoir : le poids p dont il a été question plus haut. Le surplus, qui comprend le tablier et ses accessoires, et la surcharge proprement dite, est aisé à déterminer d'après l'ouvrage existant et d'après les conditions fixées pour les épreuves (25). Soit Π cette portion du poids par mètre courant que l'on peut connaître immédiatement. Le poids total de l'ouvrage par mètre courant est donc égal à $\Pi + p$.

Nous nous appuierons sur le principe fondamental suivant, qui est suffisamment vrai et qu'il est aisé de vérifier par la comparaison des ouvrages existants : le poids p par mètre courant de la partie essentielle d'un pont métallique est proportionnel, pour un type déterminé, au produit de l'ouverture par le poids total par mètre courant, charge et surcharge.

$$(1) \qquad p = \mathrm{K}\,l\,(\Pi + p),$$

K étant un coefficient numérique qui dépend du type d'ouvrage que l'on considère et que nous appellerons son coefficient économique .

On en déduit les formules suivantes :

$$(2) \qquad p = \frac{K\,l\,\Pi}{1 - K\,l}.$$

$$(3) \qquad y = p + p' = \frac{K\,l\,\Pi}{1 - K\,l} + p'.$$

$$(4) \qquad K = \frac{p}{l\,(p + \Pi)}.$$

La formule (4) permet de déterminer K à l'aide de l'ouvrage existant. Cela fait, la formule (3) nous met à même de calculer le poids du métal qu'exigerait le type pour une ouverture quelconque. A l'aide de la formule (2) on peut évaluer séparément le métal qui entre dans la composition de la partie essentielle de l'ouvrage, ce qui permet d'utiliser l'exemple choisi, alors même qu'on se proposerait de modifier dans la nouvelle application du type les dispositions du tablier et du contreventement. Nous allons donner un exemple de l'application de cette formule qui permettra de voir combien l'usage en est simple.

Considérons une travée de 57 mètres d'ouverture du pont de chemin de fer établi sur le Lek à Kuilenburg (Croizette-Desnoyers, *Travaux publics en Hollande*, pages 165 et 166).

La longueur des poutres est de 60^m,50 et c'est cette longueur qui va nous servir à calculer les différents poids par mètre courant.

Les parties principales d'une
travée pèsent :   215.100 kgs. ⎫
                                             ⎬ 289.710 kgs.
Les pièces du tablier et du   ⎪
contreventement pèsent :   74.610   —   ⎭

D'où

$$p = \frac{215.100 \text{ kgs}}{60,50} = 3.555 \text{ kgs.} \qquad p' = \frac{74.610}{60,50} = 1.233 \text{ kgs.}$$

Le poids total de la superstructure est égal à 330.283 et comprend la partie métallique et les accessoires, plancher, longrines, etc. ; le poids par mètre courant est donc égal à

$$\frac{330.283}{60,50} \quad \text{soit 5.459 kgs.}$$

La surcharge d'épreuve a été fixée à 7.700 kilogrammes par mètre courant.

On a donc :

$$\Pi + p = 5.459 + 7.700 = 13.159;$$
$$\Pi = 13.159 - 3.555 = 9.604.$$

La formule (4) donne pour ce type de pont :

$$K = \frac{p}{l\,(p + \Pi)} = \frac{3.555}{59,50\,(13.159)}.$$

Dans cette dernière formule il est plus exact de **représenter** par l la portée réelle des poutres, c'est-à-dire la distance entre points d'appui 59^m,50 plutôt que la longueur de bout en bout 60^m,50.

On en tire

$$K = 0,0045.$$

Proposons-nous maintenant d'appliquer le type à une ouverture réelle entre points d'appui de 98 mètres, sans rien changer au système du tablier et au contreventement, mais en modifiant la surcharge d'épreuve, qui, en raison de la plus grande ouverture de l'ouvrage, sera réduite et fixée à 6.500 kilogrammes par mètre courant (voir n° 25). La valeur de Π se trouve ainsi réduite de l'écart qui existe entre les surcharges d'épreuves pour l'ouverture de 59^m,50 et la nouvelle surcharge admise.

On aura donc :

$$\Pi_1 = 9.604 - 1.200 = 8.404 \text{ kgs.}$$
$$p_1 = \frac{K\,l_1\,\Pi_1}{1 - K\,l_1} = \frac{0,0045 \times 98 \times 8.404}{1 - 0.0045 \times 98} = 6.630 \text{ kgs}$$
$$p'_1 = p' = 1.233 \text{ kgs.}$$
$$y_1 = p_1 + p'_1 = 6.630 + 1.233 = 7.863 \text{ kgs.}$$

Ainsi le poids total du métal pour une portée réelle de 98 mètres, c'est-à-dire pour une longueur totale de la poutre de 100 mètres environ, serait de 7.863 kilogrammes par mètre courant soit de 786.300 kilogrammes pour l'ensemble de l'ouvrage. Supposons que, sans rien changer aux parties principales qui resteraient conformes au type, on se propose de remplacer le platelage en bois du pont hollandais par un platelage en tôle striée augmentant de 1.200 kilogrammes par mètre courant le poids du métal employé, et de 400 kilogrammes le poids total du tablier (en tenant compte de la suppression du platelage en bois).

Le calcul ne serait pas plus compliqué, K conservant la même valeur.

On aurait seulement :

$$\Pi_2 = 8.404 + 400 = 8.804 \text{ kgs.}$$
$$p_2 = \frac{K \, l_1 \, \Pi_2}{1 - K l_1} = 6.945 \text{ kgs.}$$
$$p'_2 = 1.233 + 1.200 = 2.433 \text{ kgs.}$$
$$y_2 = p_2 + p'_2 = 6.945 + 2.433 = 9.378 \text{ kgs.}$$

Le poids total du métal pour une portée réelle de 98 mètres ou une longueur de bout en bout de 100 mètres serait ainsi 937.800 kilogrammes platelage compris.

Nous ajouterons en terminant que pour les poutres droites en particulier, le coefficient économique K varie entre certaines limites peu écartées : 0,004 et 0,006. Quand on examine un ouvrage, si l'on trouve $K = 0,004$, on peut affirmer ou que le travail du fer atteint une valeur élevée, ou que l'ouvrage est parfaitement conçu de manière à réaliser la plus grande économie possible de métal ; si $K = 0,005$ on se trouve dans les conditions habituelles ; si $K = 0,006$, la dépense du métal est exagérée, soit que le type soit mal étudié, soit que le travail du métal tombe au-dessous de la limite généralement admise. A égalité de travail maximum, quelle que soit d'ailleurs l'ouverture, l'ouvrage le mieux conçu est celui pour lequel le coefficient K présente la valeur la plus faible.

Supposons que l'on veuille établir un pont métallique, d'après un type dont le coefficient économique est K, mais en se proposant de changer la limite pratique du travail du métal en la portant de R à R', ce qui serait rationnel si l'on adoptait un autre métal, en substituant par exemple l'acier au fer. Le coefficient économique K' de l'ouvrage qu'on se proposerait d'exécuter pourrait se déduire exactement du coefficient K de l'ouvrage existant à l'aide de la formule :

$$K R = K' R'.$$

Cette formule se traduit ainsi : pour un même type de pont le coefficient économique est inversement proportionnel à la valeur admise pour le travail. Ce principe est évident. Nous n'insisterons pas davantage sur cette question, nous réservant d'y revenir lorsque nous étudierons en particulier les différents systèmes de ponts métalliques en usage.

25. Surchage d'épreuve. — Les surcharges accidentelles que l'ouvrage peut avoir à supporter ne doivent dépasser en aucun cas la limite maximum, que l'on appelle la surchage d'épreuve, parce qu'avant de livrer le pont à la circulation, on l'éprouve en lui faisant supporter cette surchage maximum. Elle dépend essentiellement du but que l'on a en vue en exécutant le pont et résulte évidemment des conditions spéciales où l'on se trouve et de la nature des véhicules que le pont devra porter.

Nous reproduisons ici la circulaire ministérielle réglementaire du 9 juillet 1877, remplacée aujourd'hui par celle du 29 août 1891, que l'on trouvera à la fin du volume.

« Ponts supportant des voies de fer. »

Art. 1er. — Les ponts à travées métalliques qui portent des voies de fer devront être en état de livrer passage à toutes les machines et à tous les trains autorisés à circuler sur le réseau auxquels ils appartiennent.

Art. 2. — Les dimensions des pièces métalliques des travées seront calculées de telle sorte que, dans la position la plus défavorable des surcharges que l'ouvrage peut avoir à supporter, le travail du métal, par millimètre carré de section, soit limité, savoir : à 1 kil. 1/2 pour la fonte travaillant à l'extension directe ;

A 3 kilogrammes pour la fonte travaillant à l'extension dans une pièce fléchie ;

A 5 kilogrammes pour la fonte travaillant à la compression, soit directement, soit dans une pièce fléchie ;

A 6 kilogrammes pour le fer forgé ou laminé, tant à l'extension qu'à la compression.

Toutefois, l'administration se réserve d'admettre des limites plus élevées pour les grands ponts, lorsque des justifications suffisantes seront produites en ce qui touche les qualités des matières, les formes et les dispositions des pièces.

Art. 3. — **Les** auteurs des projets de travées métalliques devront justifier, par des calculs suffisamment détaillés, qu'ils se sont conformés aux prescriptions de l'article précédent.

En ce qui concerne les fermes longitudinales, ils pourront admettre l'hypothèse de surcharges uniformément réparties.

Dans ce cas, ces surcharges, par mètre courant de simple voie seront réglées conformément au tableau suivant [1] :

PORTÉE des TRAVÉES	SURCHARGE UNIFORME	PORTÉE des TRAVÉES.	SURCHARGE UNIFORME	PORTÉE des TRAVÉES	SURCHARGE UNIFORME
mètres.	kilogr.	mètres.	kilogr.	mètres.	kilogr.
2	12.000	14	5.900	50	3.900
3	10.500	15	5.700	55	3.800
4	10.200	16	5.500	60	3.700
5	9.800	17	5.400	70	3.500
6	9.500	18	5.200	80	3.400
7	8.900	19	5.100	90	3.300
8	8.300	20	4.900	100	3.200
9	7.800	25	4.500	125	3.100
10	7.300	30	4.300	150	3.000
11	6.900	35	4.200	et	
12	6.500	40	4.100	au delà	
13	6.200	45	4.000		

Nota. — Les surcharges correspondant à des portées intermédiaires de celles qui sont indiquées ci-dessus seront déterminées par voie d'interpolation.

Les dimensions des pièces qui ne font pas partie des fermes longitudinales, et notamment celles des pièces de pont, seront calculées d'après les plus grands efforts qu'elles peuvent avoir à supporter.

Art. 4. — Chaque travée métallique sera soumise à deux

[1]. On peut remarquer que les nombres qui figurent dans ce Tableau concordent sensiblement avec la formule suivante : $x = \dfrac{15.000}{l^{1/3}}$, où l est exprimé en mètres.

natures d'épreuves, l'une par poids mort, l'autre par poids roulant.

Ces épreuves s'opéreront au moyen de trains d'essai, composés de machines locomotives et de wagons à marchandises.

Pour les ponts à travées indépendantes, la longueur du train d'essai, mesurée entre les deux essieux extrêmes, devra être au moins égale à celle de la plus grande des travées à éprouver.

Pour les ponts à travées solidaires, le train d'essai devra être assez long pour couvrir les deux plus grandes travées consécutives.

Le poids total du train d'essai devra être au moins égal à celui d'un train de même longueur, qui serait composé d'une locomotive pesant, avec son tender, 72 tonnes, et d'une suite de wagons pesant chacun 15 tonnes.

Il sera procédé à l'épreuve par poids mort de la manière suivante :

Pour les ponts à travées indépendantes, le train d'essai sera amené successivement sur chaque travée, de manière à la couvrir en entier.

Il séjournera, dans chacune de ces positions, au moins pendant deux heures après que les tassements auront cessé de se manifester dans le tablier.

Pour les ponts à travées solidaires, chaque travée sera d'abord chargée isolément comme il vient d'être dit. A cet effet, le train d'essai sera coupé de façon que la longueur de la partie antérieure ne dépasse pas sensiblement celle de la plus grande travée ; ensuite on chargera simultanément les deux travées contiguës à chaque pile, à l'exclusion de toutes les autres, au moyen du train d'essai tout entier.

Les travées dont les tabliers sont supportés par arcs métalliques seront d'abord chargées sur la totalité de leur portée et ensuite sur chaque moitié seulement.

Les épreuves par poids roulant sont au nombre de deux.

La première aura lieu avec le train d'essai qu'on fera passer sur le pont à la vitesse de 25 kilomètres par heure au moins.

La seconde se fera au moyen d'un train composé, quant au poids des véhicules, comme les trains de voyageurs les plus lourds dont la circulation est à prévoir, et ayant une longueur au moins égale à celle de la plus grande des travées à éprouver. Ce train marchera successivement avec des vitesses de 35 et de 50 kilomètres à l'heure.

Toutefois, la partie de l'épreuve relative à la circulation en grande vitesse pourra être ajournée jusqu'à l'époque où la voie, aux abords du pont, sera parfaitement consolidée.

Les prescriptions qui viennent d'être formulées s'appliquent aux ponts à une seule voie, ainsi qu'aux ponts à deux voies, ainsi qu'aux ponts à deux voies indépendantes, dont chacune sera éprouvée séparément.

Pour les ponts à deux voies solidaires entre elles, l'épreuve par poids mort se fera d'abord sur chaque voie séparément, l'autre restant libre, puis sur les deux voies simultanément. Il en sera de même pour l'épreuve par poids roulant. L'épreuve simultanée des deux voies se fera, dans ce cas, au moyen de deux trains marchant dans le même sens aux vitesses fixées ci-dessus.

Les dispositions de détail des épreuves seront réglées dans chaque cas particulier, par les ingénieurs en chef du contrôle de la construction et de l'exploitation du chemin de fer, de concert avec la compagnie concessionnaire.

Art. 5. — La mise en circulation, sur le tablier du pont, de locomotives dont le poids, tender compris, dépasserait notablement 72 tonnes, ne pourra avoir lieu qu'en vertu d'une autorisation spéciale du ministre des travaux publics.

Art. 6. — Lorsque le poids du matériel roulant destiné à circuler sur le pont sera notablement inférieur à celui qui correspond au train d'essai défini à l'article 4, l'administration supérieure décidera dans quelle mesure les indications données dans cet article et dans l'article 3 pourront être modifiées.

Art. 7. — Elle se réserve d'ailleurs d'apprécier les cas exceptionnels qui pourraient motiver des dérogations quelconques aux prescriptions du présent règlement.

« *Ponts supportant des voies de terre.* »

Art. 1er. — Les ponts à travées métalliques dépendant des voies de terre devront être en état de livrer passage à toute voiture dont la circulation est autorisée par le règlement du

10 août 1852 sur la police du roulage et des messageries, c'est-à-dire aux voitures attelées, au maximum, de cinq chevaux si elles sont à deux roues, et de huit chevaux, si elles sont à quatre roues.

Art. 2. — Les dimensions des pièces métalliques des travées seront calculées de telle sorte que, dans la position la plus défavorable des surcharges que l'ouvrage peut avoir à supporter, et notamment sous l'action des épreuves prescrites par l'article 3, le travail du métal par millimètre carré de section soit limité, savoir :

A 1 kilogramme 1/2 pour la fonte travaillant à l'extension directe ;

A 3 kilogrammes pour la fonte travaillant à l'extension dans une pièce fléchie ;

A 5 kilogrammes pour la fonte travaillant à la compression soit directement, soit dans une pièce fléchie ;

A 6 kilogrammes pour le fer forgé ou laminé, tant à l'extension qu'à la compression.

Toutefois, l'administration se réserve d'admettre des limites plus élevées pour les grands ponts, lorsque des justifications suffisantes seront produites en ce qui touche les qualités des matières, les formes et les dispositions des pièces.

Art. 3. — Dans les calculs de stabilité des travées, on admettra que le poids des plus lourdes voitures, véhicule et chargement, s'élève à 11 tonnes si elles sont à deux roues, et à 16 tonnes si elles sont à quatre roues, l'écartement des essieux étant d'ailleurs fixé pour ces dernières à 3 mètres.

Dans les localités où ces poids seraient exagérés, ils pourront être réduits, eu égard aux circonstances locales, sans que, dans aucun cas, le poids du véhicule et de son chargement puisse être inférieur à 6 tonnes pour les voitures à deux roues, et à 8 tonnes pour les voitures à quatre roues, sur les routes soumises à la police du roulage.

En ce qui concerne le calcul des fermes longitudinales, on admettra pour la voie charretière, celle des deux combinaisons de poids suivantes qui fera subir à ces fermes la plus grande fatigue eu égard à leur portée, savoir : une surcharge uniformément répartie et évaluée à raison de 300 kilogrammes par mètre carré, ou bien une surcharge composée d'autant de voitures ayant les poids ci-dessus déterminés que le tablier pourra en contenir avec leurs attelages, sur le nombre de files que comporte la largeur de la voie. On fera d'ailleurs le choix entre les voitures à deux roues ou à quatre roues, de manière à obtenir le plus grand travail du métal, et l'on supposera qu'une file de voitures occupe une zone de $2^m 50$ de largeur.

Dans les deux cas, les trottoirs seront censés porter une surcharge de 300 kilogrammes par mètre carré.

Les dimensions des pièces qui ne font point partie des fermes longitudinales, notamment celles des pièces de pont, seront calculées d'après les plus grands efforts qu'elles pourront avoir à supporter.

Art. 4. — Chaque travée métallique sera soumise à deux natures d'épreuves, l'une par poids mort, l'autre par poids roulant.

La première épreuve aura lieu au moyen d'une surcharge uniformément répartie de 300 kilogrammes par mètre carré de tablier, trottoirs compris. Cette charge devra demeurer en place pendant deux heures au moins après que les tassements auront cessé de se manifester dans le tablier. Si le pont se compose de plusieurs travées solidaires, chacune sera chargée d'abord isolément; puis on chargera simultanément les travées contiguës à chaque pile, à l'exclusion de toutes les autres.

Les travées, dont les tabliers sont supportés par des arcs métalliques, seront d'abord chargées sur la totalité de leur portée et ensuite sur chaque moitié seulement.

On procédera à l'épreuve par poids roulant avec celles des voitures à deux roues ou à quatre roues qui, étant chargées comme il est dit à l'article 3, produiront le plus grand effort eu égard à l'ouverture de la travée. Cette épreuve sera réalisée en faisant passer au pas, sur le palier de la travée, autant de voitures qu'il en pourra contenir avec leurs attelages, sur le nombre de files que comportera la largeur de la voie charretière.

Pour les ponts à plusieurs travées solidaires, la longueur de chaque file de voitures devra embrasser la longueur totale des deux plus grandes travées consécutives.

L'épreuve par poids mort, telle qu'elle est indiquée ci-dessus, n'est pas obligatoire pour les travées dont la portée ne dépasse pas 12 mètres. Mais pour les travées d'une portée moindre, on y suppléera en faisant stationner pendant deux heures au moins sur le tablier, et de manière à le couvrir entièrement, l'ensemble des voitures destinées à l'épreuve par poids roulant.

Art. 5. — Le passage sur le tablier du pont, de chargements notablement supérieurs à ceux qui auront été adoptés dans les calculs relatifs à la stabilité de l'ouvrage, ne pourra avoir lieu qu'en vertu d'une autorisation spéciale donnée par le préfet, conformément au rapport de l'ingénieur en chef du département.

Art. 6. — L'administration supérieure se réserve d'apprécier les cas exceptionnels qui pourraient motiver des dérogations quelconques au présent règlement. »

Les règles qui viennent d'être indiquées ne suffisent pas toujours pour le calcul, et l'ingénieur peut avoir besoin de se rendre compte de l'effet produit non par une surcharge uniformément répartie, mais par un véhicule ou une suite de véhicules semblables à ceux que le pont aura à porter. Nous ne croyons donc pas inutile de faire connaître la disposition exacte présentée par les surcharges d'épreuve réelle dues à des convois de chemins de fer ou à des files de voitures que peuvent avoir à supporter les ponts métalliques. Ces renseignements serviront dans certains cas à calculer le travail maximum, soit dans les parties principales, soit dans les pièces accessoires, longerons, poutrelles, pièces de pont.

Composition des trains de chemins de fer.

Nous indiquons la composition de trois trains choisis parmi les plus pesants qui peuvent circuler sur les chemins de fer.

Le train de marchandises I comprend une locomotive à quatre essieux couplés pesant avec son tender 72 tonnes, et pouvant remorquer 75 wagons chargés pesant chacun 15 tonnes.

Le train de marchandises II en double traction comprend deux locomotives à trois essieux couplés, pesant chacune avec son tender 55 tonnes, et capables de remorquer également 75 wagons de 15 tonnes chacun.

| TRAIN I | | | | TRAIN II | | | | TRAIN III | | | |
| MARCHANDISES | | | | MARCHANDISES | | | | VOYAGEURS | | | |
(1)	(2)	(3)	(4)	(1)	(2)	(3)	(4)	(1)	2)	3	(4)
		°	°			°	°			°	°
L	11.500	2.56	2.56	L	10.500	2.55	2.55	L	9.000	2.46	2.46
48.000	11.500	1.30	3.86	33.000	11.000	1.80	4.35	30.000	10.500	1.76	4.22
9m50	11.500	1.30	5.16	8.50	11.500	1.75	6.10	8 32	10.500	1.75	5.97
3.94	13.500	1.34	6.50	3.55	»	2.40	8.50	3.54	»	2.35	8.32
		3.00	9.50								
T				T				T	11.000	1.50	9.82
24.000											
5.70	12.000	1.50	11.00	22.000	11.000	1.55	10.05	22.000	11.000	2.50	12.32
2.50	12.000	2.50	13.50	5.80	11.000	2.50	12.55	5.75	»	1.75	14.07
	»	4.70	15.20	2.50	»	1.75	14.30	2.50	»	»	»
F				L				L			
16.500	8.250	1.55	16.75	33.000	10.500	2.55	16.85	30.000	9.000	2.48	16.53
5.60	8.250	2.50	19.25	8.50	11.000	1.80	18.65	8.32	10.500	1.76	18.29
2.50	»	4.55	20.80	3.55	11.500	1.75	20.40	3.51	10.500	1.75	20.04
					»	2.40	22.80			2.35	22.39
W	7.500	1.55	22.35	T	11.000	1.55	24.35	T	11.000	1.50	23.89
15.000	7.500	2.50	24.85	22.000	11.000	2.50	26.85	22.000	11.000	2.50	26.39
5.60	»	4.55	26.40	5.80	»	1.75	28.60	5.75	»	1.75	28.14
2.50	»	»	»	2.50	»			2.50	»	»	»
				F	8.250	1.55	30.15	F	8.600	1.75	29.89
				16.500	8.250	2.50	32.65	17.200	8.600	3.60	33.49
				5.60	»	1 55	34.20	7.10	»	1.75	35.24
				2.50				3.60	»	»	»
				W	7.500	1.55	35.75	V	4.500	1.97	37.21
				15.000	7.500	2.50	38.25	9.000	4.500	3.60	40.81
				5.60	»	1.55	39.80	7.54	»	1.97	42.78
				2.50	»	»	»	»	»	»	»

Le train de voyageurs III en double traction comprend deux locomotives à deux essieux couplés pesant chacune avec son tender 52 tonnes, et capable de remorquer 24 voitures. Dans le tableau, la colonne 1 indique : 1° la nature du véhicule, locomotive L, tender T, fourgon F, wagon W ou voiture de voyageurs V ; 2° son poids total ; 3° sa longueur entre tampons ; 4° la distance entre ses essieux extrêmes qu'on appelle aussi son empattement ; la colonne 2 donne le poids par essieu ; la colonne 3 indique la distance de chaque essieu à l'essieu ou au tampon du véhicule qui le précède immédiatement, enfin la colonne 4 donne les distances cumulées à partir du tampon d'avant de la première locomotive.

Composition des attelages circulant sur les routes.

Une voiture à quatre roues pesant 16 tonnes occupe une longueur de chaussée de 5 mètres, savoir : 3 mètres entre les essieux, et 1^m 50 au delà de chaque essieu. Un cheval ou une paire de chevaux occupent une longueur de 2^m 50. La longueur d'un pareil attelage est donc égale à 5 mètres plus autant de fois 2^m 50 qu'il y a de files de chevaux. Si la voiture est suivie par un second attelage, il est nécessaire de laisser une zone libre d'au moins 1 mètre entre la voiture et le cheval qui la suit.

Une charrette pesant 11 tonnes occupe une longueur de 3 mètres divisée par son essieu en deux parties égales. Le poids d'un cheval varie de 300 à 600. En moyenne, un cheval robuste comme ceux employés pour le roulage pèse de 450 à 600 kilogrammes.

Il y a lieu de remarquer que les voitures de 16 et de 11 tonnes indiquées par la circulaire ne peuvent être traînées par 8 chevaux dans le premier cas et 5 dans le second que si la route parcourue est en très bon état et sensiblement horizontale. Dans le cas contraire, il faut ou augmenter le nombre des chevaux ou réduire le poids du véhicule traîné. L'ingénieur qui est chargé de procéder aux épreuves d'un pont-route doit donc tenir compte dans ses prévisions de l'état de la chaussée et de l'importance des déclivités, sans quoi il s'exposerait à voir son convoi rester en route, et les épreuves ne pourraient se faire par l'impossibilité qu'il y aurait de se remettre en marche.

On peut aussi tenir compte de ce fait lorsque l'on établit la moyenne des charges maxima que le pont aura à supporter, eu égard à la nature de la chaussée et aux déclivités du chemin d'accès à cet ouvrage.

L'effort de traction exercé par un cheval marchant au pas varie de 50 à 90 ; il est en moyenne de 70. La résistance au roulement ou le tirage exercé par le véhicule est, par tonne de 1000 kilogrammes, égale à autant de kilogrammes qu'il y a de millimètres de pente par mètre de longueur, plus une constante qui dépend de l'état de la chaussée, et est fournie pour les différents cas par le tableau suivant :

Chaussée *d'empierrement.*	en très bon état par un temps sec. .	24 kgs.
	— par un temps humide.	30
	boueuse.	40
	en mauvais état avec des ornières. .	60
	neuve non cylindrée . . . . . ,	100
Chaussée pavée.	en très bon état par un temps sec. ,	14
	boueuse.	16
Chaussée formée de madriers en bois, par un beau temps.		18

On voit par exemple que 8 chevaux de force moyenne, capables d'exercer une force de traction égale à 560 kilogrammes peuvent traîner :

Sur un chemin pavé horizontal, par un temps sec, une voiture pesant . . . . 40,000 kil.

Sur un chemin empierré boueux, avec rampe de $0^m 02$ par mètre, une voiture pesant. . . . . 9,300 kil.

Sur une chaussée empierrée neuve avec rampe de $0^m 06$ par mètre, une voiture pesant. . . . . 3,500 kil.

Nous en concluons qu'il ne convient pas de s'en rapporter aveuglément aux indications de la circulaire précédente, mais qu'il faut dans chaque cas particulier se rendre compte de la surcharge d'épreuve qui pourra être réalisée dans la pratique, et calculer en conséquence la résistance de l'ouvrage.

Nous ajouterons en terminant : 1° que la largeur des jantes des roues étant ordinairement de $0^m 20$, la largeur de la voiture entre les bords extérieurs des jantes peut varier de 1^m 41 au minimum, à 2^m 26 au maximum, ce qui donne la largeur minimum à admettre pour un passage entre trottoirs; 2° que la distance entre les axes de deux files de voitures circulant parallèlement, est au minimum de 1^m 85 dans la première hypothèse faite sur l'écartement des roues, et de 2^m 70 dans le deuxième cas.

Il y a lieu de prévoir l'éventualité où un pont subirait le passage d'une foule compacte. A cet égard, nous donnerons les renseignements suivants : pour une foule serrée sans exagération, comme une troupe militaire occupant toute la longueur du pont, le poids par mètre carré est inférieur à 200 kilogrammes ; pour une foule pressée et circulant difficilement, le poids peut s'élever à 320 kilogrammes, enfin, au moment où la foule est tellement comprimée que tout mouvement est devenu impossible, et que des accidents sont imminents, le poids peut atteindre le maximum de 400 kilogrammes, qui suppose 7 à 8 personnes par mètre carré de chaussée

26. Effets du vent. — Le vent est susceptible d'exercer sur les ponts des efforts considérables, qui ont amené la des-truction de bien des ouvrages dans le calcul desquels on ne s'était pas suffisamment préoccupé de cette cause perturbatrice, dont l'action essentiellement variable et temporaire peut atteindre à certains moments une intensité des plus dangereuses. C'est ainsi que le vent a amené la chute du pont de Dundee, sur le golfe de Tay, en Écosse. A la suite de cet accident, qui amena la mort d'environ quatre-vingts personnes, un comité institué par le gouvernement anglais présenta un rapport relatif à l'évaluation de l'effort exercé par le vent sur les ponts métalliques. Nous extrayons de la *Revue générale des chemins de fer* les conclusions de ce rapport, qui nous paraissent fournir sur cette question des renseignements concluants et très suffisamment développés pour servir de guide dans les applications.

« 1° Il faut admettre dans le calcul des ponts et des viaducs de chemins de fer une pression maxima de vent de 273^k 43 par mètre carré.

2° Si le pont ou le viaduc est formé de poutres pleines dont la hauteur est égale ou supérieure à celle des trains qui franchissent le pont, on supposera la pression de 273 kil 43 par mètre carré appliquée sur toute la surface verticale de l'une des poutres seulement, mais si la hauteur du train surpasse celle des poutres, on devra supposer la pression de 273^k 43 appliquée à toute la surface verticale depuis le bas des poutres jusqu'au haut du train à son passage sur le pont.

3° Si les poutres sont à treillis, on calculera la pression sur la poutre exposée au vent en lui appliquant la pression de 273^k 43 par mètre carré, comme si la poutre était pleine, depuis le niveau des rails jusqu'au haut du train, puis en y ajoutant une pression de 273^k 43 par chaque mètre carré de la surface verticale réelle des poutres au-dessous du niveau des rails ou dépassant le haut du train.

La pression sur la poutre non exposée directement au vent se calculera en supposant que le vent exerce, sur la portion de la surface de cette poutre inférieure au niveau des rails ou dépassant le haut du train, une pression :

(a) De 136^k 72 par mètre carré, si le treillis ne couvre pas plus des 2/3 de l'aire de la poutre.

(b) De 205^k 07 par mètre carré, si la surface du treillis couvre entre les 2/3 et les 3/4 de l'aire de la poutre.

(c) De 273^k 43 par mètre carré, si la surface du treillis couvre les 3/4 au moins de l'aire de la poutre.

4° La pression du vent contre les arches et les piles des ouvrages d'art devra être calculée autant que possible d'après les règles précédentes.

5° Afin d'assurer aux ponts et aux viaducs un coefficient de sécurité suffisante contre les effets du vent, il faudra donner à ces ouvrages une solidité assez grande pour supporter une pression du vent *quadruple* de celle qui est prévue par les règles précédentes ; dans le cas où la tendance du vent à renverser les ouvrages est combattue par leur pesanteur, un coefficient de sécurité égal à *deux* suffira.

La pression du vent est donnée avec une approximation suffisante par la formule :

$$P = 0{,}25 \, V^2$$

P est exprimé en kilogrammes par mètre carré, et V en mètres par seconde. »

Le Comité fait en outre observer que des trains circulant entre des poutres sont en général suffisamment protégés contre l'action du vent, et que le degré de sécurité que leur assurent les poutres dépend de la grandeur des évidements qu'elles présentent : quand les poutres ont des évidements ne garantissant pas dans une assez large mesure le train contre l'action du vent, ou quand le train circule à la partie supérieure des poutres, il est bon d'établir un parapet de dimensions suffisantes.

Le Comité n'a pas voulu entrer dans de plus grands détails à ce sujet, de peur d'imposer des modes de construction.

Le Comité termine son rapport en présentant les conclusions suivantes :

La vitesse du vent, comme celle de tous les autres corps en mouvement, est plus ou moins retardée par le frottement ; cette vitesse est donc affectée par la nature des surfaces sur lesquelles le vent passe, suivant qu'elles sont rugueuses, unies ou irrégulières. Il s'ensuivra donc que, toutes choses égales, le vent atteindra de plus grandes vitesses à des altitudes élevées, attendu que l'action retardatrice du frottement est plus faible qu'à de basses altitudes.

Les règles posées plus haut, appliquées aux ponts et viaducs, permettent à ces ouvrages de résister aux plus hautes pressions du vent qui aient été relevées au cours de l'enquête. D'un autre côté, il y aura beaucoup d'ouvrages situés à des altitudes plus basses ou protégés contre le vent par leur position, pour lesquels les règles données pourront subir des modifications. Il y aura lieu également de modifier ces règles pour les ponts suspendus et les ponts à très grande portée, mais ces cas se présenteront rarement, et on devra les étudier spécialement quand l'occasion s'en présentera.

Nous pensons que le chiffre de 273 kilogrammes, indiqué par la commission anglaise, doit être adopté seulement pour les viaducs très élevés au-dessus du sol, qui généralement sont établis dans des vallées encaissées où le vent atteint une vitesse exceptionnelle. Pour les ouvrages ordinaires établis à une faible hauteur au-dessus du sol on pourra se borner à adopter la limite de 180 kilogrammes qui a été autrefois fixée par M. Nordling, d'après les exemples qui lui étaient fournis par des wagons renversés en pleine voie par des ouragans.

27. Effets des changements de température. — Lorsque la température augmente d'un degré, les matériaux subissent les dilatations suivantes :

Fer.	0,0000117
Fil de fer.	0,0000144
Fonte	0,0000112
Acier	0,0000115
Bois de sapin.	0,0000040

Si l'on suppose que la température s'élève par exemple de 35°, et que les extrémités d'une pièce prismatique soient maintenues fixes en les appuyant si l'on veut à des culées en maçonnerie, le mouvement de dilatation du métal se trouve empêché ; la pièce se comportera comme si, après l'avoir laissée librement se dilater, on la ramenait à sa longueur primitive à l'aide d'une compression énergique exercée à ses extrémités. Il en résultera donc un travail du métal qu'il est facile de calculer. L'allongement dû à la température étant par mètre de longueur $\alpha\, t$ et le coefficient d'élasticité longitudinale du métal étant désigné par E, on a la formule

$$R = - E\alpha t$$

qui donne la valeur du travail R à la compression développée dans la pièce.

Si la température, au lieu de s'élever s'était abaissée, en entraînant une contraction dans la pièce, le travail du métal serait donné par la même formule, mais $\alpha\, t$ étant une quantité négative, on voit que ce serait un travail à l'extension. On peut admettre en général que cet écart de $\pm$ 35° au-dessus ou au-dessous de la température moyenne correspond bien dans notre climat aux conditions les plus défavorables qui puissent se présenter : on a toujours soin de prescrire dans les cahiers des charges que l'on devra monter le pont à une époque où la température extérieure sera peu différente de la température moyenne de la contrée, et dans ces conditions un écart de plus de 35° serait un fait absolument anormal.

Le tableau suivant indique les allongements et raccourcissements maxima que peut subir une pièce prismatique par l'effet des variations de la température, qu'on suppose ne jamais dépasser $\pm 35°$.

Nous y avons aussi mentionné le travail à l'extension ou à la compression que subirait le métal de la pièce pour un écart de $\pm 1°$ ou pour un écart de $\pm 35°$, si ses extrémités étaient maintenues absolument fixes. Ce travail a été calculé en admettant pour E les valeurs moyennes du tableau placé à la fin du chapitre précédent.

	VARIATION de longueur d'une pièce pour un écart de température de $\pm 35° = t$.	Travail du métal en supposant que la longueur de la pièce soit maintenue invariable malgré les changements de température. en kilog. par millim. carré.	
		Pour un écart de $\pm 1°$	Pour un écart de $\pm 35°$
	αt	$E\alpha$	$E\alpha t$
Fer.	± 0.0004095	∓ 0.234	∓ 8.19
Fil de fer. . .	± 0.000504	∓ 0.288	$+ 10.08$
Fonte	± 0.000392	∓ 0.101	∓ 3.53
Acier	± 0.000402	∓ 0.258	∓ 8.86
Bois de sapin. .	± 0.00014	∓ 0.005	∓ 0.17

On voit que l'influence de la température peut jouer un rôle très important dans le calcul des ponts en fer ou en acier, et que la rupture d'un ouvrage mal conçu peut être uniquement due à cette cause. Pour la fonte, l'effet est sensiblement moindre. Enfin pour le bois l'influence est quasi insignifiante ; c'est pourquoi dans les ponts en bois on ne se préoccupe pas de la question des variations de température, qui ne peut jamais jouer qu'un rôle très accessoire.

Dans les ponts métalliques, on doit toujours s'efforcer de n'apporter aucun obstacle aux mouvements de dilatation et de contraction que tendent à prendre les divers éléments constitutifs de l'ouvrage sous l'effet des changements de température ; lorsque l'on ne peut arriver à ce résultat, par exemple pour les arcs appuyés sur des culées en maçonnerie,

on doit se rendre un compte exact du travail supplémentaire qui peut en résulter pour le métal, l'ajouter au travail dû aux charges et vérifier qu'en aucune circonstance le total ne peut dépasser la limite pratique admise.

§ II

CALCUL DES POUTRES A AME PLEINE

28. Généralités. — Dans un pont métallique on a toujours à calculer un grand nombre de poutres accessoires à âme pleine, longerons, pièces de pont, poutrelles, etc., soumises à des efforts de flexion. Nous allons indiquer les formules à employer dans les circonstances qui se présentent le plus fréquemment tant au point de vue des forces extérieures appliquées, qu'au point de vue de la forme de la pièce à calculer, et de la disposition de ses appuis.

Nous supposerons que toutes les forces extérieures sont contenues dans un plan de symétrie de la poutre, et tout d'abord nous admettrons que l'axe de celle-ci est une droite horizontale, les forces extérieures étant toutes verticales.

Il en résulte qu'il ne peut y avoir ni couple de torsion ni effort normal, et que l'axe longitudinal en se déformant reste dans le plan vertical de symétrie de la poutre.

Nous supposerons tantôt que les supports placés aux extrémités de la poutre sont de simples appuis, tantôt qu'ils donnent lieu à un encastrement, en maintenant invariable l'orientation de la section transversale extrême.

Nous adopterons successivement dans chaque cas les deux hypothèses suivantes :

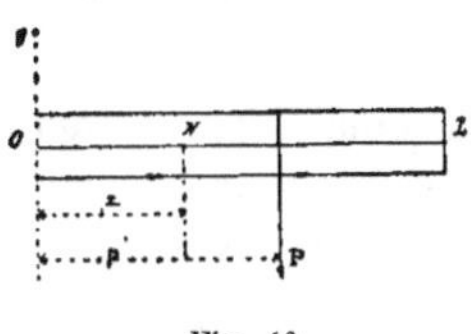

Fig. 40.

1° La pièce est soumise à une charge pl uniformément répartie suivant toute sa longueur l ;

2° Elle est soumise à l'action d'une charge concentrée P appliquée en un point de son axe longitudinal.

Nous donnerons dans chaque cas l'expression du moment fléchissant X et de l'effort tranchant

V en fonction de la distance x de la section considérée N à l'extrémité de gauche O de la pièce (*fig.* 40).

Pour une pièce qui supporterait à la fois une charge uniformément répartie *pl*, et une ou plusieurs forces isolées P, le moment fléchissant serait en chaque point la somme algébrique des moments fléchissants calculés pour chaque charge considérée à part. Il en serait de même de l'effort tranchant : il suffirait donc de faire la somme des expressions algébriques de X et de V correspondant à chaque cause considérée isolément.

Nous indiquerons pour chaque cas sur la figure la courbe représentative des moments fléchissants (—·—·—), et celle des efforts tranchants (——————), en tenant compte de leurs signes. Nous fournirons dans chaque hypothèse les valeurs des maxima que présentent X et V.

Quant à la déformation de la pièce, nous la ferons connaître en donnant la valeur de l'abaissement vertical f subi par l'axe longitudinal de la pièce au-dessous de sa position primitive. Nous indiquerons d'ailleurs sommairement sur la figure la forme de la courbe décrite par l'axe longitudinal déformé : ——————————— Nous calculerons cette déformation dans les trois cas suivants, qui sont les seuls que l'on rencontre dans la pratique, en distinguant par des indices différents les abaissements maxima de l'axe longitudinal correspondant : f_1, f_2, f_3.

1° La pièce a une section constante d'une extrémité à l'autre et par conséquent son moment d'inertie I l'est également. Nous désignerons par h sa hauteur et par R′ le travail maximum du métal dû au moment fléchissant : ce travail a évidemment lieu dans la section où X atteint sa plus grande valeur, que nous distinguerons dans le calcul en le représentant par X′.

2° La pièce a une hauteur h constante, mais son moment d'inertie varie de telle façon que le travail maximum R dû à à la flexion garde une valeur constante d'une extrémité à l'autre : $\dfrac{X\,h}{2\,I} =$ const. R. La poutre est un *solide d'égale résistance de hauteur constante*.

3° La poutre est encore un solide d'égale résistance : $\dfrac{X\,h}{2\,I} =$ const. R, mais sa hauteur h varie proportionnellement à la racine carrée du moment fléchissant X. Cette hauteur (*fig. 41*), qui s'annule avec X, a son maximum h' dans la section où le moment fléchissant atteint lui-même son maximum : X'. Il est bien entendu que, nonobstant cette variation de la hauteur, l'axe longitudinal de la poutre est rectiligne.

Fig. 41.

Nous remarquerons que l'effort tranchant étant la dérivée du moment fléchissant, celui-ci présente un maximum chaque fois que l'effort tranchant est nul. Nous observerons, en ce qui concerne les signes du moment fléchissant X et de l'effort tranchant V, les conventions posées au chapitre précédent.

29. Poutre appuyée à ses deux extrémités. — I. Charge uniformément répartie (*fig. 42*). A. *Calcul du travail* : 1° Moment fléchissant.

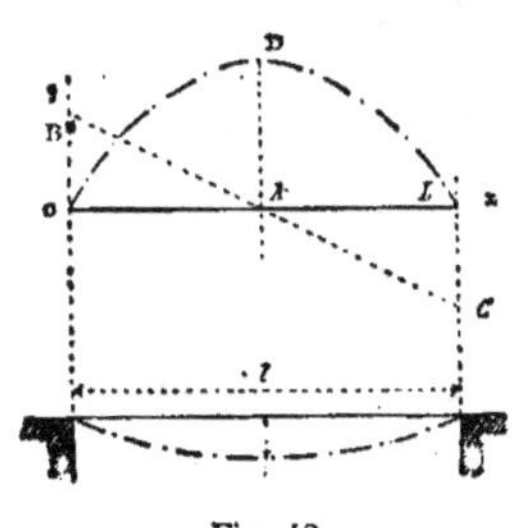

Fig. 42.

$$X = \frac{1}{2}\,p\,(lx - x^2) \quad \text{Courbe ODL;}$$

$$\text{Maximum : AD} \quad X' = \frac{1}{8}\,pl^2 \quad x = \frac{l}{2},$$

2° Effort tranchant.

$$V = p\left(\frac{l}{2} - x\right) \quad \text{Droite BAC;}$$

$$\text{Maxima : } V' = \pm p\,\frac{l}{2} \quad \text{OB,} \quad \text{LC,} \quad x = o \text{ et } x = l.$$

B. *Déformation*. L'axe prend la forme parabolique OA'L et l'abaissement maximum de l'axe longitudinal a lieu en A, milieu de la poutre. L'équation de la courbe OAL *pour la poutre à section constante* est

$$y = \frac{p}{24\,EI}\,[x^4 - 2\,lx^3 + l^3 x].$$

L'abaissement au milieu, dans les trois hypothèses relatives à la constitution de la poutre, est donné par les formules suivantes, dont le dernier membre suppose que la valeur de R a été prise égale à 6×10^6, et que la valeur de E a été prise égale à 2×10^{10}, valeur moyenne du coefficient d'élasticité longitudinale du fer : c'est le cas qui se présente le plus habituellement.

$$
\left.
\begin{aligned}
f_1 &= \frac{5}{384}\,\frac{pl^4}{EI} = \frac{5}{24}\,\frac{R'l^2}{Eh} & &= 6{,}25 \times \frac{1}{10^5} \times \frac{l^2}{h} \\[4pt]
f_2 &= \frac{6}{24}\,\frac{Rl^2}{Eh} & &= 7{,}5 \qquad \frac{1}{10^5} \times \frac{l^2}{h} \\[4pt]
f_3 &= \frac{6{,}85}{24}\,\frac{Rl^2}{Eh'} & &= 8{,}56 \qquad \frac{1}{10^5} \times \frac{l^2}{h'}
\end{aligned}
\right\}
\begin{aligned}
&\text{en supposant} \\
&R = 6 \times 10^6 \\
&E = 2 \times 10^{10}
\end{aligned}
$$

II. Charge concentrée P (*fig.* 43).

A. *Calcul du travail* : 1° Moment fléchissant.

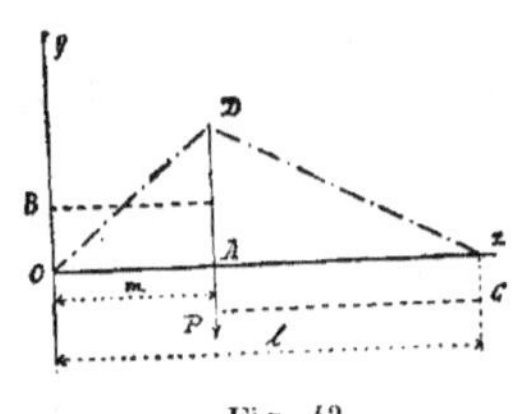

Fig. 43.

$$
X =
\begin{cases}
P\,\dfrac{(l - m)}{l}\,x & \text{de O en A,} \quad o < x < m \\[10pt]
P\,\dfrac{m\,(l - x)}{l} & \text{de A en L,} \quad m < x < l.
\end{cases}
$$

Maximum : AD, $\quad \underline{X'} = \dfrac{P\,(l - m)\,m}{l}, \quad x = m.$

2° Effort tranchant.

$$
V =
\begin{cases}
P\,\dfrac{(l - m)}{l} & \text{de O en A} \quad o < x < m, \quad \text{valeur const. OB.} \\[10pt]
-P\,\dfrac{m}{l} & \text{de A en L} \quad m < x < l, \quad \text{valeur const. LC.}
\end{cases}
$$

B. *Cas particulier* $m = \dfrac{l}{2}$: 1° Moment fléchissant.

$$
X =
\begin{cases}
\dfrac{Px}{2}, & o < x < \dfrac{l}{2} \\[10pt]
P\,\dfrac{(l - x)}{2}, & \dfrac{l}{2} < x < l.
\end{cases}
$$

Maximum : $\underline{X'} = \dfrac{Pl}{4}, \quad x = \dfrac{l}{2}.$

2° Effort tranchant.

$$V = \begin{cases} \dfrac{P}{2}, & o < x < \dfrac{l}{2} \\[2ex] -\dfrac{P}{2}, & \dfrac{l}{2} < x < l. \end{cases}$$

C. *Déformation*. Nous n'étudierons la déformation que dans le cas particulier où $m = \dfrac{l}{2}$.

La force isolée est appliquée au milieu de la poutre.
On a pour valeur de l'abaissement au milieu :

$$\left. \begin{aligned} f_1 &= \frac{1}{48}\frac{P l^3}{EI} = \frac{4}{24}\frac{l^2 R'}{E h} \;\middle|\; = 5 \times \frac{1}{10^5}\frac{l^2}{h} \\[1ex] f_2 &= \qquad\quad = \frac{6}{24}\frac{l^2 R}{E h} \;\middle|\; = 7.5 \times \frac{1}{10^5}\frac{l^2}{h} \\[1ex] f_3 &= \qquad\quad = \frac{8}{24}\frac{l^2 R}{E h'} \;\middle|\; = 10 \times \frac{1}{10^5}\frac{l^2}{h'} \end{aligned} \right\} \begin{aligned} &\text{en supposant} \\ &R = 6 \times 10^6 \\ &E = 2 \times 10^{10} \end{aligned}$$

III. Effet maximum d'une série de charges concentrées. Supposons que la poutre droite supporte une série de poids tels que P, définis chacun par sa distance m au point d'appui de gauche O.

D'après les formules qui précèdent le moment fléchissant et l'effort tranchant dans la section située à la distance x du point d'appui O seront donnés par les formules :

$$X = \Sigma_o^x \frac{P m\,(l-x)}{l} + \Sigma_x^l P\,\frac{(l-m)\,x}{l};$$

$$V = -\Sigma_o^x \frac{P m}{l} + \Sigma_x^l P\,\frac{(l-m)}{l}.$$

Le maximum de V a toujours lieu sur l'un des points d'appui. Quant au maximum de X, il se manifeste au point où V, qui subit un changement brusque à chaque point d'application d'une charge concentrée, passe d'une valeur positive à une valeur négative, de telle sorte que l'on ait

$$\Sigma_x^l P - \Sigma_o^l m\,\frac{P}{l} \gtrless o,$$

suivant que l'on tient compte ou non dans la première somme du poids P appliqué au poids x'.

Nous en tirerons les conclusions suivantes : 1° lorsqu'une surcharge mobile composée d'une série de poids placés à des distances déterminées les uns des autres, se déplace sur une poutre, le moment fléchissant maximum se manifeste toujours au point d'application de l'un des poids, jouissant de cette propriété que l'effort tranchant change de signe en ce point. Connaissant le centre de gravité de la surcharge totale, il est toujours aisé de déterminer le point où X devient maximum ; 2° en général le moment fléchissant maximum atteint sa plus grande valeur pour le milieu de la poutre : pour l'obtenir, il faut en conséquence disposer la charge de façon que l'effort tranchant change de signe au milieu de l'ouverture.

30. Poutre encastrée à ses deux extrémités. — I. CHARGE UNIFORMÉMENT RÉPARTIE pl (*fig.* 44). A. *Calcul du travail* : 1° Moment fléchissant.

$$X = \frac{1}{2} p \left(lx - x^2 - \frac{l^2}{6} \right).$$

Le moment fléchissant s'annule en N et N' pour

$$x = \frac{l}{2} \left(1 \pm \frac{1}{\sqrt{3}} \right)$$

Il présente trois maxima OM, LM′ et AD.

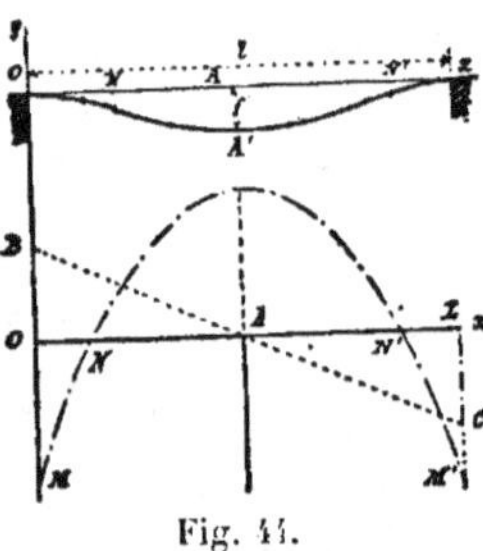

Fig. 44.

$$X' = - \frac{pl^2}{12} \text{ pour } x = o \text{ et } x = l$$

$$X'' = + \frac{pl^2}{24} \text{ pour } x = \frac{l}{2}.$$

2° Effort tranchant.

$$V = p \left(\frac{l}{2} - x \right)$$

$$V = \pm \frac{pl}{2} \text{ pour } x = o \text{ et } x = l.$$

Maxima OB et LC

V s'annule au milieu de la poutre en A : $x = \dfrac{l}{2}$

B. *Déformation*. L'axe longitudinal prend la forme OA′L. Aux points N et N' où le moment fléchissant s'annule, cette courbe présente des points d'inflexion, et le sens de la courbure change.

La flèche au milieu de la poutre est donnée par les formules suivantes :

$$f_1 = \frac{1}{384}\frac{pl^4}{EI} = \frac{1,5}{24}\frac{R'l^2}{Eh}\;\Bigg|\; = 1,88 \times \frac{1}{10^3} \times \frac{l^2}{h}$$

$$f_2 \qquad = \frac{3,1}{24}\frac{Rl^2}{Eh}\;\Bigg|\; = 3,88 \times \frac{1}{10^3} \times \frac{l^2}{h}$$

$$f_3 \qquad = \frac{5,4}{24}\frac{Rl^2}{Eh'}\;\Bigg|\; = 6,8 \times \frac{1}{10^3} \times \frac{l^2}{h'}$$

en supposant
$R = 6 \times 10^6$
$E = 2 \times 10^{10}$

II. Charge concentrée **P** (*fig.* 45). **A.** *Calcul du travail* :
1° Moment fléchissant

$$X\begin{cases} P\,\dfrac{(l-m)^2}{l^3}\,[\,x(l+2m)-ml\,]\ \text{de O en A},\ o \leqq x \leqq m, \\[2ex] P\,\dfrac{m^2}{l^3}\,[\,-x(3l-2m)+l(2l-m)\,]\ \text{de A en L},\ m \leqq x \leqq l. \end{cases}$$

Le moment fléchissant s'annule en N pour $x = \dfrac{ml}{l+2m}$

et en N′ pour

$$x = \frac{(2l-m)l}{3l-2m}.$$

Il présente trois maxima OM, AD et LM′ qui ont les valeurs suivantes :

$$X'' = \begin{cases} -\,\dfrac{Pm(l-m)^2}{l^2}, & \text{en O},\quad x=o \\[2ex] +\,\dfrac{2Pm^2(l-m)^2}{l^3}, & \text{en A},\quad x=m, \\[2ex] -\,\dfrac{Pm^2(l-m)}{l^2}, & \text{en L},\quad x=l. \end{cases}$$

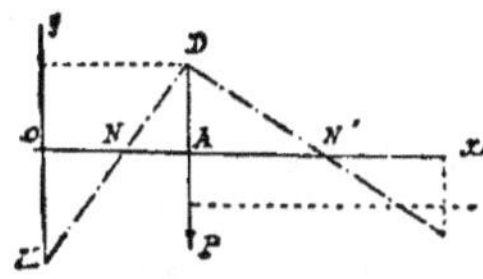

Fig. 45.

2° Effort tranchant.

$$V = \begin{cases} \dfrac{P(l-m)^2(l+2m)}{l^3},\ \text{de O en A},\ o \leqq x \leqq m,\ \textbf{val. const. OB}, \\[2ex] -\dfrac{Pm^2}{l^3}(3l-2m),\ \text{de A en L},\ m \leqq x \leqq l,\ \textbf{val. const. LC}. \end{cases}$$

B. *Cas particulier :* $m = \dfrac{l}{2} \cdot$ OA $=$ AL

$$X = \begin{cases} \dfrac{P}{2}\left(x - \dfrac{l}{4}\right), & \text{de O en A,} \quad o < \; < \dfrac{l}{2}, \\[2ex] \dfrac{P}{2}\left(\dfrac{3\,l}{4} - x\right), & \text{de A en L,} \quad \dfrac{l}{2} < x < l. \end{cases}$$

Il présente trois maxima égaux, en valeur absolue :

$$\underline{X'} = \begin{cases} -\dfrac{P\,l}{8} & x = o, \\[2ex] +\dfrac{P\,l}{8} & x = \dfrac{l}{2}, \\[2ex] -\dfrac{P\,l}{8} & x = l. \end{cases}$$

$2°$ Effort tranchant :

$$V = \begin{cases} +\dfrac{P}{2} & o < x < \dfrac{l}{2}, \\[2ex] -\dfrac{P}{2} & \dfrac{l}{2} < x < l. \end{cases}$$

C. *Déformation.* L'axe longitudinal déformé présente deux points d'inflexion aux points où le moment fléchissant s'annule.

Nous ne donnerons la valeur de l'abaissement **au milieu** que dans le cas particulier où $m = \dfrac{l}{2} \cdot$

$$\begin{aligned} f_1 &= \frac{P\,l^3}{192EI} = \frac{2}{24}\,\frac{R'\,l^2}{E\,h} & \Big| &= 2{,}5\,\frac{1}{10^5}\,\frac{l^2}{h} \\[1.5ex] f_2 &= \frac{3}{24}\,\frac{R\,l^2}{E\,h} & \Big| &= 3{,}75\,\frac{1}{10^5}\,\frac{l^2}{h} \\[1.5ex] f_3 &= \frac{4}{24}\,\frac{R\,l^2}{E\,h'} & \Big| &= 5\,\frac{1}{10^5}\,\frac{l^2}{h'} \end{aligned} \quad \left.\begin{aligned} & \\ & \text{en supposant} \\ & R = 6 \times 10^6 \\ & E = 2 \times 10^{10} \end{aligned}\right\}$$

31. Poutre encastrée à une extrémité et appuyée à l'autre. — I. Charge uniformément répartie. C'est le seul cas que nous examinerons ici, le cas de la charge isolée, qui est résolu complètement dans le *Traité de résistance des matériaux* de M. Bresse, conduisant à des formules compliquées qui ne nous paraissent guère trouver leur application dans la pratique.

A. *Calcul du travail.* Soit O le point d'encastrement et **L** l'appui simple (*fig.* 46).

1° Moment fléchissant.

$$X = \frac{5}{8} plx - \frac{1}{2} px^2 - \frac{1}{8} pl^2.$$

X s'annule en N pour $x = \frac{a}{4}$.

Il présente deux maxima :

$$\underline{X'} = -\frac{1}{8} pl^2 \qquad \text{pour } x = o, \qquad \text{OM},$$

$$X'' = +\frac{0.5625}{8} pl^2 \quad \text{pour } x = 0.625\,l, \quad \text{D'D}.$$

2° Effort tranchant :

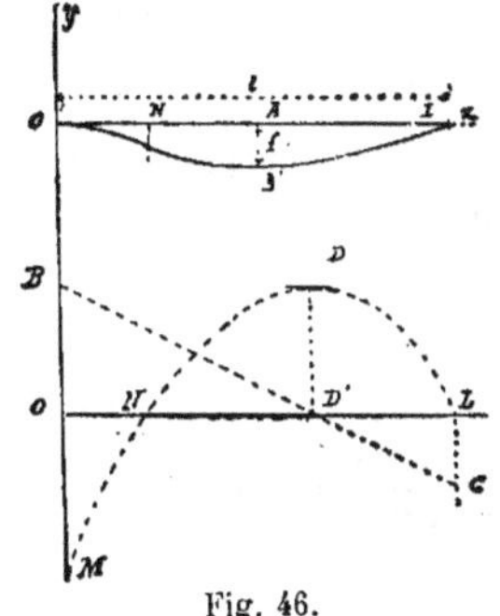

Fig. 46.

$$V = \frac{5}{8} pl - px.$$

V s'annule pour $x = 0,625\,l$.

Il présente deux maxima :

$$\underline{V'} = +\frac{5}{8} pl \quad \text{pour } x = o, \quad \text{OB},$$

$$V'' = -\frac{3}{8} pl \quad \text{pour } x = l, \quad \text{LC}.$$

B. *Déformation.* L'abaissement maximum n'a plus lieu au milieu de la poutre. Il se manifeste au point A défini par l'abscisse $OA = 0,578\,l$. AA' est donné par les formules suivantes :

$$
\begin{aligned}
f_1 &= \frac{2,08}{384} \frac{pl^4}{EI} = \frac{2,08}{24} \frac{l^2 R'}{Eh} \;\Big|\; = 2,6 \; \frac{1}{10^3} \frac{l^2}{h} \;\Big\rangle \\[4pt]
f_2 &\qquad\qquad\quad \frac{4,28}{24} \frac{l^2 R}{Eh} \;\Big|\; = 5,3 \; \frac{1}{10^3} \frac{l^2}{h} \;\Big\rangle \quad \begin{array}{l}\text{dans l'hypothèse} \\ R = 6 \times 10^6 \\ E = 2 \times 10^{10}\end{array} \\[4pt]
f_3 &\qquad\qquad\quad \frac{6,51}{24} \frac{l^2 R}{Eh'} \;\Big|\; = 8,13 \; \frac{1}{10^3} \frac{l^2}{h'} \;\Big\rangle
\end{aligned}
$$

32. Poutre encastrée à une extrémité et libre à l'autre. — I. Charge uniformément répartie pl (*fig.* 47).

Supposons la poutre OL libre à l'extrémité **L** et encastrée en O.

A. *Calcul du travail :*

1° Moment fléchissant.

$$X = -\frac{1}{2} p (l - x)^2.$$

Le moment fléchissant est nul à l'extrémité libre de la pièce $x = l$. Il est maximum au point d'encastrement $x = o$.

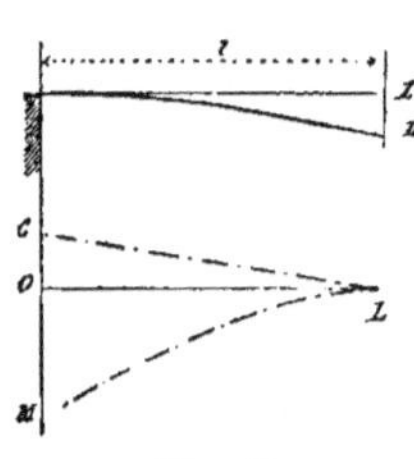

Fig. 47.

$$\underline{X'} = -\frac{1}{2} pl^2 \quad \text{OM}.$$

2° Effort tranchant.

$$V = p (l - x).$$

V est nul à l'extrémité libre et maximum au point d'encastrement $x = o$.

$$V' = pl.$$

B. *Déformation.* L'abaissement maximum de l'axe longitudinal a lieu à l'extrémité libre **L** : $x = l$

$$f_1 = \frac{pl^4}{8\,\mathrm{EI}} = \frac{12}{24} \frac{\mathrm{R'}\,l^2}{\mathrm{E}h} \;\Big|\; = 15\,\frac{1}{10^3}\frac{l^2}{h}$$

$$f_2 \qquad = \frac{24}{24} \frac{\mathrm{R}\,l^2}{\mathrm{E}h} \;\Big|\; = 30\,\frac{1}{10^3}\frac{l^2}{h}$$

$$f_3 \qquad = \frac{48\,\mathrm{R}}{24\mathrm{E}h'} l^2 \;\Big|\; = 60\,\frac{1}{10^3}\frac{l^2}{h'}$$

en supposant
$\mathrm{R} = 6 \times 10^6$
$\mathrm{E} = 2 \times 10^{10}$

II. Charge concentrée P (*fig.* 48). A. *Calcul du travail :*

1° Moment fléchissant.

$$X = \begin{cases} -P(m - x) & \text{de O à A}, \quad o < x < m, \\ o & \text{de A à L}, \quad m < x < l. \end{cases}$$

X est nul dans la partie **AL** de la poutre. Il est maximum au point d'encastrement.

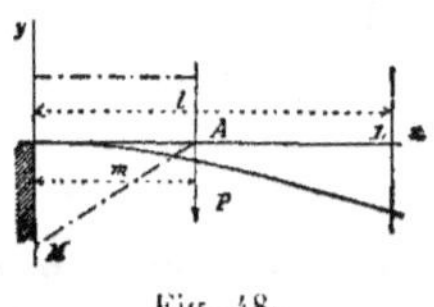

Fig. 48.

$$x = o, \quad \underline{X'} = -Pm \quad (\text{OM}).$$

2° Effort tranchant.

$$V = \begin{cases} P & \text{de O en A} \quad o < x < m \\ o & \text{de A en L} \quad m < x < l. \end{cases}$$

B. *Déformation.* La flèche au point L situé au delà du point d'application de la force P, dont il est distant de *l-m*, est donnée par la formule :

$$f_1 = \frac{P\,m^3}{3\,EI} + \frac{P\,m^2\,(l-m)}{2\,EI} = \frac{P\,m^2}{6\,EI}\,[3\,l-m].$$

Il est évident que le moment fléchissant et l'effort tranchant étant nuls de A en L, la poutre, si elle est un solide d'égale résistance, doit être limitée à la section A et par conséquent la force P est appliquée à l'extrémité de la poutre.

Dans le cas particulier $m = l$, on aurait les formules :

$$
\begin{aligned}
f_1 &= \frac{1}{3}\,\frac{P\,l^3}{EI} = \frac{16}{24}\,\frac{R\,l^2}{E\,h} \;\Big|\; = 20\;\frac{1}{10^5}\,\frac{l^2}{h}\\[4pt]
f_2 &\phantom{{}={}} = \frac{24}{24}\,\frac{R\,l^2}{E\,h} \;\Big|\; = 30\;\frac{1}{10^5}\,\frac{l^2}{h}\\[4pt]
f_3 &\phantom{{}={}} = \frac{32}{24}\,\frac{R\,l^2}{E\,h'} \;\Big|\; = 40\;\frac{1}{10^5}\,\frac{l^2}{h'}
\end{aligned}
\quad
\begin{aligned}
&\text{en supposant}\\
&R = 6 \times 10^6\\
&\text{et } E = 2 \times 10^{10}
\end{aligned}
$$

Les formules qui précèdent permettent de calculer les poutres droites dans tous les cas que l'on rencontre dans les applications. Lorsqu'une poutre est soumise à plusieurs charges isolées, l'abaissement du milieu du pont est la somme des abaissements partiels que produirait une seule charge.

Nous n'avons pas examiné le cas d'une charge uniformément répartie sur une partie seulement de l'ouverture : le cas échéant, on devra se reporter au chapitre suivant, où cette question, qui se présente seulement pour les poutres principales des ponts, est complètement traitée. Ce mode de répartition est celui qui donne en chaque point l'effort tranchant maximum.

Nous supposons que pour les petites poutres l'âme est calculée d'une extrémité à l'autre, de façon à résister à l'effort maximum.

Il faut encore vérifier, au droit des appuis sur les culées et aux points d'application des forces concentrées, si l'âme de la poutre, résistant comme un support comprimé verticalement, n'est pas exposée à flamber ou à se voiler.

Dans certains cas, il pourra être nécessaire de renforcer l'âme en ces points particuliers.

Dans le cas où la poutre au lieu d'être horizontale est in-

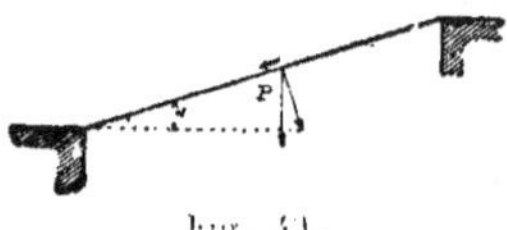

Fig. 49.

clinée, et où son axe fait un angle α avec l'horizontale, un poids quelconque P appliqué à la poutre doit être décomposé en deux : une composante P sin α parallèle à l'axe longitudinal, qui donne lieu à un effort normal égal, soit un effort de traction agissant entre le point d'application A de la force P et la culée la plus élevée, soit un effort de compression agissant entre le point d'application et la culée la moins élevée (*fig.* 49).

L'autre composante P cos. α, normale à l'axe longitudinal, donne lieu à un effort tranchant et à un moment fléchissant, qu'on calcule par les formules précédentes.

§ III

CALCUL DES PIÈCES ACCESSOIRES DES PONTS

33. Généralités. — Les ponts sont constitués par un certain nombre de pièces prismatiques dont on peut calculer les dimensions par les formules de la résistance des matériaux. Mais pour assembler les pièces entre elles, et pour réunir même les différentes parties, tôles, cornières, etc., qui doivent constituer une même pièce prismatique, il faut employer des pièces accessoires, boulons, chevilles, rivets, couvre-joints, etc., auxquelles il convient d'attribuer la résistance nécessaire pour qu'ils s'opposent à la disjonction des éléments à réunir.

Comme ces pièces accessoires se retrouvent identiques dans tous les types de ponts métalliques, nous pouvons dès à présent indiquer les formules qui doivent guider le constructeur dans leur emploi.

Nous croyons d'ailleurs inutile de définir ici toutes ces pièces qui sont bien connues.

34. Boulons. — Lorsqu'un boulon relie deux pièces qui tendent à glisser l'une sur l'autre, il faut que l'effort d'extension auquel il est soumis développe entre les deux pièces, serrées l'une contre l'autre par le boulon, un frottement capable de faire équilibre à la force qui tend à opérer le glissement.

En d'autres termes, soit P l'effort, perpendiculaire à l'axe du boulon, qui tend à faire glisser les deux pièces l'une sur l'autre, φ le coefficient du frottement mutuel des deux surfaces en contact, l'effort d'extension F que doit supporter le boulon est donné par la formule

$$F = \frac{P}{\varphi}.$$

Dans les ponts métalliques, on a en général $\varphi \geq 0,20$ pour les surfaces non polies ni lubrifiées, mais rabotées, qui sont mises en contact (voussoirs des ponts en fonte); pour les surfaces brutes, tôles juxtaposées, φ peut atteindre 0,60.

Dans les ponts européens, les boulons ne sont donc calculés qu'en vue de résister à un effort d'extension, que l'on cherche à limiter au maximum de 4 kilogrammes par millimètre carré de section du boulon, de façon à ce que le serrage de l'écrou ne présente aucune difficulté.

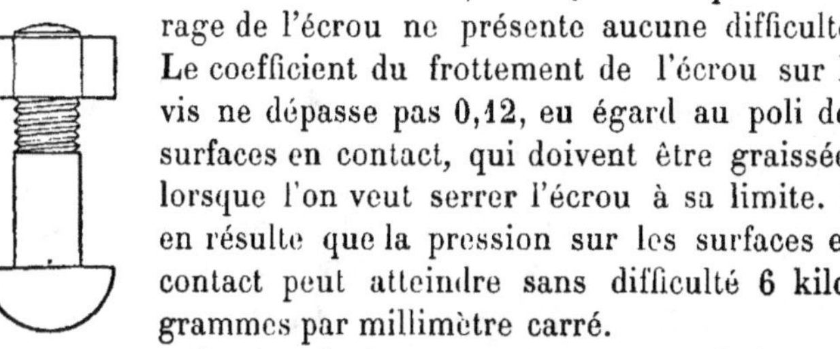

Le coefficient du frottement de l'écrou sur la vis ne dépasse pas 0,12, eu égard au poli des surfaces en contact, qui doivent être graissées lorsque l'on veut serrer l'écrou à sa limite. Il en résulte que la pression sur les surfaces en contact peut atteindre sans difficulté 6 kilogrammes par millimètre carré.

Ayant calculé comme nous venons de le montrer l'effort F qu'aura à supporter un boulon, on détermine ses dimensions principales par les formules usuelles suivantes :

Diamètre du boulon : $d = 0,0008 \sqrt{F}.$

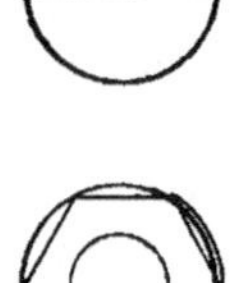

Fig. 40.

Cette formule donne au boulon une section telle que le noyau de la partie filetée travaille à raison de

3 kilogrammes par millimètre carré de section. Si l'on veut augmenter ce travail, il convient de diminuer proportionnellement la section du boulon, c'est-à-dire le carré du diamètre d, mais alors il faut augmenter la hauteur de l'écrou et de la tête.

Diamètre du noyau : $d' = 0,8\ d$ *(fig.* 50*).*

Donc la hauteur du filet de vis est égale à peu près à $0,1\ d$.

    Tête. Hauteur : $\qquad\qquad\qquad\qquad h = 0,7\ d$

    Diamètre du cercle extérieur : $\qquad d' = 1,5\ d$

    Ecrou. Hauteur : $\qquad\qquad\qquad\quad h = d$

Diamètre du cercle inscrit dans l'hexagone ou le carré qui limite l'écrou : $\qquad\qquad\qquad\quad d'' = 1,4\ d$

Effort de torsion. —Dans le cas où un boulon aurait à résister à un effort de torsion, son diamètre se calculerait par la formule suivante :

$$d = 0.00045\ \sqrt{\text{T}}.$$

T étant l'effort de torsion appliqué à la circonférence extérieure du noyau $(d' = 0,8\ d)$.

S'il a à travailler à la fois à l'extension et à la torsion, il convient de calculer son diamètre par la formule :

$$d = 0.0008\ \sqrt{\text{F} + 0.3\ \text{T}}.$$

Les boulons en usage dans les constructions ont rarement un diamètre inférieur à $0^{\mathrm{m}},012$ et supérieur à $0^{\mathrm{m}},03$. Lorsque le calcul indique des dimensions plus fortes, il convient d'employer plusieurs boulons au lieu d'un seul.

35. Chevilles. — On emploie dans les ponts américains et en général dans toutes les constructions métalliques dites articulées, des boulons qui travaillent uniquement au cisaillement et à la flexion, et non plus à l'extension. Nous les désignerons sous le nom de chevilles *(fig.* 51*).*

Ces chevilles s'engagent dans des ouvertures circulaires de même diamètre, dites *œils*, pratiquées dans les *têtes* des barres B, B_1, lesquelles sont soumises à des efforts d'extension ou de compression dirigés en sens inverse. Ces efforts tendent à cisailler la cheville C suivant une section intermédiaire. On admet que la résistance au cisaillement du métal n'est que les $\frac{4}{5}$ de sa résistance à l'extension.

Il faut remarquer que la cheville travaille aussi par flexion, puisque les efforts égaux et de sens contraire exercés par les barres B et B' sont appliqués à des sections différentes du boulon, séparées par une distance égale à la demi-somme des épaisseurs de ces barres. Il est de bonne construction que les barres, dont les efforts se font équilibre par l'intermédiaire de la cheville, aient leurs surfaces en contact, de façon à réduire au minimum cet effort de flexion.

Il est certain que si ces deux barres (*fig.* 51) étaient à une 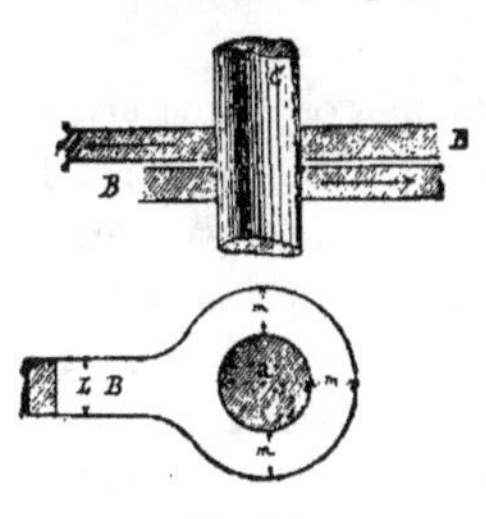 distance notable l'une de l'autre, la cheville serait soumise à un moment fléchissant important, et on serait conduit à lui attribuer un diamètre excessif.

Soit **L** la largeur et *e* l'épaisseur de l'une des barres **B** (l'autre étant supposée identique), mesurées en avant de la tête dans la partie où la barre est

Fig. 51

encore prismatique. Le diamètre à attribuer à la cheville d'assemblage est donné par la formule :

$$d = 1.9 \sqrt[3]{Le^2}.$$

Cette formule empirique, mais d'une forme théorique rationnelle, s'accorde bien avec les résultats de l'expérience (voir Comolli. Ponts américains, page 176). Elle est également satisfaisante au point de vue théorique dans les limites où varient en pratique les dimensions **L** et *e* : c'est-à-dire avec la condition que le rapport $\dfrac{e}{L}$, en général plus petit que l'unité, ne soit jamais notablement supérieur à 1.

Il faut également que la pression sur la surface de contact de la cheville et de la barre ne dépasse pas la limite pratique, sans quoi il pourrait y avoir désagrégation de cette surface et la cheville pénétrerait dans la barre dont elle couperait la tête en en creusant peu à peu la surface.

On doit avoir en conséquence $ed \geq Le$. Les chevilles du viaduc de Crumlin, en Angleterre, se sont trouvées en peu de temps hors de service, parce qu'on n'avait point observé cette règle essentielle.

La règle pratique à suivre est donc la suivante :

Si l'on a $e \geq 0,4$ **L** il faut prendre $d = 1,9 \sqrt[3]{\mathrm{L}e^2}$.

Si l'on a $e \leq 0,4$ **L** il faut prendre $d = $ **L**.

Ces formules supposent que l'effort transmis par la barre donne lieu à un travail au cisaillement sur une seule section de la cheville.

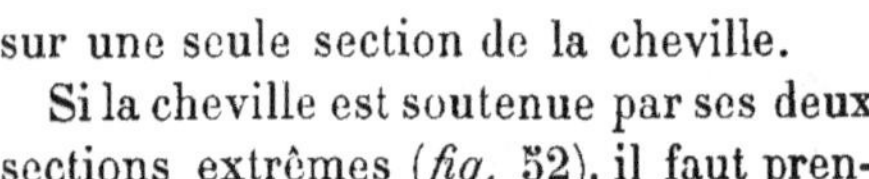

Si la cheville est soutenue par ses deux sections extrêmes (*fig.* 52), il faut prendre pour le calcul la moitié de l'épaisseur e.

Si l'on a plusieurs barres successives agissant dans le même sens, ce qui est de mauvaise construction, il faut faire la somme des épaisseurs de ces barres, et prendre la valeur moyenne de la largeur **L**.

Fig. 52.

Dans le cas où une cheville traverse plusieurs barres de dimensions différentes, il faut lui donner le plus grand des diamètres qu'indique la formule appliquée successivement aux différentes barres.

La tête de la barre a même épaisseur e que la barre : sa dimension en suivant le rayon de l'œil est donnée par la formule :

$$m = \frac{3}{8}(\mathrm{L} + d).$$

En Amérique, on donne aux barres forgées à la presse hydraulique une tête circulaire concentrique à la cheville, dont le diamètre est donc :

$$d + \frac{3}{4}(\mathrm{L} + d) = \frac{3}{4}(\mathrm{L} + 5d).$$

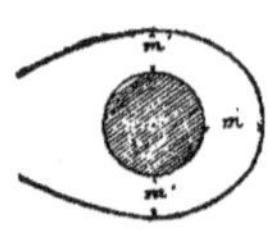

Pour les pièces forgées au marteau, l'expérience a, paraît-il, conduit à réduire la dimension de la couronne perpendiculaire à l'axe de la barre (*fig.* 53).

Fig. 53.

En laissant

$$m = 3\,\frac{(\mathrm{L} + d)}{8},$$ on prend simplement :

$$m' = \frac{3}{10}(\mathrm{L} + d).$$

Nous ne voyons pas de justification théorique à invoquer à l'appui de cette coutume.

Nous avons dit que la cheville et l'œil ont même diamètre : il faut nécessairement un certain jeu, qui en général est limité par les cahiers des charges à un demi-millimètre.

36. Supports cylindriques. — Les extrémités des poutres métalliques reposent en général sur les piles en maçonnerie par l'intermédiaire de rouleaux de friction, cylindres métalliques à axe horizontal placés entre les faces horizontales de deux plaques métalliques.

Soit O la section d'un pareil rouleau : il est soumis à l'action de deux forces égales et diamétralement opposées F : l'une est le poids de la poutre, l'autre est la réaction de la pile qui lui est égale (*fig.* 54).

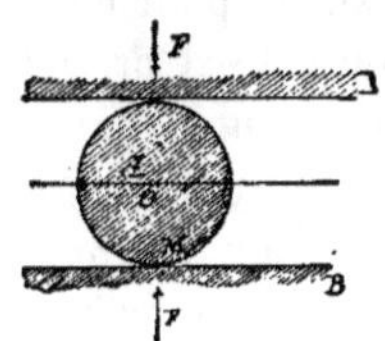

Fig. 54.

Connaissant le diamètre d du rouleau, ainsi que la nature du métal qui le compose, quelle est la limite qu'on peut pratiquement admettre pour la force de compression F? Bien que ce soit là à coup sûr une question des plus importantes, qui se rencontre à chaque instant dans le calcul des ponts, nous ne croyons pas qu'on ait jamais proposé une formule théorique ou une formule empirique pouvant servir à la résoudre.

Nous avons cherché à combler cette lacune tant bien que mal, en cherchant une formule théorique applicable au calcul des rouleaux de friction.

Soit M le point de contact de la section circulaire du rouleau avec le plan horizontal B. Soit F la compression exercée sur une partie du cylindre ayant l'unité pour longueur mesurée suivant l'axe (*fig.* 55).

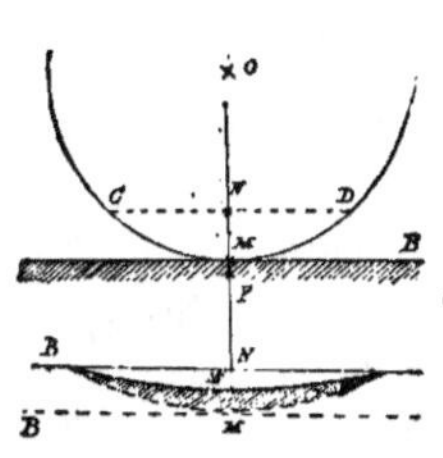

Fig. 55.

Par l'effet de la compression F, le cercle O va s'aplatir et, au lieu de ne toucher la droite B qu'en un point M, il la touchera suivant un arc déformé CMD.

Nous supposerons que la déformation, qui a amené le cercle et la droite à être en contact, sur la longueur CMD, est également partagée entre l'arc et la droite. Soit MN la distance initiale du point M à la corde CD. Nous supposerons donc que le point M s'est rapproché du centre O du cercle de la moitié

de la longueur MN, l'autre moitié représentant la pénétration du cercle dans le plan comme le montre la figure. Il est
évident que suivant la nature et l'épaisseur de la plaque inférieure, il peut arriver que la pénétration du rouleau dans la
plaque soit plus grande ou plus petite que la déformation
même dudit rouleau. Notre hypothèse s'applique à un cas
moyen qui doit se rapprocher de la vérité, si le rouleau et la
plaque sont exécutés avec le même métal.

Il est évident d'ailleurs que la compression par unité de surface
exercée par le rouleau sur le plan en un
point de la ligne du contact est proportionnelle à la déformation subie par ce
point, c'est-à-dire à sa distance à la corde
CD. Cette compression est maximum en
M, et se réduit à o en CD aux extrémités de la base de contact (*fig.* 56).

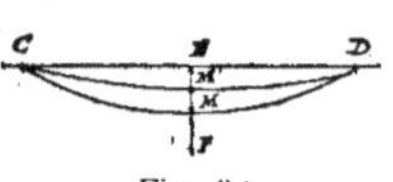

Fig. 56.

Soit c la valeur de la compression par unité de surface au
point M.

En exprimant que cette compression a réduit de $MM' = \dfrac{MN}{2}$
la distance $\dfrac{d}{2}$ du point M au centre du cercle, qui est évidemment resté symétriquement placé par rapport aux deux plans
supérieur et inférieur, on a l'équation :

$$(1) \qquad c\,\frac{d}{2} = E \times \frac{MN}{2} = E \times \frac{\overline{ND}^2}{2d} = \frac{Ea^2}{2d}\,,$$

en désignant par a la demi-corde ND, et par E le coefficient
d'élasticité du métal.

Exprimons d'autre part que la force de compression F est
équilibrée par la somme des compressions exercées par le
rouleau sur le plan de C en D ; nous aurons, la valeur moyenne
de la compression de C en D étant sensiblement égale à $\dfrac{2}{3}\,c$:

$$(2) \qquad \frac{2}{3}\,c \times 2\,a = F.$$

Les équations (1) et (2) combinées donnent, par l'élimination de a :

$$F' = \frac{16}{9} d^2 \frac{c^3}{E} ;$$

d'où

$$F = \frac{4}{3} dc \sqrt{\frac{c}{E}},$$

et

(3)
$$\frac{F}{d} = \frac{4}{3} c \sqrt{\frac{c}{E}}.$$

Pour que l'appareil soit suffisamment stable, il faut nécessairement que le travail de compression maximum c exercé en M' par le rouleau sur le plan, ne dépasse pas la limite d'élasticité du métal, sans quoi il y aurait déformation permanente du rouleau.

La formule précédente permet de calculer la valeur maximum à attribuer à $\frac{F}{d}$, sans courir le risque de détériorer le rouleau ou la plaque de roulement. Elle nous a servi à déterminer les limites de sécurité suivantes, en kilogrammes par m/m carré de section diamétrale, qui sont indépendantes du rayon du rouleau :

Fer	$0^k,40$
Acier extra-doux. . .	$0 , 60$
Acier extra-dur . . .	$1 , 40$
Fonte	$0 , 65$
Laiton	$0 , 10$
Bronze	$0 , 15$
Chêne	$0 , 06$

La limite de sécurité est d'autant plus élevée que la matière considérée est plus résistante et moins raide ou plus déformable. C'est aussi que la fonte se comporte mieux que le fer. Le caoutchouc, corps peu résistant mais très déformable, est susceptible de former la jante de roues lourdement chargées, et peut faire un bon service sans se détériorer. Plus le coefficient E est petit, et plus, pour une même valeur de $\frac{F}{d}$, l'étendue a de la surface de contact est grande et le travail à la compression c réduit.

Les poutres sont quelquefois posées sur des secteurs en fonte tels que H A B C. Les dimensions à donner aux secteurs peuvent être déterminées par les considérations qui précèdent. Il faut toutefois remarquer que la charge par unité de surface est calculée pour la section diamétrale DE

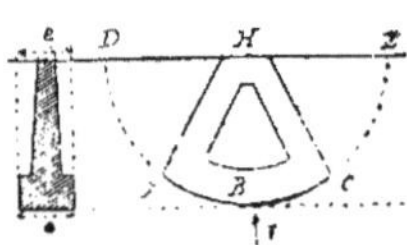

Fig. 57.

que l'on obtiendrait en multipliant le diamètre d du secteur DE par son épaisseur e à la jante B (*fig.* 57).

Le poids total à faire supporter aux secteurs est égal au produit de $d \times e$ par la limite pratique qui figure au précédent tableau : $S\,ed = F$.

On adoptera cette règle toutes les fois qu'on aura une surface cylindrique en contact avec un plan.

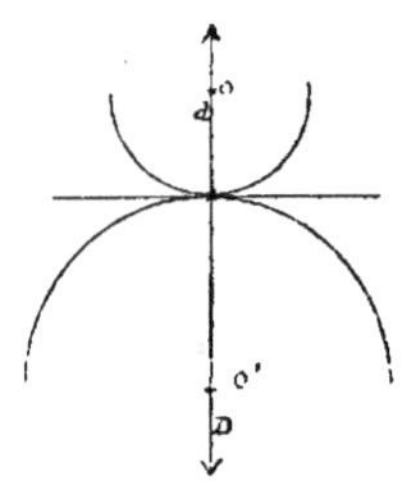

Fig. 58.

Si l'on a deux surfaces cylindriques à convexités opposées, la limite pratique de compression par unité de surface s'obtiendra pour le plus petit rouleau de rayon d, en multipliant S par le rapport $\sqrt{\dfrac{D}{D+d}}$ (*fig.* 58).

On aura donc :

$$F' = Sd\sqrt{\frac{D}{D+d}}.$$

Pour $D = \infty$ on retombe dans le cas précédent. Pour $D = d$ on a :

$$F = \frac{Sd}{\sqrt{2}}.$$

Cas de deux cercles tangents intérieurement (fig. 59).

Soient O et O′ les centres des deux cercles, de rayons d et D.

Il conviendra de calculer la force F par la formule :

$$(4) \qquad F'' = Sd \times \sqrt{\frac{D}{D-d}} \quad \text{avec la condition} \quad \frac{F''}{d} < S.$$

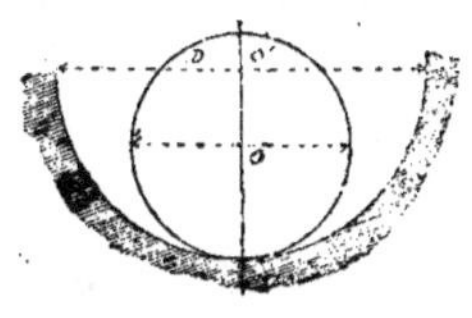

Fig. 59.

Cette formule est, on le voit, analogue à la précédente, dont elle ne diffère que par le changement de signe attribué au diamètre d du petit cercle.

En y faisant $D = \infty$ on retombe sur le cas du rouleau porté par un plan : $F = Sd$.

Pour $d = 0,995$ D, on a pour le fer : $\dfrac{F}{d} = 7^k$.

Par conséquent, si les diamètres des cercles intérieur et extérieur ne diffèrent que d'un deux-centième, la limite pratique de la charge, rapportée à la section diamétrale du rouleau, atteint la même valeur que si les faces de contact des deux pièces étaient planes.

On voit que les essieux, les chevilles, les axes de rotation, qui sont placés dans des crapaudines présentant à peu près exactement leur diamètre, peuvent être chargés jusqu'à la limite pratique, indiquée pour les différents métaux dans le tableau du nº 21. Cela était évident *à priori*.

Il est bien entendu que cette limite R ne doit pas être dépassée, et que la formule (4), qui donnerait pour F une valeur infinie lorsque $D = d$, ne doit être employée que pour $\dfrac{F''}{d} \leq R$. Si la formule (4) donnait pour F″ une valeur plus forte, il faudrait s'en tenir à la limite absolue Rd.

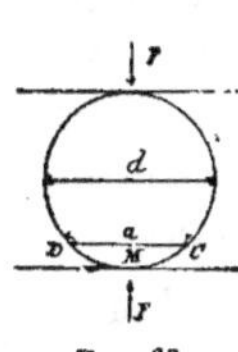

Fig. 60.

37. Supports sphériques. — Il pourrait arriver que l'on voulût faire supporter un poids F par des boulets ou sphères métalliques placés entre deux plans (*fig.* 60). Le problème peut être résolu suivant la même méthode que le précédent et l'on obtient les équations :

$$(1) \qquad c\,\frac{d}{2} = E\,\frac{a^2}{2d},$$

$$(2) \qquad F = \frac{1}{2}\,c \times \pi a^2,$$

$$(3) \qquad F = \frac{1}{2}\,c\pi d^2 \times \frac{c}{E}\,;$$

$$(4) \qquad \frac{F}{\frac{\pi d^2}{4}} = \frac{4\,F}{\pi d^2} = 2c \cdot \frac{c}{E} \cdot$$

La pression par unité de surface que l'on peut appliquer à la surface diamétrale du boulet $\left(\frac{4\,F}{\pi d^2}\right)$ est donnée pour les différents métaux par le tableau suivant :

Fer.	$0^k 015$
Acier doux	0,023
Acier extra-dur. . .	0,080
Fonte.	0,050
Bronze	0,005
Chêne.	0,003

La trempe permettrait peut-être de tripler le chiffre relatif à l'acier.

On voit que, pour la fonte, on peut encore admettre une charge de 5 k. par centimètre carré de section diamétrale, tandis qu'avec le fer on tombe au-dessous de 2 k. : concluons-en qu'un pareil système de supports sphériques est en général peu admissible, et que dans les cas où on a pu l'appliquer, on a dû dépasser la limite d'élasticité, et constater que les plaques d'appui ont eu leur surface détériorée.

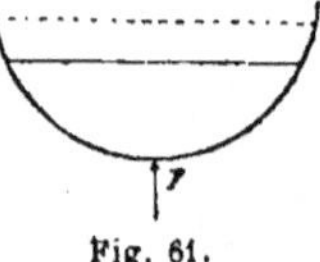

Fig. 61.

Il est bien entendu que si le support ne se compose que d'une calotte sphérique, ou de toute autre portion de sphère, il faut calculer la force F, comme si elle était répartie sur la section diamétrale de la sphère complète (*fig.* 61).

Pour deux sphères extérieures en contact, on emploierait la formule :

$$F' = S \frac{\pi d^2}{4} \cdot \frac{D}{D + d} \cdot$$

Pour une sphère convexe placée dans une sphère concave, la formule à appliquer serait :

$$F' = S \frac{\pi d^2}{4} \left[\frac{D}{D - d} \right], \text{ avec la condition } \frac{4F}{\pi d^2} < R \; ;$$

R étant la limite pratique à la compression donnée au tableau de la page 49.

On voit que cette limite est atteinte pour la fonte lorsque D et d diffèrent de $\frac{1}{160}$ seulement. L'articulation sphérique, dite genou, peut donc supporter sur sa section diamétrale une charge égale à celle qui résulte de l'application de la limite R.

38. Rivets et couvre-joints. — Les règles de construction relatives à la pose des rivets sont les suivantes : afin de permettre le poinçonnage des tôles dans de bonnes conditions, il faut prendre le diamètre du rivet au moins égal au double de l'épaisseur de la tôle la plus forte que ce rivet doit traverser : $d \geqq 2\,e$.

La distance entre l'axe du rivet et le bord de la tôle doit être égale à deux fois et demie le diamètre : 2,5 d.

L'écartement d'axe en axe de deux rivets consécutifs doit être au plus égal à cinq fois le diamètre. Il ne doit en aucun cas dépasser 0^m10, sans quoi l'on s'exposerait à voir les tôles bâiller.

Nous empruntons à l'ouvrage de M. Morandière sur la construction des ponts les renseignements qui suivent :

« La pratique a montré entre quelles limites le diamètre et l'espacement des rivets devaient varier suivant les épaisseurs à river. Les données du tableau ci-dessous peuvent être prises comme exemple des proportions convenables à observer :

 PONTS MÉTALLIQUES.

Diamètre des rivets. En millimètres :

8 10 12 14 16 18 20 22 25

Épaisseur à river (corn. comprises) :

6 à 10, 10 à 12, 12 à 14, 14 à 16, 16 à 20, 20 à 25, 25 à 35, 35 à 50, 50 à 70.

Distance d'axe en axe des rivets :

50 à 60, 60 à 70, 70 à 80, 80 à 90, 90 à 100, 100 à 120, 100 à 120, 100 à 120, 100 à 120.

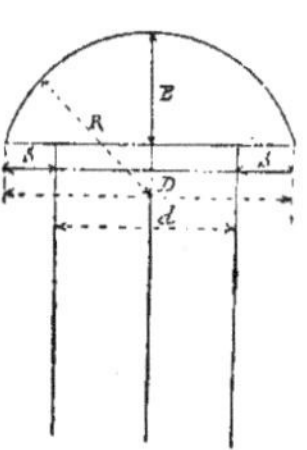

Fig. 62.

Il existe également une relation entre les dimensions de la tête et celles du corps du rivet. Si d est le diamètre du rivet, on prend généralement (*fig.* 62) :

$$S = \frac{1}{3} d \quad (\text{d'où } D = 1.66\,d).$$

$$E = 0.60\,d.$$

$$R = 0.86\,d.$$

Le tableau ci-après indique les dimensions des rivets de 0^m018, de 0^m020, de 0^m022, de 0^m025 qui sont très employés dans les ponts en tôle.

Diamètre (d) des **rivets.**	En millim.	18	20	22	25
Section —	Id. carrés.	254	314	380	490
Epaisseur (E) des têtes.	En millim.	10.8	12	13.2	15.00
Diamètre (D) —	—		30	33	36	41
Rayon (R) —	—		15.5	17.2	18.9	21.5
Limite habituelle inférieure { Epaisseur à river.	—		12	18	21	30
Long. totale du corps du rivet (avant la pose).	—		39	48	51	66
Poids de 100 rivets.	En kilogr.	14.5	17	22.5	35
Limite habituelle supérieure { Epaisseur à river.	En millim.	25	35	50	70
Long. totale du corps du rivet (avant la pose).	—		52	65	83	115
Poids de 100 rivets.	En kilogr.	15	23	32	57
Poids de 100 têtes de rivets.	—		4	5.5	8	11.7

« On a observé qu'au moment du refroidissement, les têtes des rivets se détachent souvent, lorsque la longueur des rivets atteint 0^m15, et il est nécessaire alors de refroidir un peu, avant la pose, le corps du rivet en le mouillant. Mais, dans la construction des ponts, on doit éviter d'employer des rivets d'une aussi grande longueur.

« Les conditions générales qui viennent d'être établies pour la rivure se modifient suivant les exigences de la construction. Ainsi, par exemple, dans les longues poutres, il arrive souvent, surtout dans les semelles, que les épaisseurs des lames superposées varient, et néanmoins, pour la facilité de la construction, on adopte généralement un diamètre de rivet uniforme, et ce diamètre est basé sur la plus forte épaisseur.

« De même, lorsque les feuilles de tôle superposées sont très larges, et que le mode général d'assemblage ne conduit pas à mettre des rivets près des bords, on est conduit à ajouter une ou plusieurs séries de rangées de rivets en bordure, simplement pour empêcher les tôles de bâiller. Dans ce cas, l'espacement d'axe en axe des rivets est augmenté, et varie de 15 à 30 centimètres[1]. »

On évalue en général à 12 ou 16 k. par millimètre carré de section l'adhérence du rivet sur la tôle, c'est-à-dire l'effort de frottement à vaincre pour faire glisser la tête du rivet sur les bords du trou. On admet qu'on peut dans la pratique faire supporter au rivet un travail de cisaillement égal aux $\frac{4}{5}$ du travail d'extension admissible pour le métal qui le constitue.

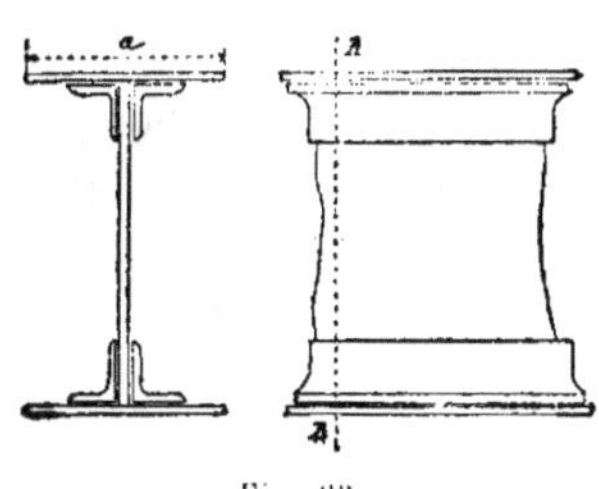

Fig. 63.

Dans la construction des ponts métalliques, on a fréquemment à résoudre les problèmes suivants :

1° Détermination du nombre des rivets nécessaires pour réunir les plates-bandes d'une poutre aux cornières (*fig.* 63).

Considérons la section transversale AB de la poutre : soit V l'effort tranchant dans cette section, a et e la largeur et l'épaisseur de la plate-bande à réunir aux cornières, et x la somme des sections que présentent les rivets dans l'unité de longueur de plate-bande. Soit enfin h la hauteur de la poutre.

Pour que les rivets empêchent dans des conditions convenables la plate-bande de glisser longitudinalement sur les cornières (voir n° 16), il faut que l'inégalité suivante soit satisfaite :

[1] Afin de faciliter le travail de la poinçonneuse, l'écartement des rivets de serrage est généralement le double de l'écartement adopté pour les autres rivets.

$$x \geq \frac{Vaeh}{2SI},$$

S étant la limite pratique du travail au cisaillement, et I le moment d'inertie de la section transversale de la poutre.

Soient d le diamètre d'un rivet, m l'écartement de deux rivets successifs ; on a, en remarquant que la plate-bande porte deux files parallèles de rivets, la reliant aux deux cornières :

$$x = 2 \times \frac{\pi d^2}{4} \times \frac{1}{m} = \frac{\pi d^2}{2m}.$$

et l'inégalité précédente devient :

$$\frac{\pi d^2}{m} \geq \frac{Vaeh}{SI}.$$

On voit que l'on peut se donner d et calculer la valeur minimum de m, ou vice versâ.

On s'attache à donner à d et m des valeurs telles que l'inégalité qui précède soit satisfaite et que l'on ne s'écarte pas des règles pratiques de construction indiquées précédemment.

On voit que le nombre des rivets à employer pour relier la plate-bande aux cornières varie en raison directe de l'effort tranchant ; dans les parties où l'effort tranchant est nul, au milieu, par exemple, d'une poutre appuyée à ses extrémités et chargée uniformément sur toute sa longueur, il suffirait de mettre le nombre de rivets strictement nécessaire pour empêcher les tôles de bâiller.

En général, on ne procède pas ainsi : on attribue le même écartement et le même diamètre aux rivets sur toute la longueur de la plate-bande, de façon à faciliter le travail de fabrication à l'usine : cette solution, quoique entraînant un peu plus de main-d'œuvre, est au bout du compte plus économique, car elle simplifie beaucoup le travail d'ajustage. Il faut donc calculer la force du rivetage pour la section où l'effort tranchant est maximum ; dans les autres sections, il y a excès de résistance, mais cela ne peut évidemment présenter aucun inconvénient.

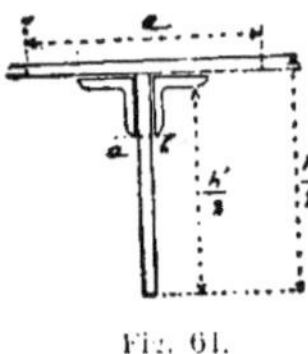

Fig. 61.

2° Pour réunir les cornières à l'âme de la poutre, on a un problème analogue à résoudre. On voit ici qu'il n'y a à poser qu'une seule file de rivets ; mais comme chaque rivet présente deux sections de cisaillement a et b, elle produit le même effet que les deux files qui lient la plate-bande aux cornières et qui, elles, ne travaillent que sur une seule section (*fig. 64*).

Soit σ l'aire de la section transversale d'une cornière, et $\frac{h'}{2}$ la distance de son centre de gravité à l'axe de la poutre. On doit avoir, en désignant par x' la somme des aires des sections transversales des rivets pour l'unité de longueur.

$$x' = \frac{\pi d^2}{2m} \geq \frac{V}{SI}\left(\frac{ach}{2} + \sigma h'\right).$$

On voit que la valeur de x' est plus grande que celle de x trouvée précédemment. Logiquement, on devrait employer des rivets un peu plus gros, ou un peu moins écartés que ceux de la plate-bande. Mais la différence en général est sans importance, $\sigma h'$ étant très petit comparativement à $\frac{aeh}{2}$, et l'on prend $x' = x$.

3° L'âme verticale peut être composée de deux tôles de même épaisseur c placées verticalement l'une au-dessous de l'autre, de telle façon qu'il existe dans l'âme une solution de continuité horizontale. Il est nécessaire de rétablir la continuité de l'âme au moyen de deux couvre-joints jumeaux qui sont rivés avec les deux parties de l'âme. La section totale à donner aux rivets qui unissent les couvre-joints à l'une des deux tôles de l'âme est donnée par l'inégalité suivante :

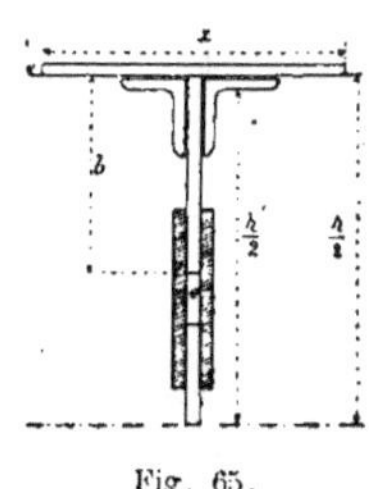
Fig. 65.

$$(1) \qquad x'' = \frac{\pi d^2}{2m} \geq \frac{V}{SI}\left[\frac{aeh}{2} + \sigma h' + bc\left(\frac{h}{2} - \frac{b}{2}\right)\right].$$

On voit que l'on a encore $x'' > x'$, et que le maximum de x'' s'obtient pour $b = \frac{h}{2}$, c'est-à-dire quand la solution de continuité de l'âme existe au droit de l'axe longitudinal de la poutre.

Donc au fur et à mesure que la file de rivets à calculer se rapproche du centre de la section transversale, on devrait augmenter sa force. C'est en général ce que l'on ne fait pas, et de même que le calcul se fait uniquement en vue de la section où l'effort tranchant est maximum, de même on l'applique au cas où l'âme est divisée en deux parties par un plan passant par l'axe de la pièce. De la sorte on a un excès de force dans toutes les sections où l'effort tranchant n'est pas maximum, et, dans la section où l'effort tranchant est maximum, pour toutes les files de rivets qui ne servent pas à réunir les deux parties de l'âme. On simplifie de la sorte les calculs, le travail du dessinateur et de l'ouvrier charpentier, et on obtient à la fois une économie et un excès de résistance.

L'inégalité (1) peut, pour $b = \dfrac{h}{2}$, être simplifiée et mise sous la forme :

$$x =" \ \frac{\pi d^2}{2m} \geqq \frac{V}{Sh},$$

qui donne un résultat d'autant plus voisin de la réalité que l'aire des semelles est plus grande comparativement à celle de l'âme.

L'effort total de cisaillement, transmis aux rivets qui relient les deux portions de l'âme sur un mètre de longueur de poutre, peut donc être obtenu avec une approximation très suffisante par le calcul de l'expression $\dfrac{V}{h}$. Cette règle donne un résultat un peu trop fort, et conduit par suite à un excès de stabilité, si on l'applique aux rivets qui assemblent, soit les tôles de plate-bande aux cornières, soit celles-ci à l'âme verticale.

4° Calcul des couvre-joints des plate-bandes (*fig.* 66).

La plate-bande est composée souvent d'une série de tôles de même épaisseur

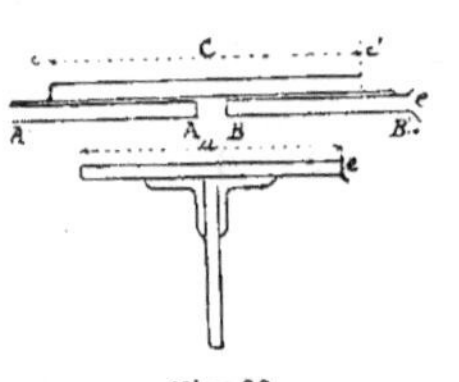

Fig. 66.

qui se succèdent : AA′, BB′. La continuité doit être rétablie au moyen d'un couvre-joint de même épaisseur cc', réuni par des rivets à l'une et à l'autre tôles.

La section totale y des rivets qui relient le couvre-joint à l'une des tôles se calcule par la formule suivante, où R désigne le travail par unité de surface que subit la plate-bande, sous l'influence du moment fléchissant ou de l'effort normal, dans la section que l'on considère :

$$y = \frac{Rae}{S} \cdot$$

On a d'ailleurs :

$$y = \frac{N\pi d^2}{4} ;$$

N étant le nombre des rivets reliant le couvre-joint à une des tôles.

Supposons que $d = 2e$, et que l'on prenne :

$$S = \frac{4}{5} R.$$

On arrivera aux formules pratiques :

$$y = N\pi e^2 = \frac{5ae}{4} ;$$

$$N = \frac{5a}{4\pi e} = 0,4 \frac{a}{e} \cdot$$

Si l'on s'est donné l'écartement m des rivets, à supposer qu'on les mette sur deux files parallèles, la longueur c du couvre-joint est facile à calculer :

$$c = (N + 1)\, m.$$

Quand la plate-bande est constituée par une série de tôles superposées dont les extrémités forment une espèce d'escalier, on emploie un couvre-joint unique, ayant l'épaisseur de la tôle la plus forte. Il faut que ce couvre-joint soit relié à chacune des tôles par un nombre de rivets égal à N, et il est nécessaire qu'entre deux abouts consécutifs de tôle, le nombre de rivets employés soit précisément N (*fig.* 67).

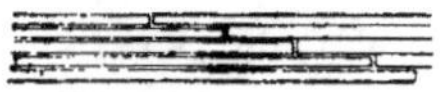

Fig. 67.

Pour réunir deux cornières opposées bout à bout, on emploie des cornières couvre-joints et l'on donne également aux rivets qui réunissent le couvre-joint à une cornière une section totale double de la section de la cornière.

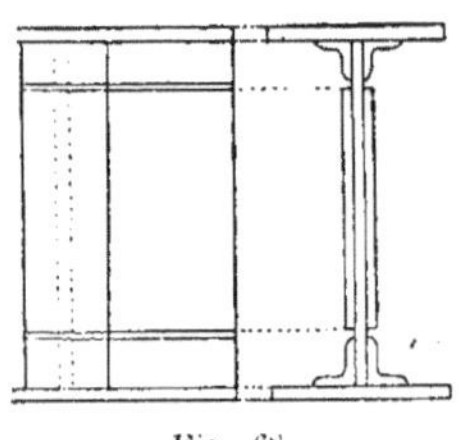

Fig. 68.

5° Enfin, s'il arrive que l'âme présente une solution de continuité verticale (*fig.* 68), on réunit les deux tôles successives de l'âme par deux couvre-joints qui doivent être reliés avec chacune d'elles par des rivets dont la section totale soit égale à la section de l'âme elle-même, si celle-ci travaille à la limite pratique de résistance ; sinon on calcule cette section totale par la formule :

$$Z = \frac{V}{S}.$$

39. Affaiblissement des tôles par la rivure. — Remarquons ici que chaque rivet présente deux sections de cisaillement. Considérons un rivet de diamètre d, réunissant ensemble un paquet de tôles superposées, d'une épaisseur totale E. L'aire de la section transversale des tôles, passant par l'axe du rivet, est réduite de $d \times$ E. Mais d'autre part la résistance au frottement développée par le rivet établit une certaine compensation. En effet, supposons les tôles coupées

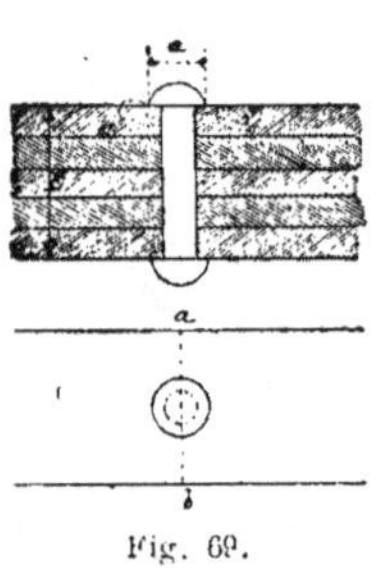

Fig. 69.

suivant la section ab passant par l'axe du rivet (*fig.* 69); pour séparer la partie située à droite de cette section ab de la partie située à gauche, il faudra vaincre l'adhérence des deux têtes de rivets sur l'un des paquets de tôle, les saillies de ces deux têtes constituant une sorte de mâchoire qui saisit le paquet. Nous avons vu que l'adhérence du rivet pouvait être évaluée au minimum à 12 k.

par mm. carré ; on peut admettre qu'elle entre en jeu (les têtes opposées du rivet fonctionnant comme des couvre-joints serrés sur des tôles) jusqu'à concurrence de 3 k. seulement, ce qui, pour l'ensemble, de la section, donne une résistance totale égale à $\frac{3\pi d^2}{4}$, équivalente à un supplément de section du paquet de tôle égal à $\frac{\pi d^2}{8}$, la tôle étant supposée travailler à raison de 6 kilogrammes par millimètre carré.

L'affaiblissement des tôles au droit du trou de rivet est donc en définitive égal à :

$$dE - \frac{\pi d^2}{8} = d\left(E - \frac{\pi d}{8}\right)$$

Il est nul pour $d = \frac{8}{3}E$, ce qui ne se présente jamais.

Il a pour limite supérieure $\frac{7 dE}{8}$.

Il convient, en définitive, de retrancher de la section trans-versale des tôles la section longitudinale dE de chaque trou de rivet. C'est ainsi que l'on procède souvent à l'étranger, notamment en Hollande et en Allemagne. En France, sous le régime de la circulaire de 1877, on ne se préoccupait nullement de cette cause d'affaiblissement des tôles, mais, à titre de compensation, on admettait une limite de travail sensiblement inférieure à celle admise en Allemagne : 6 k. au lieu de 7 k. et plus. Cela permettait d'effectuer tous les calculs de stabilité relatifs à un ouvrage avant d'arrêter les dispositions de la rivure. La circulaire de 1891 a prescrit de déduire les trous de rivets des sections brutes des tôles ou profilés, et de baser l'évaluation du travail sur les section nettes. L'affaiblissement à prévoir de ce chef, ne diffère guère en général de $\frac{1}{6}$ ou $\frac{1}{7}$.

Ce que nous venons de dire s'applique particulièrement aux pièces tendues. Pour les pièces comprimées on pourrait admettre que, le rivet remplissant exactement son trou, la compression se transmet dans le corps même du rivet; mais bien que la compression tendant à aplatir le trou du rivet rende le contact de ce dernier avec les tôles plus intime, peut-être est-il plus prudent de ne point compter sur une circonstance favorable, dont on ne peut guère être absolument certain. Il est vrai aussi que la tension des tôles tend à allonger le trou du rivet en l'ovalisant et que le rivet, en s'opposant à cette déformation, soulage les tôles dans une certaine mesure, mais il est difficile de se rendre un compte exact de ce bénéfice, malaisé à évaluer, parce qu'il dépend du soin apportée dans la pose du rivet.

La circulaire de 1891 ne distingue pas d'ailleurs le cas du travail à la compression ou au glissement de celui du travail à l'extension; quel que soit le genre d'effort supporté par la pièce, on doit toujours déduire les vides des rivets de la section brute, pour avoir la section nette.

———

CHAPITRE TROISIEME

POUTRES DROITES A TRAVÉES INDÉPENDANTES

SOMMAIRE :

POUTRES DROITES A TRAVÉES INDÉPENDANTES

40. Généralités. — Après avoir traité dans les deux chapitres qui précèdent une série de questions préliminaires se rattachant au *Calcul des Ponts métalliques* proprement dit, nous sommes, à présent, en mesure d'aborder le problème fondamental dont nous répéterons ici l'énoncé :

Ayant fait choix d'un type de pont, devant remplir les conditions d'un programme généralement fixé à l'avance et imposé à l'Ingénieur par des circonstances indépendantes de lui, il s'agit de déterminer en grandeur et en signe l'effort tranchant, le moment fléchissant et l'effort normal qui se manifestent dans les différentes sections de toutes les pièces prismatiques constituant l'ossature du pont, sous l'influence de forces extérieures que le chapitre II (n° 25) fait connaître dans chaque cas, étant donné le but que doit remplir l'ouvrage.

Cette question une fois résolue, le chapitre I fournit le moyen de calculer les dimensions à attribuer aux pièces prismatiques, et le chapitre II permet de déterminer en toute sécurité, les éléments accessoires qui doivent assembler et unir entre elles toutes ces pièces pour en faire un tout solidaire.

Nous aurons à indiquer ultérieurement les considérations qui peuvent guider dans le choix de la forme à attribuer à l'ouvrage : bien que cette question soit celle qui, dans la pratique, se présente tout d'abord, nous l'ajournerons pour le moment, l'étude que nous allons faire successivement des divers ponts en usage devant nous mettre à même de justifier les conclusions que nous présenterons plus tard, en faveur de telle ou telle disposition.

Les ponts métalliques existants se partagent en un certain nombre de classes, qui se distinguent les unes des autres par des caractères bien tranchés. Dans une même classe, il existe des variétés assez nombreuses ; mais en général, le mode de calcul est le même pour toutes, ou du moins la méthode générale ne change pas. Nous étudierons donc successivement chacune de ces classes, après l'avoir définie par l'indication des caractères qui lui sont propres.

Nous commencerons par les *poutres droites à travées indépendantes*. Une poutre droite à travée unique est un ouvrage métallique qui a une hauteur constante et un axe longitudinal rectiligne, et est porté, à ses deux extrémités seulement, par des points fixes ou culées qui n'exercent sur lui que des réactions verticales, dirigées de bas en haut, ayant pour résultante le poids même de l'ouvrage.

La poutre ne peut être reliée invariablement qu'à un seul appui ; elle repose sur l'autre par l'intermédiaire d'une plaque de glissement ou d'un charriot à rouleaux de friction, qui permettent à son extrémité, de se déplacer horizontalement : les dilatations et contractions, qui résultent des variations de la température, peuvent donc se produire librement sans rencontrer d'obstacles sur les points d'appui.

Nous supposerons toujours, dans le calcul de la déformation que les poutres étudiées sont des solides d'égale résistance, c'est-à-dire que le travail maximum du métal, dans une section et dans une pièce quelconque, garde la même valeur en toute les parties de l'ouvrage.

Les poutres droites des ponts européens sont en général formées de pièces prismatiques assemblées les unes aux autres à l'aide de couvre-joints et rivets : ce sont des *poutres à assemblages rigides.*

Les poutres droites des ponts américains sont formées de pièces assemblées à l'aide de chevilles ou articulations, de telle sorte que chaque pièce peut tourner autour de son point d'attache avec une pièce voisine, et que l'on ne maintient l'invariabilité de figure de ces ouvrages qu'en les composant de triangles dont la figure est nécessairement indéformable : ce sont des *poutres articulées.* Nous commencerons par les étudier avant de nous occuper des poutres à assemblages rigides.

§ I

POUTRES AMÉRICAINES. MÉTHODE GÉNÉRALE DE CALCUL.

41. Définition des poutres simples. — Les poutres américaines présentent cette particularité : que toutes les pièces prismatiques dont elles se composent travaillent uniquement à la compression ou à l'extension simple, et ne sont jamais soumises à un effort de flexion.

Un pareil ouvrage comprend une *corde supérieure* horizontale et une *corde inférieure* également horizontale situées dans le même plan vertical.

Ces deux cordes, constituées chacune par une seule poutre rectiligne (en général il en est ainsi de la corde supérieure), ou bien par une série de pièces successives placées bout à bout en ligne droite, et assemblées soit par des manchons, soit par des articulations, soit de toute autre manière, sont reliées par une série de barres formant une triangulation.

On appelle BRAS celles de ces barres qui, sous l'action d'une charge uniformément répartie sur *toute la longueur* de l'ouvrage, travaillent à la compression, et TIRANTS celles qui, dans la même hypothèse, travaillent à l'extension. Si l'on parcourt la triangulation à partir d'une extrémité de la poutre, on re-

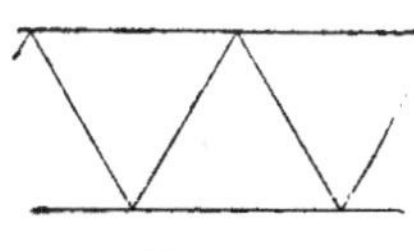

Fig. 70.

marque qu'un bras suit et précède toujours un tirant, et vice versâ (*fig.* 70). Ce n'est qu'au milieu de la poutre, si celle-ci est symétrique par rapport à ce point, que deux bras ou deux tirants peuvent se toucher par leurs extrémités.

Les barres d'une poutre américaine se divisent donc en deux systèmes, celui des bras et celui des tirants, dont les éléments sont intercalés. On rencontre également dans certains cas d'autres barres ne faisant partie d'aucun de ces deux systèmes, qui n'ont à supporter aucun effort normal lorsque la surcharge uniformément répartie couvre toute la travée ; mais quand cette surcharge ne couvre qu'une partie de la longueur de la poutre, ces barres peuvent travailler soit à la compression, et alors on les appelle CONTRE-BRAS, soit à l'extension, et on les appelle CONTRE-TIRANTS. Ces barres supplémentaires ont pour but d'empêcher que, par l'effet d'une surcharge incomplète, quelques tirants de la poutre ne viennent à travailler à la compression et quelques bras à l'extension : on évite ainsi que dans les pièces de la triangulation le sens de l'effort normal puisse changer.

D'ailleurs la corde supérieure de la poutre travaille toujours à la compression, la corde inférieure à l'extension.

42. Définition des poutres composées. — Nous venons de définir une poutre américaine simple. Il peut arriver que les deux cordes soient reliées par deux systèmes de triangulation différents, de telle façon qu'un bras d'un système croise un tirant de l'autre. En ce cas la poutre est dite double, et elle peut être considérée comme composée de deux

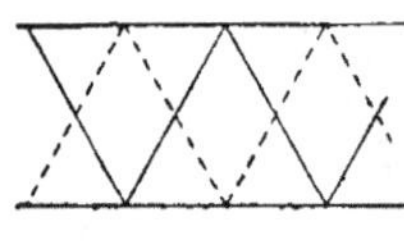

Fig. 71.

poutres simples, dont on aurait soudé respectivement les cordes supérieures et inférieures, tandis que les barres, n'étant pas établies suivant le même mode de triangulation, n'auraient pu se superposer et seraient restées distinctes (*fig.* 71).

Une poutre composée peut être triple ou quadruple, si elle est décomposable en trois ou quatre poutres simples. Dans ce dernier cas un bras de l'un des systèmes de triangulation croise trois tirants appartenant aux autres systèmes, et vice versâ.

Pour calculer une poutre américaine composée, on la décompose en poutres simples, que l'on suppose porter chacune une part égale de la charge et de la surcharge. On calcule les éléments de chaque poutre simple comme si elle était isolée, puis on reconstitue la poutre composée : chaque corde a en chaque point l'aire de sa section transversale égale à la somme des aires des sections des cordes correspondantes calculées pour les poutres simples. On introduit d'autre part sans changement dans la poutre composée tous les systèmes de barres, tirants, bras, contre-tirants ou contre-bras calculés pour les poutres simples.

On voit que le calcul d'une poutre composée peut toujours se ramener à celui de deux ou de plusieurs poutres simples.

43. Définition des poutres complexes. — Considérons une poutre simple MNPQ, et soient AB et BC deux barres successives de la triangulation, formant ce qu'on appelle une MAILLE de la poutre. Le tablier du pont que nous supposerons être établi à la partie inférieure de la poutre, suivant PQ, est soutenu en A et en C. Il peut arriver que la distance de ces points A et C soit assez considérable pour qu'on juge indis-

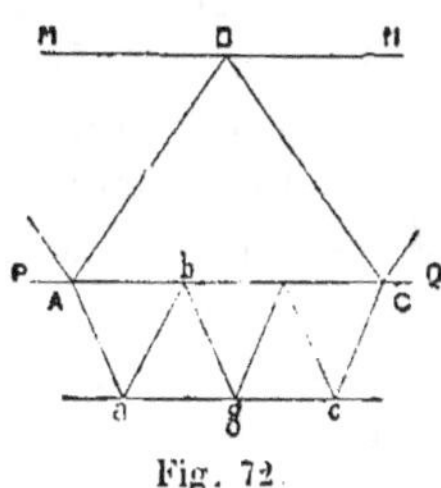

Fig. 72.

pensable de soutenir le tablier par une petite poutre américaine régnant de A en C, telle que A a c C, ayant pour points d'appui les sommets A et C de la triangulation de la poutre principale (*fig.* 72). Il pourrait arriver de même que l'on fût obligé de faire porter le tablier par de petites poutres *secondaires du second ordre*

régnant entre deux sommets consécutifs A et b de poutre secondaire de premier ordre. On obtiendra de cette façon ce que, faute d'appellation consacrée par l'usage, nous nommerons une *poutre complexe* : un ouvrage de cette nature comprend une poutre simple principale; dans chaque maille de cette poutre est intercalée une poutre simple secondaire de premier ordre, qui soutient le tablier dans l'intervalle de deux sommets consécutifs de la triangulation de la poutre principale, et a pour points d'appui extrêmes ces deux sommets eux-mêmes; on peut également avoir des poutres secondaires de deuxième ordre, de troisième, etc. On dispose toujours l'ouvrage de façon que toutes les poutres secondaires de même ordre soient identiques.

On voit à priori que, pour calculer un semblable pont, il suffit de calculer d'abord la poutre principale comme si elle était seule; puis de calculer une poutre secondaire du premier ordre, une poutre secondaire du deuxième ordre, etc. Si une barre ou une portion de corde appartient à la fois, sur une partie de sa longueur, à la poutre principale et à une ou plusieurs poutres secondaires, on n'a qu'à faire la somme, en tenant compte des signes, des efforts qu'elle a à supporter à ces différents points de vue, pour avoir l'effort total qu'elle doit subir; ou plus simplement il suffit de déterminer les sections de toutes les

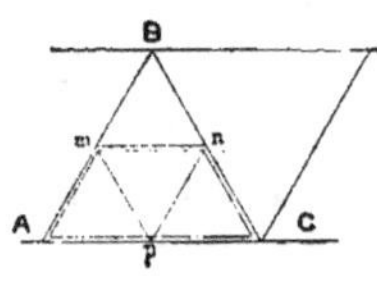

Fig. 73.

pièces de chaque poutre comme si elles étaient isolées, et de les ajouter lorsqu'il s'agit d'une pièce qui entre à la fois dans la composition de deux poutres; ainsi, dans la figure 73, les parties de corde A p et pC et les parties de barres A m et n C appartiennent à la fois à la poutre principale et à la poutre secondaire de premier ordre, et leurs sections doivent être calculées en conséquence. Si une portion de barre est à la fois un bras pour l'une des poutres et un tirant pour l'autre, il suffit évidemment que sa section soit celle qui convient au plus grand des deux efforts calculés et non à leur somme.

On voit que le calcul d'une poutre complexe se ramène encore au calcul de deux ou de plusieurs poutres simples.

44. Méthode générale de calcul d'une poutre simple. — Nous allons chercher les formules générales de calcul applicables à une poutre simple quelconque.

1° *Cas d'un poids isolé.* — Soit OAKL une poutre simple (*fig.* 74), O et L ses deux extrémités. Nous conviendrons de prendre pour origine des abcisses l'extrémité de gauche O de

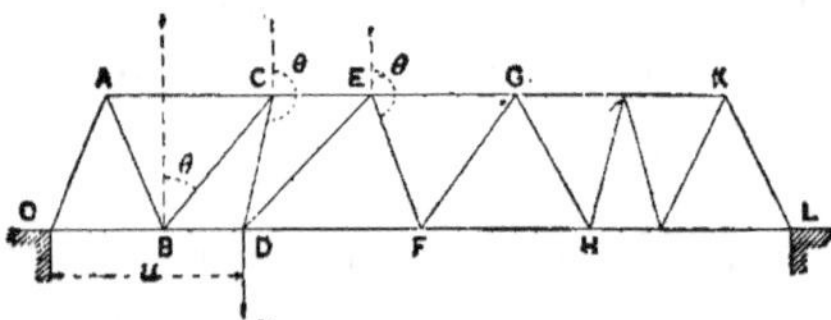

Fig. 74

la poutre. Si nous partons de cette extrémité pour parcourir le système de triangulation formé par les barres OABCDE....., nous conviendrons d'appeler *nœud* chaque point d'attache d'une barre sur une corde : le *nœud antérieur*, tel que C pour la barre CD, sera le premier nœud rencontré en partant de l'origine O ; on voit que ce point C serait le *nœud postérieur* relatif à la barre BC. Nous définirons chaque barre par l'abcisse x de son nœud antérieur par rapport à l'origine O et par l'angle θ que forme la direction de la barre avec une verticale *dirigée de bas en haut* passant par son nœud antérieur. On voit que cet angle θ peut être aigu (exemple barre BC), ou obtus (barre EF), ou même plus grand que deux droits (barre CD).

Ceci posé, soit MN (*fig.* 75) une barre quelconque, M son nœud antérieur situé à la distance horizontale x de l'origine O, et θ l'angle de la barre avec la verticale dirigée de bas en haut menée par M.

Supposons que l'on applique un poids isolé π en un point quelconque de la poutre, défini par sa distance horizontale u à l'origine O. Les composantes de ce poids sur les points d'appui O et L seront $\dfrac{\pi(l-u)}{l}$ et $\dfrac{\pi u}{l}$ en désignant par l la longueur de la poutre OL.

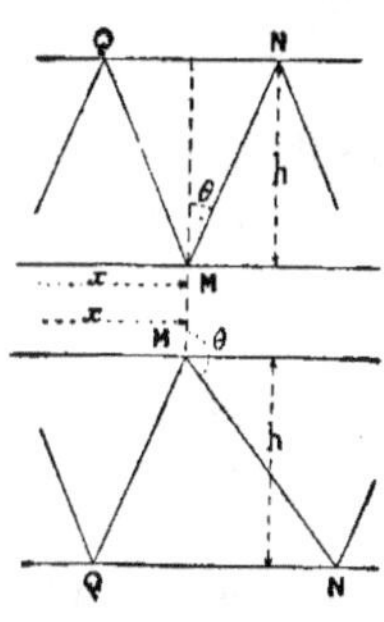

Fig. 75.

L'effort normal subi par la barre MN s'obtient en égalant à o la somme des projections sur la verticale des forces appliquées à la portion de poutre comprise entre la verticale qui passe par le nœud M et l'une des extrémités O ou L. On trouve ainsi que l'expression de cet effort varie suivant que le poids isolé π est placé, par rapport à l'origine O, en deçà ou au delà du point M.

1er *Cas.* — Le poids π est placé entre M et L : $u > x$.

Valeur de l'effort normal agissant sur MN :

$$f = -\frac{1}{\cos\theta}\,\pi\,\frac{l-u}{l}\,.$$

2e *Cas.* — Le poids π est placé entre O et M : $u < x$.

$$\varphi = \frac{\pi u}{l\cos\theta}\,.$$

On voit que f représente une compression et φ une tension lorsque $\cos\theta$ est positif ($\theta < 90°$) ; c'est l'inverse lorsque $\cos\theta$ est négatif ($\theta > 90°$). Ces formules sont d'ailleurs générales, quelle que soit la position du nœud antérieur M sur la corde supérieure ou inférieure. L'effort normal subi par la portion de corde QN opposée au nœud M s'obtient aisément en prenant les moments par rapport au point **M** de toutes les forces appliquées à la partie de la poutre comprise entre la verticale qui passe par M et l'une des extrémités **O** ou **L**. Désignons par h la hauteur de la poutre :

On trouve dans le premier cas, $u > x$:

$$c = \pm f \cos\theta\, \frac{x}{h} = \pm \frac{\pi\,(l-u)}{l} \times \frac{x}{h}\,.$$

et dans le second cas, $u < x$:

$$\gamma = \pm \varphi \cos\theta \cdot \frac{(l-x)}{h} = \pm \frac{\pi u}{l} \cdot \frac{(l-x)}{h}\,.$$

Ces formules donnent c et γ en valeur absolue. *On sait d'ailleurs que l'effort normal est toujours une compression lorsqu'il s'agit de la corde supérieure et une tension lorsqu'il s'agit de la corde inférieure.*

2° *Cas de plusieurs poids isolés.* — Supposons qu'au lieu d'un seul poids isolé π nous en ayons un certain nombre, et que l'on demande l'effort normal qui en résultera pour la barre MN, qui a le point M pour nœud antérieur, et la portion de corde NQ opposée au nœud M. Il faudra faire le calcul séparément pour les poids situés à gauche et pour les poids situés à droite de M ; on a :

$$f = \Sigma_x^l - \frac{\pi\,(l-u)}{l\cos\theta} \quad \text{et} \quad \varphi = \Sigma_o^x \frac{\pi u}{l\cos\theta}\,.$$

L'effort normal résultant sur la barre MN est : $F = f + \varphi$.

Enfin les efforts normaux partiels et l'effort total subis par la portion de corde NQ sont :

$$c = \pm f \cos\theta\, \frac{x}{h},$$

$$\gamma = \pm \varphi \cos\theta\, \frac{(l-x)}{h}$$

$$\text{et } C = c + \gamma.$$

F est égal à la somme algébrique de f et de φ, pris avec leurs signes, qui sont nécessairement contraires, tandis que C est la somme des valeurs absolues de c et de γ, à laquelle on attribue le signe $+$ ou le signe $-$, suivant qu'il s'agit de la corde inférieure ou de la corde supérieure.

45. Formules pratiques générales pour le calcul des poutres américaines. — Les formules précédentes, qui sont absolument générales, seraient en pratique d'une application laborieuse, et il convient de les modifier de façon à en rendre l'usage commode et rapide.

Nous y arriverons au moyen de la remarque suivante :

Toutes les poutres simples qui entrent dans la construction des ponts américains, soit comme ouvrages isolés, soit comme éléments de poutres composées, présentent le caractère commun suivant :

Tous les triangles qui les composent sont égaux (*fig.* 76) à l'exception des quatre triangles extrêmes adjacents aux ex-

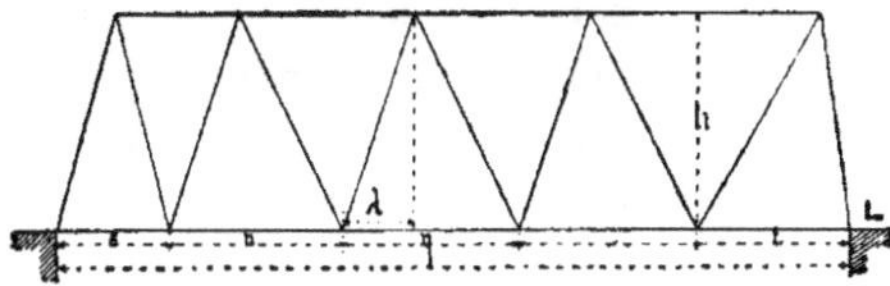

Fig. 76.

trémités des cordes supérieure et inférieure. Ces quatre triangles sont en dehors de toute règle et peuvent être pris arbitrairement.

Désignons par n l'équidistance de deux nœuds consécutifs sur la même corde, par s et par t les distances du second et de l'avant-dernier nœud à l'origine O et à l'extrémité L de cette corde. Soit enfin λ la distance horizontale d'un nœud de la corde inférieure au nœud de la corde supérieure qui le suit immédiatement : nous supposerons pour fixer les idées que les points d'appui O et L sont sur la corde inférieure. La charge permanente que supporte la poutre peut être décomposée en une série de poids p appliqués à tous les nœuds de la corde inférieure : ces poids sont donc tous équidistants, et les poids extrêmes sont aux distances s et t des points d'appui. Il en est de même de la surcharge, qui est divisée en poids π égaux et équidistants : mais nous admettons que cette surcharge peut ne couvrir qu'une partie de l'ouvrage à partir d'une des extrémités, le surplus jusqu'à l'autre extrémité de la poutre n'étant pas surchargé.

Il peut arriver que les nœuds de la corde supérieure soient

aussi chargés : **mais** alors pour que les poids soient équidistants il faut que l'on ait $\lambda = \dfrac{n}{2}$, et que par suite les triangles soient isocèles, ou bien que $\lambda = o$ ou $\lambda = n$, et les triangles sont rectangles. Ce cas est moins général que le précédent dont il constitue une simplification.

Nous allons donc chercher les formules applicables au genre de poutre simple que nous venons de définir, et qui, nous le répétons, comprend tous les types de poutres simples en usage. Il est bien évident que ce que nous avons dit de la corde inférieure pourrait s'appliquer à la corde supérieure, et vice versa, sans rien changer au raisonnement.

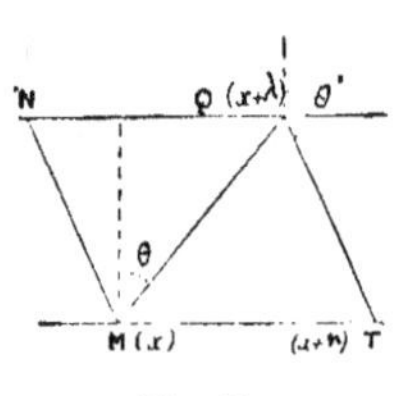

Fig. 77.

Considérons un nœud chargé **M**, défini par sa distance x à l'origine O. Le nœud non chargé qui le suit sur la corde supérieure est **Q** dont l'abscisse est $x + \lambda$, et le nœud chargé suivant est **T**, qui a pour abscisse $x + n$ (*fig.* 77).

Nous allons chercher successivement l'effort normal supporté par la barre **M** sous l'action : 1° de la surcharge couvrant entièrement la partie de poutre située *à droite* de M (à l'exception du poids **M**); 2° de la surcharge couvrant entièrement la portion de poutre située *à gauche* de M (y compris le poids M). Grâce à l'hypothèse faite sur la figure de la poutre, le problème se réduit à trouver la somme d'une progression arithmétique. On a, en effet, en appliquant les formules générales **du n° 44** et en désignant par e une longueur quelconque **plus petite** que n :

Surcharge à droite :

$$(1) \quad f = \Sigma_{x+e}^{l} - \frac{\pi\,(l - u)}{l \cos \theta}$$

$$= \frac{-\pi}{l \cos \theta} \left[(l - x - n) + (l - x - 2n) + (l - x - 3n) + \ldots \right.$$

$$\left. + (2n + t) + (n + t) + t \right]$$

$$= \frac{-\pi}{2\,ln \cos \theta} (l - x - n + t)(l - x - t).$$

Surcharge à gauche

$$(2) \qquad \varphi = \Sigma_o^{x+e} \, \frac{\pi u}{l\cos\theta}$$

$$= \frac{\pi}{l\cos\theta} \, [s + (s+n) + (s+2n) \dots$$

$$+ (x-2n) + (x-n) + x]$$

$$= \frac{\pi}{2\,ln\cos\theta} \, (x+s)\,(x+n-s).$$

Surcharge complète ;

$$(3) \qquad F = f + \varphi = \frac{-\pi}{2\,ln\cos\theta} \, [l\,(l-2\,x-n) + t\,(n-t) - s\,(n-s)].$$

On voit que f et φ représentent les efforts normaux maxima, à l'extension et à la compression, que peut subir la barre MQ : en effet, tous les poids situés d'un même côté de M donnent lieu à des efforts dirigés dans le même sens, et dans le sens contraire de l'effort qui serait dû à un poids placé de l'autre côté de M. On a donc bien l'effort maximum dans un sens déterminé en prenant tous les poids placés du même côté du nœud, à l'exclusion des autres.

D'où la règle suivante : *une barre quelconque d'une poutre américaine est soumise à son maximum de travail à l'extension ou à la compression lorsque la surcharge couvre entièrement et exclusivement toute la partie du pont comprise entre cette barre et l'une ou l'autre des extrémités de l'ouvrage.*

Cherchons maintenant l'effort normal supporté par la barre QT, qui a pour nœud antérieur le nœud non chargé $Q\,(x+\lambda)$. Nous retrouverons exactement les mêmes valeurs que pour la barre QM, sous réserve du changement subi par le coefficient $\cos\theta$ qui devient $\cos\theta'$.

Par conséquent, dans les formules qui précèdent, x désigne toujours la distance à l'origine O d'un nœud chargé, et ces formules sont applicables à la barre issue du nœud x, ainsi qu'à la barre issue du nœud $(x+\lambda)$ non chargé qui le suit.

Il arrive dans certains cas qu'au milieu de la longueur de la poutre il y a un changement dans le mode de triangulation, de telle sorte qu'une barre est assemblée à l'une de ses extrémités avec la barre précédente AB et la barre suivante BD (*fig.* 78). En pareil cas on doit considérer que la barre

CB est double et que la triangulation est composée ainsi qu'il
suit : AB — BC — CB — BD. Rien n'est changé au calcul,
sauf que cette barre CB supporte *un effort
normal double* de celui qui est indiqué par
les formules générales. Ces barres doubles
ne peuvent se rencontrer qu'au milieu de
la pièce, à partir duquel, comme on le
verra, l'inclinaison des bras est renversée,
ainsi que celle des tirants.

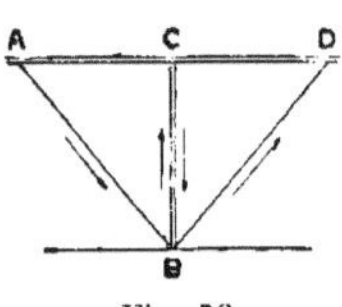

Fig. 78.

Nous obtiendrons de même la valeur de l'effort normal
supporté par la portion de corde NQ opposée au nœud chargé
M (x), c'est-à-dire comprise entre les distances $x - n + \lambda$ et
$x + \lambda$ prises à partir du point O.

Surcharge de M à L :

$$(4) \qquad c = f \cos\theta \, \frac{x}{h} = \frac{\pi}{2\, lnh} \, x\,(l - x - n + t)\,(l - x - t).$$

Surcharge de O à M :

$$(5) \qquad \gamma = \varphi \cos\theta \, \frac{l - x}{h} = \frac{\pi}{2\, lnh} \,(l - x)\,(x + s)\,(x + n - s).$$

Surcharge complète :

$$(6) \quad C = c + \gamma = \frac{\pi}{2\, lnh} \left[lx\,(l - x) + tx\,(n - t) + s\,(n - s)\,(l - x) \right].$$

Nous avons encore à calculer l'effort normal supporté par la
portion de corde MT, qui est opposée au nœud Q $(x + \lambda)$,
lequel n'est pas chargé, c'est-à-dire comprise entre les distances x et $x + n$ prises à partir du point O.

On trouve de même :

Surcharge de M à L :

$$7) \quad c' = f \cos\theta \cdot \frac{x + \lambda}{h} = \frac{\pi}{2\, lnh} \,(x + \lambda)\,(l - x - n + t)\,(l - x - t).$$

Surcharge de O à M :

$$(8) \quad \gamma' = \varphi \cos\theta \cdot \frac{l - x - \lambda}{h} = \frac{\pi}{2\, lnh} \,(l - x - \lambda)\,(x + s)\,(x + n - s).$$

Surcharge complète :

$$(9) \quad C' = c' + \gamma' = \frac{\pi}{2\, lnh} \left[lx\,(l - x) + tx\,(n - t) + s\,(n - s)\,(l - x) \right.$$
$$\left. + \lambda\,[l\,(l - 2x - n) + t\,(n - t) - s\,(n - s)] \right].$$

Dans le calcul de c, γ et C, c', γ' et C' nous ne nous sommes pas préoccupés des signes. On sait que c et γ sont positifs lorsqu'il s'agit de la corde inférieure et vice versâ. Par conséquent, les quantités c et γ étant de même signe, leur somme C est plus grande qu'elles, et représente l'effort maximum que doit supporter la corde.

D'où la règle suivante : *pour calculer l'effort maximum subi par l'une des cordes de la poutre, il faut toujours se placer dans l'hypothèse de la surcharge complète, quelle que soit la portion de corde considérée.*

Dans le cas où tous les nœuds sont chargés, tant sur la corde supérieure que sur la corde inférieure, les formules (4), (5) et (6) sont seules applicables : n désigne alors la distance horizontale de deux poids consécutifs placés l'un sur la corde inférieure, l'autre sur la corde supérieure.

46. Calcul des barres et des contre-barres. — Nous venons d'examiner toutes les formules à appliquer dans le calcul d'une poutre simple. En distinguant par les indices p et π les efforts normaux dus à la charge, nécessairement répartie sur toute la longueur de la poutre, et à la surcharge, nous voyons que le calcul de la poutre doit se faire d'après la règle suivante :

L'effort normal subi par une barre sous l'action de la charge est représenté par F (formule (3)); suivant que $F_{(p)}$ est positif ou négatif, la barre, qui travaille à l'extension ou à la compression, est un tirant ou un bras. D'autre part $F_{(p)}$ s'annule, puis change de signe lorsqu'on passe d'une moitié de poutre à l'autre. Donc pour que $F \cos \theta$ garde le même signe d'un bout à l'autre de la poutre, il faut que $\cos \theta$ change de signe au milieu de la portée : cela veut dire que l'angle θ est aigu pour les bras situés dans la première moitié de la poutre, et obtus pour les bras situés dans la seconde moitié.

C'est l'inverse pour les tirants, dont l'inclinaison sur la verticale est aussi renversée au delà du milieu de la portée.

Les efforts maxima dus à la surcharge sont, dans des sens opposés, f_π et φ_π (formules (1) et (2)). L'une des quantités f_π et φ_π a le même signe que F_p ; en l'ajoutant à F_p, on a le maximum de l'effort que le bras ou le tirant pourra avoir à supporter, par l'effet de la surcharge répartie de la manière la plus défavorable pour la stabilité de cette barre. Supposons pour fixer les idées que F_p et f_π soient de même signe (1re moitié de la poutre à partir de l'extrémité O) ; alors φ_π et F_p sont de signes contraires : si l'on a en *valeur absolue* $F_p > \varphi_\pi$, on voit que la barre n'est susceptible de travailler que dans un sens déterminé, à la compression par exemple, et l'effort de compression qu'elle peut subir est nécessairement compris entre les limites supérieure $F_p + f_\pi$ et inférieure $F_p + \varphi_\pi$.

Si au contraire l'on a $F_p < \varphi_\pi$ en valeur absolue, alors $F_p + \varphi_\pi$ et $F_p + f_\pi$ sont de signes contraires, et par suite le mode de répartition de la surcharge qui correspond à φ_π change le signe de l'effort supporté par la barre : si, pour fixer les idées, il s'agit d'un bras, ce bras est exposé à travailler à l'extension. De même un tirant peut avoir à subir un effort de compression.

Cette inversion de l'effort se présente nécessairement dans le voisinage du milieu de la poutre, où l'on sait que F_p décroît et finit par s'annuler avant de changer de signe.

Or il peut arriver qu'une pièce, dont la forme a été déterminée en vue de résister à un effort de compression, résiste très mal à un effort d'extension, et *vice versd*. Il importe alors de s'opposer au renversement de l'effort sous l'action d'une surcharge incomplète : c'est à quoi servent les *contre-barres*

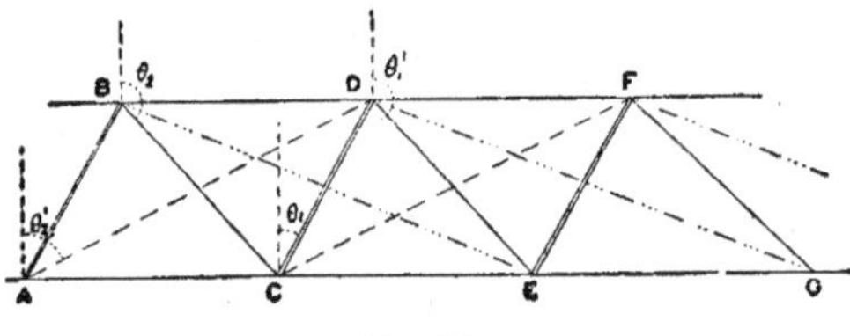

Fig. 79.

(contre-bras ou contre-tirants), dont nous allons parler maintenant.

Soit une triangulation ABCDEF, ou les doubles traits AB, CD, EF représentent les bras, et les simples traits BC, DE les tirants (*fig. 79*)

Supposons que, par suite d'une répartition déterminée de la surcharge, les bras soient exposés à travailler à l'extension, et les tirants BC à la compression : il s'agit de remédier à cet inconvénient.

Il suffit pour cela d'établir des *contre-tirants* AD, CE, qui constituent avec les bras AB, CD, EF une nouvelle triangulation établie de telle sorte que le nœud antérieur primitif d'un bras, le nœud C du bras CD par exemple, en devient le nœud postérieur et *vice versâ*. Par conséquent l'angle θ_1, qui était aigu, est remplacé par l'angle θ'_1 qui est obtus. Donc $\cos \theta_1$ change de signe, et l'effort de traction que subissait le bras est transformé en un effort de compression, *sans d'ailleurs changer de valeur absolue*.

De même l'angle obtus θ_2 du tirant est remplacé par l'angle aigu θ'_2 du contre-tirant ; $\cos \theta_2$ change de signe et l'effort de compression que supportait le tirant BC est remplacé par un effort d'extension, appliqué au contre-tirant AD ; on l'obtient en multipliant l'effort normal primitivement calculé par $\dfrac{\cos \theta'_2}{\cos \theta_2}$. On aurait pu arriver au même résultat en conservant les tirants BC, DE, etc., et remplaçant les bras par des *contre-bras* tels que BE et DG. Le raisonnement serait absolument le même, et l'on verrait que les contre-bras travaillent à la compression alors que les bras auraient travaillé à l'extension, et qu'ils transforment en effort d'extension l'effort de compression qu'auraient primitivement subi les tirants.

On voit que dans une poutre américaine on a besoin, en certains cas, et dans le voisinage du milieu de la poutre, d'établir soit des contre-bras, soit des contre-tirants pour éviter le renversement des efforts dans les barres, mais que d'ailleurs on n'a jamais à établir à la fois des contre-bras et des contre-tirants. Ces contre-bras ou contre-tirants doivent être admis dans la partie de la poutre comprise entre les points où $F_{(p)} + \varphi_\pi$ et $F_p + f_\pi$ changent de signe. On a approximativement les limites de cette zone à l'aide de la formule qui donne, pour les poutres à âme pleine (n° 69), les distances à l'origine des points où l'effort tranchant peut changer de signe :

$$x' = \frac{lp}{\pi}\left(\sqrt{1 + \frac{\pi}{p}} - 1\right) \; ; \; x'' = l - \frac{lp}{\pi}\left(\sqrt{1 + \frac{\pi}{p}} - 1\right).$$

La longueur de la zone $x'' - x'$ est d'autant plus réduite que $\frac{p}{\pi}$ est plus grand. Par conséquent, plus la portée d'une poutre est grande, plus la longueur occupée par les contre-bras est relativement réduite.

On peut reconnaître *a priori* dans une poutre le genre d'effort que doit subir une barre par la règle suivante d'une application immédiate qui indique les limites entre lesquelles peut varier θ dans les différents cas. Dans la première moitié de la poutre $\left(x < \frac{l}{2}\right)$, on a toujours pour les bras et les contre-tirants : $\cos\theta \geqq o$; pour les tirants et les contre-bras : $\cos\theta \leqq o$. Dans la seconde moitié $\left(l > x > \frac{l}{2}\right)$ on a toujours pour les bras et les contre-tirants : $\cos\theta \leqq o$; pour les tirants et les contre-bras : $\cos\theta \geqq o$.

47. Calcul des cordes. — La corde supérieure qui travaille toujours à la compression a pour effort normal maximum $- (C_p + C_\pi)$, C_p et C_π indiquant des valeurs absolues.

La corde inférieure travaille à l'extension et son effort normal maximum est $C_p + C_\pi$.

48. Simplification des formules. — Les formules que nous avons indiquées précédemment peuvent se simplifier notablement, lorsque l'on fait certaines hypothèses sur la figure que présente la poutre simple étudiée.

Par exemple, l'on peut avoir $s = t$, ce qui est le cas le plus général : d'habitude les poutres simples américaines sont symétriques par rapport au milieu de leur longueur.

Les formules deviennent alors :

$$(10) \quad f = \frac{-\pi}{2\,ln\cos\theta}(l - x - n + s)(l - x - s)$$

$$(11) \quad \varphi = \frac{\pi}{2\,ln\cos\theta}(x + s)(x + n - s)$$

$$(12) \quad F = \frac{-\pi}{2\,n\cos\theta}(l - 2x - n)$$

Ces formules sont applicables à la barre issue du nœud chargé x et à celle issue du nœud non chargé $x + \lambda$.

$$(13) \quad c = \frac{\pi}{2\,lnh} \, x\,(l - x - n + s)\,(l - x - s)$$

$$(14) \quad \gamma = \frac{\pi}{2\,lnh} \, (l - x)\,(x + s)\,(x + n - s)$$

$$(15) \quad \mathrm{C} = \frac{\pi}{2\,hn} \, [x\,(l - x) + s\,(n - s)]$$

Portion de corde opposée au nœud chargé x et comprise entre les limites $x - n + \lambda$ et $x + \lambda$.

$$(16) \quad c' = \frac{\pi}{2\,lnh} \, (x + \lambda)\,(l - x - n + s)\,(l - x - s)$$

$$(17) \quad \gamma' = \frac{\pi}{2\,lhn} \, (l - x - \lambda)\,(x + s)\,(x + n - s)$$

$$(18) \quad \mathrm{C}' = \frac{\pi}{2\,nh} \, [x\,(l - x) + s\,(n - s) + \lambda\,(l - 2\,x - n)]$$

Portion de corde opposée au nœud non chargé $x + \lambda$ et comprise entre les limites x et $x + n$.

Ainsi les formules 1, 2, 3, 6 et 9 suffisent pour calculer f, φ, F, C et C′ dans les cas les plus compliqués de la pratique.

Les formules 10, 11, 12, 15 et 18 sont applicables toutes les fois que les poutres étudiées sont symétriques par rapport à la verticale passant au milieu de la longueur.

Enfin lorsque la poutre simple étudiée est à elle seule l'ouvrage complet, c'est-à-dire n'est pas un élément de poutre composée, on a nécessairement $t = s = n$ ou $t = s = \dfrac{n}{2}$.

Dans le premier cas les formules deviennent :

$$(19) \quad f = \frac{-\pi}{2\,ln\cos\theta} \, (l - x)\,(l - x - n)$$

$$(20) \quad \varphi = \frac{\pi}{2\,n\cos\theta} \, (x + n)\,x$$

$$(21) \quad \mathrm{F} = \frac{-\pi}{2\,n\cos\theta} \, (l - 2\,x - n)$$

Nœud antérieur (x) ou $(x + \lambda)$.

$$(22) \quad c = \frac{-\pi}{2\,lnh} \, x\,(l - x)\,(l - x - n)$$

$$(23) \quad \gamma = \frac{\pi}{2\,lnh} \, (l - x)\,(x + n)\,(x)$$

$$(24) \quad \mathrm{C} = \frac{\pi}{2\,nh} \, x\,(l - x)$$

Nœud opposé (x).
Limites : $x - n + \lambda$ à $x + \lambda$.

$$(25) \quad c' = \frac{\pi}{2\,lnh}\,(x + \lambda)(l - x)(l - x - n)$$

$$(26) \quad \gamma' = \frac{\pi}{2\,lnh}\,(l - x - \lambda)(x + n)\,x$$

$$(27) \quad C' = \frac{\pi}{2\,nh}\,\big[x(l - x) + \lambda(l - 2x - n)\big]$$

Nœud opposé $(x + \lambda)$.
Limites : x à $x + n$

et dans le second cas.

$$(28) \quad f = \frac{-\pi}{2\,ln\cos\theta}\left(l - x - \frac{n}{2}\right)^{2}$$

$$(29) \quad \varphi = \frac{\pi}{2\,ln\cos\theta}\left(x + \frac{n}{2}\right)^{2}$$

$$(30) \quad F = \frac{-\pi}{2\,n\cos\theta}\,(l - 2x - n)$$

Nœud antérieur (x).

$$(31) \quad c = \frac{\pi}{2\,lnh}\,x\left(l - x - \frac{n}{2}\right)^{2}$$

$$(32) \quad \gamma = \frac{\pi}{2\,lnh}\,(l - x)\left(x + \frac{n}{2}\right)^{2}$$

$$(33) \quad C = \frac{\pi}{2\,nh}\left[x(l - x) + \frac{n^{2}}{4}\right]$$

Nœud opposé (x).
Limites : $x - n + \lambda$ à $x + \lambda$

$$(34) \quad c' = \frac{\pi}{2\,lnh}\,(x + \lambda)\left(l - x - \frac{n}{2}\right)^{2}$$

$$(35) \quad \gamma' = \frac{\pi}{2\,lnh}\,(l - x - \lambda)\left(x + \frac{n}{2}\right)^{2}$$

$$(36) \quad C' = \frac{\pi}{2\,nh}\left[x(l - x) + \frac{n^{2}}{4} + \lambda(l - 2x - n)\right]$$

Nœud opposé $(x + \lambda)$.
Limites :
x à $x + n$.

Il nous paraît inutile d'insister sur ces simplifications. On peut en obtenir tant qu'on voudra en faisant des hypothèses sur les valeurs de l, n, s, $\cos\theta$, h, etc., etc.

Nous allons à présent adapter les formules précédentes aux différents types de poutres américaines en usage, et donner les formules pratiques immédiatement applicables dans chaque cas, connaissant les valeurs particulières à attribuer à s, t, n, h, λ, θ, etc.

Dans les **poutres composées** nous ferons la somme des efforts normaux calculés pour les cordes supérieure et inférieure de chaque poutre simple, afin d'avoir les efforts totaux supportés par les cordes de la poutre composée. Ces calculs n'offrent rien de particulier ni d'intéressant, et nous nous bornerons à énoncer les formules auxquelles ils conduisent dans chaque cas.

49. Choix d'une unité de longueur spéciale. — Afin de simplifier encore l'emploi de ces formules, nous conviendrons de prendre pour unité de longueur l'équidistance des poids égaux en lesquels on a divisé la charge et la surcharge, c'est-à-dire la distance constante de deux nœuds chargés consécutifs de la poutre composée.

Dans ces conditions, en désignant par zéro l'extrémité de gauche de la poutre, et numérotant les nœuds chargés de la poutre à partir de cette extrémité, on arrivera à ce résultat que le numéro d'ordre d'un nœud chargé représentera aussi sa distance à l'origine en fonction de l'unité de longueur choisie (à condition que la distance du premier nœud chargé à l'extrémité de gauche de la poutre soit égale à l'unité, ce qui est le cas général de la pratique). Le numéro de l'extrémité droite de la poutre représentera la longueur totale de l'ouvrage.

Cette convention oblige à mesurer la hauteur h *de la poutre en fonction de l'unité de longueur adoptée.* Cela fait, on remarque que la formule obtenue permet de calculer immédiatement, non-seulement, la poutre que l'on considère, mais toutes les poutres semblables, c'est-à-dire toutes les poutres que l'on obtiendrait en multipliant toutes ses dimensions par un même coefficient quelconque, à la seule condition d'attribuer aux poids p et π, en lesquels la charge et la surcharge sont subdivisées, la valeur qui leur convient en chaque cas.

Après avoir établi le tableau des efforts normaux subis par les différentes portions de corde supérieure et inférieure, et par toutes les barres d'une poutre, on obtiendrait les efforts relatifs à une poutre semblable en multipliant tous les nombres du tableau par le rapport $\dfrac{p_1}{p}$ des charges par unité de longueur des deux poutres, ou le rapport $\dfrac{\pi_1}{\pi}$ des surcharges par unité de longueur (cette unité étant dans chaque cas l'équidistance des nœuds chargés). Soit P la charge totale du pont, et L sa portée en fonction de l'unité choisie. La charge par unité de longueur est $\frac{P}{L}$. De même la surcharge serait $\frac{\Pi}{L}$.

Nous représenterons tous les types de poutres que nous allons étudier par des figures où les pièces comprimées (cordes supérieures et bras) seront indiquées par un double trait, les pièces tendues (cordes inférieures et tirants) par un trait simple, les contre-bras par un double trait pointillé, et les contre-tirants par un trait simple pointillé.

Les pièces figurées par les traits——···——···— ou ═══···═══···═ seront des barres accessoires, tendues ou comprimées, ne

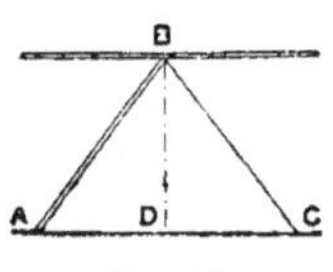

Fig. 80.

faisant pas partie de l'ossature de l'ouvrage et destinées simplement à reporter une partie de la charge en un point déterminé de la poutre. Si par exemple, dans la figure 80, on admet que le tablier du pont est AC, et que l'on veuille le faire porter par les nœuds A, B et C, il faut placer en B une tige verticale BD, qui supportera le tablier au milieu de la distance AC.

Ces pièces, que nous indiquerons sur les figures lorsque nous le croirons utile pour donner plus de clarté aux dessins, ne figurent jamais dans les calculs, puisqu'elles ne font pas réellement partie de la poutre et ne contribuent en rien à sa stabilité.

50. Disposition méthodique des calculs. — Avant de passer à l'examen des divers types de poutre en usage, nous mentionnerons l'utilité qu'il y a à effectuer méthodiquement les calculs de toutes les parties de la poutre. A cet effet on établit un diagramme ou dessin géométrique représentant la poutre, où toutes les pièces sont indiquées par des droites. On calcule successivement, à l'aide des formules applicables au type et en raison de la charge et de la surcharge, l'effort normal maximum supporté par chaque pièce sous l'action de la charge et de la surcharge, et on l'inscrit sur le dessin à côté de la ligne qui représente cette pièce. Cela fait, il n'y a plus qu'à multiplier chaque effort normal

trouvé par le coefficient $\dfrac{1}{R}$, où R représente le travail à l'extension ou à la compression qu'il convient de lui faire supporter en raison de sa longueur et du métal qui la constitue (chapitre I, n° 21), pour avoir l'aire de sa section transversale, qu'on inscrit sur le diagramme à côté de l'effort normal. C'est ainsi qu'il faut toujours procéder pour les cordes. Pour les barres, il est en général plus commode de calculer non pas $f_\pi + F_p$ mais $(f_\pi + F_p)\cos\theta$, qui dépend uniquement de la variable x, et non plus de l'inclinaison θ qui peut changer d'une barre à la suivante. Cela fait, pour avoir l'aire de la section transversale d'une barre quelconque, il faut multiplier le résultat du calcul précédent par $\dfrac{1}{R\cos\theta}$ au lieu de $\dfrac{1}{R}$, ce qui ne présente aucune difficulté. Ce procédé de calcul simplifie sensiblement les opérations dans les poutres où θ est susceptible de présenter plusieurs valeurs différentes pour les tirants, bras, contre-tirants et contre-bras.

Nous allons maintenant passer en revue les différentes poutres américaines, dans l'ordre suivant : poutres simples, poutres composées, poutres complexes.

§ II

POUTRES AMÉRICAINES SIMPLES.

Les types de poutre en usage sont au nombre de trois : Warren, Howe, Pratt.

51. Système Warren, isométrique ou triangulaire. — Dans ce système, la triangulation est formée de triangles isocèles, les bras et les tirants présentent des inclinaisons égales et de sens contraires sur la verticale (*fig.* 81).

A. — Supposons d'abord que les nœuds chargés soient tous situés sur une même corde, qui peut, d'ailleurs, être indifféremment la corde inférieure ou la corde supérieure.

Les nœuds placés sur la corde opposée ne portent aucune

partie de la charge ou de la surcharge. La longueur **L** de

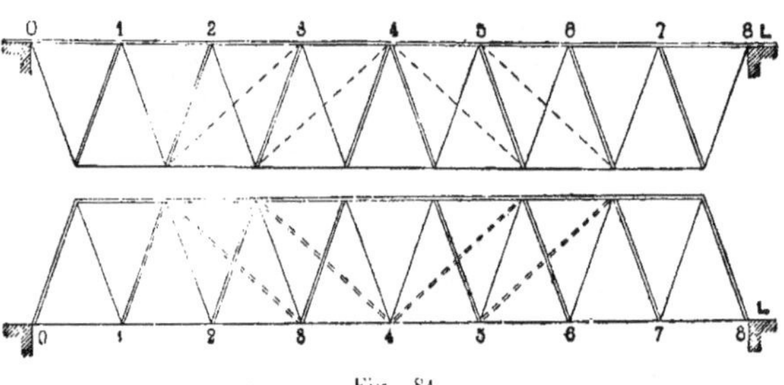

Fig. 81.

l'ouvrage est égale au nombre des divisions de la corde
chargée. On a :

$$n = s = t = 1, \quad \lambda = \frac{1}{2}$$

1° *Calcul des barres.* — On a les formules :

$$(1) \quad \begin{cases} f = \dfrac{-\pi}{2\,\mathrm{L}\cos\theta}\,(\mathrm{L} - x)(\mathrm{L} - x - 1) \\[2mm] \varphi = \dfrac{\pi}{2\,\mathrm{L}\cos\theta}\,x(x + 1) \\[2mm] \mathrm{F} = \dfrac{-\pi}{2\cos\theta}\,(\mathrm{L} - 2x - 1). \end{cases}$$

Ces formules s'appliquent à la barre issue du nœud chargé
x, et à la barre issue du nœud non
chargé $x + \dfrac{1}{2}$ (*fig*. 82).

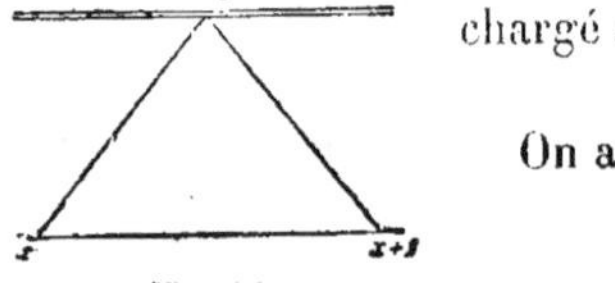

Fig. 82.

On a

$$\frac{1}{\cos\theta} = \pm \sqrt{1 + \frac{1}{4\,h^2}},$$

h étant exprimé en fonction de l'équidistance des nœuds de
la corde chargée. Dans la première moitié de poutre
$\left(x < \dfrac{\mathrm{L}}{2} \right)$, l'angle θ est aigu pour les bras et obtus pour les
tirants ; c'est l'inverse pour la seconde moitié de la poutre :
$\left(x > \dfrac{\mathrm{L}}{2} \right)$.

Si le nombre de divisions de la corde supérieure est impair. on a au milieu de la pièce deux tirants opposés par leurs extrémités; si ce nombre est pair, on a deux bras qui se succèdent (*fig.* 81).

Dans la poutre Warren on emploie généralement dans la triangulation des triangles équilatéraux ou rectangles. Dans le premier cas on a :

$$h = 0,866 \quad \text{et} \quad \frac{1}{\cos\theta} = \pm 1.155;$$

et dans le second :

$$h = 0,50 \quad \text{et} \quad \frac{1}{\cos\theta} = \pm 1.414.$$

Le premier système (triangles équilatéraux) paraît le plus rationnel. Le second présente, dans certains cas, de plus grandes facilités pour les assemblages (notamment quand il s'agit de poutres rigides et non de poutres articulées).

2° *Calcul des contre-barres.* — Bien que les efforts subis par les barres puissent changer de sens dans le voisinage du milieu de la poutre, on n'emploie pas en général de contre-bras ou de contre-tirants dans la poutre Warren. On se borne à donner aux barres de la poutre une section telle qu'elles puissent résister convenablement aux efforts inverses qu'elles auront à supporter :

$$[F_p + f_\pi \quad \text{et} \quad F_p + \varphi_\pi].$$

Rien ne s'opposerait, d'ailleurs, à ce que l'on fît des contre-bras tels que BE ou des contre-tirants tels que AD (*fig.* 83). On les calculerait à l'aide des formules données plus haut, en donnant toujours à x la valeur correspondant au nœud chargé qui précède immédiatement la contre-barre. La valeur de θ_1 serait donnée pour les contre-barres par la formule :

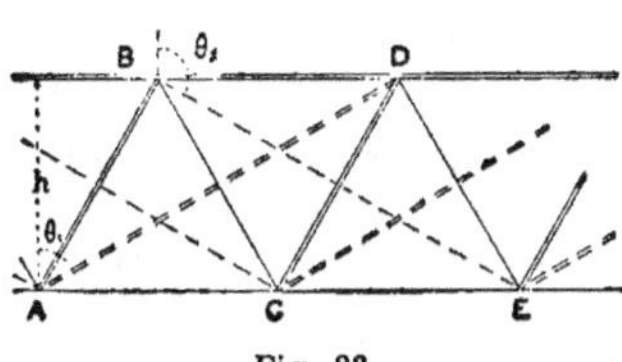

Fig. 83.

$$\frac{1}{\cos\theta_1} = \pm \sqrt{1 + \frac{2.25}{h^2}}.$$

La première poutre de la figure 81 suppose l'emploi de contre-bras et la seconde l'emploi de contre-tirants.

3° *Calcul des cordes.* — On a pour la corde *opposée aux nœuds chargés*, c'est-à-dire pour la corde supérieure de la première poutre de la figure 81, et la corde inférieure de la seconde de cette même figure, les formules suivantes applicables à la portion, comprise *entre les limites* $\left(x - \frac{1}{2}\right)$ *et* $\left(x + \frac{1}{2}\right)$, qui est opposée au nœud chargé x.

$$(2) \quad \begin{cases} c = \dfrac{\pi}{2\,\mathrm{L}\,h}\, x\,(\mathrm{L} - x)\,(\mathrm{L} - x - 1) \\[2mm] \gamma = \dfrac{\pi}{2\,\mathrm{L}\,h}\, x\,(\mathrm{L} - x)\,(x + 1) \\[2mm] \mathrm{C} = \dfrac{\pi}{2\,h}\, x\,(\mathrm{L} - x) \end{cases}$$

Pour la corde opposée aux nœuds non chargés, on a les formules ci-après, applicables à la portion, comprise *entre les limites* x *et* $x + 1$, qui est opposée au nœud non chargé $x + \frac{1}{2}$:

$$(3) \quad \begin{cases} c' = \dfrac{\pi}{2\,\mathrm{L}\,h}\,\left(x + \dfrac{1}{2}\right)(\mathrm{L} - x)\,(\mathrm{L} - x - 1) \\[2mm] \gamma' = \dfrac{\pi}{2\,h}\, x\,\left(\mathrm{L} - x - \dfrac{1}{2}\right)(x + 1) \\[2mm] \mathrm{C}' = \dfrac{\pi}{2\,h}\left[x\,(\mathrm{L} - x) + \dfrac{1}{2}\left(\mathrm{L} - 2\,x - 1\right)\right] \end{cases}$$

Par suite de la symétrie de la poutre, il suffit d'effectuer les calculs depuis une extrémité jusqu'au milieu : $x = \dfrac{\mathrm{L}}{2}$. Au delà de ce point, on retrouverait les mêmes efforts, avec le même signe pour les deux cordes, avec des signes opposés pour les barres, dont l'inclinaison sur la verticale, ainsi que nous l'avons vu déjà, doit être renversée.

B. — Il peut arriver que dans la poutre simple du système Warren tous les nœuds, sans exception, soient chargés, ce qui nécessite l'adjonction de pièces accessoires telles que BD, destinées à soutenir le tablier entre les points A et C et à en reporter le poids au nœud B.

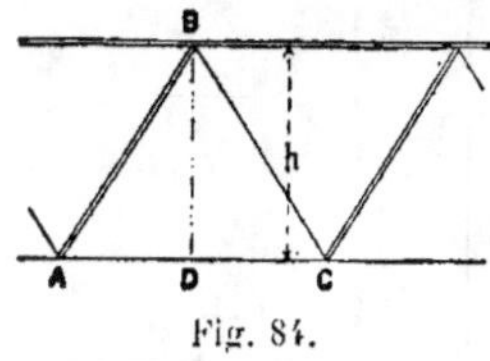

Fig. 84.

Les formules à appliquer sont encore celles du cas précédent (1) et (2) avec cette différence que, les deux cordes étant opposées à des nœuds chargés, les formules (2) sont applicables indifféremment à l'une et à l'autre, et les formules (3) restent sans objet.

L'unité de longueur se trouve ici réduite de moitié : AD, distance de deux nœuds chargés consécutifs, au lieu de AC; la longueur L de l'ouvrage est égale au double du nombre des divisions de la corde inférieure. On aurait, par conséquent, pour valeur de l'angle θ et de l'angle θ_1 formés avec la verticale par les barres, et le cas échéant par les contre-barres :

$$\frac{1}{\cos\theta} = \pm\sqrt{1 + \frac{1}{h^2}}$$

$$\frac{1}{\cos\theta_1} = \pm\sqrt{1 + \frac{9}{h^2}}$$

52. Système Howe. — Les tirants sont des pièces verticales $\theta = \begin{cases} \pi \\ 0 \end{cases}$, et les bras sont obliques, $s = n = t = 1$ (*fig.* 85).

On a :

$$\lambda = 1 \quad \text{pour} \quad x < \frac{L}{2} \quad \text{et} \quad \lambda = 0 \quad \text{pour} \quad x > \frac{L}{2}.$$

1° *Calcul des barres et des contre-barres.*

$$f = \frac{-\pi}{2L\cos\theta}(L - x)(L - x - 1)$$

$$\varphi = \frac{\pi}{2L\cos\theta}(x + 1)(x).$$

$$F = \frac{-\pi}{2\cos\theta}(L - 2x - 1)$$

Les valeurs de $\frac{1}{\cos\theta}$ sont (*fig.* 86) :

$$1° \text{ pour } x < \frac{L}{2}. \qquad 2° \text{ pour } x > \frac{L}{2}.$$

$$\text{Tirants AB :} \quad -1 \qquad\qquad\qquad +1$$

$$\text{Bras BC :} \quad +\sqrt{1+\frac{1}{h^2}}, \qquad -\sqrt{1+\frac{1}{h^2}}$$

$$\text{Contre-bras AD :} \quad -\sqrt{1+\frac{1}{h^2}}, \qquad +\sqrt{1+\frac{1}{h^2}}$$

$$\text{Contre-tirants BE :} \quad +\sqrt{1+\frac{4}{h^2}}, \qquad -\sqrt{1+\frac{4}{h^2}}$$

En réalité on n'emploie jamais de contre-tirants dans ce système qui est surtout usité dans les poutres mixtes, où les

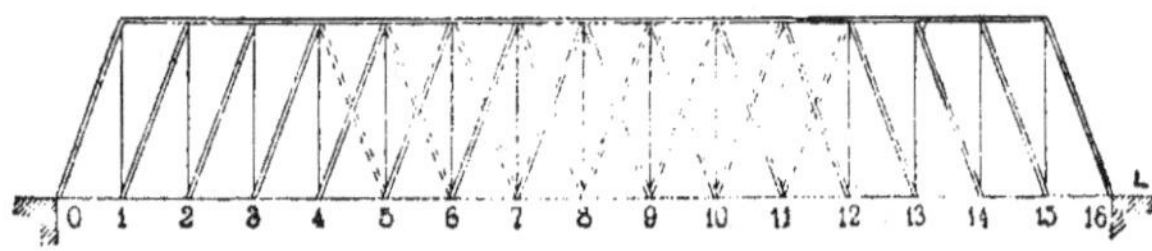

Fig. 85.

pièces comprimées sont en bois. Les tirants AB et CD sont alors des tiges en fer séparées par des croix de Saint-André en bois, formées par les bras et les contre-bras.

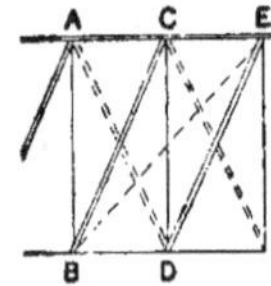

Fig. 86.

Remarquons encore que dans la figure 85 le tirant central n° 8 est un *tirant double*.

En général dans la poutre Howe les triangles rectangles sont isocèles, de façon que les bras et les contre-bras se coupent à angle droit.

2° *Calcul des cordes.* — Les formules applicables à la fois aux deux cordes sont les suivantes :

$$c = \frac{\pi}{2Lh}\, x\,(L-x)\,(L-x-1)$$

$$\gamma = \frac{\pi}{2Lh}\, x\,(L-x)\,(x+1)$$

$$C = \frac{\pi}{2h}\, x\,(L-x)$$

Ces formules sont relatives à la portion de corde opposée au nœud dont la distance à l'origine est x, c'est-à-dire comprise entre les limites suivantes :

	pour $x < \dfrac{L}{2}$	pour $x > \dfrac{L}{2}$
Corde supérieure :	de x à $x + 1$	de $x - 1$ à x.
Corde inférieure :	de $x - 1$ à x	de x à $x + 1$.

On voit que les portions de cordes AC et BD comprises entre deux bras consécutifs supportent le même effort. Cette remarque permet d'abréger les opérations, parce qu'il suffit de calculer les efforts subis par une des cordes pour en déduire ceux relatifs à l'autre (*fig.* 87).

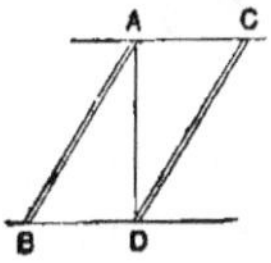

Fig. 87.

53. Système Pratt ou Murphy Whipple. — Ce système est analogue au système Howe, mais les pièces verticales sont des bras et les pièces inclinées des tirants (*fig.* 88).

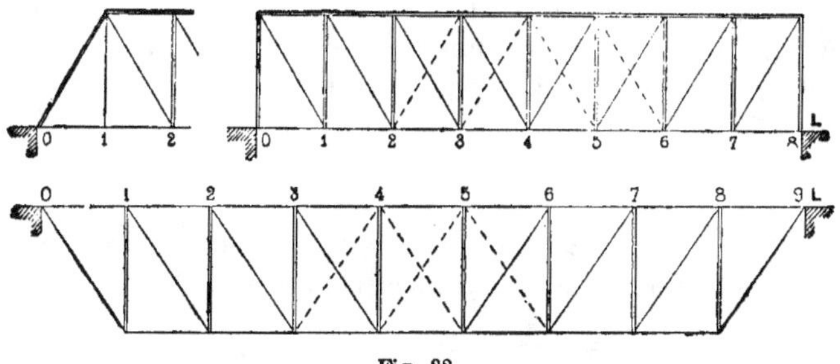

Fig. 88.

1° Calcul des contre-barres.

$$f = \frac{-\pi}{2\,L\cos\theta}\,(L - x)\,(L - x - 1)$$

$$\varphi = \frac{\pi}{2\,L\cos\theta}\,(x + 1)\,x$$

$$F = \frac{-\pi}{2\cos\theta}\,(L - 2x - 1).$$

Les valeurs de $\dfrac{1}{\cos\theta}$ sont :

$$\text{pour } x < \frac{L}{2} \quad\Big|\quad \text{et pour } x > \frac{L}{2}$$

$$\text{Tirants BC} : \quad -\sqrt{1 + \frac{1}{h^{2}}}, \quad\Big|\quad +\sqrt{1 + \frac{1}{h}}$$

$$\text{Bras AB} : \quad + \qquad 1 \qquad\Big|\quad - \qquad 1$$

$$\text{Contre-bras BE} : \quad -\sqrt{1 + \frac{4}{h^{2}}}, \quad\Big|\quad +\sqrt{1 + \frac{4}{h^{2}}}$$

$$\text{Contre-tirants AD} : \quad +\sqrt{1 + \frac{1}{h^{2}}}, \quad\Big|\quad -\sqrt{1 + \frac{1}{h^{2}}}$$

On voit que ce sont aux signes près les valeurs déjà trouvées pour la poutre Howe. De même que dans cette dernière poutre les contre-tirants ne sont pas usités, nous remarquerons que dans la poutre Pratt on ne se sert jamais de contre-bras, et l'on n'emploie que des contre-tirants dans la zone où les efforts des barres peuvent changer de sens (*fig.* 88).

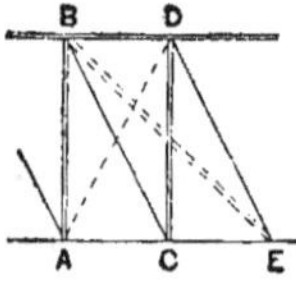

Fig. 89.

En général dans la poutre Pratt et ses dérivés (Linville, Pettit, etc.) les triangles rectangles sont isocèles, de façon que les tirants et les contre-tirants se coupent à angle droit. Cette règle n'a rien d'absolu et résulte simplement d'une habitude prise.

Dans la partie supérieure de la figure 88, le bras 4 est un *bras double*.

2° *Calcul des cordes.* — Les formules relatives aux deux cordes sont encore, comme dans la poutre Howe :

$$c = \frac{\pi}{2Lh}\, x\,(L - x)\,(L - x - 1)$$

$$\gamma = \frac{\pi}{2Lh}\, x\,(L - x)\,(x + 1)$$

$$C = \frac{\pi}{2h}\, x\,(L - x).$$

Ces formules s'appliquent à la portion de corde opposée au nœud x, c'est-à-dire comprise entre les limites suivantes :

$$\text{pour } x < \frac{L}{2} \quad\Big|\quad \text{pour } x > \frac{L}{2}$$

Corde supérieure : de $x - 1$ à x | de x à $x + 1$
Corde inférieure : de x à $x + 1$ | de $x - 1$ à x.

Nous remarquerons encore que les portions de corde opposées, comprises entre deux tirants consécutifs ou pièces inclinées successives, subissent le même effort normal. Il suffit donc de faire le calcul pour une corde, et d'en déduire immédiatement ce qui est relatif à la corde opposée : cette observation est générale pour toutes les poutres dont la triangulation est constituée par des pièces verticales et des pièces inclinées.

D'ailleurs la poutre étant nécessairement symétrique, que L soit pair ou impair, on n'a jamais à faire le calcul que pour la première moitié de l'ouvrage.

54. Poutres armées. — On appelle poutres armées les poutres du système Pratt qui sont réduites à deux mailles, comme celle que représente la figure 90.

On voit que dans ce genre de poutre la **corde inférieure** est 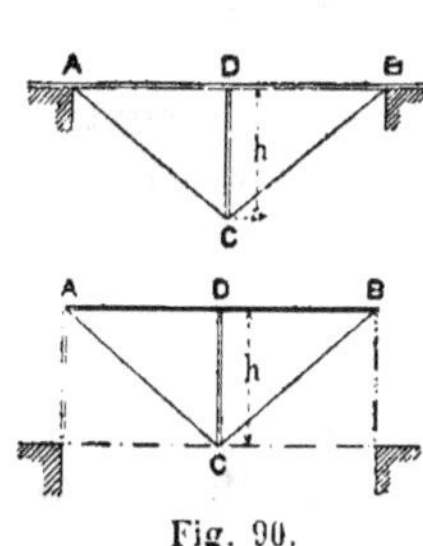 réduite à un point C, et que l'on n'a qu'un seul bras compris entre deux tirants. Lorsque le tablier du pont est placé au niveau, non de la corde supérieure AB, mais de la corde inférieure, la poutre garde la même forme, mais il faut lui adjoindre les deux supports accessoires AO et BL qui jouent, si l'on veut, le rôle des bras extrêmes. Quant au tablier OCL, il ne joue aucun rôle et

Fig. 90.

ne figure pas dans le calcul des poutres ; celui-ci se fait d'ailleurs par les formules habituelles applicables à la poutre Pratt, lesquelles toutefois se simplifient par la raison que la charge supportée par la poutre se réduit à un seul poids π appliqué en D.

On a ainsi en posant, en vertu des conventions admises :

$$AB = L = 2, \quad AD = 1.$$

$$\text{Tirants AB et BC :} \quad F = \frac{\pi}{2} \sqrt{1 + \frac{1}{h^2}}$$

$$\text{Bras DC :} \quad F = -2 \times \frac{\pi}{2} = -\pi.$$

Ce bras est double (45).

$$\text{Corde AB :} \quad C = \frac{\pi}{2h}.$$

On pourrait également réduire la poutre simple **Howe** à
deux mailles, et on aurait un ouvrage
tel que le représente la figure 91, avec
deux bras inclinés AC, BC et un
tirant double central CD, où la corde
supérieure est réduite au point C. Ce
genre de pont, auquel sont applicables,

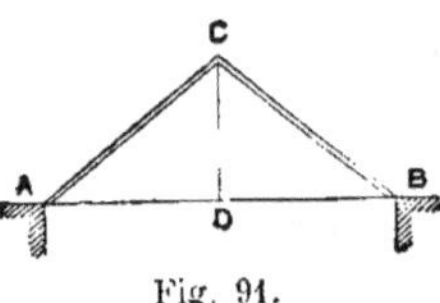
Fig. 91.

aux signes près, les formules précédentes, est quelquefois
aussi employé pour les petites portées : les bras AC et BC
sont presque toujours constitués par des pièces de bois et le
tirant CD par une tige de fer.

§ III.

POUTRES AMÉRICAINES COMPOSÉES

Les types de poutres composées en usage sont : la poutre
Warren double ou quadruple, la poutre Howe double, la
poutre Pratt double dite poutre Linville, la poutre Post, la
poutre Bollman.

55. Système Warren double. — La poutre Warren
double est décomposable en deux poutres simples, dont nous

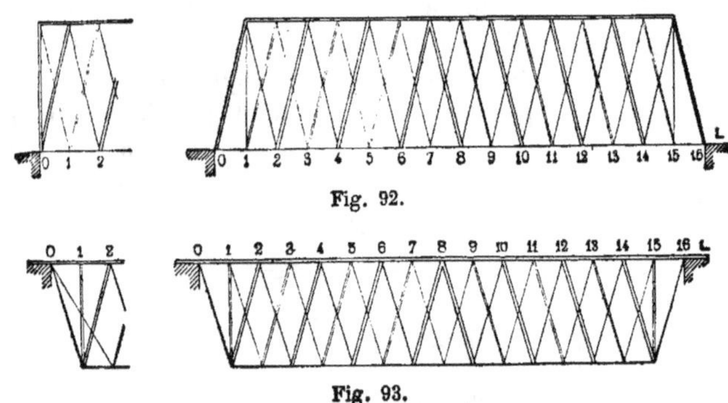
Fig. 92.

Fig. 93.

avons distingué les triangulations en figurant l'une en *traits
gras*, l'autre en *traits minces* (*fig.* 92 et 93). Nous supposons

que tous les nœuds chargés sont sur une même corde, soit la corde inférieure, soit la corde supérieure.

Nous supposerons également que le nombre des divisions de la corde chargée est *pair*, c'est-à-dire que la poutre est symétrique par rapport à son milieu : si ce nombre était impair, l'ouvrage serait composé de poutres simples dissymétriques. Le calcul ne serait pas plus difficile (voir ci-dessous l'exemple donné pour la poutre Linville), mais les formules seraient plus compliquées et on n'aurait pas occasion de les appliquer dans la pratique. L est toujours égal au nombre des nœuds situés sur la corde chargée.

En conservant les notations que nous avons indiquées plus haut, nous aurons :

Pour la poutre simple à nœuds pairs : $n = s = t = 2,$ $\lambda = 1.$
Pour la poutre simple à nœuds impairs : $n = 2, s = t = 1,$ $\lambda = 1.$

En appliquant les règles précédemment indiquées, on arrive aux formules suivantes :

1° *Calcul des barres.* — *a.* Barres issues des nœuds chargés à numéros pairs (figurées par des trait gras) :

$$x = 2 m.$$

$$f = \frac{-\pi}{4\,\mathrm{L}\cos\theta}\,(\mathrm{L} - x)(\mathrm{L} - x - 2)$$

$$\varphi = \frac{\pi}{4\,\mathrm{L}\cos\theta}\,x(x + 2)$$

$$\mathrm{F} = \frac{-\pi}{4\cos\theta}\,(\mathrm{L} - 2x - 2)$$

b. Barres issues des nœuds chargés à numéros impairs (figurées par des traits minces) :

$$x = 2 m + 1.$$

$$f = \frac{-\pi}{4\,\mathrm{L}\cos\theta}\,(\mathrm{L} - x - 1)^2$$

$$\varphi = \frac{\pi}{4\,\mathrm{L}\cos\theta}\,(x + 1)^2$$

$$\mathrm{F} = \frac{-\pi}{4\cos\theta}\,(\mathrm{L} - 2x - 2)$$

On a d'ailleurs

$$\frac{1}{\cos\theta} = \pm\sqrt{1 + \frac{1}{h^2}}$$

sauf pour les premières barres, à partir des extrémités, **de la triangulation impaire, pour lesquelles** θ **peut avoir des** valeurs particulières tenant **au mode de construction de la** poutre (*fig.* 92 et 93).

On n'emploie jamais, d'habitude, de contre-barres dans ce genre de poutres, mais rien ne s'opposerait à ce qu'on le fît.

2° *Calcul des cordes.* — **Les formules applicables aux** poutres simples seront, ainsi qu'il est facile de le vérifier ·

Poutre simple à nœuds chargés pairs (traits gras).

$$x = 2m \begin{cases} C = \dfrac{\pi}{4h}\, x\,(L - x).\ \text{Partie comprise entre } x - 1 \text{ et } x + 1, \\[2em] C' = \dfrac{\pi}{4h}\, [x\,(L - x) + L - 2x - 2],\ \text{de } x \text{ à } x + 2. \end{cases}$$

Poutre simple à nœuds chargés impairs (traits minces).

$$x = 2m + 1 \begin{cases} C = \dfrac{\pi}{4h}\, [x\,(L - x) + 1],\ \text{de } x - 1 \text{ à } x + 1, \\[2em] C' = \dfrac{\pi}{4h}\, [x\,(L - x) + L - 2x - 1],\ \text{de } x \text{ à } x + 2. \end{cases}$$

Si l'on combine ces équations de façon à faire le total des efforts normaux calculés séparément qui s'appliquent à la même portion de corde, on arrive aux formules définitives suivantes :

a. — Corde opposée aux nœuds chargés.

Portion comprise entre les limites x et $x + 1$:

$$C = \frac{\pi}{2h}\left[x\,(L - x) + \frac{L}{2} - x \right]$$

b. Corde opposée aux nœuds chargés.

Portion comprise entre les limites x et $x + 1$.

$$C' = \frac{\pi}{2h}\left[x\,(L - x) + \frac{L}{2} - x - 1 \right]$$

Nous avons jugé inutile de donner ici le calcul de c, γ, c' et γ', les formules n'étant, comme nous l'avons déjà vu, d'aucune application pratique et servant seulement à calculer C et C'.

56. Système Warren quadruple. — Nous donnerons encore les formules applicables à une poutre Warren quadruple, c'est-à-dire, divisible en quatre poutres simples. Nous supposerons toujours cette poutre symétrique, c'est-à-dire décomposable en poutres simples symétriques, ce qui est le cas de la pratique (fig. 94). Il faut alors que L, égal au nombre des nœuds situés sur la corde chargée (la corde inférieure dans le cas de la figure), soit un nombre divisible par

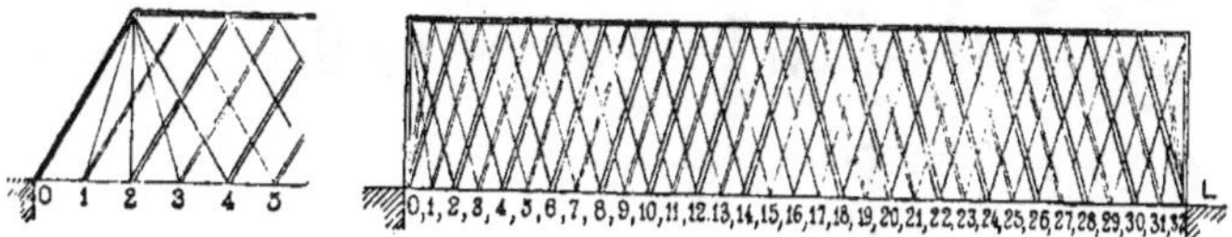

Fig. 94.

quatre. Une corde seule est supposée chargée, la corde inférieure pour fixer les idées.

1° *Calcul des barres.* — Il y a lieu de distinguer les barres suivant qu'elles sont issues de nœuds chargés dont les numéros d'ordre sont de la forme $4n$, $4n+1$, $4n+2$, $4n+3$; chacun de ces systèmes de barres appartient à une poutre simple distincte.

On arrive par la méthode habituelle aux formules suivantes, où x désigne toujours le numéro du nœud chargé qui précède immédiatement la barre, dans son système de triangulation.

a. — 1er système de barres figurées par des traits gras sur la figure.

$$x = 4n. \quad \text{On a:} \quad n = s = t = 4, \quad \lambda = 2.$$

$$f = \frac{-\pi}{8L\cos\theta}(L - x)(L - x - 4)$$

$$\varphi = \frac{\pi}{8L\cos\theta}\, x(x + 4).$$

$$F = \frac{-\pi}{8\cos\theta}(L - 2x - 4)$$

b. — On a les mêmes formules pour les 2ᵉ et 4ᵇ systèmes de barres (traits minces), dont les nœuds chargés ont des numéros impairs, soit qu'il s'agisse de la poutre simple pour laquelle on a :

$$x = 4m + 1, \quad n = 4, \quad s = t = 1, \quad \lambda = 2,$$

soit qu'il s'agisse de la poutre simple pour laquelle on a :

$$x = 4m + 3, \quad n = 4, \quad s = t = 3, \quad \lambda = 2.$$

Ces formules, applicables à toutes les barres issues de nœuds chargés impairs, sont :

$$f = \frac{-\pi}{8\,\mathrm{L}\cos\theta}\,(\mathrm{L} - x - 3)(\mathrm{L} - x - 1)$$

$$\varphi = \frac{\pi}{8\,\mathrm{L}\cos\theta}\,(x + 1)(x + 3)$$

$$\mathrm{F} = \frac{-\pi}{8\cos\theta}\,(\mathrm{L} - 2x - 4)$$

c. — 3° système de barres (traits gras).

$$x = 4m + 2, \quad n = 4, \quad s = t = 2, \quad \lambda = 2.$$

$$f = \frac{-\pi}{8\,\mathrm{L}\cos\theta}\,(\mathrm{L} - x - 2)^2$$

$$\varphi = \frac{\pi}{8\,\mathrm{L}\cos\theta}\,(x + 2)^2$$

$$\mathrm{F} = \frac{-\pi}{8\,\mathrm{L}\cos\theta}\,(\mathrm{L} - 2x - 4)$$

On voit que la formule qui donne F est la même pour toutes les barres des quatre systèmes. Ce n'est que pour f et φ qu'on arrive à des expressions différentes.

On a dans le cas présent

$$\frac{1}{\cos\theta} = \pm\sqrt{1 + \frac{4}{h^2}}.$$

2° *Calcul des cordes.* — Nous ne donnerons pas le détail des calculs et **nous énoncerons** simplement les formules applicables.

a. — **Corde opposée aux nœuds chargés.**
Portion comprise entre les limites x et $x + 1$.

$$\mathrm{C} = \frac{\pi}{2h}\left[x\,(\mathrm{L} - x) + \frac{\mathrm{L}}{2} - x + 1\right].$$

b. — **Corde opposée aux nœuds non chargés.**

Portion comprise entre les limites x et $x + 1$.

$$C' = \frac{\pi}{2h}\left[x(L - x) + \frac{L}{2} - x - 3 \right].$$

On vérificrait aisément ces résultats en suivant la méthode indiquée au n° 42 pour le calcul des poutres composées.

Dans le voisinage immédiat des points d'appui, il arrivera que les barres extrêmes appartiennent à la fois à deux poutres simples et qu'au contraire les parties extrêmes de la corde non chargée ne font partie que d'un nombre restreint de poutres simples.

Dans le premier cas on doit considérer ces barres comme doubles, et leur donner une section égale à la somme de celles qui résulteraient du calcul fait pour chaque poutre simple. Quant à la corde non chargée, comme sa section est toujours extrêmement réduite aux points d'appui, il n'y a pas d'inconvénient à lui appliquer les formules précédentes qui donnent un résultat un peu trop fort.

57. Système Linville. Nombre pair de mailles. — La poutre Linville est la poutre double du système Pratt.

Nous supposerons d'abord, comme nous l'avons fait jusqu'ici pour les poutres composées, que le nombre des divisions de la corde chargée est pair, et que par conséquent les deux poutres simples qui la constituent sont symétriques (fig. 95 et 96). On a pour l'une $n = s = t = 2$, et pour l'autre $n = 2$, $s = t = 1$. On doit d'ailleurs considérer, comme dans la poutre Pratt, tous les nœuds comme chargés puisqu'ils se correspondent dans le sens vertical.

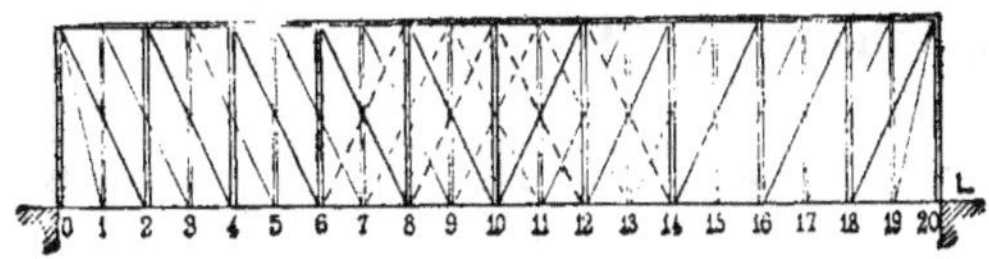

Fig. 95

1° *Calcul des barres et des contre-barres.* — *a.* Système des barres issues des nœuds à numéros pairs (traits gras de la figure).

$$x = 2m \qquad f = \frac{-\pi}{4\,\mathrm{L}\cos\theta}\,(\mathrm{L} - x)(\mathrm{L} - x - 2)$$

$$\varphi = \frac{\pi}{4\,\mathrm{L}\cos\theta}\,x\,(x + 2)$$

$$\mathrm{F} = \frac{-\pi}{4\cos\theta}\,(\mathrm{L} - 2x - 2)$$

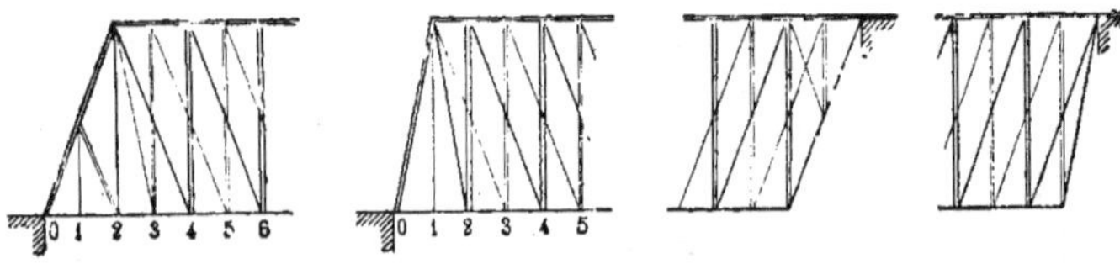

Fig. 96.

b. — Système des barres issues des nœuds à numéros impairs (traits minces de la figure).

$$x = 2\,m + 1 \qquad f = \frac{-\pi}{4\,\mathrm{L}\cos\theta}\,(\mathrm{L} - x - 1)^2$$

$$\varphi = \frac{\pi}{4\,\mathrm{L}\cos\theta}\,(x + 1)^2$$

$$\mathrm{F} = \frac{-\pi}{4\cos\theta}\,(\mathrm{L} - 2x - 2)$$

Valeurs de $\dfrac{1}{\cos\theta}$:

1re moitié de la poutre $x < \dfrac{\mathrm{L}}{2}$, 2e moitié de la poutre $x > \dfrac{\mathrm{L}}{2}$.

	1re moitié	2e moitié
Bras :	$+1$	-1
Tirants :	$-\sqrt{1 + \dfrac{4}{h^2}}$	$+\sqrt{1 + \dfrac{4}{h^2}}$
Contre-bras :	$-\sqrt{1 + \dfrac{16}{h^2}}$	$+\sqrt{1 + \dfrac{16}{h^2}}$
Contre-tirants :	$+\sqrt{1 + \dfrac{4}{h^2}}$	$-\sqrt{1 + \dfrac{4}{h^2}}$

On n'emploie jamais de contre-bras dans cette poutre ; on n'emploie que des contre-tirants, qui forment avec les tirants des croix de Saint-André.

La poutre étant symétrique, on n'a à faire le calcul des barres que pour une moitié de l'ouverture. Les valeurs de cos θ au droit des points d'appui sont variables. La figure 96 montre que l'on a différentes dispositions pratiques pour l'exécution des bouts des poutres.

2° *Calcul des cordes.* — Nous ne donnons ici que la valeur de C obtenue en totalisant les efforts normaux correspondant à chaque poutre simple :

$$C = \frac{\pi}{2h}\left[x\,(L-x) + \frac{L}{2} - x \right].$$

Cette formule est applicable, quel que soit x, à la portion de corde comprise entre les limites suivantes :

1re moitié de la poutre $x < \dfrac{L}{2}$,   2° moitié de la poutre $x > \dfrac{L}{2}$.

Corde supérieure : $x-1$ à x, $x+1$ à $x+2$.
Corde inférieure : $x+1$ à $x+2$, $x-1$ à x.

On voit que les portions de corde, supérieure et inférieure, comprises entre deux tirants consécutifs, supportent le même effort normal. Il suffit donc de calculer une des cordes, et d'ailleurs, vu la symétrie de la poutre, on n'a besoin de calculer que la moitié de celle-ci.

58. Nombre impair de mailles. — Jusqu'ici nous avons supposé que les poutres composées étaient formées de poutres symétriques, ce qui exige que le nombre des divisions de la corde chargée soit pair. A titre d'exemple de l'hypothèse contraire, nous examinerons le cas où une poutre Linville présente sur chacune de ses cordes un nombre impair de divisions (fig. 97).

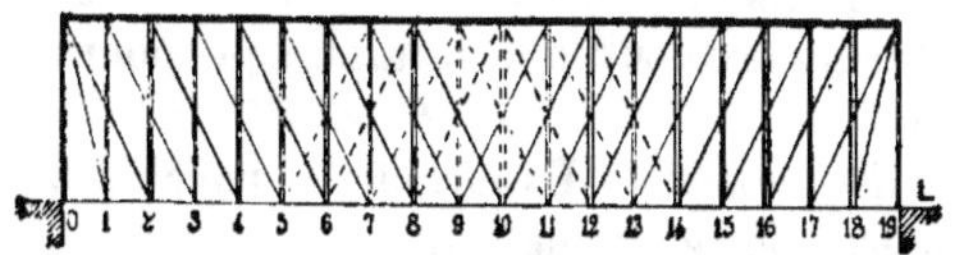

Fig. 97.

On voit qu'en ce cas les poutres simples sont dissymétriques ; on n'a pour aucune d'elles $s = t$. L est un nombre impair.

$$1^{\text{re}} \text{ partie (traits gras) } n = 2, \quad s = 2, \quad t = 1.$$
$$2^{\text{e}} \text{ partie (traits minces) } n = 2, \quad s = 1, \quad t = 2.$$

Le calcul n'est pas plus compliqué, et la recherche des formules par la méthode générale ne présente pas plus de difficulté. Il faut avoir recours aux formules générales du n° 45, qui donnent les résultats suivants :

1° *Calcul des barres.* — *a.* Barres issues des nœuds à numéros pairs (traits gras de la figure).

$$x = 2m$$

$$f = \frac{+\pi}{4\,\mathrm{L}\cos\theta}\,(\mathrm{L} - x - 1)^2$$

$$\varphi = \frac{-\pi}{4\,\mathrm{L}\cos\theta}\,x\,(x + 2)$$

$$\mathrm{F} = \frac{-\pi}{4\,\mathrm{L}\cos\theta}\,(\mathrm{L}\,(\mathrm{L} - 2x - 2) + 1)$$

b. — Barres issues de nœuds à numéros impairs (traits minces de la figure).

$$x = 2m + 1$$

$$f = \frac{-\pi}{4\,\mathrm{L}\cos\theta}\,(\mathrm{L} - x)\,(\mathrm{L} - x - 2)$$

$$\varphi = \frac{\pi}{4\,\mathrm{L}\cos\theta}\,(x + 1)^2$$

$$\mathrm{F} = \frac{-\pi}{4\,\mathrm{L}\cos\theta}\,[\mathrm{L}\,(\mathrm{L} - 2x - 2] - 1)$$

Les valeurs de $\dfrac{1}{\cos\theta}$ sont les mêmes que dans le cas précédent.

La première moitié des barres de l'un des systèmes est identique à la seconde moitié des barres de l'autre, ce qui permet d'abréger le calcul en ne le faisant que pour une moitié de la poutre.

2° *Calcul des cordes.* — La formule applicable aux cordes de la première poutre simple serait :

$$\mathrm{C} = \frac{\pi}{4\,\mathrm{L}h}\,[\mathrm{L}\,x\,(\mathrm{L} - x) + x.$$

pour la partie opposée au nœud

$$x = 2m,$$

et la formule applicable à la seconde serait pour la partie opposée au nœud

$$x = 2m + 1 :$$

$$C = \frac{\pi}{4Lh} [L\,x\,(L - x) + L - x].$$

En combinant ces deux formules de façon à avoir l'effort total pour une portion de corde de la poutre composée, on obtient finalement la formule suivante :

$$C = \frac{\pi}{2h} \left[x\,(L - x) + \frac{L}{2} - x - \frac{1}{2L} \right].$$

Cette formule est applicable quel que soit x à la portion de corde comprise entre les limites suivantes :

$$1^{re} \text{ moitié} : x < \frac{L}{2}, \qquad 2^e \text{ moitié} : x > \frac{L}{2}$$

Corde supérieure : $x - 1$ à x, $x + 1$ à $x + 2$.
Corde inférieure : $x + 1$ à $x + 2$, $x - 1$ à x.

Il est à remarquer que, bien que les dernières poutres simples soient dissymétriques, la poutre composée est symétrique, chaque moitié de poutre simple faisant pendant à la moitié opposée de l'autre poutre. On n'a donc en ce cas qu'à

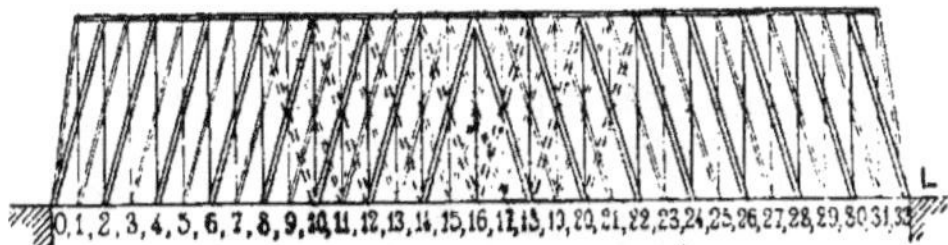

Fig. 98.

faire les calculs pour la moitié de l'une des cordes. On calculerait, le cas échéant, une poutre Howe double avec les mêmes formules qu'une poutre Linville. Ce genre d'ouvrage n'est d'ailleurs pas usité (*fig.* 98).

59. Système Post. — Nombre pair de mailles. —

Dans le système Post toutes les pièces, comprimées ou tendues, sont inclinées. Cette poutre est toujours une poutre composée double, et elle présente cette particularité que chaque bras ne traverse qu'une maille et que chaque tirant en traverse deux.

En d'autres termes on a : pour les tirants

$$\frac{1}{\cos\theta} = \pm\sqrt{1 + \frac{2.25}{h^2}},$$

et pour les bras :

$$\frac{1}{\cos\theta} = \mp\sqrt{1 + \frac{1}{4h^2}}.$$

Nous nous placerons tout d'abord, comme dans le cas précédent, dans l'hypothèse d'un nombre pair de mailles

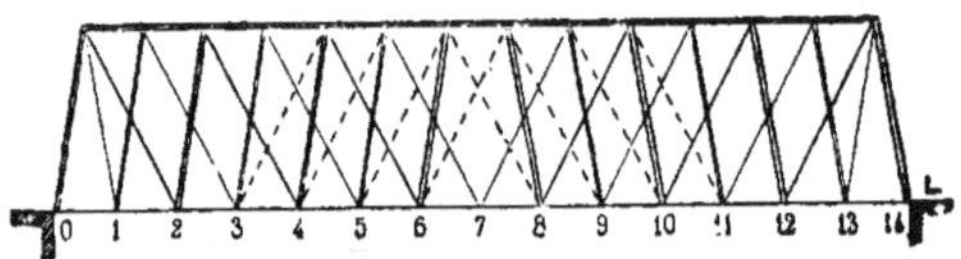

Fig. 99.

(*fig.* 99) : alors les deux poutres simples sont symétriques et les formules à employer sont les suivantes :

1° *Calcul des barres.* — 1° Bras issus de nœuds à numéros pairs (traits gras de la figure).

$$f = \frac{-\pi}{4\,L\cos\theta}\,(L - x)\,(L - x - 2)$$

$$\varphi = \frac{\pi}{4\,L\cos\theta}\,(x + 2)\,x$$

$$F = \frac{-\pi}{4\cos\theta}\,(L - 2x - 2)$$

2° Barres issues de nœuds impairs (traits minces de la figure) : $x = 2\,m + 1$.

$$f = \frac{-\pi}{4\,L\cos\theta}\,(L - x - 1)^2$$

$$\varphi = \frac{\pi}{4\,L\cos\theta}\,(x + 1)^2$$

$$F = \frac{-\pi}{4\cos\theta}\,(L - 2x - 2)$$

On a d'ailleurs, ainsi qu'on la vu :

$$\frac{1}{\cos\theta} = \pm\sqrt{1 + \frac{2.25}{h^2}}$$

pour les tirants, et

$$\frac{1}{\cos\theta} = \mp\sqrt{1 + \frac{1}{4h^2}}$$

pour les bras. Le double signe correspond à la double iné-galité $x \gtrless \dfrac{L}{2}$.

2° *Calcul des contre-barres.* — Cette poutre présente la par-ticularité suivante (*fig.* 100) :

Au lieu d'employer les contre-tirants des deux poutres sim-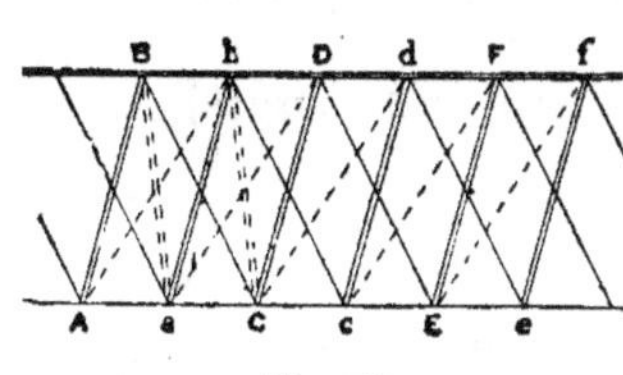ples qui seraient AD, $a\,d$, CF, $c\,f$, etc., ou les contre-bras qui seraient BE, be, etc., on prend les contre-tirants de la poutre simple qui compren-drait à la fois les bras des deux systèmes, AB, $a\,b$, CD, $c\,d$, etc. On a ainsi une *contre-pou-*

Fig. 100.

tre simple unique, si l'on peut s'exprimer ainsi, dont la triangulation est BA,ba,DC,dc, et dont les contre-tirants Ab, aD, etc., présentent exactement l'inclinaison inverse des tirants des poutres simples primitivement considérées :

$$\frac{1}{\cos\theta} = \sqrt{1 + \frac{2.25}{h^2}}.$$

Ces contre-tirants se calculent par les formules suivantes : $n = s = t = 1$.

$$f_1 = \frac{-\pi}{2\,L\cos\theta}\,(L - x)(L - x - 1)$$

$$\varphi_1 = \frac{\pi}{2\,L\cos\theta}\,x\,(x + 1)$$

$$F_1 = \frac{-\pi}{2\cos\theta}\,(L - 2x - 1).$$

Pour $x < \dfrac{L}{2}$, on a :

$$\frac{1}{\cos\theta} = -\sqrt{1 + \frac{2.25}{h^2}}$$

et pour $x > \dfrac{L}{2}$:

$$\frac{1}{\cos\theta} = +\sqrt{1 + \frac{2.25}{h^2}}.$$

On pourrait de même conserver les tirants et employer des contre-bras, tels que Ba, bC, etc.

Les formules seraient les mêmes, mais l'on aurait :

$$\frac{1}{\cos\theta} = \pm\sqrt{1 + \frac{1}{4h^2}}.$$

3° *Calcul des cordes*. — En appliquant la méthode habituelle on obtient les formules suivantes :

1° Corde supérieure (opposée aux nœuds chargés)

$$C = \frac{\pi}{2h}\left[x(L-x) + \frac{L}{2} - x \right].$$

Cette formule s'applique à la portion de corde comprise entre les limites $x - \dfrac{1}{2}$ et $x + \dfrac{1}{2}$ pour $x > \dfrac{L}{2}$, et les limites $x + \dfrac{1}{2}$ et $x + \dfrac{3}{2}$ pour $x > \dfrac{L}{2}$.

D'ailleurs, vu la symétrie de la poutre, il suffit d'effectuer les calculs pour une moitié de l'ouverture.

2° Corde inférieure opposée aux nœuds non chargés :

$$\lambda = \frac{1}{2} \text{ pour } x < \frac{L}{2} \quad \text{et} \quad \lambda = \frac{3}{2} \text{ pour } x > \frac{L}{2},$$

d'où :

$$c' = \frac{\pi}{2h}\left[x(L-x) + \frac{1}{2} \right].$$

Cette formule s'applique à la portion de corde comprise entre les limites suivantes :

$$x < \frac{L}{2}, \quad \text{de } x \text{ à } x + 1; \quad x > \frac{L}{2}, \quad \text{de } x - 1 \text{ à } x.$$

On n'a également à faire le calcul que pour une moitié de l'ouverture, vu la symétrie de l'ouvrage.

60. Nombre impair de mailles. — En ce cas la poutre est composée de deux poutres dissymétriques. L est un nombre impair (fig. 101).

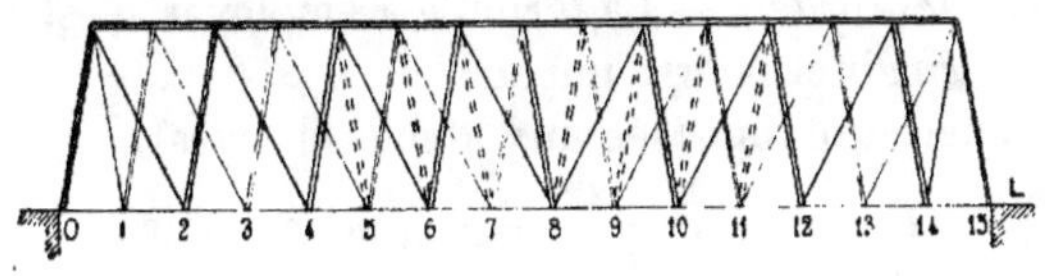

Fig. 101.

1° *Calcul des barres a :* — Barres issues de nœuds pairs (traits gras de la figure).

$$n = 2, \quad s = 2, \quad t = 1, \quad x = 2m.$$

$$f = \frac{-\pi}{4\,\mathrm{L}\cos\theta}\,(\mathrm{L} - x - 1)^2$$

$$\varphi = \frac{\pi}{4\,\mathrm{L}\cos\theta}\,x\,(x + 2)$$

$$\mathrm{F} = \frac{-\pi}{4\,\mathrm{L}\cos\theta}\,[\mathrm{L}\,(\mathrm{L} - 2x - 2) + 1]$$

b — Barres issues de nœuds impairs (traits minces de la figure) ; $x = 2m + 1$.

$$f = \frac{-\pi}{4\,\mathrm{L}\cos\theta}\,(\mathrm{L} - x)\,(\mathrm{L} - x - 2)$$

$$\varphi = \frac{\pi}{4\,\mathrm{L}\cos\theta}\,(x + 1)$$

$$\mathrm{F} = \frac{-\pi}{4\,\mathrm{L}\cos\theta}\,[\mathrm{L}\,(\mathrm{L} - 2x - 2) - 1]$$

On a pour les tirants :

$$\frac{1}{\cos\theta} = \pm\sqrt{1 + \frac{2.25}{h^2}},$$

et pour les bras :

$$\frac{1}{\cos\theta} = \mp\sqrt{1 + \frac{1}{4h^2}}.$$

La première moitié des barres de l'un des systèmes est

identique à la seconde moitié de l'autre, ce qui permet d'abréger les calculs.

2° *Calcul des contre-barres.* — Comme ces contre-barres font de la poutre Pratt une poutre simple unique, peu importe que L soit pair ou impair. Les formules sont les mêmes que dans le cas qui précède.

3° *Calcul des cordes.* — La formule à employer n'est pas la même pour x pair et pour x impair.

Corde supérieure (opposée aux nœuds chargés) :

$$C = \begin{cases} \dfrac{\pi}{2h}\left(x\,(L-x) + \dfrac{L-2x}{2} - \dfrac{1}{2L}\right), \text{ pour } x \text{ pair ;} \\[2mm] \dfrac{\pi}{2h}\left(x\,(L-x) + \dfrac{L-2x}{2} + \dfrac{1}{2L}\right), \text{ pour } x \text{ impair.} \end{cases}$$

Cette formule donne la valeur de l'effort normal exercé sur la portion de corde comprise entre les limites suivantes :

1re moitié de l'ouvrage $\left(x < \dfrac{L}{2}\right)$: de $x - \dfrac{1}{2}$ à $x + \dfrac{1}{2}$;

2° moitié de l'ouvrage $\left(x > \dfrac{L}{2}\right)$: de $x + \dfrac{1}{2}$ à $x + \dfrac{3}{2}$.

La poutre étant symétrique, on n'a besoin d'effectuer les calculs que pour une moitié de sa longueur.

Corde inférieure (opposée aux nœuds non chargés) :

$$\lambda = \frac{1}{2} \text{ pour } x < \frac{L}{2}, \text{ et } \lambda = \frac{3}{2} \text{ pour } x > \frac{L}{2} ;$$

$$C' = \begin{cases} \dfrac{\pi}{2h}\left(x\,(L-x) - \dfrac{1}{2} + \dfrac{1}{2L}\right), \text{ pour } x \text{ pair ;} \\[2mm] \dfrac{\pi}{2h}\left(x\,(L-x) - \dfrac{1}{2} - \dfrac{1}{2L}\right), \text{ pour } x \text{ impair.} \end{cases}$$

Limites d'application :

$$\text{pour } x < \frac{L}{2}, \text{ de } x \text{ à } x + 1 ;$$

$$\text{pour } x > \frac{L}{2}, \text{ de } x - 1 \text{ à } x.$$

61. Système Bollman. — La poutre Bollman présente cette particularité qu'elle est composée d'une série de

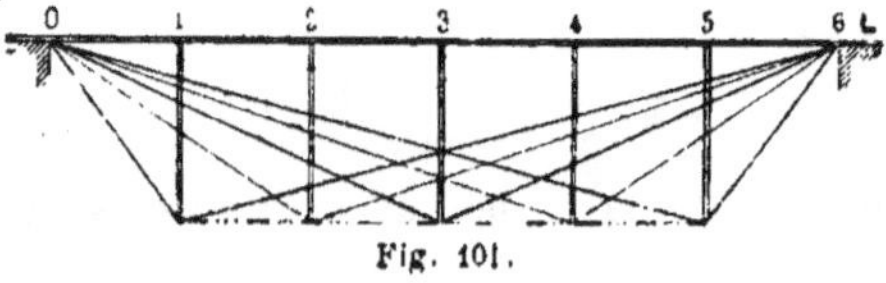

Fig. 101.

poutres armées (poutres Pratt à deux mailles), dont les mailles sont inégales (*fig.* 102), de telle sorte que chaque

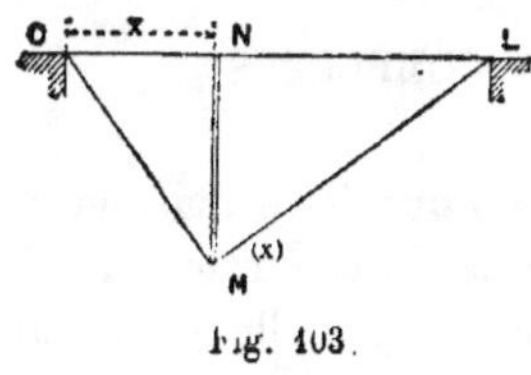

Fig. 103.

système de poutre simple ne supporte que la surcharge appliquée en un seul point de division N de la corde supérieure, sans être influencé par la surcharge appliquée aux autres points de division ((*fig.* 103).

L'effort normal subi par le tirant OM est :

$$F = \pi \frac{L - x}{L} \sqrt{1 + \frac{x^2}{h^2}}.$$

L'effort normal subi par le tirant ML est :

$$F = \pi \frac{x}{L} \sqrt{1 + \frac{(L - x)^2}{h^2}}.$$

L'effort normal subi par le *bras double* MN est : $F = -\pi$.

L'effort de compression subi par la corde supérieure est constant d'une extrémité à l'autre et donné par la formule :

$$C = \Sigma_o^L \frac{\pi (L - x) x}{L h} = \frac{\pi (L^2 - 1)}{6 h}.$$

On n'emploie plus guère cette poutre qui présente des inconvénients sérieux.

La corde inférieure ne joue aucun rôle dans la stabilité de la poutre.

Nous remarquons ici que les anciens ponts suisses en bois construits par les frères Grubenmann (Morandière, *Construction des Ponts*, pl. 146) ressemblent beaucoup à des poutres Bollman renversées, qui dériveraient du système Howe.

§ IV

POUTRES AMÉRICAINES COMPLEXES

62. Méthode de calcul. — Pour le calcul de ces poutres, le meilleur parti à suivre nous paraît être de calculer d'abord la poutre simple principale comme si elle était seule, puis de faire la même opération pour chacune des poutres simples secondaires des divers ordres prise isolément ; après avoir déterminé de la sorte les dimensions des pièces de chaque poutre on opère, s'il y a lieu, la soudure des pièces, appartenant à deux poutres différentes, dont les axes coïncident.

Dans la poutre représentée par la figure 104, on peut augmenter par exemple le bras A B de la section du bras secondaire ab entre A et b ; il n'y aurait rien à changer au contraire au tirant BD de D en c, puisque le bras cd travaille en sens opposé. Enfin on ajouterait à la section de la portion de corde A D la section de la corde ad. On obtiendrait ainsi la poutre complexe représentée par la figure 105.

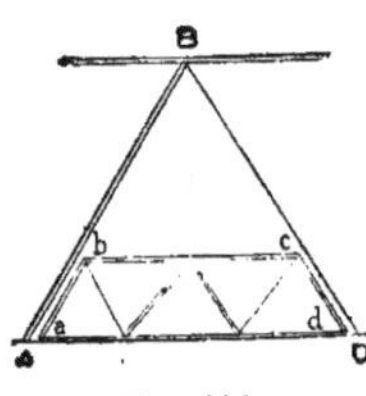

Fig. 104.

Nous ne donnerons donc pas de formules nouvelles pour les poutres complexes, et nous nous contenterons d'énumérer les différents types en usage ou susceptibles d'être employés, en indiquant leur mode de conformation.

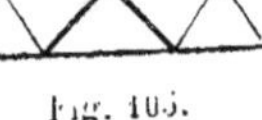

Fig. 105.

63. Système Warren. — Les figures 106 et 107 montrent comment on peut intercaler dans chaque maille d'une poutre Warren deux

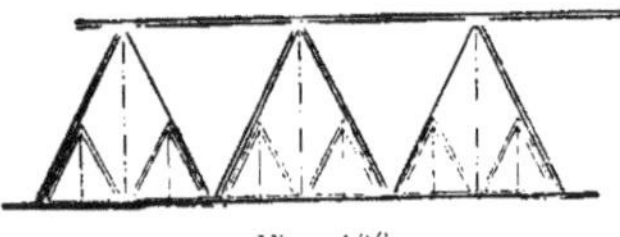

Fig. 106

poutres armées, ou poutres Pratt à deux mailles, suivant que

le tablier est à la partie supérieure ou à la partie inférieure
de la poutre principale.

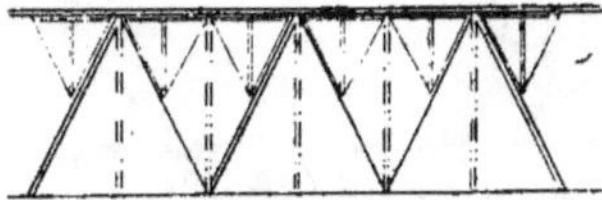

Fig. 107.

La figure 100 indique le procédé qui peut être employé
pour une poutre principale à très grandes mailles, où l'on

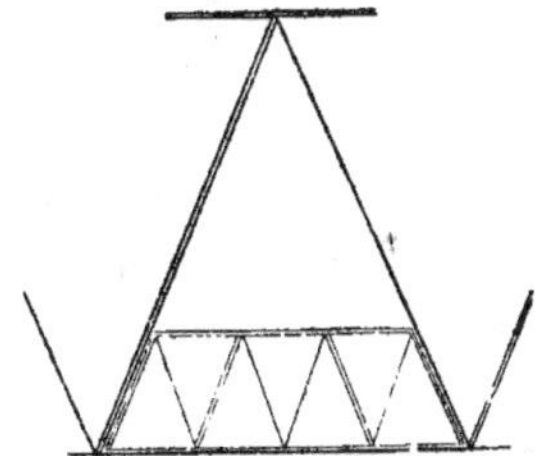

Fig. 108.

intercale soit une poutre secondaire de premier ordre, soit
une poutre de premier ordre et deux de second ordre, ce qui
permet de diviser en quatre parties l'intervalle des nœuds de
la poutre principale.

64. Poutre Pratt ou Pettit. — On peut intercaler de

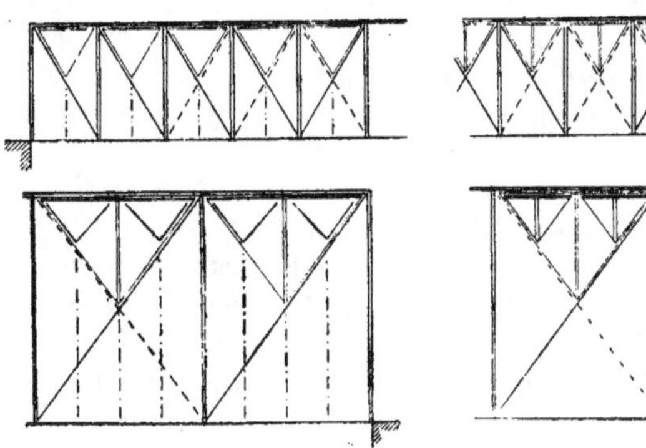

Fig. 109.

même dans une maille de la poutre Pratt soit une poutre armée Pratt du premier ordre, soit une poutre du même système du premier ordre, et deux poutres du second ordre (*fig.* 109 et 110).

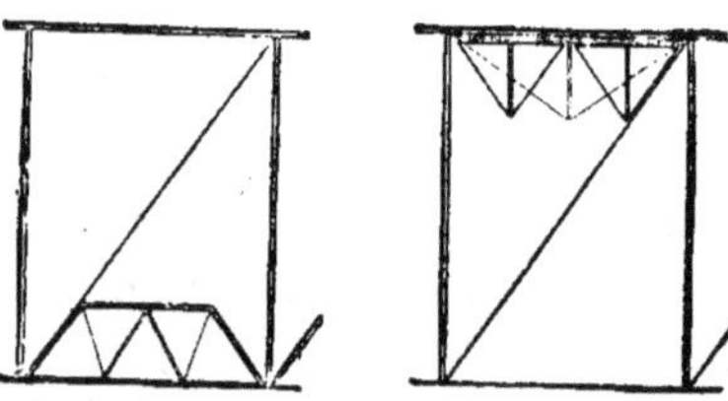

Fig. 110.

On appelle *système Pettit* ce genre de poutre qui, on le voit, dérive immédiatement du système Pratt et se calcule par les formules données précédemment.

65. Système Howe. — On pourrait appliquer le même système de poutres secondaires dans les mailles de la poutre simple Howe. Ce genre de poutre complexe est d'ailleurs peu usité, tandis que les poutres complexes des systèmes Warren et Pratt (ou Pettit) se rencontrent assez fréquemment en Amérique.

Dans toutes les poutres complexes la poutre principale est simple, bien que l'on puisse imaginer des dispositions applicables aux poutres doubles ou quadruples dont les mailles paraîtraient encore trop grandes. En conséquence, nous ne parlerons point des poutres Linville et Post, auxquelles il n'est pas d'usage d'adjoindre des poutres secondaires, bien que rien ne s'y oppose en principe.

66. Système Fink. — Le système Fink, qui joue pour les poutres complexes le rôle que le système Bollman joue pour les poutres composées, présente cette particularité que toutes les poutres qui le composent, principales et secondaires du premier ordre, du deuxième, etc., sont des poutres armées ou poutres Pratt à deux mailles égales (*fig.* 111). La figure représente une poutre Fink composée d'une poutre principale (traits gras) et de trois ordres de poutres secondaires (traits alternativement minces et gras). Il n'y a pas dans cette poutre de corde inférieure. Quelquefois on relie

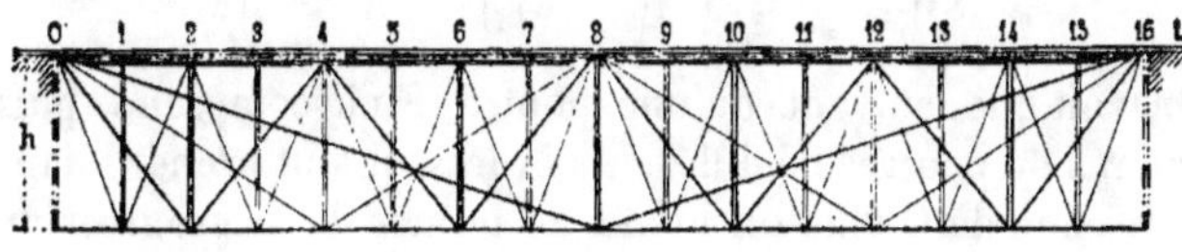

Fig. 111.

entre eux tous les sommets inférieurs des poutres simples, mais cette pièce longitudinale est accessoire et ne figure pas dans les calculs. Quand le tablier du pont est à la partie inférieure de la poutre, cette pièce accessoire est indispensable ainsi que deux bras extrèmes en O et L.

Dans ce cas particulier, où il y a un très grand nombre de poutres secondaires, il y a avantage à employer des formules donnant d'un seul coup l'effort normal subi par la corde supérieure. Nous allons en conséquence les indiquer ici. Considérons d'abord le cas de la figure où toutes les poutres, ont la mème hauteur h. Le travail maximum pour chaque bras ou chaque tirant a lieu lorsque tous les nœuds de la poutre à laquelle il appartient sont chargés, chaque nœud étant le point d'application d'un poids π.

Les formules donnant les efforts subis par les barres sont les suivantes :

	Pour les tirants (pièces inclinées). $F =$	Pour les bras (pièces verticales). $F =$
Poutre principale.	$\dfrac{\pi L}{4} \sqrt{1 + \dfrac{L^2}{4 H^2}},$	$-\dfrac{\pi L}{2}$
Poutre secondaire du 1er ordre.	$\dfrac{\pi L}{8} \sqrt{1 + \dfrac{L^2}{16 H^2}},$	$-\dfrac{\pi L}{4}$
Poutre secondaire du 2e ordre.	$\dfrac{\pi L}{16} \sqrt{1 + \dfrac{L^2}{64 H^2}},$	$-\dfrac{\pi L}{8}$
Poutre secondaire du 3e ordre.	$\dfrac{\pi L}{32} \sqrt{1 + \dfrac{L^2}{256 H^2}},$	$-\dfrac{\pi L}{16}$

L'effort subi par la corde supérieure est donné par la formule :

$$C = \frac{\pi L^2}{8 H}\left[1 + \frac{1}{4} + \frac{1}{16} + \frac{1}{64}\right] = \frac{\pi L^2}{H} \times \frac{85}{512}.$$

On voit que, suivant qu'une poutre Fink comprend plus ou moins de poutres de différents ordres, il faut prendre dans l'expression de C plus ou moins de termes de la progression géométrique :

$$1 + \frac{1}{4} + \frac{1}{16} + \frac{1}{64} + \cdots$$

Pour cet ouvrage, l'influence de la poutre principale est prépondérante dans le calcul de C, et peut conduire à donner une section considérable à la corde supérieure. De même les tirants de la poutre principale peuvent avoir à supporter un effort énorme lorsque $\frac{L}{H}$ est un nombre très grand. Aussi lorsque des circonstances particulières n'obligent pas à limiter la hauteur de la poutre en son milieu, on emploie la disposition représentée par la figure 112, qui consiste à adopter une inclinaison constante pour les tirants de toutes les poutres armées.

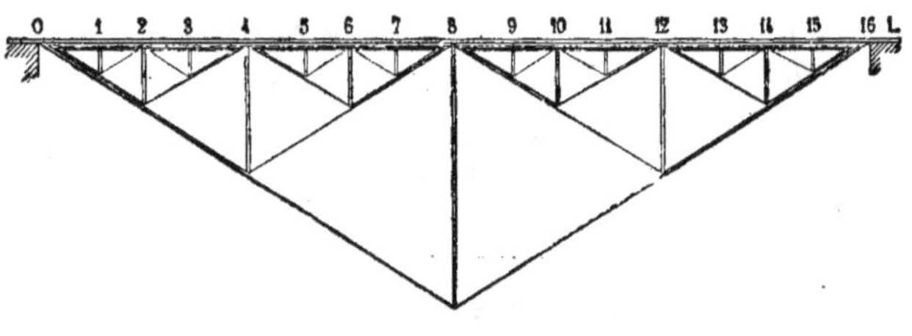

Fig. 112.

Mais alors la hauteur H au milieu de la poutre devient considérable parce qu'elle est une fraction importante de l'ouverture.

$$\frac{1}{\cos\theta} = \sqrt{1 + \frac{L^2}{4 H^2}}.$$

Les formules à appliquer deviennent, en remarquant que l'angle θ a une même valeur pour tous les tirants :

	Tirants (pièces obliques). $F=$	Bras (pièces verticales). $F=$
Poutre principale.	$\dfrac{\pi L}{4 \cos \theta}$,	$-\dfrac{\pi L}{2}$
Poutre secondaire du 1er ordre.	$\dfrac{\pi L}{8 \cos \theta}$,	$-\dfrac{\pi L}{4}$
— du 2e ordre.	$\dfrac{\pi L}{16 \cos \theta}$,	$-\dfrac{\pi L}{8}$
— du 3e ordre.	$\dfrac{\pi L}{32 \cos \theta}$,	$-\dfrac{\pi L}{16}$

et l'on a pour la corde supérieure :

$$C = \frac{\pi L^2}{8H}\left(1 + \frac{1}{2} + \frac{1}{4} + \frac{1}{8}\right) = \frac{\pi L^2}{H} \times \frac{15}{64}.$$

La raison de la progression géométrique est ici $\dfrac{1}{2}$ au lieu de $\dfrac{1}{4}$, et dans la poutre considérée la portion de l'effort normal subi par la corde, qui est due à la poutre principale, n'est plus que les $\dfrac{8}{15}$ de l'effort normal, au lieu d'en être les $\dfrac{64}{85}$ comme dans le cas précédent.

C'est seulement dans ces conditions que la poutre Fink peut présenter un avantage réel sur les poutres précédentes au point de vue du poids du métal employé.

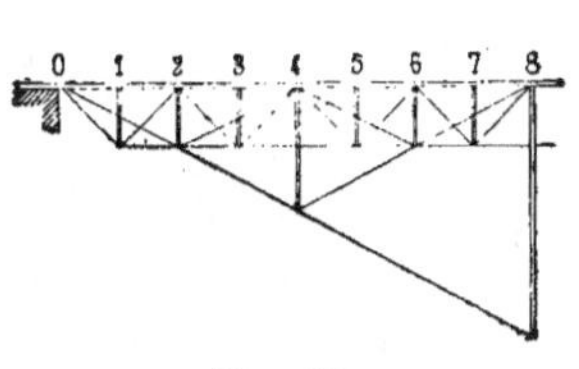

Fig. 113.

On peut d'ailleurs combiner les deux systèmes en adoptant une hauteur constante pour les poutres secondaires à partir du deuxième ordre, par exemple, ce qui évite l'emploi de hauteurs trop faibles pour les poutres des derniers ordres (*fig.* 113). Il faut modifier en conséquence les formules à employer, qui se déduisent des formules primitives en donnant à H la valeur qui convient.

La figure 114 représente une poutre complexe Pratt,
dont les poutres secondaires sont des poutres Pratt à trois
mailles. On pourrait évidemment multiplier ces exemples à
l'infini, en combinant tous les types possibles de poutres
simples pour en former des types différents de poutres complexes.

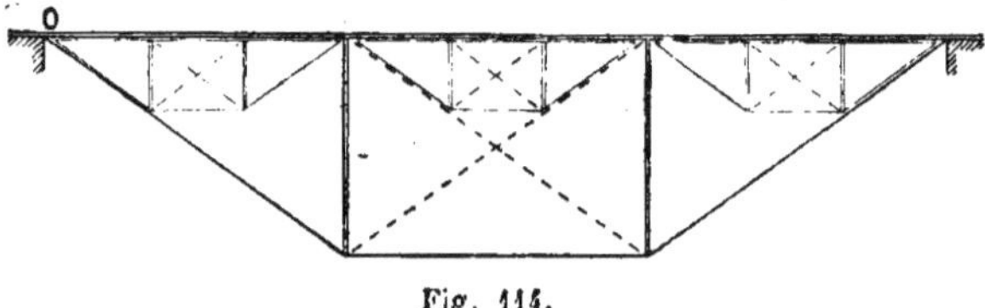

Fig. 114.

§ V

POUTRES A ASSEMBLAGES RIGIDES

67. Généralités. — Dans les ponts européens, on
remplace les articulations des poutres américaines par des
assemblages rigides à couvre-joints et rivets. Dans le calcul,
on ne tient pas compte de cette rigidité des assemblages, et
on opère comme si toutes les pièces étaient articulées entre
elles : il n'en résulte aucune erreur sensible, car les poutres
droites sont de figure invariable, et par suite on peut introduire de nouvelles liaisons entre leurs divers éléments, sans
rien changer à la distribution des efforts dans les différentes
pièces (74).

Par conséquent, les formules à employer pour les poutres
à assemblages rigides ne diffèrent pas de celles qui sont applicables aux poutres américaines présentant le même système de
triangulation, et l'on n'y reviendra pas : on peut établir avec
des assemblages rigides des poutres de tous les types précédemment énumérés, et le calcul est le même. Par exemple,
les poutres dites à grandes mailles sont tout simplement des
poutres Warren composées doubles, triples ou quadruples.
Nous ne citerons ici que trois types très employés en Europe,
et qui seuls présentent une disposition toute différente de
celles des poutres américaines.

68. Poutres à âme pleine. — Les poutres à âme pleine travaillent à la flexion. Le calcul des moments fléchissants et des efforts tranchants dans les différents cas de surcharge s'effectue à l'aide des formules que nous allons donner (*fig.* 115). Soit M une section transversale de la poutre, située à la distance x de l'extrémité de gauche O de la poutre et π la surcharge par unité de longueur.

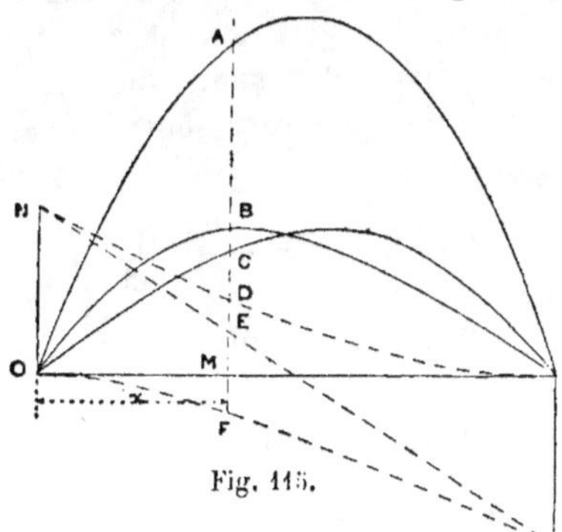

Fig. 115.

ZONE sur laquelle s'étend la SURCHARGE	MOMENT fléchissant X = Courbes OCL OBL OAL	VALEURS particulières du MOMENT fléchissant x =	X =	EFFORT tranchant V = Courbes OFN' NDL NBN'	VALEURS particulières de l'effort tranchant x =	V =
o à x (O à M)	$\dfrac{\pi x^2(l-x)}{2l}$	$\dfrac{l}{2}$	$\dfrac{\pi l^2}{16}$	$-\dfrac{\pi x^2}{2l}$	$\dfrac{l}{2}$	$-\dfrac{\pi l^2}{8}$
		$\dfrac{2l}{3}$	$\dfrac{2\pi l^2}{27}$ (max.)		l	$-\dfrac{\pi l^2}{2}$ (max.)
x à l (M à L)	$\dfrac{\pi(l-x)^2 x}{2l}$	$\dfrac{l}{3}$	$\dfrac{2\pi l^2}{27}$ (max.)	$+\dfrac{\pi(l-x)^2}{2l}$	0	$\dfrac{\pi l^2}{2}$ (max.)
		$\dfrac{l}{2}$	$\dfrac{\pi l^2}{16}$		$\dfrac{l}{2}$	$+\dfrac{\pi l^2}{8}$
o à l	$\dfrac{\pi}{2}x(l-x)$	$\dfrac{l}{2}$	$\dfrac{\pi l^2}{8}$ (max.)	$\pi\left(\dfrac{l}{2}-x\right)$	0	$\dfrac{\pi l}{2}$ (max.)
					l	$-\dfrac{\pi l}{2}$ (max.)

Le tableau ci-dessus fournit tous les renseignements dont l'on peut avoir besoin.

Le moment fléchissant et l'effort tranchant maxima, dus aux effets superposés de la charge et de la surcharge répartie de la manière la plus défavorable, sont, on le voit, donnés par les formules suivantes, où p représente la charge et π la surcharge par unité de longueur.

$$X = \frac{p + \pi}{2}\, x\,(l - x). \qquad \text{Maximum}: \left(x = \frac{l}{2}\right)\frac{(p + \pi)\,l^2}{8}$$

$$V = \begin{cases} p\left(\dfrac{l}{2} - x\right) + \dfrac{\pi\,(l - x)^2}{2l}. & \text{Maximum positif}: (x = o)\ \dfrac{(p + \pi)\,l}{2} \\[2ex] p\left(\dfrac{l}{2} - x\right) - \dfrac{\pi\,x^2}{2l}. & \text{Maxim. négatif}: (x = l)\ -\dfrac{(p + \pi)\,l}{2} \end{cases}$$

En général, les semelles des poutres pleines sont constituées par des tôles de largeur constante, dont on fait varier l'épaisseur totale en raison de la valeur du moment fléchissant. Le procédé le plus commode consiste à tracer la courbe représentative de x (parabole O A L). L'épaisseur de la semelle doit être en chaque point proportionnelle à l'ordonnée de cette courbe. Par conséquent, il est aisé de déduire la distribution des tôles par le tracé graphique indiqué sur la figure 116. Habituellement l'épaisseur de l'âme est invariable sur toute la longueur de la poutre, et on la calcule pour la valeur maximum de **V**. On peut d'ailleurs, dans le cas contraire, tracer de même les courbes représentatives de la valeur maximum et de la valeur minimum de **V** : BCD et EFG, et en déduire par un procédé graphique les épaisseurs successives attribuer à l'âme (*fig.* 116).

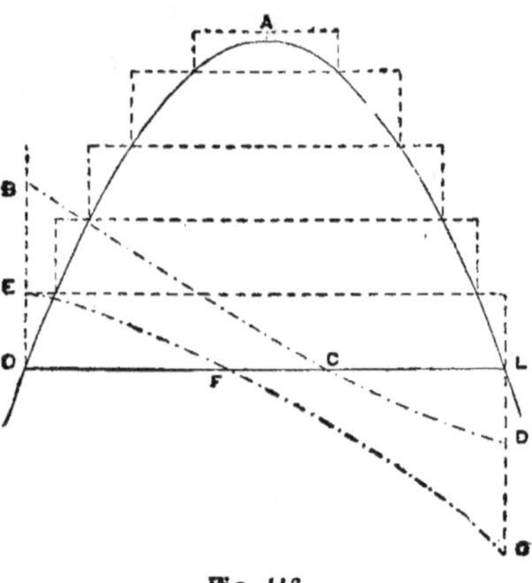

Fig. 116.

Il faut, d'autre part, renforcer l'âme au droit des culées et, d'une manière générale, en tous les points où une charge concentrée est appliquée sur l'une des semelles de la poutre.

69. Poutres à treillis. — On appelle poutres à treillis des poutres du système Warren composées d'un très grand nombre de poutres simples. Par exemple, la figure 117 représente une poutre à treillis composée de dix poutres simples.

Les formules données pour les poutres américaines seraient encore applicables, mais elles entraînent de grandes complications, et il est préférable de calculer ces poutres comme si elles avaient leur âme pleine, ce qui est beaucoup plus expéditif et tout aussi exact.

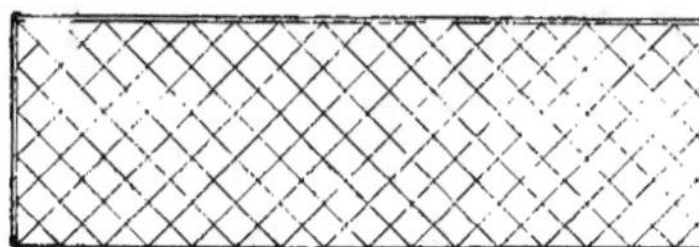

Fig. 117.

Les formules sont donc les mêmes que dans le cas précédent.

$$X = \left(\frac{p + \pi}{2}\right) x\,(l - x)$$

$$V = p\left(\frac{l}{2} - x\right)\begin{cases} + \pi\,\dfrac{(l - x)^2}{2l} \\[2mm] - \pi\,\dfrac{x^2}{2l} \end{cases}$$

La détermination mathématique ou graphique de l'épaisseur des semelles se fait absolument de la même manière que dans le cas précédent.

Pour les barres de treillis, on procède ainsi : soit N le nombre des barres parallèles à une même direction qui traversent une même section transversale, ou, si l'on veut, le nombre de poutres simples de la poutre à treillis, et θ l'angle formé par l'axe de ces barres avec la verticale. L'effort normal maximum supporté par l'une d'elles est, en désignant par x la distance à l'origine O de la section transversale considérée :

$$F = \frac{V}{N \cos\theta}.$$ Cos θ est positif pour les barres montantes et négatif pour les barres descendants. V est donné pour chaque section considérée par la formule précédente.

Dans tous les exemples existants de poutres à treillis on a pris :

$\theta = 45°$ pour les barres montantes;

$\theta = 135°$ pour les barres descendantes : $\cos\theta = \pm \sqrt{\dfrac{1}{2}}$.

Les deux systèmes se croisent à angle droit.

De l'origine O (*fig.* 118) au point F défini par la condition :

$$x' = \frac{lp}{\pi}\left(\sqrt{1 + \frac{\pi}{p}} - 1\right),$$

toutes les barres montantes sont comprimées et les barres descendantes tendues, quelle que soit la disposition de la surcharge.

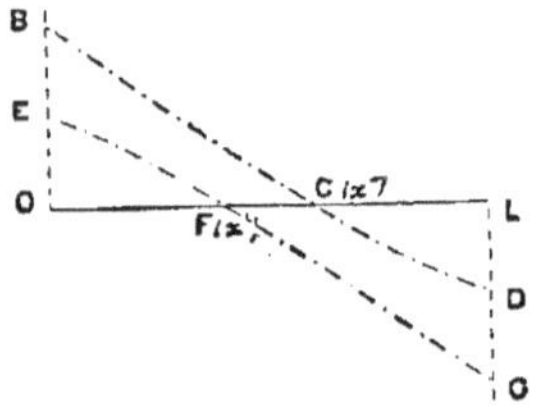

Du point C défini par la condition:

$$x'' = l - \frac{lp}{\pi}\left(\sqrt{1 + \frac{\pi}{p}} - 1\right),$$

à l'extrémité L, toutes les barres montantes sont tendues et les barres descendantes comprimées.

Fig. 118.

Entre les points F (x') et C (x'') les barres peuvent être comprimées ou tendues suivant la disposition de la surcharge.

Il importe de veiller à ce que les barres, qui ont à supporter un effort de compression permanent ou accidentel, aient la section qui convient pour résister à ce genre d'effort. En général, on prend la précaution de river deux à deux toutes les barres à leurs points de rencontre, et alors, vu la petitesse des mailles, on suppose que ces pièces peuvent toujours résister à l'effort de compression entre deux croisements successifs, considérés comme des points d'appui : on admet alors que la longueur de la pièce comprimée libre est limitée entre ces deux croisements, ce qui permet de lui attribuer une section de forme quelconque. Pour simplifier le travail à l'usine, on exécute même souvent les barres tendues et les barres comprimées avec des fers plats de même forme.

Ce procédé présente deux inconvénients : d'abord, le rivet placé au croisement des deux lames les affaiblit notablement si leur largeur est peu considérable; d'autre part, il arrive que la déformation se propage au delà du point de croisement, et que la barre fléchit et se courbe d'une extrémité à l'autre, contrairement à l'hypothèse admise. Nous avons constaté un cas où les trois panneaux d'une poutre à treillis les plus voisins de chaque culée s'étaient déformés complètement, les lames comprimées s'étant infléchies malgré leur solidarité avec les pièces tendues. Il a fallu refaire ces panneaux. C'est pourquoi nous conseillerons toujours de se défier de l'emploi des fers plats pour la confection des barres comprimées.

Les calculs précédents supposent que la surcharge est uniformément répartie sur la poutre. Il arrive souvent que la surcharge est divisée en un certain nombre de poids concentrés équidistants transmis de distance en distance à la poutre, par des poutrelles transversales ou pièces de pont. Il est nécessaire de consolider l'âme en chacun de ces points, comme s'il s'agissait d'une âme pleine, par un montant vertical assemblé avec toutes les barres qu'il rencontre. Ce montant transmet une partie de la surcharge à chacune des barres, de même qu'il répartirait la surcharge sur une âme pleine. Si on le supprimait, la surcharge concentrée serait transmise tout entière aux deux barres du treillis qui rencontrent la semelle du pont au point d'attache de la pièce de pont. Ces barres subiraient un travail excessif et seraient exposées à une rupture.

Il faut donner à chaque montant une section en rapport avec l'effort qu'il a à supporter, et vérifier qu'une barre quelconque du treillis rencontre au moins l'un de ces montants, sans quoi elle serait à peu près inutile au point de vue de la stabilité de l'ouvrage, et devrait être supprimée.

Il est bien évident aussi que l'on doit établir des montants verticaux aux droits des points d'appui sur les culées.

70. Poutres à montants, et croix de St-André.

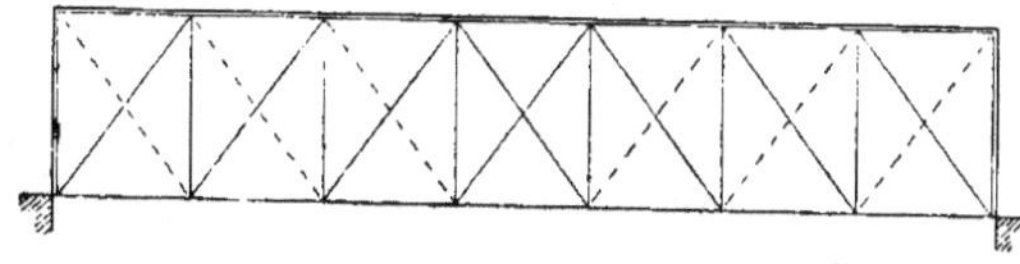

Fig. 119.

— On a souvent employé des poutres dont l'âme est constituée par une série de croix de Saint-André séparées par des montants verticaux. C'est là une poutre d'ordre composite, une sorte de mélange ou de combinaison de plusieurs types différents (*fig.* 119).

Supprimons les montants verticaux, nous aurons une poutre Warren double.

Supprimons les barres descendantes (traits pointillés), nous aurons une poutre simple Howe.

Supprimons les barres montantes (traits pleins), nous aurons une poutre simple Pratt.

Or, ces trois types différents sont incompatibles, de sorte qu'il faut de toute nécessité admettre que soit les montants, soit les barres de l'un des systèmes ne supportent aucun effort, et calculer la poutre comme si cette série de pièces était supprimée.

En général, on calcule la poutre comme une poutre Warren double, sans se préoccuper des montants, qui sont ainsi superflus et donnent lieu à une dépense inutile, même nuisible, puisqu'il en résulte une augmentation de poids, qui ne correspond pas à un surcroît de stabilité.

On a prétendu dans certains cas que ces montants donnaient plus de rigidité à la poutre et empêchaient les barres de fléchir : cela n'est vrai qu'à la condition d'admettre qu'on a adopté pour les barres comprimées des croix de Saint-André une section de forme défectueuse, et que par suite ces pièces ne peuvent remplir leur office ; les montants les remplacent, ce qui revient à substituer à la poutre Warren une poutre Pratt. L'adoption du montant peut donc être considérée comme un expédient admissible dans le cas où il s'agit de consolider une poutre mal construite.

Mais, s'il s'agit de préparer le projet d'une poutre à exécuter, nous pensons qu'il vaut mieux choisir un type rationnel, et exclure toutes les pièces surabondantes, à la condition bien entendu que les pièces de la triangulation soient établies de façon à supporter sans flamber les efforts de compression permanente ou accidentelle, qui résultent de la charge et de la surcharge.

§ VI.

DÉFORMATION DES POUTRES DROITES

71. Effets de la température. — Les changements de température ont pour effet d'augmenter ou de réduire dans le même rapport toutes les dimensions des poutres.

Il n'en résulte donc aucun effort nouveau, et il n'y a pas à se préoccuper des effets de température, à la condition que l'on permette à la poutre de s'allonger ou de se raccourcir. en faisant reposer ses deux extrémités, ou tout au moins l'une d'elles, sur un chariot de roulement ou un secteur oscillant, susceptible de subir un déplacement horizontal égal à la variation de longueur de la poutre. Lorsque l'on emploie un chariot, il est bon de faire reposer l'extrémité de la poutre sur le chariot par l'intermédiaire d'une articulation ou rotule en acier de façon à répartir uniformément la charge sur tous les rouleaux portant le chariot (*fig.* 120), sans quoi, par l'effet de la déformation de la poutre, le rouleau le plus éloigné de l'extrémité du pont porte toute la charge et peut se briser ou détériorer la plaque de roulement. Lorsque l'on charge le pont de façon à faire

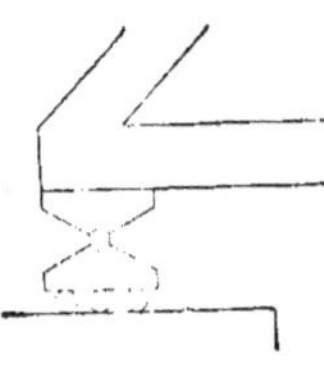

Fig. 120.

subir à toutes ses pièces un travail supplémentaire égal à R', l'angle décrit par le coussinet du point d'appui a pour tangente $\dfrac{R'l}{E\,h}$. Il est loin d'être négligeable pour les grands ouvrages.

Lorsqu'une poutre comprend des matériaux divers, comportant des coefficients de dilatation sensiblement différents, les effets des changements de température sur ces différents éléments ne concordent plus, et par suite il y a déformation dans la figure de l'ouvrage et travail supplémentaire dans ses diverses parties. Les coefficients de dilatation de la fonte, du fer et de l'acier sont trop peu différents, pour que cet effet

soit sensible pour les ouvrages où ces trois métaux sont
associés. Mais il en est autrement pour les ponts mixtes en
bois et fer, et, bien que l'on s'astreigne souvent à resserrer les
tirants en fer en été, et à les desserrer en hiver, pour compenser les changements de longueur qu'ils subissent, on ne
peut porter remède aux effets de la température, qui ont
pour résultat de fatiguer les assemblages des pièces de bois,
de détériorer leurs abouts, et de les mettre hors de service
au bout d'un certain temps.

**72. Effets de la charge et de la surcharge sur
les poutres à âme pleine.** — Les poutres droites à âme
pleine se courbent sous l'action de la charge et de la sur-

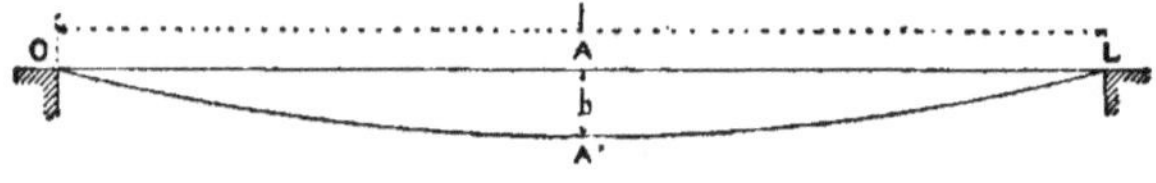

Fig. 121.

charge uniformément répartie sur toute la portée : leur axe
longitudinal OAL prend la forme d'un arc de cercle OA′L
(*fig.* 121) qui se confond avec une parabole dont l'équation,
rapportée aux axes Ox et Oy, serait :

$$y = \frac{R\,x\,(l-x)}{E\,h}$$

en désignant par R le travail maximum subi par le métal,
que l'on suppose avoir même valeur dans toutes les sections
de la poutre, laquelle est un solide d'égale résistance : h est
la hauteur de la poutre, l sa portée et E le coefficient d'élasticité du métal. y désigne ici le déplacement vertical d'un point
quelconque de l'axe longitudinal au-dessous de sa position
initiale. Pour $x = \dfrac{l}{2}$, milieu de l'ouverture, y atteint son maximum :

$$f = \frac{R\,l^2}{4\,E\,h}.$$

L'inclinaison *tg* α de l'axe longitudinal sur l'horizontale est donnée en un point quelconque par la formule :

$$\text{Tg}\,\alpha = \frac{R}{Eh}\,(l - 2x).$$

Le maximum d'inclinaison se manifeste au droit des points d'appui :

$$\text{Tg}\,\alpha' = \pm\,\frac{Rl}{Eh}.$$

Les semelles de la poutre déformée décrivent des arcs de cercle concentriques parallèles à la courbe de l'axe longitudinal : les sections transversales de la poutre demeurent normales à l'axe longitudinal déformé, ainsi qu'il a été dit précédemment en parlant des pièces fléchies.

73. Effets de la charge et de la surcharge sur les poutres articulées. — La déformation subie par une pièce articulée, sous l'influence d'une surcharge uniformément répartie, présente cette particularité que les angles formés par les différentes pièces de l'ossature sont altérés.

Considérons, en effet, une poutre simple articulée. Soit ABCD un panneau composé de deux triangles consécutifs (*fig.* 122). La surcharge a pour effet de réduire proportionnellement au

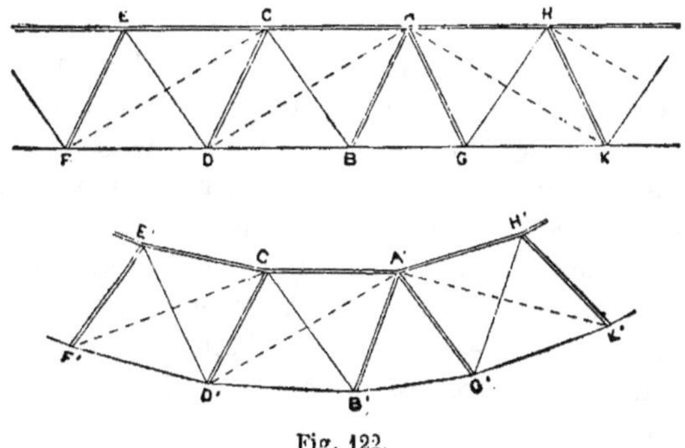

Fig. 122.

travail du métal la longueur des pièces comprimées AB, AC, CD, et d'allonger les pièces tendues BD, BC.

Il en résulte évidemment que les angles **A** et **D** sont *augmentés* et les angles **B** et **C** *diminués.*

Le parallélogramme ABDC se déforme et devient le quadrilatère A′B′D′C′. Le panneau suivant CDEF subit la même déformation et devient le quadrilatère C′D′E′F′, identique à A′B′D′C′ et présentant la même orientation.

Supposons que A soit le milieu de la poutre. A partir de ce point, la triangulation est renversée : il en résulte que le panneau suivant AGKH devient, en se déformant, le quadrilatère A′G′K′H′, identique à A′B′D′C′, mais présentant une orientation inverse, de telle façon que la poutre reste symétrique par rapport à la verticale qui passe par A′.

Remarquons encore que le contre-tirant AD a diminué de longueur. Comme en général cette pièce, formée par une tige mince, n'est pas susceptible de subir un effort de compression, il en résulte qu'elle cesse simplement d'être tendue. Par conséquent, une surcharge uniformément répartie sur toute la longueur du pont a pour effet de détendre tous les contre-tirants. Au contraire la déformation de la poutre donnerait lieu à un allongement des contre-bras. Or, si l'on veut que la poutre se trouve dans les conditions du calcul, il faut que les contre-bras ne travaillent jamais lorsque la charge est uniformément répartie ; il est par suite nécessaire que le contre-bras puisse s'allonger sans travailler à l'extension. C'est un résultat difficile à obtenir en pratique, ce qui explique la préférence donnée par les constructeurs aux contre-tirants sur les contre-bras, ceux-là se courbant par flexion lorsque la distance de leurs extrémités se trouve réduite, sans subir de travail sensible à la compression. Nous voyons ici la justification de l'habitude prise par des constructeurs américains de constituer tous les contre-tirants par des tiges à tendeurs, que l'on règle après le montage de façon à ce qu'elles restent tendues tant que la surcharge uniformément répartie sur toute la portée ne dépasse pas une limite donnée. Au-delà de cette limite, les contre-tirants deviennent lâches.

Il résulte de l'étude que nous venons de faire que la déformation d'une poutre articulée, sous l'action d'une surcharge uniformément répartie sur toute sa longueur, peut se déterminer par la construction suivante :

Soit ABCD une poutre droite (*fig.* 123) dont CD est la section médiane, placée au milieu de la portée, et EF l'axe longitudinal (1). S'il s'agissait d'une poutre à âme pleine, l'axe longitudinal EF, sous l'action d'une surcharge uniformément répartie, décrirait un arc de cercle E*f*, ayant sa tangente horizontale au milieu de l'ouverture en *f*. La section extrême

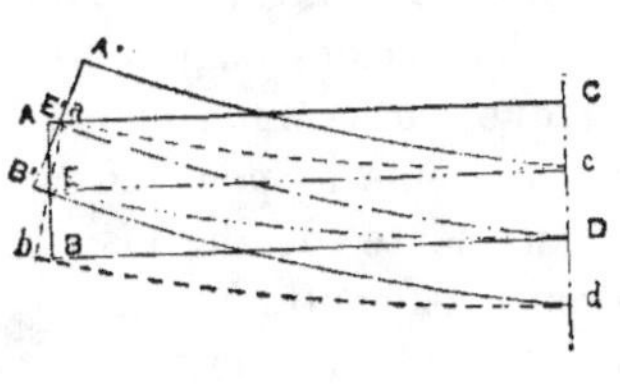

Fig. 123.

AB tournerait autour du point fixe E, situé sur l'axe longitudinal, et viendrait en *ab*, dans la direction du rayon du cercle décrit par l'axe longitudinal. Les deux semelles AC et BD se profileraient suivant des arcs de cercle concentriques à l'axe longitudinal *ac* et *bd*, et resteraient par conséquent normales aux sections transversales *ab* et *cd*.

Supposons maintenant que nous remplacions l'âme pleine de la poutre par une triangulation articulée, sans d'ailleurs modifier sa longueur ni sa hauteur, ni le travail subi par les semelles, ni enfin la surcharge. *Pour avoir la courbe décrite par l'axe longitudinal déformé, il suffira de faire tourner les arcs de cercle ac, Ef et bd, chacun respectivement autour du point c, f ou d où il rencontre la section médiane CD de la poutre,* jusqu'à ce que l'un des angles de la triangulation ait subi la déformation convenable, telle qu'elle résulte de l'étude géométrique faite au commencement de ce paragraphe. A ce moment, tous les angles auront pris les nouvelles valeurs qui leur conviennent, et toutes les pièces de la triangulation auront subi les allongements ou les réductions de longueur correspondant au travail qu'elles supportent.

Ainsi la fibre déformée de la demi-poutre articulée décrit un arc de cercle de même rayon que si la poutre droite avait une âme pleine (21), mais cet arc de cercle a subi un changement d'orientation, de telle façon que l'axe longitudinal présente un point angulaire (*fig.* 124) au milieu M de la poutre,

---

(1) On a omis par erreur sur la figure 123, les lettres F et *f* qui désignent des points de la droite CD très voisins, sur la figure, de c et D. Le lecteur suppléera facilement cette omission, en inscrivant la lettre F à coté et au-dessus de la lettre c, et la lettre *f* à coté et au-dessus de D.

où les deux tangentes à la courbe forment un angle **2 σ,**
égal au double de la rotation σ subie par l'axe longitudinal
déformé de chacune des demi-poutres.

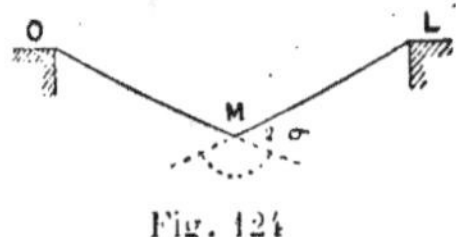

Fig. 124

On voit que par ce mouvement la
flèche que présente le pont en son
milieu a augmenté de la distance
verticale qui existe entre E et E'.

D'où nous concluons que les déformations subies par les
poutres articulées sont, toutes choses égales d'ailleurs, supérieures à celles qui se manifestent dans les poutres à âme
pleine.

Nous remarquons encore que les sommets de triangulation
des deux demi-cordes supérieure et inférieure de la poutre
sont sur des arcs de cercle concentriques à celui de la fibre
moyenne.

Il nous reste à évaluer l'angle σ dont a tourné chacune des
demi-poutres.

Pour plus de généralité, nous supposerons que les pièces
tendues et les pièces comprimées sont formées de métaux
différents, ayant respectivement pour coefficients d'élasticité
E et E', et que les valeurs du travail auxquelles elles sont
soumises sont également différentes. Nous les représenterons
par R et R'.

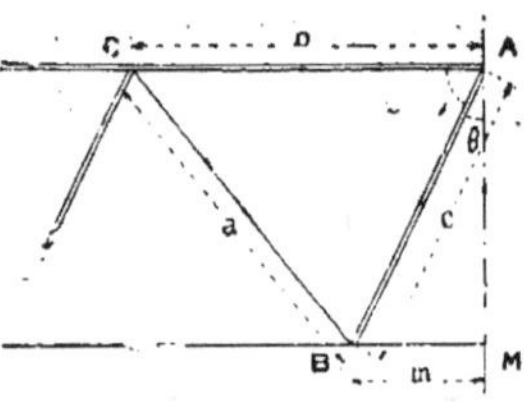

Fig. 125.

Soit **AM** la section médiane de
la poutre, qui reste après la déformation un plan de symétrie de
l'ouvrage (*fig.* 125).

Après la déformation les longueurs a et m des pièces tendues
CB et **BM** deviennent $a\left(1+\dfrac{R}{E}\right)$
et $m\left(1+\dfrac{R}{E}\right)$. Les longueurs b et

c des pièces comprimées **AC** et **AB** deviennent de même
$b\left(1-\dfrac{R'}{E'}\right)$ et $c\left(1-\dfrac{R'}{E'}\right)$.

L'angle droit $\overline{CAM}$ a été également modifié ; il se décompose en deux angles partiels : $\overline{CAB}$ que nous désignerons par
ω, et $\overline{BAM}$ que nous désignerons par θ.

Soient $\delta\omega$ et $\delta\theta$ les changements subis par ces deux angles ; la déformation de l'angle CAB est égale à la somme $\delta\omega + \delta\theta$ que nous allons calculer.

Le triangle CAB nous donne avant la déformation :

$$(1) \qquad a^2 = b^2 + c^2 - 2bc \cos\omega$$

et après la déformation :

$$(2) \qquad a^2 \left(1 + \frac{R}{E}\right)^2 = b^2 \left(1 - \frac{R'}{E'}\right)^2$$
$$+ c^2 \left(1 - \frac{R'}{E'}\right)^2 - 2bc \left(1 - \frac{R'}{E'}\right) \cos(\omega + \delta\omega)$$

En négligeant les infiniment petits d'ordre supérieur au premier, cette équation devient :

$$(3) \qquad a^2 + 2a^2 \frac{R}{E} = b^2 - 2b^2 \frac{R'}{E'} + c^2 - 2c^2 \frac{R'}{E'} - 2bc \cos\omega$$
$$+ 4bc \frac{R'}{E'} \cos\omega + 2bc \sin\omega\, \delta\omega.$$

En la combinant avec l'équation (1), on trouve :

$$(4) \qquad a^2 \frac{R}{E} + b^2 \frac{R'}{E'} + c^2 \frac{R'}{E'} - 2bc \frac{R'}{E'} \cos\omega = bc \sin\omega\, \delta\omega$$

et enfin :

$$(5) \qquad \delta\omega = \frac{a^2}{bc \sin\omega} \left(\frac{R}{E} + \frac{R'}{E'}\right).$$

Nous allons maintenant chercher la valeur de $\delta\theta$.

Le triangle ABM nous donne avant la déformation :

$$(6) \qquad c \sin\theta = m.$$

et après la déformation :

$$(7) \qquad c \left(1 - \frac{R'}{E'}\right) \sin(\theta + \delta\theta) = m \left(1 + \frac{R}{E}\right).$$

En négligeant les infiniment petits d'ordre supérieur au premier, nous trouvons :

$$(8) \qquad c \sin\theta - c \frac{R'}{E'} \sin\theta - c \cos\theta\, \delta\theta = m + m \frac{R}{E}$$

et

$$(9) \qquad \delta\theta = \frac{1}{c \cos\theta} \times c \sin\theta \left(\frac{R'}{E'} + \frac{R}{E}\right) = \mathrm{tg.}\,\theta \left(\frac{R'}{E'} + \frac{R}{E}\right).$$

En résumé la déformation $\delta\omega + \delta\theta$ de l'angle **CAM est donné** par la formule :

$$(10) \qquad \delta\omega + \delta\theta = \left(\frac{R}{E} + \frac{R'}{E'}\right)\left(\frac{a^3}{bc\,\sin\omega} + \text{tg}\,\theta\right)$$

et comme les angles ω et θ sont complémentaires ($\sin\omega = \cos\theta$) ;

$$(11) \qquad \delta\omega + \delta\theta = \left(\frac{R}{E} + \frac{R'}{E'}\right)\left(\frac{a^3}{bc\,\cos\theta} + \text{tg}\,\theta\right).$$

Pour obtenir l'angle σ dont a tourné l'arc de cercle, lieu des sommets de triangulation de la semelle supérieure, il faut retrancher de l'angle $\delta\omega + \delta\theta$ l'accroissement que subirait l'angle CAM si la poutre considérée était à âme pleine.

En effet dans cette hypothèse, la semelle supérieure OCA

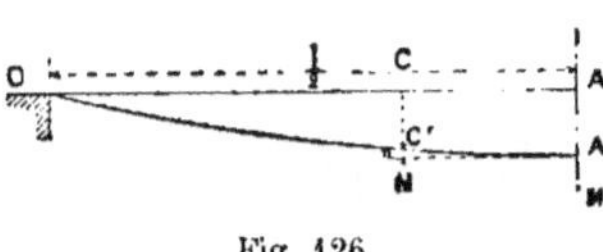
Fig. 126.

($fig.$ 126) décrivant après la déformation l'arc de cercle OC'A', la corde A'C' n'est plus normale à la droite AM, et elle fait avec l'horizontale un angle C'A'N dont la tangente est égale à $\dfrac{n}{b}$, en désignant par n la distance verticale qui existe entre C' et A', et par b la longueur AC de la corde. Il est facile de calculer n à l'aide de la formule du n° 72.

$$y = \frac{R\,x\,(l - x)}{E\,h}$$

On a :

$$n = \frac{R\,b^2}{E\,h},$$

h désignant toujours la hauteur de la poutre.

Comme ici nous avons supposé que $\dfrac{R}{E}$ avait une valeur différente pour les pièces tendues et les pièces comprimées, il convient d'introduire dans la formule la valeur moyenne :

$$\frac{1}{2}\left(\frac{R}{E} + \frac{R'}{E'}\right).$$

ce qui donne :

$$n = \left(\frac{R}{E} + \frac{R'}{E'}\right) \frac{b^2}{2h}$$

On a donc :

$$(12) \qquad \mathrm{Tg}\, C'A'N = \frac{n}{b} = \left(\frac{R}{E} + \frac{R'}{E'}\right) \frac{b}{2h}.$$

Vu la petitesse de l'angle, on peut substituer l'arc à sa tangente, et l'on obtient finalement pour valeur de l'angle σ dont il faut faire tourner l'arc de cercle OA' autour du point A', pour avoir après la déformation la position de la corde de la poutre articulée :

$$(13) \qquad \sigma = \delta\omega + \delta\theta - C'A'N = \left(\frac{R}{E} + \frac{R'}{E'}\right)\left(\frac{a^2}{bc\cos\theta} + \mathrm{tg}\,\theta - \frac{b}{2h}\right).$$

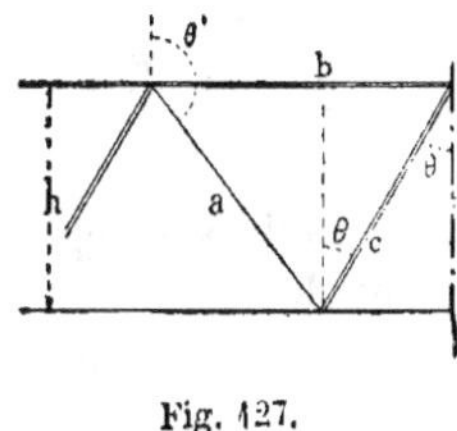

Fig. 127.

Cette formule peut être mise sous une autre forme, en désignant par θ et θ' les angles formés avec la verticale par les deux systèmes de barres de la triangulation, d'après les conventions posées à propos des poutres articulées (*fig. 127*).

On a :

$$\frac{a^2}{bc\cos\theta} = \frac{-\cos^2\theta}{\sin(\theta' - \theta)\cos\theta'\cos\theta} \quad \text{et} \quad \frac{b}{2h} = \frac{\mathrm{tg}\,\theta - \mathrm{tg}\,\theta'}{2}$$

d'où

$$(14) \qquad \sigma = \left(\frac{R}{E} + \frac{R'}{E'}\right)\left(\frac{-\cos\theta}{\cos\theta'\sin(\theta' - \theta)} + \frac{\mathrm{tg}\,\theta + \mathrm{tg}\,\theta'}{2}\right).$$

Telle est la valeur de l'angle σ dont il faut faire tourner l'arc de cercle OA' autour du point A'. Dans ce mouvement le point O décrit un arc égal à $\frac{l}{2} \cdot \sigma$, qui étant, vu sa petitesse, sensiblement vertical, donne l'accroissement subi par la flèche au milieu du pont. Nous remarquons que l'angle θ est l'angle qui définit le système de barres, dont deux éléments sont articulés bout à bout au milieu de la portée ; θ' est relatif à l'autre système.

Si l'on suppose que θ s'applique aux tirants, et θ' aux bras.

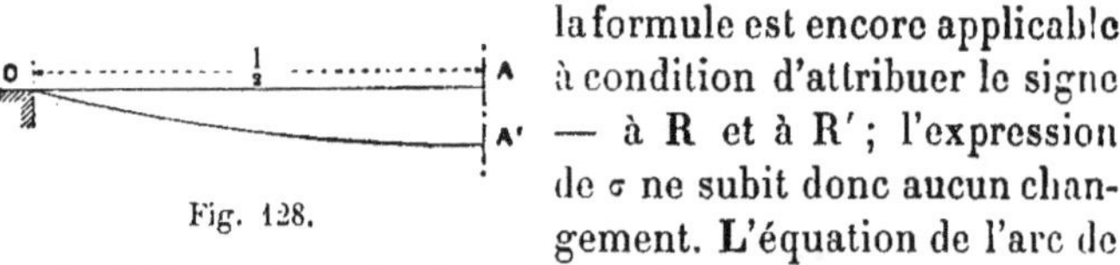

Fig. 128.

la formule est encore applicable à condition d'attribuer le signe $-$ à R et à R'; l'expression de σ ne subit donc aucun changement. L'équation de l'arc de cercle OA' décrit après la déformation par chaque semelle de la poutre articulée est en définitive (*fig.* 128) :

$$(15)\ y = \left(\frac{R}{E} + \frac{R'}{E'}\right)\left[\frac{x(l-x)}{2h} + \sigma x\right]$$
$$= \left(\frac{R}{E} + \frac{R'}{E'}\right)\left[\frac{x(l-x)}{2h} + x\left(\frac{-\cos\theta}{\cos\theta\sin(\theta'-\theta)} + \frac{\operatorname{tg}\theta' + \operatorname{tg}\theta}{2}\right)\right].$$

L'abaissement maximum a lieu au milieu de la poutre, et il est donné par la formule (15), où l'on fait $x = \dfrac{l}{2}$:

$$(16)\ f = \left(\frac{R}{E} + \frac{R'}{E'}\right)\left[\frac{l^2}{8h} + \frac{l}{2}\left(\frac{-\cos\theta}{\cos\theta'\sin(\theta'-\theta)} + \frac{\operatorname{tg}\theta + \operatorname{tg}\theta'}{2}\right)\right].$$

Rien n'est plus aisé que d'adapter cette formule à chaque cas particulier. A titre d'exemple, nous allons donner les formules particulières applicables à certaines poutres simples articulées.

Poutre Warren. — On sait que l'on a : $\theta' = \pi - \theta$. D'où :

$$f = \left(\frac{R}{E} + \frac{R'}{E'}\right)\left[\frac{l^2}{8h} + \frac{l}{2\sin 2\theta}\right].$$

Lorsque $\theta = \dfrac{\pi}{6}$ (cas des triangles équilatéraux), on a :

$$f' = \left(\frac{R}{E} + \frac{R'}{E'}\right)\left[\frac{l^2}{8h} + \frac{l}{1.732}\right].$$

Lorsque $\theta = \dfrac{\pi}{4}$ (cas des triangles rectangles), on a :

$$f'' = \left(\frac{R}{E} + \frac{R'}{E'}\right)\left(\frac{l^2}{8h} + \frac{l}{2}\right).$$

Poutre Howe. — $\theta' = \pi$.

$$f = \left(\frac{R}{E} + \frac{R'}{E'}\right)\left[\frac{l^2}{8h} - \frac{l}{2}\left(\operatorname{cotg}\theta + \frac{\operatorname{tg}\theta}{2}\right)\right].$$

Dans le cas le plus fréquent, où $\theta = \dfrac{\pi}{4}$, on a :

$$f' = \left(\frac{R}{E} + \frac{R'}{E'}\right)\left(\frac{l^2}{8h} + \frac{3l}{4}\right)$$

Poutre Pratt. — $\theta' = 0$.

$$f = \left(\frac{R}{E} + \frac{R'}{E'}\right)\left[\frac{l^2}{8h} - \frac{l}{2}\left(\cotg\theta + \frac{\tg\theta}{2}\right)\right].$$

Dans le cas le plus fréquent où $\theta = \dfrac{3}{4}\cdot\pi$, on a :

$$f' = \left(\frac{R}{E} + \frac{R'}{E'}\right)\left(\frac{l^2}{8h} + \frac{3l}{4}\right).$$

Il ne serait pas plus difficile de trouver les formules applicables à la poutre Post, ou a toute autre poutre choisie à volonté.

On voit qu'au point de vue de la déformation les poutres Howe et Pratt sont équivalentes. C'est la poutre Warren qui présente le plus de rigidité, à égalité de valeur pour l'angle θ.

D'autre part la poutre Warren est d'autant moins déformable que la valeur de θ est plus voisine de $\dfrac{\pi}{4}$, c'est-à-dire que l'angle existant entre les deux systèmes de barres est plus voisin de l'angle droit.

Si nous supposons $h = \dfrac{l}{10}$, ce qui s'écarte peu en général de la proportion admise dans les ponts à poutre droite, on voit qu'en représentant par 100 l'abaissement au milieu de la portée que subirait une poutre droite rigide à âme pleine, les flèches des divers systèmes de poutres articulées seraient :

Poutre Warren { à triangles équilatéraux	146
à triangles rectangles isocèles.	140
Poutre Howe à triangles rectangles isocèles.	160
Poutre Pratt à triangles rectangles isocèles.	160

Plus la hauteur de la poutre augmente, et plus l'écart entre la déformation des poutres rigides et celle des poutres articulées est relativement considérable, puisque cet écart ne dépend pas de la hauteur.

A titre d'exemple, et comme vérification de la formule générale (16) que nous venons d'établir, nous examinerons le cas d'une poutre armée ordinaire (*fig.* 129).

Cette poutre OABL est, ainsi qu'on l'a dit précédemment, une poutre Pratt à deux mailles. Si nous lui appliquons la formule précédemment établie pour les poutres Pratt, nous obtenons, en remarquant que

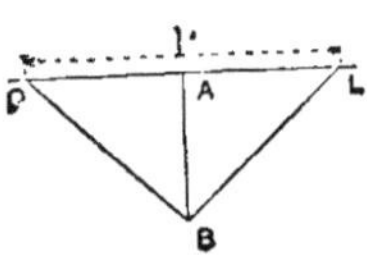

Fig. 129.

$$\mathrm{Tg}\,\theta = -\frac{l}{2h}$$

la formule suivante :

$$f = \left(\frac{R}{E} + \frac{R'}{E'}\right)\left[\frac{l^2}{8h} - \frac{l}{2}\left(-\frac{2h}{l} - \frac{l}{4h}\right)\right]$$

$$= \left(\frac{R}{E} + \frac{R'}{E'}\right)\left(\frac{l^2}{8h} + \frac{l^2}{8h} + h\right).$$

La flèche au milieu de la portée est plus grande que le double de la flèche que présenterait une poutre à âme pleine de même ouverture l et de même hauteur h, le travail et l'élasticité du métal ne subissant aucun changement.

Dans le cas particulier que nous considérons, nous pouvons calculer directement par une méthode simple la valeur de f. Nous allons le faire à titre de preuve de l'exactitude de la formule générale 16.

La poutre armée OAB (*fig.* 130), sous l'action de la surcharge, se déforme et devient OA′B′; il s'agit de calculer la flèche AA′, sachant que le point d'appui O est assujetti pendant le mouvement à se déplacer sur une horizontale OA, tandis que les points A et B, situés dans la section médiane, se déplacent dans un plan vertical.

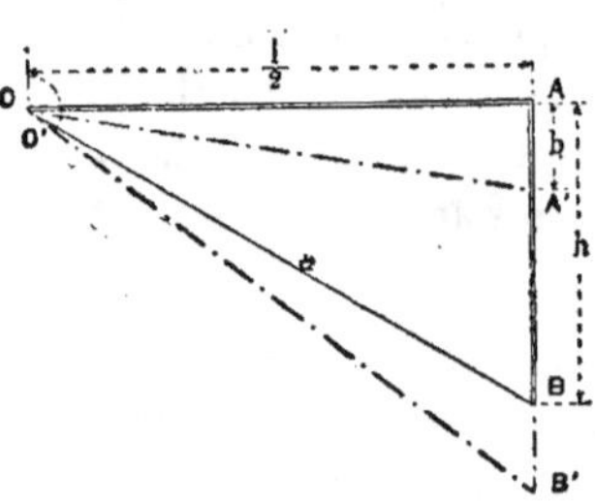

Fig. 130.

Désignons par a la longueur initiale du tirant OB, qui devient après la déformation égale à $a\left(1 + \frac{R}{E}\right)$, et par f l'abaissement au milieu AA′.

Le triangle OAB nous donne :

$$\overline{OB}^2 = \overline{OA}^2 + \overline{AB}^2$$

ou :

$$(1) \qquad a^2 = \frac{l^2}{4} + h^2.$$

Le triangle déformé O'A'B' nous donne :

$$\overline{O'B'}^2 = \overline{OA'}^2 + \overline{A'B'}^2 + 2\,\overline{AA'}.\overline{A'B'}$$

ou

$$(2) \quad a^2\left(1 + \frac{R}{E}\right)^2 = \frac{l^2}{4}\left(1 - \frac{R'}{E'}\right)^2 + h^2\left(1 - \frac{R'}{E'}\right)^2 + 2h\left(1 - \frac{R'}{E'}\right) \times f.$$

Cette formule, en négligeant le carré de $\dfrac{R}{E}$ ainsi que le terme $\dfrac{R'}{E'}f$, qui peuvent être considérés comme des infiniment petits de 2e ordre, devient :

$$a^2 + 2a^2\,\frac{R}{E} = \frac{l^2}{4} - \frac{2l^2}{4}\,\frac{R'}{E'} + h^2 - 2h^2\,\frac{R'}{E'} + 2hf.$$

Cette équation combinée avec l'équation (1) donne finalement :

$$a^2\left(\frac{R}{E} + \frac{R'}{E'}\right) = hf, \quad f = \left(\frac{R}{E} + \frac{R'}{E'}\right)\frac{a^2}{h}.$$

En y substituant la valeur de a^2 donnée par l'équation (1), on retombe sur la formule :

$$f = \left(\frac{R}{E} + \frac{R'}{E'}\right)\left(\frac{l^2}{4h} + h\right).$$

C'est la relation à laquelle nous avait déjà conduit l'application de la formule générale de la déformation des poutres articulées, qui se trouve ainsi confirmée, à supposer qu'elle en eût besoin.

74. Effets de la charge et de la surcharge sur les poutres à assemblages rigides. — Considérons à présent une poutre européenne, avec assemblages rigides; on calcule ses différentes pièces, ainsi qu'on l'a vu précédemment, comme si elles étaient articulées entre elles ; on néglige donc les conséquences dues à la déformation. En effet, la poutre rigide ne peut se déformer comme une poutre articulée, puisque les angles de son ossature sont invariables. Par suite, les allongements et les raccourcissements des différentes pièces tendues ou comprimées ne sont point ceux qui correspondent aux valeurs du travail indiqué par le calcul, dans l'hypothèse de la poutre articulée. C'est ce qui explique pourquoi M. Dupuy, ingénieur en chef des ponts et chaussées, ayant, à l'aide d'un appareil imaginé par lui, mesuré le travail effectif du métal en différents points de poutres à treillis rivées et d'arcs métalliques à tympans rigides, a pu constater qu'il s'écartait toujours très sensiblement de la valeur théorique, ainsi que l'indique le raisonnement.

Nous concluons donc : 1° que les poutres à assemblages rigides se déforment sensiblement moins que les poutres articulées, et se rapprochent, à cet égard, d'autant plus des poutres à âme pleine que les assemblages sont plus puissants et mieux exécutés ; que les efforts normaux subis par les barres du treillis sont, par suite de cette moindre déformation, moins considérables que les efforts indiqués par le calcul pour le cas d'une poutre à treillis ; 2° que, en revanche, les pièces du treillis sont soumises à des efforts de flexion qui présentent leur intensité maximum aux points d'assemblage, et tendent, soit à les fausser, soit à tordre les pièces de façon à modifier les angles relatifs des barres et des semelles. Ces moments de flexion s'annulent en général au milieu des pièces. Il est donc naturel, dans certains cas, de renforcer les barres à leurs pointes d'attache sur les semelles (voir n° 78).

Nous n'avons pas de formule spéciale à indiquer dans le cas présent. Il est bien évident que suivant la forme des assemblages et la raideur des barres, on peut avoir des poutres rigides dont la déformation varie à volonté entre le minimum correspondant à l'âme pleine et le maximum à l'âme articulée. Dans certaines poutres américaines, la corde supérieure, ou même les deux cordes, ont été rivées avec les pièces comprimées. Dans ces ouvrages, la déformation doit être un peu plus faible que celle qui correspondrait aux poutres complètement articulées, sans pourtant se réduire à celle qui conviendrait à une poutre dont tous les assemblages seraient rigides. On voit d'ailleurs que l'assemblage de ces pièces comprimées avec les cordes par simple contact, au moyen de sabots en fonte, doit être évité, car, par suite du mouvement relatif des pièces pendant la déformation, la surface de contact peut se réduire à une simple arète de la base d'appui, l'angle de celle-ci avec la corde n'étant plus égal à zéro. Il peut en résulter une rupture du sabot. Quelques accidents dus à cette cause ont discrédité en Amérique ce système d'assemblages.

75. Renseignements fournis par les épreuves. — Dans les ouvrages bien exécutés, les flèches observées pendant les épreuves concordent avec les indications données par la formule théorique, à condition que l'on ait soin, dans le calcul du travail du métal R ou R′, de tenir compte, s'il y a lieu, de l'espace occupé par les rivets afin de connaître exactement la fatigue subie par le métal.

Lorsque la flèche observée dépasse la flèche calculée on doit en rechercher la cause dans l'une des circonstances suivantes :

1° S'il s'agit d'un pont à assemblages rigides, il peut arriver que ces assemblages ne soient pas aussi indéformables qu'on l'a supposé ; ou bien le travail n'est pas convenablement réparti entre les différentes barres du treillis, certaines d'entre elles restant lâches, alors que les autres supportent tout l'effort : en pareil cas la flèche correspond au travail des pièces les plus fatiguées ;

2° S'il s'agit d'une poutre articulée, il peut y avoir un jeu excessif entre les œils et les chevilles d'attache des pièces ; ou bien les inégalités de longueurs des tiges accolées qui constituent un élément unique de la triangulation sont assez grandes pour faire travailler d'une manière exagérée les plus courtes de ces pièces ;

3° Dans une poutre quelconque, les calculs peuvent avoir été faits un peu légèrement, ou le travail de l'usine peut être médiocre, ou la qualité des fers employés peut être inférieure à ce qui était prescrit, ou présenter d'une pièce à l'autre des anomalies inquiétantes, alors que l'on doit toujours exiger une grande homogénéité dans le métal ; ou bien enfin, ce qui est un cas plus fréquent qu'on ne le pense, les pièces comprimées sont mal conçues et flambent sous la charge.

En résumé, lorsque la flèche observée dépasse sensiblement la flèche théorique, on doit en conclure que l'ouvrage est défectueux.

Dans le cas inverse, il semble qu'au contraire l'ouvrage présente une solidité et par suite une marge de sécurité supérieures à ce qui était prévu dans le calcul, à moins que l'on n'ait employé, ce qui serait une malfaçon très fâcheuse, un métal beaucoup moins élastique que celui sur lequel on comptait.[1] En somme, il vaut mieux, à tous égards, obtenir exactement la flèche prévue ; lorsque l'on s'en écarte notablement dans un sens ou dans l'autre, on a à craindre des mécomptes soit par suite d'erreurs ou d'inexactitudes dans les calculs, soit par suite de malfaçons ou de fautes commises dans la fourniture ou la mise en œuvre du métal.

76. Surhaussement ou cambrure des poutres. — On prend souvent la précaution, lorsque l'on construit les poutres, de leur donner un surhaussement ou une cambrure initiale égale ou même supérieure à la courbe de déformation correspondant à la charge permanente. De cette façon, le pont une fois mis en place est rectiligne, ou même plutôt présente une certaine surélévation au milieu, de façon à ne pas devenir concave même sous l'action de la surcharge.

C'est là une mesure qui nous paraît excellente, et nous croyons qu'il convient d'en généraliser l'usage. Ainsi que nous le verrons ultérieurement, elle a pour conséquence de réduire dans une certaine mesure l'effet des charges roulantes sur les ponts métalliques. D'ailleurs elle n'amène aucun changement dans les calculs, qui se font toujours dans l'hypothèse d'une poutre rectiligne. Seulement il convient, pour déterminer les longueurs des pièces de la poutre, d'en faire le dessin d'exécution en traçant les deux cordes suivant les arcs de cercle concentriques, inverses de ceux que décrivent les semelles de l'ouvrage rectiligne déformé, les montants verticaux étant figurés par les rayons de ces cercles.

Un procédé plus simple et qui conduit au même résultat

---

1. Acier trempé.

consiste à déterminer les longueurs de toutes les pièces, comme si elles étaient rectilignes, puis à en retrancher l'accroissement de longueur qu'elles prendraient par l'effet du travail auquel elles seraient soumises sous l'influence de la surcharge complète. De cette façon la poutre ne prendra la forme rectiligne que lorsqu'elle est entièrement surchargée. Si la pièce doit être comprimée, sa longueur initiale doit être augmentée d'autant. Soit F l'effort normal que devra subir une pièce sous l'action de la surcharge complète, Ω l'aire de sa section transversale, E le coefficient d'élasticité du métal, et enfin l la longueur de la pièce en supposant la poutre rectiligne. La longueur à lui attribuer à l'usine sera ainsi : $l\left(1+\dfrac{F}{E\,\Omega}\right)$. Si $\dfrac{F}{E\,\Omega}$ est une constante, ce qui est le cas le plus fréquent, il n'y a qu'à multiplier l par un coefficient constant, plus grand que 1 pour les pièces comprimées, plus petit pour les pièces tendues.

Ce dernier procédé n'est applicable qu'aux poutres américaines à articulations ; pour les poutres à assemblages rigides où les pièces ne peuvent subir exactement l'allongement ou le raccourcissement théorique, il est préférable de tracer ces dessins d'exécution en donnant à l'axe de la poutre la figure qui doit correspondre au montage.

Pour les contre-tirants, on n'a pas à se préoccuper de la longueur : ils sont formés de tiges à tendeurs, et on règle leur longueur à volonté une fois le montage terminé.

§ VII

CONTREVENTEMENT DES POUTRES DROITES

77. Contreventement longitudinal ou horizontal. — Nous supposerons que l'on ait calculé, à l'aide des renseignements fournis au n° 26, l'effort horizontal, perpendiculaire à l'axe du pont, exercé par le vent sur une poutre droite. La forme en double té de cette poutre ne lui permettant pas de résister à un effort dirigé dans ce sens, elle se romprait infailliblement si on ne la reliait avec la poutre voisine, établie parallèlement à elle, au moyen de *pièces de contreventements* ou *contrevents*. On réunit tout d'abord entre elles les semelles supérieures S et S' des deux poutres au moyen d'une triangulation (*fig.* 131), de façon à constituer une poutre à âme horizontale susceptible de résister à l'action du vent. On en fait autant pour les semelles inférieures t et t'. En général l'une de ces poutres se trouve naturellement constituée par les pièces du tablier du pont qui présentent d'habitude une résistance plus que suffisante pour cet objet, et l'on n'a à calculer que la triangulation de l'autre poutre.

Ce calcul se fait d'ailleurs à l'aide des formules habituelles, connaissant l'effort exercé par le vent sur la poutre par unité de longueur.

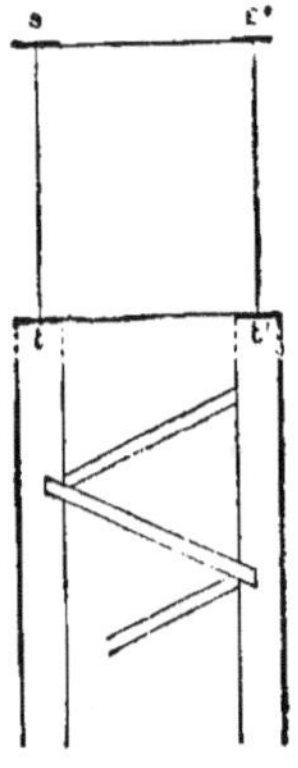

Fig. 131.

En général les poutres de contreventement longitudinal sont établies dans le système Pratt, les pièces comprimées ou entretoises étant perpendiculaires aux semelles, et les pièces tendues ou écharpes étant établies obliquement.

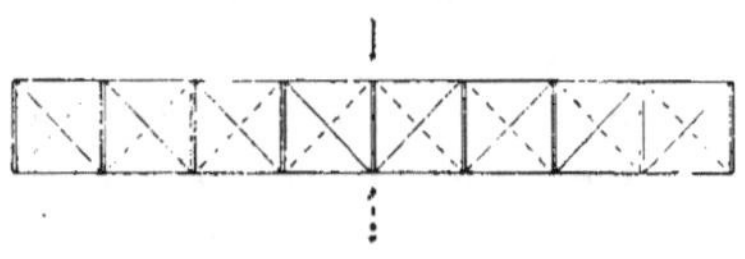

Fig. 132.

Comme l'effort du vent peut se manifester tantôt dans une direction normale au pont, tantôt dans le sens contraire (*fig.* 132), on est conduit à établir des écharpes obliques correspondant aux deux directions opposées normales à l'axe du pont. On a donc, en fin de compte, une poutre à croix de Saint-André et montants, dont l'emploi est justifié dans ce cas spécial par le motif que l'action extérieure s'exerce alternativement dans un sens et dans le sens opposé.

On pourrait supprimer les entretoises et se contenter d'une poutre Warren double, dont toutes les pièces devraient être capables de travailler à l'extension et à la compression; mais ce système ne serait pas économique, la grande longueur des contrevents obliques exigeant, si on veut les faire travailler à la compression, qu'on exagère notablement leur poids. D'ailleurs les entretoises sont utiles, comme on va le voir, pour le contreventement vertical.

78. Contreventement transversal ou vertical. —

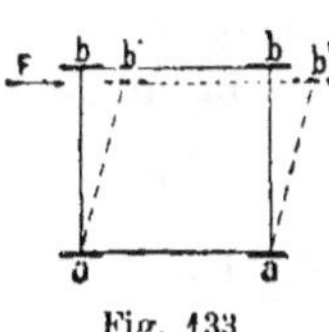

Fig. 133.

Soient *aa* les semelles des poutres dont les extrémités reposent sur les culées. La poutre horizontale de contreventement *aa* est appuyée à ses deux extrémités, mais la poutre opposée *bb* a ses extrémités libres et par suite tend sous l'action du vent à se déplacer pour venir en *bb'* (*fig.* 133).

Afin d'empêcher cette déformation, il est nécessaire d'établir un contreventement vertical ou transversal, destiné à rendre solidaires les deux poutres horizontales de contreventement et à reporter sur les culées tout l'effort du vent.

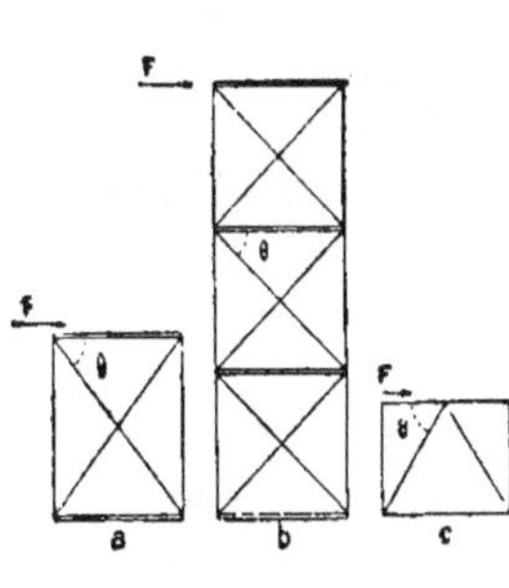

Fig. 134.

Lorsque le tablier est placé à la partie supérieure des poutres, rien n'est plus simple. On relie les deux poutres opposées au moyen d'une croix de Saint-André (*fig.* 134, coupe *a*), ou, si la hauteur de l'ouvrage l'exige, comme il arrive pour les ponts de grande ouverture, par plusieurs croix de Saint-André superposées (coupe *b*). Une semblable ferme se calcule aisément comme une poutre Pratt encastrée à une extrémité, et soumise à l'action d'une force F appliquée à l'autre extrémité libre. Les entretoises comprimées subissent toutes un effort égal à F, et les écharpes obliques tendues un effort égal à $\dfrac{F}{cos\,\theta}$.

En général on établit une ferme de contreventement semblable au droit de chacune des entretoises du contreventement horizontal, qui ainsi appartient aux deux systèmes, et l'on détermine la force F en répartissant également entre les différentes fermes du contreventement vertical l'effort total maximum du vent transmis à la poutre horizontale supérieure. Comme le vent peut souffler dans des directions opposées, on est conduit à doubler les écharpes, et on a encore, dans ce cas, des fermes composées de croix de Saint-André séparées par des entretoises horizontales.

Pour les poutres peu élevées, on emploie aussi le système indiqué dans la coupe c (*fig.* 134). Les deux pièces obliques, dont l'une est comprimée et l'autre tendue, supportent toutes deux un effort égal à $\dfrac{F}{2\cos\theta}$. Elles ont l'avantage de soutenir en son milieu l'entretoise qui porte le tablier, ce qui permet de réduire la dimension de cette pièce.

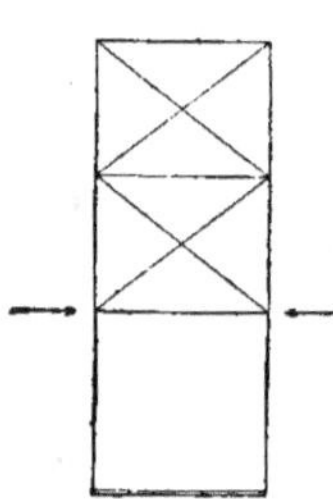

Fig. 135.

Lorsque le tablier est à la partie inférieure du pont, on est obligé de ménager un espace libre suffisant pour le passage des véhicules, qui devront y circuler (*fig.* 135).

On ne peut donc employer le système de contreventement indiqué plus haut que jusqu'à une certaine distance au-dessus du tablier, après quoi on a nécessairement un rectangle évidé (*fig.* 135), lequel doit résister au moment fléchissant résultant de l'effort exercé par le vent.

Soit ABCD ce rectangle (*fig.* 136). Supposons que ses quatre côtés soient reliés invariablement de manière à réaliser un encastrement parfait en A,B,C,D. L'entretoise de contreventement AC supporte les efforts suivants :

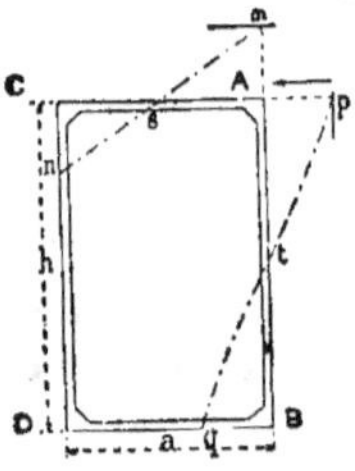

1° un effort normal de compression égal à $\dfrac{F}{2}$;

2° un effort tranchant perpendiculaire à la direction AC égal à $\dfrac{Fh}{2\,a}$,

Fig. 136

h étant la hauteur et a la largeur de l'ouvrage.

3° un moment fléchissant représenté par la droite *msn*, qui a pour valeurs :

$$\frac{\mathrm{F}h}{2} \text{ en A;}$$

o en S, au milieu de la longueur ;

$$-\frac{\mathrm{F}h}{2} \text{ en C.}$$

Le montant vertical AB est soumis lui-même à un moment fléchissant (droite ptq) égal à $-\dfrac{\mathrm{F}h}{2}$ en A, zéro au milieu t de la hauteur, et $\dfrac{\mathrm{F}h}{2}$ en B.

Ceci explique pourquoi on renforce l'entretoise AC à ses extrémités, où elle doit être encastrée sur les montants CD et AB, et pourquoi on réduit presque toujours sa hauteur en son milieu. Il convient également de donner aux montants AB et CD la résistance voulue. Dans les ponts à assemblages rigides on place toujours des cadres semblables de distance en distance (*fig.* 138) pour relier les deux poutres horizontales du contreventement. Dans les ponts articulés ou américains, la disposition des articulations rend souvent la chose impossible, ou du moins l'encastrement de l'entretoise est beaucoup moins parfait, cette entretoise *formant simplement le prolongement* d'une cheville servant à relier les barres à la corde. Le jeu, qui existe nécessairement dans ce mode d'attache, et la faible dimension du boulon font que l'encastrement est presque nul. On ne peut guère compter, en ce cas, que sur les *portails* très solides qu'on établit aux extrémités du pont, au droit des culées (*fig* 140).

On n'obtient toutefois jamais avec ce système la même raideur qu'avec les ponts à assemblages rigides, et le contreventement est moins satisfaisant. A cet égard les ponts américains sont très inférieurs aux ponts européens.

79. Glissement et renversement des ponts. — Nous venons d'indiquer les mesures à adopter pour empêcher le vent de rompre ou de disloquer les ponts à poutres droites. On pourrait concevoir que le vent fît glisser l'ouvrage sur ses points d'appui et le fît tomber, mais pour cela il faudrait que l'effort total exercé par le vent sur le pont fût au moins égal à la moitié du poids du pont, pour vaincre le frottement sur les points d'appui. Quelle que soit la légèreté relative de l'ouvrage, ce serait un événement incroyable, et nous n'avons pas connaissance que le fait se soit présenté.

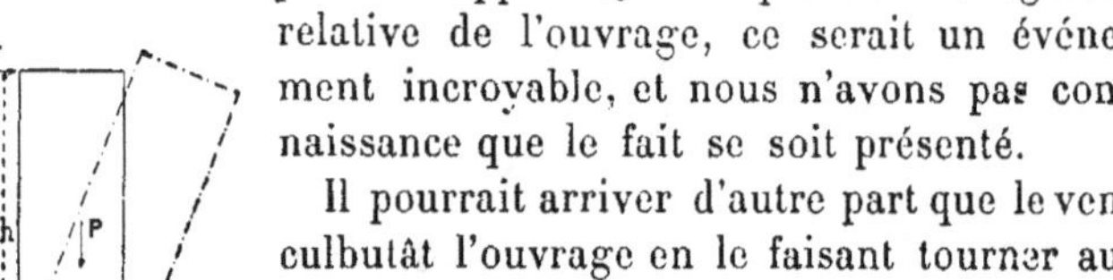

Fig. 137.

Il pourrait arriver d'autre part que le vent culbutât l'ouvrage en le faisant tourner autour d'une de ses arètes inférieures S prise comme axe de rotation (*fig.* 147).

Soit P le poids du pont, *a* sa largeur, *h* sa hauteur. Il suffirait pour cela que l'on eût :

$$F > \frac{Ph}{2a}.$$

Pour les ponts de grande ouverture, et de faible largeur, *h* peut être très grand relativement à *a*, s'il s'agit par exemple d'un pont de chemin de fer à une seule voie dont la largeur peut être réduite à 5 mètres. D'ailleurs, même en supposant que F n'atteigne que la moitié de la valeur $\frac{Ph}{2a}$, l'effort du vent a pour résultat de reporter sur l'arête S la presque totalité du poids du pont, en soulageant la semelle T. Ce changement dans l'état d'équilibre de l'ouvrage peut amener le métal à travailler d'une manière excessive et donner lieu à une rupture. C'est donc un point à examiner attentivement et, si l'on trouve que F se rapproche trop de la limite $\frac{Ph}{2a}$, il convient d'y remédier, non en augmentant le poids P du pont, ce qui serait trop coûteux, mais soit en diminuant *h*, soit en augmentant *a*, soit enfin en réduisant la surface pleine en élévation du pont, par l'emploi de pièces plus étroites, quoique suffisamment solides, de façon à diminuer F. Il existe de nombreux cas de ponts métalliques renversés par le vent parce que l'on n'avait pas songé, lors de leur construction, à faire la vérification dout nous parions.

§ VIII.

EXAMEN COMPARATIF DES DIFFÉRENTS SYSTÈMES DE POUTRES DROITES

80. Comparaison des poutres articulées et des poutres rigides. — Le mode d'assemblage, par articulations ou par rivets est absolument indépendant du type adopté pour la poutre, et tous les systèmes adoptés en Amérique peuvent être exécutés avec les assemblages rigides en usage en Europe, sans qu'il en résulte d'ailleurs aucun changement dans leur mode de calcul. Notre comparaison porte donc uniquement sur le mode d'assemblage et sur les conséquences qu'il entraîne, et non sur le type adopté pour l'ossature de l'ouvrage.

Chaque système a ses partisans et ses détracteurs, et chaque pays se trouve bien de conserver le type pour lequel ses usines sont le mieux outillées, et qui lui est le plus commode, eu égard aux circonstances spéciales où il se trouve. Nous croyons donc qu'il serait illusoire et oiseux de chercher à démontrer la supériorité de l'un des systèmes sur l'autre : en fait l'expérience seule pourra au bout d'un temps assez long faire connaître s'ils sont équivalents ou si l'un d'eux est sensiblement inférieur à l'autre ; pour le moment nous estimons qu'il y aurait de la présomption à vouloir prédire l'avenir

En conséquence, nous nous bornerons à signaler et à mettre en évidence les inconvénients et les avantages qui ont été jusqu'ici constatés dans chaque système, afin de mettre en garde les ingénieurs contre les conséquences fâcheuses qui pourraient en résulter le cas échéant, et leur en indiquer les remèdes.

A titre d'exemple, à l'appui de nos indications, nous donnons ici les croquis de plusieurs types exécutés suivant le système Linville : l'un avec des assemblages rigides (pont sur le Lek à Kuilemburg, Hollande), l'autre avec des articulations (Pont International sur le Niagara, entre les États-Unis et le

 PONTS MÉTALLIQUES.

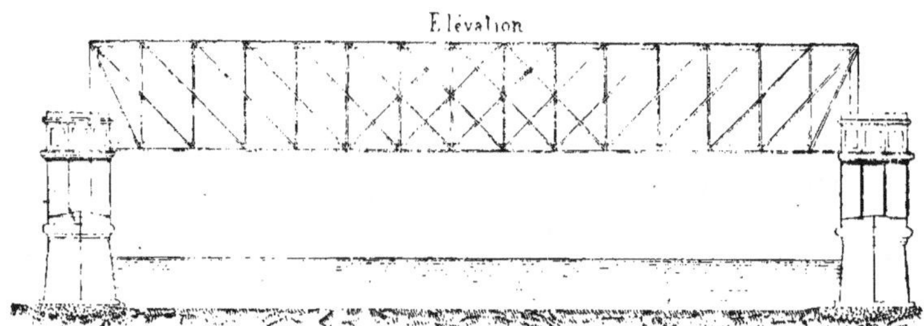

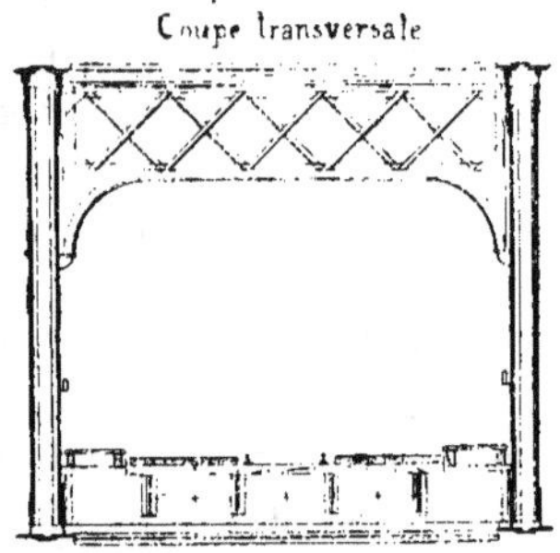

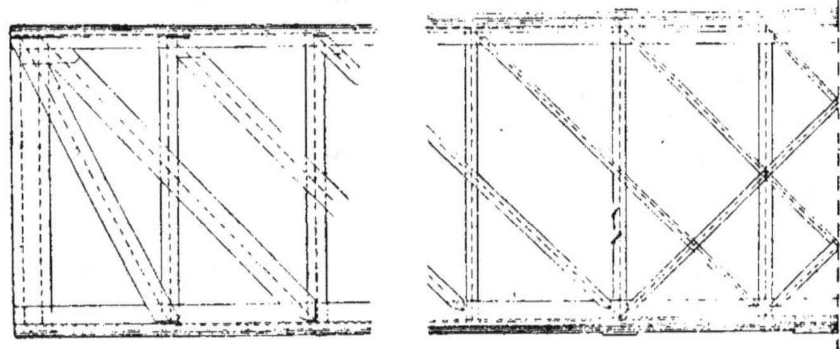

Pont sur le Lek à Kuilamburh (Hollande).

Fig. 138.

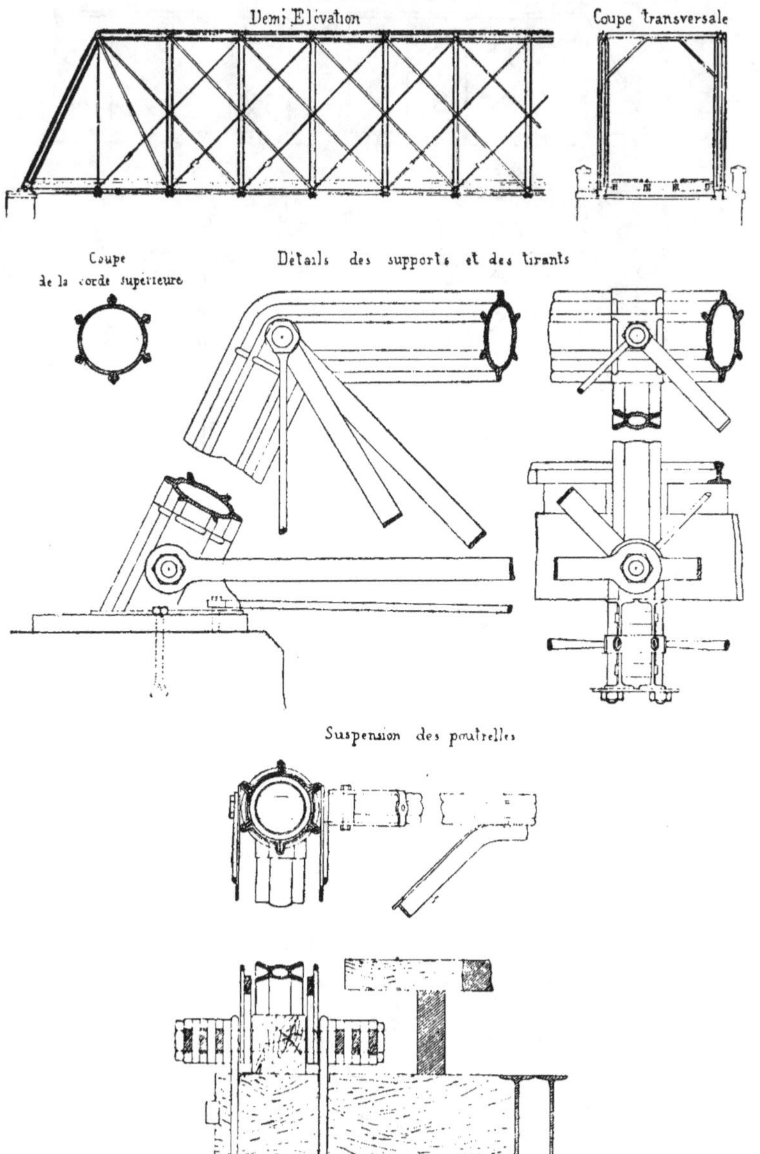

Pont International sur le Niagara (Amérique)

Fig. 139.

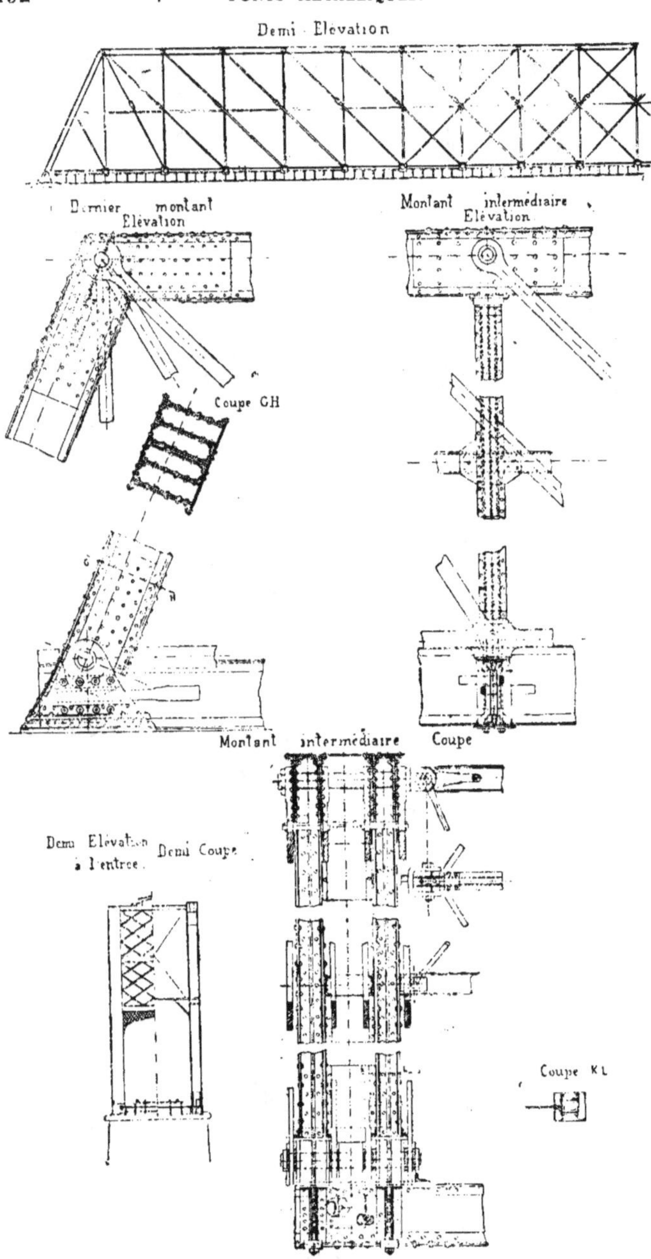

Pont sur l'Ohio (Cincinnati Southern Railway Amérique).
Fig. 140.

Canada, Amérique). Chacun de ces ouvrages exécutés avec le plus grand soin nous paraît présenter au plus haut degré tous les avantages inhérents à son système, et peut servir de type dans la discussion qui suivra. Quant au pont du Cincinnati-Southern sur l'Ohio qui vient ensuite (*fig.* 140), il semble, tout en conservant les caractères essentiels des ponts américains, se rapprocher à certains égards des ponts européens, et tendre vers un type intermédiaire.

Les poutres articulées nous paraissent inférieures aux poutres à assemblages rigides aux différents points de vue qui suivent :

1° Par suite du jeu existant entre les œils et les chevilles, ces ponts sont plus sujets au ferraillement. Ils subissent de plus grandes déformations (73) sous l'action des charges roulantes.

Lorsque le sens du travail de certaines pièces est sujet à changer, ce que l'on évite avec soin d'ordinaire (sauf dans les poutres Warren), à chaque changement, la cheville vient choquer l'œil; il peut en résulter un agrandissement de cette ouverture, et par suite une dislocation de la poutre. Ce fait s'est présenté au viaduc de Crumlin dont les œils se sont démesurément élargis, de telle sorte qu'il a fallu en fin de compte remplacer les articulations par des contre-joints rivés. Le mal que nous signalons se manifeste surtout pour les petits ouvrages, qui sont les plus sensibles aux charges roulantes. Pour les grands ponts, où la charge permanente est prédominante, cet inconvénient disparaît entièrement. C'est pourquoi, aujourd'hui, on signale en Amérique une tendance croissante à exécuter avec des assemblages rigides toutes les poutres dont la portée est inférieure à 30 mètres, en réservant les articulations pour les portées supérieures (*Lavoinne et Pontzen. Chemins de fer en Amérique*).

Ceci justifie la pratique des Américains, qui admettent des contre-barres partout où le travail d'une pièce est susceptible de changer de sens, si peu considérable que soit l'effort anormal, tandis que avec les ponts rigides européens on se contente d'employer les contre-barres dans les points où l'effort anormal est considérable, et que partout ailleurs on admet le renversement des efforts (ponts sur le Lek et sur le Niagara).

2° Les pièces comprimées, dont les extrémités sont articulées, ne peuvent supporter que la moitié de l'effort qu'elles supporteraient si leurs bases étaient plates (9). Il en résulte qu'en Amérique on tend aujourd'hui à éviter l'emploi de l'articulation pour les bras : d'une manière générale on y a renoncé dans les poutres Linville pour l'assemblage des montants avec la corde supérieure, qui se fait soit à l'aide de manchons formant encastrement (pont sur le Niagara), soit tout simplement au moyen d'assemblages à rivets (ponts du Cincinnati-Southern, sur l'Ohio). Jusqu'ici on avait maintenu l'assemblage à cheville pour la semelle inférieure; actuellement on cherche même à s'y soustraire, et on s'efforce d'obtenir un encastrement à la partie inférieure des montants (pont du Cincinnati Southern sur l'Ohio), en établissant des faces de contact planes entre le montant et quelques-unes des barres qui constituent la corde inférieure.

Ce système particulier, qui consiste à supprimer l'articulation entre les bras et les deux cordes, n'est guère applicable que pour les poutres Pratt et Linville, où les bras sont normaux aux cordes. Pour les poutres Warren et Howe, les assemblages des bras et des cordes seraient compliqués et défectueux; on conserve donc les articulations aux extrémités.

3° Le mode de suspension des entretoises du tablier des ponts aux cordes inférieures des poutres, réalisé au moyen d'étriers qui embrassent les boulons d'attache de la corde inférieure et supportent l'entretoise, est défectueux : la rigidité transversale fait défaut et le passage des charges roulantes donne lieu à des chocs qui peuvent amener la dislocation de l'ouvrage (pont sur le Niagara).

On peut d'ailleurs éviter ce défaut en faisant porter les entretoises par les montants verticaux un peu au-dessus de la corde inférieure, ou en intercalant dans la corde inférieure des fers à double té qui portent ces entretoises (pont sur l'Ohio).

4° Les tirants sont formés en général d'une série de barres parallèles. Il suffit qu'il existe entre ces barres des différences de longueur insignifiantes, soit par suite d'un défaut de construction, soit par suite d'une différence de température, pour conduire à une répartition tout à fait irrégulière du travail, et amener une barre à dépasser la limite d'élasticité. Une différence de $\frac{1}{4}$ de millimètre peut conduire à des différences de travail de plusieurs kilogrammes par *m.m.q.*

5° Le contreventement est en général médiocre (178), et peut-être doit-on trouver dans cette circonstance l'explication de ce fait : que les ruptures de pont par l'effort du vent semblent plus fréquentes en Amérique qu'en Europe.

6° L'assemblage par articulation a cet inconvénient : que la rupture d'un seul boulon peut entraîner la chute de l'ouvrage puisqu'il détermine la ruine immédiate de l'assemblage qu'il constituait. Ce reproche ne nous paraît pas sans fondement, ainsi que l'ont prétendu certains partisans des ponts américains. Considérons en effet un pont américain comptant quatre-vingts boulons d'attache principaux; si par inadvertance on a laissé employer un seul boulon de très mauvaise qualité, soit $\frac{1}{80}$ de la fourniture, une catastrophe est certaine.

Prenons au contraire une poutre rigide comptant seize cents rivets principaux : à supposer qu'un dixième ou 160 de ces rivets soient mauvais ou mal posés, le pont n'en continuera pas moins à subsister : si un rivet manque les rivets voisins le suppléent, à moins que par un hasard bien extraordinaire toutes les pièces mauvaises se trouvent réunies sur un petit nombre d'assemblages, de telle sorte que les rivets de bonne qualité se trouvent exposés à un travail excessif.

La probabilité que les erreurs commises à la fois par le constructeur et par le contrôleur, dans l'exécution et la vérification des assemblages, se soient toutes concentrées en un seul point est extrêmement faible. Au surplus on trouve fréquemment en visitant les ponts européens existants des rivets défectueux, dont on opère le remplacement sans que l'existence de l'ouvrage paraisse menacée. Il n'en serait pas de même si un seul boulon venait à manquer dans un pont américain.

Par contre, les ponts américains présentent les avantages suivants :

1° Ils réalisent une économie notable sur les ponts à assemblages rigides. Cette économie tient sans doute : d'une part à la simplification des assemblages, et d'autre part à ce que, les rivets affaiblissant dans une mesure importante les pièces des poutres rigides, on est obligé d'augmenter d'autant leur section et par suite leur poids. Mais elle provient surtout de ce que les Américains donnent aux différentes pièces, notamment aux pièces comprimées, des sections d'une forme avantageuse qui leur permettent de supporter des efforts considérables sous un faible poids, de ce qu'ils veillent à rendre le travail du métal uniforme dans toutes les parties de l'ouvrage, suppriment autant que possible les pièces surabondantes et inutiles qui sont souvent trop nombreuses dans les ponts européens, et concentrent le métal dans un petit nombre d'éléments robustes et résistants. D'un autre côté, leurs poutres sont en général plus hautes à égalité d'ouverture. Nous croyons qu'en suivant ces errements on pourrait notablement améliorer la construction des poutres rigides et que l'avantage de la légèreté, que présentent à un si haut degré les ponts américains, est plutôt dû à l'adoption de dispositions judicieuses, qui semblent applicables aux poutres européennes, qu'au système de l'articulation proprement dit.

2° L'on est beaucoup mieux assuré de la répartition des efforts. On a la certitude que les pièces ne travaillent partout qu'à l'effort normal sans subir jamais de flexion. En réglant convenablement les contre-barres à l'aide de tendeurs à vis, on les oblige à remplir exactement leur rôle. Dans les poutres rigides on ne peut guère avoir de certitude à cet égard : il arrive que des pièces qui devraient être tendues restent lâches, et il n'existe pas de moyen pratique d'y remédier en resserrant les pièces trop longues. Il est bien évident d'ailleurs que dans les poutres rigides, et surtout dans les poutres à croix de Saint-André et montants verticaux, il est absolument impossible de savoir avec quelque exactitude comment se répartissent les efforts développés dans les différentes pièces. Enfin on a vu (79) que les pièces de l'âme sont *nécessairement* soumises à des efforts de flexion dont l'intensité dépend de l'invariabilité des assemblages et qu'il est par suite difficile de calculer avec précision.

Certaines personnes pensent aussi que, dans les assemblages à rivets et couvre-joints, l'effort transmis par une pièce est presque entièrement supporté par les premiers rivets et non par les autres, de sorte que la première ligne de rivets serait presque exclusivement utilisée et subirait un travail excessif. Il conviendrait de vérifier ce fait par l'expérience, et jusqu'ici l'on n'a pas démontré par des exemples précis la réalité de l'inconvénient signalé.

3° Le montage des ponts américains est incomparablement plus facile et plus rapide que celui des ponts européens. Cet avantage est surtout précieux pour les ouvrages à établir dans un pays inhabité et sans ressources. En Europe et dans les États les plus peuplés de l'Amérique, on y attacherait peu d'importance, la main-d'œuvre n'étant pas beaucoup plus coûteuse sur les lieux qu'à l'usine.

4° Le montage à pied d'œuvre est toujours bien exécuté, sans qu'il soit nécessaire d'exercer une surveillance très active. Au surplus, quand il en serait autrement, il est toujours facile de rectifier les malfaçons qu'on rencontrerait ultérieurement, et de remplacer les pièces défectueuses. Pour un pont européen on ne peut guère constater les défauts après le montage, et en tout cas il est difficile d'y porter remède, l'enlèvement d'une pièce étant toute une affaire, et exigeant l'établissement d'un échafaudage et une installation coûteuse, à laquelle on ne peut se résoudre qu'en cas d'absolue nécessité.

5° Le peinturage et la visite des poutres américaines sont des opérations toujours faciles. Dans les poutres européennes, il y a bien souvent des parties qu'il est impossible de visiter et de nettoyer.

En résumé si, après avoir examiné le pont sur le Lek et le pont sur le Niagara, on considère le pont sur l'Ohio, on est porté à se demander si le choix entre l'articulation et le rivet a bien l'importance qu'on lui attribue; la plupart des avantages constatés dans les poutres américaines ne sont pas inhérents au système, et pourraient être introduits dans les poutres à assemblages rigides. D'autre part les Américains, en substituant les pièces en tôle et cornières et les fers spéciaux aux pièces forgées employées dans leurs premiers travaux, en s'appropriant l'assemblage à rivets pour la corde supérieure et les bras de leurs poutres, en certains cas même pour la corde inférieure, arrivent à faire disparaître les défauts qu'on leur reprochait : insuffisance du contreventement, défaut de rigidité transversale, inégale répartition du travail dans les barres.

En ce qui concerne les tirants, il n'est pas démontré que l'articulation ne soit pas préférable à l'assemblage à rivets, qui oblige les pièces à travailler à la flexion, et ne les maintient pas toujours suffisamment tendues.

Rien ne prouve que les deux systèmes ne puissent donner des résultats équivalents, et que la perfection, s'il est rationnel de la chercher en se plaçant à un point de vue spéculatif et abstrait, en dehors de toute application pratique et de toute circonstance spéciale, ne soit pas dans une solution intermédiaire, participant de l'une et de l'autre méthode, conformément à la tendance qui se manifeste nettement dans le pont sur l'Ohio.

81. Étude et comparaison des différents types de poutres droites. — Le choix du type à adopter pour un pont est en général une question d'espèce, que l'ingénieur doit résoudre en tenant compte des circonstances particulières dans lesquelles il se trouve.

Nous croyons utile, toutefois, d'indiquer certains avantages et certains inconvénients des différents systèmes, tels qu'ils résultent de l'expérience qui en a été faite.

82. Ponts à âme pleine, à treillis, et à croix de saint-André. — Pour les petites portées, la poutre à âme pleine s'impose ; pour des ouvertures un peu importantes, elle est d'abord fort laide et a le tort plus grave d'être trop lourde, vu l'épaisseur exagérée que l'on est obligé d'attribuer à l'âme. La poutre à treillis est admissible pour les portées plus grandes, jusqu'à 20 mètres ; mais ce type qui attribue souvent la même forme aux pièces comprimées et aux pièces tendues, et presque toujours leur donne la même section d'une extrémité à l'autre sans tenir compte de la variation des efforts, est à rejeter pour les ouvertures supérieures. Il entraîne d'ailleurs une grande dépense de métal en assemblages, couvre-joints, et pièces accessoires de toutes sortes. La poutre à croix de Saint-André et montants verticaux est inadmissible et comporte des pièces inutiles. Elle est à rejeter dans tous les cas, sauf pour le contreventement des ponts, où elle se justifie par ce fait que l'action du vent est susceptible de changer de sens. On doit la considérer alors comme constituée par deux poutres Pratt inverses, qui ne travaillent jamais simultanément, et dont chacune correspond à un sens déterminé du vent.

83. Poutres simples, composées et complexes. — Pour les ouvertures moyennes, c'est-à-dire inférieures à 50 mètres, les poutres simples sont préférables aux poutres composées ou complexes, au point de vue du poids du métal. Au delà de cette ouverture, les mailles des poutres simples présentent une longueur trop grande. Il est nécessaire alors d'augmenter le nombre des points d'appui du tablier sur la poutre, ce qui oblige à employer soit des poutres composées, soit des poutres complexes. Nous serions fort embarrassé d'établir la prééminence absolue de l'une des classes de poutres sur l'autre : Dans la poutre composée toutes les pièces travaillent simultanément dès que l'on charge une partie quelconque du pont ; dans la poutre complexe les éléments d'une poutre secondaire ne sont pas affectés par la charge portée par une poutre secondaire voisine. C'est peut-être un inconvénient, bien que la conception de la poutre complexe paraisse à vrai dire plus naturelle et plus logique que celle de la poutre composée. Au surplus, pour les poutres Linville et Pettit qui sont les deux types du système Pratt se correspondant dans les deux classes dont il est question, l'expérience ne semble pas jusqu'ici avoir démontré la supériorité de l'une sur l'autre.

Examinons à présent les différents systèmes de triangulation.

84. Système Howe, Warren et Pratt. — Le système Howe, où les pièces comprimées sont plus longues que les pièces tendues, est à rejeter : il n'est admissible que pour les ponts mixtes en fer et bois.

Le système Warren simple, composé ou complexe est celui qui exige la moindre dépense de métal a égalité de portée et de surcharge ; toutefois cet avantage théorique suppose que les pièces comprimées supportent le même travail que les pièces tendues, ce qui est en général inexact, et ne tient pas compte du poids des assemblages qui d'habitude n'est pas une fraction négligeable du poids total.

Or les assemblages des bras et contre-bras avec les cordes sont compliqués, médiocres et lourds, lorsque les bras ne sont pas normaux aux cordes, ce qui est le cas de la poutre Warren.

La poutre Post, qui est un dérivé de la poutre Warren double, présente les mêmes avantages et les mêmes défauts. Seulement, comme les pièces comprimées sont un peu plus courtes que les pièces tendues, elle permet de réaliser à ce point de vue une légère économie. Par contre, l'inégale inclinaison des bras et des tirants sur les cordes complique les assemblages, et il semble qu'actuellement on soit disposé à abandonner cette poutre.

La poutre Pratt, et ses dérivés Linville, Pettit, etc., est théoriquement plus lourde que la poutre Warren; mais elle présente l'avantage de réduire au minimum la longueur des bras qui, étant perpendiculaires aux cordes, se réunissent à elles par des assemblages d'une grande simplicité et d'une grande légèreté. D'après les Américains, son montage serait bien plus facile que celui de la poutre Warren, ce qui explique pourquoi son usage est plus répandu pour les ponts de moyenne et de grande ouverture.

La poutre Bollman paraît complètement abandonnée. Par contre, la poutre Fink, qui est beaucoup moins lourde, qui présente l'avantage de se régler avec une très grande facilité, et se prête d'une manière très satisfaisante à l'établissement d'ouvrages à tablier supérieur, est très employée en Amérique pour les ponts de moyenne ouverture.

85. Poids propre des poutres des divers systèmes. — Nous croyons utile de faire ressortir ici le peu d'intérêt qu'il y a à choisir, pour les ponts de petite ou de moyenne ouverture, les types de poutres qui exigent le moins de métal, les considérations relatives à la réduction du travail à l'usine et la facilité du montage étant absolument prépondérantes.

Pour les grandes ouvertures il devient important de choisir la poutre la plus légère. Enfin, pour les très grandes ouvertures, toutes les considérations doivent être sacrifiées à la nécessité de réduire au minimum le poids propre de la poutre; les systèmes un peu lourds ne sont plus admissibles, à moins de se résigner à une énorme augmentation de dépense.

Un ingénieur américain, M. Merrill, a calculé le poids de métal qu'exigerait l'établissement d'un pont de chemin de fer à voie unique, suivant les différents systèmes, pour une ouverture commune de 61 mètres. D'après ses évaluations, que nous prendrons pour exactes sans les vérifier, ces poids seraient les suivants :

Système Post	103.600	kilogr.
— Warren (double)	107.500	—
— Linville	108.400	—
— Pratt (complexe Pettit). . .	109.400	—
— Howe (double ou complexe).	126.000	—
— Fink.	127.200	—
— Bollman	170.008	—

Admettons, ce qui ne peut guère s'écarter de la vérité, que le tablier et les pièces de contreventement exigent uniformément pour les différents ponts un poids de métal égal à 30.500 kilogrammes, soit 500 kilogrammes par mètre courant; la différence entre le poids total et ce poids représente le métal employé dans les poutres proprement dites.

Reportons-nous aux formules du n° 24, et supposons que pour la poutre Post, qui est la plus légère de toutes, le coefficient économique K ait pour valeur 0,004. Nous pouvons alors aisément calculer les valeurs de K pour les autres types par la formule :

$$\frac{p}{p'} = \frac{K}{K'} \times \frac{1 - K'l}{1 - Kl}.$$

Enfin en représentant toujours par 1,000 le poids du métal entrant dans les poutres du système Post, la formule :

$$\frac{p}{1000} = \frac{K}{0,004} \times \frac{1 - Kl}{1 - 0,004\,l},$$

nous permettra de calculer le poids relatif nécessité par

chacun des autres systèmes de poutres pour toutes les ouvertures possibles.

Les résultats de ces calculs sont résumés dans le tableau
suivant :

	TRAVÉES DE 61 m. Poids total DES POUTRES	VALEURS de K	VALEURS RELATIVES DES POIDS DES POUTRES pour les ouvertures suivantes				
			25	50	75	100	150
Système Post	73.1	0,004	1000	1000	1000	1000	1000
Système Warren (double).	77	0,00415	1040	1046	1053	1064	1097
Système Linville. . .	77.9	0,00419	1053	1060	1068	1081	1128
Système Pratt (complexe).	78.9	0,00423	1064	1073	1084	1100	1157
Système Howe (double ou complexe).	95.5	0,00485	1241	1280	1333	2141	1780
Système Fink	96.7	0,00489	1253	1292	1351	1435	1835
Système Bollman . .	139.5	0,00623	1660	1810	2046	2479	9511

Si les calculs de M. Merrill sont exacts, et il n'y a pas de
raison de croire qu'ils s'écartent notablement de la vérité, on
voit que l'abandon du type Bollman est bien justifié ; que
l'emploi du système Howe ne peut être raisonnablement admis que lorsque la poutre est mixte en bois et fer ; que le
système Fink, inadmissible pour les très grandes ouvertures,
n'est acceptable pour les ouvertures moyennes que parce
qu'il permet de donner à la poutre en son milieu une très
grande hauteur, ce qui assure une économie considérable de
métal, la valeur du coefficient économique K étant ainsi fort
réduite.

De plus, la dépense de montage (Lavoinne et Pontzen :
Les chemins de fer en Amérique, page 175) est très faible
pour ce type de poutre.

Mais toutes les fois que la hauteur de la poutre Fink ne

dépasse guère $\frac{1}{10}$ de l'ouverture, on peut affirmer sans hésitation qu'elle nécessite beaucoup plus de métal que tout autre système susceptible d'avoir la même hauteur.

Les autres systèmes semblent équivalents ou à très peu près; mais comme, au début de cette étude, nous avons évalué hypothétiquement le poids des pièces du tablier, et admis non moins hypothétiquement que ce poids était le même pour tous les genres d'ouvrages, il ne faut pas espérer tirer du tableau des conclusions d'une exactitude incontestable.

Nous verrons d'ailleurs plus tard qu'on est obligé pour les portées supérieures à 150 mètres d'abandonner le système des poutres droites, et d'avoir recours à des constructions exigeant un moindre poids de métal.

On peut admettre, ainsi qu'il a été dit au numéro 24, que le coefficient K varie pour les poutres droites de 0,004 à 0,006 suivant que l'ouvrage est plus ou moins bien conçu, que le rapport de la hauteur à l'ouverture, moyennement fixé à $\frac{1}{10}$, est plus ou moins élevé, que le métal y est bien ou mal utilisé, que le travail maximum présente ou non de l'uniformité dans toutes les parties et que la limite du travail admise est plus ou moins élevée. La valeur moyenne du coefficient économique semble être de 0,0042 pour les ponts américains et de 0,005 pour les ponts européens.

Le poids des pièces métalliques employées dans le tablier et le contreventement varie de 400 à 600 kilogrammes pour les ponts à voie unique, et de 800 à 1500 kilogrammes pour les ponts à double voie : les poids élevés se rencontrent dans ce dernier cas lorsque les deux voies sont portées par deux poutres seulement.

Le tableau que nous avons placé à la fin du présent paragraphe contient les principales données, ainsi que le coefficient économique se rapportant à un certain nombre de poutres droites, articulées ou rigides, pour lesquelles l'ouvrage de MM. Lavoinne et Pontzen nous a fourni les renseignements nécessaires.

Nous avons noté sur ce tableau d'un point d'interrogation tous les nombres qui ne nous paraissent pas certains, mais que nous ne sommes pas en mesure de vérifier ni de rectifier.

L'examen de ce tableau nous conduit à formuler les remarques suivantes :

1° Les poutres rigides sont plus lourdes, toutes choses égales d'ailleurs, que les poutres articulées, même en faisant abstraction du poids du contreventement et du tablier, qui n'entre pas dans le calcul du coefficient économique de chaque ouvrage.

2° Les ponts de faible ouverture sont relativement plus lourds que les ponts de grande ouverture, c'est-à-dire ont un coefficient économique plus élevé.

Ceci tient aux causes suivantes :

a. Pour les petits ponts, le poids des poutres principales est peu considérable, et en général leur fourniture ne représente qu'une fraction peu importante de la dépense totale. Aussi ne s'astreint-on pas à réduire au minimum le poids de leurs éléments, en admettant une limite élevée pour le travail du métal, et en adoptant cette même valeur pour toutes les pièces de l'ouvrage. On préfère alourdir celui-ci, en se préoccupant spécialement de simplifier le travail à l'usine et le montage à pied d'œuvre, et de réduire au minimum le nombre de types de fers du commerce à faire entrer dans la construction, ce qui conduit à donner à certaines barres des sections exagérées.

b. Nous n'avons pas jusqu'ici parlé des effets dynamiques produits sur les ponts par le passage de surcharges roulantes animées de vitesses notables. Nous verrons plus tard que l'effet de la vitesse est de soumettre le métal à un travail supérieur à celui qui résulterait de la même surcharge supposée immobile. Il y a lieu en conséquence de majorer dans le calcul le poids de la surcharge roulante, de façon à obtenir une surcharge statique fictive qui soit équivalente comme effet produit à la surcharge dynamique réelle. Or le coefficient de majoration, qui est proportionnel à $\dfrac{1}{\sqrt{l}}$, est considérablement plus élevé pour les petites ouvertures que pour les grandes, où il devient même négligeable. Si donc on faisait figurer dans le tableau non pas le poids exact de la surcharge roulante, mais le poids de la surcharge fictive statique équivalente, on arriverait à trouver que le coefficient économique a sensiblement même valeur pour les petites et les grandes ouvertures.

3° Les coefficients économiques des poutres américaines sont fréquemment inférieurs à 0,004, valeur admise par nous précédemment comme un minimum. Cela peut s'expliquer par les deux motifs suivants :

a. Nous nous sommes jusqu'ici placé dans l'hypothèse où le travail maximum du métal ne dépasserait pas 6 kilogrammes par $m.m.q.$ Dans tous les ouvrages où l'on dépasse cette limite, on réduit en conséquence le coefficient économique, comme l'indique la formule $KR = R'K'$ du n° 24.

C'est une réduction qui tient, non pas au type de pont choisi, mais à la nature du métal employé dans sa construction.

b. On sait qu'en Amérique les grands ouvrages métalliques font l'objet de concours publics. Un programme extrêmement succinct et sommaire, qui indique simplement les conditions que doit remplir l'ouvrage, est communiqué aux différents concurrents, qui préparent les projets et les soumettent à une commission chargée de les examiner et de désigner les meilleurs.

Ce mode d'adjudication a des avantages extrêmement sérieux, que nous croyons inutile de développer; mais il a également des inconvénients. En général on choisit le projet le moins coûteux et l'on s'est déjà plaint vivement en Amérique que les commissions s'attachassent moins à choisir le projet le mieux conçu et présentant les meilleures garanties de sécurité et de durée, qu'à réduire au minimum le coût du travail, en prenant la soumission la plus avantageuse au point de vue pécuniaire.

Il en résulte que, pour les grands ouvrages où la fourniture du métal constitue la plus grosse part de la dépense, les concurrents seraient disposés à alléger leurs devis, en réduisant d'une façon excessive le poids du métal, si d'autre part le programme du concours ne les obligeait toujours à se tenir, en ce qui touche le travail du métal, dans des limites déterminées qu'ils sont astreints à ne dépasser sous aucun prétexte.

Or il nous a semblé, en lisant le rapport de la Commission chargée de l'examen des projets présentés pour l'établissement d'un pont de 228 mètres d'ouverture sur l'East-River à New-York, que parfois certains concurrents, voire même des compagnies importantes, ne se faisaient pas faute de dépasser les limites de travail prescrites, sauf à dissimuler dans leurs calculs cette infraction à la règle posée, ou à la justifier par des démonstrations boiteuses. Cette tendance peut expliquer très naturellement la faible valeur du coefficient économique calculé pour certains ouvrages.

Pour les ponts européens, où en général on soumet à l'adjudication des projets complètement étudiés et prêts à être exécutés, les adjudicataires n'ont nul intérêt à en réduire le poids, en forçant le travail du métal, et nous croyons qu'ils sont plutôt disposés à réclamer des augmentations plus ou moins justifiées par des questions de stabilité, par des omissions faites dans les devis, par des améliorations à réaliser, etc: pour le même motif, ils sont bien éloignés de proposer des économies sur les pièces auxquelles le projet attribuerait un poids exagéré, et ils ne tiennent nullement, comme les constructeurs américains, à élever invariablement dans tous les éléments le travail maximum à la limite supérieure admise. En augmentant le poids total, ils se créent une nouvelle source de bénéfices, et d'ailleurs améliorent les conditions de solidité d'un ouvrage dont ils sont responsables. Peut-être faudrait-il voir dans cette divergence entre les habitudes des deux continents une explication de la lourdeur apparente des ponts européens comparés aux ponts américains.

TABLEAU COMPARATIF

DES CONDITIONS D'ÉTABLISSEMENT, DES DIMENSIONS PRINCIPALES
DES POIDS ET DES COEFFICIENTS ÉCONOMIQUES DE DIFFÉRENTS PONTS
A POUTRES DROITES CONSTRUITS EN EUROPE ET EN AMÉRIQUE.

Nos D'ORDRE	DÉSIGNATION de L'OUVRAGE	NOMBRE ET POSITION des VOIES FERRÉES	SYSTÈME de CONSTRUCTION des poutres	PORTÉE des TRAVÉES	HAUTEUR
			I. — POUTRES		
				m. c.	m. c.
1	Pont d'Omaha sur le Missouri (American Bridge Cʸ, constructeur). . . .	1 inférieure	*Post.*	76.25	9.52
2	Pont n° 28 sur le Northern Central RR (Pettit et Wilson, constructeurs).	2 inférieures	Triang. double avec 1/2 bielles intermédiaires. (3 poutres.)	37.82	4.59
3	Pont sur la Delaware à à Trenton (Pettit et Wilson)	2 inférieures avec voie charretière	*Pettit.*	62.22	7.93
4	Pont sur la Monongahela à Port-Perry (Pettit et Wilson).	1 inférieure	Triang. double avec 1/2 bielles intermédiaires.	79.30	7.93
5	Pont de New-Brunswick sur le Raritan-Bay (Wilson et Pettit).	2 supérieures	Triang. double avec 1/2 bielles. (3 poutres.)	28.67 / 41.50	5.19 / 5.19
6	Pont de Rockville sur le Susquehanna (Delaware Bridge et Wilson, constructeurs)	2 supérieures	Triang. double avec 1/2 bielles. (3 poutres.)	48.80	6.00
7	Pont d'Atchison sur le Missouri (American Bridge Cʸ, constructeur)	1 inférieure avec voie charretière	*Linville.*	78.70	8.54
8	Pont de Saint-Charles sur le Missouri (Shaler Smith, constructeur). .	1 inférieure / 1 supérieure	Triang. double. / *Fink.*	96.07 / 92.72	9.15 / 10.98
9	Pont du Cincinnati Southern RR sur l'Ohio (Keystone Bridge Cʸ,) .	1 inférieure	*Linville.*	157.07	15.67

ÉCARTEMENT des POUTRES	POIDS TOTAL PAR MÈTRE COURANT		POIDS DE MÉTAL PAR MÈTRE COURANT		Coefficient Économique $K=\dfrac{p}{(P+\pi)l}$	TRAVAIL DU MÉTAL PAR MM. Q.	
	Charge PERMANENTE P	Surcharge ROULANTE π	DES POUTRES principales p	DU TABLIER et du contreventement p'		PIÈCES TENDUES	PIÈCES COMPRIMÉES

ARTICULÉES (Amérique).

m. c.	kg	k				k	k
5.13	2.700	3.600	2.264	313	0,0047	7	6.3
2.76	1.666	4.500	979	127 (a)	0,0035	7?	5.60?
8.54	3.500	6.000	2.167	1.033	0,0037	7?	5.60?
4.88	3.744	3.590	2.431	769	0,0045	7	5.60
2.39	1.450	4.500	772	133 (a)	0,0045	7	5.60
2.60	1.780	4.500	1.084	130 (a)	0,0044	7	5.60
3.40	2.267	4.500	1.320	347	0,004	7	5.60
5.49	3.150	3.750	1.835	378	0,0034	7?	6.30?
5.40	3.760	3.000	2.532	648	0,0039	8.40	8.40
5.40	3.761	3.000	2.679	500	0,0043	8.40	8.40
6.10	8.050	2.711	6.800?	760?	0,004	7	6.25
			7.560				

(a) Le faible poids du métal employé dans les tabliers des ponts et le contreventement s'explique par l'habitude qu'ont les Américains d'exécuter les tabliers des ponts entièrement ou principalement avec du bois.

CALCUL DU COEFFICIENT ÉCONOMIQUE DE DIFFÉRENTS

II. — PONTS A

Nos D'ORDRE	DÉSIGNATION de L'OUVRAGE	NOMBRE ET POSITION des VOIES FERRÉES	SYSTÈME de CONSTRUCTION des poutres	PORTÉE des TRAVÉES (m. c.)	HAUTEUR (m. c.)
10	Pont sur le Gers (Compagnie du Midi), *France*.	1 inférieure	Ame pleine.	25.60	3.20
11	*(ANGLETERRE)* Pont de Great Prescott Street, à Londres	2 inférieures	Treillis (3 poutres dont 2 grandes) (*c*).	40.00	5.20
12	Pont de Conway. . .	1 inférieure	Tubulaire à faces pleines.	122.00	7.78
13	*(HOLLANDE)* Pont de Crèvecœur sur la Meuse. . . .	1 inférieure	Treillis *Linville*.	57	5.32
14	Pont de Bommel sur le Waal.	1 inférieure	Treillis *Linville*.	57	»
15		2 inférieures	Treillis *Linville*. (*Pratt* double).	57	8.04
16	Pont de Kuilenburg sur le Lek.	2 inférieures	Treillis (*Pratt* triple).	80	8.18
17	Pont de Dirschau sur la Vistule (*Allemagne*). . .	1 inférieure	Treillis à très petites mailles.	121.1	8.70
18	Pont de Canestota sur la rivière Erié (*Amérique*).	2 inférieures	Treillis triang. quadruple. (3 poutres.)	38.12	5.90

OBSERVATIONS

(*b*) Le coefficient économique, si l'on ramenait le travail maximum du métal à la valeur normale de 6 kilog. par millimètre carré, se trouverait réduit à 0,0048.

PONTS MÉTALLIQUES POUR CHEMINS DE FER

ÉCARTEMENT des POUTRES	POIDS TOTAL PAR MÈTRE COURANT		POIDS DE MÉTAL PAR MÈTRE COURANT		Coefficient Économique $K = \dfrac{p}{(P+\pi)l}$	TRAVAIL DU MÉTAL PAR MM. Q.	
	Charge PERMANENTE P	Surcharge ROULANTE π	DES POUTRES principales p	DU TABLIER et du contre-ventement p'		PIÈCES TENDUES	PIÈCES COMPRIMÉES
ASSEMBLAGES RIGIDES.							
m. c.	k	k				k	k
5.10	2.732	4.000	1.500	440	0,0088 (b)	3.24 (b)	3.24 (b)
»	1.650	3.400	873	250	0,0043 (c)	8. » (c)	7.6 (c)
4.58	9.610	3.338	9.200	400	0,0058	8.7	8.7
4.47	3.072	3.100	1.966	713	0,0055 (d)	6.75	6.75
»	2.990	3.360	2.000?	720?	0,0055 (d)	6.75	6.75
			2.720				
9.60	5.460	7.700	3.550	1.230	0,0047	6.75	6.75
9.60	8.297	7.000	6.300	1.230	0,0051	6.75	6.75
6.60	9.490	3.474	7.800?	1.200?	0,0052?	6.80	6.80
			9.000				
4.45	3.300	4.500	1.631	738	0,0055	7	5.60

(c) Les données du tableau s'appliquent à l'une des deux grandes poutres du pont de Great Prescott Street : le coefficient économique, si l'on ramenait le travail maximum du métal à la valeur normale de 6 kilog. par millimètre cube, se trouverait porté à 0,006.

(d) La valeur élevée du coefficient économique s'explique par la faible hauteur de la poutre.

CHAPITRE QUATRIÈME

PONTS SUSPENDUS

SOMMAIRE :

I. — Ponts suspendus flexibles.

II. — Ponts suspendus rigides.

PONTS SUSPENDUS

I. — PONTS SUSPENDUS FLEXIBLES

§ Ier

DESCRIPTION

86. Généralités. — On appelle ponts suspendus les ouvrages métalliques qui exercent une traction horizontale sur leur point d'appui.

Dans les ponts suspendus ordinaires, le tablier est attaché par l'intermédiaire de tiges de suspension verticales à un certain nombre de câbles flexibles ou chaînes dont les extrémités sont reliées invariablement aux culées.

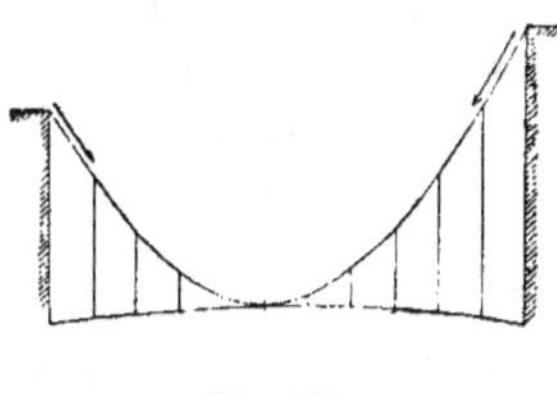

Fig. 141.

Nous admettrons, comme nous l'avons fait jusqu'à présent, que la charge et la surcharge sont uniformément réparties suivant l'horizontale : dans ces conditions les points d'attache des tiges de suspension sur les câbles se trouvent placés sur une parabole à axe vertical située au-dessus de la tangente à son sommet, qui est une droite horizontale. Vu le faible écartement des tiges de suspension, comparativement à l'ouverture totale, on peut substituer entre deux points d'attache successifs l'arc de parabole à la courbe, intermédiaire entre l'arc et sa corde, que décrit le câble, et supposer que ce dernier suit exactement une courbe parabolique, comme si les tiges de suspension étaient infiniment rapprochées (*figure* 141).

87. Ponts à plusieurs travées. — Il arrive que la distance totale que le pont doit franchir est trop considérable pour qu'on puisse l'établir d'une seule portée.

On divise alors cette longueur en plusieurs travées, séparées par des piles. Ces piles, qui sont des ouvrages en maçonnerie ou en métal présentant une faible section horizontale pour une grande hauteur, résisteraient difficilement à la composante horizontale de la traction, qui tend à les renverser. En conséquence, on dispose les travées consécutives de façon que, avec les mêmes charges et surcharges par mètre courant, elles exercent sur les points d'appui des tractions horizontales égales. La pile n'a donc plus à supporter que la résultante verticale des tractions exercées sur elle par les deux travées adjacentes, et elle ne risque pas d'être renversée. Pour que les composantes horizontales des tractions exercées sur une pile par les deux travées adjacentes, également chargées et surchargées par mètre courant de tablier,

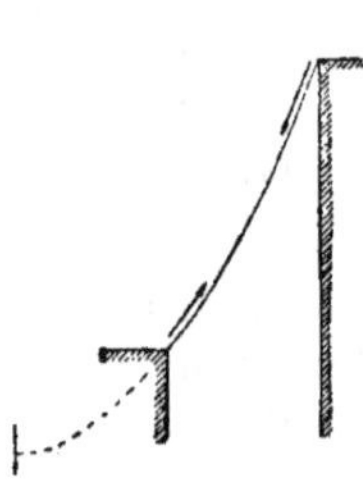

Fig. 142.

se fassent équilibre, il faut et il suffit que les courbes décrites par ces câbles soient des arcs d'une même parabole. Donc lorsqu'un pont suspendu comprend plusieurs travées, les paraboles décrites par les câbles des différentes travées doivent avoir le même paramètre ; toutes ces paraboles, rapportées chacune à son sommet, sont représentées par une même équation : $y = p\,x^2$.

Cette condition est nécessaire et suffisante : si elle est remplie, peu importe que les travées aient des ouvertures inégales, que leurs points d'appui soient à des hauteurs différentes, etc., etc. Il peut même arriver que l'arc décrit par un câble ne comprenne pas le sommet de la parabole : en ce cas (*figure* 142), le câble exerce sur le point d'appui le plus bas une traction dont la composante verticale est dirigée de bas en haut et tend à soulever la culée, tandis que dans le cas contraire, la composante verticale de la traction est toujours dirigée de haut en bas.

La figure 143 donne l'exemple d'un pont suspendu à plusieurs travées dont les composantes horizontales des tractions

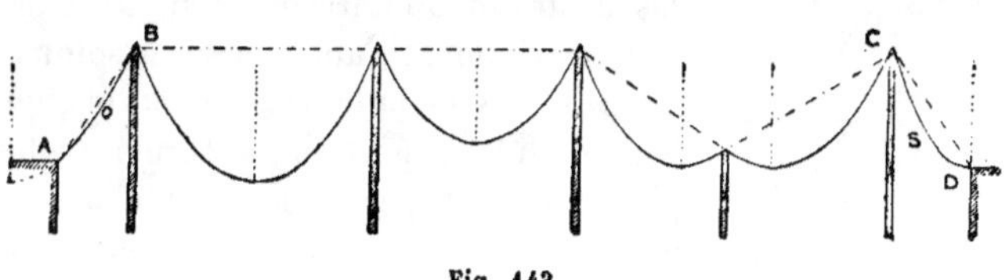

Fig. 143.

sur les piles se font toutes équilibre, à égalité de charge et de surcharge, par mètre courant.

En général les sommets des paraboles successives sont situés sur une même horizontale, voisine de la tangente menée au sommet de l'arc de cercle très aplati, de courbure opposée à celle du câble, suivant lequel se profile d'habitude le tablier du pont. Mais l'on voit que cela n'est nullement nécessaire, et que les sommets des différentes paraboles pourraient être à des niveaux différents.

88. Câbles principaux. — Dans un pont ainsi établi, les sections à attribuer aux câbles de suspension sont sensiblement les mêmes dans les différentes travées.

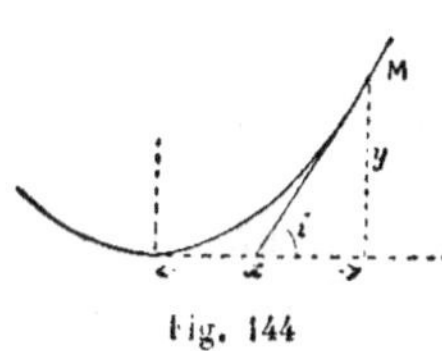

Fig. 144

L'effort normal auquel est soumis le câble, en un point quelconque, est proportionnel à la sécante trigonométrique $\dfrac{1}{\cos i}$ de l'inclinaison de la tangente à la parabole sur l'horizontale (*figure* 144). Or, comme le rapport $\dfrac{y}{x}$ ne dépasse guère, dans la pratique, la valeur $\dfrac{1}{5}$, on voit que $\dfrac{1}{\cos i}$ est toujours très voisin de l'unité, et que l'effort de traction en **M** diffère très peu de l'effort minimum, qui a lieu au sommet de la parabole. C'est pourquoi, en général, on emploie pour toutes les travées un même câble, qui franchit sans interruption toutes les piles, sur lesquelles il repose par l'intermédiaire de rouleaux, de selles à chariot, ou de secteurs cylindriques oscillants. Parfois les câbles sont interrompus au droit des piles et viennent s'amarrer sur le sommet de colonnes métalliques oscillantes, qui constituent la portion supérieure des piles : de cette façon, le point d'attache du câble peut se déplacer longitudinalement sans entraîner le renversement de la pile (*fig.* 145).

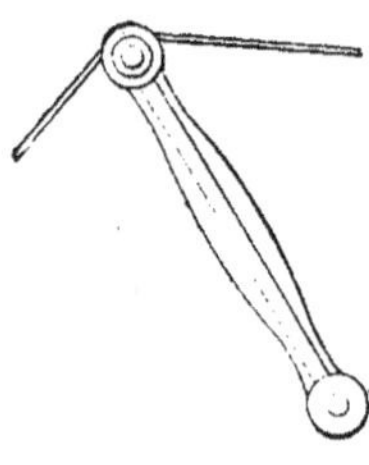

Fig. 145.

89. Câbles de retenue. — Si dans un ouvrage ainsi établi on surcharge une travée à l'exclusion de la travée voisine, l'équilibre, qui existait entre les composantes horizontales des tractions subies par le câble de part et d'autre de l'appui, se trouve rompu. Si le câble est fixé à la pile, celle-ci, ou la colonne oscillante qui la surmonte, tend à se renverser du côté de la travée surchargée. S'il passe librement sur elle, il est exposé à glisser du côté de la travée surchargée, dont le tablier s'abaisserait tandisque celui de la travée libre serait soulevé.

On est alors conduit à employer des câbles de retenue qui vont d'une pile à l'autre, et, ne portant d'autre charge que leur propre poids, peuvent être établis sensiblement en ligne droite (*figure* 146). Dès que le câble principal commence à glisser, le câble de retenue se tend, et la traction horizontale supplémentaire due à la travée unique surchargée est reportée de pile en pile jusqu'à la culée : le pont reste ainsi en équilibre.

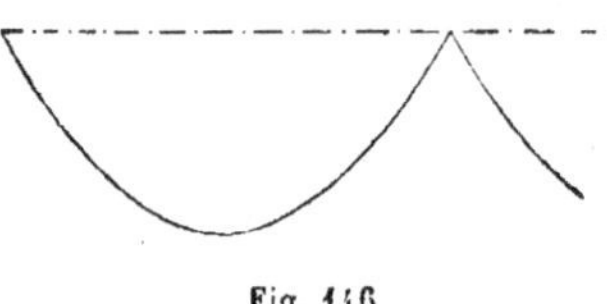

Fig. 146.

Les câbles de retenue ne jouent évidemment aucun rôle lorsque le pont ne porte que la charge permanente, et lorsque la surcharge couvre à la fois toutes les travées.

Ces câbles sont figurés par des lignes pointillées —. —. —. —. —. sur la figure 143. Remarquons que, dans cette figure, le câble AB est inutile : la courbe parabolique que décrit le câble principal AOB est en effet si tendue que la moindre diminution dans sa longueur augmente considérablement l'effort de traction horizontal. Ce câble remplit donc lui-même le rôle de câble de retenue.

De même le câble CSD, qui ne comprend qu'une demi-parabole, peut aussi tenir lieu de câble de retenue, à condition que la charge soit considérable comparativement à la surcharge : un léger déplacement du câble principal en C suffit alors pour que les tractions horizontales se fassent équilibre, d'autant plus que la force de frottement développée sur les galets d'appui en C vient en déduction de l'effort de traction le plus grand (1). C'est pourquoi, lorsqu'un pont suspendu ne comprend que trois travées, et que les câbles principaux de chacune des travées latérales ne décrivent qu'une branche de parabole, à partir du sommet qui est un point d'appui, on peut supprimer les câbles de retenue (*figure* 147) si la charge permanente est considérable en comparaison de la surcharge. Exemple : Pont de Brooklin, à New-York, sur la rivière de l'Est.

Charge permanente par mètre courant. . 12,826 kilog.
Surcharge. . . . . 3,300 —

Cette surcharge est encore réduite par l'emploi de haubans auxiliaires qui soulagent les câbles principaux. La travée centrale a 486 mètres d'ouverture, et les travées latérales, qui ne

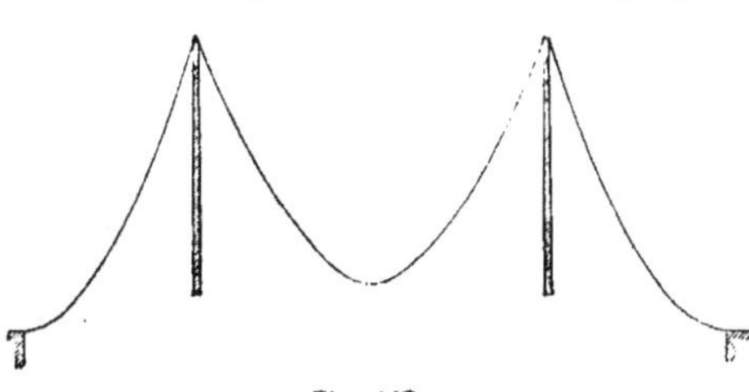

Fig. 147.

comprennent qu'une demi-parabole, ont chacune 284 mètres. On

(1) La valeur de ce frottement est sensiblement donnée par la formule $f = \dfrac{PK}{D}$, où P représente le poids supporté par le galet, D son diamètre en mètres, et K un coefficient qui peut varier, suivant la nature des surfaces en contact, entre 0.002 et 0.004.

a pu dans cet ouvrage se dispenser de l'emploi de câbles de retenue, le calcul ayant démontré (*voir n° 100*) que, en surchargeant la travée centrale à l'exclusion des travées latérales, le
déplacement du câble sur les piles ne dépassait pas une limite
admissible.

90. Câbles d'ancrage. — Il peut arriver que les culées
ne présentent pas, à la hauteur où le câble principal les rencontre, une stabilité suffisante pour résister à la traction
exercée sur elles. Il faut alors qu'un autre câble, que nous
appellerons câble d'ancrage, et qui n'est en général que le
prolongement du câble principal, transmette l'effort de traction, en arrière de la culée, à un massif suffisamment solide
dans lequel le cable est ancré. Ce câble n'ayant à supporter
aucune charge, est établi
en ligne droite, abstrac-
tion faite de la flèche qu'il
prend sous l'action de
son propre poids.

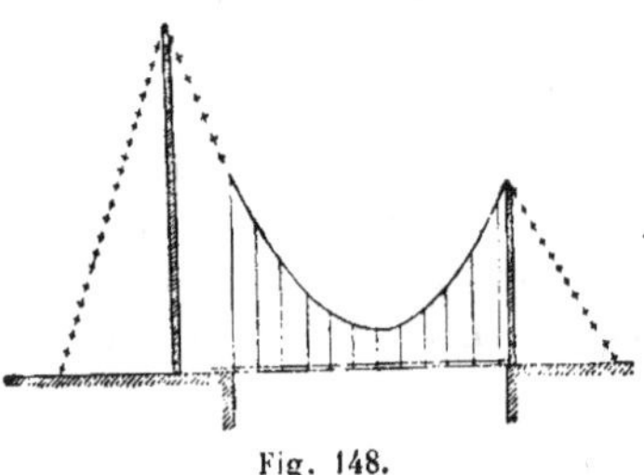

Fig. 148.

Le câble d'ancrage in-
diqué par les lignes .....
de la figure 148 commence
parfois un peu en avant
de la culée du pont,
lorsque celle-ci est établie en arrière du point où s'arrête le
tablier, et par suite des tiges de suspension qui portent la
charge et la surcharge.

§ II

CALCUL ET DÉFORMATION DES CABLES PRINCIPAUX

91. Détermination de la section transversale.
— Considérons une travée d'un pont suspendu. Soient O le
sommet, A et A' les extrémités de la parabole décrite par le

câble, sous l'action de la charge et de la surcharge que nous supposerons répartie sur toute la travée. Soient p et π cette charge et cette surcharge par mètre courant (1). L'équation de la parabole, rapportée à son sommet O, est de la forme

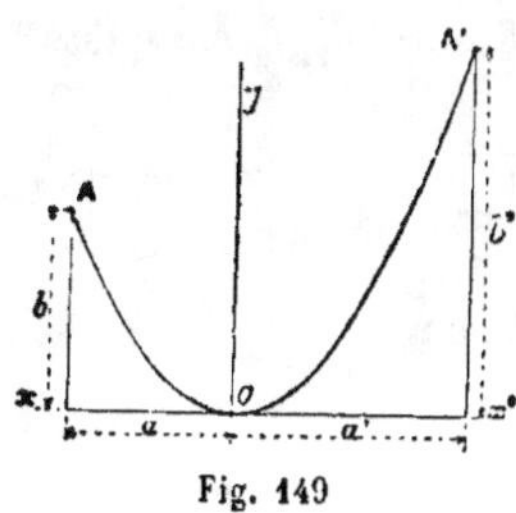

Fig. 149

$y = K\,x^2$. Cette courbe est symétrique par rapport à l'axe oy ; nous conviendrons de rapporter la branche de gauche OA aux axes ox et oy, et la branche de droite OA' aux axes ox' et oy, de telle sorte que chaque branche se trouve placée dans l'angle positif de ses axes de coordonnées, et que l'abscisse et l'ordonnée d'un point quelconque soient positives. L'équation de la branche de gauche est alors $y = \dfrac{b}{a^2}\,x^2$ et celle de la branche de droite $y = \dfrac{b'}{a'^2}\,x'^2$, en désignant par a et b, a' et b' les coordonnées des points d'appui A et A' (*fig.* 149 et 150)

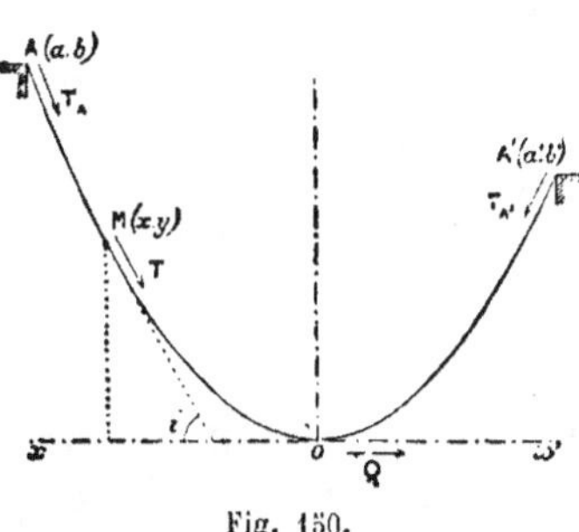

Fig. 150.

Cette convention admise, il est inutile de distinguer x' de x, et, comme d'ailleurs $\dfrac{b}{a^2} = \dfrac{b'}{a'^2}$, on peut représenter les deux branches par la même formule $y = \dfrac{b}{a^2}\,x^2$.

Il reste seulement convenu que l'on comptera positivement les abscisses des points de la parabole aussi bien à droite qu'à gauche du sommet O.

L'inclinaison sur l'horizontale de la tangente à la courbe

(1) Dans les calculs nous ne considérerons qu'un seul câble ; si l'on veut faire porter le tablier par n câbles, qui nécessairement décriront la même parabole, on pourra soit supposer que chacun d'eux porte la n^e partie du poids total et le calculer en conséquence, soit calculer un câble unique capable de porter la charge et la surcharge, et répartir ensuite *ad libitum* l'aire de la section trouvée entre les différents câbles partiels dont le câble unique serait l'équivalent.

en un point quelconque M est donnée par la formule :

$$\mathrm{Tg}.\,i = \frac{2bx}{a^2}$$

L'effort normal d'extension qui se manifeste dans le câble en M sous l'action de la charge et de la surcharge complète est :

$$(1) \qquad \mathrm{F} = (\pi + p)\,\frac{\sqrt{4\,b^2 x^2 + a^4}}{2\,b}$$

Cet effort a pour composante horizontale :

$$(2) \qquad \mathrm{Q} = (\pi + p)\,\frac{a^2}{2\,b},$$

et pour composante verticale :

$$(3) \qquad \mathrm{V} = (\pi + p)\,x.$$

V s'annule au sommet O pour $x = O$. F est alors minimum.

$$\mathrm{F}_o = \mathrm{Q} = (\pi + p)\,\frac{a^2}{2\,b}, \quad \mathrm{V}_o = 0.$$

F et V ont leurs maxima en A′ pour la branche de **droite** OA′, et en A pour la branche de gauche OA :

$$(4) \qquad \mathrm{F_A} = (\pi + p)\,\frac{a}{2\,b}\,\sqrt{4\,b^2 + a^2}, \quad \mathrm{V_A} = (\pi + p)\,a$$

$$(5) \qquad \mathrm{F_{A'}} = (\pi + p)\,\frac{a'}{2\,b'}\,\sqrt{4\,b^2 + a'^2}, \quad \mathrm{V_A} = (\pi + p)\,a'.$$

En général on donne au câble une section uniforme sur toute sa longueur : on doit donc le calculer en vue de l'effort maximum qu'il a à supporter ; cet effort qui a lieu au point d'appui le plus élevé, que nous supposons ici être l'extrémité A du câble, est donné par la formule (4).

On voit : 1° que la composante horizontale Q de l'effort normal reste constante d'un bout à l'autre du câble ; 2° que l'effort vertical $\mathrm{V_A}$ exercé sur une culée **A** dépend de sa distance a au sommet de la parabole ; les ponts suspendus présentent donc cette particularité qu'une charge uniformément répartie entre les deux culées est supportée inégalement par elles, quand les deux appuis ne sont pas au même niveau.

Les formules précédentes sont générales et s'appliquent même au cas (*figure* 151) où les deux extrémités A et A' du câble sont sur une même branche de la parabole. Mais alors on voit que d'après les conventions posées au commencement du paragraphe, la branche de droite OA est située toute entière du côté des x négatifs. Les formules précédentes restent donc

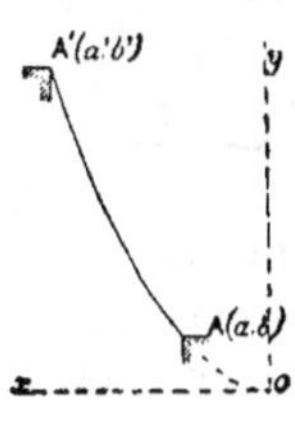

applicables à la condition d'attribuer le signe moins à l'abscisse a du point d'appui le plus bas. La traction horizontale Q, qui ne dépend que du paramètre de la parabole, a même valeur que précédemment. L'effort total F varie entre la limite inférieure F_A et la limite supérieure $F_{A'}$. En A l'effort vertical, exercé sur la culée, est dirigé de bas en haut et tend à soulever le massif :

$$V_A = -(\pi + p)\, a.$$

92. Formules diverses. — Les formules précédentes supposent connus a, b, a' et b'. Il arrive souvent que le problème se présente autrement. On connaît à priori les sommes ou les différences de a, a', b et b' ; la traction horizontale Q que le câble aura à équilibrer ; la section du câble, ou, ce qui revient au même, le maximum F de l'effort d'extension qu'il pourra supporter. En combinant entre elles les formules précédentes, il est toujours aisé, lorsque le problème est déterminé, de trouver les dimensions essentielles du pont. Nous croyons utile de donner ici les principales formules que l'on pourrait avoir occasion d'employer en pareil cas pour calculer a et b en fonction des différentes données du problème.

On a :

$$a = \frac{a' \sqrt{b}}{\sqrt{b'}} = \frac{(a+a')\sqrt{b}}{\sqrt{b}+\sqrt{b'}} = \frac{(a-a')\sqrt{b}}{\sqrt{b}-\sqrt{b'}} = \sqrt{\frac{2Qb}{\pi+p}}$$

$$= \frac{2Q(b-b')+(p+\pi)(a+a')^2}{2(p+\pi)(a+a')} = \sqrt{\frac{2bF}{(\pi+p)\sqrt{1+\dfrac{4b^2}{a^2}}}}$$

$$b = \frac{a^2 b'}{a'^2} = \frac{(b-b')\,a^2}{a^2-a'^2} = \frac{(b+b')\,a^2}{a^2+a'^2} = (\pi+p)\frac{a^2}{2Q}$$

$$= \frac{(\pi + p) \, a^2}{2\sqrt{F^2 - (\pi + p)^2 \, a^2}} \cdot$$

Quand les extrémités A et A′ du câble sont du même côté du sommet de la parabole, il faut attribuer à a' le signe moins.

93. Longueur des câbles principaux. — Ayant déterminé la section du câble, on calcule sa longueur au moyen de la formule approximative suivante :

$$S = a \left(1 + \frac{2}{3} \frac{b^2}{a^2} - \frac{2}{5} \frac{b^4}{a^4} \right) + a' \left(1 + \frac{2}{3} \frac{b'^2}{a'^2} - \frac{2}{5} \frac{b'^4}{a'^4} \right) \cdot$$

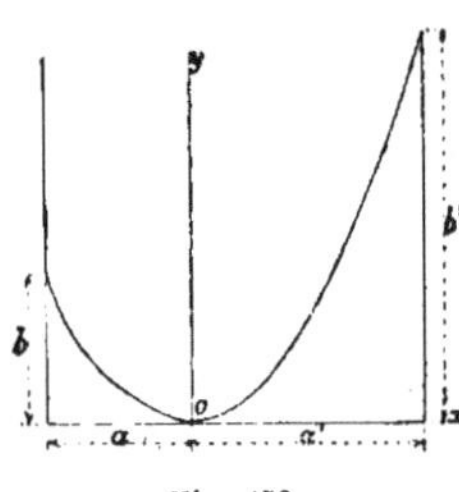

Fig. 152.

Si les extrémités du câble sont sur la même branche de la parabole, a' doit être pris avec le signe — (*fig.* 151).

Cette formule, qui, pour le pont de New-York ($2a = 487^m$ et $b = 36^m88$) ne donne qu'une erreur inférieure à un centimètre, est toujours d'une exactitude plus que satisfaisante en pratique.

Cas de la parabole symétrique par rapport à son axe ($a = a'$). On trouve :

$$S = 2a \left(1 + \frac{2}{3} \frac{b^2}{a^2} - \frac{2}{5} \frac{b^4}{a^4} \right) \cdot$$

Expression de b et b' en fonction de S, a et a' :

$$b = a^2 \sqrt{\frac{5 (a^3 + a'^3) - \sqrt{25 (a^3 + a'^3)^2 - 90 (S - a - a') (a^5 + a'^5)}}{6 (a^5 + a'^5)}},$$

et
$$b' = b \frac{a'^2}{a^2} \cdot$$

Pour $a = a'$, cas de la parabole symétrique, on a :

$$b = b' = a \sqrt{\frac{5 - \sqrt{115 - 45 \frac{S}{a}}}{6}} \cdot$$

Par $a' = o$, cas de la demi parabole :

$$b = a \sqrt{\frac{5 - \sqrt{115 - 90 \frac{S}{a}}}{6}} \cdot$$

Formules simplifiées, donnant en général une approximation suffisante :

$$S = a \left(1 + \frac{2}{3} \frac{b^2}{a^2} \right) + a' \left(1 + \frac{2}{3} \frac{b'^2}{a'^2} \right) ;$$

et

$$S = (a + a') \left[1 + \frac{1}{3} \left(\frac{b + b'}{a + a'} \right)^2 \right],$$

(b étant supposé *peu différent de b'*).

94. Déformation des câbles principaux ; charge et surcharge complète. — Après avoir calculé la section du câble en raison de l'effort qu'il aura à supporter dans les conditions les plus défavorables, c'est-à-dire avec la surcharge complète, et avoir déterminé sa longueur, il importe de rechercher quelle pourra être sa déformation dans les différentes circonstances qui peuvent se présenter.

Considérons la charge p par mètre courant. Cherchons l'allongement que va subir le câble par l'effet de la tension qu'il subit. Soit $\delta_p S$ cet allongement. L'effort normal en un point quelconque $M(x,y)$ est :

$$F = p \frac{\sqrt{4b^2x^2 + a^4}}{2b} \quad (91).$$

L'allongement produit sur un élément infiniment petit du câble ds est, en désignant par Ω l'aire de la section du câble et par E le coefficient d'élasticité du métal :

$$\delta_p ds = \frac{F ds}{\Omega E} = \frac{p \sqrt{4b^2x^2 + a^4}}{2b\Omega E} \times dx \sqrt{1 + \frac{4b^2x^2}{a^4}}$$

$$= \frac{p}{\Omega E} \times \frac{4b^2x^2 + a^4}{2a^2 b} \, dx ;$$

d'où :

$$\delta_p S = \int_A^{A'} \frac{F ds}{\Omega E} = \frac{p}{\Omega E} \left[\int_0^a \left(\frac{4b^2x^2 + a^4}{2a^2 b} \right) dx + \int_0^{a'} \left(\frac{4b^2x^2 + a'^4}{2a'^2 b'} \right) dx \right]$$

$$= \frac{p}{\Omega E} \left\{ \frac{2}{3} ab + \frac{2}{3} a' b' + \frac{1}{2} \frac{a^2}{b} + \frac{1}{2} \frac{a'^2}{b'} \right\}$$

$$= \frac{p}{\Omega E} \left\{ \frac{2}{3} (ab + a'b') + \frac{1}{2} \frac{a^2}{b} (a + a') \right\}.$$

En général on retranche cet allongement $\delta_p S$ de la longueur S trouvée précédemment (93), de façon que le câble ne prenne sa forme parabolique définitive, correspondant à la longueur S, que lorsqu'il porte la charge permanente. Pour calculer l'allongement dû à la surcharge complète, il suffit de substituer π à p dans la formule précédente.

Connaissant l'allongement $\delta\pi\,S$ dû à la surcharge complète, il peut paraître intéressant de rechercher le déplacement subi par le sommet de la parabole sous l'action de la surcharge, c'est-à-dire les variations δa et δb de ses coordonnées.

On a, en différenciant l'équation qui donne S, en fonction de a, b, a' et b', et tenant compte de ce que $\delta b = \delta b'$ et $\dfrac{b}{a^2} = \dfrac{b'}{a'^2}$:

$$\delta a = -\,\delta a' = \frac{a^2}{2b}\left(\frac{1}{a} - \frac{1}{a'}\right)\delta b\,;$$

$$\delta S = \left[\frac{b}{a} + \frac{b'}{a'} - \frac{b^3}{a^3} - \frac{b'^3}{a'^3} + \frac{1}{3}\left(\frac{b}{a'} + \frac{b'}{a}\right) - \frac{3}{5}\frac{b}{a^2}\left(\frac{b^2}{a'} + \frac{b'^2}{a}\right)\right]\delta b.$$

δb représente ici l'abaissement vertical du tablier au droit du sommet de la parabole.

Ces deux équations permettent de calculer deux des quantités δ S, δa, δb, connaissant la troisième. Nous indiquerons plus tard certains cas où elles trouvent leur application.

Pour $a = a'$, cas de la parabole symétrique, les formules se simplifient :

$$\delta\pi S = \frac{\pi}{\Omega E}\left(\frac{4}{3}ab + \frac{a^3}{b}\right),\quad \delta a = 0,$$

$$\delta S = \delta b\left(\frac{8}{3}\frac{b}{a} - \frac{16}{5}\frac{b^2}{a^3}\right),\quad \delta\pi b = \frac{\pi}{\Omega E}\times\frac{a^4}{b^2}\frac{15a^2 + 20b^2}{40a^2 - 48b^2}.$$

$\delta\pi b$ est l'abaissement vertical du tablier du pont au milieu de la travée.

Pour la demi parabole $(a' = o)$, on a :

$$\delta\pi S = \frac{\pi}{2\Omega E}\left(\frac{4}{3}ab + \frac{a^3}{b}\right),\quad \delta\pi b = o,$$

$$\delta a' = -\,\delta a = \delta S\times\frac{1}{\dfrac{2}{3}\dfrac{b^2}{a^2} - \dfrac{6}{5}\dfrac{b^4}{a^4}}.$$

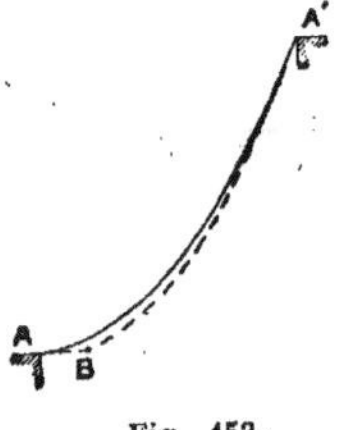

Fig. 153.

δa est négatif, et l'on voit que le sommet de la parabole, qui coïncidait primitivement avec une extrémité A du câble, s'est déplacé de la longueur $-\,\delta a$ pour venir en B sans subir de déplacement vertical appréciable, vu la proximité du point d'appui A.

95. Déformation des câbles principaux. Surcharge incomplète.

—Pour calculer la section d'un câble principal, on suppose toujours la surcharge complète, et c'est ainsi que l'on obtient l'effort d'extension maximum. Mais dans l'étude de la déformation il convient, lorsque l'on cherche les déplacements maxima que peut subir le câble, de supposer que la surcharge ne couvre qu'une partie de l'ouvrage, depuis une extrémité A jusqu'au point M du câble dont on cherche l'abaissement vertical maximum (*Fig.*154).

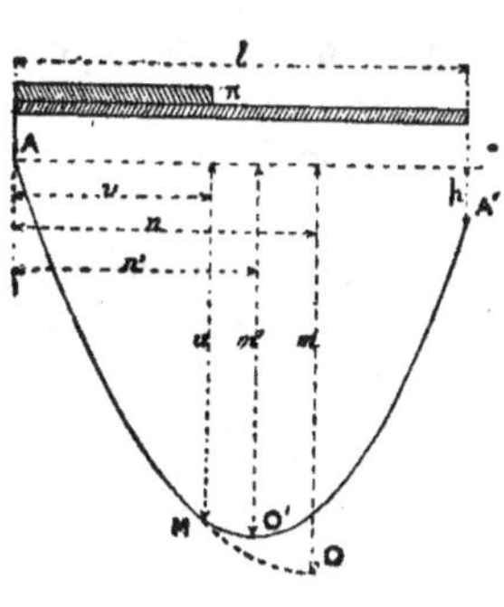

Fig. 154.

Les coordonnées primitives du point M, lorsque la parabole était simplement chargée, étant connues, il suffit pour déterminer la déformation subie par le câble, de chercher la nouvelle valeur prise par l'ordonnée u du point M, mesurée au-dessous de l'horizontale passant par l'extrémité A du câble, que nous supposerons plus élevée de h que l'extrémité A', et que nous prendrons pour origine des coordonnées. Désignons par l l'ouverture totale de l'ouvrage. Le câble, surchargé de A en M et chargé simplement de M en A', décrit deux arcs de parabole différents, qui ont même tangente au point de passage M. Appelons m et n, m' et n' les coordonnées inconnues des sommets O et O' de ces deux paraboles par rapport au point A. Désignons par h la distance verticale des deux extrémités A et A' du câble. En exprimant que les deux paraboles passent au point M (u, v), qu'elles s'y raccordent, que les tractions horizontales exercées par le câble sur les deux points d'appui A et A' sont égales, et enfin que la somme des longueurs des deux arcs de parabole A M et A' M est égale à la longueur totale S du câble connue à priori, nous avons cinq équations de condition dont nous pourrons tirer les cinq inconnues m, n, m', n' et u.

$$(1) \qquad \frac{m-u}{(n-v)^2} = \frac{m}{n^2}$$

$$(2) \qquad \frac{m'-u}{(n'-v)^2} = \frac{m'-h}{(l-n')^2}$$

$$(3) \qquad (n-v)(p+\pi) = (n'-v)p$$

$$(4) \qquad \frac{1}{2Q} = \frac{m}{n^2} \times \frac{1}{(p+\pi)} = \frac{m'-h}{(l-n')^2} \times \frac{1}{p}$$

$$(5) \qquad S = l + \frac{2}{3}\left[\frac{m^2}{n} - \frac{(m-u)^2}{n-v} + \frac{(m'-h)^2}{l-n'} + \frac{(m'-u)^2}{n'-v}\right]$$

$$- \frac{2}{5}\left[\frac{m^4}{n^3} - \frac{(m-u)^4}{(n-v)^3} + \frac{(m'-h)^4}{(l-n')^3} + \frac{(m'-u)^4}{(n'-v)^3}\right]$$

Il est aisé de tirer des quatre premières équations les valeurs de n, m, n', m' en fonction de u, de les substituer dans la cinquième qui est du 2ᵉ degré en u^2, et qu'on peut par conséquent résoudre par rapport à u.

Nous indiquerons le développement des calculs dans le cas très fréquent où les extrémités du câble sont au même niveau : $h = o$.

On a alors :

$$m = \frac{un^2}{n^2 - (n-v)^2} \qquad m' = \frac{u(l-n')^2}{(l-n')^2 - (n'-v)^2}$$

$$n = \frac{pl^2 + 2\pi lv - \pi v^2}{2l(p+\pi)}$$

$$n' = \frac{pl^2 - \pi v^2}{2lp}$$

$$S = l + \frac{2}{3}u^2 \left\{ \frac{n^3 - (n-v)^3}{[n^2-(n-v)^2]^2} + \frac{(l-n')^3 + (n'-v)^3}{[(l-n')^2-(n'-v)^2]^2} \right\}$$

$$- \frac{2}{5}u^4 \left\{ \frac{n^5 - (n-v)^5}{[n^2-(n-v)^2]^4} + \frac{(l-n')^5 + (n'-v)^5}{[(l-n')^2-(n'-v)^2]^4} \right\}$$

Les quatre premières formules permettent de calculer m, m', n et n'. Cela fait, la dernière, qui est du 2ᵉ degré en u^2, fournit u sans difficulté.

Dans le cas particulier où la surcharge couvre une moitié de la travée, c'est-à-dire où $v = \frac{l}{2}$, on peut faire les substitutions des valeurs de m, m', n et n' dans la dernière équation.

On a en ce cas, *en posant* $l = 2\,a$:

$$n = a - \frac{a\pi}{4\,(p+\pi)}, \quad n' = a - \frac{a\pi}{4p},$$

$$S = 2a + \frac{2}{3}\,u^{2}\left\{ \frac{\left(a - \frac{a\pi}{4\,(p+\pi)}\right)^{3} + \left(\frac{a\pi}{4\,(p+\pi)}\right)^{3}}{\left[\left(a - \frac{a\pi}{4\,(p+\pi)}\right)^{2} - \left(\frac{a\pi}{4\,(p+\pi)}\right)^{2}\right]^{2}} + \frac{\left(a + \frac{a\pi}{4p}\right)^{3} - \left(\frac{a\pi}{4p}\right)^{3}}{\left[\left(a + \frac{a\pi}{4p}\right)^{2} - \left(\frac{a\pi}{4p}\right)^{2}\right]^{2}} \right\}$$

$$- \frac{2}{5}\,u^{4}\left\{ \frac{\left(a - \frac{a\pi}{4\,(p+\pi)}\right)^{5} + \left(\frac{a\pi}{4\,(p+\pi)}\right)^{5}}{\left[\left(a - \frac{a\pi}{4\,(p+\pi)}\right)^{2} - \left(\frac{a\pi}{4\,(p+\pi)}\right)^{2}\right]^{4}} + \frac{\left(a + \frac{a\pi}{4p}\right)^{5} - \left(\frac{a\pi}{4p}\right)^{5}}{\left[\left(a + \frac{a\pi}{4p}\right)^{2} - \left(\frac{a\pi}{4p}\right)^{2}\right]^{4}} \right\}$$

C'est dans cette hypothèse $v = \dfrac{l}{2} = a$ que l'on obtient tou-jours le plus grand déplacement du câble au milieu de la travée. Il faut donc toujours effectuer ce calcul, afin de voir de combien pourra s'abaisser le milieu du pont lorsque la surcharge n'en couvrira que la moitié.

Examinons le cas plus général où la longueur du tablier

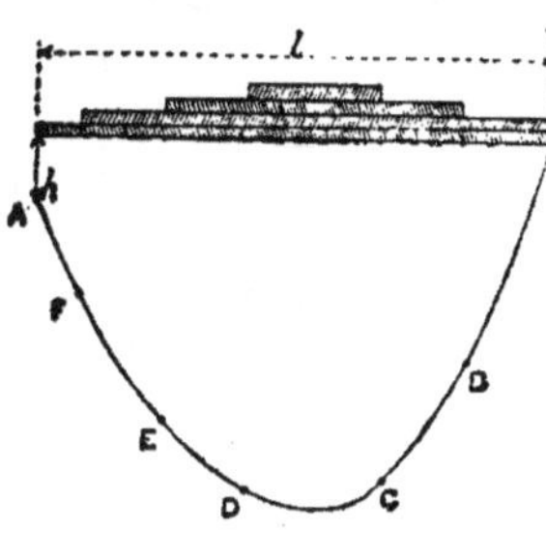

Fig. 155.

est divisée en zones qui portent des surcharges inégales (*fig.* 155). Dans la figure, on voit que le câble est divisé en 6 arcs paraboliques qui se raccordent aux points B, C, D, E et F. Ce problème n'est pas plus difficile à résoudre que le précèdent, mais il présente plus de complications à cause du nombre des inconnues qu'il s'agit de déterminer. Soit N le nombre des points de passage d'une courbe à la suivante, tels que le point B. Il faut calculer les coordonnées par rapport au point A des sommets des $(N + 1)$ paraboles, au nombre de $2\,N + 2$, et les ordonnées des N points de passage ; on a en tout $3\,N + 2$ inconnues à chercher.

Soient m, n et m', n' les coordonnées par rapport au point A des sommets de deux arcs de parabole consécutifs (*fig.* 156), p et p' les charges et surcharges respectives, $u, v, u_{1}, v_{1}, u_{2}, v_{2}$

les coordonnées des points de passage M, N, P. La condition que les arcs de parabole passent par les points F, E, D etc., donne N + 1 équations de la forme :

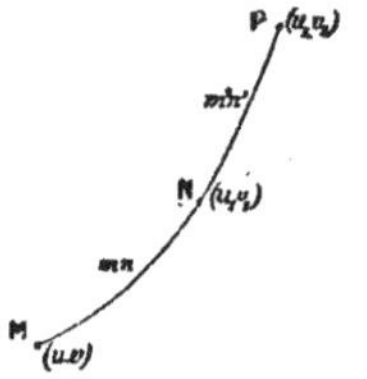

$$\frac{m - u}{(n - v)^2} = \frac{m - u_1}{(n - v_1)^2}.$$

La condition que les arcs de parabole se raccordent au point de passage donne N équations telles que :

$$(n - v_1)\, p = (n' - v_1)\, p'.$$

La condition que les composantes horizontales des tractions soient égales donne N équations telles que :

$$\frac{m - u_1}{(n - v_1)^2} \times \frac{1}{p} = \frac{m' - u_1}{(n' - v_1)^2} \times \frac{1}{p'}.$$

Enfin en égalant à la longueur connue du câble S la somme des longueurs des arcs paraboliques, on obtient une dernière équation :

$$S = l + \sum \frac{2}{3}\left[\frac{(m - u_1)^2}{n - v_1} - \frac{(m - u)^2}{n - v}\right] - \sum \frac{2}{5}\left[\frac{(m - u_1)^4}{(n - v)^3} - \frac{(m - u)^4}{(n - v)^3}\right]$$

On a $3\,N + 2$ équations pour $3\,N + 2$ inconnues. Le problème est donc déterminé, et les calculs ne présentent pas de difficulté sérieuse, bien que la résolution simultanée d'un aussi grand nombre d'équations puisse être un peu compliquée.

La valeur exacte de S peut toujours se calculer sans erreur appréciable, en admettant que le poids total de la surcharge est réparti uniformément sur le pont.

On peut ainsi trouver la forme que prendra le câble pour une position quelconque de la surcharge, car, après avoir fait les calculs précédemment indiqués, rien n'est plus simple que de tracer les paraboles successives, connaissant pour chacune le sommet et un point.

96. Déformation des câbles principaux. Surcharge concentrée. — Dans certains cas, un poids isolé, porté par un pont suspendu, comme un chariot lourdement chargé, une locomotive etc., peut donner lieu à une déformation bien plus considérable que celle qui résulterait de la surcharge complète ou de la surcharge couvrant une portion seulement du tablier. Il peut être intéressant de chercher la déformation subie par le câble sous l'influence de ce poids isolé. Conservons les notations du paragraphe précédent. Le câble décrit deux arcs de parabole A M et A′ M, qui viennent se couper au point M d'application du poids isolé P (*fig.* 157). Ces deux paraboles, correspondant à la même charge p par unité de longueur, ont même paramètre. En désignant par m et n, m' et n' les coordonnées de leurs sommets O et O′ par rapport au point A, on a les équations de condition :

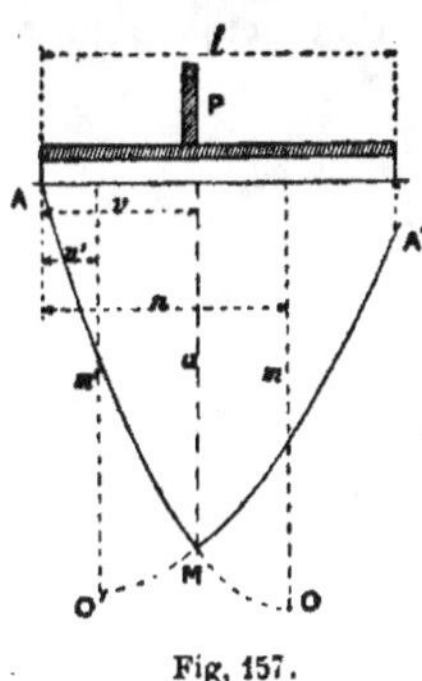

Fig, 157.

$$(1) \qquad \frac{m-u}{(n'-v)^2} = \frac{m}{n^2}$$

$$(2) \qquad \frac{m'-u}{(n'-v)^2} = \frac{(m'-h)}{(l-n')^2}$$

$$(3) \qquad P = (n-n')\,p$$

$$(4) \qquad \frac{p}{2Q} = \frac{m}{n^2} = \frac{m'-h}{(l-n')^2}$$

$$(5) \quad S = l + \frac{2}{3}\left[\frac{m^2}{n} - \frac{(m-u)^2}{n-v^2} + \frac{(m'-h)^2}{l-n'} - \frac{(m'-u)^2}{v-n'}\right]$$
$$\qquad - \frac{2}{5}\left[\frac{m^4}{n^3} - \frac{(m-u)^4}{(n-v)^3} + \frac{(m'-h)^4}{(l-n')^3} - \frac{(m'-u)^4}{(v-n')^3}\right]$$

Il est facile de tirer $m, n, m'\,n'$ et u de ces cinq équations. Dans le cas particulier où les deux extrémités A et A′ sont de niveau, on a :

$h = o$, et on trouve :

$$m = \frac{un^2}{n^2 - (n-v)^2}\,, \qquad m' = \frac{u(l-n')^2}{(l-n')^2 - (v-n')^2}\,,$$
$$n = \frac{l}{2} + \frac{P}{p}\frac{l-v}{l}\,, \qquad n' = \frac{l}{2} - \frac{P}{p}\frac{v}{l}\,.$$

$$S = l + \frac{2}{3}\,u^2 \left\{ \frac{n^3 - (n-v)^3}{[n^2 - (n-v)^2]^2} + \frac{(l-n')^3 - (v-n')^3}{[(l-n')^2 - (v-n')^2]^2} \right\}$$

$$- \frac{2}{5}\,u^4 \left\{ \frac{n^5 - (n-v)^5}{[n^2 - (n-v)^2]^4} + \frac{(l-n')^5 - (v-n')^5}{[(l-n')^2 - (v-n)^2]^4} \right\}.$$

La déformation est maximum lorsque l'on a $v = \frac{l}{2}$, c'est-à-dire lorsque le poids est placé au milieu de l'ouverture ; on a en ce cas, en posant $l = 2\,a$:

$$n = 2a - n' = a + \frac{P}{2p} \; ;$$

$$S = 2a + \frac{2}{3}u^2 \left\{ \frac{2\left(a + \frac{P}{2p}\right)^3 - \frac{P^3}{4p^3}}{\left[\left(a + \frac{P}{2p}\right)^2 - \frac{P^2}{4p^2}\right]^2} \right\} - \frac{2}{5}u^4 \left\{ \frac{2\left(a + \frac{P}{2p}\right)^5 - \frac{P^5}{16p^5}}{\left[\left(a + \frac{P}{2p}\right)^2 - \frac{P^2}{4p^2}\right]^4} \right\}$$

Rien n'est plus aisé que d'en tirer u.

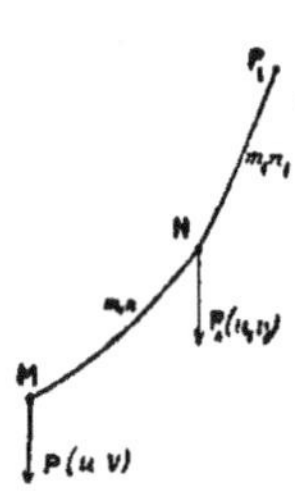

Fig. 158.

Le problème ne serait pas plus difficile à résoudre si, au lieu d'un poids isolé, on en avait une série, correspondant chacun à un point d'intersection de deux arcs de paraboles. Soit N le nombre de ces poids : on aurait $3\,N + 2$ inconnues, savoir les ordonnées u des N points d'application, et les coordonnées m et n des sommets des $N + 1$ paraboles.

On aurait alors $N + 1$ équations de la forme (*fig.* 158) :

$$\frac{m-u}{(n-v)^2} - \frac{m-u_1}{(n-v_1)^2} \; ;$$

N équations de la forme : $P_1 = (n - n_1)p$;

N équations de la forme : $\dfrac{m-u}{(n-v^2)} = \dfrac{m_1 - u_1}{(n_1 - v_1)^2}$;

et enfin

$$S = l + \frac{2}{3}\sum \left[\frac{(m-u_1)^2}{n-v_1} - \frac{(m-u)^2}{n-v} \right] - \frac{2}{5}\sum \left[\frac{(m-u_1)^4}{(n-v_1)^3} - \frac{(m-u)^4}{(n-v)^3} \right] ;$$

en tout $3\,N + 2$ équations pour $3\,N + 2$ inconnues.

Le problème est donc déterminé, et la recherche des valeurs de u, u_1, etc., est une opération longue et compliquée, mais qui ne présente aucune difficulté.

En résumé, nous voyons que, quel que soit le mode de répartition de la surcharge sur un pont suspendu, par zônes uniformément surchargées, ou par poids isolés, l'on peut toujours sans difficulté déterminer la courbe décrite par le câble, et par conséquent les déplacements subis par ses différents points depuis la position initiale qu'il occupait avant de porter la surcharge.

97. Déformation des câbles principaux. Effets de la température. — Soit t l'écart de température, par rapport à la température moyenne qui a été admise dans le calcul de la longueur initiale du câble ; t est positif ou négatif suivant qu'il s'agit d'une élévation ou d'un abaissement de température.

Désignons par α le coefficient de dilatation linéaire du métal.

L'accroissement de longueur du câble est : $\delta_t S = S \alpha t$.

On peut d'ailleurs calculer le déplacement du sommet $\delta_t a$ et $\delta_t b$ par les formules du n° 94.

98. Variations de l'effort de traction dans les câbles principaux. — L'allongement du câble entraîne nécessairement un changement dans l'effort de traction exercé sur les points d'appui. En général, les variations de a et de b étant très faibles, les changements subis par l'effort de traction sont insignifiants et l'on ne s'en préoccupe pas. Mais il peut en être autrement et, connaissant la déformation du câble donnée par les quantités δS, δb et δa, on peut avoir besoin de calculer le changement δQ subi par l'effort horizontal de traction.

Nous ne considérons ici que le cas de la surcharge uniformément répartie sur toute la longueur de la travée (94).

On se sert en ce cas de la formule :

$$\delta Q = (\pi + p) \left\{ \frac{a}{b} \delta a - \frac{a^2}{2 b^2} \delta b \right\}.$$

Dans le cas de la parabole symétrique, $\delta a = o$:
d'où

$$\delta Q = -(\pi + p)\,\frac{a^2}{2\,b^2}\,\delta b.$$

Dans le cas de la demi-parabole, on a $\delta b = o$.

$$\delta Q = (\pi + p)\,\frac{a}{b}\,\delta a.$$

Dans le cas d'une surcharge irrégulièrement répartie, les équations (4) des numéros 95 et 96 permettent en toute circonstance de calculer la valeur de la traction horizontale Q. On pourrait, après avoir ainsi déterminé le changement subi par Q, calculer à nouveau les déformations du câble en se servant de la valeur rectifiée de Q. Cette méthode de fausse position est d'une application simple et rapide. D'ailleurs, avec les proportions en usage dans les ponts suspendus, l'influence de δQ sur la déformation des câbles est toujours négligeable, et la vérification dont il vient d'être question est inutile.

99. Déformation des câbles principaux par suite du déplacement horizontal d'un point d'appui. —

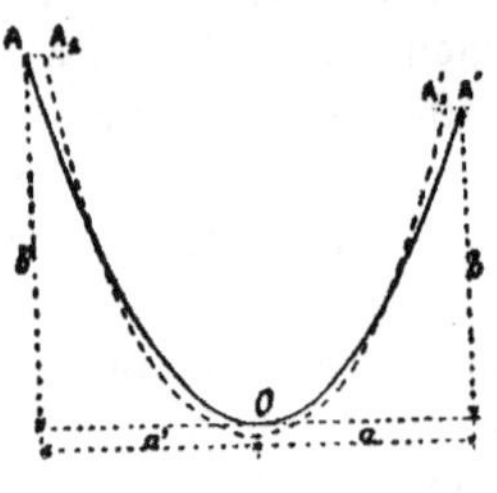

Fig. 159.

Nous avons supposé jusqu'ici que les extrémités des câbles étaient des points fixes. En général il en est autrement. Si le câble glisse sur un point d'appui, la longueur S correspondant à la travée augmente ou diminue : or on sait, en pareil cas, calculer la variation de b et de a (94).

Mais si les extrémités de A et A' sont fixées à des colonnes oscillantes, il peut arriver que A vienne en A_1, et A' en A', sans que la longueur du câble change : c'est l'ouverture du pont qui a diminué de $AA_1 + A'A'_1$, soit δl (*fig.* 159) :

On a :

(1) $$\delta l = \delta a + \delta a',$$

(2) $$\delta b = \delta b',$$

(3) $$\delta b \left[\frac{1}{a^2} - \frac{1}{a'^2} \right] = \frac{2b}{a^3} \delta a - \frac{2b'}{a'^3} \delta a',$$

et enfin $\delta S = o$; d'où :

(4) $$\delta b \left[\frac{4}{3} \left(\frac{b}{a} + \frac{b'}{a'} \right) - \frac{8}{5} \left(\frac{b^3}{a^3} + \frac{b'^3}{a'^3} \right) \right] = \delta a \left[\frac{2}{3} \frac{b^2}{a^3} - \frac{6}{5} \frac{b^4}{a^4} \right]$$
$$+ \delta a' \left[\frac{2}{3} \frac{b'^2}{a'^3} - \frac{6}{5} \frac{b'^4}{a'^4} \right].$$

Ces quatre équations permettent de calculer sans difficulté $\delta a, \delta b, \delta a'$ et $\delta b'$.

On peut (98) en déduire δQ.

100. Équilibre entre deux travées inégalement surchargées. — Réciproquement, étant donné δQ, c'est-à-dire la différence existant entre les tractions horizontales de deux travées consécutives (89), il est facile, à l'aide des mêmes équations et en procédant par tâtonnement, d'en conclure le déplacement δl que devra subir le point d'appui, ou la longueur δS dont le câble devra glisser sur la pile pour que l'équilibre se rétablisse entre les deux travées.

La méthode la plus commode consiste à faire une hypothèse sur la valeur de δl ou de δS, à chercher les valeurs de δQ correspondantes pour chacune des travées, puis à calculer par une simple proportion la valeur réelle de δl ou δS, en raison de la différence δQ à racheter entre les tractions de deux travées.

§ III.

CALCUL DES CABLES DE RETENUE ET D'ANCRAGE

101. Câbles de retenue. — Supposons qu'on se propose d'établir un câble de retenue entre les points A et A′ dont la distance horizontale est l, et la distance verticale h. Ce

câble ASA' aura pour fonction d'empêcher le câble principal AOA' de glisser sur l'appui A', lorsque la travée située

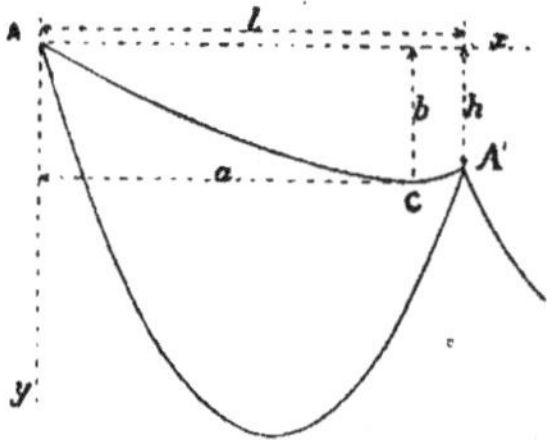

Fig. 160.

au delà du point A' sera surchargée sans que la travée A A' le
soit (*fig.* 160).

Soit q la composante horizontale de la tension totale du câble de retenue, r le poids de ce
câble par unité de longueur. La
courbe ACA' décrite par lui est
une parabole qui, rapportée aux
axes Ax et Ay menés par le point
d'appui A le plus élevé, a pour équation :

$$(1) \qquad y = \frac{r}{2q}\, x \left(l + \frac{2qh}{rl} - x \right).$$

Les coordonnées du sommet C sont :

$$a = \frac{l}{2} + \frac{qh}{rl}$$

$$b = \frac{r}{2q} \left(\frac{l}{2} + \frac{qh}{rl} \right)^2.$$

a peut être plus grand que l : en ce cas le sommet de la parabole est au delà du point A'.

La longueur du câble est :

$$s = \sqrt{l^2 + h^2} + \frac{r^2 l}{8q^2} \times \left(\frac{l^2}{3} - \frac{h^2}{2} \right) - \frac{1}{640} \frac{l^5 r^4}{q^4}.$$

Cette formule suppose, bien entendu, que le rapport $\frac{h}{l}$ est
toujours assez petit, ce qui est le cas général de la pratique.

La longueur s du câble comprend l'allongement δs dû à
l'effort d'extension développé dans toutes les parties du câble.
Cet allongement a pour valeur.

$$(2) \qquad \delta s = q\, \frac{(l^2 + h^2)}{l\Omega E} + \frac{r^2 l^3}{12q\Omega E},$$

en désignant par Ω l'aire de la section du câble.

La tension du câble varie avec la température. Pour une

élévation de température de $t°$ au-dessus de la température moyenne, qui est celle pour laquelle on a réglé la traction horizontale normale du câble, que nous désignerons par q_0, la traction devient

$$(3) \qquad q = q_0 \left[1 - \frac{12 \alpha t q_0^2}{l^3 r^3} \sqrt{l^2 + h^2} \right]$$

Cette formule est applicable lorsqu'il s'agit d'un abaissement de température, à la condition de donner à t le signe —.

La courbe des câbles de retenue étant en général très tendue, les variations de la température peuvent amener des changements notables dans la valeur de la traction horizontale q. Il convient donc de corriger la valeur trouvée pour $q - q_0$, en résolvant à nouveau l'équation (3) après avoir diminué le coefficient d'allongement αt de la quantité

$$\frac{(q - q_0) \sqrt{l^2 + h^2}}{l \Omega \mathrm{E}}$$

qui représente la contraction par unité de longueur due à la variation de la traction horizontale ; c'est une application de la méthode de fausse position qui ici peut être justifiée.

On voit que la traction q est d'autant plus considérable que la température est plus basse.

Si l'une des travées du pont est surchargée à l'exclusion des autres, l'effort supplémentaire de traction Q_π dû à la surcharge est transmis au câble de retenue. La tension de celui-ci s'augmente donc de Q_π et elle atteint son maximum si la température ambiante est au même moment à son minimum, soit à $t°$ au-dessous de la température moyenne.

Ce maximum est donné par la formule suivante :

$$q' = Q_\pi + q$$
$$(4) \qquad = Q_\pi + q_0 \left(1 + \frac{12 \alpha t q_0^2}{l^3 r^3} \sqrt{l^2 + h^2} \right).$$

Nous faisons remarquer que, ainsi qu'on l'a dit plus haut, il faut réduire ici le coefficient αt de la quantité :

$$\frac{q - q_0}{l\,\Omega\,\mathrm{E}}\sqrt{l^2 + h^2}.$$

Fig. 161.

L'action de la température s'exerçant à la fois sur tous les câbles de retenue du pont, il n'en peut résulter aucun changement sensible dans leur situation relative et les points d'appui restent fixes.

Il en est autrement de l'action de la traction supplémentaire $Q\pi$ qui raidit les paraboles de tous les câbles et les tire dans le sens de la travée chargée, de A′ en A′, (*Fig.* 161.) Le déplacement δl subi par l'extrémité A′ du câble de retenue provient à la fois de l'allongement subi par le câble par l'effet de la traction supplémentaire $Q\pi$ et de la diminution de longueur de la parabole dont la flèche a été réduite. Ce déplacement est donné par la formule :

$$(5) \quad \delta l = \sqrt{l^2 + h^2}\left\{ \frac{Q\pi \sqrt{l^2 + h^2}}{l\,\Omega\,\mathrm{E}} + \frac{r^2}{8}\left(\frac{l^2}{3} - \frac{h^2}{2}\right)\left(\frac{1}{q^2} - \frac{1}{(Q\pi + q)^2}\right)\right\}$$

Toutes les formules qui précèdent se simplifient notablement quand $h = o$, c'est-à-dire quand les extrémités du câble A et A′ sont au même niveau.

S'il se trouve, entre une culée et la travée surchargée, plusieurs travées non chargées, l'extrémité du câble principal de la travée surchargée se déplacera ainsi de la somme $\Sigma\delta l$ de tous les allongements partiels des câbles de retenue ; l'extrémité opposée se déplacera de la somme des allongements des câbles de retenue jusqu'à l'autre travée. Au contraire si toutes les travées sont surchargées, à l'exclusion de celle que l'on considère, le déplacement de ses points d'appui aura lieu en sens inverse et sera égal à l'allongement de son propre câble de retenue.

En résumé si l'on désigne par $\Sigma\delta l$ la somme de tous les allongements, que les câbles de retenue de toutes les travées sont susceptibles de subir, on voit que cette quantité représentera la variation que pourra subir la longueur S d'un câble principal quelconque sous l'action de la surcharge. On pourra en conclure à l'aide des formules précédentes la déformation qui en pourra résulter. Si le nombre de travées est important, on peut arriver à des déplacements considérables pour le tablier.

Pour qu'il n'en soit pas ainsi, il importe que la valeur de $\frac{\delta l}{l}$, allongement du câble de retenue par mètre courant d'ouverture, soit rendu aussi faible que possible.

Or cette expression comprend, d'après l'équation (5), deux éléments :

1°
$$\frac{Q\,(l^2 + h^2)}{l^2\,\Omega\,\mathrm{E}}.$$

Pour réduire au minimum ce terme, il faudrait employer un câble de retenue assez fort pour que le travail du métal $\frac{Q}{\Omega}$ dû à l'effort supplémentaire Q fût peu considérable. Ceci est peu pratique, et d'ailleurs ce terme n'a pas une très grande importance.

2°
$$\frac{r^2}{8}\left(\frac{l^2}{3} - \frac{h^2}{2}\right)\left(\frac{1}{q^2} - \frac{1}{(Q+q)^2}\right) \times \frac{\sqrt{l^2 + h^2}}{l}.$$

La valeur de cette expression est d'autant plus petite : 1° que q est grand par rapport à Q. Donc il faut que la tension initiale du câble soit considérable et au moins égale à l'effort supplémentaire dû à la surcharge ; 2° que r est plus petit : il faut que le câble ait le moindre poids possible compatible avec la résistance qu'il doit présenter. Il faut donc employer un métal très résistant. L'usage de fils métalliques (21) est ici indiqué, et en particulier le choix du fil d'acier qui est susceptible d'une résistance considérable sous un faible poids ; 3° que l est plus petit, l'allongement croissant comme le carré de l'ouverture.

Donc le système des câbles de retenue n'est applicable qu'à des travées d'ouverture médiocre, et il ne paraît pas pratique de dépasser les portées de 50 à 60ᵐ, sans quoi le câble de retenue perd beaucoup de son efficacité, la courbe qu'il décrit ayant une flèche beaucoup trop considérable. D'autre part il faut employer de préférence dans leur confection un fil aussi résistant que possible, en vérifiant toutefois que la surcharge et les changements de température ne pourront donner lieu à un travail supérieur à la limite pratique admise.

102. Câbles d'ancrage. — L'effort normal supporté par le câble d'ancrage est égal à $\dfrac{Q}{l}\sqrt{H^2 + l^2}$, en dé-

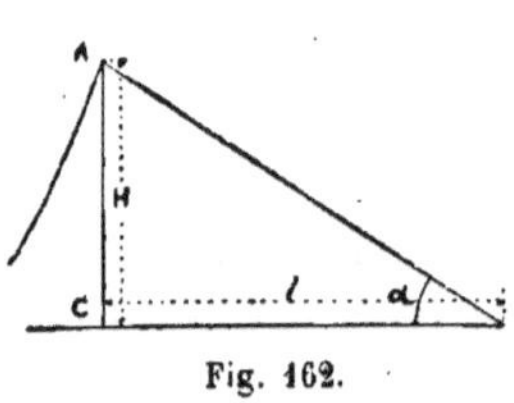

Fig. 162.

signant par Q la composante horizontale de la traction exercée par le câble principal, dont le câble d'ancrage est le complément, par l et H les distances horizontale et verticale des extrémités du câble d'ancrage A et B (*Fig.* 162.)

En général, H n'étant pas sensiblement plus petit que l, cet effort d'extension est plus considérable que celui que supporte le câble principal du pont. Il peut donc y avoir intérêt à attribuer au câble d'ancrage une section un peu plus forte, ce qui oblige à interrompre le câble en A.

La courbe que décrit le câble A B sous l'influence de son propre poids, ne diffère de la droite A C que d'une façon absolument insensible, vû la faible longueur du câble d'ancrage. Sa longueur peut donc être représentée par $\sqrt{H^2 + l^2}$ sans erreur appréciable.

Le câble A B s'allonge sous l'influence d'une élévation de température ainsi que par l'effet de la surcharge.

Cet allongement qui, le point B étant fixe, donne lieu à un déplacement égal du point A, est donné par la formule :

$$\delta s = \frac{Q\,(H^2 + l^2)}{l\,\Omega\,E} + \alpha t \sqrt{H^2 + l^2}.$$

Comme il en résulte une déformation du câble principal, il faut réduire le plus possible cette valeur de δs : le premier terme est minimum pour $l = $ H, et le second pour $l = o$. En conséquence l'angle α que fait avec l'horizontale le câble d'ancrage ne doit pas être inférieur à 45° autant que possible, et l'on peut même avoir intérêt à le prendre un peu plus

grand, bien qu'il en résulte une augmentation de l'effort
$$\frac{Q\sqrt{H^2+l^2}}{l}$$ subi par le câble.

§ IV.

INCONVÉNIENTS DE LA FLEXIBILITÉ DES PONTS SUSPENDUS.
DISPOSITIONS PERMETTANT DE LES ATTÉNUER.

103. Défauts des ponts suspendus flexibles. —
Les ponts suspendus dont il vient d'être question présentent
un grave inconvénient, même lorsque l'on suit dans leur
établissement les règles pratiques que nous avons indiquées précédemment. Ils sont susceptibles de subir des déformations considérables lorsqu'on surcharge une travée à
l'exclusion des voisines, et surtout lorsqu'on surcharge une
partie seulement d'une travée. Nous avons vu comment, en
pareil cas, on peut calculer la déformation des câbles principaux ; on reconnaît alors que le déplacement du tablier est
bien supérieur à celui, produit par la surcharge totale, que
les Ingénieurs se sont souvent bornés à déterminer, en faisant les calculs pour l'établissement d'un pont suspendu.

Il résulte de ce fait que les charges mobiles et les charges
oscillantes donnent lieu à des vibrations d'une grande amplitude, correspondant à une augmentation notable dans le
travail du métal qui constitue les câbles. Nous démontrerons
plus tard ce fait en étudiant l'effet des charges roulantes et des
charges oscillantes sur les ponts métalliques. Or, comme en
général on établit les ponts suspendus dans des conditions
telles que les câbles travaillent sous l'influence de la *surcharge
statique* à une limite très élevée, 10, 12, 15^k par millimètre
carré, on conçoit que l'effet d'une surcharge roulante, qui
peut doubler brusquement le travail normal, conduise à dépasser la limite d'élasticité du métal et entraîne la chute de
l'ouvrage. Telle est l'explication des accidents si nombreux
qui ont fait abandonner en France ce genre de ponts, et ce

n'est nullement la disproportion entre le poids de la surcharge
et le poids propre de l'ouvrage qui en est cause. Un premier
remède consiste à augmenter la force des câbles principaux,
de telle façon que le travail supplémentaire dû à la surcharge
étant peu important donne lieu à un faible allongement du
câble, partant à une légère déformation, et d'autre part que
l'effet dû aux vibrations puisse atteindre le double, le triple
du travail statique, sans que l'effort du métal dépasse la
limite d'élasticité. C'est un procédé coûteux, en ce qu'il conduit à augmenter considérablement le poids du câble, et fait
disparaître le principal avantage des ponts suspendus, qui est
leur prix peu élevé.

Les Américains ont réussi à corriger, ou tout au moins à
atténuer le défaut signalé, sans exagérer la force des câbles,
par l'emploi de haubans et de poutres auxiliaires. Nous allons
en dire quelques mots ici.

104. Poutres auxiliaires. — Le pont suspendu de
Mannheim sur le Necker,
établi vers l'année 1835, est
soutenu par deux câbles principaux ou plutôt deux chaînes,
composées de barres droites
articulées. A chaque articulation est fixée une tige de
suspension. D'autre part une
triangulation relie les deux

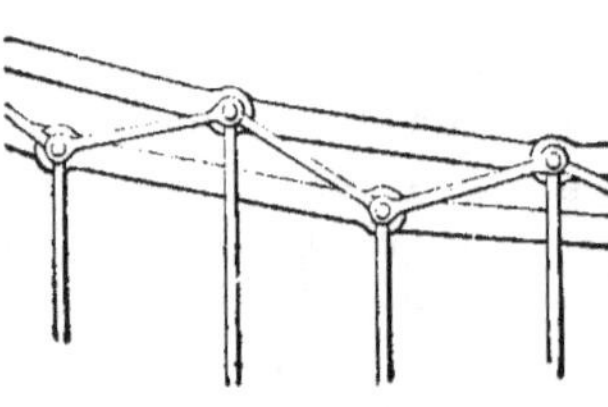

Fig. 163.

chaînes, de façon à les rendre solidaires (*fig.* 163).

Un pareil pont suspendu est bien différent de ceux que
nous avons étudiés jusqu'ici et que nous supposions portés
par des câbles présentant une flexibilité parfaite. Cependant
l'espèce de poutre parabolique constituée par les deux chaînes et la triangulation a une hauteur si faible que les déformations qu'elle peut subir sont très considérables ; il ne
s'agit donc pas là d'un ouvrage rigide, tel que ceux que nous
avons étudiés au chapitre précédent, et ceux que nous
allons examiner à la fin du présent chapitre. C'est un pont
semi-rigide, dont les câbles, présentant une certaine raideur,
sont susceptibles de subir des déformations très sensibles,

quoique bien inférieures à celles que subiraient des câbles parfaitement flexibles.

Pour calculer une construction de ce genre, il faut la dé-

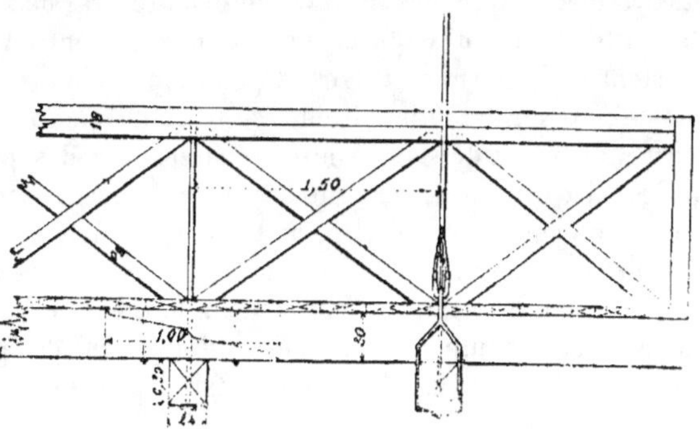

Fig. 164. Garde-corps formant poutre auxiliaire du pont de Fribourg (Suisse).

composer en deux éléments distincts, à étudier séparément : le câble de suspension proprement dit, supposé parfaitement flexible, pour lequel on fera usage de la méthode habituelle ; la poutre de rigidité, superposée au câble, à laquelle on appliquera les procédés de calcul dont nous parlerons plus tard. Nous ajouterons que, dans le cas cité, il eût été convenable, si l'on avait prétendu obtenir un pont très peu déformable, d'augmenter l'écartement des câbles, qui représente ici la hauteur de la poutre auxiliaire.

Le pont dont il s'agit existe encore ; il présente donc un exemple de longévité assez rare chez les ponts suspendus, et peut-être doit-on attribuer ce fait à la raideur qu'on a donnée aux câbles de suspension, de façon à les soustraire aux effets des charges roulantes ou oscillantes, si désastreux pour nombre de ponts suspendus.

Les Américains ont adopté le principe de ce dispositif sur tous leurs ponts ; seulement ils en font l'application d'une autre manière. Au lieu de donner de la rigidité aux câbles, ils en donnent au tablier, ce qui revient absolument au même, vu la solidarité de ces deux parties du pont.

Le dessin du pont suspendu sur le Niagara (*fig.* 168) en fournit l'exemple.

Les poutres auxiliaires sont fréquemment établies dans le système Howe, les tirants verticaux étant naturellement constitués par les tiges de suspension du tablier ; il est d'ailleurs nécessaire d'employer des bras et des contre-bras de même solidité, attendu que des efforts égaux et de sens contraires se manifestent successivement dans la poutre lorsqu'une charge mobile circule sur le tablier. Il en résulte que l'âme se trouve composée de croix de saint André, séparées par des pièces verticales, et c'est un cas où l'emploi de ce genre de poutre est, ainsi que nous le voyons, parfaitement justifié.

M. Gaston Cadart a publié dans les *Annales des Ponts et Chaussées* (1885, 1er semestre) un article où il expose, en la développant et la complétant, la méthode de calcul des ponts suspendus à poutre de rigidité dont on fait usage en Amérique. Malheureusement cette méthode est basée, comme celle de *Rankine*, sur certaines hypothèses, souvent en désaccord avec la réalité, qui peuvent entacher d'erreur les résultats, ainsi que l'a démontré *M. Maurice Lévy* (*Annales des Ponts et Chaussées*, 1886, 2e semestre).

M. Maurice Lévy a repris la question en écartant toute hypothèse préalable, et a donné une théorie complète des ponts suspendus à poutre de rigidité et haubans de soutien.

Nous avons cherché à traiter le même problème par une méthode différente, qui s'appuie sur les résultats déjà énoncés plus haut au sujet du calcul des ponts suspendus non rigides.

Nous exposons notre théorie, ainsi que les formules et les résultats pratiques qui en découlent, dans une note insérée à la fin du présent volume.

Les Américains ne se contentent pas de l'emploi des poutres auxiliaires pour rendre moins déformables leurs ponts suspendus, et empêcher les oscillations sous le passage des charges roulantes et sous l'action du vent. Ils complètent leurs ouvrages par l'adjonction de haubans, qui concourent au même but que la poutre auxiliaire.

105. Haubans. — On appelle haubans des câbles obliques qui relient les points d'appui des câbles principaux aux différents points du tablier et forment ainsi une série de pièces de suspension indépendantes entre elles et indépendantes des câbles principaux.

Leur fonctionnement est facile à comprendre.

Soient $A\,O\,A'$ le câble principal, $B\,O\,B'$ le tablier du pont suspendu, $A\,C$ et $A'\,C'$ deux haubans (*fig.* 165).

Supposons que l'on applique au point C du tablier une surcharge concentrée P. Si les haubans n'existaient pas, cette surcharge serait intégralement transmise par la tige de suspension

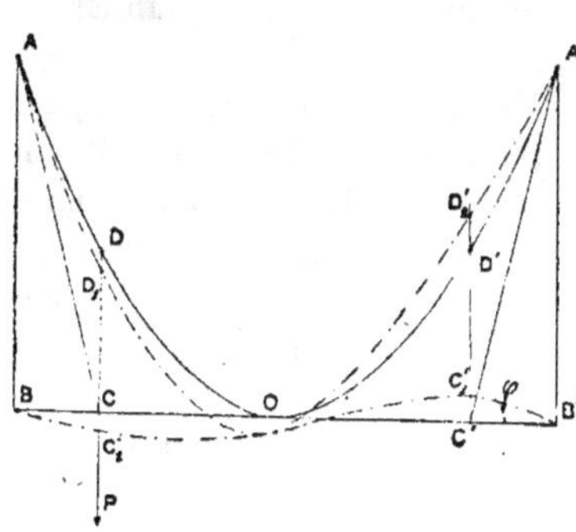

Fig. 165.

$C\,D$ au câble principal, lequel se déformerait et décrirait la nouvelle courbe $A\,D_1\,D_1'\,A'$. Le tablier suivrait ce mouvement et prendrait la position $B\,C_1'\,C_1\,B'$.

Supposons maintenant que les haubans $A\,C$ et $A'\,C'$ soient en place : le point C étant venu en C_1, le hauban $A\,C$ a dû s'allonger pour venir en $A\,C_1$; sa tension a augmenté, et par conséquent il porte à présent une fraction du poids P. Au contraire le hauban $A'\,C'$ en prenant la position $A'\,C_1'$, s'est raccourci, et sa tension a diminué, en augmentant d'autant l'effort subi par la tige de suspension $D'\,C'$, laquelle reste seule à supporter la charge qui auparavant était partagée entre elle et le hauban. Donc, par l'effet des haubans, la charge P se trouve partagée entre les tiges de suspension $D\,C$ et $D'\,C'$, par suite de l'augmentation de l'effort normal subi par le hauban $A\,C$, et de la diminution de l'effort du hauban $A'\,C'$. Il en serait de même, si l'on surchargeait la moitié $O\,B$ du tablier à l'exclusion de l'autre moitié $O\,B'$. Une partie de la surcharge serait directement supportée par les haubans cor respondants à la partie O B, tandis que les haubans correspondants à la partie O B′ se détendraient et laisseraient peser sur les tiges de suspension la portion de charge qu'ils portaient précédemment.

On calcule en général les haubans en fixant à priori par une hypothèse plausible la fraction de la charge et de la surcharge complète qu'ils auront à supporter, cette fraction étant d'autant plus forte que l'angle φ du hauban et du tablier est plus ouvert (1).

On calcule alors la force à donner aux câbles principaux ainsi que la courbe qu'ils décrivent à l'aide de la méthode indiquée au n° 95, en supposant que la charge et la surcharge par unité de longueur ont leur maximum au milieu de la portée et décroissent en se rapprochant des culées, au fur et à mesure que les haubans viennent soulager de plus en plus le câble principal.

Ce mode de calcul est très hypothétique, et il ne faut pas avoir une confiance absolue dans les résultats qu'il fournit. D'ailleurs l'influence de la température modifie absolument la répartion de la charge entre les câbles et les haubans. On voit en effet à priori que les déformations de ces deux éléments du pont ne concordent pas, et qu'un relèvement de température augmente le travail des haubans, en soulageant le câble, alors qu'un abaissement de température produirait l'effet inverse. Il est donc prudent de faire successivement les calculs dans l'hypothèse de la température la plus élevée et dans celle de la température la plus basse, et de donner aux câbles et aux haubans la solidité nécessaire pour résister dans chaque cas, ce qui conduit presque à admettre que chacun de ces systèmes de supports pourrait être appelé à sup-

---

1. Voir l'article déjà cité de *M. Maurice Lévy*, et la note à la fin du volume.

porter à lui seul la charge et la surcharge. On sait (97) déterminer la courbe décrite par le câble principal à une température quelconque.

Soit L la longueur d'un hauban à O°, ω sa section transversale, F l'effort normal qu'il supporte et t la température ambiante, sa longueur actuelle est égale à

$$L\left(1+\alpha t - \frac{F}{\omega E}\right).$$

On remarquera qu'on pourrait attacher les haubans à des points de la culée M et M situés au-dessous du tablier (*figure* 166). Ils produiraient le même effet au point de vue de la régularisation des surcharges, mais ils auraient l'inconvénient d'augmenter la charge permanente en raison de la tension initiale qu'il faut leur donner. Toutefois les Américains (*fig*. 167) emploient en général un certain nombre de haubans ainsi placés, mais spécialement en vue du contreventement, dont nous nous occuperons plus loin.

Il est évident que l'emploi des haubans ne dispense pas de celui des poutres auxiliaires ; tout au contraire il le rend absolument indispensable. En effet, si l'on suppose qu'à une température élevée, correspondant à un maximum de fatigue des haubans, une surcharge concentrée soit placée en un point du tablier, le hauban qui aboutit à ce point supporterait tout et serait exposé à se rompre, si la poutre auxiliaire n'était pas là pour reporter le poids sur plusieurs haubans successifs.

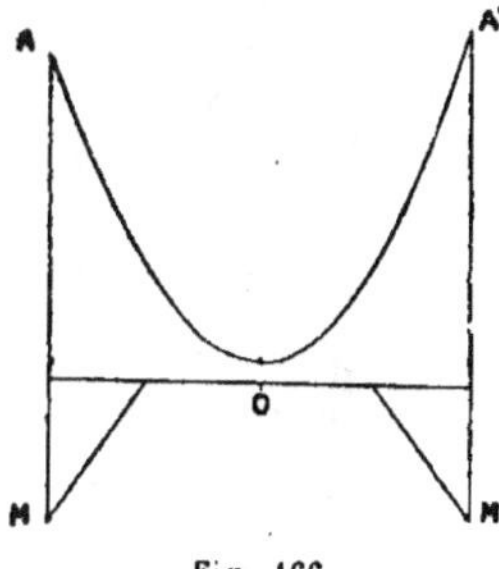

Fig. 166

A titre d'exemple à l'appui de ce qui précède, nous donnons (*fig*. 167 et 168) les dessins de deux grands ponts suspendus établis, l'un dans le système européen (Pont de Fribourg en Suisse), l'autre dans le système américain avec haubans et poutre auxiliaire, et câble auxiliaire de contreventement (Pont de Clifton, sur le Niagara.)

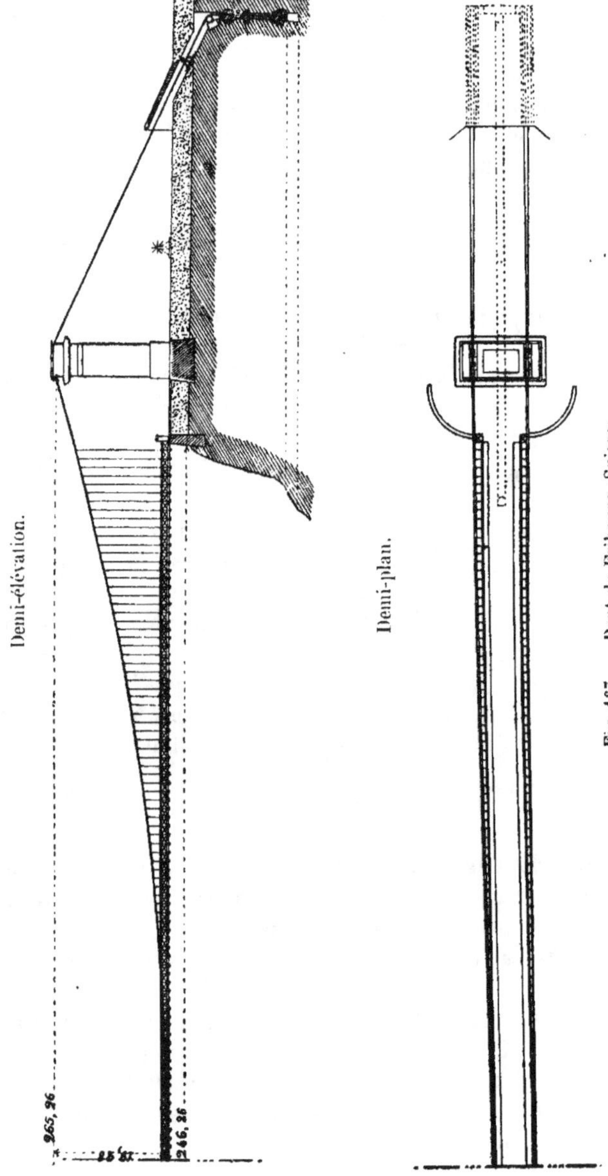

Demi-élévation.
Demi-plan.
265,96
246,26
Fig. 167. — Pont de Fribourg (Suisse).

Fig. 167 bis. — Pont de Fribourg (Suisse).

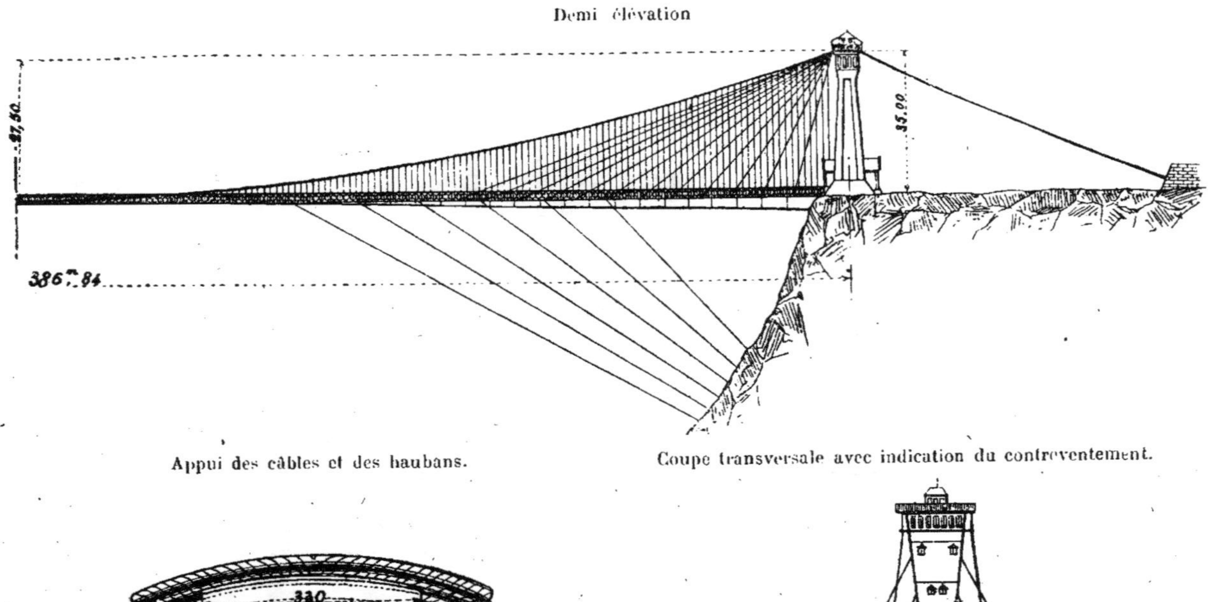

Fig. 168. — Pont de Clifton sur le Niagara (Amérique).

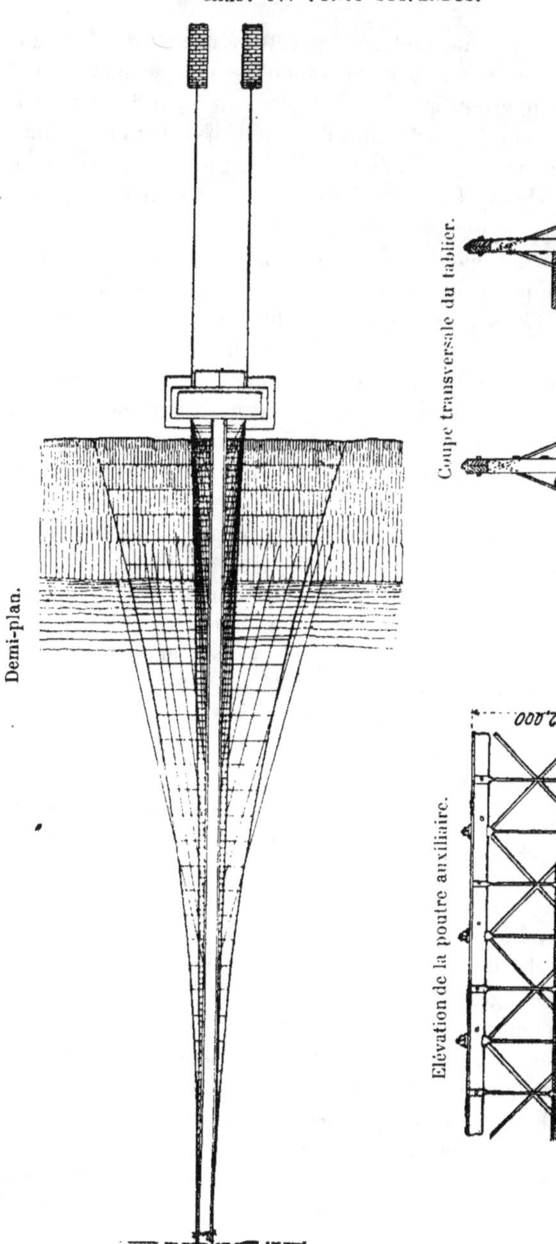

Fig. 168 *bis*. — Pont de Clifton sur le Niagara (Amérique)

Nous croyons utile de terminer cette étude en donnant un extrait, tiré de l'ouvrage de M. Comolli sur les ponts américains, du rapport de plusieurs Ingénieurs américains relatif aux différents projets présentés pour l'établissement d'un pont pour chemin de fer de 228 mètres d'ouverture sur la rivière de l'Est à New-York. Cet extrait est relatif aux projets de ponts suspendus présentés par deux concurrents.

« M. W.-S. Pope propose, au nom de la Compagnie des travaux de ponts de Détroit, un pont suspendu à poutre auxiliaire. Les câbles seraient en fil d'acier, et les grandes travées auraient la forme indiquée sur la figure.

« Les descriptions qui accompagnent les plans sont les plus complètes que nous ayons reçues. Les natures des efforts et leurs calculs, ainsi que la description des parties, sont disposés si intelligemment qu'on a immédiatement une idée claire de chacun des détails du dessin.

« Nous ne pouvons accepter cependant comme exactes quelques-unes des hypothèses adoptées pour la distribution des efforts. La poutre de rigidité, qui supporte la chaussée sur les grandes travées, est suspendue au câble par des tiges de suspension, et aux tours par une série de haubans qui s'étendent jusqu'à environ la moitié de la distance de l'extrémité des tours au milieu du pont, comme dans le pont suspendu du Niagara. Dans ce système, on prétend que les câbles supportent une moitié du poids, et que l'autre moitié est supportée par les haubans. Or, ces câbles et ces haubans forment deux systèmes de suspension indépendants et distincts, et il n'existe aucune preuve que le poids placé à un point quelconque se distribuera dans la proportion particulière prétendue. Si bien ajustés qu'ils soient au moment de l'érection, les deux systèmes éprouvent des altérations résultant des changements dans la température, et ces changements doivent altérer leur position et leur longueur relatives, et aussi les proportions relatives des poids qu'ils supportent. C'est le cas qui se produit au pont du Niagara ; la contraction du câble dans une froide journée d'hiver, élève la plate-forme et soulage les haubans du pont à ce point qu'ils se courbent. Les câbles dans ce pont doivent donc être construits assez solides pour faire tout le travail avec un coefficient de sécurité d'environ $4\frac{1}{2}$, et les haubans doivent servir seulement à rendre la poutre rigide.

« Nous voyons cependant que le projet ne prévoit pas les effets des changements de température qui sont très considérables dans les grandes travées.

« — C'est aussi un pont suspendu de même espèce qui est soumis par E.-W. Serrell et fils ; les câbles se composent de barres à œils qui, unies à un système de haubans, soutiennent une poutre rigide.

« Nous ne pouvons accepter ce projet qui ne répond pas à la condition du programme, stipulant que la construction doit être conçue de manière à prévoir le maximum des forces qui peuvent se produire sur chaque partie du pont.

« Les auteurs prétendent que tout le poids mort de la construction, dans les longues travées, sera supporté par les barres à œils, ce qui est vrai jusque-là ; mais ils prétendent également que, dans la portion où les deux systèmes s'étendent, tout le poids vif sera supporté par les haubans, aussi loin qu'ils s'attachent, et que les chaînes supporteront le reste, c'est-à-dire cette portion du poids vif qui se trouve entre les extrémités des systèmes de haubans. Cette prétention ne paraît justifiée à aucun membre du comité. Il lui a semblé qu'en concevant une structure composée, dans laquelle différents systèmes doivent supporter le poids, comme dans le cas d'une chaîne de barre à œils et de haubans diagonaux, ou dans celui d'un arc et d'une poutre, il est naturel de prétendre que le poids sera réparti en quelque proportion entre eux ; mais, dans ce cas, il est indispensable pour la sécurité que chacun d'eux soit d'une force suffisante pour supporter seul tout le poids qui peut se produire sur les deux ; et comme dans le cas actuel le poids mort et le poids vif sont principalement concentrés sur le même plancher, il est probable que les forces résultant des deux poids suivront la même loi de stabilité et prendront la plus courte voie possible vers le sommet des tours, compatible avec la répartition des poids et la constitution du pont.

« Les calculs de forces résultant du poids vif supporté par le câble entre les extrémités des haubans, et de ceux dus au vent agissant de la rivière sur les faces des tours, laissent beaucoup à désirer.

« Les poutres de rigidité sont de la hauteur de 12 1/2 pieds (3ᵐ 810), ce qui nous paraît insuffisant et rendrait trop flexible le milieu de la travée, dont cette partie serait soumise à de trop grands efforts, si des trains à grande vitesse passaient sur elles, ainsi que cela doit se produire.

« Les auteurs du projet proposent une disposition ingénieuse pour assurer le travail concourant du câble et des haubans, lors des changements de température. Ils proposent de fixer aux selles sur les tours un levier, et d'attacher les haubans à une série de pivots placés sur ce levier, de telle façon que ses mouvements compenseront les différentes contractions et extensions des chaînes et des haubans, selon les différentes températures. Nous ne saurions dire si cette disposition donnerait les résultat attendus. S'il était certain que tous les différents éléments du pont fussent toujours exposés également au soleil et également chauffés ou refroidis, et que la dilatation du câble et de la poutre rigide fût toujours linéaire, au lieu de présenter une courbe dont la courbure change avec la température, le résultat poursuivi par les auteurs serait acquis sans aucun doute. Cependant il est bon d'étudier ce point avant de recommander l'adoption d'une méthode qui, bien qu'ingénieuse, n'est encore qu'à l'état d'expérience future.

« Il faut faire remarquer qu'aucun des dessins soumis et conçus avec l'emploi des ponts suspendus ne remplit les conditions stipulées. Cela résulte en partie des défauts dans les détails, mais surtout de la difficulté d'adapter ce système aux nécessités du trafic auquel on doit satisfaire et qui exige une structure rigide. Les ponts suspendus avec poutres rigides sont nombreux et ont été érigés avec succès sur les routes sur lesquelles les poids roulants sont légers et ont une vitesse réduite, donnant ainsi à une construction flexible le temps de s'assimiler les efforts successifs correspondant aux déplacements des poids qu'elle supporte. Quand, au contraire, les poids énormes et rapprochés des locomotives et des trains passent à grande vitesse (comme ce serait le cas sur un pont de 2 milles de longueur, assez coûteux pour ne négliger aucun des profits qu'il peut donner, afin de payer les intérêts du capital engagé), la construction doit encore être assez rigide pour ne recevoir aucune secousse sous les effets du poids vif.

« Cette rigidité indispensable peut être donnée, pensons-nous, par une poutre auxiliaire, mais la rigidité même de la poutre, si elle est continue, l'empêche de travailler en harmonie, selon la température, avec le câble. Il en est ainsi dans les ponts routiers auxquels nous avons fait allusion, et au pont du Niagara (sur lequel on n'autorise que le mouvement ralenti des trains), où l'on a employé une poutre auxiliaire continue. De là, l'obligation d'employer un système de poutre auxiliaire qui reste fixe dans son milieu. Le projet que nous venons d'examiner, ou les autres dispositions proposées jusqu'à présent (et que nous n'avons la place pour discuter), force à s'éloigner considérablement des méthodes ordinaires de suspension, et aucun des dessins soumis (excepté, peut-être, celui de la Compagnie des Ponts de Cincinnati) ne semble reconnaître cette obligation (1). »

§ V.

CONTREVENTEMENT.

106. Contreventement horizontal. — Les câbles de suspension n'offrent au vent qu'une prise insignifiante; c'est sur les garde-corps et le plancher du tablier que s'exerce son action, et comme, en général, le poids propre de l'ouvrage est faible, il peut subir de ce chef un déplacement sensible et des oscillations dangereuses, qu'il convient d'empêcher. La rigidité du tablier, considéré comme poutre de contreventement et soutenu à ses extrémités par les culées, pourrait suffire. Mais en général le tablier est très légèrement établi, et l'adjonction de contrevents

---

(1) Le projet de la Compagnie des ponts de Cincinnati comportait un pont suspendu rigide du type étudié au numéro 113.

l'alourdirait beaucoup trop. D'ailleurs, pour un pont suspendu de grande ouverture, la faible largeur du tablier, qui atteint tout au plus $\frac{1}{20}$ ou $\frac{1}{30}$ de la portée, ne lui permet pas de constituer une poutre suffisamment indéformable.

Le moyen le plus simple et le plus efficace (*fig.* 168 *bis*) consiste à employer des câbles auxiliaires situés dans un plan horizontal et reliés au tablier par des tiges également horizontales. Ces câbles se calculent comme les câbles principaux, de façon à résister aux efforts du vent ; leurs extrémités sont amarrées sur le prolongement des culées. En réalité, ces câbles sont dans un plan oblique, et on ne peut faire autrement, car ils sont sollicités par leur propre poids. D'habitude on les dispose de façon que leur convexité soit opposée à celle des câbles principaux ; alors, lorsqu'il n'y a pas de vent, ils exercent sur les tiges qui les relient au tablier et aux câbles principaux des efforts de traction que l'on règle en tendant plus ou moins ces câbles lors de la construction de l'ouvrage. Ils sont ainsi soumis à une charge permanente qui dépend de la tension initiale qui leur a été donnée, et qui doit être telle que la surcharge accidentelle, c'est-à-dire l'effort maximum du vent, ne déforme le câble, et par suite ne déplace le tablier, que dans la limite que l'on estime ne pas présenter d'inconvénient. Les composantes horizontales des charges des deux câbles de contreventement opposés sont égales et de sens contraire ; elles se détruisent. Quant aux composantes verticales, qui sont, ainsi que nous l'avons dit, dirigées de haut en bas, elles s'ajoutent au poids du tablier et augmentent d'autant la charge supportée par les câbles principaux.

On peut remplacer les câbles auxiliaires par des haubans obliques venant relier aux culées différents points du tablier. Leur calcul ne présente aucune difficulté.

Un autre moyen de contreventer horizontalement les ponts suspendus, consiste à placer les câbles principaux dans des plans obliques au lieu de plans verticaux (*fig.* 168). L'écartement des points d'appui des câbles sur les culées est alors plus grand que la largeur du tablier. Le calcul des câbles principaux se fait d'ailleurs par les formules habituelles, où il convient seulement de substituer à p et π, valeurs réelles de la charge et de la surcharge du pont, les valeurs $\dfrac{p}{\cos\ \omega}$

et $\dfrac{\pi}{\cos\ \omega}$, en désignant par ω l'angle du plan des câbles avec la verticale.

Chaque câble supporte dans son plan la charge $\dfrac{P}{\cos\ \omega}$ qui se décompose en un poids vertical P, égal à celui du ta- blier, et en une composante hori- zontale P tg ω transmise au tablier et équilibrée par la composante égale et de sens contraire du côté opposé BD (*fig.* 169).

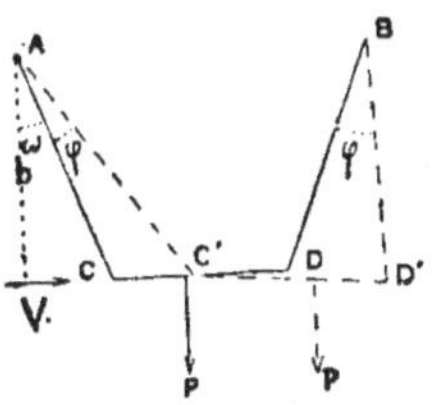

L'effet de l'inclinaison du plan des câbles principaux au point de vue de la résistance aux efforts du vent est aisé à calculer.

Fig. 169.

Soit ω l'angle du plan de câble et au plan vertical qui passe par ses deux extrémités, que l'on suppose situées sur une même horizontale.

Soit P le poids total du pont, que l'on peut regarder, sans grande erreur, comme appliqué sur le tablier, et V l'effort total du vent, pour lequel nous ferons la même hypothèse. Désignons par φ le déplacement angulaire que subirait le plan des câbles principaux sous l'action du vent, pour attein- dre une position d'équilibre statique; on a, en appelant b la distance verticale du tablier aux points d'appui du câble, l'équation d'équilibre :

$$V b = \frac{b\,P}{2}\left[\operatorname{tg}(\omega+\varphi) - \operatorname{tg}(\omega-\varphi)\right] = b\,P\,\operatorname{tg}\varphi\left(\frac{1 + \operatorname{tg}^2\omega}{1 - \operatorname{tg}^2\omega\,\operatorname{tg}^2\varphi}\right).$$

En négligeant $\operatorname{tg}^2\omega\,\operatorname{tg}^2\varphi$, on trouve :

$$\operatorname{tg}\varphi = \frac{V}{P}\times\frac{1}{1 + \operatorname{tg}^2\omega}.$$

On voit que le déplacement angulaire φ, et par suite l'am- plitude des vibrations causées par le vent, décroît au fur et à mesure que ω augmente.

R.

17

Pour $\omega = 0$, ce qui est le cas ordinaire, où les câbles sont situés dans des plans verticaux, on a :

$$\operatorname{tg}\varphi = \frac{V}{P}.$$

L'effet du vent n'est d'ailleurs réduit de moitié que pour $\omega = \frac{\pi}{4}$, ce que l'on n'admet pas en pratique.

En réalité, dans les limites où varie en général ω, ce système de contreventement n'est pas bien efficace, et, si l'on incline le plan des câbles principaux, c'est plutôt pour élargir le passage à ménager dans les culées, entre les piliers qui servent de supports aux câbles principaux (*fig.* 167 et 168).

107. Contreventement vertical. — Lorsqu'un pont suspendu est établi dans une gorge étroite, à une grande hauteur au-dessus du fond de la vallée, il arrive que le vent exerce son action de bas en haut sur le tablier : Vu la grande surface offerte par celui-ci, l'effort qu'il subit est considérable et tend à le soulever. Si le vent agit plus sur une moitié de la travée que sur l'autre, ce qui est le cas le plus fréquent (les courants atmosphériques suivant en général un des flancs de la vallée), l'effort produit est le même que si l'on déchargeait brusquement la demi-travée qui tend à se soulever; la déformation qui en résulte pour le câble est donc identique à celle que produirait une surcharge placée brusquement sur une moitié de la portée. On conçoit qu'il se produise des vibrations de grande amplitude, le tablier s'abaissant et se relevant tour-à-tour de part et d'autre du milieu de la portée, jusqu'à ce qu'il se produise une rupture par suite du travail excessif développé dans les câbles.

C'est ainsi que le pont de la Roche-Bernard, sur la Vilaine, a été renversé plusieurs fois par des ouragans, et ce n'est guère que de cette façon que le vent peut amener la rupture d'un pont suspendu, un ouvrage de cette nature n'offrant une grande surface de résistance que dans la direction verticale perpendiculaire à son tablier.

On peut protéger les ponts suspendus en établissant des

câbles auxiliaires situés dans des plans verticaux (*fig.* 170), ou dans des plans obliques avec une courbure opposée à celle des câbles principaux.

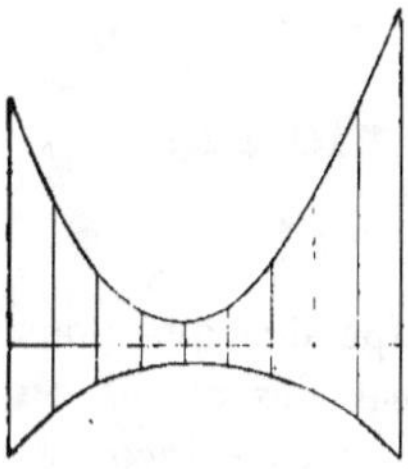

Nous avons vu au n° 101 comment de semblables câbles se calculent. Nous n'y reviendrons pas. Ici la charge est due à la tension initiale donnée au câble lors du montage, et la surcharge est égale à l'effort maximum que produirait le vent sur le tablier.

Fig. 170.

Comme d'ailleurs, ainsi que nous venons de le dire, l'effet produit par le vent est identique à celui qui serait dû à l'action instantanée d'une surcharge inégalement répartie, les dispositions qui ont pour objet de soustraire les ponts aux effets de l'inégalité de répartition de la surcharge, protègent par là même l'ouvrage contre l'action du vent agissant de bas en haut. Par conséquent les haubans constituent un système de contreventement vertical bien plus efficace que les câbles auxiliaires à courbure inverse dont ils rendent l'emploi superflu. C'est ce qui explique pourquoi, lorsque pour les ponts métalliques ordinaires le nombre des catastrophes dues à l'action du vent paraît proportionnellement plus élevé en Amérique qu'en Europe, la comparaison donne un résultat absolument différent en ce qui touche les ponts suspendus : en renforçant à l'aide de haubans leurs ponts suspendus, les Américains se sont mis à l'abri de désastres semblables à celui du pont de la Roche-Bernard.

II. — PONTS SUSPENDUS RIGIDES.

108. Généralités. — Les ponts suspendus que nous avons étudiés jusqu'ici étaient soutenus par des câbles ou chaînes parfaitement flexibles. Nous avons vu les inconvénients qui résultaient de cette flexibilité, ainsi que les moyens employés pour les atténuer.

On a réussi en Amérique à les faire disparaître entièrement en construisant des ponts suspendus rigides : la seule analogie qui existe entre ces ouvrages et les ponts suspendus ordinaires consiste en ce qu'ils exercent les uns et les autres un effort de traction sur les culées.

Les ponts suspendus rigides présentent le caractère commum suivant : le câble flexible des pont suspendus ordinaires est remplacé par deux poutres rigides articulées chacune avec une culée, et réunies aussi l'une à l'autre par une articulation placée au milieu de la portée.

Ces deux poutres peuvent d'ailleurs être établies soit suivant le système européen avec des assemblages à rivets, soit avec des assemblages à articulations.

Les méthodes générales de calcul des ponts suspendus rigides, de forme quelconque, sont exposées dans la première partie du chapitre suivant, auquel on devrait se reporter en cas de besoin. Nous verrons au n° 122 que tous les calculs et tous les raisonnements relatifs aux ponts en arc à triple articulation sont également applicables aux ponts suspendus rigides. Nous nous bornerons ici à étudier en détail trois types spéciaux de ponts suspendus rigides.

§ I.

PONT SUSPENDU RIGIDE A CABLE PARABOLIQUE
ET ENTRAITS RECTILIGNES.

109. Formules préliminaires. — Considérons d'abord le type adopté en Amérique pour le pont de Pittsburg sur la rivière Monongahela (*fig.* 172). Les cordes inférieures des deux poutres décrivent une parabole complète à axe vertical. Les cordes supérieures sont rectilignes et sont dirigées suivant les *cordes géométriques* des demi-paraboles. La triangulation est formée de bras perpendiculaires à la corde supérieure, et de tirants et contre - tirants obliques. Nous appellerons câble la corde inférieure de chaque poutre, formée de barres successives articulées entre elles, et entraits les cordes supérieures (*fig.* 171.)

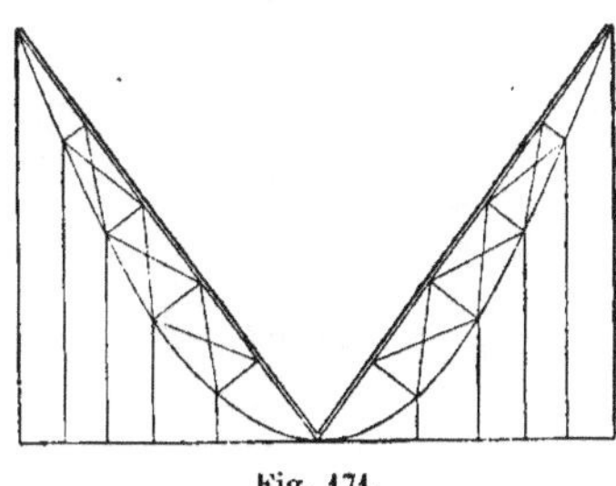

Fig. 171.

Nous allons chercher les formules pratiques dont il convient de se servir pour ce genre d'ouvrage.

Considérons un point M situé sur le câble parabolique ; soit N sa projection sur l'entrait AO. Nous prendrons pour axe des coordonnées la verticale OY et l'horizontale OX passant au sommet de la parabole (*fig.* 173).

Les x sont positifs à droite de l'origine O et négatifs dans le sens opposé.

L'équation de la parabole AMOA' est :

$$y = \frac{b}{a^2}\, x^2,$$

b étant la flèche et $2\,a$ l'ouverture de la parabole.

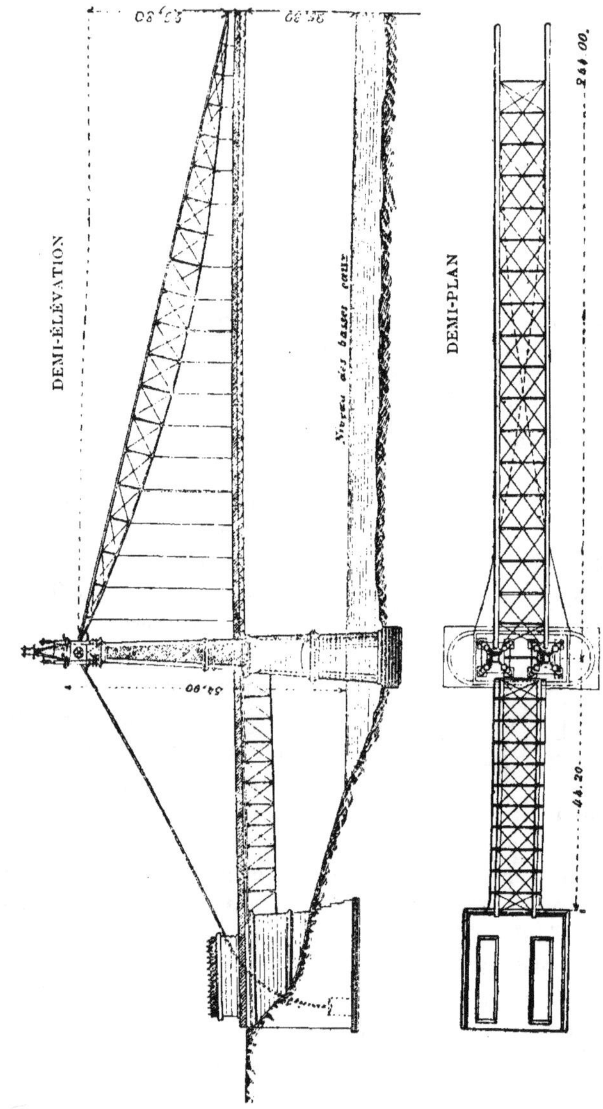

Fig. 172. — Pont de Pittsburg sur la Monongahela (Amérique).

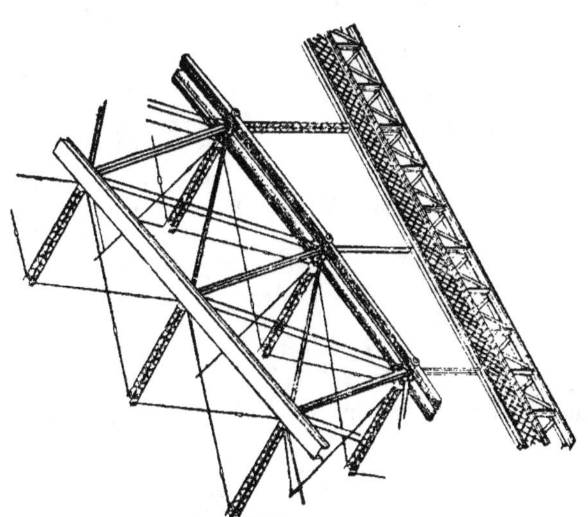

Perspective de la poutre auxiliaire et du contreventement.

Fig. 172 bis. — Pont de Pittsburg sur la Monongahela (Amérique).

L'équation de la droite ANO est, en désignant par u et v ses coordonnées courantes :

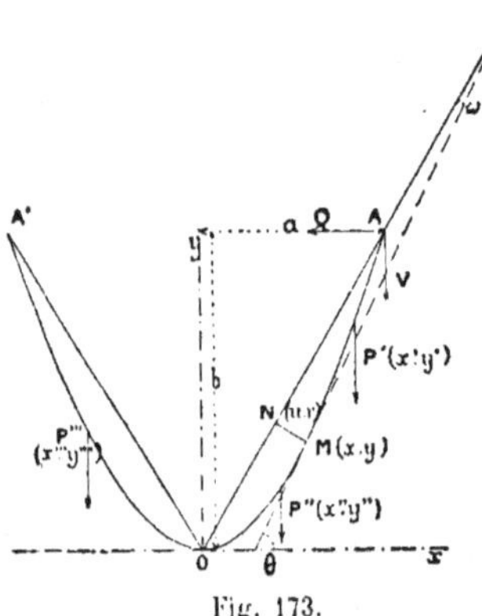

Fig. 173.

$$v = \frac{b}{a}\, u.$$

Les angles θ et ω que fait la tangente en M à la parabole avec l'axe ox et la droite AO sont donnés par les formules :

$$\operatorname{tg}\theta = \frac{2\,bx}{a^2},$$

$$\operatorname{tg}\omega = \frac{a^2 b - 2\,abx}{a^3 + 2\,b^2 x}.$$

Les coordonnées du point N, pied de la perpendiculaire abaissée du point M sur l'entrait AO, sont données par les formules :

$$u = (ax + by)\,\frac{a}{a^2 + b^2},$$

$$v = (ax + by)\,\frac{b}{a^2 + b^2}.$$

Enfin la distance MN, que nous désignerons par d, a pour valeur :

$$MN = d = \frac{b}{a}\sqrt{\frac{x\,(a - x)}{a^2 + b^2}}.$$

Nous donnerons également la valeur de la projection de MN sur la normale en M à la parabole :

$$d\cos\omega = \frac{b}{a\,(a^2 + b^2)}\,\sqrt{\frac{x\,(a - x)\,(a^3 + 2\,b^2 x)}{4\,b^2 x^2 + a^4}}.$$

Toutes ces équations, qui résultent de calculs très simples de géométrie analytique, vont nous servir dans la détermination des efforts subis par les différents éléments du pont.

110. Calcul de l'entrait et du câble. Effet d'une surcharge concentrée. — Nous allons chercher l'effort normal développé en M dans le câble et en N dans l'entrait par un poids isolé appliqué au câble soit au point (x', y') entre A et M, soit au point (x'', y'') entre M et O, soit au point (x''', y''') entre O et A'.

Désignons par Q et V les composantes horizontale et verticale de la traction exercée en A par le pont sur la culée de droite. Il est facile de calculer, quel que soit le point d'application de la surcharge concentrée, les valeurs de Q et de V, en égalant à o : 1° la somme des moments des forces extérieures appliquées au pont entre A et O (Q, V, et P' ou P''), par rapport au point d'articulation O, où passe nécessairement la résultante ; 2° la somme des moments des forces extérieures (V et P', P'' ou P''') par rapport au point d'attache A' sur la culée de gauche.

On a ainsi, pour chaque hypothèse faite sur la position de la surcharge concentrée, deux équations qui permettent de calculer Q et V.

Les différentes expressions de Q et de V sont les suivantes pour les différentes positions du poids isolé :

$$P'(x'y'), \qquad Q' = \frac{P'(a - x')}{2b}, \qquad V' = \frac{P'(a + x')}{2a}$$

$$P''(x''y''), \qquad Q'' = \frac{P''(a - x'')}{2b}, \qquad V'' = \frac{P''(a + x'')}{2a}$$

$$P'''(x'''y'''), \qquad Q''' = \frac{P'''(a + x''')}{2b}, \qquad V''' = \frac{P'''(a + x''')}{2a}$$

Remarquons que x''' est négatif.

Désignons par F l'effort normal subi en $M(x\,y)$ par le câble, et par C l'effort normal subi en $N(u\,v)$ par l'entrait (*fig.* 174).

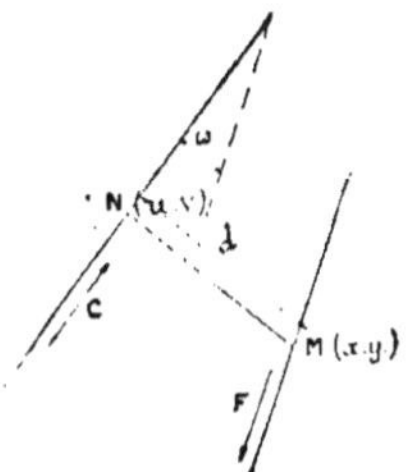

Nous déterminerons F et C, dans chaque hypothèse sur le point d'application de la surcharge, en égalant à o la somme des moments de toutes les forces extérieures appliquées à la portion de pont ANM, d'abord par rapport au point N, et ensuite par rapport au point M. Les deux équations ainsi obtenues nous permettront de calculer F et C.

Fig. 174.

1° Considérons le poids P' (x',y') appliqué entre **A** et **M**. Nous avons les équations de condition :

$$F'd\cos\omega + Q'(b-v) - V'(a-u) + P'(x'-u) = o,$$

et

$$-C'd + Q'(b-y) - V'(a-x) + P'(x'-x) = o.$$

D'où nous tirons, en substituant à Q', V' leurs valeurs, à v,u,y, puis à d et cos ω, leurs expressions en fonction de x :

$$(1) \quad F' = \frac{P'}{d\cos\omega}\,\frac{x\,(a^3 + b^2 x)}{(a^2 + b^2)\,a^2}\,(a-x')$$

$$= \frac{P'}{ab}\,\frac{\sqrt{a^4 + 4\,b^2 x^2}\,(a^3 + b^2 x)}{(a-x)\,(a^3 + 2\,b^2 x)}\,(a-x').$$

$$(2) \quad C' = -\frac{P'}{d}\,\frac{(a+x)\,x}{2\,a^2}\,(a-x') = -\frac{P'\sqrt{a^2 + b^2}}{2\,ab}\,\frac{a+x}{a-x}\,(a-x').$$

On a toujours $F'>o,$ $C'<o.$

2° Considérons le poids P'' (x'',y'') appliqué entre **M** et **O**. Nous avons les équations de condition :

$$F''d\cos\omega + Q''(b-v) - V''(a-u) = o.$$

et

$$-C''d + Q''(b-y) - V''(a-x) = o.$$

D'où nous tirons :

$$(3) \quad F'' = \frac{P''}{d\cos\omega}\,\frac{(a^3 + ab^2 + b^2 x)\,(a-x)}{(a^2 + b^2)\,a^2}\,x''$$

$$= \frac{P''}{ab}\,\frac{\sqrt{a^4 + 4\,b^2 x^2}}{x\,(a^3 + 2\,b^2 x)}\,(a^3 + ab^2 + b^2 x)\,x''.$$

$$(4) \quad C'' = -\frac{P''}{d}\left[\frac{(a+x)\,x}{2\,a^2}\,(a-x'') - (x-x'')\right]$$

$$= -\frac{P''\sqrt{a^2 + b^2}}{2\,ab}\left[\left(\frac{a+x}{a-x}\right)(a-x'') - \frac{2\,a^2\,(x-x'')}{x\,(a-x)}\right].$$

On a toujours $F''>o.$

On a $\qquad$ $C'' < o$, pour $x'' > \dfrac{ax}{2a+x}$,

et $\qquad$ $C'' > o$, pour $x'' < \dfrac{ax}{2a+x}$.

3° Considérons le poids P''' (x''', y''') appliqué entre O et A′ :

$$F''' \, d \cos \omega + Q''' (b-v) - V''' (a-u) = o,$$
$$- C''' d + Q''' (b-y) - V''' (a-x) = o.$$

d'où

(5) $$\qquad\qquad\qquad F''' = o$$

(6) $$C''' = \frac{P'''}{d} \frac{x(a-x)}{2a^2} (a+x''')$$

$$= \frac{P''' \sqrt{a^2+b^2}}{2ab} (a + x''').$$

On a toujours $F''' = o$ et $C''' > o$

En discutant les formules (1) (3) et (5), on reconnaît que l'effort normal développé dans le câble est toujours une tension. Cet effort atteint son maximum lorsque le poids P est appliqué au point M : x''' ou $x' = x$.

Lorsque le poids est appliqué sur la branche de gauche, $-a < x''' < o$, il ne se manifeste aucun effort en M. Un poids quelconque ne produit donc d'effet que sur la branche du câble à laquelle il est appliqué.

Les formules (2), (4) et (6) nous montrent : 1° que l'effort normal, développé dans l'entrait en N par un poids isolé, est un effort de compression lorsque le point d'application de ce poids est sur la branche à laquelle appartient le point M $(x.y)$ du câble correspondant à N, et que son abscisse x' est comprise entre les limites a et $\dfrac{ax}{2a+x}$:

$$\frac{ax}{2a+x} < x' < a.$$

Cet effort de compression atteint son maximum lorsque le poids est appliqué en M : $x = x'$.

2° Que l'effort normal développé est une tension lorsque le point d'application du poids est compris entre les limites :

$$-a < x'' \text{ ou } x''' < \frac{ax}{2a + x}.$$

Ces limites comprennent toute la branche de gauche et une partie de la branche droite.

Cet effort d'extension atteint son maximum pour $x'' = o$, lorsque le poids est appliqué au milieu de l'ouverture.

111. Calcul de l'entrait et du câble. Effet d'une surcharge uniformément répartie partielle ou totale. — Supposons maintenant que la surcharge soit uniformément répartie sur une portion de la longueur du pont. Il suffira pour calculer l'effort normal résultant de remplacer dans les formules précédentes P′, P″, P‴ par $\pi\, dx'$, $\pi\, dx''$, $\pi\, dx'''$, et d'intégrer leurs seconds membres qui sont du premier degré en fonction de x', de x'', de x''', entre les limites choisies. Cette opération ne présente absolument aucune difficulté, et nous nous bornerons à en énoncer les résultats, pour différentes hypothèses de répartition de la surcharge. Nous donnerons les expressions de F et de C en fonction de la seule variable indépendante x : il serait aisé si on le voulait d'y rétablir les variables d et $d \cos \omega$, dont on connaît la valeur en fonction de x.

Tous ces renseignements figurent au tableau suivant :

Tableau des efforts normaux développés dans le câble et dans l'entrait sous l'action de surcharges uniformément réparties sur une portion de l'ouverture

ABSCISSES LIMITES DE LA ZONE SURCHARGÉE		EFFORT NORMAL F développé dans le câble au point M (xy)	EFFORT NORMAL C développé dans l'entrait au point N correspondant au point M (xy) du câble
Limite inférieure	Limite supérieure		
x	a	$+ \dfrac{\pi}{2ab} \dfrac{\sqrt{a^4 + 4b^2x^2}}{a^3 + 2b^2x} (a^3 + b^2x)(a - x)$	$- \dfrac{\pi \sqrt{a^2 + b^2}}{4ab} (a^2 - x^2)$
o	x	$+ \dfrac{\pi}{2ab} \dfrac{\sqrt{a^4 + 4b^2x^2}}{a^3 + 2b^2x} (a^3 + ab^2 + b^2x)\,x$	$- \dfrac{\pi \sqrt{a^2 + b^2}}{4ab} x^2$
$-a$	o	o	$+ \dfrac{\pi \sqrt{a^2 + b^2}}{4ab} a^2$
o	a	$+ \dfrac{\pi}{2b} \sqrt{a^4 + 4b^2x^2}$ (max. de F)	$- \dfrac{\pi \sqrt{a^2 + b^2}}{4ab} a^2$
$\dfrac{ax}{2a + x}$	a	»	$- \dfrac{\pi \sqrt{a^2 + b^2}}{4ab} \dfrac{2a^2(a + x)}{2a + x}$ (max. négatif)
$-a$	$\dfrac{ax}{2a + x}$	»	$+ \dfrac{\pi \sqrt{a^2 + b^2}}{4ab} \dfrac{2a^2(a + x)}{2a + x}$ (max. positif)
$-a$	$+a$	$+ \dfrac{\pi}{2b} \sqrt{a^4 + 4b^2x^2}$ (max. de F)	o

Ces formules supposent toutes que x est pris positivement, et ne seraient plus applicables si on lui attribuait une valeur négative.

L'examen de ces différentes formules donne lieu aux remarques suivantes :

1° Le câble travaille toujours à l'extension, quel que soit le mode de répartition de la surcharge.

Toute surcharge appliquée sur une portion quelconque d'une demi-travée ne donne lieu à aucun effort dans le câble correspondant à la demi-travée opposée. Les deux branches paraboliques du câble sont donc absolument indépendantes, et chacune d'elles n'est influencée que par les poids qui lui sont directement appliqués.

L'effort maximum subi par le câble a lieu lorsque la demi-travée, correspondant au point du câble considéré, est entièrement surchargée. On obtient le même résultat lorsque la surcharge couvre la totalité du pont.

Cet effort normal maximum $\dfrac{\pi}{2\,b}\sqrt{a'^2 + 4\,b^2\,x^2}$ a précisément la valeur qui correspondrait au cas de la surcharge totale pour un pont suspendu flexible, où l'on supprimerait l'entrait et la triangulation (article 91).

Par conséquent le câble peut toujours se calculer dans cette hypothèse sans se préoccuper de l'influence de l'entrait, qui ne joue aucun rôle lorsque la surcharge est complète et que le travail du câble est maximum.

2° L'entrait subit son effort maximum à l'extension, lorsque la surcharge couvre la portion du tablier comprise entre les limites $\dfrac{a\,x}{2\,a + x}$ et a, et son effort maximum à la compression, lorsque la surcharge couvre la portion de tablier comprise entre les limites $-\,a$ et $\dfrac{ax}{2\,a + x}$

Ces deux maxima sont égaux et de sens contraire : donc l'entrait doit pouvoir travailler indifféremment à la compression et à l'extension.

Cet effort maximum atteint sa limite supérieure au point d'attache A sur la culée :

$$x = a, \quad C = \frac{\pi a}{3b} \sqrt{a^2 + b^2}, \quad \frac{ax}{2a + x} = \frac{a}{3}.$$

Par conséquent la surcharge couvre alors le tiers du tablier s'il s'agit d'un effort de compression ou les deux autres tiers s'il s'agit d'une tension.

On obtient la limite inférieure de cet effort maximum au milieu de la travée, c'est-à-dire à l'extrémité O de l'entrait :

$$x = o, \quad C = \frac{\pi a}{4b} \sqrt{a^2 + b^2}, \quad \frac{ax}{2a + x} = o.$$

La surcharge couvre alors soit l'une, soit l'autre moitié de la travée.

Ces deux limites ne diffèrent que de $\frac{\pi a}{12b} \sqrt{a^2 + b^2}$. On peut donc en général donner à l'entrait une section constante d'une extrémité à l'autre : en ce cas, lors des épreuves, il faut répartir la surchage successivement sur 1/3 puis sur 2/3 du tablier, à partir de chaque culée.

Lorsque la surcharge couvre une moitié du tablier, l'entrait produit ce résultat : 1° de soustraire à tout effort une moitié du câble ; 2° de faire travailler la moitié opposée comme si la surcharge était complète.

Quand la surcharge est complète, les entraits ne supportent aucun effort et ne jouent aucun rôle. L'ouvrage se comporte comme si c'était un pont suspendu flexible.

La discussion à laquelle nous venons de nous livrer démontre suffisamment toute l'efficacité du système, qui soustrait complètement le câble aux déformations résultant, pour les ponts suspendus ordinaires, d'une répartition inégale de la surcharge, et ne change rien à ses conditions de stabilité lorsque la surcharge est complète. Il en résulte que le câble doit être calculé en vue de la charge permanente et de la surcharge complète, sans se préoccuper du cas où celle-ci ne couvrirait qu'une portion du tablier.

Quant à l'entrait, il doit être calculé uniquement en vue de la surcharge, dans l'hypothèse la plus défavorable, où elle couvre la portion du tablier comprise entre les limites $\frac{ax}{2a + x}$ et a.

Si l'on donne au câble ainsi qu'à l'entrait une section uniforme d'une extrémité à l'autre, les efforts maxima qu'il convient de considérer dans le calcul des sections de ces deux pièces seront donnés par les formules suivantes, où p et π désignent comme d'habitude la charge et la surcharge par mètre courant d'ouverture.

$$\text{Câble}: \mathrm{F} = \frac{(p + \pi)\,a}{2\,b} \sqrt{a^2 + 4\,b^2}, \text{ tension}$$

$$\text{Entrait}: \mathrm{C} = \pm \frac{\pi\,a}{3\,b} \sqrt{a^2 + b^2}, \qquad \text{tension ou pression.}$$

Il est bon de noter que l'entrait est une pièce comprimée de grande longueur dont la section doit être déterminée de façon à l'empêcher de flamber.

Cette circonstance que le travail subi par l'entrait ne dépend que de la surcharge, laquelle, ainsi qu'on le sait (25), croît moins rapidement que l'ouverture des ouvrages, conduit à cette conséquence, que l'aire de la section à donner à l'entrait croît également moins vite que l'ouverture de l'ouvrage, et que le poids total de l'entrait est sensiblement proportionnel à $a^{\frac{5}{3}}$. Nous reviendrons plus loin sur cette circonstance, qui rend ce type de pont particulièrement convenable pour les très grandes portées (119.)

112. Calcul de la triangulation. — Soit ABDE un

panneau de la poutre articulée formée par le câble et l'entrait (*fig.* 175).

Il s'agit de calculer le bras AB perpendiculaire à l'entrait, et le tirant oblique BE.

Remarquons tout d'abord que le câble parabolique, dont la longueur peut être déterminée, d'après l'ouverture 2 a et la flèche b, avec les formules précédemment données pour les ponts suspendus ordinaires, est en général composé d'une série de

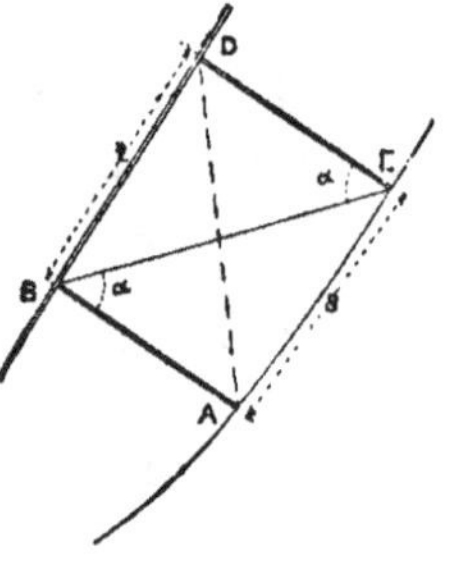

Fig. 175.

barres successives de *même longueur*, articulées l'une à l'autre.

Il en résulte que dans tous les panneaux la longueur AE est

une constante, tandis que sa projection BD sur l'entrait dépend de l'angle ω que fait l'élément de parabole AE avec
l'entrait.

Soit s la longueur constante d'un élément AE du câble. La
longueur t de la portion d'entrait interceptée par le panneau
est donnée par la formule

$$t = s \cos\omega.$$

On a donné précédemment la valeur de $tg.\,\omega$ (109). Il est
facile de calculer t, puis DE $= d$, dont on connaît aussi la valeur en fonction de x.

On en déduira sans difficulté la longueur de BE :

$$BE = \sqrt{d^2 + t^2}.$$

D'ailleurs il peut paraître plus simple, dans l'application, de
mesurer ces longueurs sur une épure
faite exactement à grande échelle.

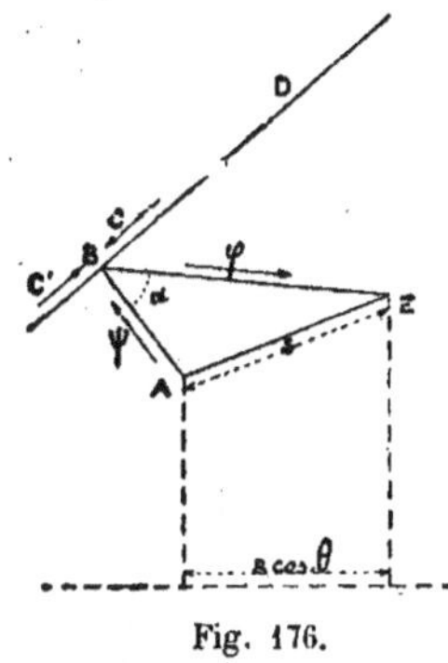

Fig. 176.

Cela posé, désignons par ψ l'effort
de compression maximum que le
bras AB pourra être appelé à supporter, et par φ l'effort d'extension
maximum que pourra subir le ti-
rant BE. Considérons le sommet de
triangulation B (*fig.* 176). Soient
C et C' les efforts normaux subis
par l'entrait à droite et à gauche
du point B. Ce point est en équilibre
sous l'action des 4 forces ψ, φ, C et C'.

Désignons par α l'angle ABE formé par le bras et le tirant.

L'équilibre du point B donne deux équations de condition,
obtenues en projetant successivement les forces appliquées en
B, sur AB et BD.

$$\varphi \sin\alpha = C' - C$$
$$\varphi \cos\alpha = -\psi$$

d'où

$$\psi = -(C' - C)\cotg\alpha \quad \text{et} \quad \varphi = -\frac{\psi}{\cos\alpha}.$$

L'angle α est aisé à déterminer :

$$tg\,\alpha = \frac{t}{d} = \frac{s\cos\omega}{d}.$$

Il reste à calculer C—C', c'est-à-dire à chercher l'écart maximum qui peut se manifester en B entre les efforts normaux subis par l'entrait en deçà et au delà de ce point.

Cherchons l'effort normal développé dans l'entrait au point N correspondant au point M $(x.y)$ du câble, la surcharge étant répartie sur une zône du tablier comprise entre x' et a : *Nous supposons que l'on ait $x' > x$.*

Il est facile d'obtenir cette valeur de C en intégrant la formule 2 du n° 110 entre les limites x' et a après avoir remplacé P' par $\pi\, dx'$.

On trouve :

$$C = -\frac{\pi}{4\,ab}\sqrt{a^2+b^2}\,\frac{a+x}{a-x}\,(a-x')^2.$$

Pour avoir l'effort normal développé par la même surcharge au sommet précédent de l'entrait, il suffit de remarquer que ce sommet correspond au point du câble dont l'abscisse est $x - s\cos\theta$.

D'où :

$$C' = -\frac{\pi}{4\,ab}\sqrt{a^2+b^2}\,\frac{a+x-s\cos\theta}{a-x+s\cos\theta}\,(a-x')^2,$$

et par conséquent :

$$C'-C = \frac{\pi\sqrt{a^2+b^2}}{4\,ab}\left[\frac{2as\cos\theta}{(a-x)\,(a-x+s\cos\theta)}\right](a-x')^2.$$

Pour avoir le maximum de C'—C il faut attribuer à x' sa valeur minimum, c'est-à-dire le prendre égal à x. On démontrerait d'ailleurs facilement, à l'aide de la formule (4) du n° 110, qu'en prenant $x' < x$ on diminuerait la valeur de C'—C, et que le maximum cherché correspond bien à $x'=x$, et est donné par la formule :

$$C'-C = \frac{\pi}{2b}\sqrt{a^2+b^2}\times\frac{a-x}{a-x+s\cos\theta}\times s\cos\theta.$$

Le problème est résolu, et rien n'est plus facile maintenant que de calculer ψ et φ.

On trouve :

$$\psi = -(C'-C)\cotg\alpha = -\frac{(C'-C)\,d}{s\cos\omega}$$

$$= -\frac{\pi\sqrt{a^2+b^2}}{2b}\times\frac{a-x}{a-x+s\cos\theta}\times\frac{d\cos\theta}{\cos\omega}.$$

Or on sait que

$$\mathrm{tg}\,\omega = \frac{a^2 b - 2abx}{a^3 + 2b^2 x},$$

que

$$\mathrm{tg}\,\theta = \frac{2bx}{a^2},$$

et qu'enfin

$$d = \frac{b}{a}\,\frac{a - x}{\sqrt{a^2 + b^2}} \cdot \quad (109).$$

En substituant à d, cos θ et cos $_\omega$ leurs valeurs en fonction de x dans l'équation précédente, on trouve finalement :

$$\psi = -\frac{\pi a}{2}\,\frac{\sqrt{a^2 + b^2}.\,x\,(a - x)^2}{(a^3 + 2b^2 x)\,(a - x + s\cos\theta)}.$$

$s\cos\theta$, écartement de deux tiges de suspension consécutives du tablier, est négligeable devant $a - x$ dès que l'on s'approche du milieu de la travée. En toute hypothèse d'ailleurs, en remplaçant au dénominateur $a - x + s\cos\theta$ par $a - x$, on ne fait qu'augmenter la valeur de ψ, et par conséquent se donner une marge de sécurité. On peut donc en général, sauf dans le voisinage immédiat des appuis, employer la formule :

$$\psi = -\frac{\pi a\sqrt{a^2 + b^2}}{2(a^3 + 2b^2 x)}\,a(x - x).$$

Cette formule montre que la valeur maximum de ψ s'obtient sensiblement pour $x = \frac{a}{2}$, c'est-à-dire au quart de l'ouverture du pont ; c'est également en ce point que les bras ont le plus de longueur.

On a pour $x = \frac{a}{2}$:

$$-\psi = \frac{\pi a^2}{8\sqrt{a^2 + b^2}} < \frac{\pi a}{8}\cdot$$

Ainsi l'effort maximum de compression que peut subir le bras le plus long et le plus chargé est nécessairement inférieur à $\frac{\pi\,a}{8}$, c'est-à-dire à la seizième partie du poids de la surcharge totale. On voit que les efforts subis par les pièces de la triangulation sont extrêmement faibles, et que par suite l'on peut, sans s'exposer à employer un excès de métal bien important, admettre pour le calcul de tous les bras cette valeur de $\frac{\pi\,a}{8}$ supérieure à l'effort de compression maximum.

Rappelons que dans la poutre simple Pratt l'effort de compression subi par le bras le plus voisin de la culée est égal à $(\pi + p)\,a$, et que par conséquent, en supposant la charge p égale à la surcharge π, il supporte un effort seize fois plus grand au moins que le bras le plus fatigué du pont suspendu rigide.

Pour calculer l'effort d'extension maximum subi par un tirant, il suffit d'employer la formule :

$$\varphi = -\frac{\psi}{\cos\alpha} = -\psi\,\frac{\sqrt{d^2 + t^2}}{d},$$

dont l'usage ne présente aucune difficulté puisqu'on sait calculer ψ, d et t.

On voit d'ailleurs que la valeur de φ est toujours de même ordre que celle de ψ, et que l'on n'a jamais besoin de donner aux tirants qu'une très faible section.

Remarquons que les pièces de la triangulation ne sont soumises à aucun effort, lorsque la surcharge couvre soit la totalité, soit une moitié quelconque toute entière du tablier. Ces pièces ne travaillent que lorsque la surcharge est appliquée sur la portion du tablier comprise entre la pièce considérée et l'une ou l'autre des culées.

Il en résulte que, si l'on divise le tablier en deux zônes quelconques complémentaires, les efforts développés dans chaque pièce de la triangulation par la surcharge couvrant successivement chacune des deux zônes à l'exclusion de l'autre, sont égaux et de sens contraires, puisque leur superposition qui correspond à la surcharge complète conduit à un effort nul.

Donc les efforts normaux maxima subis par les pièces de la triangulation pourront être soit une tension soit une compression, suivant les cas. Pour éviter le renversement des efforts, on est ainsi conduit à introduire dans chaque panneau de la triangulation un contre tirant tel que AD. On obtient une poutre à corde supérieure rectiligne, à corde inférieure parabolique, dont la triangulation est constituée par des bras normaux à la corde supérieure, et des croix de saint André formées par des tirants et contre tirants. D'après ce que nous venons de dire, les tirants et contre tirants doivent avoir même résistance (*fig.* 177).

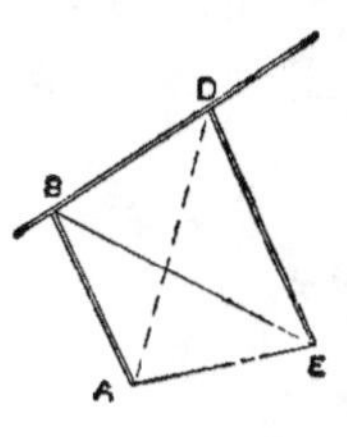

Fig. 177.

§ II

PONT SUSPENDU RIGIDE A CABLE ET ENTRAITS PARABOLIQUES

113. Calcul du câble et de l'entrait. — Soit AMO M′A′ la parabole décrite par le câble. Nous donnerons à l'entrait la forme d'un arc ANO symétrique de la demi-parabole AMO par rapport à la corde AO (*fig.* 177).

Nous aurons ainsi un pont suspendu formé de deux arcs lenticulaires ANMO et A′N′M′O réunis au milieu de la portée par une articulation O.

Nous n'avons pas connaissance que ce genre d'ouvrage, qui a été proposé pour l'exécution d'un nouveau pont de 228^m d'ouverture sur la rivière de l'Est à New-York, ait reçu jusqu'ici aucune application.

Son calcul ne présente aucune difficulté et se fait absolument par la méthode que nous avons employée dans le paragraphe précédent.

Vu la symétrie du câble et de l'entrait, les tangentes en M et N aux deux courbes paraboliques font avec la corde AO le même angle ω.

Désignons par x et y les coordonnées du point M du câble, et par u et v celles du point correspondant N de l'entrait.

On trouverait sans difficulté les formules suivantes :

$$u = \frac{1}{a^2 + b^2}\left[(a^2 - b^2)\, x + \frac{2b^2}{a}\, x^2\right]$$

$$v = \frac{1}{a^2 + b^2}\left[2abx - \left(b - \frac{b^3}{a^2}\right) x^2\right]$$

$$\mathrm{MN} = 2d = \frac{2b}{a}\,\frac{x\,(a - x)}{\sqrt{a^2 + b^2}}$$

$$2d\cos\omega = \frac{2b}{a\,(a^2 + b^2)}\,\frac{x\,(a - x)\,(a^2 + 2b^2 x)}{\sqrt{a^4 + 4b^2 x^2}}.$$

Nous croyons superflu de faire, pour déterminer le câble et l'entrait, des calculs absolument identiques, comme dispositions, à ceux du paragraphe précédent. Nous nous bornerons à énoncer les résultats, en attribuant aux équations les numéros des équations correspondantes du précédent paragraphe.

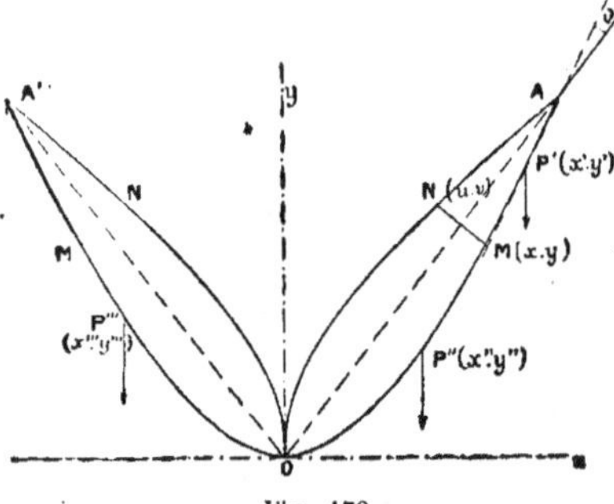

Fig. 178.

Les efforts normaux qui se manifestent dans l'entrait et le câble sous l'action des charges concentrées P′, P″, P‴ sont fournis par les formules suivantes, où pour simplifier nous désignerons par la lettre M l'expression algébrique

$$\frac{\sqrt{a^4 + 4b^2 x^2}}{4b^2 x\,(a - x)\,(a^2 + 2b^2 x)},$$

et par N l'expression

$$\frac{(a^2 + b^2)\sqrt{a^4 + 4b^2 x^2}}{4ab\,(a^3 + 2b^2 x)};$$

(1) $\mathrm{F'} = + \mathrm{P'M}\left\{(3a^2 b - b^3)\, x + \left(3\,\dfrac{b^3}{a} - ab\right) x^2\right\}(a - x')$

(2) $\mathrm{C'} = - \mathrm{P'N}\left(\dfrac{a + x}{a - x}\right)(a - x')$

$$\left.\right\}\quad x' > x$$

On a toujours :

$$\mathrm{F'} > o, \quad \mathrm{C'} < o.$$

$$(3) \quad F'' = + P''M \left\{ \left[(3a^2b - b^3)\, x + \left(\frac{3b^3}{a} - ab \right) x^2 \right] (a - x'') \right.$$
$$\left. + 2ab\,(a^2 + b^2)\, x'' - 2ab\,(a^2 - b^2)\, x - 4b^3 x^2 \right\}.$$

$$(4) \quad C'' = - P''N \left\{ \left(\frac{a+x}{a-x} \right) (a - x'') - \frac{2a^2 (x - x'')}{x\,(a-x)} \right\}.$$

On a :
$$o < x'' < x.$$

F'' est toujours positif;

C'' est négatif pour $x'' > \dfrac{ax}{2a+x}$, et positif pour $x'' < \dfrac{ax}{2a+x}$.

$$(5) \quad F''' = P'''M \left\{ (a^2 b + b^3)\, x - \left(\frac{b^3}{a} + ab \right) x^2 \right\} (a + x'').$$

$$(6) \quad C''' = + P'''N\,(a + x''').$$

$$-a < x''' < o.$$

On a toujours :
$$F''' > o, \quad C''' > o.$$

Nous donnerons encore un tableau fournissant les valeurs de F et de C dans les différents cas de surcharge uniformément répartie sur une portion déterminée du tablier. Nous conservons aux lettres M et N les mêmes significations.

Les formules (4) et (5) peuvent s'écrire plus simplement :

$$C'' = P''N \left(a - (2a + x)\, \frac{x''}{x} \right);$$
$$F''' = P''' \frac{bx}{a} (a^2 + b^2) (a - x) (a + x'').$$

ABSCISSES LIMITES DE LA ZÔNE SURCHARGÉE		EFFORT NORMAL F subi par le câble au point M (xy)	EFFORT NORMAL C subi par l'entrait au point correspondant au point M (xy) du câble
Limite inférieure	Limite supérieure		
x	a	$+\frac{\pi}{2} M \left\{ (3a^2 b - b^3) x + \left(\frac{3b^3}{a} - ab \right) x^2 \right\} (a - x)^2$	$-\frac{\pi}{2} N (a^2 - x^2)$
o	x	$+\frac{\pi}{2} M \left\{ \left[(3a^2 b - b^3) x + \left(\frac{3b^3}{a} - ab \right) x^2 \right] (2ax - x^2) + 2ab(a^2 + b^2) x^2 - 4ab(a^2 - b^2) x^2 - 8b^3 x^3 \right\}$	$-\frac{\pi}{2} N x^2$
$-a$	o	$+\frac{\pi}{2} M \left\{ (a^2 b + b^3) x - \left(\frac{b^3}{a} + ab \right) x^2 \right\} a^2$	$+\frac{\pi}{2} N a^2$
o	a	$+\frac{\pi}{2} M \left\{ (3a^4 b - a^2 b^3) x + (9ab^3 - 3a^3 b) x^2 - 8b^3 x^3 \right\}$	$-\frac{\pi}{2} N a^2$
$\dfrac{ax}{2a + x}$	a	»	$-\frac{\pi}{2} N \dfrac{a + x}{2a + x} \times 2a^2$ (Max. nég.)
$-a$	$\dfrac{ax}{2a + x}$	»	$+\frac{\pi}{2} N \dfrac{a + x}{2a + x} \times 2a^2$ (Max. pos.)
$-a$	$+a$	$+\frac{\pi}{2b} \sqrt{a^4 + 4b^2 x^2}$ (Maximum)	o

L'effort subi par le câble est toujours une tension, qui atteint son maximum lorsque la surcharge est complète : le câble travaille alors comme s'il était seul et que l'ouvrage fût un pont suspendu flexible. Contrairement au cas précédent une surcharge appliquée sur une moitié de la travée exerce une action sur la partie du câble qui correspond à l'autre demi-travée.

Comme dans le cas précédemment étudié, l'entrait et la triangulation ne travaillent que par l'effet d'une surcharge inégalement répartie : la charge permanente et la surcharge complète n'exercent aucune action sur ces pièces.

Le travail maximum à la compression subi par l'entrait se manifeste également lorsque la surcharge s'étend entre les limites $\dfrac{ax}{2a+x}$ et a; le travail maximum à l'extension correspond à la surcharge couvrant le tablier entre les limites $-a$ et $\dfrac{ax}{2a+x}$. Ces deux maxima sont égaux et de signes contraires. Ils ont pour expressions :

$$\pm \frac{\pi(a^2+b^2)}{8ab} \sqrt{\frac{a^4+4b^2x^2}{a^3+2b^2x}} \, \frac{a+x}{2a+x} \times 2a^2.$$

Cette expression a pour limite supérieure

$$\pm \frac{\pi(a^2+b^2)}{8b} \times \frac{4}{3} \frac{a\sqrt{a^2+4b^2}}{a^2+2b^2}, \quad \text{pour } x=a;$$

et pour limite inférieure

$$\pm \frac{\pi(a^2+b^2)}{8b}, \quad \text{pour } x=0$$

Ces deux valeurs extrêmes sont sensiblement dans le rapport $\dfrac{4}{3}$. Il en résulte qu'on peut, sans dépenser inutilement beaucoup de métal, donner à l'entrait une section uniforme correspondant à l'effort développé au point d'attache sur la culée.

Si l'on donne de même au câble une section constante d'un bout à l'autre, on voit que le câble et l'entrait doivent être établis de façon à supporter les efforts normaux suivants :

$$\text{Câble :} \quad F = \frac{(p+\pi)}{2b}\, a \sqrt{a^2 + 4b^2}, \qquad \text{tension.}$$

$$\text{Entrait :} \quad C = \pm \pi a\, \frac{(a^2 + b^2)}{6b}\, \frac{\sqrt{a^2 + 4b^2}}{a^2 + 2b^2}, \qquad \text{tension ou pression.}$$

Si nous comparons cet ouvrage à celui qui a été étudié au paragraphe I, nous voyons que le rapport des efforts maxima subis par l'entrait rectiligne du premier type et l'entrait parabolique du second est, toutes choses égales d'ailleurs, représenté par :

$$\frac{2\,(a^2 + 2b^2)}{\sqrt{(a^2 + 4b^2)(a^2 + b^2)}}.$$

Ce rapport qui a pour valeur 2 lorsque l'on suppose que b^2 est négligeable devant a^2, reste égal à 1,95 lorsque l'on donne à b la valeur $\dfrac{a}{4}$ qui, en pratique, est excessive.

On voit que, en substituant à l'entrait rectiligne un entrait parabolique, on réduit de moitié l'effort normal subi par cette pièce, ce qui peut avoir son importance, dans le cas présent d'une pièce comprimée de grande longueur, et peut justifier, en certains cas, le choix du système à poutres lenticulaires qui d'ailleurs, vu la symétrie de l'entrait et du câble, ne présente guère plus de complication au point de vue des assemblages de la triangulation.

114. Calcul de la triangulation.

— Le calcul de la triangulation se fait encore exactement par la même méthode que dans le paragraphe précédent, en écrivant que le sommet de triangulation B situé sur l'entrait est en équilibre sous l'action des quatre forces C, C′, ψ et φ (*fig.* 179).

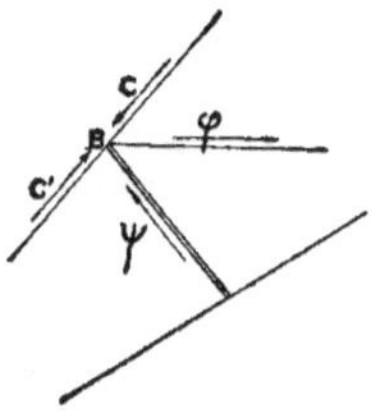

Fig. 179.

La différence C′-C se calcule de même et l'on trouve :

$$C' - C = \frac{\pi(a^2 + b^2)}{8ab}\, \frac{\sqrt{4b^2x^2 + a^4}}{a^3 + 2b^2x}\, \frac{a - x}{a - x + s\cos\theta} \times 2as\cos\theta.$$

s représente encore ici la longueur d'une maille du câble, ou, vu la symétrie, d'une maille de l'entrait.

En substituant à cos θ sa valeur en fonction de x, on simplifie cette formule qui devient :

$$C' - C = \frac{\pi a^2 (a^2 + b^2)}{4b} \times \frac{a - x}{(a^2 + 2b^2 x)(a - x + s \cos\theta)} \times s.$$

On peut en général négliger $s \cos \theta$ devant a-x, ce qui abrège le calcul.

Comme le bras et le tirant sont tous les deux obliques par rapport à l'entrait, le calcul de ψ et de φ serait assez laborieu. Il est plus simple, après avoir calculé C'-C, de déterminer par une construction géométrique les composantes φ et ψ de cette force suivant les deux barres.

Le maximum de ψ correspond encore à l'abscisse $x = \dfrac{a}{2}$,

et il a pour valeur exacte $\dfrac{\pi}{8}\dfrac{a}{}$· Ce que nous avons dit à propos de la triangulation du type précédemment étudié est applicable au type dont il est question ici.

§ III

PONT SUSPENDU RIGIDE A CABLE PARABOLIQUE ET
LONGERON HORIZONTAL.

115. Calcul du câble et du longeron. — Nous étudierons encore le cas d'un pont suspendu rigide constitué par un câble parabolique A O A' relié à un longeron horizontal BOB', tangent en O au sommet

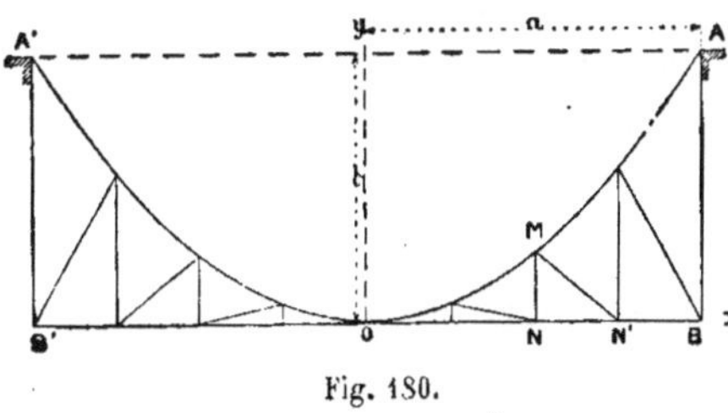

Fig. 180.

de la parabole, par une série de bras verticaux MN et de

tirants obliques MN'. Il existe naturellement une articulation au milieu O de l'ouverture, aussi bien qu'aux points d'attache A et A' sur les culées (*fig.* 180).

Conservons les notations et les conventions indiquées dans les paragraphes précédents, et calculons suivant la même méthode les efforts normaux développés en N dans le longeron, et en M dans le câble, par des charges concentrées P', P'', P''' appliquées successivement en des points du longeron situés entre B et N, N et O, O et B'. Nous obtiendrons également des expressions identiques pour les poussées Q', Q'', Q''', et les composantes verticales subies par le point d'appui A : V', V'', V'''.

Quant aux efforts normaux subis par le câble et le longeron, ils sont donnés par les équations suivantes, que nous nous contentons d'énoncer, leur recherche, faite identiquement suivant la marche indiquée au n° 110, ne présentant ni difficulté ni intérêt.

$$(1) \qquad F' = - \frac{P'}{2ab} \frac{\sqrt{a^4 + 4b^2x^2}}{x} (a - x')$$

$$(2) \qquad C' = + \frac{P'}{2b} \frac{a + x}{x} (a - x')$$

$$(3) \qquad F'' = - \frac{P''}{2ab} \frac{\sqrt{a^4 + 4b^2x^2}}{x} \left[(a - x'') - \frac{2a}{x} (x - x'') \right]$$

$$(4) \qquad C'' = + \frac{P''}{2b} \left[\frac{a + x}{x} (a - x'') - \frac{2a^2}{x^2} (x - x'') \right]$$

$$(5) \qquad F''' = + \frac{P'''}{2ab} \frac{\sqrt{a^4 + 4b^2x^2}}{x} (a + x''')$$

$$(6) \qquad C''' = - \frac{P'''}{2b} \frac{a - x}{x} (a + x''')$$

On a nécessairement :

$$F' < o, \quad F''' > o,$$
$$C' > o, \quad C''' < o.$$

quelles que soient les valeurs de x' et x'''.

L'on a au contraire :

$$F' < o, \quad \text{pour} : \frac{ax}{2a - x} < x'' < x.$$

$$F'' > o, \quad \text{pour} : o < x'' < \frac{ax}{2a - x}.$$

$$C'' > o, \quad \text{pour} : \frac{ax}{2a + x} < x'' < x.$$

$$C'' < o, \quad \text{pour} : o < x'' < \frac{ax}{2a + x}.$$

A l'aide des formules précédentes, il est aisé de déterminer les efforts normaux développés dans le câble et le longeron par des surcharges uniformément réparties, couvrant une partie du tablier du pont. Le tableau suivant indique les résultats de cette recherche dans les cas les plus intéressants :

ABSCISSES LIMITES DE LA ZÔNE SURCHARGÉE		EFFORT NORMAL F développé dans le câble au point M (xy)	EFFORT NORMAL G développé dans le longeron au point N (xo)
Limite inférieure	Limite supérieure		
x	a	$-\dfrac{\pi}{4ab}\dfrac{\sqrt{a^4+4b^2x^2}}{x}(a-x)^2$	$+\dfrac{\pi}{4b}\dfrac{(a+x)(a-x)^2}{x}$
o	x	$+\dfrac{\pi}{4ab}\sqrt{a^4+4b^2x^2}\cdot x$	$+\dfrac{\pi}{4b}x(a-x)$
$-a$	o	$+\dfrac{\pi}{4ab}\dfrac{\sqrt{a^4+4b^2x^2}}{x}a^2$	$-\dfrac{\pi}{4b}\dfrac{a^2(a-x)}{x}$
o	a	$-\dfrac{\pi}{4ab}\sqrt{a^4+4b^2x^2}\left(\dfrac{a^2-2ax}{x}\right)$	$+\dfrac{\pi}{4b}\dfrac{a^2(a-x)}{x}$
$\dfrac{ax}{2a-x}$	a	$-\dfrac{\pi}{2b}\sqrt{a^4+4b^2x^2}\dfrac{(a-x)^2}{x(2a-x)}$ (Max. nég.)	»
$-a$	$\dfrac{ax}{2a-x}$	$+\dfrac{\pi}{2b}\sqrt{a^4+4b^2x^2}\dfrac{a^2}{x(2a-x)}$ (Max. pos.)	»
$\dfrac{ax}{2a+x}$	a	»	$+\dfrac{\pi a^2}{2b}\dfrac{(a+x)(a-x)}{x(2a+x)}$ (Max. pos.)
$-a$	$\dfrac{ax}{2a+x}$	»	$-\dfrac{\pi a^2}{2b}\dfrac{(a+x)(a-x)}{x(2a+x)}$ (Max. nég.)
$-a$	$+a$	$+\dfrac{\pi}{2b}\sqrt{a^4+4b^2x^2}$	o

Lorsque la surcharge est complète et couvre tout le tablier, le câble travaille comme s'il était seul et le longeron ne remplit aucun rôle. Contrairement à ce qui se présentait dans les systèmes de ponts suspendus rigides précédemment étudiés, nous voyons que non seulement le longeron, mais encore le câble est susceptible de travailler tantôt à la compression, tantôt à l'extension, sous l'effet d'une surcharge partielle ne couvrant qu'une portion du tablier. Il est vrai qu'en général l'influence de la charge permanente, qui fait travailler le câble à l'extension en tous ses points, suffira pour que la surcharge ne puisse pas renverser l'effort, ce qui suppose la condition suivante remplie :

$$px\,(2a - x) > \pi\,(a - x)^2.$$

Dans le cas contraire, le câble peut être appelé à travailler à la compression, et sa section doit être déterminée en conséquence.

Le système actuel présente aussi cette particularité remarquable que les valeurs de C et F, correspondant à une *surcharge partielle quelconque, deviennent toutes infinies pour* $x = o$.

Cela veut dire que dans l'hypothèse qui a servi de base aux calculs, et d'après laquelle l'axe rectiligne du longeron est tangent à l'axe parabolique du câble au milieu O de la portée, la rigidité du pont ne peut être obtenue lorsque la surcharge est partielle, et l'équilibre exige nécessairement que la figure du câble soit déformée aux environs du point O.

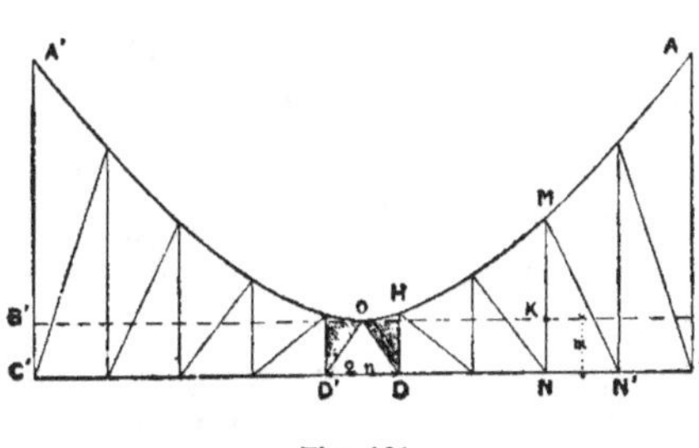

Fig. 181.

Cela était évident *a priori*, puisque ainsi l'ouvrage se réduit aux environs du point O à une poutre sans hauteur, partant sans rigidité. Il est facile de remédier à cet inconvénient, qui ne peut même pas, par le fait, se réaliser dans la pratique,

car il est évident que, le longeron restant au-dessous du
câble, les axes de ces deux éléments ne se confondent point
au milieu de la portée. Il suffit de placer l'axe horizontal du
longeron en C D D' E' à une distance verticale m de la tangente BB' au sommet de la parabole (*fig.* 181). Dans le voisinage du milieu de la portée en D et D', le longeron est
arrêté, et ses extrémités D et D' sont reliées à l'articulation O. Soit m la distance verticale de B B' et C C', et
D D' $= 2\,n$. Pour calculer avec une approximation suffisante
dans la partie A C D H du pont les efforts normaux subis par
le câble et le longeron, il suffit de multiplier les résultats
donnés par les formules du tableau précédent, sauf le cas de
la surcharge complète, par le rapport

$$\frac{\text{MK}}{\text{MN}} = \frac{y}{y+m} = \frac{bx^2}{bx^2 + a^2 m}.$$

Comme m est toujours très petit, ce rapport est très voisin
de l'unité, et la correction n'a pas grande importance : au
surplus les formules du tableau donnent toujours des valeurs
trop fortes pour C et F, et on peut ne pas se préoccuper de
cette correction, bien qu'elle soit des plus simples à faire.
Aux environs du point d'articulation O, la distance verticale
du câble au longeron varie de H D à zéro. Le coefficient de
correction est égal à

$$\frac{y}{y+\dfrac{mx}{n}} = \frac{bx^2}{bx^2 + \dfrac{a^2 mx}{n}} = \frac{nbx}{nbx + a^2 m}.$$

Il est facile de voir que pour une surcharge partielle quelconque, le produit de C ou de F par ce coefficient de correction ne devient pas infini lorsque x se réduit à o. Donc l'ouvrage ainsi établi a bien réellement la rigidité voulue.

Les valeurs maxima que peuvent présenter les efforts normaux subis par le câble en M (xy) et l'entrait en N (xo),
sous l'influence de la charge p et de la surcharge partielle
ou totale π, sont en définitive fournies par les formules suivantes :

Maximum positif.	Maximum négatif.	Coefficient de correction.

$$-\frac{\sqrt{a^4+4b^2x^2}}{2b}\left\{p+\frac{\pi a^2}{x(2a-x)}\right\}\;\bigg|\;+\frac{\sqrt{a^4+4b^2x^2}}{2b}\left\{p-\frac{\pi(a-x)^2}{x(2a-x)}\right\}\quad \frac{bx^2}{bx^2+a^2m}\text{ pour}\begin{cases}a>x>n\\ -a<x<-n\end{cases}$$

$$+\frac{\pi a^2}{2b}\frac{(a+x)(a-x)}{x(2a+x)}\;\bigg|\;-\frac{\pi a^2}{2b}\frac{(a+x)(a-x)}{x(2a+x)}\qquad\text{et}$$

$$\frac{nbx}{nbx+a^2m}\text{ pour }n>x<-n$$

La limite supérieure du maximum positif de F s obtient pour $x=a$: c'est précisément l'effort normal que subirait le câble supposé isolé, sous l'action de la charge et de la surcharge complètes :

$$F-\frac{(p+\pi)a}{2b}\sqrt{a^2+4b^2}.$$

Le maximum négatif de F, et les maxima positifs et négatifs de C atteignent leurs limites supérieures pour des valeurs de x, qui dépendent des valeurs attribuées à m et à n, et que l'on devra chercher par tâtonnement dans chaque cas; plus m est petit, plus les valeurs de x correspondant à ces limites supérieures se rapprochent de n.

116. Calcul de la triangulation. — Ce calcul se fait encore par une méthode identique à celle du n° 112. On voit de même que l'effort maximum subi par le bras vertical MN a pour valeur, en désignant par C—C′ l'écart maximum que subit l'effort normal du longeron de part et d'autre du sommet N, et s l'écartement, en général constant d'un bout à l'autre de l'ouvrage, de deux montants successifs (*fig.* 182) :

$$\psi=(C-C')\times\frac{y}{s}=-\frac{\pi}{4b}(a-x)^2\frac{as}{x(x+s)}\times\frac{y}{s}$$

$$=-\frac{\pi}{4b}(a-x)^2\frac{as}{x(x+s)}\times\frac{bx^2}{a^2s}$$

$$=-\frac{\pi}{4a}\frac{(a-x)^2x}{x+s}.$$

Cette valeur de ψ doit être d'ailleurs multipliée par le coefficient de correction

$$\frac{bx^2}{bx^2+a^2m}.$$

Pour $-n<x<n$, la triangulation est nécessairement sup-

primée vu le peu de hauteur de l'ouvrage dans le voisinage du point O.

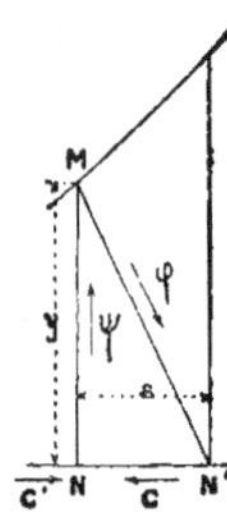

Fig 182.

Cet effort de compression est nul au droit de la culée pour $x = \pm a$, et croît au fur et à mesure que x diminue en valeur absolue. Il est toujours inférieur à $\dfrac{\pi}{4}\dfrac{a}{}$.

Quant à l'effort subi par le tirant M N', il se calcule facilement à l'aide de la relation

$$\varphi = - \psi \, \frac{\sqrt{y^2 + s^2}}{y}.$$

Ainsi que nous l'avons vu dans les cas précédemment étudiés, les pièces de la triangulation ne travaillent que sous l'influence d'une surcharge partielle, et les efforts maxima sont susceptibles de changer de signe : si l'on tient à ce qu'il n'y ait jamais renversement d'effort dans ces pièces, il convient d'employer des contre-tirants, en établissant des croix de saint André entre les montants ; mais il paraît plus simple d'établir les pièces verticales et les pièces obliques dans des conditions telles qu'elles puissent indifféremment travailler à l'extension et à la compression.

§ IV

CONTREVENTEMENT ET DÉFORMATION.

117. Contreventement. — Le contreventement des ponts suspendus rigides doit être établi suivant les mêmes règles et d'après les mêmes principes que le contreventement des poutres droites et le contreventement des ponts suspendus ordinaires. Nous n'avons rien à ajouter de particulier à ce sujet.

On peut voir que dans le pont de Pittsburg (*fig.* 172) les deux systèmes ont été employés concurremment : câbles d'acier auxiliaires sous le tablier ; entretoisement des entraits et des câbles.

118. Déformation. — Sous l'action de la température, le câble d'un pont suspendu rigide se déforme comme s'il appartenait à un pont suspendu ordinaire. Il reste donc parabolique, et sa flèche b subit, par suite d'une élévation de température égale à t, une augmentation de longueur f donnée par la formule suivante, α étant le coefficient de dilatation linéaire du métal :

$$\delta b = f_t = 2 \left(\frac{15 a^4 + 10 a^2 b^2 - 6 b^4}{40 a^2 b - 48 b^3} \right) \alpha t.$$

Cette formule peut se simplifier si l'on suppose b^2 négligeable devant a^2 ; on a alors la relation approximative :

$$f_t = + \frac{3 a^2}{4 b} \alpha t.$$

Il est bien évident d'ailleurs que les changements de température ne peuvent donner lieu à des efforts supplémentaires dans aucune des pièces de l'ouvrage ; c'est une conséquence des trois articulations établies aux points d'attache sur les culées et au milieu de la portée.

Nous avons vu que, sous l'action de la charge et sous l'action de la surcharge complète, le câble d'un pont suspendu rigide travaille absolument comme s'il appartenait à un pont suspendu flexible. La déformation s'obtient donc encore par les mêmes formules et l'on a (94) :

$$\delta_\pi b = f_\pi = + \frac{\pi}{\Omega \mathrm{E}} \times \frac{a^4}{b^2} \times \frac{15 a^2 + 20 b^2}{40 a^2 - 48 b^2}.$$

Le câble conserve sa forme parabolique.

Les formules données précédemment pour le calcul des ponts suspendus rigides supposent que ces ouvrages ont une forme absolument invariable : la déformation du câble sous l'influence d'une surcharge complète a pour résultat de modifier dans une certaine mesure la répartition des efforts dans les différentes pièces du pont, et de faire travailler les deux entraits à l'extension. Mais cet effet est toujours très peu important, ainsi qu'il serait aisé de s'en assurer, et l'on ne court aucun risque d'erreur en n'en tenant pas compte dans le calcul.

Il en résulte toutefois une légère diminution dans la déformation du système, qui est toujours inférieure à la valeur indiquée par les formules précédentes.

Le travail à l'extension auquel est soumis l'entrait lorsque, sous l'effet d'une surcharge complète, le tablier s'abaisse au milieu de la portée de la hauteur f, est donné par la formule :

$$R = E \times \frac{bf}{\sqrt{a^2 + b^2}}.$$

Vu la petitesse du rapport $\dfrac{b}{a}$, ce travail est toujours insignifiant.

Dans le cas d'une surcharge partielle, l'allongement du câble principal, soumis à une tension plus considérable, donne encore lieu à un abaissement général du tablier, croissant depuis les culées, où il est nul, jusqu'au milieu de l'ouverture. D'autre part il se manifeste nécessairement un déplacement horizontal et longitudinal de l'articulation centrale du pont.

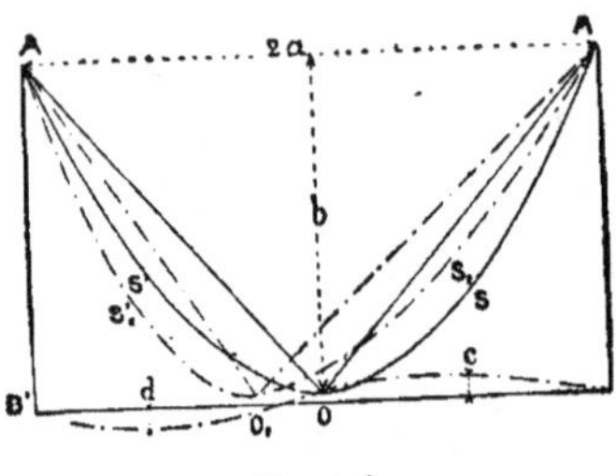

Fig. 183.

Considérons en effet le pont suspendu rigide **AB OA'B'**, du type étudié au n° 109 (*fig.* 183). Supposons que la surcharge couvre entièrement une demi-travée B'O à l'exclusion de l'autre OB. L'entrait AO subit un effort d'extension et l'entrait A'O un effort de compression.

Donc le premier va s'allonger et le second se raccourcir. Soit R le travail du métal qui dans le cas présent a même valeur pour l'un et l'autre entrait. Le déplacement horizontal OO_1 de l'articulation centrale sera fourni, ainsi qu'il est aisé de s'en rendre compte, par la relation :

$$OO_1 = \frac{R}{E} \frac{a^2 + b^2}{a}$$

l'allongement d'un entrait et le raccourcissement de l'autre étant égaux à

$$\pm \frac{R}{E} \sqrt{a^2 + b^2}.$$

On ne commettra pas d'erreur sensible en remplaçant cette formule par la suivante :

$$(1) \qquad OO_1 = \frac{R a}{E}.$$

Telle est la valeur du déplacement longitudinal du milieu de la travée sous l'influence d'une surcharge couvrant une demi-travée à l'exclusion de l'autre.

Or il est évident que, la corde AO s'allongeant, la courbure de l'arc parabolique ASO qui devient AS_1O_1 diminue, et par conséquent la portion de tablier OB est soulevée verticalement. C'est le contraire pour la moitié de la travée opposée : la corde de l'arc A'S'O diminuant, sa courbure augmente, et la portion de tablier B'O subit un abaissement vertical, d'autant plus que la longueur de l'arc augmente, puisqu'il est surchargé, ce qui accroît la tension du câble.

On voit donc encore se manifester, mais sur une échelle infiniment plus restreinte, les phénomènes d'ondulation que nous avons signalés précédemment dans les ponts suspendus ordinaires, sous le passage de charges roulantes.

Il est extrêmement facile de calculer le relèvement vertical au milieu de la $1/2$ travée non surchargée, et l'abaissement vertical au milieu de la $1/2$ travée surchargée. Nous n'entrerons pas dans le détail des calculs qui s'appuient sur la formule qui donne la longueur de la demi-parabole

$$\left(\frac{1}{2} S = a + \frac{2}{3} \frac{b^2}{a} \right),$$

et nous nous bornerons à énoncer les résultats.

1° **Relèvement** c **au milieu de la demi-travée non surchargée.**

$$(2) \qquad c = \frac{3}{16} \frac{a}{b} \times \overline{OO_1} = \frac{3}{16} \frac{R}{E} \frac{a^2 + b^2}{b}$$

2° **Abaissement** d **au milieu de la demi-travée surchargée.**

Désignons par $\delta\,\dfrac{S}{2}$ l'augmentation de longueur de la moitié du câble qui porte la surcharge, et R' le supplément de travail du métal du câble dû à la surcharge.

$$(3)\quad d = \frac{3}{16}\frac{a}{b}\left(\overline{OO}_{,} + \frac{\delta S}{2}\right) = \frac{3}{16}\frac{a}{b}\left(\frac{R\sqrt{a^2+b^2}}{E} + \frac{R'\sqrt{a^2+b^2}}{E}\right)$$

$$= \frac{3}{16}\ \frac{(a^2+b^2)}{b}\ \left(\frac{R}{E} + \frac{R'}{E'}\right).$$

Posons dans la formule (1) qui précède : $R = 4 \times 10^6$ et $E = 2 \times 10^{10}$, ce qui rentre dans les conditions de la pratique, les entraits, longues pièces comprimées, ne pouvant guère travailler aux maximum qu'à raison de 4 kilogr. par mm.q.

On a alors :

$$OO_{,} = \frac{4 \times 10^6}{2 \times 10^{10}} \times \frac{2a}{2} = \frac{2\,a}{10000}$$

Le déplacement longitudinal de l'articulation centrale ne saurait donc en général dépasser, de part et d'autre de la position normale, la dix-millième partie de l'ouverture totale.

Quant aux déplacements verticaux au milieu des demi-travées, leur amplitude dépend essentiellement du rapport $\dfrac{a}{b}$.

Considérons à titre d'exemple le pont suspendu rigide de Pittsburg.

Les données relatives à ce pont (120) extraites de l'ouvrage de MM. *Lavoinne et Pontzen* sont approximativement les suivantes :

$$R = 4{,}5 \times 10^6, \quad R' = 4 \times 10^6, \quad a = 122^m, \quad b = 26^m{,}84.$$

Prenons $E = 180 \times 10^8$,

La formule (2) donne :

$$c = 0.027,$$

et la formule (3) :

$$d = 0.051.$$

L'expérience a donné dans le premier cas un relèvement de 0.028, et dans le second un abaissement de 0.07. La seconde formule donne donc un résultat un peu faible, ce qui tient peut-être, d'une part, à ce que le pont est à assemblages articulés (73), et d'autre part à ce que la valeur du travail n'a peut-être pas été indiquée bien exactement ; il conviendrait aussi de tenir compte du léger allongement subi par les tiges de suspension, et de la flèche prise par le tablier entre deux points d'attache successifs, ce qui augmenterait dans une certaine mesure la valeur de d.

Quant au déplacement longitudinal du milieu de la travée, il n'est pas indiqué dans l'ouvrage de MM. Lavoinne et Pontzen ; il ne nous est donc pas possible de vérifier à ce point de vue l'exactitude de la formule théorique.

La surcharge complète a d'ailleurs produit, pour ce pont, un abaissement de 0,102 au milieu de la portée. En supprimant le contreventement longitudinal formé par les entraits, on aurait eu un pont suspendu flexible, pour lequel l'abaissement au quart de l'ouverture, sous l'influence de la surcharge concentrée sur la moitié de la longueur, aurait pu atteindre 0,40 à 0,50.

Cette comparaison met suffisamment en évidence l'efficacité du système employé au pont de Pittsburg, surtout pour un pont, portant des voies ferrées, où les charges roulantes peuvent être animées de grandes vitesses.

§ V

POIDS PROPRE DES PONTS SUSPENDUS.

119. Formule théorique. — Il est aisé de se rendre compte à priori du poids de métal qui entrera dans les câbles principaux d'un pont suspendu ordinaire : on sait en effet calculer l'effort normal maximum supporté par ces câbles, ainsi que leurs longueurs. D'ailleurs les assemblages et les pièces accessoires des câbles ne représentent jamais qu'un poids insignifiant.

La formule théorique suivante indique très exactement le

poids des *câbles principaux et des tiges de suspension* d'un pont suspendu qui a pour ouverture $2a$ et pour flèche b, et où le travail maximum du métal a pour valeur R :

$$P = \frac{8000}{R}(\pi + p) \times 4a^2 \left\{ \frac{a}{4b} + \frac{5b}{6a} \right\}.$$

Ce poids, relatif à la partie essentielle du pont, ne comprend ni le tablier avec ses poutres auxiliaires, ni les haubans, ni les câbles de retenue et d'ancrage, ni les pièces de contreventement, ni enfin toutes les pièces métalliques qui sont fixées sur les piles ou les culées

Le poids de toutes ces pièces accessoires dépend essentiellement des dispositions adoptées par le constructeur, et ne croit pas proportionnellement au carré de l'ouverture : on ne doit pas en tenir compte dans la détermination du coefficient économique de l'ouvrage, pas plus qu'on ne se préoccupe du poids du tablier et du contreventement pour établir le coefficient économique d'un pont à poutre droite.

Le coefficient économique d'un pont suspendu ordinaire a donc pour expression :

$$(1) \qquad K = \frac{P}{4a^2(\pi + p)} = \frac{8000}{R}\left(\frac{a}{4b} + \frac{b}{6a} \right).$$

Pour les ponts suspendus rigides il faut en outre tenir compte du poids de l'entrait et de la triangulation, qui est sensiblement représenté, pour le système à entraits rectilignes du pont de Pittsburg, par la formule :

$$P' = \frac{8000}{R'} \times 4a^2\pi \left(\frac{a}{6b} \right),$$

R' étant le travail du métal de l'entrait.

Le coefficient économique du pont suspendu rigide à entraits rectilignes est donc fourni par la formule suivante :

$$(2) \qquad K = 8000 \left\{ \frac{1}{R}\left(\frac{a}{4b} + \frac{5b}{6a} \right) + \frac{\pi}{R'(\pi + p)} \frac{a}{6b} \right\}.$$

Nous remarquons que ce coefficient K diminue en même temps que le rapport $\dfrac{\pi}{\pi + p}$ de la surcharge seule à la somme de la charge et de la surcharge, ce qui s'explique par ce fait que le poids de l'entrait et de la triangulation dépend uniquement de la surcharge et nullement de la charge. Il en résulte que, pour ce type de pont suspendu rigide, le coefficient économique diminue au fur et à mesure que l'ouverture s'accroît, ce qui constitue un avantage réel pour les grandes portées.

Nous admettrons sans vérification que le coefficient économique des autres systèmes de ponts suspendus rigides a sensiblement la même valeur que pour le système du pont de Pittsburg.

Les formules qui précèdent donnent lorsqu'on y attribue à $\dfrac{b}{a}$, $\dfrac{\pi}{\pi + p}$, et R une série de valeurs limites, qui comprennent les conditions ordinaires de la pratique, les résultats qui figurent dans le tableau suivant :

$\dfrac{b}{2a}$	$\dfrac{\pi}{\pi + p} =$	PONTS SUSPENDUS FLEXIBLES			PONTS SUSPENDUS RIGIDES		
		$R =$			$R =$		
		6×10^6	12×10^6	24×10^6	6×10^6	12×10^6	24×10^6
$\dfrac{1}{8}$	$\dfrac{3}{4}$	0,0015	0,0008	0,0004	0,0022	0,0011	0,0006
	$\dfrac{1}{2}$	Id.	Id.	Id.	0,0019	0,0010	0,0005
	$\dfrac{1}{4}$	Id.	Id.	Id.	0,0017	0,0009	0,0001
$\dfrac{1}{12}$	$\dfrac{3}{4}$	0,0021	0,0012	0,0006	0,0031	0,0015	0,0008
	$\dfrac{1}{2}$	Id.	Id.	Id.	0,0028	0,0014	0,0007
	$\dfrac{1}{4}$	Id.	Id.	Id.	0,0024	0,0012	0,0006

On voit que le coefficient économique des ponts suspendus flexibles ou rigides est extrêmement faible comparé à celui des ponts à poutres droites, ce qui explique comment on a pu établir des ponts suspendus de 500 mètres de portée, alors que pour les poutres droites on ne dépasse pas 150 mètres.

Il est vrai que le poids du métal, auquel correspond ce coefficient, ne comprend ni le tablier, ni le contreventement, ni les câbles d'ancrage et de retenue, ni enfin toutes les pièces métalliques accessoires fixées sur les piles et les culées.

Or, précisément par suite du faible poids de la partie essentielle d'un pont suspendu, qui ne comprend que les câbles principaux et les tiges de suspension, l'importance relative des éléments que nous venons d'énumérer est beaucoup plus grande que pour les ponts à poutres droites, et l'on se tromperait beaucoup en basant la comparaison des deux systèmes uniquement sur le rapport de leurs coefficients économiques. Il faut encore tenir compte du poids du tablier et des pièces accessoires qui le plus souvent est plus considérable pour un pont suspendu qu'il ne le serait pour une poutre droite de même portée.

Par exemple s'il s'agit d'établir une passerelle pour piétons dont le tablier pourra être construit très légèrement et à peu de frais, un pont suspendu, n'eût-il que 15 mètres d'ouverture, sera beaucoup plus économique qu'une poutre droite ; au contraire pour un pont de chemins de fer, dont le tablier devra de toute nécessité être formé de pièces robustes et pesantes, et pour lequel, afin d'éviter des oscillations dangereuses, il faudra recourir à l'emploi de haubans et de poutres auxiliaires, l'emploi d'un pont suspendu pour une ouverture de 50 mètres serait une véritable monstruosité, l'économie de métal à réaliser sur une poutre droite étant insignifiante, eu égard au poids total de l'un et l'autre ouvrage, et étant loin de compenser l'infériorité du pont suspendu, au point de vue de la sécurité et de la durée.

En définitive, l'emploi des ponts suspendus, surtout s'il s'agit d'ouvrages munis de haubans et de poutres auxiliaires, doit être réservé pour les grandes portées.

120. Grands ponts américains. — A titre de renseignements nous donnons ici un tableau, extrait de l'ouvrage de MM. *Lavoinne et Pontzen*, qui résume les principales données relatives aux trois plus grands ponts suspendus construits pour chemins de fer ou tramways en Amérique.

	PONT du NIAGARA	PONT SUR L'OHIO à CINCINNATI	PONT sur L'EAST-RIVER à NEW-YORK
1º DONNÉES GÉNÉRALES.			
Longueur { de la travée principale.	250^m	322^m	486^m,3
Longueur { des travées latérales..	»	90^m	283^m,5
Longueur { des rampes d'accès...	»	»	296 et 476
Largeur totale..................	7^m,30	10^m,98	25^m,92
Hauteur libre au-dessus des basses eaux..................	67^m	30^m,50	25^m,92
Poids propre du tablier { par mètre courant.	3,000^k	3,300^k	10,000^k
Poids propre du tablier { par mètre carré de surface utile.....	235^k	300^k	417^k
Charge roulante { par mètre courant.....	2,500^k	1,650^k	3,300^k
Charge roulante { par mètre carré de surface..............	172^k	150^k	137^k,5
Poids des câbles par mètre courant.	1,500^k	1,000^k	2,826^k
Poids total par mètre courant.....	7,000^k	5,950^k	16,126^k
2º CABLES DE SUSPENSION.			
Métal employé..................	Fil de fer.	Fil de fer.	Fil d'acier.
Nombre de câbles principaux......	4	2	4
Flèche verticale.................	20 et 16, 25	27	39
Rapport de la flèche à l'ouverture.	1/12 et 1/15	1/8,5	1/12,5
Inclinaison du plan des câbles sur la verticale..................	1/6	1/7	1/20
Hauteur des points de suspension au-dessus du tablier............	24^m,40	39^m,65	42^m
Diamètre des câbles principaux....	0^m,254	0^m,313	0^m,400
Nombre { de câbles élémentaires..	49	7	19
Nombre { de fils dans chaque câble élémentaire..........	19	370	331
Nombre { total de fils par câble principal..................	934	2,590	6,289
Diamètre des fils................	3^{mm},4	3^{mm},4	4^{mm},3
Poids du mètre courant de fil.....	0^k,085	0^k,085	0^k,106
Section de l'ensemble des fils......	1,560^{cq}	1,078^{cq}	3,450^{cq}
Tension des câbles au point le plus bas..................	3,062^t	2,874^t	11,490^t
Tension maxima par millimètre carré	19^k,6	26^k,7	33^k,3
Tension par millimètre carré due au poids propre..................	12^k,6	19^k,5	26^k,5
Limite de résistance à la rupture par millimètre carré............	70^k,0	71^k,0	112^k,5
Limite d'élasticité par millimètre carré.....................	35^k,2	35^k,3	52^k,8
Coefficient de sécurité............	3,57	2,66	3,38
3º HAUBANS.			
Nombre de haubans correspondant à chaque demi-câble..........	8	20	35
Longueur moyenne...............	52^m	64^m	95^m
Fraction de la longueur du tablier non soutenue par les haubans...	0,40	0,45	0,34
4º CABLES D'ANCRAGES			
Nombre	56	»	»
Section totale...................	600^{cq}	1,177^{cq}	1,681^{cq}
Tension maxima par millimètre carré	13^k	12^k	17^k
Limite de résistance à la rupture..	35^k	35^k	56^k

Le même ouvrage nous fournit les renseignements suivants, relatifs au pont suspendu rigide de Pittsburg.

Le poids de la superstructure se décompose ainsi qu'il suit :

Travées extrêmes.	149 tonnes.
Ancrages et chaînes de retenue.	472 —
Chaînes centrales.	571 —
Tours.	324 —
Contreventement longitudinal.	195 —
— latéral.	51 —
Tiges de suspension.	40 —
Fermes du tablier central.	74 —
Entretoises et longrines.	87 —
Câbles d'acier sous le tablier. . . .	18 —
Garde-corps et rails.	51 —

Le poids total du métal est de 2,098 tonnes, dont 2,014 de fer et 32 d'acier.

Le cube du bois du tablier est de 566 mètres cubes.

La dépense totale s'est élevée à 2,622,500 francs, savoir :

Maçonnerie et fondation. .	997,500 fr. »
Superstructure	1,350,000 »
Dépenses diverses. . . .	275,000 »

Ces deux tableaux nous donnent, pour chacun des ouvrages considérés, le poids des câbles, le poids de la charge permanente et celui de la surcharge roulante, ce qui permet de calculer immédiatement le coefficient économique par la formule habituelle. D'autre part ils fournissent l'ouverture 2 a, la flèche b, et le travail maximum du métal du câble R : nous pouvons donc également calculer le coefficient K par les formules théoriques (1) et (2) du numéro précédent.

Le calcul de K par la formule générale : $K = \dfrac{p}{(\pi + p)\, l}$, ainsi que par la formule des ponts suspendus : $K = \dfrac{8000}{R}\left(\dfrac{a}{4b} + \dfrac{5b}{6a}\right)$ est résumé, pour les trois grands ponts suspendus flexibles déjà cités, dans le tableau suivant :

	PONT du NIAGARA	PONT SUR L'OHIO à CINCINNATI	PONT sur L'EAST-RIVER à NEW-YORK
Poids des câbles par mètre courant $p =$..........................	1.500^k	1 000^k	2,826^k
Poids total (charge et surcharge) par mètre courant : $\pi + p =$..........	7,000	5,950	16.126
Ouverture : $l = 2a =$..............	250	322	486
Valeur du coefficient K............	0,00086	0,00052	0,00036
Flèche $b =$........................	20 et 16, 15 (moyen. 18)	27	39
Travail maximum du métal du câble R =.........................	19,600,000^k	26,700,000^k	33,300,000^k
Valeur théorique de K............	0,00073	0,00048	0,00038

La concordance entre la valeur réelle et la valeur théorique de K est remarquable, ce qui démontre la parfaite exactitude des renseignements contenus dans les tableaux qui précèdent : si pour ces deux premier ouvrages la valeur théorique de K est un peu faible, c'est que la formule ne tient pas compte du poids du fil enroulé autour du câble, qui sert à maintenir les fils principaux et à les protéger contre les actions extérieures. Pour tenir compte de cette enveloppe, qui ne contribue d'ailleurs en rien à la stabilité du pont, peut-être y aurait-il lieu de porter de 8,000 à 10,000 le coefficient numérique de la formule qui donne K.

Au contraire pour le pont de New-York, la valeur théorique de K est légèrement supérieure à la valeur réelle, parce que dans le calcul de cet ouvrage (Comolli-Ponts américains) on a supposé qu'une certaine portion de la charge permanente et de la surcharge serait supportée par les haubans, et que par suite la valeur de $\pi + p$, qui a servi dans le calcul, est un peu supérieure à celle admise par les constructeurs du pont.

Nous pouvons effectuer le même calcul comparatif pour le pont de Pittsburg, à l'aide de la formule (2) du numéro précédent.

$$
\left.
\begin{array}{l}
\text{Poids total du câble et des tiges de suspension.} \quad\ldots\ldots\ldots\quad 571^t + 40 = 611^t \\[4pt]
\text{Poids total du contreventement (entrait et triangulation).} \quad\ldots\ldots\quad 195^t
\end{array}
\right\} 806^t
$$

$$
\left.
\begin{array}{l}
\text{Charge permanente } \left\{
\begin{array}{ll}
\text{Métal.} \ldots & 1{,}087^t \\
\text{Bois} \ldots & 400^t \\
\text{Surcharge.} & 2^t{,}400 \times 244 = 585^t
\end{array}
\right.
\end{array}
\right\} 2{,}072^t
$$

Ouverture : $l = 2a = 244$.

Valeur du coefficient K : 0,0016.

Flèche : $b = 26^m{,}84$.

Travail maximum du métal dans les câbles : $R = 8{,}700{,}000$
— — dans l'entrait : $R' = 4{,}350{,}000$

Rapport de la surcharge au poids total : $\dfrac{585}{2{,}072} = 0{,}28$

Valeur théorique de K :

$$
K = 8000 \left(\frac{1}{R} \left(\frac{a}{4\,b} + \frac{5b}{6\,a} \right) + 0{,}28 \times \frac{1}{R'} \times \frac{a}{6\,b} \right) = 0{,}00155.
$$

Nous avons admis $R' = 1/2\,R$, faute de renseignements précis, d'après la coutume générale en Amérique, qui consiste à réduire de moitié la valeur du travail dans les pièces qui ne sont influencées que par la surcharge roulante et non par la charge permanente.

La concordance est encore ici des plus satisfaisantes.

Le poids du métal qui entre dans la construction du pont de Pittsburg est, ainsi que nous l'avons vu, de 2098^t, pour une longueur totale, y compris les travées latérales, de 332 mètres. Si nous faisons abstraction des travées latérales pesant 149^t qui sont formées par des poutres droites, nous voyons que le poids par mètre courant du métal correspondant à la travée principale se subdivise ainsi qu'il suit :

	POIDS par mètre courant	RAPPORT au poids total
Partie principale du pont : câbles, tiges de suspension, entrait et triangulation· · · · · $\frac{806}{244} =$	3,300	43,5
Pièces accessoires du tablier et du contreventement· · · · $\frac{281}{244} =$	1,150	15,5
Pièces fixées aux piles et culées : ancrages et retenue· · · $\frac{796}{244} =$	3,100	41,0
TOTAL. . .	7,550	100

Nous voyons que la partie essentielle de l'ouvrage ne représente pas la moitié du poids total du métal employé, ce qui justifie les réserves faites précédemment au sujet du calcul du poids total de métal entrant dans l'établissement d'un pont suspendu. Il est aisé de reconnaître que le surplus, qui représente 57 0/0 du poids, eût pu être notablement réduit, en remplaçant, par exemple, les tours métalliques qui constituent les piles, par les ouvrages en maçonnerie, en modifiant les ancrages, etc. C'est pourquoi il n'est pas possible de faire entrer ces éléments dans le calcul du coefficient économique puisqu'on peut faire varier à volonté leur poids sans rien changer aux conditions de stabilité de l'ouvrage. C'est une question d'espèce qui doit être tranchée par le constructeur, en tenant compte des conditions spéciales où il se trouve. On sait qu'en Amérique les ouvrages en maçonnerie, qui sont excessivement dispendieux, sont autant que possible évités par les ingénieurs, qui préfèrent, à un point de vue d'économie, leur substituer l'emploi du métal.

En Europe, au contraire, on considère qu'il y a avantage à réduire au minimum le poids du fer, et l'on ne recule pas devant l'exécution de maçonneries, que la facilité des transports et le bas prix de la main-d'œuvre rendent très peu coûteuses. Ce sont là, évidemment, des circonstances particulières qui n'ont aucun rapport avec la stabilité des ponts, et c'est pourquoi nous n'en avons tenu aucun compte dans le calcul du coefficient économique des ponts suspendus, qui, d'après nous, ne peut se rapporter qu'au poids du métal qui est rendu absolument nécessaire, en vertu des règles de la Résistance des matériaux, pour l'exécution de l'ouvrage que l'on considère.

CHAPITRE CINQUIÈME

PONTS EN ARC

III. — Arcs encastrés aux naissances.

IV. — Poids des ponts en arc.

Tables pour le calcul de la poussée des arcs circulaires à section constante articulés aux naissances.

PONTS EN ARC.

121. Définition des ponts en arc. — Les ponts à travées indépendantes se divisent en trois classes : les poutres qui exercent sur leurs culées un effort vertical dirigé de haut en bas ; les ponts suspendus qui exercent sur leurs culées un effort oblique tendant à rapprocher les points d'appui ; les ponts en arc qui exercent sur leurs culées un effort oblique tendant à écarter les points d'appui.

Nous avons étudié les deux premiers genres ; nous allons examiner à présent le troisième.

Nous distinguerons trois catégories de ponts en arc : 1° les ponts articulés aux deux points d'appui et au milieu de l'ouverture ; 2° les ponts articulés aux deux points d'appui seulement ; 3° les ponts encastrés sur leurs points d'appui.

Les points d'appui des ponts en arc s'appellent les naissances ou les retombées ; on désigne par clef la partie qui correspond au milieu de l'ouverture. Nous ne faisons d'ailleurs aucune hypothèse préalable sur la forme de l'ouvrage, nous en tenant à la définition qui précède, bien que les mots *pont en arc* semblent indiquer à tort une forme spéciale qui, bien que généralement en usage, n'est nullement obligatoire.

I. — ARCS ARTICULÉS AUX NAISSANCES ET A LA CLEF.

122. Analogie des arcs à triple articulation et des ponts suspendus rigides. — Les arcs articulés aux naissances et à la clef offrent une analogie complète avec les ponts suspendus rigides, étudiés au chapitre précédent, qui eux aussi sont pourvus de trois articulations. Considérons un pont suspendu de cette catégorie, et imaginons un ouvrage qui lui serait exactement symétrique par rapport au plan horizontal qui passe par l'articulation du milieu : cet ouvrage

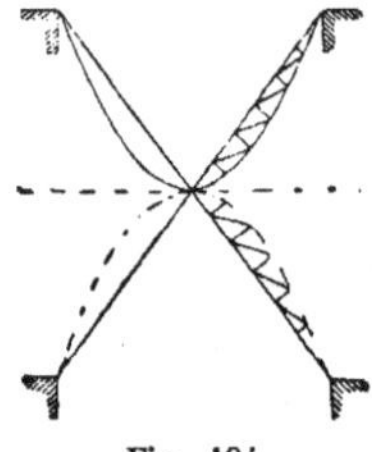

Fig. 184.

sera un pont en arc à trois articulations, de même ouverture et même flèche, et, si on lui applique la même charge et la même surcharge, ses différents éléments seront soumis aux mêmes efforts que les éléments correspondants, c'est-à-dire symétriques, du pont suspendu, *sauf les signes* qui seront changés, les efforts de compression étant remplacés par des efforts de tension et vice versâ.

Les calculs de stabilité du pont en arc se feront donc avec les mêmes formules (au signe près) que ceux du pont suspendu. Cela étant, nous pourrions nous dispenser de revenir sur les types déjà étudiés à propos des ponts suspendus, et qu'il suffit de retourner pour avoir les ponts en arc.

Toutefois, nous ne croyons pas absolument inutile d'énoncer à nouveau toutes les formules usuelles déjà obtenues pour les ponts suspendus rigides, en y effectuant les changements de signe nécessaires.

Nous allons donc passer rapidement en revue les types de ponts en arc qui correspondent respectivement aux types de ponts suspendus représentés par les figures 171, 178 et 181.

Ce que nous appelions traction horizontale pour les ponts suspendus, c'est-à-dire la composante horizontale de l'action exercée sur les points d'appui, s'appelle ici poussée. La poussée des arcs tend à repousser les points d'appui.

Les méthodes générales que nous donnerons plus loin (126-127) pour le calcul des ponts en arc à triple articulation de forme quelconque, s'appliqueraient identiquement, en vertu du raisonnement qui précède, aux ponts suspendus rigides de forme également quelconque, sans autre modification que le changement de signe dont il faudrait affecter les efforts subis par les différentes pièces. C'est pour cela que nous nous sommes dispensé d'exposer cette méthode au chapitre qui précède. On en fera sans difficulté, le cas échéant, l'application au cas d'un pont suspendu rigide de forme quelconque.

Dans les ouvrages que nous allons étudier, nous désignerons spécialement par le mot *arc* l'élément essentiel du pont, qui travaille à la *compression* sous l'action de la charge permanente, et correspond au *câble* des ponts suspendus.

§ 1ᵉʳ.

CALCUL DES PONTS A ARCS PARABOLIQUES.

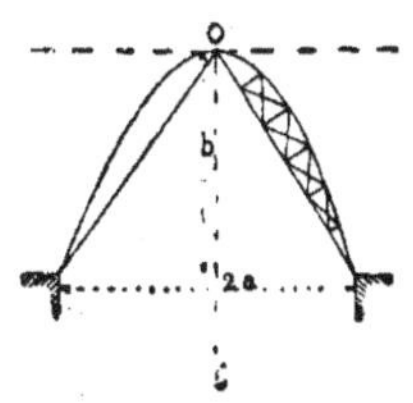

Fig. 185.

123. Ponts à arcs paraboliques et entraits rectilignes. — Cet ouvrage (*fig.* 185) correspond au pont suspendu du n° 109. Les formules qui lui sont applicables sont résumées dans le tableau suivant, où a désigne toujours la demi-ouverture, b la flèche de l'arc, et π la surcharge par mètre courant de tablier :

1° *Calcul de l'arc et de l'entrait.*

ABSCISSES LIMITES DE LA ZONE SURCHARGÉE		EFFORT NORMAL F développé dans le l'arc au point M (xy).	EFFORT NORMAL C développé dans l'entrait au point N, projection sur l'entrait du point M de l'arc.
Limite inférieure	Limite supérieure		
x	a	$-\dfrac{\pi}{2ab}\dfrac{\sqrt{a^4+4b^2x^2}}{a^3+2b^2x}(a^3+b^2x)(a-x)$	$+\dfrac{\pi\sqrt{a^2+b^2}}{4ab}(a^2-x^2)$
o	x	$-\dfrac{\pi}{2ab}\dfrac{\sqrt{a^4+4b^2x^2}}{a^3+2b^2x}(a^3+ab^2+b^2x)x$	$+\dfrac{\pi\sqrt{a^2+b^2}}{4ab}x^2$
$-a$	o	o	$-\dfrac{\pi\sqrt{a^2+b^2}}{4ab}a^2$
o	a	$-\dfrac{\pi}{2b}\sqrt{a^4+4b^2x^2}$ (max. de F)	$+\dfrac{\pi\sqrt{a^2+b^2}}{4ab}a^2$
$\dfrac{ax}{2a+x}$	a	»	$+\dfrac{\pi\sqrt{a^2+b^2}}{4ab}\dfrac{2a^2(a+x)}{2a+x}$ (max. positif)
$-a$	$\dfrac{ax}{2a+x}$	»	$-\dfrac{\pi\sqrt{a^2+b^2}}{4ab}\dfrac{2a^2(a+x)}{2a+x}$ (max. négatif)
$-a$	$+a$	$-\dfrac{\pi}{2b}\sqrt{a^4+4b^2x^2}$ (max. de F)	o

Toutes les remarques que nous avons faites à propos du
pont suspendu s'appliquent au pont en arc, en remplaçant
partout le mot compression par le mot extension, et vice versâ.
Nous n'y reviendrons pas.

L'effort maximum subi par l'arc sous l'action de la charge
et de la surcharge est représenté par la formule :

$$F' = - \frac{(\pi + p)}{2b} \sqrt{a^2 + 4b^2 x^2}.$$

Il varie entre la limite inférieure

$$- \frac{(\pi + p)}{2b} a^2, \quad \text{pour} \quad x = o \quad \text{(clef)},$$

et la limite supérieure

$$- \frac{(\pi + p) a}{2b} \sqrt{a^2 + 4b^2}, \quad \text{pour} \quad x = a \quad \text{(naissances)}.$$

L'effort maximum subi par l'entrait (qui n'est pas influencé
par la charge) est donné par la formule :

$$C' = \pm \frac{\pi \sqrt{a^2 + b^2}}{4ab} \frac{2a^2(a + x)}{2a + x}.$$

C'est une tension ou une pression, suivant que l'arc est
surchargé entre les limites

$$\frac{ax}{2a + x} \text{ et } a \quad \text{ou} \quad - a \text{ et } \frac{ax}{2a + x}.$$

Ce maximum varie entre la limite inférieure

$$\frac{\pi a \sqrt{a^2 + b^2}}{4b}, \quad \text{pour} \quad x = o \quad \text{(clef)},$$

et la limite supérieure

$$\frac{\pi a \sqrt{a^2 + b^2}}{3b}, \quad \text{pour} \quad x = a \quad \text{(naissances)}.$$

2° *Calcul de la triangulation.*

A. L'effort normal supporté par le bras AC, normal à l'entrait CD, a la valeur suivante :

$$\psi = - \frac{\pi a}{2} \frac{\sqrt{a^2 + b^2}}{(a^2 + 2b^2 x)} \frac{x(a - x)^2}{(a - x + s \cos\theta)}.$$

Dans cette formule, s représente la longueur constante d'une maille A B de l'arc, x l'abscisse du point A, et θ l'angle de l'élément d'arc A B avec l'axe des x (*fig.* 186). On trouverait peut-être en général plus convenable de prendre $s \cos \theta$ constant, et non pas s. Cela ne changerait rien au calcul.

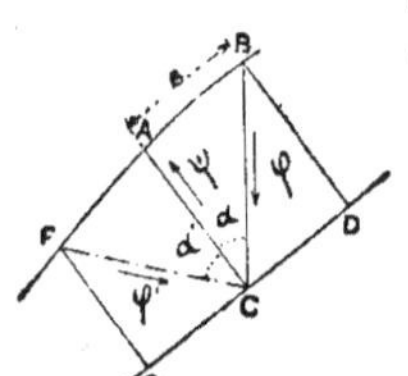

Fig. 186.

En supposant $s \cos \theta$ négligeable devant $a\text{-}x$, on trouve :

$$\psi = -\frac{\pi a \sqrt{a^2 + b^2}}{2(a^3 + 2 b^2 x)} x(a - x).$$

Cette expression, qui, par suite de la simplification admise, donne pour ψ des valeurs trop fortes, a pour maximum :

$$-\frac{\pi a^2}{8 \sqrt{a^2 + b^2}} < -\frac{\pi a}{8}.$$

B. L'effort maximum φ subi par le tirant et l'effort maximum φ' subi par le contre-tirant sont donnés par la formule unique :

$$\left.\begin{array}{c}\varphi = \\[1em] \varphi' = \end{array}\right\} -\psi \times \left\{\begin{array}{c}\dfrac{1}{\cos \alpha} \\[1em] \dfrac{1}{\cos \alpha'}\end{array}\right.$$

La charge permanente uniformément répartie sur la totalité ou sur la moitié de l'ouverture ne développe aucun effort dans la triangulation.

Nous ne croyons pas que ce genre de pont en arc ait jusqu'à présent reçu d'application, du moins en Europe.

124. Pont à arc et entraits paraboliques. — 1º *Calcul de l'arc et de l'entrait.* — L'arc et l'entrait sont symétriques par rapport à leur corde commune.

Cet ouvrage correspond au pont suspendu rigide du nº 113. Nous croyons inutile de recopier le tableau inséré dans ce paragraphe, en changeant le signe des efforts normaux (*fig.* 187).

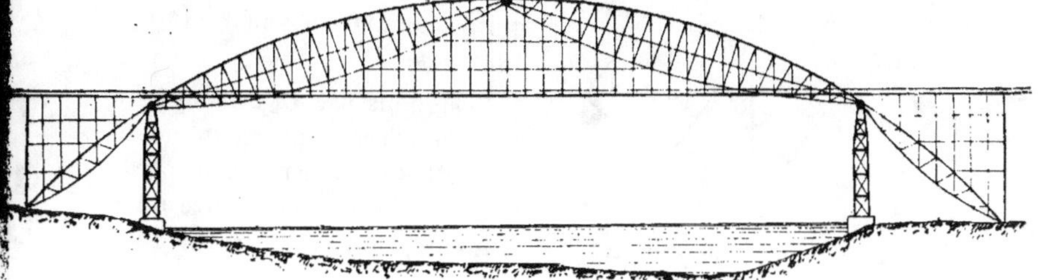

Fig. 187. — Projet de pont de 228 mètres de portée sur l'East-River à New-York.

Nous nous contenterons d'indiquer la valeur maximum de l'effort normal subi par l'arc, ainsi que par l'entrait, sous l'action de la charge et de la surcharge répartie de la manière la plus défavorable.

Pour l'arc, ce maximum est donné par la formule :

$$F' = -\frac{(p+\pi)}{2b}\sqrt{a^4 + 4b^2 x^2}.$$

F' varie entre la limite inférieure :

$$-\frac{(p+\pi)}{2b}a^2, \quad \text{pour} \quad x = o \quad \text{(clef)},$$

et la limite supérieure :

$$-\frac{(p+\pi)}{2b}a\sqrt{a^2 + 4b^2} \quad \text{pour} \quad x = a, \quad \text{(naissances)}.$$

Pour l'entrait ce maximum est donné par la formule :

$$C' = \pm\frac{\pi(a^2 + b^2)}{8ab}\frac{\sqrt{a^4 + 4b^2 x^2} \times 2a^2(a+x)}{(a^3 + 2b^2 x)(2a + x)}.$$

C' varie entre la limite inférieure :

$$\pm\frac{\pi(a^2 + b^2)}{8b}, \quad \text{pour} \quad x = o \quad \text{(clef)},$$

et la limite supérieure :

$$+\frac{\pi a(a^2 + b^2)}{6b}\sqrt{\frac{a^2 + 4b^2}{a^2 + 2b^2}} \quad \text{pour} \quad x = a \quad \text{(naissances)}.$$

2° *Calcul de la triangulation.*

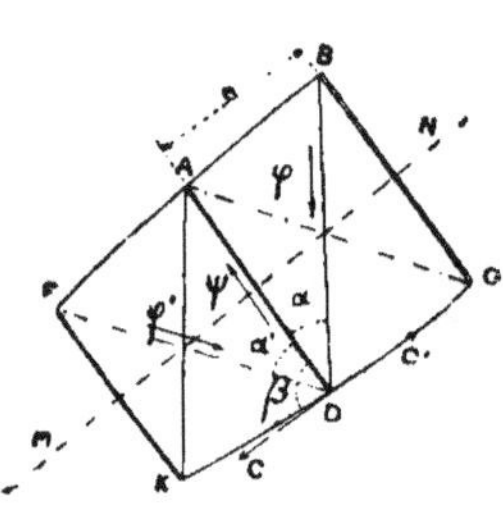

Fig. 188.

Soient **A B** et **D G** l'arc et l'entrait, **MN**, la corde commune, qui est un axe de symétrie (*fig.* 188).

Désignons par $C'-C$ le maximum de l'écart que peut présenter l'effort normal subi par l'entrait de part et d'autre du point **D**, qui correspond au point **A** de l'arc dont l'abscisse est x.

On a :

$$C' - C = \frac{\pi a^2 (a^2 + b^2)}{4b} \times \frac{a - x}{(a^3 + 2b^2 x)(a - x + s \cos\theta)} \times s.$$

s représente toujours la longueur **AB** d'une maille de l'arc, et θ l'angle de l'élément d'arc avec l'axe des x ; $s \cos \theta$ est la différence entre les abscisses des points **A** et **B**.

Les efforts normaux développés dans la triangulation sont :

$$\text{Pour le bras AD} : \psi = (C'-C) \frac{\sin(\alpha + \beta)}{\sin \alpha} ;$$

$$\text{Pour le tirant BD} : \varphi = (C'- C) \frac{\sin \beta}{\sin \alpha} ;$$

$$\text{Et pour le contre-tirant FD} : \varphi' = (C'-C) \frac{\sin \beta}{\sin \alpha'} \cdot$$

Les angles α, α' et β sont faciles à calculer ou à mesurer sur une épure à grande échelle.

125. Pont à arc parabolique et longeron rectiligne. — Cet ouvrage correspond au pont suspendu du n° 115. Comme dans les cas précédents, nous renverrons à ce paragraphe pour toutes les observations et remarques qui se rapportent à ce type d'ouvrage métallique et pour le tableau des formules usuelles relatives aux efforts normaux subis par l'arc et le longeron (*fig.* 189).

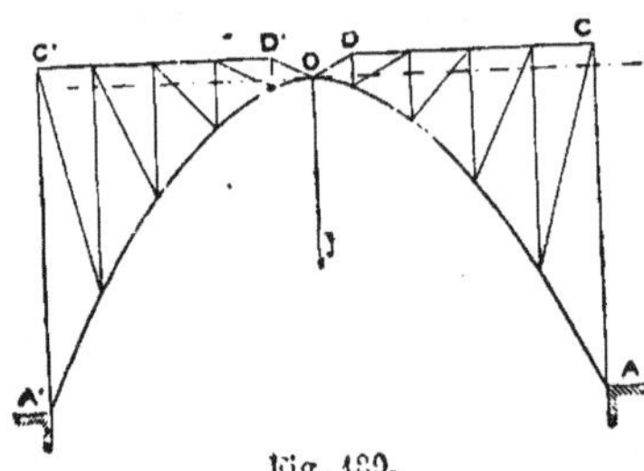

Fig. 189.

1° *Calcul de l'arc et du longeron.*

Si l'on suppose que l'axe du longeron soit tangent à l'axe de l'arc au sommet O, les formules suivantes donnent les valeurs maxima des efforts normaux subis par l'arc et le longeron, aux points dont l'abscisse est x.

On a pour l'arc :

$$F' = \begin{cases} -\dfrac{\sqrt{a^4 + 4\,b^2\,x^2}}{2\,b}\left(p + \dfrac{\pi\,a^2}{x\,(2\,a - x)}\right) & \text{(Compression maximum)} & (1)\\[2em] -\dfrac{\sqrt{a^4 + 4\,b^2\,x^2}}{2\,b}\left(p - \dfrac{\pi\,(a - x)^2}{x\,(2\,a - x)}\right) & \text{(Tension maximum ou compres. min.)} & (2) \end{cases}$$

et pour le longeron :

$$C' = \pm\,\frac{\pi\,a^2}{2\,b}\,\frac{(a + x)\,(a - x)}{x\,(2\,a + x)}. \tag{3}$$

Ces formules ne sont exactes que pour le cas où l'axe du longeron est tangent, au milieu de l'ouverture, à l'axe parabolique de l'arc.

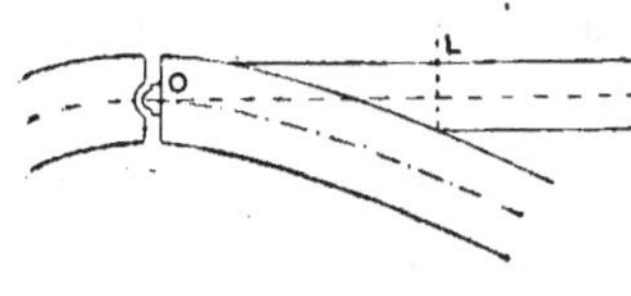

Fig. 190.

Cette hypothèse est parfaitement réalisable (*fig.* 190) ; mais comme l'arc, pièce comprimée de grande longueur, doit avoir nécessairement un moment d'inertie assez considérable, et par suite une hauteur notable, on est conduit à interrompre le longeron dans le voisinage de la clef à partir du point **L** où sa semelle inférieure vient rencontrer la semelle supérieure de l'arc.

Les formules qui précèdent ne sont applicables que jusqu'à cette section **L** : entre L et l'articulation centrale O, le longeron a disparu et la rigidité du système est assurée par l'arc seul, dont le moment d'inertie doit figurer dans les formules. Il y aurait donc lieu d'appliquer les méthodes générales des n°s 126 et 127. Mais comme la distance OL est forcément très petite, et que d'ailleurs le travail du métal de l'arc diminue de L en O, le plus simple est d'admettre que ce travail a sur toute la longueur OL la valeur calculée pour la section L, puisque cette hypothèse s'écarte peu de la réalité, et est d'ailleurs plus défavorable.

Il peut arriver encore que l'axe du longeron soit établi parallèlement à la tangente au sommet de la parabole et à

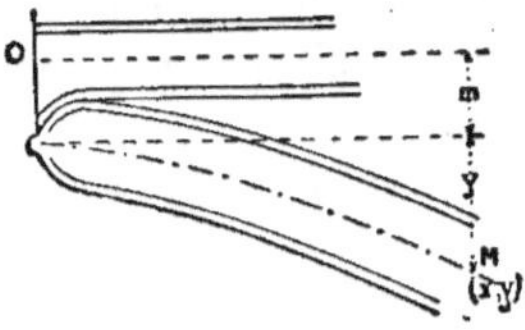

Fig. 191.

une distance m de cette tangente (*fig.* 191). En ce cas les formules qui précèdent donnent des résultats sensiblement exacts tant que le rapport $\dfrac{y}{y+m} = \dfrac{bx^2}{bx^2 + a^2m}$, où y et x représentent les coordonnées du point M de la parabole, est peu différent de l'unité : au besoin on peut rectifier avec *une exactitude suffisante* les résultats des formules 2 et 3 en les multipliant par le coefficient de correction $\dfrac{bx^2}{bx^2 + a^2m}$; mais comme cette correction est en général peu importante, et que d'ailleurs les résultats des formules pèchent par excès, il n'y a pas d'inconvénient à s'en dispenser. **Dans le voisinage** de la clef, comme y devient très petit, les formules ne sont plus applicables. Il y a alors trois partis à prendre :

1° Appliquer le coefficient de correction $\dfrac{bx^2}{bx^2 + a^2m}$, ce qui ne donne pas tout à fait le résultat exact ;

2° Se servir de la méthode générale du n° 126, ce qui est long et compliqué ;

3° Admettre, ce qui est suffisamment vrai, que dans le voisinage immédiat de la clef, c'est-à-dire dans le premier panneau de l'ouvrage, le travail de l'arc et celui du longeron peuvent être considérés comme variant extrèmement peu, et en conséquence appliquer entre O et L les résultats fournis pour la section L, où les formules sont encore acceptables avec une exactitude suffisante, en se servant du coefficient de correction. C'est le parti le plus simple et il ne peut conduire à aucun mécompte.

Nous voyons donc que les formules qui précèdent ne sont jamais applicables dans le voisinage de la clef ; d'ailleurs, eu posant $x = o$, elles fournissent pour l'effort normal une valeur infinie.

La limite supérieure négative de **F** (travail maximum de l'arc à la compression) correspond à $x = a$ (naissances), et elle a pour valeur :

$$- \frac{(p + \pi)\, a \sqrt{a^2 + 4 b^2}}{2 b}.$$

La limite supérieure positive de F (travail maximum de l'arc à la tension, si, ce qui est rare, l'importance de la surcharge relativement à la charge est suffisante pour faire en certains cas travailler l'arc à la tension), ainsi que les maxima positif et négatif de C (travail maximum du longeron à la tension ou à la compression) se manifestent toujours dans le voisinage de la clef ; c'est donc dans le calcul de ces efforts qu'il convient de tenir compte du coefficient de correction, sous peine de s'exposer à des erreurs très appréciables.

On voit d'ailleurs que C s'annule pour $x = a$: au droit des naissances, le longeron n'est plus soumis à aucun effort, quel que soit le mode de répartition de la surcharge.

2° *Calcul de la triangulation.*

A. Pièce verticale ou montant MN (*fig.* 192). La formule suivante donne l'effort normal maximum subi :

$$\psi = \pm\, \frac{\pi}{4 a} (a - x)^2.$$

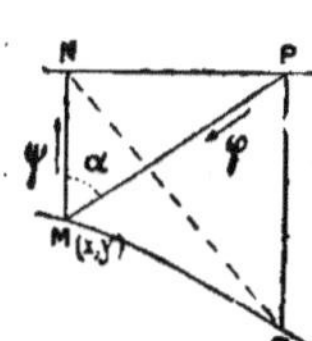

On a toujours :

$$\pm\, \psi < \frac{\pi a}{4}$$

Fig. 192.

ψ s'annule pour $x = a$ (naissances).

Comme la triangulation s'arrête nécessairement dès que y est petit, on n'a pas à se préoccuper du coefficient de correction $\dfrac{b x^2}{b x^2 + a^2 m}.$

B. Pièce oblique MP. L'effort normal subi par cette pièce est donné par la relation :

$$\varphi = - \frac{\psi}{\cos \alpha}.$$

φ et ψ sont toujours de signes contraires. Si l'on veut que φ soit toujours positif, il faut ajouter un contre-tirant

NQ de même section formant avec le **tirant MP** une **croix de St-André.**

En général la surcharge est appliquée sur le longeron qui la transmet à l'arc. Il faut tenir compte de cette circonstance, et considérer également MN comme une pièce chargée debout et supportant en N une partie de la surcharge ; s'il s'agit d'un pont de chemin de fer, le passage d'une locomotive en N peut donner lieu à un effort de compression notablement supérieur à ψ. Il convient donc de ne pas négliger ce point de vue, et de calculer en conséquence la section du montant : il est bien évident qu'au droit des naissances, bien que ψ s'annule, il est nécessaire d'attribuer une grande résistance au montant qui présente une longueur considérable.

Cette observation est d'ailleurs générale, et s'applique a tous les ouvrages à triangulation, lorsque l'effort normal, indiqué par le calcul pour une pièce quelconque, n'est pas très *supérieur* à la surcharge maximum susceptible d'être appliquée à l'une des extrémités de cette pièce : cette surcharge doit servir à calculer l'aire minimum à attribuer à la section des pièces de la triangulation : pour les ponts en arc, où les efforts transmis par les semelles à la triangulation sont généralement faibles, cette remarque est des plus importantes, et trouve fréquemment son application.

§ II

CALCUL DES ARCS DE FORMES QUELCONQUES.

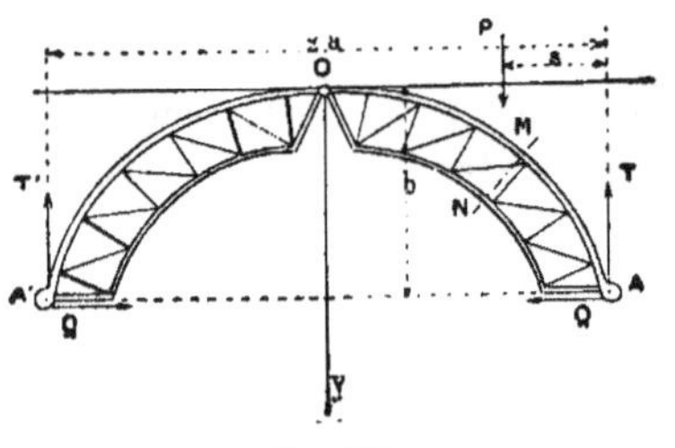

Fig. 193.

126. Méthode algébrique. — Considérons un pont en arc de forme quelconque A O A', ayant ses trois articulations en A, O et A' (*fig.* 193).

Soit P un poids isolé appliqué à l'arc, et défini par sa distance horizontale s à la culée A.

Il est aisé de calculer la poussée Q déterminée par cette charge P, ainsi que les composantes verticales T

et T' transmises par l'ouvrage aux points d'appui des retombées.

Il suffit en effet d'égaler à o la somme des moments des
forces appliquées à l'arc à partir de l'extrémité A, d'abord
par rapport au point O, qui, par suite de l'articulation, est un
point de passage de la résultante, puis par rapport au point A'.
On a deux équations d'où on tire Q et T :

$$Q = \frac{P\,s}{2\,b},$$

$$T = P\left(' - \frac{s}{2\,a}\right),$$

$$T' = P\,\frac{s}{2\,a}.$$

Soient maintenant deux nœuds M et N appartenant l'un
à la corde supérieure et l'autre à la corde inférieure de l'ouvrage : pour avoir l'effort normal développé en M, il suffira
d'écrire que le moment de cet effort par rapport au point N
est égal à la somme des moments des forces extérieures appliquées à la portion d'arc comprise entre l'extrémité A et le
profil MN, forces que l'on connaît puisqu'on a déterminé
Q et T.

On obtiendrait de même l'effort normal développé en N en
prenant les moments des forces par rapport au point M. Cela
fait, on trouverait au besoin l'effort développé dans une barre
de la triangulation, en projetant sur l'axe de cette barre toutes
les forces (y compris les efforts normaux en M et N) appliquées à la portion d'arc ANM, et égalant la somme des projections à l'effort subi par la barre. Ce calcul ne serait pas en
somme bien compliqué, ainsi qu'il est aisé de s'en rendre
compte : nous venons d'exposer la méthode générale que nous
avons appliquée dans un cas particulier aux n°ˢ 110, 111,
et 112.

Sachant déterminer en un point quelconque de l'axe d'une
corde de l'ouvrage, ou pour une barre quelconque de la
triangulation, l'effort normal dû à un poids isolé, rien n'est
plus aisé que de faire le calcul pour une surcharge répartie
sur une longueur quelconque du tablier. Il suffit en effet de
diviser cette surcharge en un certain nombre de poids isolés

pour chacun desquels le calcul peut être fait par la méthode qui précède. Il faut ensuite effectuer la somme des efforts correspondant à la surcharge totale.

Nous renverrons d'ailleurs au n° 138 où la marche à suivre est indiquée en détail : la seule différence entre les arcs articulés à la clef et les arcs à clef rigide consiste dans la détermination de la poussée, qui dans le dernier cas est plus difficile et exige l'emploi de tables ou de formules compliquées.

Une fois le calcul de la poussée effectué, il y a identité complète entre les deux cas et il y a lieu de se reporter au n° 138 où la question est traitée avec tout son développement.

127. Méthode géométrique. — 1° *Détermination de la courbe des pressions et de la poussée.* — Supposons que chacune des moitiés de l'ouvrage métallique à calculer puisse être assimilée à une pièce prismatique, suivant la définition que nous en avons donnée au n° 1.

Le pont est alors composé de 2 pièces prismatiques AO et A'O, à axes généralement courbes A B O et A′ B′ O (*fig.* 194).

Considérons une section transversale MN de la pièce A′O : cette section est normale à l'axe longitudinal en C. Pour déterminer le travail du métal de l'arc sous l'influence d'une surcharge quelconque, il suffit d'après la règle connue de calculer le moment fléchissant, l'effort normal (perpendiculaire à la section) et l'effort tranchant (parallèle à la section).

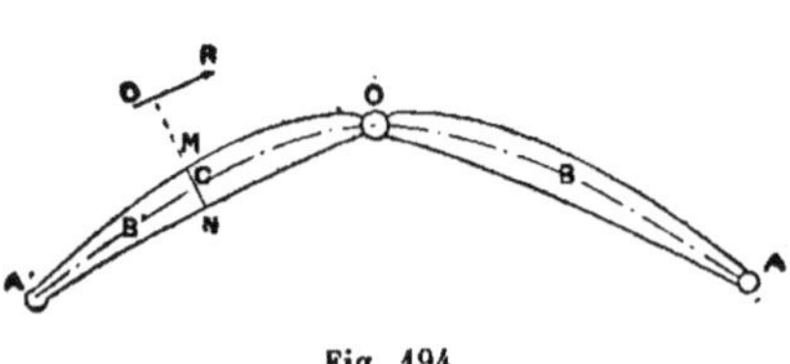

Fig. 194.

Soit D le point où la section transversale MN est rencontrée par la résultante R de toutes les forces appliquées à la portion d'arc A′MN : connaissant l'intensité et la direction de cette résultante R, ainsi que le point D, rien ne serait plus facile évidemment que de calculer le moment fléchissant, l'effort normal et l'effort tranchant (20).

Le lieu des points de rencontre D de la résultante des forces appliquées à une portion d'arc, avec la section transversale qui la limite, est appelé la *courbe des pressions* de l'arc correspondant à la disposition de surcharge considérée.

Dans le cas d'une surcharge uniformément répartie sur une portion de l'ouverture, il est évident à priori que la courbe des pressions est l'enveloppe des résultantes R, et que par suite la direction de la résultante est donnée par la tangente à la courbe.

Nous allons chercher l'équation de cette courbe rapportée aux axes vertical et horizontal passant par l'articulation O, dans le cas particulier d'une surcharge uniformément répartie couvrant une zone continue quelconque du tablier.

Cette courbe est indépendante de la forme de l'axe longitudinal de l'arc, qui peut même être dissymétrique par rapport au plan vertical passant en O.

On reconnaît facilement à priori que la courbe en question se compose d'une parabole à axe vertical, correspondant à la longueur de la zone surchargée (ST ou S_1T_1) et des deux tangentes aux extrémités de la parabole (S ou T, S_1 ou T_1) (*fig.* 195), pour les deux parties du tablier qui ne portent aucune surcharge.

Nous faisons bien entendu ici abstraction de la charge permanente, et la courbe de pression cherchée se rapporte uniquement à la surcharge considérée isolément.

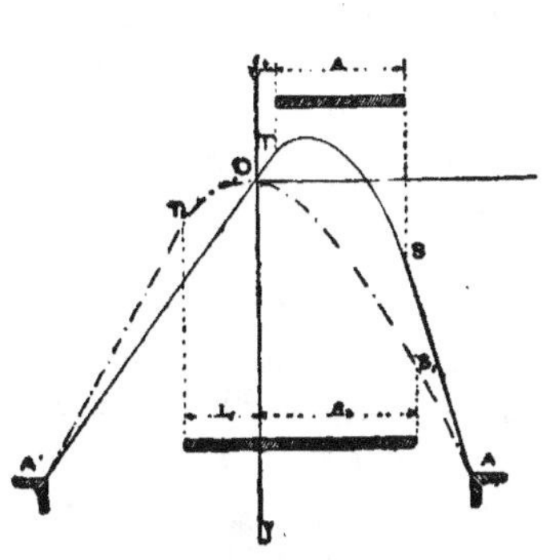

Fig. 195.

La courbe des pressions passe nécessairement par les trois articulations A, O et A′.

Cela posé, il est aisé d'établir l'équation de la parabole dont nous venons de parler. Nous jugeons superflu de développer les calculs élémentaires qui y conduisent, et nous nous bornons à énoncer les résultats.

Soient s et t les abscisses des deux extrémités S et T de la zone surchargée. Supposons-les toutes deux de même signe, positif pour fixer les idées (*fig.* 195), ce qui signifie que la zone surchargée est tout entière d'un même côté de l'articulation centrale O, du côté des x positifs.

L'équation de la parabole (courbe pleine ST de la figure) est alors la suivante :

$$(1) \qquad y = \frac{2b}{(s-t)(2a-s-t)}(x-t)^2 - \frac{b}{a}x.$$

Si s et t étaient tous deux négatifs, il suffirait de substituer dans l'équation $-x$ à $+x$, pour obtenir la relation à employer.

Cette courbe est tangente en T à la droite A'O, qui réunit les deux articulations A' et O, et qui constitue la courbe des pressions entre les limites $-a$ et t. La tangente AS complète cette courbe entre les limites s et a.

Supposons maintenant que les limites S_1 et T_1 de la zone surchargée soient de part et d'autre de l'articulation centrale. Alors l'abscisse t_1 du point T_1 est négative : $t_1 < o$.

L'équation de la parabole (courbe pointillée S_1OT_1 de la figure), qui passe alors par le point O, est en ce cas :

$$(2) \quad y = \frac{2b}{2a(s_1-t_1)-s_1^2-t_1^2}\left[x^2 - \frac{(s_1+t_1)(2a-s_1+t_1)}{2a}x \right].$$

La poussée due à la surcharge, c'est-à-dire la composante horizontale constante de la résultante R, dont nous venons de trouver l'enveloppe ASTA', est toujours égale, ainsi qu'il serait aisé de le démontrer, au poids π par mètre courant de la surcharge *divisé par le double du paramètre de la parabole*.

Les formules (1) et (2) permettent de tracer la courbe des pressions dans toutes les hypothèses possibles, puisque, après avoir décrit la parabole, il suffit de prolonger jusqu'en A et A' les tangentes menées à ses extrémités S et T. En faisant différentes hypothèses sur les valeurs de s, t, s_1 ou t_1, nous avons obtenu des formules se rapportant à certains cas particuliers qui présentent de l'intérêt.

ABSCISSES LIMITES de la ZONE SURCHARGÉE		ÉQUATION DE LA PARABOLE	VALEURS de LA POUSSÉE	DISTANCE VERTICALE MAXIMUM de la courbe des pressions CONSIDÉRÉE A LA PARABOLE (1)	
s ou $s_1 =$	t ou $t_1 =$	$y =$	$Q =$	$x =$	$y - y_1 = \pm$
(1) a	$-a$	$\dfrac{b}{a^2}x^2.$	$\pi\dfrac{a^2}{2b}$	$\dfrac{o}{o}$	o
(2) a	$-\dfrac{a}{2}$	$\dfrac{8}{7}\dfrac{b}{a^2}x^2 - \dfrac{b}{7a}x.$	$\pi\dfrac{7a^2}{16b}$	$\dfrac{a}{2}$	$\dfrac{b}{28}$
(3) a	o	$\dfrac{2b}{a^2}x^2 - \dfrac{b}{a}x.$	$\pi\dfrac{a^2}{4b}$	$\pm\dfrac{a}{2}$	$\dfrac{b}{4}$
(4) a	$+\dfrac{a}{2}$	$\dfrac{8b}{a^2}\left(x-\dfrac{a}{2}\right)^2 - \dfrac{b}{a}x.$	$\pi\dfrac{a^2}{16b}$	$-\dfrac{a}{2}$	$\dfrac{b}{4}$
(5) $\dfrac{a}{2}$	$-\dfrac{a}{2}$	$\dfrac{4}{3}\dfrac{b}{a^2}x^2.$	$\pi\dfrac{3a^2}{8b}$	$\pm\dfrac{2a}{3}$	$\dfrac{b}{9}$
(6) $\dfrac{a}{2}$	o	$\dfrac{8}{3}\dfrac{b}{a^2}x^2 - \dfrac{b}{a}x.$	$\pi\dfrac{3a^2}{16b}$	$-\dfrac{a}{2}$	$\dfrac{b}{4}$
(7) $\dfrac{a}{3}$	$-\dfrac{a}{3}$	$\dfrac{9}{5}\dfrac{b}{a^2}x^2.$	$\pi\dfrac{5}{18}\dfrac{a^2}{b}$	$\pm\dfrac{3a}{5}$	$\dfrac{4b}{25}$
(8) $+o$	$-o$	»	»	$\pm\dfrac{a}{2}$	$\dfrac{b}{4}$

On n'aura guère dans la pratique qu'à étudier les cas de surcharge correspondant aux courbes spéciales, dont nous venons de donner les équations. Après avoir tracé l'axe longitudinal de l'arc et les courbes de pression sur une épure à grande échelle, on a immédiatement pour une section transversale quelconque : le point de passage D de la résultante, qui est le point de rencontre de la courbe des pressions (droite ou parabole) avec la normale à l'axe longitudinal que l'on considère ; la direction de cette résultante qui est tangente à la courbe des pressions ; enfin sa composante horizontale qui est la poussée Q.

On peut ainsi déterminer R en grandeur et direction : donc le problème est résolu.

Il ne serait pas plus difficile de tracer la courbe des pressions relative à une série de surcharges discontinues, couvrant des portions successives non contiguës du tablier. On aurait une série d'arcs paraboliques raccordés par des droites : on obtiendrait leurs équations à l'aide de calculs simples, que nous avons jugé inutile d'indiquer, car ils ne présentent aucun intérêt pratique.

Lorsque l'on a à étudier un ouvrage établi dans les conditions habituelles, c'est-à-dire avec un axe longitudinal qui ne s'écarte pas beaucoup de la parabole $y = \dfrac{b}{a^2}\,x^2$, il suffit d'étudier complètement le travail du métal dans les différentes sections correspondant aux courbes de pression :

$$(1) \qquad y = \frac{b}{a^2}\,x^2 \quad \text{(charge permanente ou surcharge totale)}$$

et

$$y = \frac{2b}{a^2}\,x^2 - \frac{b}{a}\,x \quad \text{(demi-surcharge)};$$

c'est en effet la surcharge sur une moitié de l'ouverture qui donne lieu d'habitude aux plus grands efforts de flexion dans chacun des demi-arcs (voir le tableau qui précède). Quant aux autres modes de répartition de la surcharge, il suffit de les étudier partiellement, c'est-à-dire qu'après avoir tracé les courbes de pression qui leur correspondent, il convient d'examiner les points où ces courbes s'écartent d'une façon anormale de l'axe longitudinal, et où par suite le moment fléchissant peut atteindre une grande valeur. Il est bien évident d'ailleurs que partout où ces courbes se rapprochent plus de l'axe longitudinal que la courbe correspondant à la demi-surcharge, il est parfaitement inutile d'effectuer un calcul qui conduirait nécessairement à une valeur du travail maximum inférieure, pour les sections considérées, à celle déjà trouvée dans l'hypothèse de la demi-surcharge.

Après avoir calculé, à l'aide de la méthode que nous allons exposer, le travail maximum dû à la surcharge répartie de la manière la plus défavorable, on ajoute pour chaque section ce résultat au travail dû à la charge permanente, qui correspond à la courbe $y = \dfrac{b}{a^2} x^2$, et on a le travail maximum total du métal. On peut alors renforcer la section de l'arc ou l'affaiblir suivant que le résultat obtenu est supérieur ou inférieur à la limite adoptée.

2° *Détermination du moment fléchissant, de l'effort normal et de l'effort tranchant.*

Ayant tracé la courbe des pressions correspondant à une disposition particulière de la surcharge et calculé la valeur de la poussée correspondante, il s'agit de trouver le moment fléchissant, l'effort normal et l'effort tranchant dans une section transversale quelconque MN de l'arc.

Soit D le point où la courbe des pressions *a a* rencontre le plan de la section MN et α l'angle que fait la tangente D*b* à la courbe avec la droite MN (*fig.* 196). Le moment de la résultante R par rapport au centre de gravité C de la section transversale MN, c'est-à-dire le moment fléchissant cherché, a pour valeur : $R \times \overline{DC} \times \sin \alpha$.

$\overline{DC} \times \sin \alpha$ est égal à la perpendiculaire CE abaissée du point C sur la tangente D*b*. Désignons par θ l'angle que fait avec l'horizontale la tangente D*b*. Menons par C une verticale CH qui rencontre cette tangente en H.

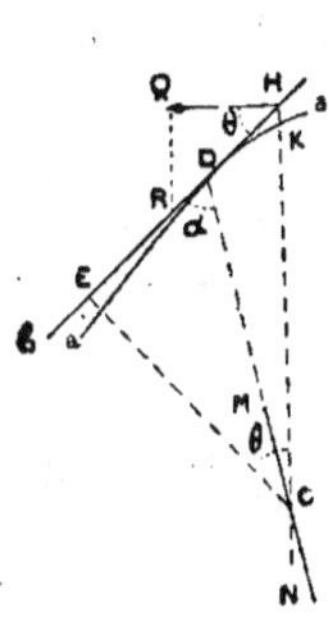

Fig. 196.

On a

$$Q = R \cos \vartheta.$$

Or l'angle HCE est égal à θ; d'où :

$$\overline{HC} \cos \theta = \overline{EC}.$$

Effectuons membre à membre le produit des deux égalités qui précèdent :

$$Q \times \overline{HC} = R \times \overline{EC}.$$

Donc le moment fléchissant peut être également obtenu *en effectuant le produit de la poussée Q par la distance verticale HC du centre de gravité de la section MN à la tangente à la courbe des pressions en D.*

Remarquons que les points de rencontre K et H de la verticale qui passe par C avec la courbe des pressions elle-même et sa tangente en D diffèrent très peu, et que l'on peut, sans erreur sensible, substituer dans le calcul la longueur CK à la longueur CH.

L'erreur commise est toujours en réalité absolument insignifiante, et ne dépasse guère la valeur des décimales que l'on néglige dans les opérations.

Donc nous admettrons que *le moment fléchissant a pour valeur le produit de la poussée horizontale Q par la distance verticale de l'axe longitudinal de l'arc à la courbe des pressions:* $X = Qh$ *(fig. 197).*

On mesure la longueur h sur l'épure et, connaissant Q, on peut calculer immédiatement X.

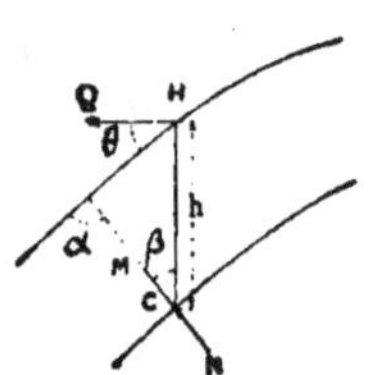

Quant à l'effort normal et l'effort tranchant, il est aisé de reconnaître que leurs valeurs sont données par les formules suivantes :

$$F = \frac{Q \sin \alpha}{\cos \theta}, \qquad V = \frac{Q \cos \alpha}{\cos \theta}.$$

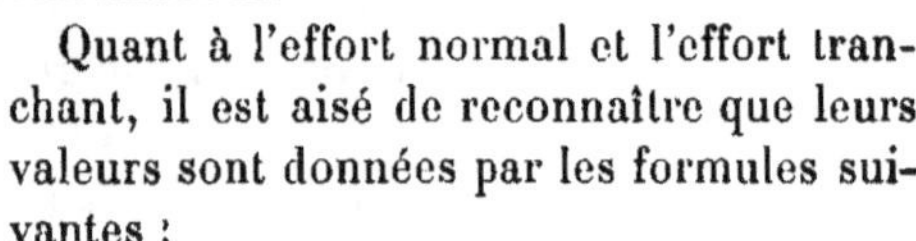
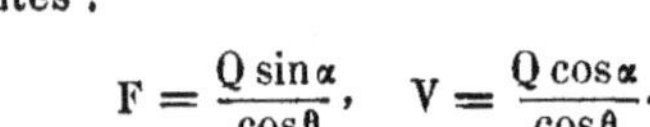
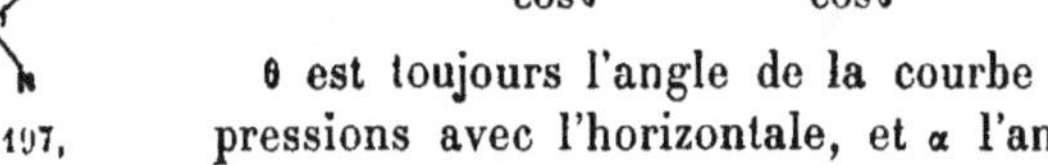

Fig. 197.

θ est toujours l'angle de la courbe des pressions avec l'horizontale, et α l'angle de la section MN avec la courbe. Ces deux angles doivent être mesurés directement sur l'épure.

Supposons qu'au lieu de l'angle α on donne l'angle β que fait la section MN avec la verticale ; les formules précédentes peuvent être mises sous la forme :

$$F = Q \frac{\cos(\theta - \beta)}{\cos\theta}. \qquad V = Q \frac{\sin(\theta - \beta)}{\sin\theta}.$$

La manière la plus commode de déterminer F et V consiste à employer la construction géométrique suivante, qui peut se faire sur l'épure (*fig.* 198) : soit hq une droite horizontale dont la longueur mesure la poussée Q, qr une verticale menée par le point q, et hr une parallèle à la tangente à la courbe des pressions passant par le point h. Menons par le point d'intersection r une parallèle rc à la tangente à l'axe longitudinal de l'arc : la projection rl de la droite rh sur la direction rc est l'effort normal F, et la projection hl de la droite rh sur une perpendiculaire à rc est l'effort tranchant qui, ainsi qu'on le voit, est toujours très petit.

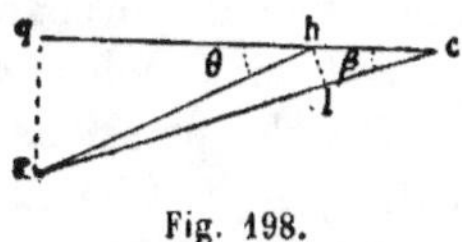

Fig. 198.

On calcule séparément X, F et V pour la charge et la surcharge la plus défavorable, et on fait la somme des résultats obtenus.

Connaissant X, F et V, on sait (n°s 12, 14, 19) calculer le travail du métal dans la semelle et l'âme de la section transversale, ou inversement déterminer les épaisseurs de la semelle et de l'âme de façon que le travail ne dépasse pas une limite donnée. Le problème est donc résolu.

Supposons que l'arc soit formé de deux cordes A et B reliées par une triangulation CDE : le calcul des cordes se ferait par la méthode habituelle (*fig.* 199). Quant aux barres de la triangulation, on déterminerait leurs sections, connaissant V et F, de la manière suivante :

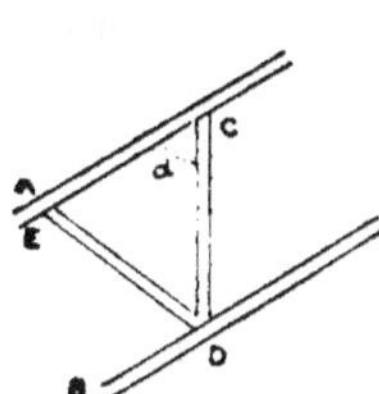

Fig. 199.

Soient Ω la somme des aires des sections des deux cordes A et B, ω l'aire de la section de la barre CD, α l'angle qu'elle fait avec l'axe longitudinal de l'arc, ou, ce qui revient au même, avec l'une des cordes.

Le travail subi par le métal de la barre sera à peu près exactement donné par la relation :

$$R = \frac{\Gamma \cos^2\alpha}{\Omega + \omega\cos^3\alpha} + \frac{V}{\omega \sin\alpha}.$$

Il est facile d'en tirer ω si l'on s'est donné R et vice versâ.

3° *Effet d'un poids isolé.* — Supposons que la surcharge se réduise à un poids isolé P appliqué en un point quelconque de l'arc. Il est évident a priori que la courbe des pressions se composera de deux droites, l'une A'OE qui joint les deux articulations A' et O du demi-arc non surchargé et l'autre

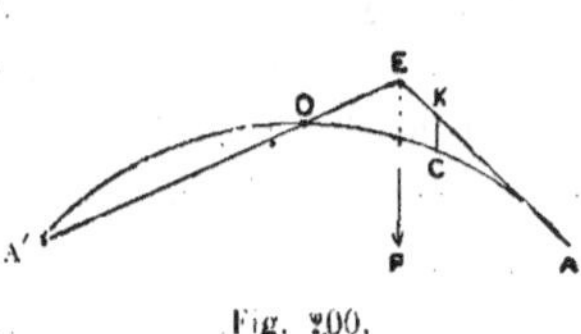

Fig. 200.

AE qui passe par l'articulation inférieure A du demi-arc surchargé et par le point de rencontre E de la première droite et de la verticale du poids P (*fig.* 200). Rien n'est donc plus simple que de tracer cette courbe des pressions. La valeur du moment fléchissant en un point quelconque C de l'arc est égale au produit de la poussée Q (126) par la distance verticale CK de l'axe longitudinal de l'arc à la courbe des pressions.

On peut simplifier notablement les calculs nécessaires pour appliquer la méthode indiquée au n° 126, en traçant les courbes de pression relatives aux différents poids isolés en lesquels on a divisé la surcharge.

En effet, la somme des moments des forces extérieures appliquées à l'arc (poids et réactions des appuis), par rapport à un point quelconque M de l'une des cordes de l'arc, est égale au produit de la distance verticale MK de ce point à la courbe des pressions, que l'on peut mesurer sur l'épure, par la poussée horizontale Q que l'on a calculée à l'avance (*fig.* 201).

Pour avoir l'effort normal F développé dans le nœud opposé N de l'autre corde de l'arc, il suffit de diviser le produit $Q \times \overline{MK}$ par la distance MS du point M à la tangente à la corde opposée menée par N, distance qu'il est également facile de mesurer sur l'épure.

On voit que l'opération est des plus simples et des plus rapides, puisqu'elle se réduit à multiplier la poussée Q par le rapport de deux longueurs KM et MS que l'épure fournit immédiatement. D'ailleurs les courbes de pression se tracent

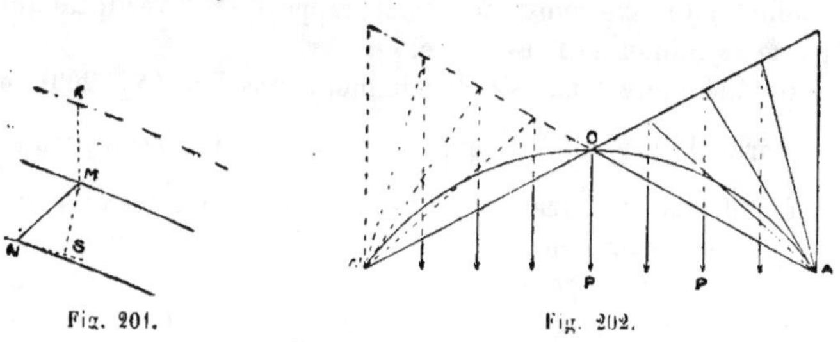

Fig. 201.   Fig. 202.

aisément en joignant au point A les points de rencontre de la droite AO avec les verticales de tous les poids isolés tels que P. Comme pour le demi-arc non surchargé A′O la courbe des pressions est la droite A′O, quelle que soit d'ailleurs la position du poids appliqué à l'autre demi-arc, le rapport $\dfrac{MK}{MS}$ a en un point quelconque de ce demi-arc même valeur pour tous les poids appliqués à l'autre demi-arc, de sorte qu'il suffit de multiplier par ce rapport la somme des poussées dues à tous les poids dont il s'agit.

Nous avons tracé sur la *figure* 202 en traits pleins les courbes de pression correspondant aux poids appliqués au demi-arc AO, et en traits pointillés les courbes de pression correspondant aux poids appliqués au demi-arc A′O.

§ 3

FORME GÉNÉRALE DES ARCS.

128. Direction de l'axe longitudinal et emplacement des articulations. — Nous venons d'indiquer des méthodes de calcul applicables aux arcs de forme quelconque. Il convient maintenant de formuler les règles à suivre dans la détermination de la forme à attribuer à l'arc.

Examinons d'abord ce qui est relatif à l'axe longitudinal. Il est évident a priori que si les naissances sont au même niveau horizontal, ce qui est le cas général, il convient d'adopter un axe symétrique par rapport à la verticale qui passe au milieu de l'ouverture.

Il faut que cet axe s'écarte le moins possible (*fig.* 203) de la parabole : $y = \dfrac{b}{a^{\cdot}}x^{\cdot}$, qui correspond à la charge permanente et à la surcharge complète : en effet, si cet axe coïncide avec la parabole ABOB'A', on voit immédiatement que, dans le cas où le pont ne porte aucune surcharge, et dans celui où la surcharge est complète, la courbe des pressions

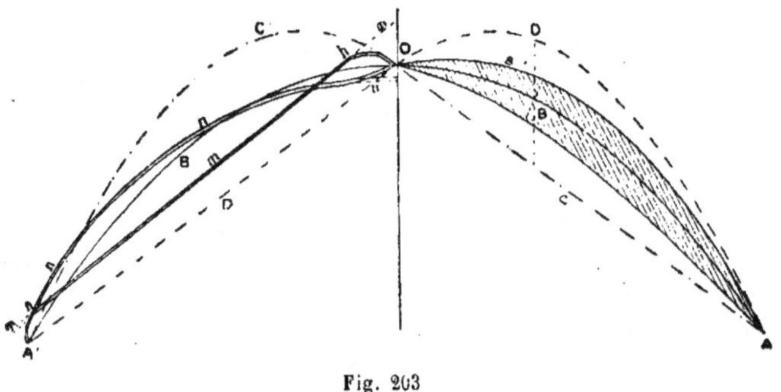

Fig. 203

passe par le centre de gravité de chacune des sections et le moment fléchissant est nul en tous les points de l'arc; celui-ci ne travaille donc qu'à la compression simple, ce qui, au point de vue de l'utilisation du métal, est la condition la plus avantageuse. Dans le cas d'une surcharge couvrant seulement une moitié de la travée, le moment fléchissant relatif à une section quelconque aura même valeur absolue, pour le cas de la surcharge couvrant la demi-travée à laquelle appartient cette section (courbe A'C'O — moment positif), et pour le cas de la surcharge couvrant l'autre demi-travée (courbe A'D'O — moment négatif). Donc les maxima positif et négatif du travail dû au moment fléchissant auront même valeur absolue dans chacune des sections de l'arc, en ce qui concerne du moins l'effet de la surcharge couvrant une moitié du pont. Or, nous avons vu précédemment que c'était cette disposition de la surcharge qui, dans le cas de l'axe longitudinal parabolique, donne le travail maximum à la flexion sur la presque totalité de l'arc. Par conséquent on peut admettre avec une exactitude presque absolue que, avec un axe ainsi profilé, on obtient le travail minimum dans chaque section, puisque les courbes de pression limites passent à la même distance au-dessus et au-dessous de l'axe.

Il est bien évident d'autre part que les trois articulations A, O et A' doivent être placées sur la parabole décrite par l'axe.

Il peut arriver que, en vertu de considérations spéciales, on ne veuille pas que l'axe longitudinal décrive la para bole $y = \dfrac{b}{a^2} x^2$, et qu'on préfère l'établir suivant une autre courbe, une droite ou un arc de cercle par exemple. Il faut en ce cas, d'après ce que nous avons dit plus haut, que l'on s'attache à rapprocher le plus possible cette courbe de la parabole précitée, afin de réduire le travail dû au moment fléchissant. Pour se conformer à cette règle on est conduit alors à déplacer la courbe, de telle sorte qu'elle ne passe plus par les points d'articulation A, O et A'.

Par exemple la droite *mmm* (*fig.* 203) passe au-dessus de A' et O, et l'on voit aisément que, en la rapprochant de la corde A'O, on l'écarterait notablement de la parabole A'B'O, ce qu'il faut éviter.

D'ailleurs la courbe des pressions devant passer en A' et O, il faut dans le voisinage des points d'articulation abandonner pour l'axe longitudinal la forme rectiligne, et le raccorder avec A' et O suivant deux petites courbes O*h* et A'*h*. Ce raccord s'effectue simplement en établissant des renforts normaux à l'âme de l'arc ou en saisissant les extrémités de l'arc entre des plaques en fonte, dites joues ou flasques, qui transmettent les efforts aux articulations (*fig.* 204).

Nous formulerons donc la règle suivante : lorsque l'axe longitudinal s'écarte de la forme parabolique rationnelle, il convient, pour le rapprocher le plus possible de cette parabole, de ne point s'astreindre à faire passer la courbe régulière qu'il décrit, par les points d'articulation ; on dévie seulement cet axe dans le voisinage des extrémités de l'arc de façon à l'amener à passer aux centres des articulations. Cette déviation s'effectue sans modifier la direction générale de l'arc, de telle façon que les articulations ne paraissent pas placées aux centres de gravité des sections extrèmes de l'arc.

Ainsi pour une droite (*mmm*), il faudrait que l'axe passât au-dessus des deux articulations. Pour un arc de cercle à tangente horizontale au milieu de l'ouverture *nnn*, il faudrait placer l'axe au-dessous de l'articulation centrale O, et au-dessus de l'articulation extrème A'.

La *figure* 204 indique comment on réaliserait cette disposition sans modifier la forme de l'arc, et on voit que les deux articulations A' et O, bien qu'en réalité situées sur le prolongement de l'axe longitudinal, ne paraissent pas placées au centre de gravité de la section, à cause de de la présence de la partie accessoire de l'arc *ggg* qui ne joue ici qu'un rôle architectural, et ne contribue en rien à la stabilité.

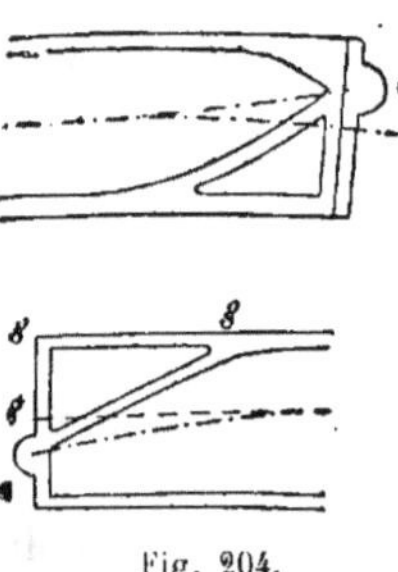

Fig. 204.

L'emplacement à attribuer aux articulations est donc arbitraire, et doit être déterminé dans chaque cas, lorsque l'axe longitudinal n'est pas parabolique, de façon à ce qu'il se rapproche le plus possible de la parabole $y = \dfrac{b}{a^2} x^2$, tout en décrivant la courbe que, pour un motif quelconque, on a choisie.

Nous en concluons que les types d'ouvrages étudiés aux n°ˢ 123, 124 et 125 sont irrationnels parce que, les arcs étant tout entiers situés d'un même côté de la parabole $y = \dfrac{b}{a^2} x^2$, leur axe longitudinal s'en écarte notablement. Ces types sont bien conçus pour des ponts suspendus (109 et suivants), dans lesquels le câble qui décrit la parabole ne peut subir aucun travail à la compression et où d'ailleurs l'effet dû à la charge permanente est généralement prépondérant, eu égard à la grande portée de ces ouvrages. Il ne convient pas pour lès ponts en arc : il faut toutefois en excepter le cas où, l'ouverture du pont étant considérable, la charge est trois ou quatre fois plus grande que la surcharge, et par suite la courbe des pressions résultant de ces deux causes ne peut s'écarter sensiblement de la parabole $y = \dfrac{b}{a^2} x^2$. Dans ce cas seulement, il convient de concentrer le plus de métal possible sur cette courbe, et les types dont nous parlons sont à recommander. C'est ainsi que dans un concours ouvert pour l'établissement d'un pont de 228 mètres d'ouverture sur l'East River à New-York, le projet qui a réuni la majorité des suffrages était établi sur le type n° 124 : la charge permanente était ici de 12 tonnes par mètre courant, la surcharge roulante, représentée par un train de chemin de fer, étant évaluée à 2 tonnes seulement (*fig.* 187).

129. Profil de l'arc. — Le moment d'inertie de la section transversale de l'arc doit être en chaque point de l'axe longitudinal proportionnel à la valeur maximum du moment fléchissant, dû à l'effet de la surcharge répartie de la manière la plus défavorable. Le moyen le plus rationnel pour arriver à ce résultat paraît être de faire varier la hauteur de l'arc en raison de l'importance du moment fléchissant. Toutefois lorsque l'on n'adopte pas pour l'axe longitudinal la forme parabolique, qui, au point de vue de l'utilisation du métal, est la plus logique, il serait difficile, à moins d'attribuer à l'ouvrage une forme bizarre, d'appliquer la règle précédente. On donne alors à l'arc une forme arbitraire, en ayant soin d'assurer aux deux semelles, en chaque point de l'axe, l'épaisseur nécessaire pour que le moment d'inertie ait la valeur voulue. Il vaut mieux d'ailleurs adopter pour l'arc une hauteur constante que de prendre une hauteur variable qui n'offre aucune corrélation avec la valeur du moment fléchissant. A ce point de vue, le type du n° 125 est mal conçu : mais il a pour lui l'avantage de supprimer les tympans et par là de réaliser une certaine économie.

Supposons que l'axe de l'arc décrive la parabole $y = \dfrac{b}{a^2} x^2$: si l'on veut que la hauteur de la section transversale soit très sensiblement proportionnelle en chaque point à la valeur maximum du moment fléchissant, il suffira de considérer le moment fléchissant dû à la surcharge couvrant l'une ou l'autre des deux moitiés de la travée ; car nous avons dit précédemment que c'était ce mode de surcharge qui donnait sensiblement le maximum positif ou négatif du travail à la flexion pour toutes les sections de l'arc, et que ces deux maxima étaient égaux au signe près.

On a marqué par des hachures sur la figure 203 une sorte de fuseau limité par deux paraboles qui représente précisément un arc remplissant la condition précitée, la hauteur de la section transversale étant proportionnelle en chaque point à la distance verticale de la parabole ODA, ou de la droite OCA, à la parabole moyenne OBA. Tel est le type de l'arc économique. En choisissant convenablement le rapport constant entre la hauteur de l'arc et la valeur du moment fléchissant maximum dû à la surcharge, on peut obtenir que la courbe des pressions (due à la charge et la surcharge simultanées) ne sorte jamais de l'intérieur de l'arc, les deux paraboles étant à peu près les enveloppes des différentes courbes réalisables.

Nous remarquerons que la hauteur maximum de l'arc s'ob-

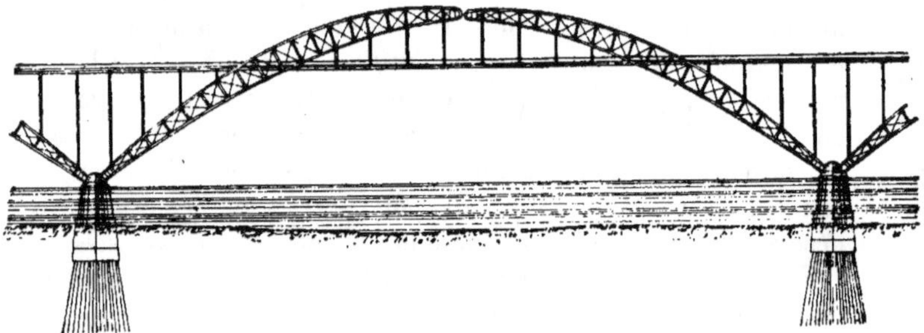

Fig. 205. Projet de pont sur le Danube, travée de 150 mètres d'ouverture.

tient au milieu de chaque demi-arc, c'est-à-dire au quart de l'ouverture, point que l'on désigne sous le nom de *reins* de l'arc : c'est aux reins que le moment fléchissant maximum acquiert sa plus grande valeur. Dans le cas de la surcharge couvrant une moitié de l'arc, il est égal à $\pm \dfrac{b}{4} \times Q = \pm \dfrac{\pi a^2}{16}$, c'est donc là qu'il conviendrait d'adopter la plus grande hauteur pour l'arc, et non à la clef ou aux naissances, où le moment fléchissant s'annule.

Nous ne savons si le type de pont en arc que nous venons d'étudier a jamais été exécuté : toutefois dans un concours ouvert dernièrement pour l'érection d'un grand pont sur le Danube, près de son embouchure, une maison de Francfort a présenté un projet absolument conforme à nos indications, et dont nous donnons le dessin dans la figure 205.

§ 4.

CALCULS ACCESSOIRES.

130. Effet de la température. — Les variations de la température ont uniquement pour résultat de faire subir à l'arc de légères déformations, dont on donnera plus loin l'expression, sans modifier en rien le travail de ses différentes parties. Il n'y a donc pas à en tenir compte dans le calcul des dimensions des éléments de l'ouvrage.

131. Tympans. — On appelle *tympans* d'un pont en arc l'espace compris entre le tablier, qui est toujours établi suivant une direction rectiligne telle que BB', et l'arc AOA' dont la semelle supérieure est d'habitude curviligne (*fig.* 206). Pour transmettre à l'arc le poids

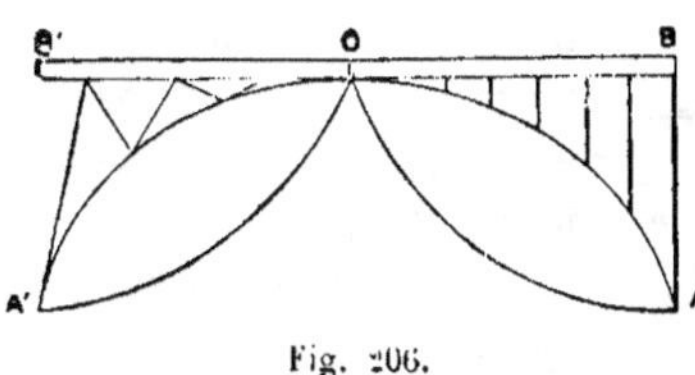

Fig. 206.

propre du tablier, ainsi que celui de la surcharge, il est nécessaire de les relier au moyen de barres placées dans les tympans, auxquelles on applique aussi la dénomination de tympans. Parfois, comme au type du n° 125, la corde supérieure de l'arc est constituée par le longeron du tablier, et les tympans sont remplacés par la triangulation même de l'arc. Mais en général, il n'en est pas ainsi, et les tympans forment un élément particulier de l'ouvrage, distinct du tablier et de l'arc (*fig.* 206).

Les tympans sont constitués soit par une tôle verticale pleine ou évidée qui surmonte l'arc, ce qui ne s'emploie guère que pour les petites ouvertures, soit par une triangulation (côté gauche de la figure 206), soit plus simplement par une série de bras verticaux ou montants (côté droit de la figure 206). Ce dernier système est le plus simple et le plus rationnel. En effet, le tablier et les tympans forment une sorte de viaduc métallique à travées très petites, dont les piles viennent s'appuyer sur la semelle supérieure de l'arc : les pièces du tympan *n'ayant à transmettre que des efforts verticaux*, correspondant au poids du tablier et de la surcharge, l'emploi de montants, orientés dans la direction même de l'effort à transmettre, est tout indiqué.

Il est nécessaire que les longerons du tablier et les tympans soient interrompus au droit de l'articulation O, de manière que les deux moitiés du pont soient uniquement reliées par l'articulation, sans quoi celle-ci ne fonctionnerait plus, et les résultats des calculs faits précédemment ne seraient plus applicables.

Quelquefois le tablier, au lieu d'être situé tout entier au-dessus de l'arc, auquel il est tangent au droit de l'articulation centrale (*fig.* 206), est établi à mi-hauteur des articulations A' et O (côté gauche de la figure 207).

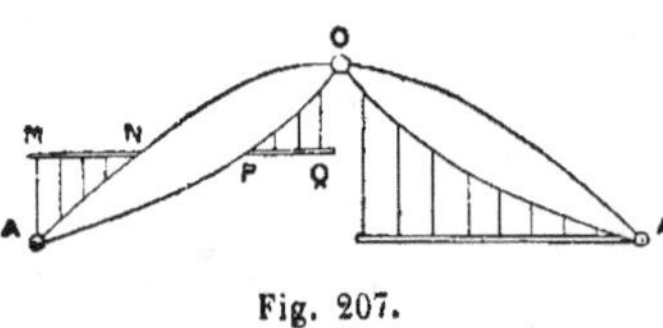

Fig. 207.

En ce cas, la liaison du tablier et de l'arc est assurée de M en N au moyen de montants comprimés, et de P en Q au moyen de tiges de suspension.

Cette disposition, qui est parfaitement acceptable, est peu usitée, parce que l'on a toujours besoin dans la pratique d'établir le point d'articulation A aussi bas que possible, afin de réduire la dépense d'établissement de la culée, ce qui conduit à placer A au-dessous du niveau du tablier. Dans d'autres circonstances, on tient à laisser au-dessous de l'arc le plus d'espace libre possible, ce qui conduit à abaisser le tablier au niveau du point A.

Chaque moitié du tympan et du tablier peut suivre, sans déformation ni fatigue supplémentaire de ses éléments constitutifs, les déplacements de la moitié d'arc qui la supporte, les effets de la surcharge et des variations de température ne modifiant en rien la figure géométrique des tympans. En conséquence, il convient de relier le tablier à l'arc au moyen d'assemblages rigides, c'est-à-dire à l'aide de boulons si l'arc est en fonte, et de rivets s'il est en tôle.

132. Articulations. — L'articulation centrale peut être constituée par une cheville généralement en acier traversant des ouvertures circulaires d'un diamètre égal (au jeu près), que présentent des pièces d'acier reliées aux extrémités de chacun des arcs ; on pourrait plus simplement fixer à l'un des arcs une rotule cylindrique saillante à section circulaire, l'autre arc présentant une pièce évidée de même diamètre (*fig.* 208 et 209).

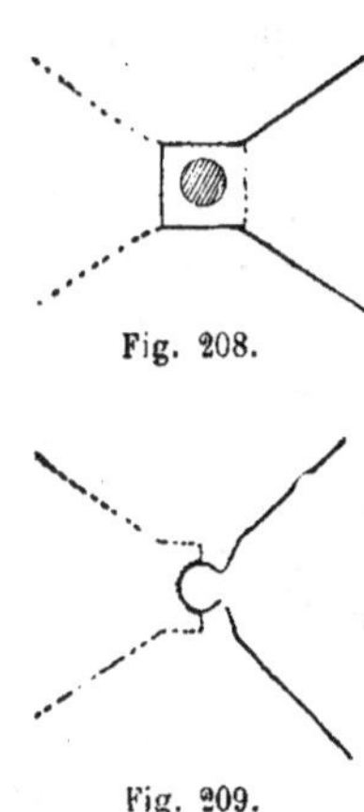

Fig. 208.

Fig. 209.

On exécuterait de même les articulations des extrémités. Au point de vue de la résistance à la charge et la surcharge les deux systèmes sont équivalents, et même le second est préférable au premier, les poussées des deux arcs n'étant pas transmises dans des sections différentes de la rotule, ce qui donne lieu dans la première disposition à un couple de torsion.

Au point de vue du contreventement, le premier système, ainsi qu'on le verra plus loin, peut dans certains cas être le seul qui donne toute sécurité, du moins pour l'articulation centrale.

Le calcul de ces articulations se fait d'après les règles indiquées (36) pour le calcul des supports cylindriques ; on détermine leur diamètre et la longueur de leur portée, de façon à ce qu'elles puissent résister aux efforts maxima de

compression dus à la charge et la surcharge, efforts qui ont
pour expression à la clef :

$$\frac{(\pi + p)}{2\,b}\,a^2, \quad \text{et aux naissances :} \quad \frac{(\pi + p)}{2\,b}\,a\sqrt{a^2 + 4\,b^2}.$$

Il faut ajouter à ces efforts ceux qui peuvent être dus à
l'effet du vent.

Les articulations sont des points spéciaux de l'arc auxquels
s'applique la règle formulée au n° 17. Comme ils transmettent en un point particulier d'une section un effort considérable, ils doivent être reliés aux semelles et à l'âme de l'arc
par des pièces supplémentaires chargées de répartir l'effort
sur toute la section. Ces pièces sont, soit des nervures ou
renforts en fer ou en acier, soit des flasques ou joues de fonte :
elles doivent être calculées en raison de l'effort à transmettre.

133. Contreventement. — Le contreventement des
ponts en arc à triple articulation doit se faire par les mêmes

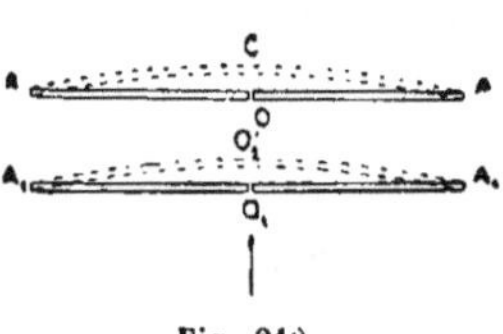

Fig. 210.

procédés et suivant les mêmes règles que pour les ponts en arc à
double articulation. En conséquence nous renverrons à la
deuxième partie du présent chapitre où cette question est traitée.
Nous remarquerons ici seulement
que l'articulation est un point cri-
tique dont il convient de vérifier la stabilité. En effet, pour un
pont composé par exemple de deux arcs, il peut arriver que
le moment fléchissant développé à la clef par l'effet du vent
soit assez considérable pour que, durant les vibrations que
subira l'ouvrage, la clef de l'un des arcs puisse travailler à
l'extension : si dans ces conditions l'articulation était disposée comme l'indique la figure 209, il pourrait y avoir déboî-
tement de la rotule, et chute de l'ouvrage (*fig.* 210). Alors
même que cet accident ne se produirait pas, l'effet du moment
fléchissant serait de modifier la répartition de la poussée sur
les deux rotules, en augmentant l'effort supporté par la rotule O_1 de l'arc opposé au vent de la quantité dont serait al-
légée la rotule O de l'autre arc. Il pourrait y avoir en consé-

quence excès de travail en O, et par suite rupture de l'une des rotules. C'est là une question qui mérite un examen approfondi, lorsqu'il s'agit d'établir un pont en arc de très grande ouverture, et de très grande flèche, comme le pont de Porto sur le Douro par exemple, où les effets du vent peuvent acquérir une importance exceptionnelle.

134. Déformation. — Nous ne donnerons la valeur du déplacement vertical subi sous l'action de la température et sous l'action de la surcharge complète pour l'articulation centrale de l'arc que dans le cas particulier d'un arc à axe longitudinal parabolique. On a vu (118) que dans ce cas la variation de la flèche b ou le déplacement vertical à la clef pour un changement de température de $+t°$ est donnée par la relation :

$$\delta_t b = f_t = + \left(\frac{15\,a^4 + 10\,a^2 b^2 \quad 6\,b^4}{20\,a^2 b - 24\,b^3} \right) \alpha t.$$

La clef s'abaisse lorsque la température décroît et se soulève lorsque la température augmente.

On peut en général admettre la formule plus simple :

$$f_t = + \frac{15\,a^2}{20\,b} \alpha t.$$

Sous l'influence de la surcharge complète π, le déplacement de la clef est donné par la formule :

$$\delta_\pi b = f_\pi = - \frac{\pi}{\Omega E} \times \frac{a^4}{b^2} \times \frac{15\,a^2 + 20\,b^2}{40\,a^2 - 48\,b^2}.$$

Ω représente ici l'aire de la section de l'arc et E le coefficient d'élasticité du métal.

Désignons par R le travail du métal de l'arc dû à la surcharge complète. La formule précédente peut être mise sous la forme :

$$f_\pi = - \frac{R}{E} \times \frac{a^2}{b} \times \frac{15\,a^2 + 20\,b^2}{20\,a^2 - 24\,b^2}.$$

En général b^2 est négligeable devant a^2, et l'on peut employer la relation plus simple :

$$f_\pi = - \frac{15}{20} \frac{R}{E} \frac{a^2}{b}.$$

Nous croyons pouvoir conseiller de se servir de cette formule pour tous les types de ponts en arc à triple articulation. A supposer qu'elle soit très inexacte pour les ouvrages où l'axe n'est pas sensiblement parabolique, elle donnera au moins une idée de la valeur du déplacement de la clef, le résultat de la formule et la déformation réelle étant nécessairement des quantités de même ordre.

Examinons le cas d'une surcharge couvrant une moitié de l'ouvrage à l'exclusion de l'autre ; la clef subit un déplacement horizontal en s'éloignant de la surcharge, le milieu du demi-arc surchargé s'abaisse, le milieu du demi-arc libre se soulève. Ces différents déplacements sont pour le cas particulier de l'arc parabolique à entraits rectilignes (118) donnés par les relations suivantes :

Déplacement longitudinal de la clef :

$$\frac{R\,a}{E}.$$

Relèvement vertical du milieu de la demi-travée libre :

$$\frac{3}{16}\frac{R\,a^2}{E\,b}.$$

Abaissement vertical du milieu de la demi-travée surchargée :

$$-\frac{3}{2}\frac{R\,a^2}{E\,b}.$$

Dans ces expressions, R désigne le travail du métal dû à la surcharge répartie sur la moitié de l'ouverture.

On pourra également avoir une idée de la déformation que peut subir un arc quelconque en se servant de ces formules, bien qu'en dehors du type du n° 123 elles ne soient pas exactes. Pour le type du n° 125, elles donneraient très évidemment un résultat tout à fait exagéré. En ce qui touche les déformations produites par le vent, nous renvoyons à la deuxième partie du présent chapitre.

II. — ARCS ARTICULÉS AUX NAISSANCES.

135. Généralités. — Dans tous les ouvrages métalliques que nous avons étudiés jusqu'ici, les réactions exercées sur les culées se déterminent à l'aide de formules très simples de Statique. Il n'en est plus de même dans le cas présent : la détermination de la poussée exercée par l'arc sur les deux culées ne peut se faire qu'à l'aide des équations de la Résistance des matériaux, et elle constitue un problème des plus ardus, qui n'a encore complètement été étudié que dans certains cas particuliers. La résolution de ce problème exige des intégrations successives très difficiles et laborieuses, qui, dans certains cas, ne peuvent se faire, et, dans d'autres, conduisent à des formules d'une telle longueur et d'une telle complication que l'emploi en devient impossible, ce qui conduit à recourir soit à des formules simplifiées, d'une exactitude peu satisfaisante, soit à des tables numériques établies avec les formules exactes, soit à des méthodes de quadrature permettant d'effectuer dans chaque cas, avec des données numériques, l'intégration des . fonctions qui entrent dans les calculs.

Dans tous les cas où le problème de la recherche de la poussée a été déjà complètement étudié, et où il est exposé dans les traités de résistance de matériaux, nous nous abstiendrons d'indiquer le développement des calculs analytiques, qui encombreraient inutilement le présent chapitre. Nous nous bornerons strictement à énoncer, sans aucune démonstration, les formules auxquelles sont arrivés les Ingénieurs qui ont traité la question, ou à fournir des tables numériques pour le calcul de la poussée, ou bien encore à exposer les méthodes de quadrature, en indiquant, en chaque cas, la marche à suivre dans l'application de ces formules, tables ou méthodes de quadrature.

Nous verrons d'ailleurs que, lorsque l'on a calculé la valeur de la poussée d'un arc placé dans des conditions déterminées de charge, de surcharge et de température, la recherche du travail du métal dans ses différentes parties est une opération des plus simples, qui s'effectue sans difficulté à l'aide des formules élémentaires de la Statique et de la Résistance des matériaux.

§ 1er

CALCUL DES ARCS CIRCULAIRES A SECTION CONSTANTE AVEC ARTICULATIONS SUR L'AXE DE FIGURE.

136. Détermination de la poussée. — M. *Bresse* a fait une étude complète de ce genre d'ouvrages, qu'il a exposée en détail dans les chapitres IV et V de son traité de *Résistance des matériaux*. Nous nous bornerons à énoncer les résultats auxquels il est parvenu, et à indiquer comment l'on devra se servir de ses formules et de ses tables.

Dans ce qui va suivre, nous considérerons l'arc circulaire, qu'il soit à âme pleine ou à triangulation, comme une pièce prismatique, et nous calculerons le travail du métal suivant la méthode connue, en cherchant, pour chaque section, le moment fléchissant, l'effort normal et l'effort tranchant développés par les actions extérieures agissant sur l'ouvrage.

Nous allons d'abord faire connaître comment l'on peut déterminer la poussée de l'arc sur ses points d'appui, connaissant la charge et la surcharge qui agissent sur l'arc, ainsi que sa température.

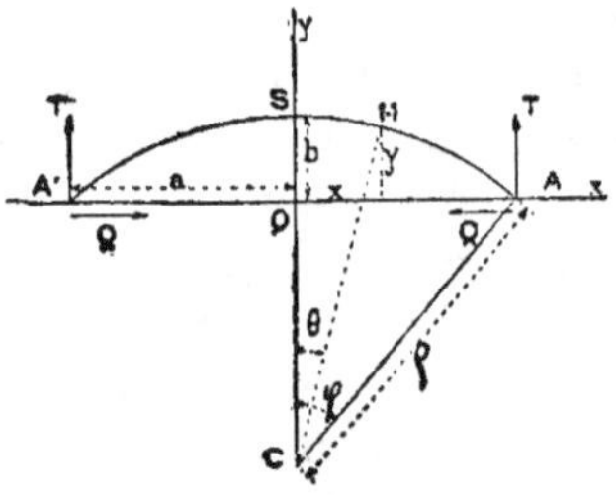

Nous conserverons comme axes des coordonnées ox et oy la corde OA de l'arc et la verticale qui passe par le sommet ou la clef S de l'arc. Nous désignerons toujours par $2a$ l'ouverture mesurée entre les deux articulations, et par b la flèche de l'arc (*fig.* 211).

Fig. 211.

Nous emploierons en même temps un système de coordonnées polaires ayant pour pôle le centre C de l'arc de cercle décrit par l'axe longitudinal ASA'.

Le rayon vecteur CM d'un point quelconque de l'axe longitudinal a pour longueur constante le rayon de courbure ρ de l'arc. On a d'ailleurs entre les deux systèmes de coordonnées les relations suivantes :

$$x = \rho \sin\theta, \quad y = \rho(\cos\theta - \cos\varphi).$$

Soit 2φ l'angle au centre de l'arc AOA' ; on a également-ment :

$$a = \rho \sin\varphi,$$
$$b = \rho(1 - \cos\varphi).$$

1° *Poussée produite par un poids isolé.*

Soit π un poids isolé appliqué en un point M de l'axe longitudinal défini par ses coordonnées x et y ou par l'angle θ.

La poussée horizontale Q exercée par l'arc sur chacune de ses retombées est donnée par la formule suivante :

$$Q = \pi \times B \times K.$$

B est une fonction des deux angles θ et φ, qui entrent dans son expression d'une manière assez compliquée. Le produit $\pi \times B$, qui diffère assez peu en général de la valeur exacte de Q, est ce qu'on appelle la *partie principale de la poussée*.

K est une fonction de l'angle φ et du rapport $\dfrac{r^2}{a^2}$ du carré du rayon de gyration de la section transversale de l'arc (laquelle est constante sur tout le développement de l'arc) au carré de la demi-ouverture : sa valeur est donc indépendante de la position du poids π, et ne dépend absolument que des dimensions principales de l'ouvrage. La valeur de K est toujours inférieure à l'unité, dont elle diffère peu en général ; nous appellerons ce nombre le *coefficient de correction de la poussée*.

Le calcul des nombre B et K est une opération des plus laborieuses et des plus longues, et si l'on avait à l'effectuer chaque fois qu'on a un arc à étudier, on n'en finirait pas. Aussi M. *Bresse* a-t-il paré à ce grave inconvénient en dressant des tables numériques spéciales donnant dans chaque cas particulier les valeurs convenables de B et de K.

Nous avons placé à la suite du présent chapitre les tables dont il s'agit : seulement la table n° I, qui est à double entrée en fonction de $\frac{2\varphi}{\pi}$ et de $\frac{\sin\theta}{\sin\varphi}$, n'est pas celle de M. *Bresse*. Au lieu de graduer la table d'après des valeurs régulièrement croissantes du rapport $\frac{\theta}{\varphi}$, comme le fait M. *Bresse*, nous avons basé la graduation sur le rapport $\frac{\sin\theta}{\sin\varphi}$, égal à $\frac{x}{a}$, que nous faisons varier de cinq centièmes en cinq centièmes. Nous indiquerons plus loin dans quel but nous avons effectué cette substitution, qui nous a obligé à calculer une table nouvelle.

Quant à la valeur du coefficient de correction K, elle est donnée dans la table n° II extraite sans modification de l'ouvrage de M. *Bresse*. Cette table est à double entrée $\left(\frac{2\varphi}{\pi} \text{ et } \frac{r^2}{a^2}\right)$ et permet de calculer les valeurs de K dans tous les cas de la pratique, le rapport $\frac{r^2}{a^2}$ ne dépassant jamais la limite extrême admise par la table.

A défaut de ces tables, on pourrait obtenir approximativement la valeur de la poussée à l'aide de la formule suivante due à M. *Darcel*, ingénieur en chef des Ponts et chaussées, auquel nous ferons plusieurs emprunts dans le courant de cette étude. (*Annales des Ponts et chaussées*, 1862. 2° semestre) :

$$Q = \pi \, \frac{5\sin^4\theta - 30\sin^2\theta\sin^2\varphi + 25\sin^4\varphi}{64\sin^3\varphi\,(1 - \cos\varphi)},$$

$$= \pi \, \frac{5\,x^4 - 30\,a^2 x^2 + 25\,a^4}{64\,a^3 t}.$$

Ayant ainsi calculé la poussée, c'est-à-dire la composante horizontale de la réaction exercée par l'arc sur la culée, il reste, pour connaître cette réaction, à en déterminer la composante verticale, qui, à l'inverse de la poussée, n'a pas même valeur pour l'une et l'autre culée,

Soit T la composante verticale correspondant à la retombée A, *la plus voisine du point d'application M du poids* π, et T' la composante verticale correspondant à la retombée A', *la plus éloignée du point d'application M du poids* π.

On a :

$$(1) \qquad T = \pi \frac{(\sin\varphi + \sin\theta)}{2\sin\varphi} = \pi \frac{a+x}{2a},$$

$$(2) \qquad T' = \pi \frac{(\sin\varphi - \sin\theta)}{2\sin\varphi} = \pi \frac{a-x}{2a}.$$

Il faut attribuer dans ces formules le signe — à *sin* θ et à *x* lorsqu'ils sont comptés dans le sens négatif des *x*, c'est-à-dire à gauche de l'origine O. Si l'on convient aussi d'attribuer à A' les coordonnées — *a* et — φ, en suivant la même règle que pour M, la formule (1) devient applicable dans tous les cas et la formule (2) est sans objet.

2° *Poussée produite par une charge uniformément répartie suivant l'horizontale.*

On a, d'après M. *Bresse* :

$$Q = 2pa\, B'\, K.$$

2 *pa* est le poids total de la charge ; B', coefficient de la partie principale de la poussée, est une fonction de l'angle au centre 2 φ ; il est fourni dans chaque cas par la Table II, placée à la fin du chapitre. A titre de renseignement intéressant, nous avons également inscrit dans cette Table la valeur du coefficient qui correspondrait à un arc circulaire de même ouverture 2*a* et de même flèche *b*, *articulé à la clef en* S. On peut ainsi se rendre compte de la modification apportée dans le travail de l'arc par la suppression de l'articulation centrale : la poussée est notablement réduite et par conséquent la courbe des pressions passe au-dessus du centre de gravité S de la section transversale de la clef, qui est ainsi soumise à un moment fléchissant *positif*.

K est le coefficient de correction dépendant de φ et de $\frac{r^2}{a^2}$, dont il a été parlé précédemment : il est donné par la table II.

A défaut de la table, on pourrait calculer la poussée à l'aide de la formule approximative suivante :

$$Q = \frac{pa^2}{2b} \frac{\left(1 - \dfrac{b^2}{7a^2}\right)}{1 + \dfrac{15r^2}{8b^2}},$$

qui peut être encore simplifiée sans grande erreur quand $\dfrac{b}{a}$ est très petit (arc très surbaissé), et s'écrire :

$$Q = \frac{pa^2}{2b} \frac{1}{1 + \dfrac{15r^2}{8b^2}}.$$

Les composantes verticales de l'effort transmis par l'arc aux culées sont, dans le cas présent, égales à la moitié de la charge totale :

$$T = T' = pa.$$

3° *Poussée produite par un poids uniformément réparti suivant la fibre moyenne de l'arc.*

On a, d'après M. *Bresse* :

$$Q = 2 p' \rho \varphi . \, B'' K.$$

Nous désignons par p' le poids de la charge par mètre courant de la fibre moyenne de l'arc ; $2 p' \rho \varphi$ représente donc le poids total, puisque $\rho \varphi$ est la longueur de l'arc.

B'' coefficient de la partie principale de la poussée dépend de la valeur de l'angle au centre φ ; il est fourni par la Table II.

K est le coefficient de correction dont il a été déjà parlé.

A défaut de Table, on pourrait employer la formule approximative :

$$Q = 2 p' \rho \varphi . \, \frac{a}{4b} \times \frac{1 - \dfrac{3 b^2}{7 a^2}}{1 + \dfrac{15 r^2}{8 b^2}}$$

que l'on peut encore simplifier sans grande erreur quand $\dfrac{b}{a}$ est très petit (arc très surbaissé), et écrire :

$$Q = 2 p' \rho \varphi . \, \frac{a}{4b} \times \frac{1}{1 + \dfrac{15 r^2}{8 b^2}}.$$

On a encore :

$$T = T' = p' f \varphi.$$

A poids égal, on voit que la poussée est plus faible dans le cas de la charge uniformément répartie suivant la fibre moyenne, que dans le cas qui précède.

On n'a guère occasion d'utiliser cette partie de la Table, car on suppose presque toujours dans les calculs de pont que la charge, aussi bien que la surcharge, est répartie uniformément suivant l'horizontale.

Toutefois, lorsque le poids de l'arc proprement dit est prépondérant, il peut être plus exact de répartir la charge suivant la fibre moyenne et c'est pourquoi nous avons donné ce renseignement dans la Table.

Au surplus, en répartissant toute la charge suivant l'horizontale, on ne s'expose qu'à se placer dans une hypothèse plus défavorable que la réalité, et par conséquent on se donne une marge de sécurité.

4° *Poussée produite par une dilatation indépendante des charges.*

Dans les ponts métalliques que nous avons étudiés jusqu'ici, nous ne nous sommes jamais préoccupé de l'influence de la température sur le travail du métal. En effet ces ouvrages étaient disposés de telle sorte que les dilatations et contractions dues aux variations de température pussent se produire librement, par suite sans rien changer à leurs conditions de stabilité.

Il n'en est pas de même pour les arcs dont il est question à présent : comme la longueur de leur corde, déterminée par l'écartement des culées, est invariable, et que la clef étant rigide ne peut s'élever ou s'abaisser sans qu'il y ait un changement dans la figure géométrique de l'arc, il en résulte que la température ambiante a sur les conditions de travail du métal une influence considérable, dont il y a lieu d'étudier les effets.

Si l'on considère un pont en arc à double articulation, il existe une température déterminée et *une seule*, pour laquelle les poussées dues à des charges et des surcharges quelconques ont exactement la valeur donnée par les tables et les formules dont il a été question plus haut : nous l'appellerons *la température moyenne* : au-dessous de la *température moyenne*, la poussée diminue d'autant plus que l'écart est plus grand ; au-dessus, elle augmente également dans la proportion de l'écart constaté.

En général cette température moyenne est la température observée lors du décintrement de l'arc : en effet à ce moment, il y a contact intime, sans pression aucune, entre les retombées de l'arc et les sommiers des culées.

Au moment où l'on opère le décintrement, la charge agit sur l'arc sans modifier sa corde et donne lieu à la poussée théorique.

Mais si avant de décintrer l'arc on a fortement serré les coins que l'on interpose d'habitude entre des plaques de fonte fixées sur les sommiers et sur les extrémités des arcs, on a une poussée initiale qui n'est pas due à la charge, et par conséquent on est dans les mêmes conditions que si la température extérieure était déjà supérieure à la température moyenne. Au contraire, en desserrant les coins après le décintrement, ou en laissant au moment du décintrement un léger jeu entre les coins et les plaques, on obtient le résultat inverse : la température du décintrement est alors inférieure à la température moyenne, et la poussée est plus faible que la poussée théorique.

En résumé, si l'on veut que la température moyenne soit exactement celle observée lors du décintrement, il faut qu'à ce moment les coins soient bien en contact avec les plaques des arcs, mais sans être fortement serrés ; s'il existe un jeu, la température moyenne est supérieure à la température du décintrement ; si les coins sont serrés avec force la température moyenne est inférieure à celle du décintrement.

En serrant ou desserrant les coins d'un pont en arc en métal, opération assez difficile, qui ne peut se faire qu'en frappant les coins avec un mouton, on peut à volonté relever ou abaisser la température moyenne, et par suite augmenter ou diminuer la poussée exercée par l'arc sur les retombées.

Cet écart en plus ou en moins, que la poussée réelle présente sur la poussée théorique, est indépendant de la charge et de la surcharge, et il est proportionnel à la différence qui existe entre la température considérée et la température moyenne précédemment définie. C'est ce qu'on appelle la poussée produite par une dilatation indépendante des charges.

Soit t l'écart positif ou négatif qui existe entre la température moyenne et la température actuelle. La poussée due à la dilatation est donnée par la formule :

$$Q = \alpha t \cdot \frac{EI}{a^2} B'''. K.$$

α est le coefficient de dilatation du métal, E son coefficient d'élasticité, I est le moment d'inertie de la section transversale de l'arc.

B''' est le coefficient de la partie principale de la poussée. Il ne dépend que de φ et est fourni par la Table II.

K est le coefficient de correction, dépendant de φ et de r^2, dont il a été question plus haut. En réalité, ce n'est pas lui qu'il conviendrait d'employer ici, et M. *Bresse* donne dans son ouvrage le moyen de calculer le coefficient de correction exact à admettre. Mais l'erreur commise en substituant au coefficient vrai le coefficient K ne peut, *en aucun cas, atteindre* $\frac{1}{200}$ *de la valeur de la poussée*. Cet écart est insignifiant, et c'est pourquoi l'on peut sans inconvénient se servir ici du coefficient K donné par la Table II.

A défaut des Tables, on peut avoir recours à la formule suivante, qui ne donne pas d'erreur sensible pour des arcs très surbaissés (Bresse, *Résistance des matériaux*, 102) :

$$Q = \alpha t. EI \cdot \frac{1}{r^2 + \frac{8}{15} b^2}.$$

Supposons que l'on serre ou que l'on desserre les coins d'un pont en arc, et que l'on se propose de déterminer la quantité t dont on a fait varier la température moyenne, afin de rectifier les calculs de stabilité en tenant compte du changement apporté dans les conditions d'établissement de l'ouvrage. On y arrivera aisément, si l'on a pu mesurer le déplacement horizontal subi par chaque articulation, par l'effet du serrage des coins : la somme des déplacements subis par les deux articulations représente l'allongement ou la contraction $2\,\delta\,a$ subi par la corde de l'arc $2\,a$.

On a :

$$\tau = \frac{2\delta a}{2a} \times \frac{1}{\alpha}.$$

Le changement subi par la poussée est donc

$$Q' = \alpha\tau.\,\mathrm{EI}.\,\frac{1}{r^2 + \frac{8}{15}\,b^2} = \frac{\delta a}{a}.\,\mathrm{EI}.\,\frac{1}{r^2 + \frac{8}{15}\,b^2}.$$

Réciproquement si on se propose de modifier la poussée dans un sens ou dans l'autre, il est facile de tirer des formules précédentes la quantité dont il y a lieu d'augmenter ou de diminuer la corde de l'arc.

137. Calcul du travail dû à un poids isolé. — Considérons un point M de l'axe longitudinal de l'arc, que, pour fixer les idées, nous supposerons placé sur le demi-arc de droite SA.

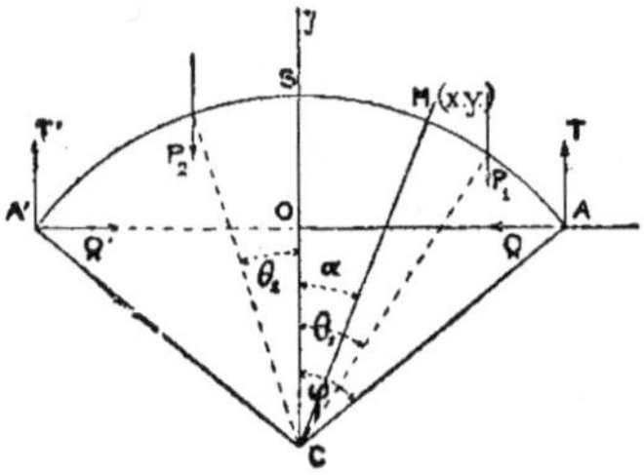

Ce point M sera défini par ses coordonnées x et y, ou par l'angle α que fait avec la verticale le rayon vecteur MC qui le joint au centre de courbure de l'arc (*fig.* 212).

Considérons un poids P_1 appliqué à l'arc entre ce point M et l'extrémité de droite A. Le moment fléchissant X_1, l'effort normal F_1 et l'effort tranchant V_1, développés dans la section transversale de l'arc qui passe en M, seront donnés par les formules suivantes, en désignant par Q la poussée, T_1 et T_1' les réactions verticales des appuis, que l'on sait calculer, connaissant la position du poids P_1 :

$$(1) \qquad X_1 = T_1'(a + x) - Q_1 y$$
$$= T_1'\rho\,(\sin\varphi + \sin\alpha) - Q_1\rho\,(\cos\alpha - \cos\varphi),$$

Fig. 212.

(2) $F_1 = T_1' \sin \alpha - Q_1 \cos \alpha,$

(3) $F_1 = T_1' \cos \alpha + Q_1 \sin \alpha.$

Considérons maintenant un poids P_2 appliqué entre le point M et l'extrémité de gauche A'. On aura les formules suivantes en désignant par T_2, T_2' et Q_2 les réactions verticales et la poussée produite par le poids P_2 :

(4) $X_2 = T_2 (a - x) - Q_2 y$

           $= T_2 \rho (\sin\varphi - \sin\alpha) - Q_2 \rho (\cos\alpha - \cos\varphi),$

(5) $F_2 = - T_2 \sin\alpha - Q_2 \cos\alpha,$

(6) $V_2 = - T_2 \cos\alpha + Q_2 \sin\alpha.$

On a ainsi deux séries de formules, dont l'une doit être employée lorsque le poids est placé entre la section de l'arc considérée et la culée la plus voisine, et l'autre dans le cas contraire.

Ces formules s'obtiennent d'ailleurs sans difficulté en prenant la somme des moments par rapport au point M des forces T' et Q', ou T et Q, appliquées en A' ou A, ce qui donne X ; en projetant ces forces sur la tangente à la fibre moyenne en M, ce qui donne F ; en les projetant sur le rayon MC, ce qui donne V.

L'effort normal F est toujours négatif ; il donne lieu à une compression de l'arc. Le moment fléchissant X est positif ou négatif suivant les cas. Il en est de même de l'effort tranchant V.

Connaissant pour une section transversale quelconque les valeurs de X, F et V, il est aisé, en suivant les règles posées au chapitre premier, de calculer le travail correspondant (11-19).

Nous croyons utile de revenir ici sur cette question.

Le travail maximum à la compression ou à l'extension est pour la semelle supérieure :

$$\frac{F}{\Omega} - \frac{Xh}{2I},$$

et pour la semelle inférieure :

$$\frac{F}{\Omega} + \frac{Xh}{2I},$$

en conservant les notations du n° 11.

Cette formule est applicable alors même que, l'arc étant à treillis ou à triangulation, sa section transversale est discontinue et formée des coupes de deux cordes isolées.

R.   23

Dans le cas d'une section dissymétrique par rapport à l'ho-

Fig. 213.

rizontale qui passe par son centre de gravité M (*fig.* 213), les formules de *M. Bresse* et les calculs qui précèdent restent applicables, mais il faut remplacer dans l'expression du travail dû au moment fléchissant $\frac{h}{2}$ par u pour la semelle supérieure et par u' pour la semelle inférieure, u et u' étant les distances des fibres extrêmes à l'axe neutre de la section transversale.

Quant à l'effort maximum subi par l'âme de l'arc sous l'action simultanée de l'effort normal et de l'effort tranchant, il a pour valeur : $\frac{1}{2}\left(\frac{F}{\Omega}+\sqrt{\frac{F^2}{\Omega^2}+\frac{4V^2}{\omega^2}}\right)$, ω étant l'aire de la section transversale de l'âme considérée isolément. Il est plus simple de prendre pour valeur de ce travail : $\frac{F}{\Omega}+\frac{V}{\omega}$. On a ainsi un résultat trop fort, mais comme l'on se trouve toujours conduit à donner à l'âme plus d'épaisseur qu'il n'est nécessaire, il n'y a pas à craindre d'évaluer trop largement le travail du métal dans cette partie de l'ouvrage.

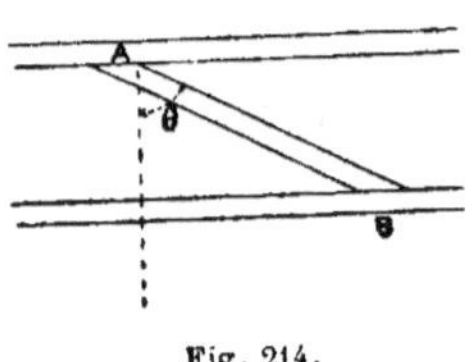

Fig. 214.

Pour le même motif, si l'âme de l'arc est remplacée par une triangulation, on calculera de la manière suivante le travail subi par le métal de la barre AB, qui fait l'angle θ avec le rayon de courbure de l'arc, en appelant ω' l'aire de la section transversale de la barre (*fig.* 214).

$$R = \frac{F\sin^2\theta}{\Omega+\omega\sin^3\theta} + \frac{V}{\omega'\cos\theta}.$$

138. Calcul du travail dû à la surcharge, Méthode algébrique. — Considérons une surcharge uniformément répartie sur la totalité de l'ouverture AA' et proposons-nous de déterminer le travail du métal résultant, pour un certain nombre de sections transversales de l'arc choisies arbitrairement (*fig.* 215).

Nous supposerons à cet effet la surcharge décomposée en une série de poids égaux et équidistants, et nous admettrons sans démonstration, comme évident, que l'effet de ces poids sur une section quelconque est équivalent à celui de la surcharge uniformément répartie (1).

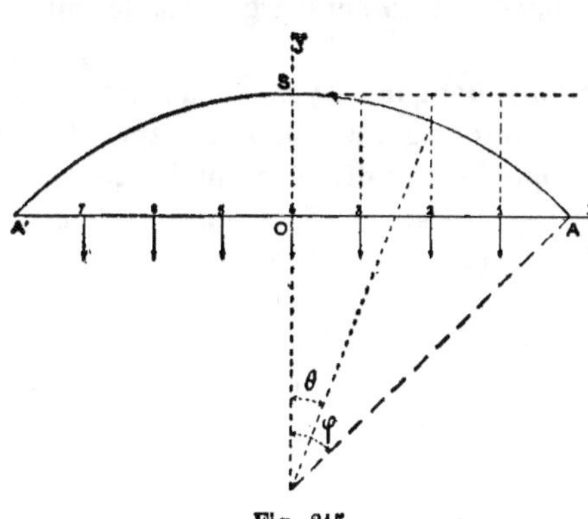

Fig. 215.

La position de chacun de ces poids est définie, comme précédemment, par l'abscisse x ou l'angle θ.

Nous conseillerons, pour faciliter les calculs ultérieurs, de diviser la surcharge en un nombre impair de poids isolés, de façon qu'il y en ait un appliqué en S à la clef : chaque demi-ouverture comportera ainsi un nombre entier de divisions. Afin de distinguer les différents poids, nous leur assignerons des numéros d'ordre.

Proposons-nous de déterminer le travail du métal dans l'une des sections de l'arc, dont le centre de gravité est sur la verticale de l'un des poids de la surcharge, sous l'influence d'un autre poids choisi arbitrairement : les formules du numéro précédent nous permettent d'effectuer ce calcul sans difficulté. Nous pourrons, de même, évaluer l'effet produit sur cette même section par chacun des autres poids qui composent la surcharge. Totalisant tous les résultats, nous aurons

---

(1) La division de la surcharge en poids isolés peut résulter du mode de construction des tympans du pont, auquel cas ils peuvent cesser d'être égaux et équidistants. Ainsi qu'on le verra plus loin, la méthode reste applicable, mais les calculs sont un peu plus compliqués.

le travail total développé dans la section par l'ensemble des poids, c'est-à-dire par la surcharge complète.

Faisons cette opération pour toutes les autres sections de l'arc qui correspondent aux points de division de la corde, et nous aurons rempli le but proposé, qui était de connaître le travail du métal développé par la surcharge dans les différentes parties de l'arc.

La suite des opérations, dont nous venons d'indiquer la marche, semble *a priori* devoir exiger une somme de travail très considérable, pour peu que l'on ait divisé la surcharge en un grand nombre de poids isolés. Mais en effectuant méthodiquement les calculs, et les disposant en tableaux successifs, on constate que les opérations à faire étant fort simples, puisqu'elles se réduisent à des multiplications ou des additions de deux nombres, n'exigent pas, quoiqu'elles soient très nombreuses, un temps très long, et ne demandent pas un labeur aussi formidable qu'on eût pu le craindre.

Nous ne croyons pas inutile d'exposer la marche que nous conseillerions, le cas échéant, de suivre dans les calculs, de façon à réduire au minimum le travail, et à permettre de reconnaître immédiatement toute erreur commise dans les opérations.

1° *Calcul des poussées.* — Soit m le nombre de poids isolés en lesquels on a divisé la surcharge. On commencera par dresser un tableau à simple entrée donnant pour chacun des points de division de l'arc, les valeurs de sin θ, cos φ, x, y, $a + x$ et $a - x$ qui lui correspondent, travail des plus aisés puisque a est partagé en un certain nombre de divisions égales.

On inscrit également dans ce tableau les valeurs de $\dfrac{Q}{\pi}$, $\dfrac{T}{\pi}$ et $\dfrac{T'}{\pi}$ qui correspondent à chacun des poids, en désignant par π la valeur constante de chaque poids.

On sait que l'on a :

$$\frac{Q}{\pi} = B . K,$$

B et K étant les coefficients numériques donnés, pour des valeurs déterminées de θ, φ et r^3, par les tables I et II placées à la fin de ce chapitre. K est un coefficient dépendant uniquement des dimensions de l'arc, que l'on n'a besoin de calculer qu'une fois pour toutes. B dépend de la valeur de l'angle θ : la position du poids est ici définie par le rapport $\dfrac{x}{a} = \dfrac{\sin \theta}{\sin \varphi}$, qui varie d'une quantité constante d'un poids à celui qui le suit immédiatement. C'est pour cela que nous avons jugé utile de graduer la table I en fonction de $\dfrac{\sin \theta}{\sin \varphi}$ et non de $\dfrac{\theta}{\varphi}$, comme l'avait fait M. Bresse : en choisissant convenablement le nombre des points de division de la corde de l'arc, de manière que chaque valeur de x soit égale à un ou plusieurs vingtièmes de la demi-ouverture a, on arrive à ce résultat que toutes les valeurs de $\dfrac{\sin \theta}{\sin \varphi}$ figurent dans les en-tête des colonnes de la table I, ce qui permet de trouver immédiatement les valeurs exactes de B sur la ligne correspondant à l'angle au centre 2φ de l'arc considéré.

Avec la table de M. Bresse, $\dfrac{\theta}{\varphi}$ variant régulièrement, $\dfrac{\sin \theta}{\sin \varphi}$ croît d'autant moins rapidement que θ est plus grand. On est donc toujours obligé de recourir à l'interpolation pour calculer les valeurs de B, les valeurs successives de $\dfrac{x}{a}$, qui correspondent aux différentes colonnes de la table, se rapprochant de plus en plus, au fur et à mesure que θ augmente.

Le calcul de $\dfrac{T}{\pi}$ et de $\dfrac{T'}{\pi}$ s'effectuera sans difficulté par les formules suivantes :

$$\frac{T}{\pi} = \frac{a + x}{2a} = \frac{\sin \varphi + \sin \theta}{2 \sin \varphi},$$

$$\frac{T'}{\pi} = 1 - \frac{T}{\pi}.$$

Vu la symétrie de l'arc, il suffit d'établir ce tableau pour la moitié de l'ouverture, y compris la clef, les poids symétriques par rapport à la clef présentant les mêmes valeurs pour Q, y et $\sin \theta$, des valeurs égales, mais de signes contraires, pour x et cos θ, et enfin les mêmes valeurs, mais permutées, pour T et T′.

2° *Calcul du moment fléchissant, de l'effort normal et de l'effort tranchant.* — Cela fait, on peut aborder le calcul de X, F et V pour chacune des sections de l'arc sous l'influence de chacun des poids. De même que dans le cas précédent, on calculera $\dfrac{X}{\pi}$, $\dfrac{F}{\pi}$ et $\dfrac{V}{\pi}$, de façon à ne pas tenir compte pour le moment de l'intensité de la surcharge.

D'ailleurs, vu la symétrie de l'arc, il suffira d'effectuer les calculs pour les sections situées sur une moitié de l'ouvrage, clef comprise, à la condition de considérer successivement tous les poids d'une extrémité à l'autre de la corde.

Il y aura lieu, pour chaque section, d'effectuer séparément les calculs pour les poids situés entre ladite section et l'extrémité de l'arc la plus voisine A, et pour les poids appliqués à l'autre partie de l'arc.

Pour les premiers, les calculs s'effectuent à l'aide des formules suivantes :

$$\frac{X_1}{\pi} = \frac{T_1'}{\pi}\,(a+x) - \frac{Q_1}{\pi}\,y,$$

$$\frac{F_1}{\pi} = \frac{T_1'}{\pi}\,\sin\alpha - \frac{Q_1}{\pi}\,\cos\alpha,$$

$$\frac{V_1}{\pi} = \frac{T_1'}{\pi}\,\cos\alpha + \frac{Q_1}{\pi}\,\sin\alpha;$$

et pour les seconds, à l'aide des formules suivantes :

$$\frac{X_2}{\pi} = \frac{T_2}{\pi}\,(a-x) - \frac{Q_2}{\pi}\,y,$$

$$\frac{F_2}{\pi} = -\,\frac{T_2}{\pi}\,\sin\alpha - \frac{Q_2}{\pi}\,\cos\alpha,$$

$$\frac{V_2}{\pi} = -\,\frac{T_2}{\pi}\,\cos\alpha + \frac{Q_2}{\pi}\,\sin\alpha.$$

Les valeurs de $\dfrac{T_1}{\pi}$, $\dfrac{Q_1}{\pi}$, $\dfrac{T_2}{\pi}$ et $\dfrac{Q_2}{\pi}$ sont données pour chaque poids par le tableau dressé précédemment. Comme la section considérée coïncide avec le point d'application d'un poids, le même tableau donne pour cette section les valeurs de $a+x$, $a-x$, y, $\sin\alpha$ et $\cos\alpha$,

Tous ces résultats doivent être inscrits dans un tableau à double entrée, dont les colonnes verticales correspondent, pour fixer les idées, à la série des poids, et les lignes horizontales aux sections successives de l'arc.

3° *Calcul du travail partiel correspondant à chaque poids.* — Soient $\dfrac{X}{\pi}$ et $\dfrac{F}{\pi}$ les rapports du moment fléchissant et de l'effort normal au poids π, pour une section et un poids déterminés :

Le travail maximum du métal aura pour expression, pour la semelle supérieure :

$$\frac{F}{\Omega} - \frac{Xh}{2I} = \frac{F}{\pi} \cdot \frac{\pi}{\Omega} - \frac{X}{\pi} \times \frac{\pi h}{2I},$$

et pour la semelle inférieure :

$$\frac{F}{\Omega} + \frac{Xh}{2I} = \frac{F}{\pi} \cdot \frac{\pi}{\Omega} + \frac{X}{\pi} \times \frac{\pi h}{2I}.$$

Il suffit donc de prendre tous les nombres inscrits au tableau précédent, et de multiplier les efforts normaux par le coefficient $\dfrac{\pi}{\Omega}$ qui dépend uniquement de la surcharge et de la section transversale de l'arc, et les moments fléchissants par le coefficient $\dfrac{\pi h}{2I}$, qui est dans le même cas, puis de prendre les différences des nombres obtenus, pour avoir le travail à la semelle supérieure, et leurs sommes, pour avoir le travail à la semelle inférieure, sous l'action du poids considéré.

On effectuera ces opérations pour toutes les sections et tous les poids, et on inscrira les résultats dans un tableau à double entrée semblable au tableau précédent : il pourra paraître plus commode d'employer deux tableaux distincts, l'un pour la semelle supérieure et l'autre pour la semelle inférieure.

Pour obtenir le travail de l'âme sous l'influence de l'effort normal et de l'effort tranchant agissant simultanément, il suffira d'effectuer la somme $\dfrac{F}{\Omega} + \dfrac{V}{\omega}$, ω étant la section de l'âme. Mais comme en général, ce travail est toujours bien inférieur à la limite admise, on peut se contenter d'en faire la vérification pour un ou deux points, sans s'astreindre à faire ce calcul pour toutes les sections de l'arc.

4° *Calcul du travail développé par la surcharge complète ou répartie de la manière la plus défavorable.* — Si dans le tableau précédemment dressé et relatif, par exemple, à la semelle supérieure, nous effectuons la somme de tous les nombres placés sur la ligne horizontale qui correspond à une des sections de l'arc, nous aurons la valeur du travail total développé par l'ensemble des poids agissant simultanément, c'est-à-dire par la surcharge complète. Faisant la même opération pour toutes les sections et pour les deux tableaux, nous aurons en toutes les sections l'effet produit à la semelle supérieure et à la semelle inférieure par la surcharge complète.

Les tableaux peuvent servir aussi à calculer le travail dû à une surcharge partielle : il suffit de faire le total des nombres de chaque ligne horizontale correspondant à la partie de l'ouverture sur laquelle s'étend la surcharge, en laissant de côté les colonnes qui correspondent à des poids supprimés, c'est-à-dire, à des points de l'arc que la surcharge ne couvre pas. On pourra donc étudier la stabilité de l'arc dans l'hypothèse d'une surcharge incomplète quelconque.

Mais ces tableaux permettent aussi de se procurer un renseignement de la plus haute importance, savoir : le travail maximum développé dans chaque semelle de chaque section par la surcharge répartie de la manière la plus défavorable pour le point considéré lui-même.

En effet, le travail maximum dû à un poids quelconque se rapporte à un effort de compression, si le nombre qu'il représente est négatif, et à un effort d'extension dans le cas contraire. Une même ligne horizontale, correspondant à l'une des semelles d'une section de l'arc, comporte une suite de nombres dont les uns sont négatifs et les autres positifs. Effectuons séparément la somme de tous les nombres négatifs, en laissant de côté les autres : cela reviendra à calculer le travail dû à une surcharge répartie de telle sorte, qu'elle comprenne tous les poids susceptibles de produire un effort de compression, à l'exclusion de tous les poids susceptibles de produire un effort d'extension. Cette surcharge est évidemment celle qui donne le maximum du travail à la compression. De même en effectuant la somme des nombres positifs, à l'exclusion des nombres négatifs, on aura le travail dû à la surcharge répartie de la manière la plus défavorable au point de vue du travail à l'extension. Ces deux surcharges sont complémentaires, et leur réunion constitue la surcharge complète. De même la somme des efforts maxima calculés, c'est-à-dire la différence de leurs valeurs absolues, puisqu'ils sont de signes contraires, donne le travail dû à la surcharge complète, qui, on le voit, est toujours plus petit que l'un des deux nombres précédents, savoir le nombre négatif. Les deux tableaux relatifs au travail subi par l'une et l'autre semelle de l'arc se divisent ainsi naturellement en deux zones contenant l'une tous les nombres négatifs, l'autre tous les nombres positifs : il faut effectuer séparément sur chaque ligne les sommes des nombres compris dans chaque zone pour avoir les efforts maxima à la compression et à l'extension que le métal aura à supporter, puis additionner ces deux derniers nombres pour avoir l'effort dû à la surcharge complète. La méthode de calcul que nous venons d'exposer remplit, on le voit, entièrement le but que l'on doit se proposer dans le calcul d'un ouvrage métallique. Il ne serait d'ailleurs pas possible d'arriver à ce résultat d'une manière différente au moins pour toutes les sections de l'arc, car il résulte nettement des applications que nous avons faites de ce mode de calcul à différents ponts, que la surcharge la plus défavorable pour une section diffère de celle qui correspond à la section voisine, et que dans une même section, la surcharge la plus défavorable pour la semelle supérieure n'a aucun rapport avec celle qui est relative à la semelle inférieure : on ne peut donc imaginer une surcharge particulière, couvrant la moitié ou les 2/3 ou les 3/4 de l'ouverture, qui produise l'effet maximum à la fois en tous les points de l'arc, et cette surcharge doit être déterminée séparément pour chaque section considérée à part, ainsi que nous l'avons fait.

Les figures ci-jointes indiquent, dans un cas particulier étudié par nous, et dont il sera question dans l'article suivant, les modes de répartition de la surcharge, qui donnent dans les différentes sections, les efforts maxima, tant dans la semelle supérieure (*fig.* 216), que dans la semelle inférieure (*fig.* 217). Les verticales correspondent aux poids, les horizontales aux sections et les parties couvertes de hachures indiquent le travail à l'extension.

Cela veut dire que pour la section M (*fig.* 216), située à la distance MA des naissances et à la distance MS de la clef, la surcharge qui donnera l'effort maximum *à la compression* sur

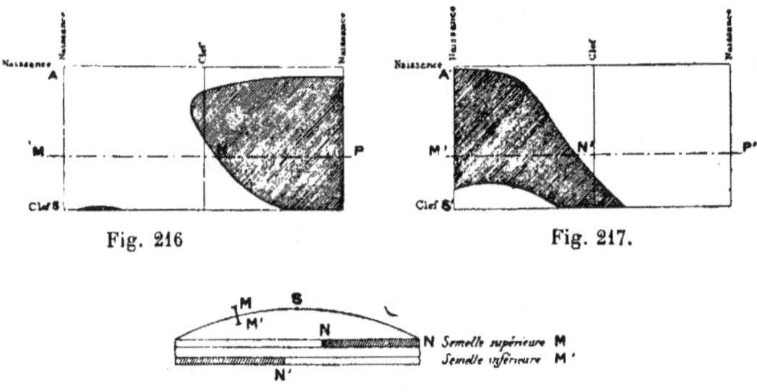

Fig. 216   Fig. 217.

Fig. 218.

la semelle supérieure s'étendra de M en N, c'est-à-dire, comprendra un peu plus que la moitié de l'ouverture; la surcharge correspondant à l'effort *d'extension* maximum s'étendra de même de N en P. Pour la semelle inférieure, les données relatives à la même section (M' A' = M A et M' S' = MS) seraient pour la *compression* N' P' et pour l'*extension* M' N'.

On a ici la preuve de nos assertions précédentes relatives au changement que subit d'un point à un autre la surcharge la plus défavorable.

La figure 218 indique l'interprétation à donner aux renseignements fournis par les figures précédentes.

Nous terminerons cette étude en remarquant que les tableaux du travail partiel des semelles permettent encore de déterminer le travail dû à une surcharge qui ne serait pas répartie uniformément, par exemple à un train de chemin de fer comportant des véhicules dont les poids par mètre courant seraient très différents (locomotive et wagons). La valeur de π est alors variable, et il suffit de multiplier par un coefficient convenable $\dfrac{\pi'}{\pi}$ tous les nombres placés dans la colonne verticale correspondant à chaque poids pour tenir compte de la modification qui résulte de la substitution faite du nouveau poids π' au poids moyen π pris précédemment pour base des calculs.

Nous avons recommandé d'inscrire au fur et à mesure les résultats numériques obtenus dans des tableaux disposés avec méthode, parce que cela facilite la recherche des erreurs commises. Dans un pareil tableau les nombres successifs doivent varier d'une manière régulière dans chaque ligne horizontale et chaque colonne verticale. Toute erreur correspond à une infraction à cette loi de la continuité, infraction qui saute aux yeux et permet de reconnaître sans difficulté le point où une faute de calcul a été commise.

139. Méthode géométrique. — La méthode que nous venons d'exposer en détail exige pour le calcul d'un arc métallique un très grand nombre d'opérations numériques, qui n'offrent aucune difficulté, mais qui cependant nécessitent un travail long et fastidieux.

On peut abréger singulièrement ce travail en recourant à l'emploi de constructions géométriques, qui donnent rapidement les nombres dont le calcul est le plus laborieux.

1° *Calcul du moment fléchissant.*

Supposons qu'on ait calculé, ainsi qu'il a été dit précédemment, les nombres du tableau 1, c'est-à-dire les coordonnées diverses et les poussées correspondant aux différents poids.

On doit alors se proposer de rechercher les valeur de $\dfrac{X}{\pi}$, $\dfrac{F}{\pi}$ et $\dfrac{V}{\pi}$.

Nous allons voir comment on peut y arriver simplement à l'aide de constructions géométriques.

Considérons un poids π quelconque. Les résultantes des

réactions exercées, sous l'influence de ce poids, par l'arc sur les culées A et A' se coupent (*fig.* 219) en un point G situé

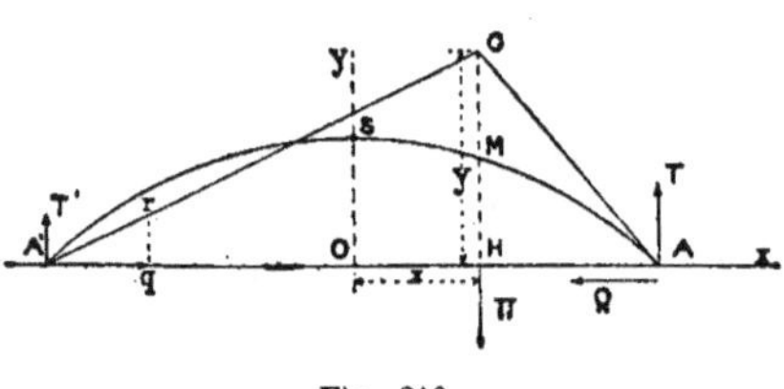

Fig. 219.

sur la verticale qui passe par le point d'application de ce poids π. Cela est évident , puisque ces deux forces et le poids π se font équilibre.

Désignons par **Y** l'ordonnée GH de ce point G, dont l'abscisse x est connue, et proposons-nous de chercher sa valeur.

On a, en désignant par Q et T les composantes horizontale et verticale de la réaction de l'arc sur la culée **A** :

$$QY = T(a - x);$$

d'où :

$$Y = \frac{T(a-x)}{Q} = \frac{a^2 - x^2}{2a \cdot \dfrac{Q}{\pi}}$$

On connaît a, x et $\dfrac{Q}{\pi}$. Il est facile de déterminer **Y** pour tous les points de division de l'arc ; nous pourrons alors figurer sur une épure les deux droites A'G, GA relatives à chacun des poids π. Nous avons donné (127) à l'ensemble de ces deux droites le nom de courbe des pressions relatives au poids π.

Le lieu des points G, intersection de ces droites, est la courbe enveloppe des courbes de pression relatives à tous les poids isolés appliqués à l'arc ; c'est aussi le lieu géométrique des points d'intersection des réactions exercées par l'arc sur les culées, sous l'influence des différents poids agissant chacun isolément.

Considérons maintenant un point M de l'axe longitudinal de l'arc (*fig.* 220) : le moment fléchissant déterminé dans la section transversale M par un poids isolé quelconque est égal au produit de la poussée Q par la distance verticale MN du point M à la courbe des pressions relative à ce poids (127).

On doit donc tracer la verticale qui passe par le point M
et mesurer les distances comprises entre M et les différents

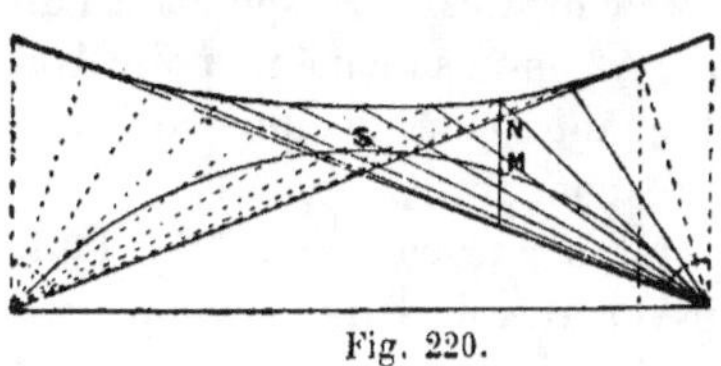

Fig. 220.

points de rencontre de
cette ordonnée avec
toutes les courbes de
pressions. En multi-
pliant chaque lon-
gueur par la poussée
Q qui correspond à la
courbe des pressions
dont il s'agit, on a le moment fléchissant cherché, qui est *positif* si la longueur est mesurée *au-dessus* de M, et *négatif*
dans le cas contraire.

Nous avons indiqué dans la figure 220, à côté de l'épure,
les longueurs qu'il y aurait lieu de mesurer sur la verticale
qui passe en M.

On voit que le calcul du moment fléchissant se réduit à la
mesure d'une longueur sur l'épure et à la multiplication de
cette longueur par la valeur de la poussée Q précédemment
calculée.

2° *Calcul de l'effort normal et de l'effort tranchant.*

Pour l'effort normal et l'effort tranchant, la simplification
est tout aussi grande.

Reportons-nous à la figure 219. Prenons à partir du point
A′ sur la corde A A′ une longueur A′q proportionnelle à la
valeur de la poussée Q, et menons l'ordonnée qui passe par
ce point. La longueur A′r interceptée sur la droite A′G est
proportionnelle à la résultante de Q et de T′, c'est-à-dire à la

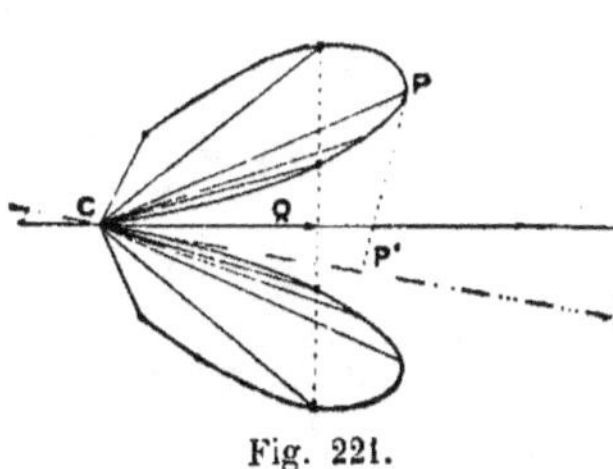

Fig. 221.

réaction totale exercée par
l'arc sur la culée A′. Il est
aisé de construire de même
les longueurs représentatives
des résultantes de Q et T, ou
Q et T′ pour tous les poids
isolés : le plus simple est de
mener par un point C des
parallèles à toutes les droites
de la figure (*fig.* 221), et, portant sur l'horizontale qui
passe par C les longueurs correspondant aux différentes

poussées, de mener les ordonnées passant par ces points de division, lesquelles interceptent sur les différentes droites passant par C les longueurs des résultantes de Q et de T.

On aura ainsi deux faisceaux de droites, correspondant l'un à la culée A et l'autre à la culée A′, issues du même point C et limitées par deux courbes donnant pour chaque direction l'intensité de la résultante correspondante .

Menons à présent par le point C une parallèle CM à l'une quelconque des sections transversales de l'arc, et supposons que la droite de pression parallèle à CP rencontre cette section transversale : l'effort normal déterminé dans la section M par le poids correspondant s'obtiendra en projetant la longueur CP sur la direction CM :

$$F = CP'.$$

L'effort tranchant sera égal à la longueur de la ligne projetante :

$$V = PP'.$$

Il suffira d'effectuer la même construction pour chacune des sections et toutes les directions issues de C, parallèles aux droites qui *rencontrent ladite section* dans la figure 220, pour avoir immédiatement toutes les valeurs de F et de V que l'on n'obtenait, d'après la méthode précédente, qu'à l'aide d'un calcul long et sans intérêt.

Cette construction se justifie d'elle-même, et nous croyons inutile d'en démontrer l'exactitude.

Les deux procédés géométriques que nous venons d'exposer permettent d'obtenir aisément et rapidement les valeurs de

$$\frac{X}{\pi}, \frac{F}{\pi} \quad \text{et} \quad \frac{V}{\pi}.$$

Il reste maintenant à calculer

$$\frac{Xh}{2I} \quad \text{et} \quad \frac{F}{\Omega},$$

ce qui revient à multiplier par un coefficient constant

$$\frac{\pi h}{2I} \quad \text{ou} \quad \frac{\pi}{\Omega}$$

chacun des nombres fournis par le calcul qui précède.

Cette opération n'a rien de difficile et n'est pas bien longue : pourtant on peut s'en dispenser. Il suffit de construire deux règles dont les divisions, au lieu d'être espacées d'unité en unité, soient placées à des distances égales, pour l'une à $\dfrac{2I}{\pi h}$, et pour l'autre à $\dfrac{\Omega}{\pi}$, et de se servir de ces deux règles pour mesurer sur les deux épures d'un côté les longueurs MN et de l'autre les longueurs CP′.

De cette façon, la multiplication de la longueur par le coefficient sera effectuée une fois pour toutes sur la règle divisée, et au lieu d'obtenir les valeurs de $\dfrac{X}{\pi}$ et $\dfrac{F}{\pi}$ on obtiendra immédiatement les valeurs de $\dfrac{Xh}{2I}$ et $\dfrac{F}{\Omega}$. On continuera ensuite la série des opérations en suivant la marche indiquée au numéro précédent.

La méthode géométrique que nous venons d'exposer donne nécessairement les mêmes résultats que la méthode algébrique précité, puisqu'elle n'en est que la traduction, et qu'elle a simplement pour but de remplacer des opérations numériques nombreuses et fatigantes par des constructions géométriques équivalentes fournissant identiquement les mêmes renseignements. A l'aide de cette simplification, on pourra sans aucun doute effectuer en un ou deux jours tous les calculs de stabilité relatifs à un arc circulaire, alors que la méthode purement algébrique exigerait probablement le quintuple de ce temps.

Cette méthode géométrique présente un autre avantage, c'est d'être applicable à un arc de forme quelconque, pourvu que l'on ait au préalable fait le calcul des poussées : en effet dans les constructions qui viennent d'être décrites, nous n'avons eu nulle part à utiliser les propriétés de la courbe circulaire décrite par l'axe longitudinal, et cet axe eût pu être parabolique ou elliptique ou même décrire une anse de panier, sans que le raisonnement ni le tracé géométrique fussent changés en rien, à condition, bien entendu, que l'on eût au préalable pu calculer pour l'arc en question les différentes valeurs de Q, qui sont les seules données que l'épure ne fournisse pas immédiatement par des mesures directes. **Au** contraire il serait impossible d'adapter la méthode algébrique à ces différents cas sous peine de tomber dans des formules inextricables, par suite de la complication qu'entraînerait le calcul des ordonnées de la courbe et des inclinaisons des tangentes en ses différents points. On serait forcément amené à se procurer ces bases de calcul par des mesures effectuées sur une épure, et, dans ces conditions, il vaut évidemment mieux profiter de l'épure pour appliquer en entier la méthode géométrique.

140. Calcul du travail dû à la charge permanente. — Après avoir fait le calcul du travail dû à la surcharge complète, il suffit de multiplier tous les nombres obtenus par le rapport $\dfrac{p}{\pi}$ de la charge à la surcharge, pour avoir les nombres relatifs à la charge permanente. **Il n'y a donc en** réalité pas de nouveaux calculs à faire.

Toutefois, il pourrait arriver que l'on se proposât de déterminer le travail résultant de la charge permanente et de la surcharge complète, sans avoir besoin de connaître l'effet d'une surcharge incomplète. Il serait alors parfaitement inutile de recourir aux nombreuses opérations de la méthode précédente, des formules très simples permettant de calculer d'un seul coup, pour une section quelconque, le moment fléchissant et l'effort tranchant dus à la surcharge complète ou à la charge permanente répartie uniformément suivant l'horizontale.

Nous extrayons textuellement ces formules du *Traité de résistance des matériaux* de M. Bresse (116,117) : nous croyons inutile d'en donner la démonstration qui est d'ailleurs extrêmement simple.

On sait que dans le cas présent la valeur de la poussée est donnée par la relation :

$$Q = 2pa . \, B' . \, K.$$

B' et K sont des coefficients, dépendant de r' et de φ, qui sont fournis par la table **II**, **2** *pa* est le poids total de la charge.

Les formules à appliquer sont alors les suivantes pour les sections définies par les coordonnées x, y et α.

$$X = \frac{1}{2}\, p\rho^2 (\cos\alpha - \cos\varphi)(\cos\alpha + \cos\varphi - 4\sin\varphi \times B' \times K)$$

$$= \frac{1}{2}\, p\,(a^2 - x^2) - 2pa.\, y.\, B'.\, K,$$

$$F = -\, p\rho \sin^2\alpha - 2pa.\, \cos\alpha.\, B'.\, K$$

$$= -\, px \sin\alpha - 2pa.\, \cos\alpha.\, B'.\, K.$$

$$V = p\rho \sin\alpha \cos\alpha - 2pa.\, \sin\alpha.\, B'.\, K$$

$$= px \cos\alpha - 2pa.\, \sin\alpha.\, B'\, K.$$

Ces trois formules donnent rapidement les valeurs de **X**, **F** et **V** dans toutes les sections de l'arc, soit que l'on emploie les expressions où figure le rayon de courbure ρ de l'axe longitudinal, soit que l'on préfère celles qui dépendent des coordonnées rectilignes x et y.

Cela fait, on calcule la valeur du travail par la méthode habituelle.

141. Calcul du travail dû à la dilatation. — Si l'on connaît ou si l'on se donne à priori la valeur de l'écart maximum t qui pourra exister entre les températures extrêmes de l'ouvrage et la température moyenne précédemment définies, on sait calculer (136) la poussée additionnelle, positive ou négative, qui résultera de cette dilatation ou de cette contraction (1).

Cette poussée est donnée par la formule :

$$Q = \alpha t\, \frac{EI}{a^2}\, B''' K.$$

B''' et K sont des coefficients fournis par la Table II.

On a, pour le calcul de **X**, **F** et **V** les relations :

$$X = Qy = y.\, \alpha t \cdot \frac{EI}{a^2} \cdot B''' K,$$

$$F = -\, Q\cos\alpha = -\, \cos\alpha.\, \alpha t \cdot \frac{EI}{a^2} \cdot B''' K,$$

$$V = -\, Q\sin\alpha = -\, \sin\alpha.\, \alpha t \cdot \frac{EI}{a^2} \cdot B''' K.$$

(1) **Par** une confusion regrettable, qui résulte des notations adoptées, la lettre α désigne, dans les formules du n° 141, à la fois le coefficient de dilatation linéaire du métal et l'angle au centre relatif à la section considérée : dans ce dernier cas la lettre α est toujours précédée du signe cos ou du signe sin. Il ne peut donc y avoir d'erreur, d'autant plus que dans les applications αt est toujours remplacé par sa valeur numérique.

On cherche ensuite le travail par la méthode habituelle.

On peut aussi se servir de la formule :

$$Q = \alpha t \cdot \frac{EI}{r^2 + \frac{8}{15} b^2},$$

si l'arc est très surbaissé.

Remarquons qu'en changeant le signe de αt, on change le signe de toutes les expressions algébriques que nous venons d'énoncer. Le travail change donc purement et simplement de signe et garde la même valeur absolue : donc on peut prendre à volonté avec le signe $+$ ou le signe $-$ tous les nombres représentatifs du travail que donne le calcul, à condition bien entendu que l'on admette l'égalité de valeur entre les écarts positif et négatif que peuvent présenter les températures extrêmes par rapport à la température moyenne. Sinon il convient de modifier les nombres dans le rapport même des écarts admis.

142. Superposition des effets produits sur l'arc par la charge, la surcharge et la dilatation. Courbes représentatives du travail. — Après avoir calculé séparément les effets dus à la charge, à la surcharge et à la dilatation, il convient de superposer ces effets de façon à obtenir le travail que le métal pourra subir dans les différentes parties de l'arc sous l'action simultanée de ces trois causes. C'est une simple addition à faire et nous n'avons rien à en dire, sinon qu'il faut donner au travail dû à la température le signe qui convient à la nature de l'effort maximum que l'on se propose de déterminer, pression ou tension.

Il est utile de figurer les résultats du calcul sur une épure où l'on trace les courbes représentatives du travail, obtenues en prenant pour abscisses les distances des sections à la clef, mesurées sur la fibre moyenne ou sur la corde, et pour ordonnées les valeurs du travail. Il est bien évident que ces courbes sont symétriques par rapport à l'ordonnée qui passe par la clef.

A titre d'exemple, nous donnons les différentes courbes résumant les calculs faits par nous pour un arc circulaire à section constante dont nous avons eu à dresser le projet.

Les principales données étaient :

$$2a = 60 \text{ m.}, \quad b = 6 \text{ m.}, \quad 2\varphi = 45°,14'$$
$$h = 1^m,60, \quad \Omega = 0,08126, \quad I = 0,034155, \quad r^2 = 0,42$$
$$p = 1570 \text{ kg.}, \quad \pi = 1850 \text{ kg.}, \quad t = \pm 34°.$$

Le travail de la semelle supérieure est représenté par les courbes situées au-dessus de l'axe horizontal de chaque figure, et celui de la semelle inférieure par les courbes situées au-dessous.

Le travail à la compression est figuré par un trait plein, et le travail à l'extension par le trait —.—.—.—.—.

Sur les trois épures relatives à la charge, à la surcharge à répartition variable, et à la dilatation considérées chacune séparément, nous avons également figuré par un trait pointillé — — la valeur du *travail à la compression* dû dans chaque cas à *l'effort normal seul.*

Enfin, pour éviter toute confusion, nous avons adopté sur les épures les notations suivantes :

C indique le *travail maximum à la compression.*

Cm indique le *travail minimum à la compression*, pour les points où le métal n'est jamais susceptible de travailler à l'extension.

E indique le *travail maximum à l'extension.*

Par conséquent, en un point quelconque de l'arc, le travail du métal varie toujours entre les limites de même signe C et Cm ou de signes contraires C et E, données par l'épure.

P désigne la charge permanente.

II désigne la surcharge à répartition variable.

Enfin ± T désigne l'écart maximum de température qui a été pris dans le cas présent égal à ± 34°.

Nous ferons à propos des courbes dont il s'agit les remarques suivantes :

1° L'effort dû à la charge permanente croît régulièrement de la naissance à la clef, pour la semelle supérieure, et décroît suivant la même loi pour la semelle inférieure. C'est à la clef qu'il présente à la fois son maximum pour la semelle supérieure et son minimum pour la semelle inférieure.

2° L'effort dû à la surcharge à répartition variable, agissant indépendamment de la charge permanente, est représenté

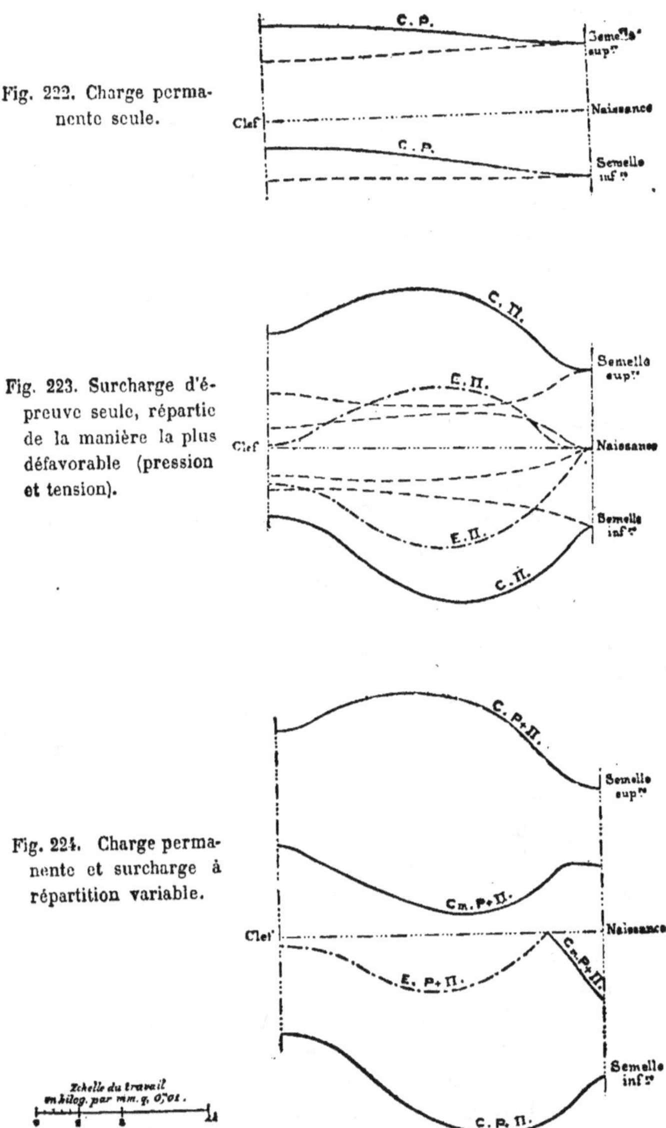

Fig. 222. Charge permanente seule.

Fig. 223. Surcharge d'épreuve seule, répartie de la manière la plus défavorable (pression et tension).

Fig. 224. Charge permanente et surcharge à répartition variable.

Épures du travail maximum du métal dans différentes hypothèses de charge.

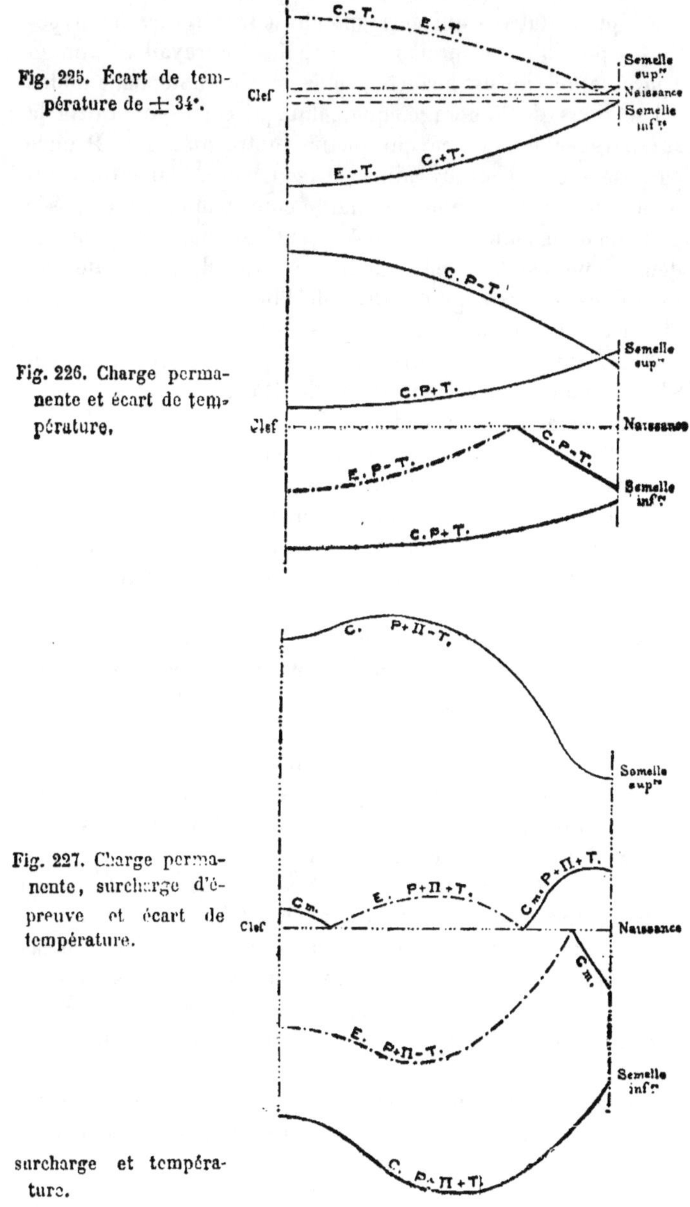

Fig. 225. Écart de température de ± 34°.

Fig. 226. Charge permanente et écart de température.

Fig. 227. Charge permanente, surcharge d'épreuve et écart de température.

surcharge et température.

par deux courbes qui sont les enveloppes de toutes les courbes représentatives qui correspondraient à toutes les hypothèses possibles de surcharge partielle. Le travail maximum à la compression est beaucoup plus considérable, dans toutes les sections de l'ouvrage, que celui qui correspondrait à la surcharge complète, ce qui justifie notre méthode. D'autre part, le métal peut travailler à l'extension dans tous les points de l'arc, avec une surcharge convenablement disposée pour chaque point considéré à part. Les maxima, pour les deux semelles et les deux genres de travail, se manifestent tous dans le voisinage du quart de l'ouverture à partir de la clef, c'est-à-dire au droit des reins de l'arc.

3° Le travail dû à la dilatation a à peu près même valeur absolue pour l'une et l'autre semelle. Il est à peu près nul aux naissances et à son maximum à la clef.

L'effet de l'effort normal est presque nul.

4° Si l'on considère simultanément la charge permanente et l'influence de la température, on reconnaît que la valeur maximum du travail, soit à l'extension, soit à la compression, se manifeste à la clef pour l'une et l'autre semelle (*fig.* 226).

Mais si l'on fait intervenir la surcharge, on constate que ce maximum s'écarte de la clef, surtout pour la semelle inférieure, et tend à se rapprocher des reins de l'arc. Toutefois, au moins pour la semelle supérieure, la valeur du travail à la clef s'écarte peu du maximum.

La semelle supérieure ne peut travailler qu'à la compression, ou du moins elle n'a jamais à supporter qu'un travail à l'extension absolument insignifiant.

Au contraire, la semelle inférieure, pour laquelle le travail à la compression reste toujours plus faible, peut subir un travail à l'extension d'une certaine importance. Dans le cas étudié par nous, il était question d'un arc en tôle également apte à travailler à la compression et à l'extension. Il en eût été autrement s'il se fût agi d'un arc en fonte, ce métal se prêtant, on le sait, dans ces mauvaises conditions au travail par extension. Comme dans le cas présent, la tension atteindrait la valeur de 3 kilogrammes dans les points les plus fatigués, cela eût paru inadmissible.

Il y aurait eu trois moyens de remédier à ce mécompte :
1° abaisser la température moyenne de l'arc, en serrant fortement les cales des retombées avant de décintrer : par là on augmente la compression à la semelle inférieure et on la diminue à la semelle supérieure; mais ce moyen serait peu pratique et difficile à appliquer avec exactitude; 2° placer les articulations des naissances au-dessous du centre de gravité des sections extrèmes, c'est-à-dire de l'axe longitudinal circulaire de l'arc (128); 3° enfin remplacer la section symétrique de l'arc, qui a servi de base aux calculs, par une section dissymétrique dans laquelle la semelle inférieure fût beaucoup plus rapprochée de l'axe neutre. C'est là la véritable solution qui permettrait de réduire à volonté le travail à l'extension de la semelle inférieure et même de le faire complètement disparaître.

Nous arrèterons là cette discussion que nous n'avons à dessein développée que pour montrer l'intérêt qu'il y a à tracer les courbes représentatives du travail et les renseignements qu'on en peut tirer relativement aux formes à attribuer à l'ouvrage, et aux conditions à réaliser dans son établissement.

§ 2

CALCUL DES ARCS DE FORME QUELCONQUE.

143. Arcs circulaires à section variable. — Dans le paragraphe qui précède, nous avons étudié les arcs circulaires à section constante. Examinons le cas où, l'axe longitudinal conservant la forme circulaire, la section transversale serait variable.

1° Il peut arriver que l'arc ait même hauteur sur tout son développement, la variation ne portant que sur l'épaisseur des semelles. En ce cas, on peut faire les calculs comme si l'arc était à section constante, sauf à rectifier ensuite les nombres trouvés de façon à tenir compte dans chaque section des valeurs réelles du moment d'inertie et de l'aire. Par exemple dans le cas, étudié par nous, que nous avons déjà cité, il a été nécessaire de renforcer par une tôle supplémentaire la semelle supérieure de l'arc sur une certaine longueur de part et d'autre de la clef. Ayant calculé pour la section

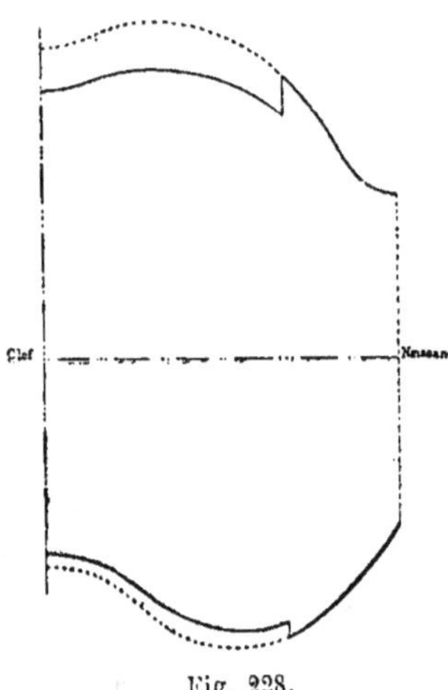

Fig. 228.

renforcée les nouvelles valeurs du moment d'inertie et de l'aire, nous avons corrigé en conséquence les nombres représentatifs du travail obtenus dans l'hypothèse de la section constante. La figure 228 représente la modification qui en est résultée dans les courbes du travail maximum à la compression pour les deux semelles. On peut donc faire varier les épaisseurs des semelles en raison du travail accusé par les calculs de stabilité, sans être obligé de reprendre ces calculs. L'erreur que peut entraîner cette méthode est toujours insensible.

2° Supposons que la hauteur de l'arc varie d'une extrémité à l'autre. En général, on la fait décroître des naissances à la clef, à l'imitation de ce qui se fait pour les ponts en maçonnerie. Quelquefois au contraire, on donne à l'arc la forme d'un croissant qui aurait sa hauteur maximum à la clef, et sa hauteur minimum aux naissances. En pareil cas, si la différence entre le maximum et le minimum de hauteur n'est pas très considérable, on peut encore appliquer pour le calcul de la poussée les formules relatives aux arcs à section constante.

Il est évident en effet que, dans le cas considéré, la poussée, correspondant à un état quelconque de l'arc, est intermédiaire entre celle qui conviendrait à un arc de même ouverture et flèche présentant sur tout son développement *la section maximum* de l'arc étudié, et un arc placé dans les mêmes conditions mais présentant en tous les points *la section minimum*. Or, dans toutes les formules relatives au calcul de la poussée, la partie principale de la poussée est indépendante de la valeur du moment d'inertie de la section, qui n'influe que sur le coefficient de correction K, lequel est fonction du carré du rayon de gyration r^2.

La Table II montre que l'on peut faire varier le rapport $\dfrac{r^2}{a^2}$ entre des limites assez écartées, sans que le changement subi par le coefficient K soit bien sensible.

Par conséquent si les poussées des deux arcs à section constante dont il s'agit ne diffèrent pas beaucoup l'une de l'autre, on ne pourra commettre d'erreur sensible en adoptant pour l'arc, dont la section variable est comprise entre ces deux limites, la poussée qui conviendrait à un ouvrage dont la *section constante* serait la moyenne des deux sections extrêmes.

On admettra donc, pour le calcul de la poussée, que l'arc étudié est équivalent à un arc dont la section constante serait égale à la moyenne de ses sections maximum et minimum.

Si l'on veut avoir une section moyenne plus exacte, il faut diviser le demi-arc SA en tronçons S1,12..... etc, 5 A présentant même longueur m mesurée sur la fibre moyenne. Le moment d'inertie de la section constante fictive que l'on cherche sera égal à la valeur moyenne de $\dfrac{I_s + I_A}{2}$, I_1, I_2... etc. *(fig. 229)*.

Fig. 229.

Si enfin l'on voulait obtenir plus d'exactitude encore il conviendrait de calculer la valeur du moment d'inertie moyen I' par la formule :

$$I' = \frac{\displaystyle\int_0^a y^2\, ds}{\displaystyle\int_0^a \frac{y^2\, ds}{I}}.$$

L'intégrale $\displaystyle\int_0^a y^2\, ds$ s'obtiendrait approximativement en multipliant la distance constante m, mesurée sur la fibre moyenne, de deux sections consécutives par le carré de l'ordonnée y du centre de gravité de chaque section par rapport à la corde AO, et faisant la somme de ces produits pour tous les points de division.

L intégrale $\int \dfrac{y^2\,ds}{I}$ s'obtiendrait en divisant chacun des produits précédents par la valeur du moment d'inertie correspondant à la section considérée, et faisant la somme de tous les quotients.

L'arc à section constante, présentant en tous ses points la valeur moyenne I' ainsi calculée, donnerait presque identiquement la même poussée que l'arc à section variable que l'on étudie.

Après avoir évalué les poussées dues à la charge, la surcharge divisée en poids isolés et la dilatation, on chercherait le moment fléchissant, l'effort tranchant et l'effort normal par la méthode habituelle. On ferait de même pour le travail du métal, avec cette seule différence que dans le cas présent la valeur de $\dfrac{h}{2\,I}$ et celle de $\dfrac{1}{\Omega}$ varient d'une section à l'autre, et que par suite les coefficients $\dfrac{\Pi\,h}{2\,I}$ et $\dfrac{\Pi}{\Omega}$, par lesquels il y a lieu de multiplier les valeurs de $\dfrac{X}{\Pi}$ et $\dfrac{F}{\Pi}$ précédemment calculées, doivent être établis séparément pour chaque section. Cela complique un peu les opérations et ne permet pas d'obtenir directement le travail par la méthode géométrique, celle-ci ne restant applicable qu'au calcul de $\dfrac{X}{\Pi}$ et de $\dfrac{F}{\Pi}$.

144. Arcs circulaires à articulations excentriques. — Supposons que, au lieu de placer l'articulation en A sur l'arc de cercle décrit par l'axe longitudinal de l'arc, on la place soit au-dessous en A_1, soit au-dessus en A_2, en la raccordant par une petite courbe avec l'axe longitudinal circulaire (*fig.* 230.)

On ne pourrait évidemment pas appliquer à ce cas les formules indiquées précédemment pour le calcul de la poussée.

Fig. 230.

D'après M. *Darcel*, la poussée due à la charge permanente ou à la surcharge complète serait dans le cas des arcs très surbaissés donnée par la formule suivante :

$$Q = \frac{pa^2(4b + 5c)}{8b^2 + 20bc + 15c^2 + 15r^2},$$

en désignant par c la distance verticale de l'articulation à l'axe circulaire, mesurée *au-dessous* de cet axe ; c serait positif pour A_1, et négatif pour A_2.

La poussée due à la dilatation serait de même :

$$Q = \frac{15\,EI\,\alpha t}{8b^2 + 20bc + 15c^2 + 15r^2}.$$

Pour calculer l'effet produit par une surcharge complète ou par un poids isolé, il faudrait avoir recours à la méthode générale applicable aux arcs de forme quelconque, que nous exposerons plus loin.

145. Formules générales de la déformation des pièces courbes. — Considérons une pièce prismatique courbe dont l'axe longitudinal soit situé dans un plan (*fig.* 231). Nous définirons la position d'une section quelconque de cette pièce, passant par un point M de l'axe longitudinal : 1° par les coordonnées x et y du point M prises par rapport à deux axes rectangulaires quelconques Ox et Oy ; pour fixer les idées au sujet du signe du moment fléchissant X, nous supposerons l'axe Oy vertical ; 2° par l'angle θ que forme la section transversale en M avec la verticale *yo dirigée de haut en bas ;* 3° par la distance s, mesurée sur la fibre moyenne de la pièce, du point M à un point G de cette fibre pris pour origine.

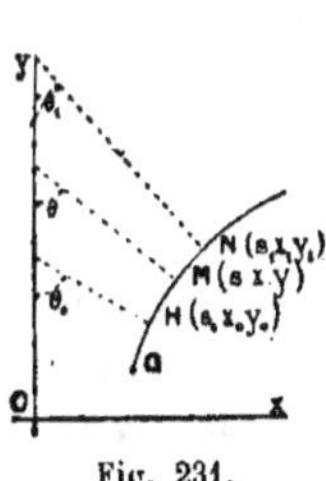

Fig. 231.

Considérons deux sections particulières définies par leurs coordonnées : H $(s_0 x_0 y_0 \theta_0)$ et K $(s_1 x_1 y_1 \theta_1)$. Supposons que nous soumettions cette pièce prismatique à l'action d'une série de forces situées dans son plan. Désignons par X le moment fléchissant, et par F l'effort normal développés dans une section transversale quelconque M. Enfin admettons encore que la température se soit élevée de $t°$, α étant le coefficient de dilatation linéaire du métal qui constitue la pièce. Supposons connues la nouvelle position de la section transversale H, définie par ses coordonnées $x_0 + \delta x_0$,

$y_0 + \delta y_0$, $\theta_0 + \delta\theta_0$, et $s_0 + \delta s_0$, puis les valeurs du moment d'inertie I et de l'aire de la section Ω, du moment fléchissant X et de l'effort normal F pour chacun des points compris entre H et K; et proposons-nous de calculer les changements subis par les coordonnées x_1, y_1, θ_1 et s_1 de la section transversale K, qui sont devenues :

$$x_1 + \delta x_1, \quad y_1 + \delta y_1, \quad \theta_1 + \delta\theta_1 \quad \text{et} \quad s_1 + \delta s_1.$$

Nous ne donnerons pas ici la démonstration des formules générales, que l'on peut trouver dans les *Traités de résistance des matériaux* de M. *Bresse* (n°s 43 et 44) et de M. *Collignon* (n° 210).

Nous nous bornerons à énoncer ces formules :

$$(1) \quad \delta\theta_1 = \delta\theta_0 + \int_{s_0}^{s_1} \frac{X\,ds}{EI},$$

$$(2) \quad \delta s_1 = \delta s_0 + \int_{s_0}^{s_1} \frac{F\,ds}{E\Omega} + \alpha t\,(s_1 - s_0),$$

$$(3) \quad \delta x_1 = \delta x_0 - \delta\theta_0\,(y_1 - y_0) - \int_{s_0}^{s_1} \frac{X\,(y_1 - y)}{EI}\,ds + \int_{x_0}^{x_1} \frac{F}{E\Omega}\,dx + \alpha t\,(x_1 - x_0),$$

$$(4) \quad \delta y_1 = \delta y_0 + \delta\theta_0\,(x_1 - x_0) + \int_{s_0}^{s_1} \frac{X\,(x_1 - x)}{EI}\,ds + \int_{y_0}^{y_1} \frac{F}{E\Omega}\,dy + \alpha t\,(y_1 - y_0).$$

Dans toutes ces équations les intégrales, où la variable indépendante est tantôt x, tantôt y, tantôt s, sont prises entre les limites correspondant aux points H et K. E est le coefficient d'élasticité du métal. Ces quatre formules constituent la base fondamentale de la théorie des arcs métalliques, dont elles permettent de déterminer dans tous les cas possibles la poussée et la déformation, ainsi que nous le verrons plus loin. Elles sont d'une forme un peu compliquée, mais on les simplifie dans les applications en choisissant convenablement les points H et G, en raison des circonstances spéciales que présente la pièce dont on étudie la déformation.

146. Application des formules générales aux arcs de forme quelconque. — Nous allons appliquer ces formules au cas particulier des arcs à section variable dont l'axe longitudinal décrit une courbe quelconque : nous supposerons seulement que ces arcs, articulés aux naissances, sont symétriques par rapport à la verticale, menée par le milieu de l'ouverture, qui passe à la clef. Sauf cette unique restriction, la forme de l'arc est absolument arbitraire.

Soit ASA' un arc remplissant cette condition. Supposons-le sollicité par une série de poids quelconques, mais formant un système de forces verticales également symétrique par rapport à la verticale OS qui passe par la clef (*fig.* 232).

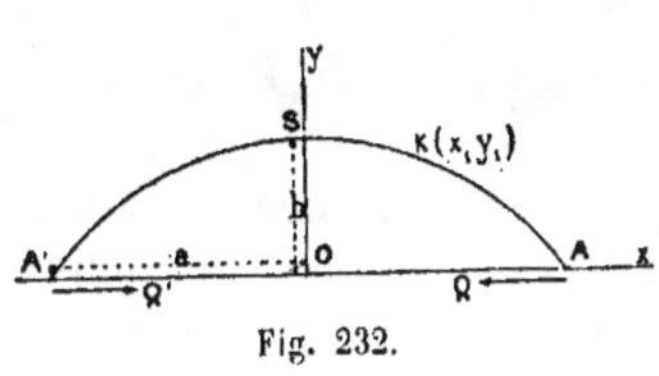

Fig. 232.

En vertu de la symétrie, il est évident que la section transversale S située à la clef, qui était primitivement verticale, le demeurera encore après la déformation, et que son centre de gravité se sera simplement déplacé suivant la direction SO. Adaptons à ce cas particulier les formules générales de l'article précédent, en prenant pour origine des intégrations le point S, ainsi substitué au point H $(s_0 x_0 y_0 \theta_0)$, et mesurons aussi les longueurs de la fibre moyenne à partir de ce même point S.

On a alors :

$$x_0 = 0, \quad y_0 = b, \quad \theta_0 = 0, \quad s_0 = 0,$$

puis :

$$\delta x_0 = 0, \quad \delta\theta_0 = 0, \quad \delta s_0 = 0;$$

et les formules, appliquées entre les points S et K $(s_1 x_1 y_1 \theta_1)$, donnent :

$$(5) \quad \delta\theta_1 = \int_0^{s_1} \frac{\mathrm{X}\,ds}{\mathrm{EI}},$$

$$(6) \quad \delta s_1 = \int_0^{s_1} \frac{\mathrm{F}\,ds}{\mathrm{E}\Omega} + \alpha t s_1,$$

$$(7) \quad \delta x_1 = -\int_0^{s_1} \frac{\mathrm{X}(y_1 - y)}{\mathrm{EI}}\,ds + \int_0^{x_1} \frac{\mathrm{F}}{\mathrm{E}\Omega}\,dx + \alpha t x_1,$$

$$(8) \quad \delta y_1 = \delta y_0 + \int_0^{s_1} \frac{\mathrm{X}(x_1 - x)}{\mathrm{EI}}\,ds + \int_b^{y_1} \frac{\mathrm{F}}{\mathrm{E}\Omega}\,dy - \alpha t (b - y_1).$$

Appliquons la formule (7) au point d'articulation A. La corde AA' égale à l'écartement des culées étant invariable, la valeur de δx_1 relative au point A est nulle. On a d'autre part :

$$x_1 = a, \quad y_1 = 0, \quad s_1 = L,$$

en désignant par L la longueur totale de la fibre moyenne de S en A.

D'où l'on tire :

$$(9) \qquad o = \int_0^L \frac{X y}{EI} \, ds + \int_0^L \frac{F}{E\Omega} \, dx + a\alpha t.$$

La forme de cette équation peut être légèrement modifiée. Soient M un point quelconque de l'axe longitudinal, θ l'angle que fait la tangente à cet axe avec l'horizontale, F et V l'effort normal et l'effort tranchant en M.

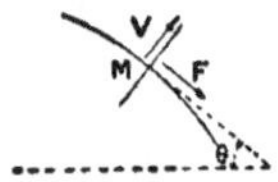

Fig. 233.

Le tronçon d'arc compris entre la section transversale M et l'une quelconque des naissances, A ou A', est en équilibre sous l'action des forces extérieures qui lui sont appliquées, et du moment fléchissant, de l'effort tranchant et de l'effort normal développés dans la section M. Projetons toutes ces forces sur une direction horizontale : comme les forces extérieures sont toutes verticales par hypothèse, à l'exception de la poussée, nous trouverons en définitive, la somme de ces projections étant égale à o :

$$Q + F\cos\theta + V\sin\theta = o.$$

D'où :

$$Q = -F\cos\theta - V\sin\theta.$$

L'effort tranchant V est toujours très petit quel que soit le mode de répartition de la surcharge, l'angle formé par la tangente à la courbe des pressions et la tangente à l'axe longitudinal, dans une même section transversale, étant toujours voisin de zéro.

On peut donc négliger sans erreur sensible V devant F et écrire :

$$Q = -F\cos\theta.$$

D'où

$$F\,dx = -\frac{Q\,dx}{\cos\theta}.$$

Mais $\dfrac{dx}{\cos\theta} = ds$ *(fig.* 234). Donc $Fdx = -Qds$.

Effectuons cette substitution dans la formule (9), elle devient :

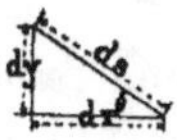

$$(10) \qquad \int_0^L \frac{Xy}{EI}\,ds - \int_0^L \frac{Qds}{E\Omega} + a\alpha t = o.$$

Fig. 234.

Le moment fléchissant X est égal à la somme de deux moments partiels : 1° celui qui est produit par la poussée Q et qui a pour valeur en un point quelconque $-Qy$; 2° celui qui est dû aux poids appliqués à l'arc, et que nous désignerons, n'ayant fait aucune hypothèse sur le mode de répartition de ces poids, par la lettre X' (1).

En séparant ces deux moments partiels, on a en fin de compte la relation :

$$-\int_0^L \frac{Qy^2}{EI}\,ds + \int_0^L \frac{X'y}{EI}\,ds - \int_0^L \frac{Qds}{E\Omega} + a\alpha t = o,$$

qui peut s'écrire, en mettant en facteur commun le rapport $\dfrac{Q}{E}$ qui ne dépend pas de s :

$$(11) \qquad \frac{Q}{E}\left[\int_0^L \frac{y^2}{I}\,ds + \int_0^L \frac{ds}{\Omega}\right] = \frac{1}{E}\int_0^L \frac{X'y}{I}\,ds + a\alpha t.$$

On peut tirer de cette équation la valeur de Q :

$$(12) \qquad Q = \frac{\displaystyle\int_0^L \frac{X'y}{I}\,ds + E a\alpha t}{\displaystyle\int_0^L \frac{y^2}{I}\,ds + \int_0^L \frac{ds}{\Omega}}\cdot$$

Telle est la formule qui donne la valeur de la poussée pour un arc de forme quelconque sollicité par des forces verticales formant un système symétrique par rapport à la clef. Cette formule contient, on le voit, trois intégrales définies qu'il est nécessaire de calculer pour avoir la valeur de Q. M. *Bresse* a résolu le problème dans sa forme générale pour le cas des arcs circulaires à section constante, et M. *Darcel*

---

(1) X' est le moment fléchissant qui serait développé dans la section, définie par l'abscisse x, d'une poutre droite de longueur $2a$ qui aurait ses extrémités en A et A', et serait soumise à la même surcharge que l'arc considéré.

en a donné, pour le même cas et pour quelques autres, des solutions approchées.

Nous avons exposé précédemment les résultats de leurs travaux.

Dans le cas présent, l'intégration sous une forme générale est impossible, puisque l'on ne fait aucune hypothèse sur les relations qui existent entre les variables x, y, s, I et Ω. On est donc conduit à procéder par quadrature, et à calculer, dans chaque cas particulier, la valeur numérique approchée de chacune des intégrales. Telle est la marche suivie par M. *Darcel* (*Annales des Ponts et chaussées*, 1862, 2ᵉ semestre.), et M. *Albaret*, qui a appliqué ce mode de calcul à quelques arcs circulaires très surbaissés, à section variable, et a exposé les résultats de ses recherches dans un article inséré dans les *Annales* de 1870 (2ᵉ semestre).

M. *Seyrig* a depuis, sur les indications de M. *de Dion*, ancien président de la Société des ingénieurs civils, employé le même procédé de calcul par quadrature pour le pont de 160 mètres d'ouverture et 42ᵐ,50 de flèche établi à Porto sur le fleuve du Douro par MM. *Eiffel et Cᵉ*.

Nous allons donner quelques détails sur la manière dont on doit effectuer ces quadratures et conduire les calculs numériques relatifs à la détermination de la poussée.

147. Calcul de la poussée. — 1° *Calcul du coefficient de* Q. — Il convient tout d'abord de déterminer la valeur du coefficient de Q, que nous désignerons par la lettre N:

$$\int_0^L \frac{y^2\,ds}{I} + \int_0^L \frac{ds}{\Omega} = N.$$

A cet effet, on choisit sur l'arc un certain nombre de sections, que l'on prend d'autant plus nombreuses que l'on désire un résultat plus exact : pour le pont de Porto, on en a pris 10, non compris la clef et la naissance, qui est toujours réduite au point d'articulation

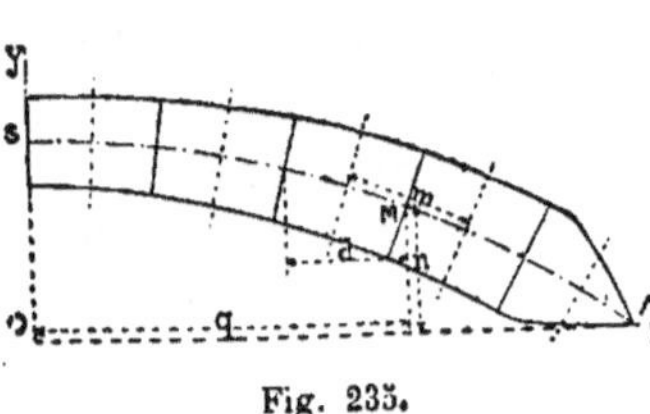

Fig. 235.

A (*fig. 235*).

Il peut paraître commode, pour une raison que nous indiquerons plus loin, de disposer ces sections de façon que la distance horizontale d du centre de gravité de deux sections consécutives soit une constante. Soient M une section quelconque, I son moment d'inertie, Ω son aire, m la demi-somme de ses distances à chacune des sections voisines comptées sur la fibre moyenne, et n l'ordonnée de son centre de gravité par rapport à l'horizontale qui passe par A. On obtient ces différentes quantités soit par le calcul soit par un simple mesurage effectué sur une épure.

Calculons les expressions : $\dfrac{n^2 m}{I}$ et $\dfrac{m}{\Omega}$, ce qui ne présente aucune difficulté.

Effectuons la même opération pour toutes les sections, en disposant méthodiquement les calculs, c'est-à-dire en partant de la clef et marchant vers l'extrémité A. Pour la clef, m est égal à la moitié de la distance à la première section choisie sur l'arc. Pour le point A, I et y sont nuls et m, qui entre seulement dans le calcul de $\dfrac{m}{\Omega}$, est égal à la demi-distance de A à la dernière section.

Cela fait nous effectuerons la somme de tous les résultats obtenus et poserons :

$$\int_0^L \frac{y^2 \, ds}{I} = \sum_S^A \frac{n^2 m}{I},$$
$$\int_0^L \frac{ds}{\Omega} = \sum_S^A \frac{m}{\Omega}.$$

Nous trouvons en définitive, après avoir effectué tous ces calculs numériques :

$$N = \sum_S^A \frac{n^2 m}{I} + \sum_S^A \frac{m}{\Omega}.$$

2° Calcul de la poussée produite par une surcharge quelconque et par un poids isolé. Rien n'est plus simple maintenant que de calculer la poussée produite par une surcharge quelconque, soit répartie uniformément sur une ou plusieurs zones de l'ouverture, soit composée de poids isolés, etc. Il est bien entendu, conformément à l'hypothèse déjà faite, que cette surcharge est symétrique par rapport à la clef. Dans ces conditions, il est aisé de déterminer le moment fléchissant X' produit par les forces verticales appliquées à l'arc, à l'exclusion de la poussée.

Considérons deux poids π placés symétriquement de part et d'autre de la clef, à une distance représentée par u (*fig.* 236). Soit q la distance horizontale à la clef du centre de gravité M d'une section transversale de l'arc. Le moment fléchissant X' relatif à cette section est égal à celui qui serait développé par les deux poids π dans une poutre droite $A O A'$:

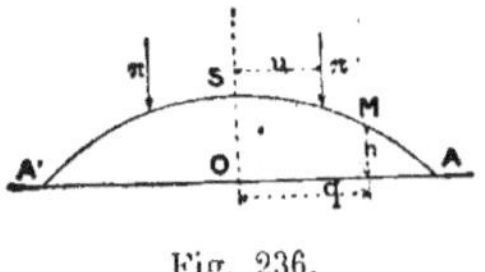

Fig. 236.

Il a pour expression :
$$\pi(a-q), \text{ si l'on a } u < q$$
Et :
$$\pi(a-u), \text{ si l'on a } u > q.$$

Il s'agit à présent de calculer l'intégrale définie $\int_0^L \frac{X'y\,ds}{I}$, dont les limites correspondent à la clef S et à la naissance A : cette opération s'effectuera par quadrature, dans les mêmes conditions que précédemment, en posant :

$$\int_0^L \frac{X'y\,ds}{I} = \sum_S^A \frac{X'\,nm}{I}.$$

Or on a :
$$\frac{X'\,nm}{I} = \begin{cases} \dfrac{\pi(a-u)\,nm}{I} = \dfrac{\pi(a-q)\,nm}{I} - \dfrac{\pi(u-q)\,nm}{I} & \text{pour } u > q \\[2em] \dfrac{\pi(a-q)\,nm}{I} & \text{pour } u < q \end{cases}$$

D'où :
$$\sum_S^A \frac{X'\,nm}{I} = \sum_S^A \frac{\pi(a-q)\,nm}{I} - \sum_S^{(q=u)} \frac{\pi(u-q)\,nm}{I}$$
$$= \pi(a-q) \sum_S^A \frac{nm}{I} - \pi \sum_S^{(q=u)} \frac{(u-q)nm}{I}$$

Ces deux intégrales dont la première, prise entre les points S et A, est indépendante de la position des poids π et est fonction seulement de la forme de l'arc, et dont l'autre est prise entre les limites définies par le point d'application d'un poids π et la clef, sont faciles à calculer. Cela fait, il n'y a plus qu'à diviser le nombre $\sum_S^A \frac{X'nm}{I}$ par le coefficient N précédemment calculé pour avoir la valeur de la poussée Q due aux deux poids π appliqués à l'arc.

Pour avoir la poussée due à un poids unique π, défini par l'abscisse u, il faudrait prendre la moitié de la valeur correspondant à deux poids symétriques :

$$Q = \frac{1}{2N}\left[\pi\,(a-q)\sum_{S}^{A}\frac{nm}{I} - \pi\sum_{S}^{(q=u)}\frac{(u-q)nm}{I}\right].$$

Sachant calculer la poussée produite par un poids isolé, il sera facile de déterminer la poussée due à une surcharge composée d'une série de poids, en effectuant successivement le calcul de la poussée pour chacun des poids pris à part. Si l'on veut, pour abréger, calculer en une seule opération le moment fléchissant X' développé dans chaque section M par l'ensemble des poids agissant simultanément, on emploiera la formule suivante :

$$X' = \sum_{S}^{A}\pi\,(a-q) - \sum_{M}^{A}\pi\,(u-q)$$
$$= (a-q)\sum_{S}^{A}\pi - \sum_{M}^{A}\pi\,(u-q).$$

Connaissant la valeur de X' correspondant à chaque section transversale, on calculera facilement l'intégrale $\int_{0}^{L}\frac{X'\,yds}{I}$ $= \sum_{S}^{A}\frac{X'\,nm}{I}$, et on en déduira la poussée Q en divisant le résultat précédent par le coefficient N.

Ceci s'applique à un ensemble de poids symétrique par rapport à la verticale SO.

Si l'on voulait calculer la poussée produite par une surcharge dissymétrique, il faudrait appliquer une surcharge égale mais placée symétriquement par rapport à la clef, calculer la poussée correspondante, et en prendre la moitié.

3° *Poussée due à la charge permanente.* — La poussée due à la surcharge complète est égale à la somme des poussées partielles dues à chacun des poids isolés en lesquels on a divisé la surcharge. La poussée due à la charge se déduit de celle due à la surcharge, qu'on multiplie par le rapport $\frac{p}{\pi}$.

Elle peut d'ailleurs se calculer directement à l'aide de la formule suivante que nous jugeons inutile de démontrer :

$$Q = \frac{1}{N}\sum_{S}^{A}\frac{p\,(a^2-q^2)}{2}\frac{mn}{I},$$

où l'on donne successivement à q toutes les valeurs correspondant aux différentes sections du demi-arc SA.

4° *Calcul de la poussée produite par une dilatation indépendante des charges.* — On a tout simplement :

$$Q = \frac{E \, a \, \alpha \, t}{N}.$$

On connaît tous les nombres qui figurent dans cette formule.

148. Calcul du travail. — Pour calculer un arc de section variable, nous proposerons de suivre la marche suivante :

1° On prendra un certain nombre de sections de l'arc, dont le choix pourra être déterminé par des circonstances particulières dépendant du mode de construction de l'ouvrage (points d'application des pièces du tympan, et par suite de la surcharge) ; si l'on est absolument libre à cet égard, on les disposera de façon que les verticales de leurs centres de gravité divisent l'ouverture en parties égales. On calculera alors le coefficient N ainsi qu'il a été dit plus haut.

2° On partagera la surcharge en un certain nombre de poids appliqués aux centres de gravité de ces sections : si les verticales de ces centres de gravité divisent la corde de l'arc en parties égales, ces poids seront égaux, ce qui simplifiera les calculs. C'est pourquoi nous avons précédemment recommandé cette disposition.

On calculera pour chaque poids la poussée correspondante par le procédé indiqué à l'article précédent. Vu la symétrie, il suffira d'effectuer les calculs pour les poids appliqués à un demi-arc.

Connaissant la poussée correspondant à chaque poids, le calcul du moment fléchissant, de l'effort normal et de l'effort tranchant ne présente plus aucune difficulté : il n'y a plus qu'à appliquer la méthode algébrique exposée au n° 138, ou la méthode géométrique du n° 139, en remarquant seulement que les coefficients $\dfrac{h}{2I}$ et $\dfrac{1}{\Omega}$, qui servent à déduire le travail du métal du moment fléchissant et de l'effort normal, varient d'une section à la suivante. Comme on a déjà calculé I et Ω pour les différentes sections, la recherche de ces coefficients est des plus simples.

3° En ce qui concerne le travail du métal dû à la dilatation, nous n'avons également rien à modifier à ce qui a été dit à propos des arcs circulaires à section constante, le calcul de la poussée étant fait.

Nous remarquerons en terminant que le calcul exact du travail maximum à l'extension ou à la compression, développé sous l'action simultanée de la charge, de la surcharge répartie de la manière la plus défavorable pour chaque point considéré en particulier, et de la température (écart maximum au-dessus ou au-dessous de la température moyenne), n'est pas en réalité une opération bien difficile ni bien compliquée, soit que l'on emploie la méthode algébrique, soit qu'on abrège le travail en recourant à la méthode géométrique. Les opérations numériques sont, il est vrai, très nombreuses, mais comme elles se réduisent toujours à effectuer le produit, la somme ou la différence de deux nombres, elles n'offrent aucune difficulté. De ce fait, que l'opération ne s'applique jamais qu'à deux nombres calculés à l'avance, appartenant à des séries distinctes dont tous les éléments sont successivement associés deux à deux, il résulte que l'on peut toujours dresser un tableau à double entrée dont les colonnes verticales portent en tête une des séries de nombres soumise aux opérations, et les lignes horizontales l'autre série. Au point de rencontre de chaque colonne avec chaque ligne, on inscrira le résultat de l'opération faite sur les deux nombres correspondant à la colonne et à la ligne : ce tableau peut donc être rempli par un calculateur absolument ignorant de la question, dont le travail consiste à effectuer l'opération numérique indiquée entre tous les nombres placés en tête des colonnes et des lignes.

Nous avons calculé de cette façon un arc circulaire à section variable de 80 mètres d'ouverture, en appliquant la méthode algébrique dans tous ses détails, et cette opération ne nous a pas certainement demandé plus de quatre heures de travail, notre besogne se réduisant à préparer les tableaux de calcul et à vérifier, par la simple lecture, les erreurs qui auraient pu être commises dans les opérations numériques. Tous les calculs ont été effectués par un calculateur, d'ailleurs très intelligent et très capable, mais qui n'avait nulle connaissance des formules à appliquer, et dont le travail se réduisait à effectuer entre deux séries de nombres pris deux à deux l'opération indiquée en tête du tableau.

Lorsque l'on a terminé le calcul complet du travail maximum produit dans tous les éléments d'un arc par la charge, la surcharge et la température, il convient d'y ajouter l'effet dû à l'action du vent, dont le calcul devra se faire d'après les règles que nous indiquerons plus loin.

§ III.

DÉFORMATION DES ARCS.

149. Arcs circulaires. — M. *Bresse* a fait connaître les formules générales donnant, dans certains cas, la variation de la flèche, c'est-à-dire le déplacement vertical de la clef subi par un arc circulaire à section constante. Ces formules sont les suivantes :

1° *Charge répartie uniformément sur toute la longueur de la fibre moyenne.*

$$f = -\Delta b = 1,56 \; \frac{p\rho^2}{E\Omega \left(1 + \dfrac{15\,r^2}{8\,b^2}\right)} \left(1 + 0,0081 \; \frac{b^4}{a^2\,r^2}\right).$$

2° *Charge répartie uniformément sur toute la longueur de la corde horizontale.*

$$f = -\Delta b = 1,56 \; \frac{p\rho^2}{E\Omega \left(1 + \dfrac{15\,r^2}{8\,b^2}\right)} \left(1 + 0,0122 \; \frac{b^4}{a^2\,r^2}\right).$$

Cette dernière relation est aussi applicable au cas de la surcharge complète.

Ces formules ne sont suffisamment exactes que pour les arcs surbaissés : dès que l'angle 2φ dépasse 90°, leur emploi donne une erreur, qui, pour $2\varphi = \pi$, peut atteindre 40 °/₀ de la valeur réelle.

Dans le cas d'un arc très surbaissé, si le rapport $\dfrac{r^2}{a^2}$ ne dépasse pas la valeur habituelle 0,0005, on peut admettre sans grande erreur la formule simplifiée suivante qui est indépendante de r^2 :

$$- \Delta b = \frac{25}{16} \cdot \frac{p\rho^2}{E\Omega}.$$

3° *Effet des variations de la température.*

$$f = \Delta b = \alpha t.\, b \left[1 + \frac{5}{12} \left(\frac{a^2}{r^2 + \frac{8}{15}\, b^2} \right) \right].$$

Si t est positif, Δb l'est aussi et l'arc se relève à la clef. C'est l'inverse dans le cas d'un abaissement de température.

On peut substituer à la formule précédente une formule beaucoup plus simple :

$$\Delta b = 1,56\, \alpha t.\rho.$$

L'erreur commise ne peut guère dépasser 5 °/₀ de la valeur réelle de f. Son emploi conduit donc à des résultats très suffisamment exacts.

On doit admettre que, dans tous les cas que nous venons de considérer, l'arc, sous l'influence de la charge, de la surcharge complète ou des variations de la température, conserve sa forme géométrique primitive, tout en subissant un surhaussement ou un surbaissement général, sa clef se déplaçant verticalement de bas en haut ou de haut en bas. Chaque point de l'axe longitudinal se déplace aussi suivant une verticale, et la valeur Δy de ce déplacement est donnée, en désignant par x la distance horizontale à la clef du point considéré, par la relation :

$$\Delta y = \Delta b.\, \frac{a^2 - x^2}{a^2}.$$

Pour les arcs à section variable, on peut employer les formules précitées de M. *Bresse*, en substituant à l'arc étudié un arc fictif ayant pour section constante la section moyenne calculée d'après les règles posées au n° 143.

M. *Bresse* n'a pas étudié les déformations produites sur les arcs circulaires par des surcharges incomplètes ne couvrant qu'une partie de l'ouverture. Dans le cas où l'on voudrait en faire la recherche, il faudrait recourir à la méthode générale de calcul par quadrature, que nous allons exposer, en parlant des arcs de forme quelconque.

**150. Arcs de forme quelconque. Charge, sur-
charge complète ou symétrique, température. —**
Considérons un arc de forme quelconque, que nous supposerons bien entendu symétrique par rapport à la verticale qui
passe par le milieu de l'ouverture.

Nous chercherons d'abord les effets produits par la charge,
par la surcharge complète, par une surcharge incomplète
symétrique par rapport à la clef et par les variations de la
température.

Dans tous ces cas particuliers, la section transversale de
l'arc à la clef conserve sa verticalité après la déformation,
par raison de symétrie. Les formules du n° 146 sont donc applicables à cet ouvrage. Transcrivons ici les formules 7 et 8 :

$$(7)\qquad \delta x_1 = -\int_0^{s_1} \frac{X(y_1 - y)}{EI}\,ds + \int_0^{x_1} \frac{F\,dx}{E\,\Omega} + \alpha t x_1,$$

$$(8)\qquad \delta y_1 = \delta y_0 + \int_0^{s_1} \frac{X(x_1 - x)}{EI}\,ds + \int_b^{y_1} \frac{F}{E\Omega}\,dy - \alpha t(b - y_1).$$

1° Effets de la charge permanente et de la surcharge complète.
Pour calculer le déplacement vertical δy_1 subi par un point
quelconque, il faut d'abord déterminer par approximation les
valeurs des deux intégrales :

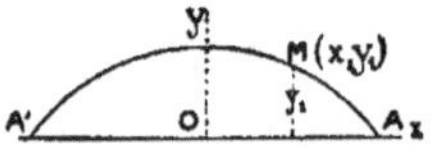

$$\int_0^{s_1} \frac{X(x_1 - x)}{EI}\,ds \quad \text{et} \quad \int_b^{y_1} \frac{F}{E\Omega}\,dy.$$

Fig. 237.   La première s'évaluera aisément, en
conservant les notations du paragraphe précédent et posant :

$$\int_0^{s_1} \frac{X(x_1 - x)}{EI}\,ds = \frac{1}{E} \sum_S^M \frac{X(x_1 - x)\,m}{I}.$$

Les calculs effectués pour la recherche du travail du
métal ont fait connaître m, I et $x_1 - x$, distance horizontale du
point M à chaque section considérée entre S et M. Il en est de
même de X, moment fléchissant dû à la charge permanente,
qui a été calculé à l'avance, si l'on suppose qu'on ne cherche
la déformation de l'arc, qu'après avoir établi ses conditions
de stabilité. La 1re intégrale est donc aisée à évaluer par la
méthode de quadrature.

La 2e est encore plus facile à trouver. On a en effet :

$$\int_b^{y_1} \frac{F}{E\Omega}\,dy = -\frac{1}{E} \sum_S^M \frac{F}{\bar{\Omega}}\,m'.$$

$\dfrac{F}{\Omega}$ est le travail dû à l'effort normal : on l'a calculé précé-

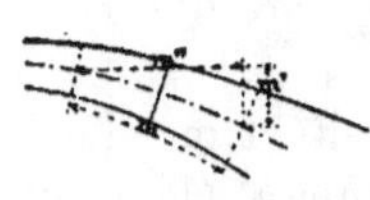

Fig. 238.

demment pour chaque section transversale ; m' est la projection verticale de la longueur m de la fibre moyenne, sur laquelle on admet que la section transversale demeure constante : c'est la demi-somme des distances verticales du centre de gravité de la section considérée aux centres de gravité des deux sections qui la suivent et la précèdent immédiatement. La sommation est des plus simples à faire. Après avoir effectué ces calculs numériques, on obtient δy_1 par la formule :

$$(1) \qquad \delta y_1 = \delta y_0 + \frac{1}{E} \sum_S^M \frac{X(x_1 - x)}{I} m - \frac{1}{E} \sum_S^M \frac{F}{\Omega} m'.$$

Pour avoir δy_1, il faut donc connaître δy_0 qui est donné par la formule générale où l'on prend $s_1 = L$, ce qui revient à l'appliquer à l'extrémité A de l'arc, pour laquelle on sait que δy_1 est nul. D'où :

$$(2) \qquad \delta y_0 = - \int_o^L \frac{X(a-x)}{EI} ds - \int_b^o \frac{F}{E\Omega} dy$$
$$= - \frac{1}{E} \left[\sum_S^A \frac{X(a-x)}{I} m - \sum_S^A \frac{F}{\Omega} m' \right].$$

Lorsque l'on a calculé δy_0, on obtient en général pour un point quelconque $M(x_1 y_1)$ de l'arc une valeur très suffisamment exacte du déplacement vertical δy_1, par la formule :

$$(3) \qquad \delta y_1 = \delta y_0 \frac{a^2 - x^2}{a^2}.$$

On peut donc se dispenser d'en faire le calcul exact. Tout au plus, est-il convenable de vérifier la concordance entre cette relation et la formule exacte pour un point de l'arc, par exemple pour les reins : $x = \dfrac{a}{2}.$

On pourrait de même chercher la valeur de δx_1, à l'aide d'une méthode identique. Mais remarquons que δx_1 est nul pour $x = o$ et $a = o$, à la clef et aux naissances. En général il est très petit, presque nul pour tous les points de l'arc, et sa recherche ne peut présenter d'intérêt. On peut donc admettre que δx_1 est nul en tous les points de l'arc, qui ne subissent qu'un déplacement vertical.

2° *Surcharge incomplète, mais symétrique par rapport à la clef.*

Les formules sont celles du cas précédent, et on effectuerait le calcul absolument de la même manière, étant donné que l'on connût pour chaque section la valeur de X et de **F**.

Remarquons seulement que la fibre moyenne de l'arc ne conserve pas sa forme géométrique, et que par conséquent la formule approximative (3) du présent article n'est plus applicable. Il faut chercher pour un certain nombre de points la valeur de δy_1.

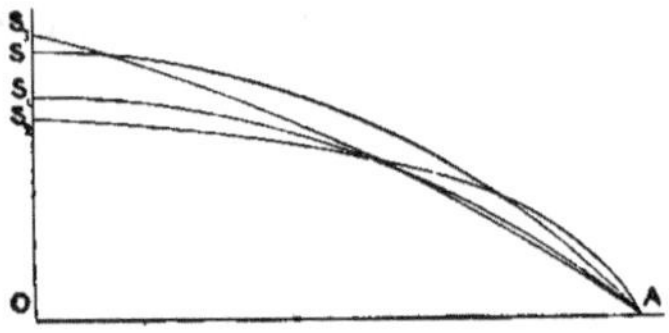

La figure 239 montre avec exagération de quelle manière se déformera l'arc AS sous l'action de surcharges diversement réparties, mais symétriques par rapport à la verticale OS.

Fig. 239.

1° *Surcharge complète. Courbe* AS$_1$.

2° *Surcharge concentrée à la clef. Courbe* AS$_2$.

L'abaissement est maximum à la clef. Dans le voisinage des naissances, il peut se produire un relèvement au-dessus de la position primitive.

3° *Arc chargé aux reins et vers les naissances. Courbe* AS$_3$.

L'abaissement maximum se manifeste aux reins. Il peut y avoir relèvement de la clef.

Ces remarques suffisent pour faire ressortir l'intérêt que peut présenter l'étude de la déformation dans certains cas particuliers de surcharge.

La remarque faite précédemment au sujet de δx_1 subsiste encore ici : en général on peut s'abstenir d'en faire le calcul, et admettre que chaque point de l'arc ne subit qu'un déplacement vertical.

3° *Effet de la température.*

On a

$$\delta y_0 = \alpha t . b + \int_0^L \frac{Q\, y\, (a - x)}{EI}\, ds - \int_b^o \frac{F}{E\Omega}\, \delta y.$$

Le terme $\int_b^o \frac{F}{E\Omega} \delta y$ est dans le cas présent toujours presque nul : l'effort normal auquel donnent lieu les variations de
température étant nécessairement insignifiant, on peut négliger ce terme. $Q\, y$ est le moment fléchissant dû, en chaque
section à l'effet de la dilatation ; on l'a calculé précédemment.

Rien n'est donc plus facile que de trouver δy_0. On pourrait de même calculer δy_1 pour un point quelconque $M\,(x_1 y_1)$
de l'arc. Mais ici la formule

$$(3) \qquad\qquad \delta y_1 = \delta y_0\, \frac{a^2 - x^2}{a^2}$$

trouve son application et on est dispensé de plus longs calculs.

Nous ferons la même observation que précédemment au
sujet de δx_1, qui peut être regardé comme nul sur tout le
développement de l'arc.

151. Effet d'une surcharge dissymétrique. — Si
l'on considère une surcharge dissymétrique par rapport à la
clef, on ne peut plus admettre que la section transversale de
la clef reste verticale après la déformation. Les formules
générales du n° 146 ne sont donc pas applicables et il faut
recourir aux formules générales relatives à la déformation des
pièces courbes.

Reprenons les formules (3) et (4) du N° 145.

$$(3) \quad \delta x_1 = \delta x_0 - \delta\theta_0\,(y_1 - y_0) - \int_{s_0}^{s_1} \frac{X\,(y_1 - y)}{EI}\, ds + \int_{x_0}^{x_1} \frac{F}{E\Omega}\, dx + \alpha t\,(x_1 - x_0)$$

$$(4) \quad \delta y_1 = \delta y_0 + \delta\theta_0\,(x_1 - x_0) + \int_{s_0}^{s_1} \frac{X\,(x_1 - x)}{EI}\, ds + \int_{y_0}^{y_1} \frac{F}{E\Omega}\, dy + \alpha t\,(y_1 - y_0).$$

Nous pouvons en faire disparaître le terme relatif à la
température, dont nous ne nous occupons pas pour le
moment.

Prenons pour axes des coordonnées la verticale $A'y$ et

l'horizontale A'x qui passent par l'extrémité de gauche **A'** de l'arc, et appliquons les formules précédentes au point quelconque M $(x_1 y_1)$.

Nous aurons :

$$x_0 = o, \quad y_0 = o, \quad \delta x_0 = o, \quad \delta y_0 = o$$

puisque le point A' est fixe.

D'où :

$$(5) \qquad \delta x_1 = -\delta\theta_0\, y_1 - \int_0^{s_1} \frac{X(y_1 - y)}{EI}\, ds + \int_0^{x_1} \frac{F}{E\Omega}\, dx$$

$$(6) \qquad \delta y_1 = \delta\theta_0\, x_1 + \int_0^{s_1} \frac{X(x_1 - x)}{EI}\, ds + \int_0^{y_1} \frac{F}{E\Omega}\, dy.$$

Pour calculer δx_1 et δy_1, il faudrait connaître $\delta\theta_0$, déplacement angulaire de l'axe longitudinal au point d'articulation A'.

Nous allons donc commencer par chercher $\delta\theta_0$, ce qui se fait très simplement en appliquant la 2e formule au point d'articulation A.

On a en ce cas ; $x_1 = 2\,a$, $y_1 = o$, $s_1 = 2\,L$, en appelant 2 L la longueur totale de la fibre moyenne.

D'ailleurs le point **A** est fixe, et par conséquent on doit trouver pour lui : $\delta y_1 = o$.

D'où :

$$o = \delta\theta_0 \times 2a + \int_0^{2L} \frac{X(2a - x)}{EI}\, ds$$

et

$$\delta\theta_0 = -\frac{1}{2a} \int_0^{2L} \frac{X(2a - x)}{EI}\, ds.$$

Il est aisé d'en déduire la valeur de $\delta\theta_0$: quel que soit le mode de répartition de la surcharge que l'on considère, les calculs de stabilité, déjà effectués pour l'évaluation du travail du métal, donnent pour chaque section les valeurs de **X** et de **F**.

Connaissant $\delta\theta_0$, on appliquera aux différents points de l'arc les formules (5) et (6) qui donnent leurs déplacements verticaux δy_1 et horizontaux δx_1.

Nous ne reviendrons pas sur la manière d'évaluer par quadrature les intégrales définies.

Si l'on a fait le calcul pour différentes surcharges, on obtiendra la déformation résultant de toutes ces surcharges agissant simultanément, en faisant, pour chaque point, la somme des déplacements verticaux et horizontaux dus à chaque cause considérée à part. Réciproquement, en retranchant de l'effet de la surcharge complète celui d'une *surcharge partielle*, on aurait l'effort dû à la *surcharge partielle complémentaire*.

Tous ces calculs présentent un grand intérêt, au moins pour les ouvrages de très grande portée. Depuis longtemps déjà, MM. *Darcel* et *Albaret* ont remarqué que, pour les arcs circulaires, les déformations maxima résultent de surcharges partielles et se manifestent aux reins, non à la clef. Ils ont par suite conseillé de toujours les calculer, et M. *Albaret* a employé à cet effet la méthode de quadrature pour les arcs qu'il étudiait, mais en se bornant à l'examen du déplacement subi au quart de l'ouverture.

La seule application vraiment complète de cette méthode qui soit venue à notre connaissance a été faite par M. *Seyrig*, que nous avons déjà cité. Il a déterminé la forme affectée par la fibre moyenne du pont de Porto sur le Douro dans différentes hypothèses de surcharge, et il a démontré l'utilité de ce travail, en vérifiant que la déformation due à une surcharge couvrant une moitié du tablier était assez considérable pour modifier le mode d'action de la surcharge et changer les conditions de stabilité de l'ouvrage.

Ses recherches lui ont fait voir que, sous l'inflence de la surcharge complète, le déplacement vertical de la clef était de 16 millimètres, et que le déplacement horizontal des différents points de la fibre moyenne ne dépassait en aucune section le maximum de $1^{mm},5$, ce qui justifie ce que nous avons dit plus haut sur le peu d'intérêt que présente le calcul de δx en pareil cas.

Pour la surcharge couvrant 40 mètres de part et d'autre du pont, le déplacement vertical de la clef atteint $17^{mm},3$, et l'arc se relève dans le voisinage des naissances, où le surhaussement atteint 4 millimètres. Le déplacement horizontal n'est plus négligeable et il atteint 5 millimètres au 1/3 de l'ouverture. Il peut être intéressant de le calculer.

Pour la surcharge couvrant la moitié de l'ouverture, le

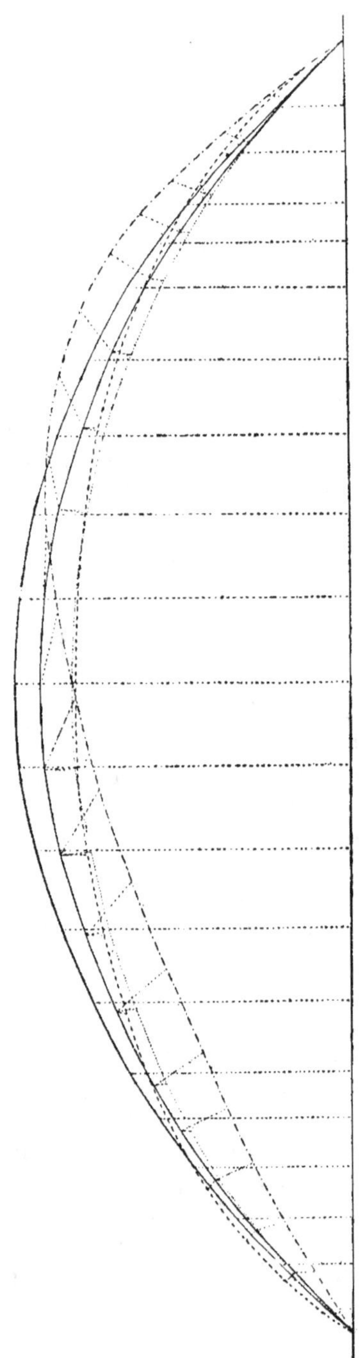

déplacement vertical de la clef est de $8^{mm},7$ et son déplacement horizontal de $36^{mm},7$.

Les déplacements verticaux varient entre l'abaissement maximum $26^{mm},7$ (reins de la partie surchargée) et le relèvement maximum $19^{mm},5$ (reins de la partie libre).

Le déplacement horizontal atteint son maximum à la clef, il s'effectue partout dans le même sens.

Nous croyons intéressant de reproduire ici une épure dressée par M. *Seyrig*, où il a représenté la fibre moyenne primitive de l'arc du pont de Porto, et à une échelle 250 fois plus grande, les déformations résultant des différents cas de surcharge qu'il a considérés (*fig.* 240).

Si l'on voulait faire à cet égard un travail complet, il faudrait calculer pour chaque section de l'arc le déplacement dû à chacun des poids isolés en lesquels on a divisé la surcharge : on tota-

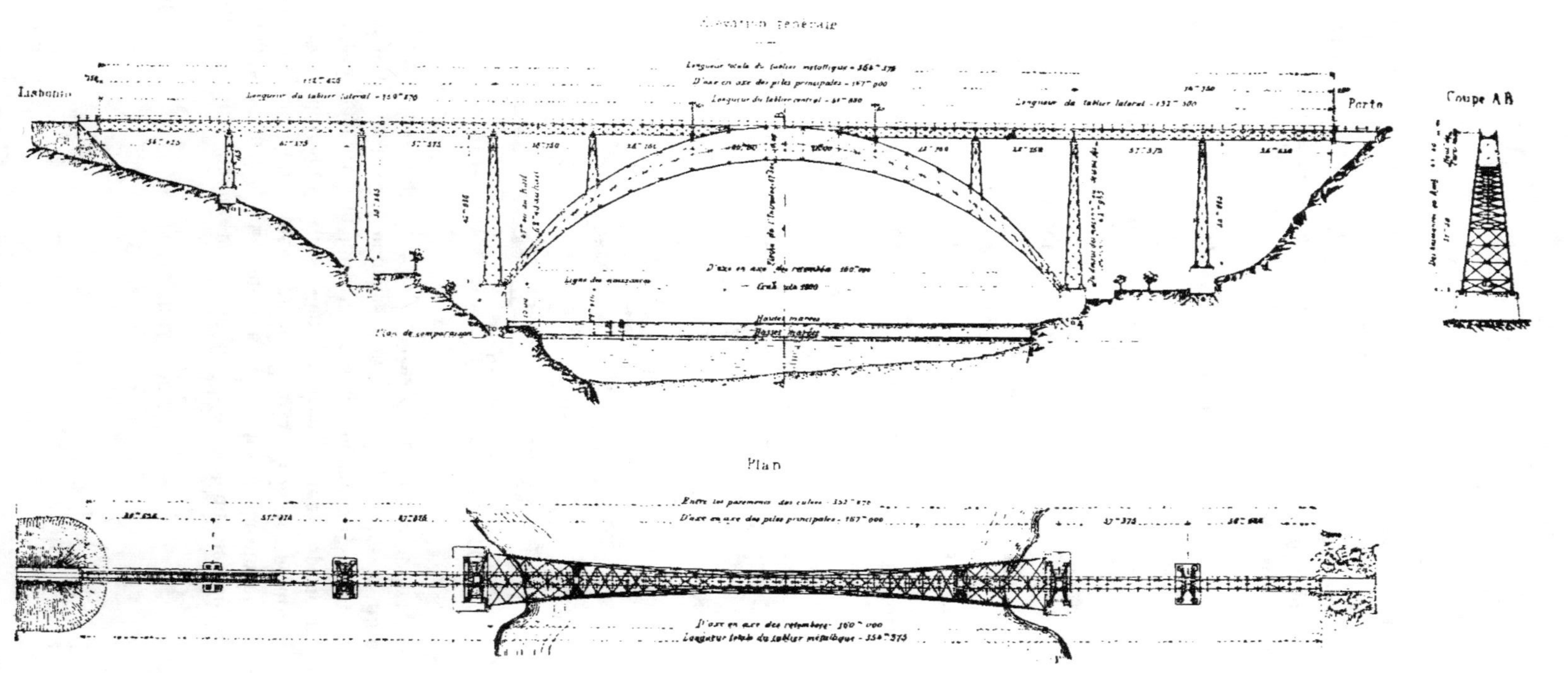

Élévation générale
Lisbonne
Porto
Coupe AB
Longueur totale du tablier métallique
D'axe en axe des piles principales
Longueur du tablier central
Longueur du tablier latéral
Ligne des naissances
Plan de comparaison
Hautes marées
Basses marées
Plan
Entre les parements des culées
D'axe en axe des piles principales
D'axe en axe des retombées
Longueur totale du tablier métallique

liserait pour chaque point de la fibre moyenne les déplacements de même sens, en y ajoutant les déplacements de
même sens déterminés par les écarts de la température,
et l'on obtiendrait ainsi deux courbes, l'une supérieure,
l'autre inférieure à la fibre moyenne, représentant les enveloppes de toutes les courbes que pourrait décrire la fibre
moyenne dans toutes les hypothèses de surcharge et de tem-

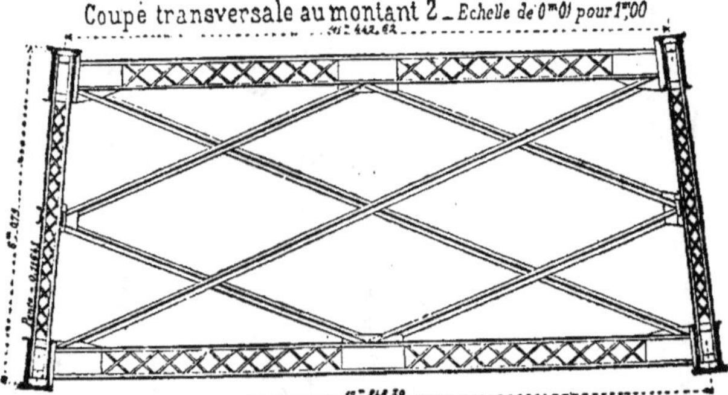

Fig. 242. Pont de Porto sur le Douro.
Coupe des arcs et contreventement transversal.

pérature. Ces deux courbes donneraient en chaque point les
limites des déplacements dans un sens ou dans l'autre de la
fibre moyenne. Un pareil travail, dont les résultats seraient
intéressants, serait malheureusement fort long, et l'on ne
pourrait guère s'astreindre à le faire que pour un ouvrage de
très grandes dimensions.

§ 4

CONTREVENTEMENT.

**152. Contreventement longitudinal ou horizon-
tal.** — En général on ne songe pas à calculer l'effet du vent
sur les ponts en arc, et l'on arrête les dispositions et les
dimensions des pièces de contreventement d'après des
ouvrages existants ou d'après des bases prises arbitrairement.

Lorsque le pont étudié comprend plusieurs arcs, on se préoccupe surtout d'assurer leur solidarité en les reliant par des triangulations formées de membres robustes : l'on obtient par surcroît une stabilité plus que satisfaisante au point de vue de l'action du vent. Le tablier du pont, qui est généralement d'une grande rigidité, et les tympans, dont tous les éléments sont réunis par des croix de Saint-André, contribuent à augmenter la solidité de l'ensemble.

Ce n'est guère que pour les ouvrages de très grande portée, où l'on s'attache à réduire le plus possible le poids du métal employé et où l'on évite toutes les pièces dont le rôle n'est pas bien défini, que le calcul du contreventement est réellement utile et doit être fait avec soin.

Nous n'avons trouvé d'exemple d'un pareil calcul effectué en détail et suivant une méthode rigoureuse que pour le pont de Porto sur le Douro, que nous avons déjà cité plusieurs fois (*fig.* 241 et 242). La méthode que nous allons exposer est celle suivie par M. *Seyrig* dans son travail.

Il y a lieu d'abord de calculer l'intensité des efforts exercés par le vent sur l'ouvrage tout entier, tympans et tablier : vu la forme irrégulière que présente l'élévation d'un pont en arc, on est conduit à la diviser en un certain nombre de zones dont il est facile d'évaluer la surface pleine, et au centre de gravité desquelles on applique l'effort du vent calculé en raison de cette surface.

Supposons que l'on ait opéré de cette façon pour le demi-arc AS, et que l'action du vent soit représentée par quatre forces I, II, III, IV, dont les points d'application sont respectivement 1, 2, 3, 4. Le demi-arc AS′ sera soumis à des forces égales disposées symétriquement (*fig.* 243).

Il s'agit de calculer les efforts tranchants et les moments fléchissants développés dans la pièce ASA′ dont

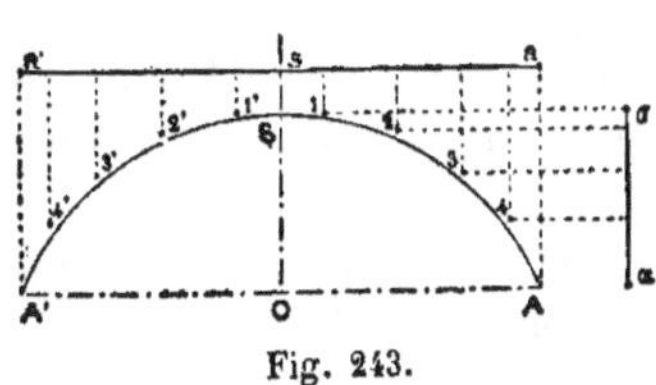

Fig. 243.

les extrémités A et A′ sont encastrées, puisque les forces I, II, III, et IV, normales au plan de l'arc, sont par conséquent parallèles aux articulations A et A′ qui ne fonctionnent pas dans le sens correspondant à la direction du vent.

Le calcul de l'effort tranchant ne présente aucune difficulté. Il est égal dans une section quelconque à la somme des forces appliquées entre cette section et la clef S.

Pour le moment fléchissant, le problème est plus compliqué, vu la forme affectée par la poutre ASA', dont l'axe longitudinal courbe est situé dans un plan perpendiculaire à la direction des forces extérieures.

Considérons une poutre horizontale auxiliaire asa', de même portée 2 a que l'arc, encastrée à ses extrémités a et a', placées verticalement au-dessus de A et de A'. Projetons sur la droite asa' les points d'application des forces I, II, III et IV (1, 2, 3 et 4), et calculons les moments fléchissants développés dans cette poutre par les forces I, II, III et IV, I', II', III' et IV', que nous lui supposons appliquées. Le calcul en sera facile à l'aide des formules que nous avons indiquées au second chapitre du présent ouvrage (30). Le procédé le plus commode consistera à construire pour chaque force les deux droites représentatives du moment fléchissant, et à faire la somme des ordonnées de toutes ces droites pour chaque section transversale considérée sur la poutre rectiligne asa' : nous obtiendrons ainsi la projection horizontale du moment fléchissant développé dans la section correspondante de l'arc : X_h.

Considérons maintenant une poutre verticale $\alpha\sigma$ ayant pour hauteur la flèche b de l'arc et encastrée au point α qui correspond à A, l'autre extrémité σ, qui correspond à S, étant libre. Projetons de même les points 1, 2, 3 et 4 sur cette droite $\alpha\sigma$, et calculons les moments fléchissants développés dans ses différentes sections par les forces I, II, III, IV, que l'on supposera lui être appliquées.

Le calcul se fera à l'aide des formules du n° 32 et donnera la projection verticale du moment fléchissant développé dans la section correspondante de l'arc : X_v.

Connaissant X_h et X_v, on pourra calculer sans difficulté le moment fléchissant développé sur l'arc lui-même :

$$X = \sqrt{X_h^2 + X_v^2}.$$

On en déduira le travail de l'arc dû à l'action du vent : d'ailleurs la section, que l'on devra considérer pour l'évaluation de ce travail $\dfrac{Xh}{2I}$, sera non pas la section transversale de l'arc, mais la section transversale de la poutre rigide constituée par

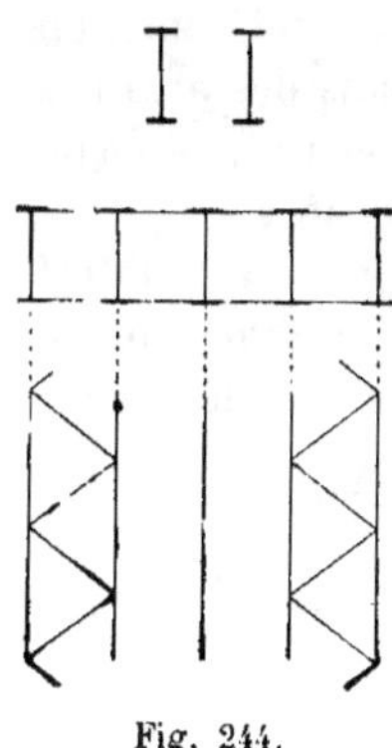

Fig. 244.

tous les arcs reliés par leur contreventement. Dans le cas de deux arcs seulement, chacun représente une des semelles de la poutre de contreventement, les pièces de contreventement formant les éléments de l'âme (*fig.* 244). Il arrive que, dans les ponts portés par un très grand nombre d'arcs, on réunit tous ces arcs à l'aide des pièces de contreventement, de façon à constituer une poutre d'une solidité absolument excessive et hors de toute proportion avec l'intensité de l'effort développé par le vent.

Il suffirait en général, en pareil cas, de contreventer entre eux simplement les deux premiers arcs à partir de chaque tête du pont, de façon à constituer immédiatement en arrière du point d'application du vent une poutre de contreventement suffisamment forte, en laissant libres tous les arcs intermédiaires, qui, étant masqués par les arcs de tête, ne sont pas soumis à l'action du vent. Nous ne parlons ici que du contreventement *longitudinal ou horizontal* et non du contreventement *transversal*, qui, ayant pour but, non seulement de faire obstacle au vent, mais encore de rendre solidaires les arcs et de répartir entre eux la surcharge, doit leur être appliquée à tous sans distinction.

On doit conclure des indications que nous avons données relativement au calcul du moment fléchissant dû au vent, que dans la poutre horizontale *as a'* le moment maximum se manifeste au point d'encastrement *a*; de même, dans la poutre *aa*, ce maximum a lieu en *α*.

Par conséquent la section de l'arc qui supporte l'effort le plus considérable est, à ces deux points de vue, celle qui correspond à l'articulation A : il convient donc de la renforcer tout particulièrement en vue de résister à l'action du vent ; le moyen le plus simple est d'augmenter sa hauteur dans le sens de l'effort exercé, ce qui revient à accroître l'écartement des arcs au point A, s'il s'agit d'un pont à deux arcs : comme cet écartement est en général limité à la clef en S par la largeur du tablier du pont, et que d'ailleurs le moment fléchissant développée en S est peu considérable, on arrive au résultat voulu en donnant aux plans des arcs des inclinaisons égales et opposées sur le plan vertical, de façon à rapprocher leurs clefs et écarter leurs naissances.

C'est une disposition analogue à celle dont il a déjà été parlé pour les ponts suspendus; mais ici son efficacité est incomparablement plus grande. En effet, le travail développé dans la section d'encastrement A est égal à $\dfrac{Xh}{2\,I}$; quand on fait varier la section, il diminue comme le rapport $\dfrac{h}{2\,I}$, c'est-à-dire approximativement comme le rapport $\dfrac{1}{h}$, h étant l'é-cartement des deux arcs en A. Dans le pont de Porto sur le Douro, l'écartement minimum des arcs est, au sommet, égal à 4 ^{m}, 50. Aux naissances il est de 15 mètres. Le travail du métal développé aux naissances par le vent est donc pour cet ouvrage trois fois plus petit que si on avait placé les arcs dans des plans verticaux parallèles présentant en tous leurs points l'écartement minimum de 4 ^{m}, 50, qui correspond à la largeur du tablier (*fig.* 241 et 242).

En inclinant sur la verticale le plan d'un arc, on augmente l'effet produit par la charge et la surcharge, l'effort développé dans le plan de l'arc ayant pour projection verticale le poids de la charge et de la surcharge.

Pour faire rigoureusement le calcul, il y aurait lieu de tenir compte de cet accroissement. En désignant par p et Π le poids par mètre courant de la charge et de la surcharge, et par ω l'angle du plan de l'arc avec le plan vertical, les efforts agissant sur l'arc dans son plan seront par mètre courant égaux à $\dfrac{p}{\cos \omega}$ et $\dfrac{\Pi}{\cos \omega}$.

Comme ω est en général très petit, cette correction est sans intérêt. Dans le cas du pont de Porto, l'augmentation relative due à l'inclinaison du plan des arcs serait, la flèche de l'arc étant de 42 m, 50, égale à $\dfrac{0,30}{42,50} = 0,007$. Ici le poids est augmenté à peine de 0,7 0/0. On conçoit qu'il est bien inutile d'en tenir compte, car il ne peut en résulter de changement sensible dans les conditions de stabilité de l'ouvrage.

Nous ajouterons que la méthode, que nous avons employée pour le calcul du travail du métal dû à l'effet du vent, permettrait de se rendre compte de la déformation qui pourrait en résulter, le déplacement de la clef dans le sens de la direction du vent étant la somme des déplacements subis, sous l'action de forces connues, par la poutre horizontale dans son milieu, et la poutre verticale à son extrémité libre, déplacements que l'on sait calculer à l'aide des formules des n°s 30 et 32.

153. Contreventement transversal ou vertical. — Considérons une section transversale M de l'arc : menons en ce point la tangente à l'axe longitudinal. Supposons que cette tangente passe par le point d'application 1 de l'une des forces partielles représentatives de l'action du vent. Cette force I ne détermine dans la section transversale M qu'un moment fléchissant X et un effort tranchant V, que l'on pourra calculer à l'aide de la méthode exposée dans l'article précédent. Mais il en sera tout autrement pour la force II, dont le point d'application 2 est placé en dehors de la droite M1, à une distance d de cette droite (*fig.* 245).

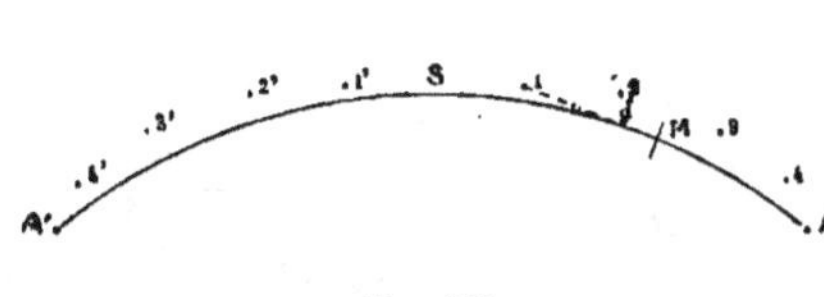

Fig. 245.

Si nous nous reportons au n° 21 du chapitre premier, nous constatons que la force II va développer dans la section transversale M un couple de torsion, dont la valeur s'obtiendra en effectuant le produit de l'intensité i de la force II par la distance d du point d'application 2 à la tangente M1.

Désignons par T ce couple de torsion (18). On pourra déterminer le couple de torsion relatif à chaque section transversale de l'arc, en effectuant le produit id pour toutes les forces appliquées entre cette section et la clef, et totalisant les résultats. Vu la symétrie, le couple de torsion est nécessairement nul à la clef S.

Supposons que l'ouvrage considéré comporte deux arcs seulement. Le couple de torsion T va tendre à faire tourner la section transversale formée par les deux arcs aa', bb' et les pièces de contreventement ab, $a'b'$ autour du centre de gravité commun G. Soit h la hauteur commune des deux arcs et e leur écartement. L'effort normal f développé dans le cadre rectangulaire $a\,bb'\,a'$ aura à peu près même valeur pour tous les côtés, si e et h diffèrent peu, et l'on pourra calculer sa valeur par la formule approximative :

$$f = \frac{T}{e + h} \; .$$

Si e et h diffèrent sensiblement, ce qui ne permet plus, ainsi qu'on le sait, d'appliquer en toute sécurité les formules relatives à la torsion, il sera prudent de calculer f, effort normal développé dans les âmes aa' et bb' des arcs, ainsi que dans les pièces de contreventement ab, $a'b'$, en divisant le couple de torsion T par le double de la plus petite de ces deux longueurs, soit par $2\,e$ si $e < h$.

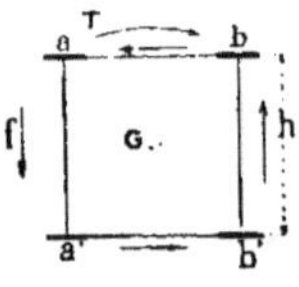

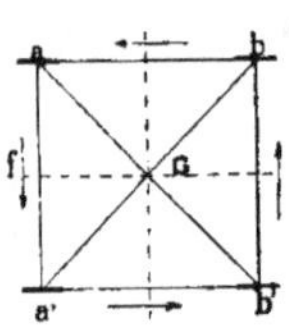
Fig. 246.

C'est là un procédé approximatif dont nous ne garantissons nullement l'exactitude mathématique.

D'autre part l'expérience a démontré que toutes les fois qu'une pièce soumise à un effort de torsion ne présente pas une section circulaire, ou du moins ne possède pas plus de deux axes de symétrie, de telle sorte que son ellipse centrale d'inertie ne soit pas un cercle, la torsion a pour résultat de déformer la figure géométrique de cette section.

C'est ici absolument le cas, et il est manifeste que les moments d'inertie de la section, pris par rapport à l'horizontale et par rapport à la verticale qui passent par le centre de gravité G, sont toujours très différents. Il y aurait donc déformation de la section, et par suite dislocation des assemblages a, b, a', b', si l'on n'assurait l'invariabilité de la figure en

Fig. 247.

établissant des pièces de contreventement transversal ab' et ba' formant une croix de Saint-André (*fig.* 247).

Si les longueurs e et h sont très différentes, on peut être conduit à former le contreventement entre les deux arcs de deux croix de Saint-André, soit accolées si $e > h$, soit superposées si $e < h$ (*fig.* 248 et 249).

On peut calculer la section de la pièce de contreventement ab' de façon qu'elle puisse supporter un effort double de celui qui est développé par le couple de torsion dans les côtés du rectangle : $2\,f$. Il serait peut être plus exact de prendre $f\sqrt 2$. Il importe peu d'ailleurs, car en règle générale, on devra toujours donner aux pièces de contreventement une section bien supérieure à celle qu'indique le calcul, pour tenir compte des imperfections qu'il présente et s'assurer une grande sécurité.

Supposons qu'au lieu de deux arcs nous en ayons un certain nombre, quatre par exemple. Il est bien rare qu'en pareil cas, on s'inquiète de l'effort de torsion dû au vent, qui ne peut produire qu'un effet insignifiant. Rien n'empêche de le faire d'ailleurs. Mais ici il se présente une autre circonstance infiniment plus importante au point de vue de l'effet produit, et dont il convient de se préoccuper.

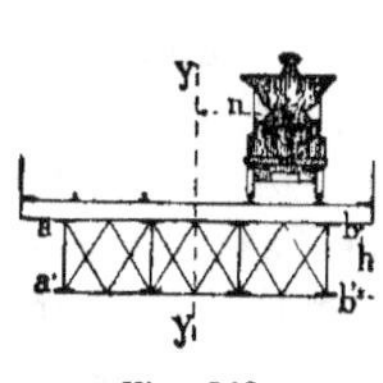

Fig. 248.

Sur les ponts de grande largeur, la surcharge peut ne pas être distribuée uniformément sur la largeur du tablier : par exemple dans le cas représenté par la figure 248, un train peut couvrir l'une des voies d'un pont de chemin de fer, l'autre restant libre.

Les quatre arcs formant, grâce au contreventement, un ensemble rigide, dont la section transversale a son centre de gravité sur l'axe du pont yy, on voit que le poids π du convoi donne lieu à un couple de torsion dont la valeur est égale à $\pi\,n$.

Cet effort de torsion se répartit sur la section et fait travailler le métal de la même façon que le couple de torsion dû au vent dont nous venons de parler.

Nous conseillerons encore de calculer l'effort développé dans la pièce horizontale ab par la formule :

$$f = \frac{\pi\, n}{2h}.$$

et de donner aux contreventements obliques la force néces-
saire pour supporter un effort égal à $\dfrac{\pi}{2\cos\theta}$, θ étant l'angle de
la barre avec la verticale; cet effort doit être réparti éga-
lement entre toutes les barres qui coupent une même verticale.

On voit immédiatement que pour peu que les arcs aient
une faible hauteur, cet effort peut avoir une très grande importance, et nécessiter l'emploi de pièces très robustes dans
le contreventement. Aussi a-t-on l'habitude, dans ces sortes
d'ouvrages, de se servir des pièces du tympan pour le contreventement transversal. Dans cette hypothèse, la *fig.* 248 représente la coupe transversale faite à la clef et la *fig.* 249 la
coupe transversale faite en un point où, l'arc étant fort éloigné du tablier, on a établi le contreventement transversal
dans les tympans.

Il faut alors substituer dans la formule la hauteur H à la
hauteur h, et l'on voit que f est considérablement réduit. Vu la solidarité que
les arcs établissent entre les différentes
fermes verticales du contreventement, il
convient d'admettre indifféremment pour
toutes les fermes du contreventement une
valeur f de l'effort développé égale à la
moyenne des efforts que la formule donnerait pour les différentes valeurs de H.

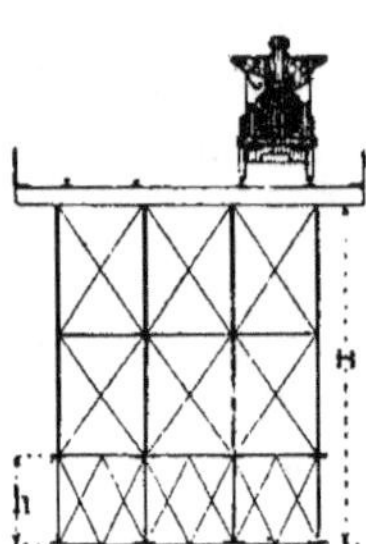

Fig. 249.

Il est toujours difficile d'éviter que la
partie du pont où H a la hauteur minimum, c'est-à-dire la clef, ne subisse un
léger mouvement de torsion au passage des trains. Cela au
bout du compte ne présente aucun inconvénient.

D'ailleurs dans toute cette étude, nous avons fait abstraction
de la résistance propre qu'offrent les arcs à la torsion : il est
visible en effet que pour faire travailler à la limite supérieure
la pièce de contreventement ab', il faut que l'arc chargé $a'b'$
ait subi un déplacement relatif par rapport à l'arc voisin $a\,b$ et

soit venu en $a_1'b_1'$: à ce moment l'effort normal développé dans la barre ab_1' entraîne l'arc ab et la déformation ne s'accentue plus. Mais il n'en est

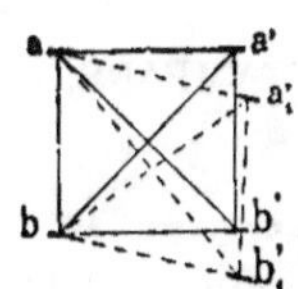

Fig. 250.

pas moins vrai que l'arc $a'b'$, ayant subi un déplacement par rapport à l'arc ab, supporte une portion plus considérable de la surcharge; donc les efforts développés dans le contreventement transversal ne font équilibre qu'à une fraction du couple de torsion, le surplus étant égal au couple résultant de l'inégalité des poids portés par les arcs.

Le travail réellement supporté par le contreventement peut généralement être déterminé par une méthode de fausse position, en faisant intervenir dans le problème la valeur du déplacement vertical subi par un arc sous l'action de la surcharge, et l'effort normal qui résulte pour les barres du contreventement de cette déformation du système.

Nous n'insisterons pas davantage sur cette question, en faisant toutefois remarquer que, d'après ce que nous venons de dire, à égalité de hauteur des arcs, le contreventement d'un ouvrage exige l'emploi de pièces d'autant plus robustes que les abaissements produits à la clef par la surcharge sont plus considérables, et que par suite les irrégularités de surcharge tendent plus à déformer la section transversale du pont. C'est là un argument très sérieux en faveur des arcs à croissant qui présentent à la clef une grande hauteur et par suite une grande raideur, circonstances qui contribuent chacune à réduire le travail développé dans les contreventements par les inégalités de surcharge.

On voit aussi que lorsque le contreventement transversal est insuffisant, il ne peut guère en résulter de rupture dans les fers qui le constituent : il arrive simplement que les arcs se comportent comme s'ils n'étaient pas solidaires et que chacun d'eux porte la surcharge qui lui est directement appliquée sans en transmettre une partie aux arcs voisins.

§ 5.

DISPOSITIONS GÉNÉRALES DES ARCS ET DES TYMPANS.

154. Sections transversales des axes. — Les arcs étant soumis à des efforts de flexion, il est rationnel de leur attribuer une section transversale qui convienne à ce genre de travail, et l'on choisit en général la forme double té. Les arcs supportent, d'autre part, un effort normal de compression et il convient également de se préoccuper de cette circonstance. La forme annulaire adoptée par *Polonceau* pour le *pont du Carrousel* était excellente à ce point de vue : malheureusement elle

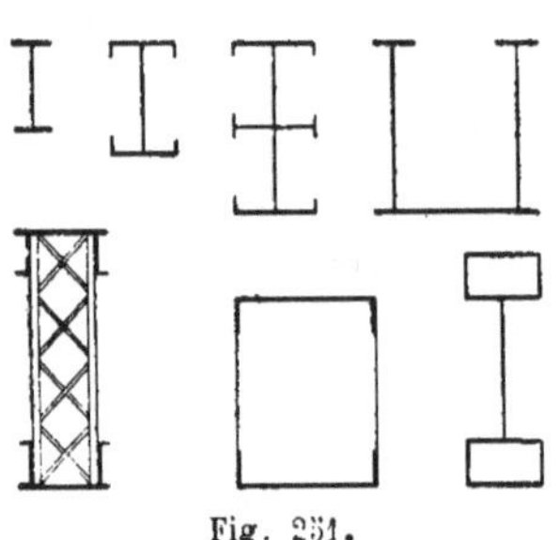

Fig. 231.

est médiocre pour le travail à la flexion, et l'ouvrage ainsi établi est très déformable. La flexion très considérable, qu'y détermine le passage des charges roulantes, donne lieu à des mouvements vibratoires très fâcheux. Ce n'est donc pas un exemple à imiter, et il faut adopter une section transversale qui résiste également bien à la compression et à la flexion. Le double té ordinaire serait souvent exposé à flamber, lorsque l'ouvrage est important : on raidit avec des cornières les bords de ses semelles, et l'on renforce de distance en distance l'âme au moyen de tôles perpendiculaires à l'axe longitudinal. Pour empêcher le gondolement de l'âme, on la consolide aussi au moyen d'une plate-bande centrale. Enfin, un excellent système consiste à adopter une section en forme d'U ou en forme de rectangle : l'âme est double, ce qui entraîne un petit surcroît de dépense, car dans les arcs la résistance de l'âme, au point de vue de l'effort tranchant, est toujours beaucoup plus grande qu'il n'est nécessaire, et le métal employé en pure perte est deux fois plus considérable lorsque l'âme est dédoublée. Mais on obtient une solution parfaite au point de vue de la compression.

On pourrait aussi constituer chaque semelle d'un tube à section annulaire (pont de Saint-Louis, en Amérique) ou rectangulaire, et réunir ces deux tubes par une âme simple. L'âme peut être formée soit d'une tôle ordinaire, soit de barres constituant une triangulation : toutes ces barres sont destinées à travailler à la compression, il ne faut pas l'oublier.

Dans les ouvrages en fonte, on adopte les mêmes profils pour les sections transversales ; seulement les épaisseurs de métal sont plus grandes et les saillies moindres qu'avec la tôle. Somme toute le résultat est le même, car avec la tôle, qui présente des épaisseurs réduites, on aurait beaucoup plus à craindre le gondolement, si l'on ne prenait la précaution d'accentuer les saillies du profil, de manière à augmenter son moment d'inertie.

155. Arcs à hauteur constante. — Le système le plus simple consiste à donner à l'arc une hauteur constante d'une extrémité à l'autre. Comme le travail dû à l'effort normal varie peu, tandis que le travail à la flexion, produit par la charge, la surcharge et la température, est nul aux naissances, et atteint son maximum soit aux reins, soit à la clef, suivant l'importance relative de ces différentes causes, on conçoit que le travail maximum du métal ne puisse avoir même valeur dans toutes les parties d'un arc à section constante. On peut y remédier dans une certaine mesure en renforçant soit la semelle inférieure, soit la semelle supérieure dans les points où le travail calculé dépasse la limite admise, et en les affaiblissant partout où ce travail paraît trop réduit.

Nous avons parlé précédemment de l'étude faite par nous d'un pont à section constante de 60 mètres d'ouverture : l'épure de la figure 227 indique le travail du métal développé dans les différentes sections sous la triple influence de la charge, de la surcharge et d'un écart de la température de $\pm$ 34°. Comme le travail à la compression supporté par la semelle supérieure paraissait un peu excessif dans le voisinage de la clef, nous avons ajouté à cette semelle une tôle supplémentaire s'étendant sur une partie de l'ouverture de part et d'autre de la clef. La figure 228 représente le changement apporté dans le travail du métal. On voit qu'avec ce procédé, qui consiste à faire varier l'épaisseur des semelles en raison de l'effort subi, comme on le fait pour les poutres droites, on peut sans inconvénient attribuer à l'arc une hauteur constante.

Le choix de la hauteur la plus convenable à adopter est un problème assez difficile à résoudre. La question ne se présente pas comme pour les ponts à poutre droite, où il y a une limite théorique bien définie qu'il ne faut pas dépasser : c'est la hauteur à partir de laquelle la réduction opérée sur la section des semelles serait plus que compensée par l'augmentation de hauteur de l'âme. Au delà de cette limite, le poids de la poutre augmente en même temps que sa hauteur. Pour les arcs l'on doit faire entrer en ligne de compte les deux circonstances suivantes : 1° si l'on considère deux arcs de même ouverture et de même flèche, placés dans les mêmes conditions de charge, de surcharge et de température, etc., ne différant en un mot que par la hauteur de la section transversale, la poussée *la plus faible* correspond à l'arc *le plus haut*, et, si l'on considère les sections correspondantes des deux ouvrages, c'est pour l'arc *le plus haut* que le moment fléchissant atteint la *plus grande valeur;* 2° par contre, le rapport du travail maximum du métal à la valeur du moment fléchissant, qui, ainsi qu'on le sait, est égal à $\dfrac{h}{2I}$, est d'autant plus petit que l'arc est plus haut, car il est sensiblement proportionnel à $\dfrac{1}{h}$.

Il en résulte que si l'on fait croître la hauteur de l'arc, la valeur du moment fléchissant X augmente, tandis que celle du coefficient $\dfrac{h}{2I}$ diminue. Le produit $\dfrac{Xh}{2I}$, qui représente le travail du métal dans la section considérée, augmente donc ou diminue suivant les cas. Il conviendrait de trouver la valeur de h qui le rendrait minimum. M. *Bresse* a étudié cette question, dans son ouvrage sur la *Résistance des matériaux* (128 et 129), au point de vue spécial de l'effet de la charge permanente. Il a constaté que l'angle au centre 2φ de l'arc intervenait dans ce problème, qui ne paraissait pas susceptible d'une solution générale simple.

En ce qui touche la dilatation, on voit immédiatement que la poussée, et par suite l'effort normal, sont proportionnels au carré de la hauteur de l'arc, et que le travail dû au moment fléchissant est proportionnel aussi à cette hauteur. A ce point de vue particulier, il y a donc intérêt à réduire au minimum la hauteur de la section transversale. Nous n'insisterons pas sur ce sujet ; c'est une question d'espèce à résoudre dans chaque cas, en se basant sur les exemples existants, et vérifiant au besoin par le calcul si une légère augmentation de hauteur correspondrait à une réduction sensible dans le travail du métal, ce qui est le meilleur moyen pour reconnaître si la hauteur adoptée est convenable. Nous avons voulu seulement mettre en garde contre l'idée, vraisemblable à priori, bien qu'absolument erronée, d'après laquelle, étendant aux arcs un principe vrai pour les poutres droites, on croirait pouvoir réduire indéfiniment le travail à la flexion en augmentant la hauteur de la section transversale.

156. Arcs à hauteur variable. — Il arrive parfois que, par des considérations architecturales, on donne à l'arc une hauteur décroissante à partir des naissances jusqu'à la clef. Ce système est évidemment illogique pour des arcs *réellement articulés aux naissances* (157), puisque la hauteur est maximum dans la région où le travail à la flexion est minimum. Toutefois, en étudiant convenablement la répartition des tôles, on remédie à ce défaut, qui en somme ne peut conduire à une augmentation sensible dans le poids du métal, à moins que la variation de hauteur de l'arc ne soit excessive, comme pour le pont d'Arcole à Paris, où la hauteur décroît depuis $1^m,40$ aux naissances jusqu'à $0^m,395$ à la clef (*fig.* 282).

Nous verrons plus loin que, lorsque l'ouvrage, au lieu d'être parfaitement articulé aux naissances, est encastré ou demi-encastré, la forme, dont nous venons de parler, est tout à fait rationnelle, car le moment fléchissant atteint alors sa limite supérieure aux naissances, et non plus à la clef ou aux reins.

Lorsque l'arc est effectivement articulé à ses deux extrémités, la forme en croissant, adoptée par M. Eiffel pour le pont de Porto sur le Douro (*fig.* 241), est 'la plus rationnelle, puisqu'elle tend à proportionner le moment d'inertie de chaque section à l'intensité du moment fléchissant maximum qui pourra s'y manifester.

Dans l'ouvrage de M. Eiffel les semelles sont paraboliques : la hauteur varie de 10 mètres à la clef à $1^m,72$ aux naissances. Les résultats obtenus par lui sont les suivants :

Travail maximum total (y compris l'effort du vent) en kilogrammes par millimètre carré.

	NAISSANCE	REINS (au quart de l'ouverture)	CLEF	LIMITE SUPÉRIEURE	LIMITE INFÉRIEURE
Extrados . . .	$5^k,26$	$4^k,89$	$5^k,00$	$6^k,23$	$4^k,77$
Intrados. . . .	$4^k,66$	$4^k,77$	$4^k,43$	$5^k,19$	$4^k,46$

Ces chiffres ne comprennent pas le travail dû à la dilatation, qui est peu important, et, croissant d'une manière continue des naissances à la clef, atteint en ce point le maximum de $0^k,90$ à l'intrados, et $0^k,70$ à l'extrados.

Cette constance du travail est très remarquable et montre combien le projet a été bien étudié : elle ne s'applique d'ailleurs qu'aux valeurs de la charge, de la surcharge, de l'écart de température et de l'effort du vent admises dans les calculs de M. Eiffel. En changeant l'importance relative de ces différentes données, on transformerait complètement les résultats, ce qui démontre, ainsi que nous l'avons dit plus haut, que la détermination de la hauteur de l'arc est toujours une question d'espèce qui n'est pas susceptible d'une solution générale.

Peut-être pourrait-on critiquer, dans le pont de Porto, la diminution excessivement rapide de la hauteur de l'arc à partir de la clef. On aurait pu réduire dans une proportion considérable le travail dû au moment fléchissant entre les naissances et les reins, en attribuant dans cette partie de l'ouvrage une plus grande hauteur à l'arc. Cette amélioration eût été réalisée sans dépense supplémentaire de métal, puisque, à l'inverse du moment d'inertie, l'aire de la section transversale va en augmentant, depuis la clef (0^{mq},228) jusqu'aux naissances où elle est maximum (0^{mq},293). On eût donc pu au besoin, sans supplément de poids, maintenir la hauteur de la section constante, et, comme d'autre part l'âme est formée d'une tôle pleine sur 12 mètres à partir de son extrémité, le raccordement des semelles avec l'articulation n'eût présenté nulle difficulté en imitant la disposition admise dans le pont de Coblentz et le pont de l'Erdre (*fig.* 256 et 257).

En résumé, il nous semble que la forme de croissant est bien justifiée pour un arc articulé à ses extrémités, mais qu'il vaut mieux lui attribuer une hauteur notable aux naissances, de façon que le moment d'inertie ne soit pas beaucoup plus faible aux reins, qui est la partie de l'ouvrage la plus fatiguée, qu'à la clef.

157. Articulations. Calage. Discordance entre le travail calculé et le travail effectif. — Les formules que nous avons indiquées dans les paragraphes qui précèdent, et les conclusions pratiques que nous en avons déduites, s'appliquent aux ponts en arc *réellement articulés à leurs extrémités.* Quelques ouvrages, en très petit nombre, présentent effectivement la disposition que suppose le calcul; nous citerons notamment le pont en tôle sur le *canal de Saint-Denis* (*Annales des Ponts et Chaussées*, 1860, 2ᵉ semestre), établi par M. *Mantion* pour le passage du chemin de fer de Paris à Creil, à une époque où un pareil ouvrage était une innovation des plus hardies, et le pont de Porto sur le Douro (*fig.* 252).

Ce mode de construction constitue toutefois une exception extrêmement rare. Dans la plupart des ponts existants, l'arc repose sur les sommiers des culées par l'intermédiaire de deux plaques de fonte fixées l'une à la maçonnerie, l'autre à l'arc lui-même, et séparées l'une de l'autre par un certain nombre de cales en fer ou en acier (*fig.* 253), placées en différents points de la hauteur de l'arc. Un semblable appareil est loin de réaliser l'articulation que suppose le calcul : au moment du décintrement, on cherche bien à faire passer par le point de rencontre de la culée et de l'axe longitudinal de l'arc

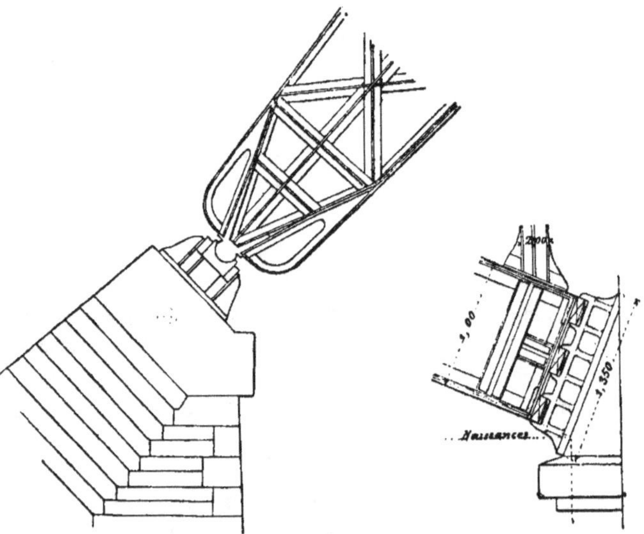

Fig. 252. Retombées des arcs du **pont**
de Porto sur le Douro.

Fig. 253. Retombées des arcs
du Pont-aux-Moines.

la réaction exercée sur le sommet d'appui. On y arrive à peu
près en serrant d'abord, au moment du décintrement, les cales
centrales des retombées. Puis on serre graduellement et
simultanément les cales extrêmes, en veillant à ce qu'elles
supportent toujours des efforts égaux, ce que l'on vérifie en
constatant qu'une même cause, par exemple le choc d'un
marteau animé de la même impulsion, enfonce de la même
quantité la cale supérieure et la cale inférieure. On arrive
ainsi très sensiblement à répartir également la pression entre
les différentes cales : on est alors assuré que la résultante de
ces efforts passe par le centre de gravité de la section d'appui,
ce qui était le but à atteindre.

Dans les très grands ouvrages récemment exécutés en
Europe, on n'a pas trouvé que ce procédé donnât des résultats suffisamment certains. On a en conséquence terminé l'arc
par une articulation véritable (pont sur le Rhin, à Coblentz;
pont sur l'Erdre, près Nantes: chemin de fer de Nantes à
Châteaubriand) (*fig.* 254) et on a, au moment du décintrement, laissé reposer l'arc sur cette articulation unique, de

façon à avoir la certitude complète que la résultante passait
bien au point voulu. Après quoi l'on a ajouté des cales en
acier supplémentaires entre les plaques d'appui, en les serrant
uniformément, mais très peu, de façon a laisser l'articulation
supporter à peu près la totalité de l'effort transmis par l'arc à
la culée.

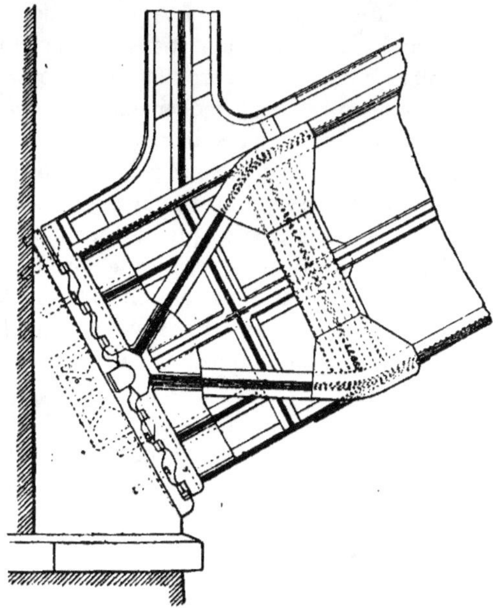

Fig. 254. Retombées des arcs du pont de l'Erdre, près Nantes.

On a eu soin d'effectuer ce règlement de cales à une température s'écartant peu de la température moyenne admise dans
les calculs. C'est une précaution très importante qu'il convient
de ne pas négliger.

En opérant de la sorte, on a la certitude absolue que l'ouvrage se comporte comme un arc articulé aux naissances,
*sous l'influence de la charge permanente et à la température
moyenne.* Le mode de calage des petits ouvrages donne un
résultat analogue, dont l'exactitude est un peu moins bien
garantie.

Mais supposons l'opération parfaitement bien faite : si la

R.   27

température change, l'arc se déforme, et les formules, relatives à la déformation des arcs articulés aux naissances, montrent que la direction de l'axe longitudinal doit subir aux naissances un changement très sensible : c'est même, d'une manière absolue, aux naissances que la section transversale subit le plus grand déplacement angulaire. Supposons d'autre part que, la température ayant peu varié, le pont soit soumis à l'action de la surcharge totale ou partielle : le même phénomène se présentera, comme la figure 239 le démontre suffisamment. Si les naissances sont réellement articulées, l'arc subira la déformation qui doit résulter des nouvelles conditions dans lesquelles il se trouve placé ; mais si l'orientation de ses sections extrêmes est maintenue invariable au moyen de cales, ce qui est le cas le plus fréquent, il n'en pourra être de même et l'arc ne pourra plus prendre la forme indiquée par la théorie. Par conséquent, il ne sera plus assimilable à un arc articulé : ce sera en réalité un arc encastré aux naissances, et les calculs de stabilité, qui supposent l'articulation, ne lui seront plus applicables.

En résumé, avec le mode de calage aujourd'hui en usage, l'arc ne se comporte comme s'il était articulé aux naissances que lorsqu'il se trouve dans les mêmes conditions de charge et de température que lors de son décintrement. En toute autre circonstance l'hypothèse faite est inexacte, et le travail calculé par les formules habituelles est tout différent du travail effectif.

Ceci est évident à priori ; cependant il ne semble pas que jusqu'ici on en ait tenu compte dans le calcul des ponts en arc. On a admis sans discussion, sans preuve et, il nous semble, un peu à la légère, que l'effet de l'encastrement ne pouvait modifier bien profondément les conditions de stabilité de l'ouvrage et que le travail réel ne pouvait guère s'écarter du travail calculé dans l'hypothèse de l'articulation. M. *Dupuy*, ingénieur en chef des Ponts et chaussées, s'est préoccupé le premier de mesurer directement sur les ouvrages métalliques le travail effectif du fer, et de le comparer au travail théorique résultant des formules : nous avons indiqué précédemment les motifs des divergences qu'il a constatées dans les poutres droites. Il a fait des expériences analogues sur le pont en arc de tôle de *Pont-aux-Moines* (*fig.* 255), de 50 mètres d'ouverture, établi pour le chemin de fer d'Orléans à Gien (*Annales des Ponts et Chaussées*, 1877, 2e semestre, page 408). Il a constaté des discordances très importantes qui ne pouvaient être attribuées à l'imperfection de l'instrument imaginé par lui pour ce mesurage. Il semble qu'à cette époque M. *Dupuy* ait été tenté d'en chercher l'explication dans l'emploi de tympans rigides (159), tout en ajournant ses conclusions définitives jusqu'après les expériences qu'il se proposait de faire sur le pont en arc de 95 mètres d'ouverture en construction sur l'Erdre (*fig.* 257).

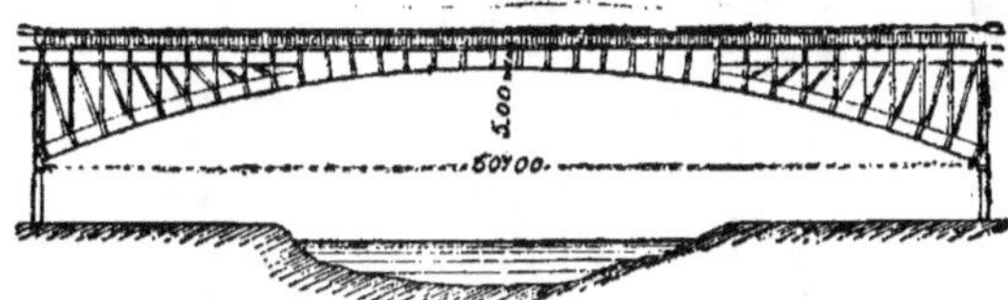

Fig. 255. Arc en fer de Pont-aux-Moines (Chemin de fer de Bourges à Gien).

Ces expériences ont été faites quelque temps après et, quoiqu'exécutées avec beaucoup de soin et dans les conditions les plus variées, ont fourni des résultats concordants entre eux et avec ceux relatifs au Pont-aux-Moines. Le tableau ci-joint est extrait de l'ouvrage de M. *Dupuy* sur les ponts en arc (*Annales des Ponts et Chaussées*, 1879, 1er semestre). Il permet de comparer les valeurs théoriques et effectives du travail du métal dans différents cas de surcharge. Nous avons laissé de côté le travail dû à la charge permanente qui n'était pas donné par les instruments, et résultait seulement du calcul, afin de mettre mieux en évidence la discordance qui existe entre l'effort réel mesuré et l'effort calculé dans l'hypothèse de l'articulation. Les constatations expérimentales ont été faites à la clef, aux reins et aux naissances. Les valeurs qui représentent le travail réel sont les moyennes des résultats fournis par les quatre arcs. Le travail à la compression est affecté du signe —; l'unité est le kilogramme par millimètre carré de section.

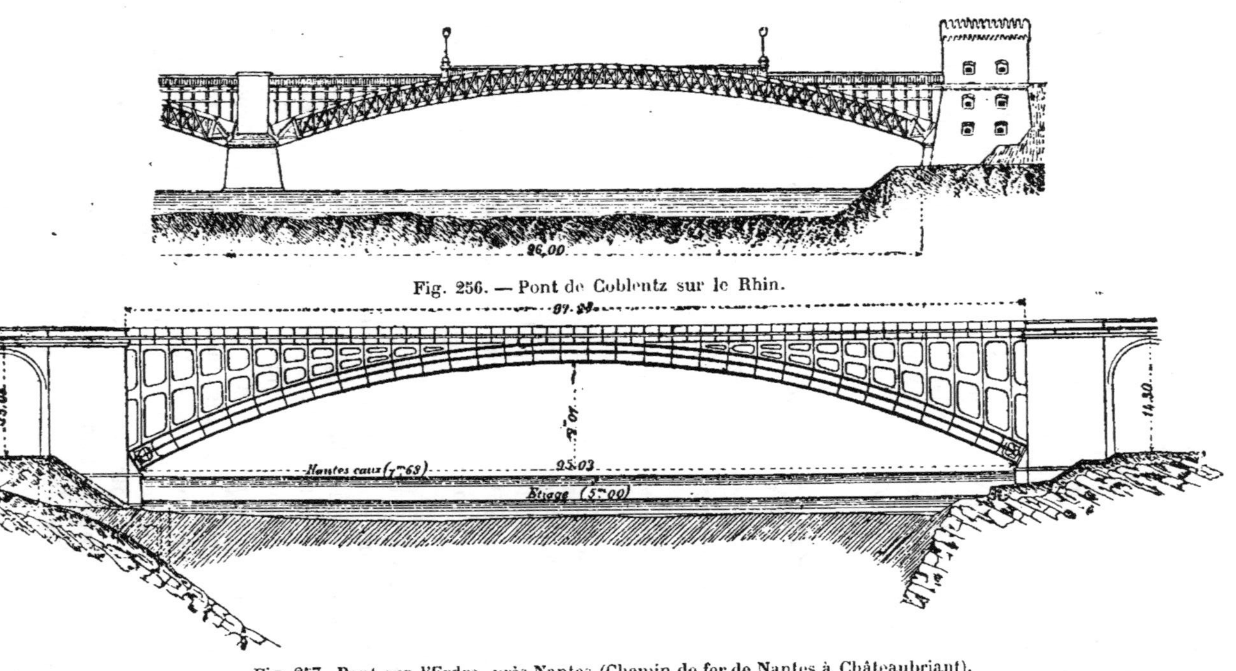

Fig. 256. — Pont de Coblentz sur le Rhin.

Fig. 257. Pont sur l'Erdre, près Nantes (Chemin de fer de Nantes à Châteaubriant).

Tableau comparatif du travail calculé et du travail mesuré directement sur les arcs du pont de l'Erdre.

| PORTION DE L'OUVERTURE COUVERTE PAR LA SURCHARGE | | MOITIÉ DE LA TRAVÉE SURCHARGÉE | | | | CLEF | | MOITIÉ DE LA TRAVÉE LIBRE OU NON SURCHARGÉE | | | |
| | | NAISSANCES | | REINS (quart de l'ouverture) | | | | REINS (quart de l'ouverture) | | NAISSANCES | |
		T. calculé	T. mesuré	T. calculé	T. mesuré	T. calculé	T. mesuré	T. calculé	T. mesuré	T. calculé	T. mesuré
$\frac{1}{4}$ du pont à partir	Extra..	— 0,18	— 0,13	— 1,05	— 0,10	+ 0,13	0	+ 0,44	0	— 0,11	+ 0,02
d'une extrémité	Intrad	— 0,18	— 0,57	+ 0,87	+ 0,13	— 0,35	0	— 0,60	— 0,24	— 0,11	— 0,02
$\frac{1}{2}$ du pont à partir	Extra..	— 0,49	+ 0,02	— 1,92	— 0,10	— 0,49	— 0,32	+ 1,08	— 0,10	— 0,39	+ 0,02
d'une extrémité	Intrad.	— 0,49	— 1,02	+ 1,08	+ 0,25	— 0,31	— 0,08	— 1,90	— 0,54	— 0,39	— 0,02
$\frac{3}{4}$ du pont à partir	Extra..	— 0,77	+ 0,02	— 1,25	— 0,30	— 1,10	— 0,50	+ 0,30	— 0,15	— 0,70	+ 0,02
d'une extrémité	Intrad.	— 0,77	— 1.27	— 0,20	— 0,27	— 0,28	0	— 1,75	— 0,57	— 0,70	— 0,20
Totalité de l'ouverture	Extra..	— 0,88	+ 0.02	— 0,78	— 0,25	— 0.94	— 0,60	— 0,78	— 0,47	— 0,88	+ 0,02
	Intrad.	— 0,88	— 0,97	— 0.89	— 0,34	— 0,66	— 0,27	— 0,89	— 0,47	— 0,88	— 0,85
Moyennes	Extra..	— 0,58	— 0,02	— 1,23	— 0,19	— 0.60	— 0,36	+ 0,26	— 0,18	— 0,52	+ 0,02
	Intrad.	— 0,58	— 0,96	+ 0.22	+ 0,06	— 0,40	— 0,09	— 1.28	— 0,45	— 0,52	— 0,27
Demi-somme des moyennes $\frac{F}{\Omega}$		— 0,58	— 0,49	— 0,56	— 0.07	— 0,50	— 0,23	— 0,56	— 0,32	— 0,52	— 0,13
Demi-différence des moyennes $\frac{Xh}{2I}$		0	+ 0,47	— 0,73	— 0,13	— 0,10	— 0,14	+ 0,72	+ 0,13	0	+ 0,15

L'examen de ce tableau montre que le calcul est en plein désaccord avec l'expérience. Nous avons pris pour chaque section de l'arc la moyenne des résultats trouvés dans toutes les, expériences, afin d'éliminer le plus possible les irrégularités et les erreurs provenant de l'imperfection des appareils, ou des circonstances accidentelles. Ces moyennes correspondent à une disposition particulière de la surcharge qui serait complète sur $\frac{1}{4}$ de l'ouverture, réduite à $\frac{3}{4}$ sur le quart suivant, à $\frac{1}{2}$ sur le troisième, et enfin à $\frac{1}{4}$ sur la dernière portion.

Or, l'on voit immédiatement : 1° que le moment fléchissant qui, pour un arc articulé, atteindrait son maximum au droit des reins, est, dans l'ouvrage tel qu'il a été exécuté, à peu près nul en ce point de l'arc ; 2° que le moment fléchissant, qui devrait être nul aux naissances, y est au contraire maximum ; 3° enfin que l'effet produit à la clef par le moment fléchissant est plus considérable, mais de très peu, que ne l'indique le calcul.

Le seul énoncé de ces trois résultats d'expériences démontre d'une façon irrécusable que l'ouvrage se comporte comme un arc encastré à ses deux extrémités (172-180). M. *Dupuy* ne s'y est d'ailleurs pas trompé, car après avoir rapporté les résultats des expériences faites sur le *Pont-aux-Moines*, il ajoutait que l'arc se comportait sensiblement comme une poutre droite supportée par deux contrefiches, ce qui revient exactement à ce que nous avons dit, et c'était intentionnellement, en vue de retrouver les mêmes résultats pour le pont de l'Erdre, qu'il avait placé des cales aux retombées de ce dernier ouvrage.

Le tableau qui précède montre d'une manière évidente que pour un pont ainsi construit, les valeurs du travail données par les formules relatives aux arcs articulés n'ont aucun rapport avec le travail réel.

M. l'ingénieur en chef *Dupuy*, après avoir constaté cette anomalie, fait observer qu'il n'en peut résulter d'inconvénient sérieux, puisqu'en aucun point, le travail constaté ne dépasse la limite supérieure indiquée par le calcul, et qu'au contraire on reste partout sensiblement au-dessous. Nous ne partageons pas complètement cet avis. Les appareils employés dans les expériences que nous venons de rapporter avaient certainement le défaut *d'être paresseux*, c'est-à-dire qu'ils ne se mettaient en mouvement que lorsque le métal avait déjà subi une certaine dilatation ou une certaine contraction, de sorte que les nombres obtenus devaient très probablement être inférieurs à la réalité : l'erreur paraît être variable d'un appareil à l'autre, et même elle doit avoir subi des changements d'une expérience à la suivante, car M. *Dupuy* avait constaté l'extrême sensibilité de son instrument aux variations de la température extérieure, et il reconnaît que la moindre cause suffit pour rendre ses indications absolument erronées.

Du reste le tableau le prouve surabondamment, car pour la compression due à l'effort normal, qui s'obtient en prenant la demi-somme des valeurs du travail accusées pour les deux semelles, l'expérience ne donne que des résultats manifestement inexacts qui pèchent par insuffisance. Il semble que la constante à ajouter aux indications de l'appareil, lorsque celui-ci s'est mis en mouvement, est en moyenne d'environ $0^k,3$ par millimètre carré, ce qui conduit à reconnaître que certains points de l'ouvrage, notamment la semelle inférieure au droit des naissances, supportent en réalité un effort plus que double de celui indiqué par le calcul. Pour le pont de l'Erdre, où la charge permanente est beaucoup plus importante que la surcharge, et où l'arc a été établi dans des conditiens de stabilité très larges, cela peut être sans inconvénient sérieux : encore n'a-t-on pas fait entrer en ligne de compte l'influence de la température, qui donnerait des résultats analogues à la surcharge (169-171), et conduirait peut-être à des valeurs de travail peu acceptables. Pour des ouvrages établis dans d'autres conditions, il pourrait en être tout autrement, et les indications fournies par le calcul ne permettraient d'exécuter un ouvrage parfaitement stable qu'à la condition de l'articuler réellement à ses extrémités. Le calage aux appuis, en développant dans le voisinage des naissances un travail de flexion extrêmement important, pourrait conduire à une rupture des semelles, et à la ruine du pont.

En conséquence, nous formulerons les conclusions suivantes : 1° lorsque l'on a calculé un arc avec extrémités articulées, il faut de toute nécessité laisser un jeu libre à ses articulations extrêmes, comme M. Eiffel l'a fait pour le pont de Porto sur le Douro, sans quoi les calculs faits deviennent inapplicables et l'on ne sait où l'on va ; 2° ceci ne veut pas dire que le calage des plaques d'appui, tel qu'il est en usage aujourd'hui, constitue d'une manière générale une pratique défectueuse. Nous verrons plus loin qu'au contraire il présente des avantages sérieux, et pour notre part nous serions tenté de le trouver préférable au système des articulations libres. Mais si on choisit cette solution, il faut étudier l'arc en conséquence, et après avoir calculé le travail qu'il aura à supporter sous l'influence de la charge permanente à la température moyenne, déterminer les efforts de la surcharge et de la dilatation en tenant compte de l'invariabilité d'orientation des naissances. On sera conduit en général à renforcer un peu la clef, beaucoup les naissances, sauf à réduire sensiblement la section au droit des reins. En d'autres termes on aura à calculer un arc encastré aux naissances. Nous traiterons en détail ce nouveau problème dans la troisième partie du présent chapitre, où nous aurons à revenir sur cette question du calage des arcs après décintrement.

158. Tympans. — Le tablier d'un pont en arc est porté par un longeron horizontal, établi en général au niveau ou un peu au-dessus de la clef de l'arc. Le poids du longeron et de la surcharge est transmis directement à l'arc au droit de la clef ; partout ailleurs cette transmission s'opère par les pièces du tympan qui occupent l'espace compris entre l'arc et le longeron. Comme les efforts à transmettre sont verticaux, il est naturel de composer les tympans de supports ou montants également verticaux, qui correspondent aux tiges de suspension des ponts suspendus. Le tablier et les tympans constituent ainsi une sorte de viaduc à plusieurs travées de faible ouverture, dont les piles reposent sur l'extrados de l'arc.

Nous savons que l'arc subit, sous l'influence des surcharges roulantes et des variations de température, des déformations qui se traduisent en chaque point par un abaissement ou un relèvement du centre de gravité de la section transversale, et par un changement dans l'orientation de celle-ci.

Les longerons du tablier ne sont soumis qu'à des phénomènes d'allongement ou de retrait, dus à l'influence des variations de température, qui se traduisent seulement par des déplacements horizontaux et longitudinaux.

Il résulte de cette discordance entre les mouvements de l'arc et du longeron que la figure géométrique du tympan est modifiée, et que les pièces qui le constituent, obligées de se déformer pour suivre les déplacements du longeron et de l'arc, subissent des flexions qui donnent lieu à un travail supplémentaire du métal.

Ce phénomène se présente même dans les ponts en maçonnerie de grande portée : M. *Cendre*, ingénieur en chef des ponts et chaussées, l'a observé sur le pont en maçonnerie dit *Pont-de-Claix*, de 46 mètres d'ouverture et 15^m,70 de flèche, établi sur le torrent du Drac : l'arc en maçonnerie se relevant en été, par suite de l'élévation de la température, et s'abaissant en hiver, il s'est produit dans les tympans et dans le garde corps en pierre neuf fissures qui s'ouvrent en hiver et se ferment en été. Le phénomène est ici très apparent parce que la maçonnerie n'est pas susceptible de résister à un effort d'extension sans se rompre. Il en est de même, dans une certaine mesure, pour la fonte, et c'est vraisemblablement à cette cause qu'il faut attribuer les nombreuses ruptures que l'on a observées dans les pièces de contreventement et les pièces du tablier de plusieurs ponts en fonte, et qui ont conduit à employer le fer pour tous les éléments des ouvrages de cette espèce qui sont susceptibles de travailler à la tension par suite des déformations de l'arc : on a pu conserver les tympans en fonte en leur attribuant une solidité excessive, puisqu'en général les tympans des ponts en fonte sont constitués de cadres massifs, dont les vides ne présentent guère plus de surface que les pleins. Dans ces ouvrages, comme dans les ponts en fer, le phénomène, pour n'être pas apparent, n'en existe pas moins, mais au lieu de se traduire par des ruptures, il ne donne lieu qu'à des tensions ou des pressions supplémentaires, dont il convient de se préoccuper lorsqu'il s'agit de ponts de grande portée.

Tout ce que nous avons dit précédemment suppose, bien entendu, que les montants des tympans sont reliés invariablement au longeron et à l'arc au moyen d'assemblages rigides. Considérons un montant MN encastré à ses deux extrémités sur l'arc AA' et sur le longeron LL' (*fig.* 258).

Supposons que, par l'effet d'une surcharge et d'un changement de température, le point M de l'arc subisse un déplacement vertical δy, et qu'en même temps la section transversale de l'arc en M subisse un déplacement angulaire égal à $\delta\theta$. Enfin admettons que le point N du longeron se soit déplacé horizontalement par rapport au point M de la quantité δx.

Nous savons calculer $\delta\theta$ et δy au moyen des formules de la déformation des arcs dont nous avons indiqué précédemment l'usage (150-151). δx, déplacement du point N, est tout simplement l'allongement ou la contraction subie par la portion de longeron comprise entre N et la clef, sous l'influence de la température, dont il y a lieu de déduire, le cas échéant, le déplacement horizontal subi dans le même sens par le point M de l'arc, que l'on sait également calculer par la formule 5 du n° 151. Il s'agit d'évaluer le travail développé dans le montant MN par suite des mouvements subis par ses extrémités. Nous avons étudié cette question dans une note insérée dans les *Annales des Ponts et Chaussées* (1882, 1ᵉʳ semestre). Nous nous bornerons à énoncer les résultats auxquels nous sommes arrivés, la méthode employée n'offrant rien de particulier ni d'intéressant.

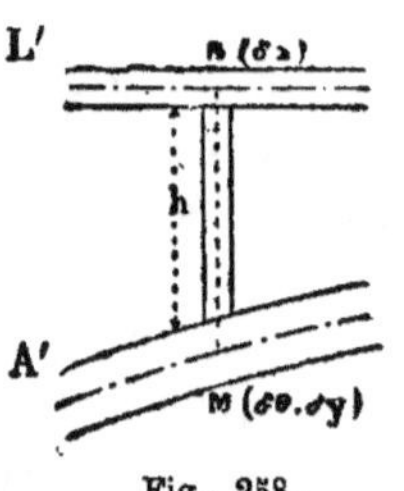

Fig. 258.

Soit h la hauteur du montant et e sa largeur horizontale dans le plan du tympan. Remarquons d'abord que le déplacement vertical δy de la base M du montant, effectué dans la direction même de l'axe de cette pièce, ne donne lieu à aucun travail de flexion. Il en est autrement du déplacement horizontal δx et du déplacement angulaire $\delta\theta$: le travail à la flexion développé dans le montant présente deux maxima, l'un en M, au point d'attache sur l'arc, l'autre en N, au point d'attache sur le longeron.

Ces deux maxima ont les valeurs suivantes :

Travail maximum en N : $R = \dfrac{Ee}{h^2} (3\delta x - h\delta\theta)$.

Travail maximum en M : $R' = \dfrac{Ee}{h^2} (2h\delta\theta - 3\delta x)$.

E est le coefficient d'élasticité du métal.

Ces formules sont d'une application facile, si l'on a au préalable calculé $\delta\theta$ et δx. Les valeurs de R et de R' atteignent évidemment leurs limites supérieures pour le montant où δx, $\delta\theta$ et h présentent ensemble leurs valeurs maxima, c'est-à-dire pour le montant le plus éloigné de la clef et le plus voisin des naissances. On pourra donc se borner à vérifier pour cet unique montant que R et R' ne dépassent pas les limites admises pour le travail du métal.

En appliquant ces formules à un ouvrage de 60 mètres de portée et de 6 mètres de flèche, avec des montants de $0^m,32$ de largeur seulement, nous avons constaté que, dans les conditions les plus défavorables de surcharge et de température, le travail supplémentaire développé dans le montant le plus voisin des naissances pouvait atteindre à la partie supérieure $5^k,78$ et à la partie inférieure $5^k,60$ par millimètre carré. Ces chiffres étaient véritablement excessifs et il convenait de les réduire en modifiant la disposition de l'ouvrage.

On peut remédier à l'inconvénient signalé par les procédés suivants :

1° On peut relier le montant à l'arc et au longeron au moyen d'articulations placées en M et en N. Il est évident que toute flexion disparaît. L'inconvénient de cette méthode est de diminuer la solidarité qui doit exister entre l'arc et le tablier. Toutefois il y a toujours liaison intime à la clef, et d'ailleurs le tablier est maintenu à ses extrémités par les culées.

2° On peut articuler le montant avec le longeron en N, en maintenant l'encastrement sur l'arc.

On a alors en N :

$$R = o,$$

et en M :

$$R' = \frac{3}{2} \frac{Ee}{h^2} (h\delta\theta - \delta x).$$

Dans le cas particulier étudié par nous, l'avantage réalisé

par cette disposition était nul : le maximum de R′ correspondait à un état différent de l'ouvrage, mais il atteignait à peu près la même valeur.

3° On peut articuler le montant avec l'arc en M, en maintenant l'encastrement avec le longeron.

On a alors en N :

$$R = \frac{3}{2} \frac{Ee}{h^2} \delta x.$$

et en M :

$$R' = o.$$

La valeur de R est indépendante de $\delta\theta$, ce qui était évident *à priori*. L'amélioration est sensible. Dans ce cas particulier nous avons trouvé que la limite supérieure de R ne dépassait plus 3^k par millimètre carré, chiffre acceptable. Nous avons en conséquence admis la disposition dont il s'agit.

4° Le procédé le plus simple et le plus pratique consiste à réduire la largeur en élévation *e* du montant. En donnant aux montants de notre pont $0^m,16$ de largeur au lieu de 0,32, nous aurions obtenu une diminution dans le travail à la flexion plus sensible que celle donnée par l'articulation, et nous n'aurions pas eu besoin de renoncer à l'encastrement avec l'arc.

L'on pourrait se préoccuper des résultats fâcheux que peut amener la réduction de largeur pour une pièce comme le montant, qui est destiné à subir un effort de compression puisqu'il porte le tablier. Mais remarquons que nous disposons absolument de la dimension du montant perpendiculaire au plan du tympan, et que, par conséquent, nous pouvons augmenter à volonté l'aire de sa section transversale, de façon à ramener le travail maximum à la compression, à la limite compatible avec sa largeur en élévation.

Dans le cas particulier que nous avons cité, on avait $h = 5^m$, et le travail à la compression avait pour maximum $1^k,7$ par conséquent une largeur de $0^m,16$ seulement aurait été acceptable, même sans augmentation dans l'aire de la section transversale.

Dans un grand nombre de ponts en fonte ou en fer, les tympans sont constitués par des pièces présentant une grande largeur en élévation et une très petite épaisseur perpendiculairement au plan du tympan : cette disposition, on la voit, est en contradiction absolue avec les principes que nous venons d'énoncer. Au lieu de faire reposer le tablier sur l'arc par l'intermédiaire de fermes longitudinales très minces établies chacune sur tout le développement d'un arc, il convient de l'appuyer sur une série de piles très étroites en élévation, placée transversalement aux arcs et présentant dans le sens perpendiculaire au tympan une longueur égale à la largeur du tablier lui-même. C'est la disposition adoptée par les Américains pour le pont de Saint-Louis sur le Mississipi, et nous croyons qu'il convient de ne pas s'en écarter. Dans le pont sur le Douro, M. *Eiffel* a réduit le tympan à un seul montant ou plutôt à une pile placée au quart de l'ouverture, et non aux naissances, ce qui réduisait de moitié la valeur maximum de $\delta\theta$; il l'a reliée au longeron par l'intermédiaire d'une articulation (*fig.* 241).

$$\text{Le rapport } \frac{e}{h} \text{ est assez faible : } \frac{\dfrac{(3,00+1,50)}{2}}{15} = 0,15.$$

Dans ces conditions on peut prévoir que le travail développé dans la pile par les déformations du tablier et du tympan est peu important. M. *Eiffel* ne fournit d'ailleurs à cet égard aucune justification.

Il arrive parfois que le tablier est établi au niveau de la corde de l'arc, auquel il est relié par des tiges de suspension : en pareil cas, les tiges sont nécessairement articulées avec l'arc. Ce système est économique. Il a l'inconvénient de donner une trop grande mobilité au tablier qui n'est plus retenu par sa liaison avec la clef de l'arc. Ce type se prête aussi très mal au contreventement qui est restreint aux arcs et n'embrasse pas les tympans, comme dans la disposition dont nous avons d'abord parlé.

De plus, il nécessite la suppression du contreventement dans le voisinage des naissances, où il est nécessaire de relier les arcs entre eux par des portails, comme on le fait pour les poutres droites. On peut améliorer un peu le système de la suspension du tablier en le composant de tiges inclinées à 45° dans le plan de l'arc, qui forment une sorte de treillis reliant chaque point du tablier à deux points de l'arc assez éloignés l'un de l'autre : ce mode de suspension a été imaginé par MM. *Cadiat et Oudry* pour les ponts suspendus. Nous ne savons s'il a été appliqué.

Enfin on peut placer le tablier à mi-hauteur de la clef (*fig.* 207) : c'est la disposition la plus économique puisque la surface comprise entre le tablier et l'arc est réduite au minimum. Le tablier est maintenu par sa liaison avec l'arc aux points où il le rencontre, c'est-à-dire aux reins : il est suspendu entre les reins et la clef. Dans ce type d'ouvrage le contreventement des arcs est très défectueux pour la partie située entre les reins et la clef, puisqu'il doit être entièrement supprimé au moins jusqu'à une certaine distance des reins, afin de laisser le passage libre entre les arcs aux véhicules qui circulent sur le pont. Ce genre d'ouvrage, d'ailleurs peu usité, ne conviendrait donc guère pour les grands ponts de chemins de fer.

159. Tympans rigides. — Nous n'avons jusqu'ici considéré les tympans que comme un élément accessoire, servant d'intermédiaire obligé pour transmettre à l'arc le poids du tablier et de la surcharge. A ce point de vue la disposition la plus rationnelle consiste à employer une série de montants ou supports verticaux soutenant le tablier de distance en distance. On dispose souvent tout autrement cette portion du pont, que l'on établit sur le modèle de l'âme d'un pont à poutre droite. Les tympans sont alors constitués soit par une triangulation simple ou double des systèmes Pratt, Howe ou Warren, soit par une âme pleine ou percée d'ouvertures circulaires qui ne diminuent pas sensiblement sa résistance, soit par des montants séparés par des croix de Saint-André, soit par des treillis à petites mailles.

On transforme de cette manière l'ouvrage en une sorte de ferme ou poutre de forme compliquée, dont la semelle inférieure curviligne est constituée par l'arc, la semelle supérieure rectiligne par le longeron du tablier, et l'âme, qui disparaît à la clef, par les tympans.

Cette disposition n'est acceptable qu'à la condition d'en tenir compte dans le calcul du pont, et d'appliquer les formules à la ferme telle qu'elle doit être exécutée. Il serait inadmissible qu'après avoir étudié un arc on lui adjoignît des tympans rigides, en supposant sans vérification qu'ils ne peuvent que lui donner un surcroît de résistance, et augmenter par conséquent la sécurité. Supposons en effet qu'après avoir calculé rigoureusement un arc, de façon que le travail maximum dû à la charge, la surcharge et les écarts de température, atteigne en toutes les sections la limite de 6^k par millimètre carré, on lui ajoute des tympans rigides : on diminuera sensiblement le travail au droit des reins, qui tombera, si l'on veut, à 4^k par millimètre carré. Mais comme l'adjonction des tympans rigides a pour conséquence de diminuer la poussée due à la charge et à la surcharge, et d'augmenter celle due à la température, il est facile de reconnaître qu'il en résultera un accroissement du moment fléchissant maximum à la clef. Comme la section transversale n'est pas renforcée à la clef par les tympans, le travail du métal y sera donc accru et porté de 6^k à 7^k. La nouvelle disposition sera ainsi plus défectueuse que celle qui eût consisté à employer des tympans sans rigidité, puisque l'on aura détruit l'uniformité qui existait entre les différentes parties de l'ouvrage au point de vue de la valeur du travail maximum, et que l'on aura en définitive augmenté, au delà de la limite précédemment admise, l'effort développé à la clef. Pour que l'emploi du tympan fût justifié, il eût fallu que, d'après les calculs relatifs à l'arc seul, le travail du métal fût de 5^k à la clef et de 8^k aux reins : dans ce cas l'emploi de tympans rigides, ramenant ces deux efforts à la valeur uniforme de 6^k, serait parfaitement justifié. Cela revient à ce que nous disions précédemment : il faut, dans le calcul des arcs à tympans rigides, tenir compte de leur conformation et calculer non pas l'arc seul, mais la ferme composée de l'arc, des longerons et des tympans. Si l'on a un arc établi de façon à supporter à lui seul la surcharge dans de bonnes conditions, c'est-à-dire avec une valeur du travail maximum à peu près uniforme d'une extrémité à l'autre, c'est l'affaiblir que le relier au tablier au moyen de tympans rigides.

Le calcul de la ferme se fait d'ailleurs sans difficulté, soit par la méthode relative aux arcs circulaires de forme variable, soit par la méthode applicable aux arcs quelconques. D'habitude on prend la section transversale de l'ouvrage dans une direction verticale, au lieu de la prendre normale à l'axe longitudinal de la ferme. L'erreur commise est peu importante

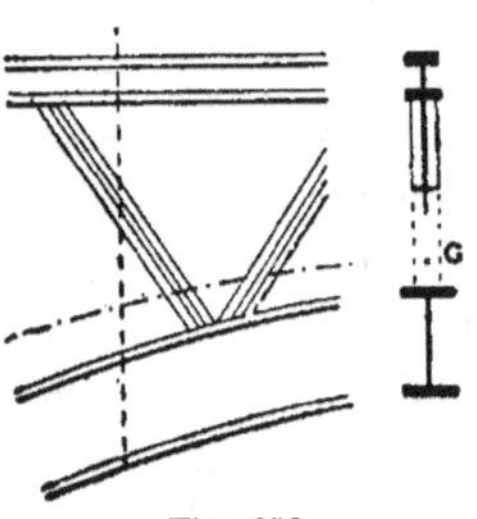

Fig. 259.

si l'arc est très surbaissé. Le calcul du moment d'inertie ne présente nulle difficulté : d'habitude la section est dissymétrique, l'arc étant plus pesant que le longeron, et le centre de gravité est placé beaucoup plus près du centre de gravité de l'arc que de celui du longeron (*fig.* 259).

Ce type d'ouvrage est-il bien conçu et convient-il d'en recommander l'emploi? C'est ce que nous allons examiner.

1° Considérons tout d'abord les arcs à demi encastrés (*fig.* 257), c'est-à-dire ceux dans

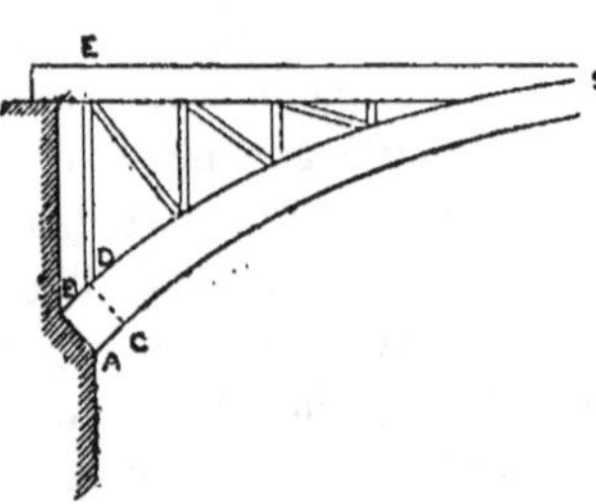

Fig. 260.

lesquels l'articulation n'est réalisée que pour la charge, tandis qu'il y a encastrement pour la dilatation et la surcharge : nous avons vu que c'est ainsi que sont établis tous les arcs de petite et moyenne ouverture, et la presque totalité des grands ponts (*fig.* 260).

La section d'encastrement, où se manifeste le moment fléchissant maximum, est réduite à la section transversale de l'arc **AB**. Il est vrai qu'à une faible distance il semble que la section s'augmente brusquement par l'adjonction du longeron, et devienne **CDE**. Mais, ainsi que nous l'avons dit dans le premier chapitre du présent ouvrage (1), *les formules de la résistance des matériaux supposent toujours que la section transversale de la pièce étudiée varie d'une manière lente et progressive*; dans tous les cas où cette condition n'est pas réalisée, les formules ne sont plus exactes. Cette restriction est évidemment applicable à l'ouvrage que nous étudions en ce moment : l'effort de flexion, concentré en **A** dans la section d'encastrement de l'arc **AB**, ne se répartit pas immédiatement en **C** entre l'arc **CD** et le longeron **E**. L'effort transmis au longeron est insignifiant et le travail reste concentré dans l'arc lui-même. Au fur et à mesure que l'on s'éloigne de l'extrémité AB, le longeron, relié à l'arc par le tympan rigide, prend une part de plus en plus grande dans le travail à la flexion, et on peut admettre que, au droit des reins, la section totale de la ferme est utilisée pour la résistance au moment fléchissant.

Nous venons ainsi de montrer : 1° que l'influence du longeron et du tympan rigide est nulle aux naissances, où le moment fléchissant atteint son maximum; 2° que cette influence est réelle et complète aux reins, où le moment fléchissant atteint son minimum (171). D'ailleurs le tympan disparaît à la clef où le moment fléchissant atteint un nouveau maximum. Que dire d'une disposition qui ne renforce l'arc que dans la partie où il n'en a présentement aucun besoin, c'est-à-dire au droit des reins, et qui n'a aucune efficacité là où le travail est considérable, c'est-à-dire aux naissances et à la clef? Qu'elle est inutile et doit être condamnée : telle est la conclusion que nous tirons de cet examen.

Notre critique tomberait à faux, s'il était possible de faire participer le longeron au travail à la flexion de l'ouvrage, au droit de la section d'encastrement : comme c'est en ce point que se manifeste le maximum absolu du moment fléchissant, bien supérieur au maximum relatif développé à la clef, un mode de construction, qui conduirait à attribuer en ce point à la ferme son moment d'inertie maximum, serait des plus satisfaisants. Les auteurs du pont d'Arcole, MM. *Oudry et Cadiat*, ainsi que M. *Cézanne*, l'auteur du pont de Szegedin sur la Theiss, ont réalisé d'une manière effective cet encastrement complet à la naissance en reliant le longeron à des tirants noyés dans la maçonnerie, de façon à lui permettre de travailler à l'extension au droit des retombées. Nous étudierons plus loin ce système d'ouvrage qui rentre dans la catégorie des arcs encastrés aux naissances ; nous verrons que l'avantage réalisé par l'encastrement aux naissances est compensé par des défauts très graves, qui doivent faire rejeter ce type (175).

2° Considérons un arc à articulations effectives et complètes : ainsi que nous l'avons dit précédemment (157), nous n'en connaissons que deux exemples. Ici le renforcement de l'arc, au moyen des tympans et du longeron, est parfaitement justifié aux reins, puisque c'est en ce point que se manifeste le maximum du travail à la flexion. Mais au droit des naissances, c'est-à-dire dans la partie où le tympan a le plus d'importance, il est sans efficacité et sans utilité. D'autre part la section de l'arc est rendue dissymétrique, car, en donnant au longeron une section égale à celle de l'arc, on aurait un ouvrage mal conçu et mal disposé, où l'axe longitudinal, qui doit passer par l'articulation, décrirait une courbe bizarre et défectueuse. Cette forme dissymétrique de la section est mal combinée pour donner même valeur au travail maximum à l'extrados et à l'intrados.

En définitive, en remplaçant les tympans rigides par des tympans ordinaires et reportant sur les reins de l'arc le poids du métal ainsi économisé sur les tympans et les longerons, on arrivera toujours à obtenir, sans augmentation de dépense, un ouvrage se comportant tout aussi bien, sinon mieux, sous l'influence de la dilatation et de la surcharge. Nous croyons pouvoir même affirmer que l'emploi des tympans rigides donnera toujours, à égalité de travail maximum, un ouvrage sensiblement plus pesant. C'est ce dont on peut s'assurer en examinant le tableau placé à la fin du présent chapitre.

En résumé nous estimons que le système des tympans rigides est à rejeter comme absolument inutile et inefficace, toutes les fois qu'il s'agit d'un arc encastré aux naissances; et que dans les cas *très rares* où les articulations sont *effectives et complètes*, ce système, sans être précisément condamnable, n'offre, au point de vue de la stabilité ou de l'économie, aucun avantage marqué, qui soit de nature à en faire recommander l'emploi.

Les remarques et les conclusions qui précèdent ne s'appliquent qu'aux ponts de *grande ouverture*. Pour les petites portées, inférieures à 30 mètres, le système des tympans rigides ne saurait être plus coûteux : il n'oblige pas à renforcer les longerons, et d'autre part les tympans ne représentent qu'une fraction peu importante du poids total.

III. — ARCS ENCASTRÉS AUX NAISSANCES.

160 Généralités. — Considérons un arc ASA′ encastré sur les culées à ses deux extrémités A et A′ : par suite de cet encastrement, la résultante des actions exercées par l'arc sur la culée n'est plus assujettie à passer par le centre de gravité de la section extrême, comme dans le cas traité dans les paragraphes qui précèdent.

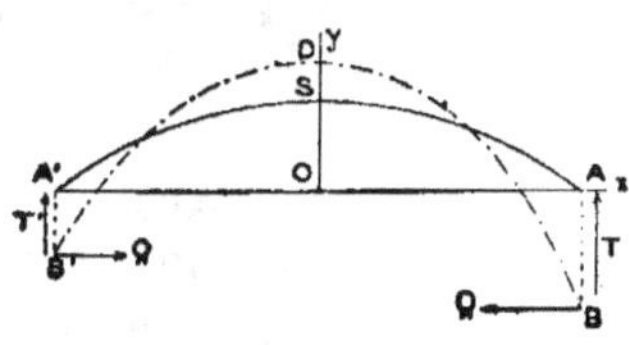

Fig. 261.

Le moment fléchissant n'est donc plus nul aux points A et A′, et par conséquent la courbe des pressions BDB′ ne passe pas par ces points. Nous avons défini précédemment la *courbe des pressions*, qui est le lieu du point de rencontre d'une section transversale quelconque de l'arc et de la résultante des forces extérieures appliquées à la portion d'arc comprise entre ladite section et l'une des extrémités A ou A′ de l'ouvrage (127).

L'étude des conditions de stabilité d'un arc encastré aux naissances est, on le voit, un problème plus compliqué que celui que nous venons de traiter : en effet, dans un arc articulé aux naissances, on connaît deux points de la courbe des pressions, à savoir les articulations A et A′, tandis que dans le cas actuel, il faut pour pouvoir tracer cette courbe, non seulement calculer la poussée, comme précédemment, mais encore déterminer un point de ladite courbe, qui sera par exemple le point B où elle coupe l'ordonnée verticale de l'extrémité A de l'axe longitudinal de l'arc.

Un pareil problème peut paraître ardu, et en général il n'a guère été abordé par les ingénieurs qui, alors même qu'ils se proposaient d'établir des arcs encastrés aux naissances, se bornaient à en faire le calcul dans l'hypothèse où les naissances auraient été articulées. Nous ne connaissons qu'un exemple où les calculs aient été faits exactement, en tenant compte de l'invariabilité d'orientation des sections extrêmes :

c'est celui du pont de *Saint-Louis*, de 158^m, 50 d'ouverture et 14^m,24 de flèche, récemment construit en Amérique. A en juger par les renseignements fournis à ce sujet par M. l'Ingénieur en chef *Lavoinne* (*Annales des Ponts et Chaussées*, 1877, 2ᵉ semestre, page 63), on n'aurait pas suivi dans la marche des calculs une méthode commode, bien que le problème fût simplifié par cette circonstance qu'il s'agissait d'un arc circulaire de hauteur constante.

En effet, pour déterminer les réactions des arcs sur les deux culées, représentées par les composantes verticales et horizontales des résultantes et les moments fléchissants, on n'aurait pas eu moins de 27 *équations différentielles du 1ᵉʳ degré à* 27 *inconnues* à résoudre simultanément pour chaque cas de surcharge considérée.

Une pareille perspective effrayerait les plus courageux, surtout s'il s'agissait, comme dans le cas du pont de Saint-Louis, de répéter la même opération pour dix hypothèses différentes sur le mode de répartition de la surcharge. Mais le défaut de cette méthode consistait dans la multiplicité des inconnues que l'on calculait simultanément, tandis qu'il suffit en réalité d'en déterminer deux dans le cas d'une surcharge symétrique, pour être à même de calculer immédiatement par les procédés habituels le travail maximum développé dans une section quelconque de l'arc.

Nous allons d'abord exposer la méthode générale à suivre dans le cas d'un arc quelconque, supposé symétrique par rapport à la verticale qui passe par le milieu de l'ouverture, et montrer que le calcul d'un pareil ouvrage n'est pas sensiblement plus long et plus pénible que celui d'un arc articulé aux naissances, auquel on appliquerait la méthode des n°ˢ 147 et 148. Nous ferons ensuite l'application de ces formules générales au cas particulier des arcs circulaires.

---

§ 1

CALCUL DES ARCS DE FORME QUELCONQUE.

161. Formules générales. — Reportons-nous aux formules générales, relatives à la déformation des pièces courbes, données au n° 145.

Ces formules sont les suivantes :

$$(1) \quad \delta\theta_1 = \delta\theta_0 + \int_{s_0}^{s_1} \frac{X\,ds}{EI},$$

$$(2) \quad \delta s_1 = \delta s_0 + \int_{s_0}^{s_1} \frac{F\,ds}{E\Omega} + \alpha t\,(s_1 - s_0),$$

$$(3) \quad \delta x_1 = \delta x_0 - \delta\theta_0\,(y_1 - y_0) - \int_{s_0}^{s_1} \frac{X\,(y_1 - y)}{EI}\,ds + \int_{x_0}^{x_1} \frac{F\,dx}{E\Omega} + \alpha t\,(x_1 - x_0),$$

$$(4) \quad \delta y_1 = \delta y_0 + \delta\theta_0\,(x_1 - x_0) + \int_{s_0}^{s_1} \frac{X\,(x_1 - x)\,ds}{EI} + \int_{y_0}^{y_1} \frac{F\,dy}{E\Omega} + \alpha t\,(y_1 - y_0)$$

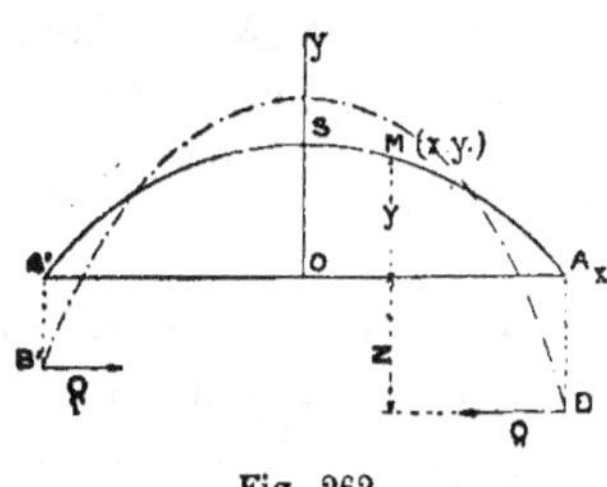

Fig. 262.

Nous allons nous en servir pour déterminer dans un état quelconque de l'arc, défini par sa charge, sa surcharge et l'écart de sa température par rapport à la température moyenne, la poussée horizontale qu'il exerce sur ses points d'appui, et le moment fléchissant développé dans l'une des sections extrêmes, la section A : ce moment fléchissant est égal, on le sait, au produit de la poussée Q par la distance verticale AB du point A à la courbe des pressions de l'arc. Ce dernier problème revient donc à chercher l'ordonnée AB = z de la courbe des pressions correspondant à l'abscisse AO = + a.

Nous supposons que l'ordonnée z sera comptée positivement *au-dessous* de A, c'est-à-dire dans la direction des y négatifs.

Nous conserverons les notations adoptées au n° 147

Comme nous l'avons fait précédemment, nous diviserons le moment fléchissant X développé dans une section transversale de l'arc, définie par les coordonnées x et y de son centre de gravité, en deux parties : 1° le moment fléchissant X' dû aux forces verticales appliquées à l'arc ; 2° le moment fléchissant dû à la poussée, lequel est donné pour une section quelconque M $(x.y)$ de l'arc par l'expression $Q\,(z + y)$, $z + y$ étant la distance verticale du point M au point d'application de la poussée sur la section extrême A de l'arc

On a donc : $X = X' - Q\,(z + y)$.

Rappelons encore que, ainsi que nous l'avons fait voir précédemment, l'intégrale définie $\int_{x_0}^{x_1} \dfrac{F\,dx}{E\,\Omega}$ peut être remplacée sans erreur appréciable par l'intégrale équivalente $-\int_{x_0}^{x_1} \dfrac{Q\,ds}{E\,\Omega}$.

Remarquons à présent que, par suite de l'encastrement de l'arc en A et en A', les valeurs de δx, δy et $\delta\theta$ sont toujours nulles pour ces deux points. D'autre part, en vertu de la symétrie de l'arc par rapport à la droite Oy, la section transversale de la clef S reste verticale toutes les fois que l'arc se déforme sous l'action de la température, ou d'une surcharge également symétrique par rapport à la verticale Oy.

Ce sont les cas que nous allons d'abord étudier.

172. Cas d'une dilatation ou d'une surcharge symétrique. — Si l'arc est soumis à la fois à l'influence d'une élévation de température t, et à l'action d'une surcharge disposée symétriquement par rapport à la verticale OS, l'orientation de la section transversale S ne changera pas, et son centre de gravité restera sur la verticale Oy (*fig.* 262).

Appliquons à ce cas les formules générales (1) et (3) du n° 161 en prenant pour limites des intégrales définies les coordonnées des points S et A.

Nous avons évidemment :

pour le point S : $x_0 = o$, $y_0 = b$, $\delta x_0 = o$, $\delta\theta_0 = o$;

et pour le point A : $x_1 = a$, $y_1 = o$, $\delta x_1 = o$, $\delta y_1 = o$, $\delta\theta_1 = o$.

Les formules à appliquer deviennent donc, en appelant L la demi-longueur SA de l'axe longitudinal de l'arc :

$$\int_0^L \frac{X\,ds}{EI} = 0$$

et

$$\int_0^L \frac{X y}{EI}\,ds + \int_0^a \frac{F\,dx}{E\Omega} + a\alpha t = 0.$$

Remplaçons X et Fdx par leurs valeurs énoncées à l'article précédent :

$$(5) \quad \int_0^L \frac{X'}{EI}\,ds - \int_0^L \frac{Q(z+y)}{EI}\,ds = 0,$$

et

$$(6) \quad \int_0^L \frac{X' y}{EI}\,ds - \int_0^L \frac{Q(z+y)y}{EI}\,ds - \int_0^L \frac{Q\,ds}{E\Omega} + a\alpha t = 0.$$

Nous pouvons faire sortir du signe $\int$ des diverses intégrales définies contenues dans ces équations les inconnues Q et z, et nous arrivons en définitive aux deux relations qui suivent :

$$(7) \quad \int_0^L \frac{X'}{EI}\,ds - Qz\int_0^L \frac{ds}{EI} - Q\int_0^L \frac{y\,ds}{EI} = 0,$$

$$(8) \quad \int_0^L \frac{X' y}{EI}\,ds - Qz\int_0^L \frac{y\,ds}{EI} - Q\int_0^L \frac{y^2\,ds}{EI} - Q\int_0^L \frac{ds}{E\Omega} + a\alpha t = 0.$$

Ces deux équations ne contiennent que deux inconnues Q et z, puisque la surcharge et la dilatation sont supposées connues. Il est donc facile de les résoudre. Remarquons d'ailleurs qu'un certain nombre d'intégrales définies sont indépendantes de la surcharge et peuvent être déterminées une fois pour toutes, d'après la forme de l'arc, par la méthode de quadrature exposée au n° 147. Ces intégrales, que nous désignerons par des lettres, sont les suivantes :

$$\int_0^L \frac{ds}{I} = H \qquad \int_0^L \frac{ds}{\Omega} = J,$$

$$\int_0^L \frac{y\,ds}{I} = M,$$

$$\int_0^L \frac{y^2\,ds}{I} = N.$$

Supposons ces intégrales connues et résolvons par rapport à Q et z les équations précédentes, en chassant le facteur $\frac{1}{E}$ qui figure dans toutes les intégrales ·

$$(9) \qquad Q = \frac{H\left[\int_0^L \frac{X'y\,ds}{I} + E a \alpha t\right] - M \int_0^L \frac{X'\,ds}{I}}{H(N+J) - M^2},$$

$$(10) \qquad z = \frac{(N+J)\int_0^L \frac{X'\,ds}{I} - M\left[\int_0^L \frac{X'y\,ds}{I} + E a \alpha t\right]}{H\left[\int_0^L \frac{X'y\,ds}{I} + E a \alpha t\right] - M \int_0^L \frac{X'\,ds}{I}}.$$

On peut en déduire la valeur du moment fléchissant $-Qz$ développé dans la section d'encastrement A :

$$(11) \quad -Qz = -\frac{(N+J)\int_0^L \frac{X'\,ds}{I} - M\left[\int_0^L \frac{X'y\,ds}{I} + E a \alpha t\right]}{H(N+J) - M^2}.$$

Admettons que l'on ait calculé les valeurs numériques des intégrales définies J, H, M et N relatives à l'arc étudié, et proposons-nous de déterminer les effets produits par la température, la charge et la surcharge considérées isolément.

1° Poussée due à la dilatation.

Si nous faisons abstraction de la charge et de la surcharge, nous trouvons simplement :

$$Q = \frac{H . E a \alpha t}{H(N+J) - M^2},$$

$$z = -\frac{M}{H},$$

$$-Qz = \frac{M . E a \alpha t}{H(N+J) - M^2}.$$

z est négatif : le point B est situé au-dessus de la corde AA' de l'arc. La courbe des pressions se réduit à une droite horizontale qui a pour ordonnée $\frac{M}{H}$ (*fig.*263).

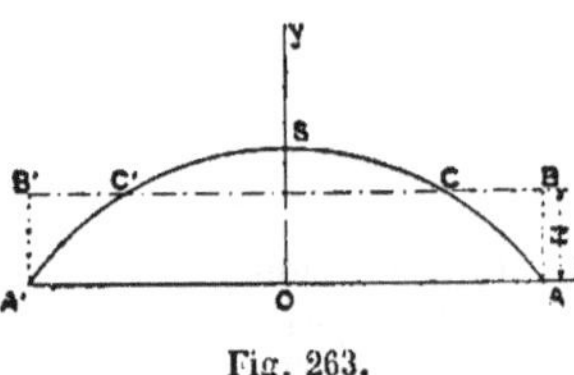

Fig. 263.

Les points C et C', où elle rencontre l'axe longitudinal de l'arc, séparent la partie centrale de l'arc, où le moment fléchissant dû à la dilatation est négatif. des extrémités, où le moment fléchissant est positif. En C et C', le moment fléchissant est nul : il atteint son maximum négatif à la clef en S, et son maximum positif aux naissances A et A'.

2° *Poussée due à la charge permanente 2 pa répartie uniformément suivant la corde AA'.*

La composante verticale de la réaction exercée sur la culée est évidemment égale à pa. Le moment fléchissant X' développé par les forces verticales dans une section quelconque M $(x.y)$ est fourni par la relation :

$$X' = \frac{1}{2} p (a^2 - x^2);$$

d'où :

$$\int_0^L \frac{X' \, ds}{I} = \frac{1}{2} p \int_0^L \frac{(a^2 - x^2) \, ds}{I},$$

et

$$\int_0^L \frac{X' y ds}{I} = \frac{1}{2} p \int_0^L \frac{(a^2 - x^2) y ds}{I}.$$

Ces deux intégrales définies ne contiennent pas d'inconnue et ne dépendent que de la forme de l'arc. Il n'est pas difficile de les calculer par quadrature. Désignons la première par $\frac{1}{2}$ p U et la seconde par $\frac{1}{2} p$ W. Nous trouvons :

$$Q = \frac{1}{2} p \, \frac{HW - MU}{H (N + J) - M^2},$$

$$z = \frac{(N + J) U - MW}{HW - MU} = \frac{1}{2} \frac{p}{Q} \cdot \frac{U}{H} = - \frac{M}{H},$$

$$-Qz = -\frac{1}{2} p \, \frac{(N + J) U - MW}{H (N + J) - M^2} = -\frac{1}{2} p \frac{U}{H} + \frac{M}{H} Q.$$

z est positif et indépendant de la charge p. Le moment fléchissant est négatif en A, passe par zéro au droit de la section C

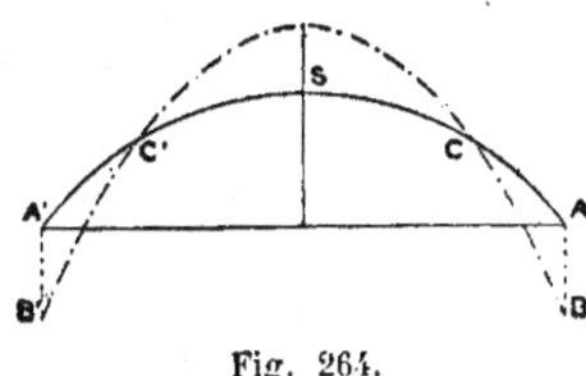

Fig. 264.

située dans le voisinage des reins de l'arc, devient positif et atteint son maximum à la clef S. La courbe des pressions est une parabole à axe vertical qui coupe l'axe longitudinal de l'arc en C et C' (*fig.* 264).

3° *Poussée due à une surcharge symétrique.*

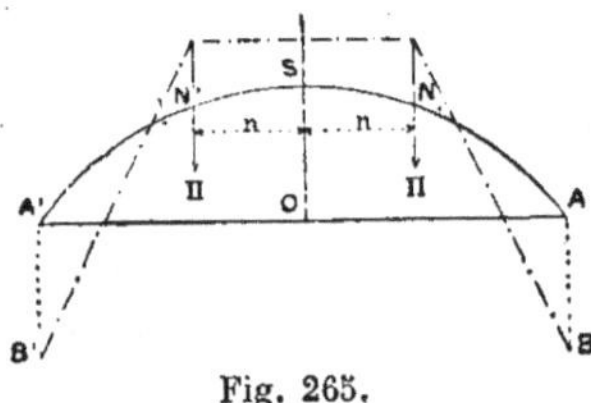

Fig. 265.

Nous considérerons uniquement le cas de deux poids égaux π placés symétriquement de part et d'autre de la clef, à une distance n de la verticale OS. Soient N et N′ leurs points d'application sur l'arc (*fig.* 265).

$$\text{De A à N on a : } \quad X' = \pi\,(a - x);$$
$$\text{et de N à S on a : } \quad X' = \pi\,(a - n).$$

Les intégrales définies qui contiennent la variable X' se composent donc de deux parties à calculer séparément :

$$\int_0^L \frac{X'\,ds}{I} = \int_0^{(x=n)} \frac{\pi\,(a-n)}{I}\,ds + \int_{(x=n)}^L \frac{\pi\,(a-x)}{I}\,ds,$$

$$\int_0^L \frac{X'\,y\,ds}{I} = \int_0^{(x=n)} \frac{\pi\,(a-n)\,y}{I}\,ds + \int_{(x=n)}^L \frac{\pi\,(a-x)}{I}\,y\,ds.$$

On peut les écrire ainsi qu'il suit :

$$\int_0^L \frac{X'\,ds}{I} = \pi\,(a-n) \int_0^{(x=n)} \frac{ds}{I} + \pi \int_{(x=n)}^L \frac{(a-x)}{I}\,ds,$$

$$\int_0^L \frac{X'\,y\,ds}{I} = \pi\,(a-n) \int_0^{(x=n)} \frac{y\,ds}{I} + \pi \int_{(x=n)}^L \frac{(a-x)\,y}{I}\,ds.$$

On peut calculer ces intégrales définies avec d'autant plus de facilité que ce sont des fractions des quatre intégrales

$$\int_0^L \frac{ds}{I}, \quad \int_0^L \frac{y\,ds}{I}, \quad \int_0^L \frac{(a-x)}{I}\,ds \quad \text{et} \quad \int_0^L \frac{(a-x)\,y}{I}\,ds,$$

dont les deux premières ont déjà été calculées : si l'on a opéré par quadrature, il suffit de prendre dans le tableau, où l'on a porté les valeurs des éléments de chaque intégrale, les nombres correspondant à la portion d'arc comprise entre les limites de l'intégrale partielle et en faire la somme.

Cela fait, on obtiendra Q, z et $-\,Qz$ à l'aide des formules précédentes 9, 10 et 11.

Dans le cas d'une surcharge quelconque symétrique par rapport à la clef, le problème ne serait pas plus difficile : on sait toujours, en pareil cas, calculer pour une section quelconque la valeur de X', qui est égale au moment fléchissant développé dans une poutre droite de longueur $2a$ appuyée à ses deux extrémités A et A' et soumise à la même surcharge que l'arc. La quadrature des intégrales définies qui contiennent X' se fait donc sans difficulté puisque l'on connaît pour chaque section X', I et y.

163. Cas d'une surcharge dissymétrique. —

Supposons l'arc soumis à une surcharge disposée d'une manière absolument quelconque : alors la section transversale de la clef ne demeure plus verticale pendant la déformation. et son centre de gravité S subit un déplacement horizontal dx. La méthode précédente n'est plus applicable.

D'autre part, le problème se complique parce que l'on ne connaît plus *a priori* la valeur de la composante verticale T de

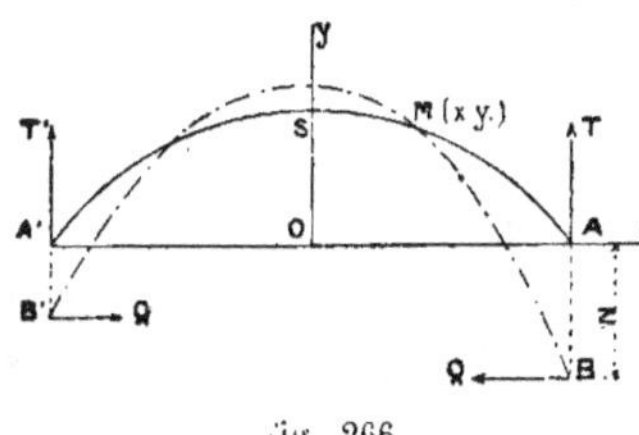

Fig. 266.

l'action exercée par l'arc sur la culée A. composante qui dans le cas précédent était, en vertu de la symétrie, égale à la moitié de la surcharge. Il faudrait trouver la valeur de cette réaction T pour pouvoir calculer le moment fléchissant X' produit dans une section transversale quelconque par les forces verticales appliquées à l'arc.

Soit M $(x.y)$ un point quelconque de l'axe longitudinal.

La valeur du moment fléchissant X' développé par les forces verticales appliquées à l'arc peut se diviser en deux parties :

1° Le moment dû à la réaction inconnue T, qui est T $(a\text{-}x)$;

2° Le moment dû aux poids, composant la surcharge, qui sont appliqués à l'arc entre les points A et M. Ce moment que nous désignerons par X'' est aisé à calculer : ce serait le moment fléchissant développé dans une poutre droite de longueur 2a, encastrée en A', et libre à son extrémité opposée A, qui serait soumise à la même surcharge que l'arc.

Reportons-nous maintenant aux formules générales du n° 161 et appliquons les formules 1, 3 et 4 à l'arc tout entier. depuis l'extrémité A' jusqu'à l'extrémité A. Nous avons évidemment, puisque les sections A et A' de l'arc sont invariables :

pour A' : $x_0 = -a,\ y_0 = 0,\ \delta x_0 = 0,\ \delta y_0 = 0,\ \delta\theta_0 = 0$;
pour A : $x_1 = a,\quad\ y_1 = 0,\ \delta x_1 = 0,\ \delta y_1 = 0,\ \delta\theta_1 = 0.$

Remarquons d'ailleurs que l'intégrale définie $\int_{y_0}^{y_1}\dfrac{F\,dy}{E\Omega}$ est nécessairement nulle entre les limites choisies : $y_0 = y_1 = 0$.

D'où :

$$(1)\qquad \int_{-L}^{+L}\frac{X\,ds}{EI}=0,$$

$$(2)\qquad \int_{-L}^{+L}\frac{Xy}{EI}\,ds-\int_{-L}^{+L}\frac{Q\,ds}{E\Omega}=0,$$

$$(3)\qquad \int_{-L}^{+L}\frac{X\,(a-x)}{EI}\,ds=0.$$

Supprimons le facteur commun $\dfrac{1}{E}$ et remplaçons dans les équations X par sa valeur :

$$X = X'' + T\,(a-x) - Q\,(z+y).$$

Faisons sortir les inconnues T, Q et z du signe $\int$ de toutes les intégrales où elles figurent ; nous avons en définitive les équations qui suivent :

$$(4)\ \int_{-L}^{+L}\frac{X''ds}{I}+T\int_{-L}^{+L}\frac{(a-x)}{I}\,ds-Qz\int_{-L}^{+L}\frac{ds}{I}-Q\int_{-L}^{+L}\frac{yds}{I}=0,$$

$$(5)\ \int_{-L}^{+L}\frac{X''yds}{I}+T\int_{-L}^{+L}\frac{(a-x)y}{I}\,ds-Qz\int_{-L}^{+L}\frac{yds}{I}-Q\int_{-L}^{+L}\frac{y'ds}{I}-Q\int_{-L}^{+L}\dots$$

$$(6)\ \int_{-L}^{+L}\frac{X''(a-x)}{I}\,ds+T\int_{-L}^{+L}\frac{(a-x)^2}{I}\,ds-Qz\int_{-L}^{+L}\frac{(a-x)ds}{I}-Q\int_{-L}^{+L}\frac{(a-x)}{I}\dots$$

Rien n'est plus aisé que de résoudre ces trois équations à trois inconnues Q, T et z. Toutes les intégrales définies qui figurent dans le calcul peuvent être déterminées par quadrature : sauf la première de chaque équation qui est fonction de la surcharge, elles ne dépendent que de la forme de l'arc. Nous avons vu précédemment comment on peut calculer X''.

Ces intégrales sont au nombre de dix, dont quelques-unes ont déjà figuré dans l'article précédent. En effet, vu la symétrie de l'arc par rapport à la verticale Oy, on a :

$$\int_{-L}^{+L}\frac{ds}{\Omega}=2\int_{0}^{L}\frac{ds}{\Omega}=2\,J,$$

$$\int_{-L}^{+L} \frac{ds}{I} = 2\,\mathrm{H},$$

$$\int_{-L}^{+L} \frac{y\,ds}{I} = 2\,\mathrm{M},$$

$$\int_{-L}^{+L} \frac{y^2\,ds}{I} = 2\,\mathrm{N},$$

D'une manière générale, toute intégrale, *indépendante de* X'', qui est prise entre les limites $-L$ et $+L$ est égale, soit au double de la même intégrale prise entre les limites 0 et L, soit à zéro si sa différentielle change de signe, quand x passe par zéro, ce qui est le cas de l'intégrale $\displaystyle\int \frac{F\,dy}{E\,\Omega}$.

164. Cas d'un poids isolé. — Examinons le cas d'un poids isolé π dont le point d'application N est défini par son abcisse n, qui est positive ou négative suivant que le poids est appliqué à droite ou à gauche de la clef S (*fig.* 267).

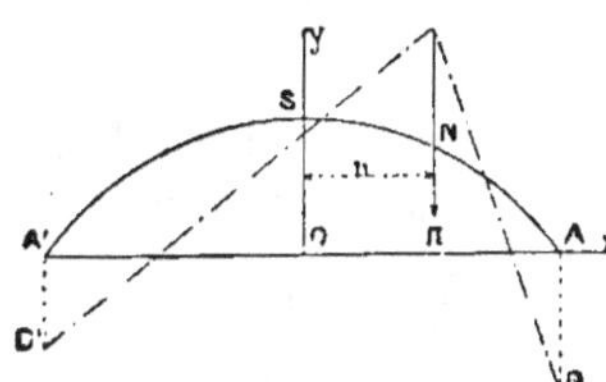
Fig. 267.

On voit que X'' est nul entre les points A et N, et que, entre N et A' il est donné par la formule : $X'' = \pi\,(n\text{-}x)$.

Les intégrales définies qui contiennent le facteur X'' peuvent alors s'écrire :

$$\int_{-L}^{+L} \frac{X''ds}{I} = \pi n \int_{-L}^{(x\,=\,n)} \frac{ds}{I} - \pi \int_{-L}^{(x\,=\,n)} \frac{x\,ds}{I},$$

$$\int_{-L}^{+L} \frac{X''y\,ds}{I} = \pi n \int_{-L}^{(x\,=\,n)} \frac{y\,ds}{I} - \pi \int_{-L}^{(x\,=\,n)} \frac{xy\,ds}{I},$$

$$\int_{-L}^{+L} \frac{X''(a-x)\,ds}{I} = \pi n \int_{-L}^{(x\,=\,n)} \frac{(a-x)\,ds}{I} - \pi \int_{-L}^{(x\,=\,n)} \frac{(a-x)\,x\,ds}{I}.$$

Toutes les intégrales définies qui figurent dans les seconds membres de ces équations sont des fractions des intégrales définies déjà rencontrées dans les équations (4), (5) et (6) précédentes.

On n'a donc pas à faire de nouvelles recherches, et l'on peut se servir des calculs numériques déjà effectués. Remarquons encore que par suite de la symétrie de l'arc, on a l'égalité $\int_{\ldots L}^{(x=n)} = \int_0^L + \int_0^{(x=n)}$; en conséquence, on peut toujours se borner à calculer les intégrales définies entre les limites 0 et L.

165. Marche générale des calculs. — En résumé, pour déterminer la poussée Q et le moment fléchissant — Qz, développés dans la section d'encastrement A d'un arc encastré quelconque symétrique par rapport à la verticale qui passe au milieu de l'ouverture, il convient de suivre la marche suivante :

1° Dans le cas d'une dilatation simple, on doit calculer quatre intégrales définies qui ne dépendent que de la forme de l'arc, savoir :

$$\int_0^L \frac{ds}{\Omega}, \quad \int_0^L \frac{ds}{I}, \quad \int_0^L \frac{y\,ds}{I} \quad \text{et} \quad \int_0^L \frac{y^2\,ds}{I}.$$

2° Dans le cas de la charge permanente ou de la surcharge complète, on doit calculer en outre les intégrales définies :

$$\int_0^L \frac{(a^2 - x^2)}{I}\,ds \quad \text{et} \quad \int_0^L \frac{(a^2 - x^2)}{I}\,y\,ds,$$

qui ne dépendent que de la forme de l'arc.

3° Dans le cas d'une surcharge symétrique par rapport à la clef, si l'on représente par X' le moment fléchissant que la surcharge déterminerait dans une poutre droite simplement appuyée de même ouverture $2a$ que l'arc étudié, les deux intégrales nouvelles à calculer sont :

$$\int_0^L \frac{X'\,ds}{I} \quad \text{et} \quad \int_0^L \frac{X'\,y\,ds}{I}.$$

S'il s'agit de deux poids isolés, on n'a qu'à calculer les nouvelles intégrales $\int_0^L \frac{a-x}{I}\,ds$ et $\int_0^L \frac{(a-x)\,y}{I}\,ds$ qui ne dépendent que de la forme de l'arc, *de façon à pouvoir facilement obtenir les valeurs qu'elles auraient en les prenant entre des limites différentes de 0 et* L. Ces intégrales ainsi calculées suffisent, quels que soient les points d'application des deux poids de part et d'autre de la clef.

4° Dans le cas d'une surcharge dissymétrique, on a de plus

à calculer l'intégrale $\int_o^L \dfrac{(a-x)^2}{I}\, ds$ qui ne dépend que de la forme de l'arc, et les intégrales $\int_{-L}^{+L} \dfrac{X'' ds}{I}$, $\int_{-L}^{+L} \dfrac{X'' y\, ds}{I}$, $\int_{-L}^{+L} \dfrac{X''(a-x)}{I}\, ds$, qui dépendent du mode de répartition de la surcharge : X'' représente le moment fléchissant que la surcharge déterminerait dans une poutre droite encastrée à l'extrémité $A'(-L)$ et libre à l'autre extrémité $A(+L)$.

Si l'on considère un poids isolé, les trois intégrales définies qui précèdent se ramènent toutes à des portions d'intégrales déjà calculées. Les opérations sont donc réduites à fort peu de chose, quelle que soit la position du poids unique considéré.

Après avoir effectué toutes ces intégrales, le problème se ramène à résoudre une équation numérique du 1er degré à une inconnues ou trois équations numériques du 1er degré à trois inconnues; ce qui ne peut présenter aucune difficulté.

166. Calcul des intégrales définies. — Nous conseillerons, lorsque l'on veut étudier les effets de surcharges diversement réparties, de procéder toujours en les divisant en poids isolés, pour lesquels on calculera séparément les valeurs de Q et de z, parce que de cette façon la surcharge n'intervient pas dans l'expression des intégrales qui peuvent être calculées une fois pour toutes avant de commencer les opérations relatives à la détermination de la poussée.

Cela reviendra en somme à appliquer sans modification aucune la méthode déjà exposée au n° 147 pour le cas des arcs articulés aux naissances.

Supposons que l'on veuille calculer la poussée Q et le moment fléchissant à la naissance $-Q z$ développés dans un arc quelconque symétrique par rapport à la clef, par l'action de la température, de la charge permanente et d'un poids isolé appliqué en un point variable de l'arc.

On commencera par calculer les intégrales définies de la façon suivante :

On divisera l'arc en un certain nombre de tronçons au

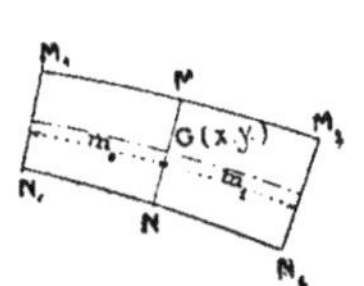

Fig. 268.

moyen de sections $M_0 N_0$, MN, $M_1 N_1$ convenablement espacées, et pour chacune de ces sections on calculera l'élément correspondant de chacune des intégrales définies dont on cherche les valeurs (*fig.* 268).

Soient m_0 et m_1 les distances de la section considérée aux deux sections voisines : on sait qu'il faut remplacer dans l'expression placée sous le signe $\int$ la différentielle ds par la moyenne $\dfrac{m_0 + m_1}{2}$, et substituer aux variables x et y les valeurs correspondant au centre de gravité G de la section M N, et aux variables I et celles relatives à cette même section, que l'on aura préalablement calculées.

Les résultats de ces opérations seront inscrits dans un tableau analogue au tableau suivant :

Calcul par quadrature des intégrales définies.

N^os des sections.	$\int \dfrac{ds}{\Omega},$	$\int \dfrac{ds}{I},$	$\int \dfrac{y\,ds}{I},$	$\int \dfrac{y^2\,ds}{I},$	$\int \dfrac{(a-x)\,ds}{I},$
. . . .	.	.	.	.	.
. . . .	.	.	.	.	.
Section MN.	$\dfrac{m_0 + m_1}{2\Omega}$	$\dfrac{m_0 + m_1}{2I}$	Ky	Ky^2	$K(a-x)$
	.	.	.	.	.
	.	.	.	.	.

N^os des sections.	$\int \dfrac{(a-x)\,y}{I}\,ds,$	$\int \dfrac{(a^2-x^2)\,ds}{I},$	$\int \dfrac{(a^2-x^2)\,y\,ds}{I},$	$\int \dfrac{x\,ds}{I},$	$\int \dfrac{xy}{I}$
. . . .	.	.	.	.	.
. . . .	.	.	.	.	.
Sect. MN.	$K(a-x)\,y$	$K(a^2-x^2)$	$K(a^2-x^2)\,y$	Kx	Kx
	.	.	.	.	.
	.	.	.	.	.

Le nombre de la 2ᵉ colonne $\dfrac{m_{0}+m_{1}}{2\,1}$ est facteur dans toutes les colonnes suivantes : nous l'avons représenté par K.

L'extrême facilité que présente la préparation d'un pareil tableau saute aux yeux, les longueurs y, x et $a-x$ étant données par un calcul préliminaire ou par des mesurages faits sur une épure.

Une fois ce tableau dressé, on obtient une intégrale quelconque $\int_{0}^{L}$ en faisant la somme de tous les nombres inscrits dans la colonne verticale correspondante, une intégrale $\int_{0}^{n}$ en s'arrêtant au nombre relatif à la section située au droit de l'abscisse n, et l'intégrale $\int_{-L}^{+n}$ en ajoutant à la somme $\int_{0}^{L}$ de tous les nombres le total partiel $\int_{0}^{n}$, etc. En résumé la recherche d'une intégrale définie quelconque consiste en l'addition de plusieurs nombres consécutifs de l'une des colonnes du tableau.

Quant au calcul de Q et de $-Qz$, il se ramène toujours à la résolution d'une équation du 1ᵉʳ degré dont les coefficients numériques sont fournis par le Tableau qui précède. Cette opération ne peut être ni longue ni pénible.

167. Evaluation du travail. — Ayant déterminé les valeurs de la poussée Q et du moment fléchissant à la naissance $-Qz$ correspondant à un état quelconque de l'arc, il reste à calculer le travail maximum développé dans chaque section transversale de l'ouvrage. On connaît aussi la composante verticale T de la réaction exercée par l'arc sur la culée A : T, dans le cas de la surcharge symétrique, est égal à la moitié de cette surcharge. Dans le cas de la surcharge dissymétrique, les équations du 1ᵉʳ degré qui ont servi à calculer Q et Qz donnent en même temps sa valeur.

Le moment fléchissant X est fourni pour une section quelconque par une des formules :

$$X = X' - Q\,(z+y),$$
$$X = X'' + T\,(a-x) - Q\,(z+y).$$

Nous avons donné précédemment les valeurs de X′ et de X″ en fonction d′x et d′y. Nous n'y reviendrons pas. T, Q et z sont connus.

On peut appliquer sans aucun changement la méthode de calcul du travail développée dans le n° 138 pour les arcs articulés aux naissances.

Nous conseillerons encore de diviser la surcharge en poids égaux et équidistants, et de calculer Q et z pour chacun d'eux de façon à appliquer sans changement cette méthode.

La méthode géométrique (139) peut également être adoptée sans difficulté, le tracé des courbes de pression correspondant aux différents cas de température, de charge et de surcharge étant des plus aisés lorsque l'on connaît Q, z et T.

Nous allons faire l'application aux arcs circulaires de la méthode que nous venons d'exposer.

<h2 style="text-align:center">§ 2.</h2>

<h3 style="text-align:center">CALCUL DES ARCS CIRCULAIRES A SECTION CONSTANTE.</h3>

168. Calcul des intégrales définies. — Dans le cas d'un arc circulaire à section constante le problème se simplifie, parce que toutes les intégrales peuvent être résolues sous leur forme générale, et que les équations se trouvent ainsi débarrassées des signes $\int$.

On a en effet, en conservant les notations déjà

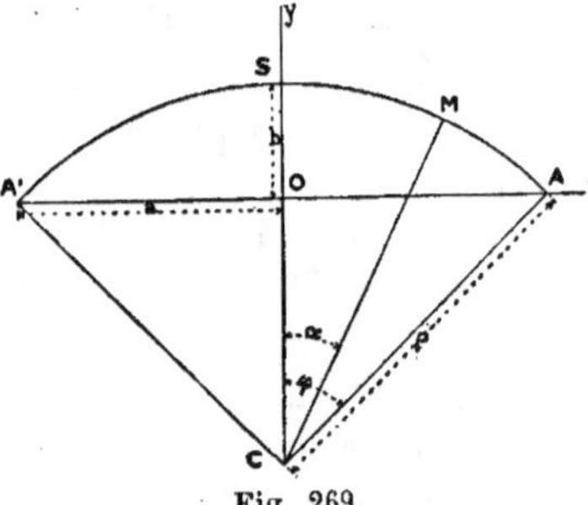

Fig. 269.

adoptées pour les arcs circulaires (*fig.* 269) :

$$L = \rho\varphi, \quad ds = \rho\,d\alpha, \quad x = \rho\sin\alpha, \quad y = \rho(\cos\alpha - \cos\varphi),$$

$$\Omega = \frac{1}{r^3}, \quad a = \rho\sin\varphi, \quad b = \rho(1 - \cos\varphi).$$

$$\int \frac{ds}{\Omega} = \rho\, \frac{r^2}{I}\alpha, \qquad \int_0^L \frac{ds}{\Omega} = \rho\varphi\, \frac{r^2}{I},$$

$$\int \frac{ds}{I} = \frac{\rho\alpha}{I}, \qquad \int_0^L \frac{ds}{I} = \rho\, \frac{\varphi}{I}.$$

I étant un facteur constant, nous pouvons le faire disparaître des intégrales suivantes :

$$\int y\,ds = \rho^2 (\sin\alpha - \alpha \cos\varphi),$$

$$\int y^2\,ds = \rho^3 \left(\frac{\alpha}{2} + \frac{\sin\alpha \cos\alpha}{2} - 2 \sin\alpha \cos\varphi + \alpha \cos^2\varphi \right),$$

$$\int (a-x)\,ds = \rho^2 (\alpha \sin\varphi + \cos\alpha),$$

$$\int (a-x)\,y\,ds = \rho^3 \left(\sin\alpha \sin\varphi - \alpha \sin\varphi \cos\varphi - \sin^2\frac{\alpha}{2} - \cos\alpha \cos\varphi \right),$$

$$\int_0^L y\,ds = \rho^2 (\sin\varphi - \varphi \cos\varphi),$$

$$\int_0^L y^2\,ds = \rho^3 \left(\frac{\varphi}{2} + \varphi \cos^2\varphi - \frac{3}{2} \sin\varphi \cos\varphi \right),$$

$$\int_0^L (a-x)\,ds = \rho^2 (\varphi \sin\varphi + \cos\varphi - 1),$$

$$\int_0^L (a-x)\,y\,ds = \rho^3 \left(\frac{\sin^2\varphi}{2} - \varphi \sin\varphi \cos\varphi - \cos^2\varphi + \cos\varphi \right).$$

$$\int xy\,ds = \rho^3 \left(\frac{\sin^2\alpha}{2} + \cos\alpha \cos\varphi \right),$$

$$\int x\,ds = -\rho^2 \cos\alpha,$$

$$\int (a^2 - x^2)\,ds = \rho^3 \left(\alpha \sin^2\varphi - \frac{\alpha}{2} + \frac{\sin\alpha \cos\alpha}{2} \right),$$

$$\int (a^2 - x^2)\,y\,ds = \rho^4 \left(-\alpha \sin^2\varphi \cos\varphi + \frac{\alpha \cos\varphi}{2} - \frac{\sin\alpha \cos\alpha \cos\varphi}{2} + \sin^2\varphi \sin\alpha - \frac{\sin^3\alpha}{3} \right).$$

$$\int_0^L xy\,ds = \rho^3 \left(\frac{\sin^2\varphi}{2} + \cos^2\varphi - \cos\varphi \right),$$

$$\int_0^L x\,ds = \rho^2 (1 - \cos\varphi),$$

$$\int_0^L (a^2 - x^2)\,ds = \rho^3 \left(\varphi \sin^2\varphi - \frac{\varphi}{2} + \frac{\sin\varphi \cos\varphi}{2} \right),$$

$$\int_0^L (a^2 - x^2)\,y\,ds = \rho^4 \left(-\varphi \sin^2\varphi \cos\varphi + \frac{\varphi \cos\varphi}{2} - \frac{\sin\varphi \cos^2\varphi}{2} + \frac{2}{3} \sin^3\varphi \right).$$

En substituant toutes ces expressions dans les équations générales du paragraphe qui précède, nous aurons des équations du 1er degré dont tout les coefficients seront des fonctions connues de l'angle φ, et par conséquent leur résolution ne présentera aucune difficulté.

Nous allons indiquer les résultats de cette substitution dans différents cas particuliers.

169. Effets de la dilatation. —

$$Q = \frac{EI\alpha t}{\rho^2} \times \frac{1}{\dfrac{\varphi}{\sin\varphi}\left(\dfrac{1}{2} + \dfrac{r^2}{\rho^2}\right) + \dfrac{\cos\varphi}{2} - \dfrac{\sin\varphi}{\varphi}},$$

$$z = -\rho\left(\frac{\sin\varphi}{\varphi} - \cos\varphi\right),$$

$$-Qz = \frac{EI\alpha t}{\rho} \times \frac{\dfrac{\sin\varphi}{\varphi} - \cos\varphi}{\dfrac{\varphi}{\sin\varphi}\left(\dfrac{1}{2} + \dfrac{r^2}{\rho^2}\right) + \dfrac{\cos\varphi}{2} - \dfrac{\sin\varphi}{\varphi}}.$$

Pour les arcs très surbaissés on a sensiblement :

$$z = \frac{2}{3}\rho(1 - \cos\varphi) = \frac{2}{3}b,$$

ce qui veut dire que la droite horizontale NN′ (*fig.* 270), qui représente ici la courbe des pressions, coupe la flèche S O de l'arc aux 2/3 de sa longueur à partir du point O.

L'erreur commise en prenant $z = \dfrac{2}{3}b$ est insignifiante quand $\dfrac{b}{a}$ est petit.

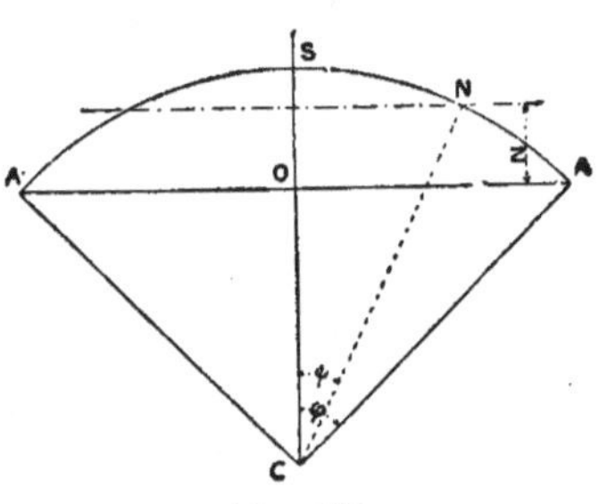

Fig. 270.

Pour $\varphi = \dfrac{\pi}{2}$, cas où l'arc embrasse une demi-circonférence, la formule exacte donne $z = o,6366\,b$, et la formule approchée $z = \dfrac{2}{3}b = o,6667\,b$.

L'erreur commise est inférieure à 5 °/₀.

Le point N où la droite NN′ coupe l'arc SA est défini par l'angle au centre ψ, dont la valeur est donnée par la relation :

$\cos \psi = \dfrac{\sin \varphi}{\varphi}$. Nous jugeons superflu d'en donner la démonstration qui est extrêmement simple.

Cette formule est pour les arcs très surbaissés sensiblement équivalente à la suivante :

$$\psi = \frac{\varphi}{\sqrt{3}} = \frac{4}{7}\varphi = \frac{\varphi}{1,75}.$$

Pour $\varphi = \dfrac{\pi}{2}$, l'erreur commise serait inférieure à 3 °/₀ : la valeur exacte de ψ est égale à 50°. 27', tandis que $\frac{4}{7}\varphi = 51°.26'$.

On voit donc que la section transversale de l'arc, où le moment fléchissant dû à la dilatation est nul, correspond au point de l'axe longitudinal situé aux $\dfrac{4}{7}$ de la longueur de cet axe à partir de la clef S.

En développant, dans la formule qui donne la poussée Q, φ et $\cos \varphi$ par rapport à $\sin \varphi$ et négligeant les puissances de $\sin \varphi$ supérieures à la 4ᵉ, nous avons obtenu la formule approximative suivante applicable aux arcs surbaissés :

$$Q = \frac{\mathrm{EI}\,\alpha t}{\frac{4}{45}\,b^2 + r^2}.$$

Cette formule est très suffisamment exacte dans la pratique.

On a vu (136) que, pour les arcs circulaires à section constante articulés aux naissances, la valeur de la poussée est donnée par la relation :

$$Q = \frac{\mathrm{EI}\,\alpha t}{r^2 + \frac{8}{15}\,b^2}.$$

Nous en concluons que, toutes choses égales d'ailleurs, la poussée produite par la dilatation dans un arc encastré est toujours plus considérable que si l'arc était articulé aux naissances, et que, lorsque r^2 est négligeable devant b^2, l'encastrement augmente la poussée dans le rapport de $\dfrac{8}{15} \times \dfrac{45}{4} = 6$.

Donc la poussée est très augmentée par l'encastrement. Il en est de même de l'effort normal développé dans l'arc : mais comme dans la pratique le travail dû à cet effort est très faible (*fig.* 225), il n'en résulte pas d'accroissement sérieux dans le travail du métal. Il faut excepter le cas des arcs extrêmement surbaissés, où la flèche b et le rayon de gyration r sont des quantités de même grandeur : en ce cas, l'augmentation de ce chef peut être très importante (art. 27 et 176).

Comparons maintenant les moments fléchissants développés dans les deux cas par la dilatation.

Pour l'arc articulé aux naissances, le moment fléchissant est donné par la formule :

$$X = -Qy.$$

Pour l'arc encastré, on se servira de la relation :

$$X = -Q\left(y - \frac{2}{3}\,b\right).$$

Le tableau suivant résume les résultats principaux de cette comparaison.

	ARC ARTICULÉ	ARC ENCASTRÉ
Poussée.	$EI\,\alpha t \times \dfrac{1}{r^2 + \frac{8}{15}b^2}$	$EI\,\alpha t \times \dfrac{1}{r^2 + \frac{4}{45}b^2}$
Moment fléchissant aux naissances : .. $y = o$	0	$+\;EI\,\alpha t \times \dfrac{b}{\frac{3}{2}r^2 + \frac{2}{15}b^2}$
Moment fléchissant aux reins : ..... $y = \frac{2}{3}b$	$-\,EI\,\alpha t \times \dfrac{b}{\frac{3}{2}r^2 + \frac{4}{5}b^2}$	0
Moment fléchissant à la clef : ...... $y = b$	$-\,EI\,\alpha t \times \dfrac{b}{r^2 + \frac{8}{15}b^2}$	$-\,EI\,\alpha t \times \dfrac{b}{3r^2 + \frac{4}{15}b^2}$

Nous avons tracé sur la figure **271** les courbes représentatives
des moments flé-
chissants détermi-
nés par un abaisse-
ment de tempéra-
ture dans chacun
de ces deux arcs,
en nous plaçant
dans l'hypothèse où
le rapport $\dfrac{r^2}{b^2}$ serait
égal à 0,025.

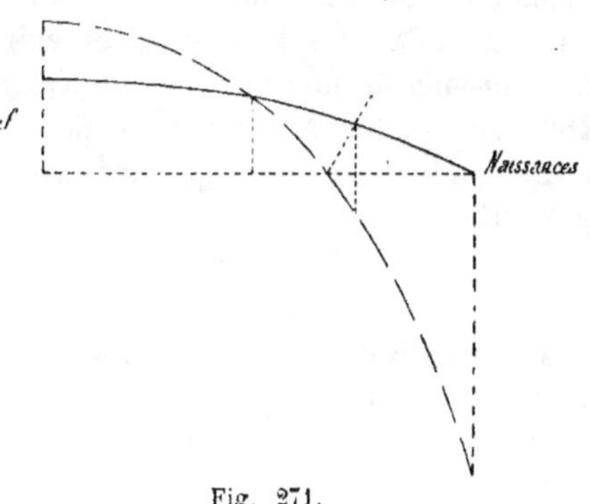

Fig. 271.

Dans l'arc articu-
lé aux naissances, le moment de flexion est toujours positif ;
maximum à la clef, il va en décroissant jusqu'à la naissance,
où il s'annule.

Dans l'arc encastré, le moment est positif à la clef, passe
par zéro au point dont l'ordonnée y est égale à **2/3** b, puis devient négatif et atteint, aux naissances, un second maximum,
double en valeur absolue de celui réalisé à la clef.

Le moment fléchissant de l'arc encastré est supérieur en valeur absolue au moment fléchissant de l'arc articulé dans les
deux régions comprises respectivement entre le point d'ordonnée b (clef) et le point d'ordonnée $0.84\,b$, et entre le point
d'ordonnée $0,55\,b$ et le point d'ordonnée zéro (naissance). Ce
n'est que dans la région des reins, entre l'ordonnée $0,84\,b$ et
l'ordonnée $0,55\,b$, que le phénomène inverse s'observe.

Il semble donc en définitive que les changements de température exercent une action beaucoup plus marquée et beaucoup plus défavorable sur l'arc encastré que sur l'arc articulé ;
à ce point de vue spécial, l'encastrement à la naissance doit
être rejeté, puisqu'il aggrave de façon manifeste et dans une
large mesure les conditions de stabilité de l'ouvrage. On
pourrait toutefois regarder comme utile d'adopter une disposition intermédiaire de façon à réduire le travail aux reins,

comme fait l'encastrement, sans trop l'augmenter à la clef et aux naissances. Il est possible d'obtenir ce résultat en réalisant le demi-encastrement, dont il sera parlé ci-après (art. **172** et **180**), qui conduit à une courbe des moments fléchissants intermédiaire entre celles que nous avons représentées sur la figure **271**.

170. Effet de la charge permanente. — On trouve en remplaçant dans les formules générales les intégrales par leurs valeurs en fonction de l'angle φ :

$$Q = \frac{1}{2}\, p\rho\, \frac{\varphi\,\dfrac{\sin\varphi}{2} - \dfrac{\sin^2\varphi\,\cos^2\varphi}{2} - \varphi\,\dfrac{\sin^3\varphi}{3}}{\dfrac{\varphi^2}{2} - \sin^2\varphi + \dfrac{\varphi\sin\varphi\cos\varphi}{2} + \dfrac{r^2\varphi^2}{\rho^2}} ;$$

$$z = \frac{1}{2}\frac{p\rho}{Q}\left(\sin^2\varphi - \frac{1}{2} + \frac{\sin\varphi\cos\varphi}{2\varphi}\right) + \rho\cos\varphi - \rho\,\frac{\sin\varphi}{\varphi}.$$

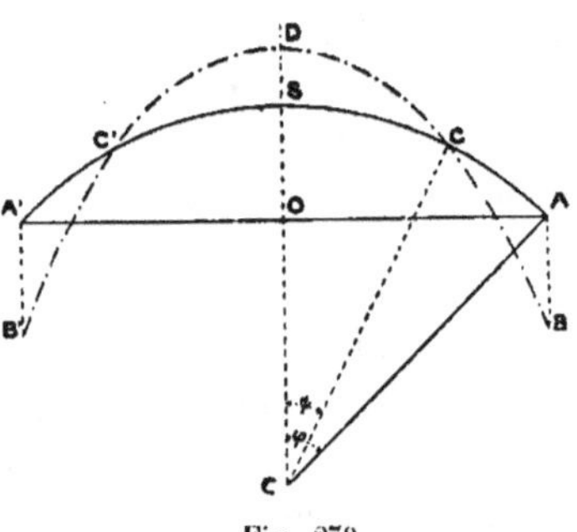

Fig. 279.

Après avoir calculé Q et z, il est facile d'en déduire le moment fléchissant $-Qz$ aux naissances et de tracer la courbe des pressions qui est une parabole à axe vertical BDB (*fig.* **272**).

z est toujours positif, et le point B est par conséquent toujours au-dessous du point A.

Le moment fléchissant présente deux maxima : l'un négatif $-Qz$ en A, et l'autre positif en D, à la clef. Il s'annule en un point C voisin des reins de l'arc, où la courbe des pressions coupe l'axe longitudinal.

L'angle au centre ψ, correspondant au point C, présente cette particularité qu'il est toujours sensiblement égal à $\dfrac{\varphi}{\sqrt{3}}$ ou $\dfrac{4}{7}\varphi$, comme dans le cas de la dilatation. Il est facile de le démontrer. L'équation $\displaystyle\int_0^L X\,ds = o$, qui exprime que l'orientation des sections transversales A et S est invariable, peut être mise sous la forme suivante, en tenant compte de ce que le moment fléchissant est nul au point C :

$$(1)\quad \int_0^\varphi \frac{1}{2}\,p\,(\sin^2\psi - \sin^2\alpha)\,\rho^3\,d\alpha + \int_0^\varphi Q\,(\cos\psi - \cos\alpha)\,\rho^2\,d\alpha = o.$$

On a en effet en un point quelconque défini par l'angle α :

$$X = \frac{1}{2}\,p\rho^3\,(\sin^2\psi - \sin^2\alpha) + Q\rho\,(\cos\psi - \cos\alpha).$$

Intégrons cette équation différentielle entre les limites o et φ. Nous trouverons :

$$(2)\quad \frac{1}{2}\,p_{\mathrm{r}}^3\left(\varphi\sin^2\psi - \frac{\varphi}{2} + \frac{\sin\varphi\cos\varphi}{2}\right) = -Q\rho^2(\varphi\cos\psi - \sin\varphi).$$

Posons $\psi = \dfrac{\varphi}{\sqrt{3}}$, ou, ce qui revient au même, $\cos\psi = \dfrac{\sin\varphi}{\varphi}$ (169). Le second membre de l'équation s'annule; si ce que nous affirmions précédemment est vrai, il faut qu'il en soit de même du premier membre. Développons le coefficient de $\dfrac{1}{2}\,p\rho^3$ en fonction des angles φ et ψ, en négligeant les puissances de φ et ψ supérieures à la troisième. Nous trouverons :

$$\varphi\sin^2\psi - \frac{\varphi}{2} + \frac{\sin\varphi\cos\varphi}{2} = \varphi\times\psi^2 - \frac{\varphi}{2} + \frac{1}{2}\left(\varphi - \frac{\varphi^3}{6}\right)\left(1 - \frac{\varphi^2}{2}\right)$$

$$= \varphi\psi^2 - \frac{\varphi^3}{3}.$$

Égalons à o cette expression : nous en tirons :

$$\psi^2 = \frac{\varphi^2}{3} \quad \text{d'où} \quad \psi = \frac{\varphi}{\sqrt{3}} = \frac{4}{7}\varphi.$$

Donc, en attribuant à ψ la valeur $\dfrac{4}{7}\varphi$, on annule à la fois les deux membres de l'équation (2), ce qu'il fallait démontrer.

On peut d'ailleurs appliquer cette règle en toute sécurité, car l'erreur commise ne peut dépasser, ainsi que nous l'avons vérifié, le maximum de 3 0/0 lorsque φ est égal à $\frac{\pi}{2}$: cette erreur est d'ailleurs indépendante du moment d'inertie I de l'arc.

Cette remarque permet de tracer la courbe des pressions, après avoir calculé la poussée Q, sans être obligé de chercher z, dont la valeur en fonction de φ se présente, comme nous l'avons vu, sous une forme un peu compliquée et est d'un calcul assez pénible.

Dans le cas d'un arc surbaissé, lorsque l'on peut négliger sans erreur sensible le rapport $\dfrac{b^2}{a^2} = \dfrac{(1-\cos\varphi)^2}{\sin^2\varphi}$ devant l'unité, on peut calculer la poussée Q et le moment $-Qz$ à l'aide de formules simplifiées, que l'on obtiendra facilement en développant φ et $\cos\varphi$ en fonction de $\sin\varphi$ dans les équations qui précèdent, et en négligeant les termes qui contiennent $\sin\varphi$ à une puissance supérieure à la 6°. Nous nous bornerons à énoncer les résultats de cette opération, qui sont les formules suivantes :

$$Q = \frac{pa^2}{2b} \frac{1}{1 + \frac{45\,r^2}{4\,b^2}},$$

$$z = \frac{2}{3}\, b \cdot \frac{45\,r^2}{4\,b^2},$$

$$-Qz = -\frac{pa^2}{3} \times \frac{1}{\frac{4\,b^2}{45\,r^2} + 1}.$$

Le moment fléchissant à la clef est donné par la formule :

$$\frac{1}{2}\, pa^2 - Q\,(z+b) = pa^2\left(\frac{1}{2} - \frac{1}{3\left(\frac{4\,b^2}{45\,r^2} + 1\right)} - \frac{1}{2\left(1 + \frac{45\,r^2}{4\,b^2}\right)} \right).$$

Si nous supposons $b = o$, ce qui nous ramène au cas de la poutre droite encastrée à ses extrémités, la valeur de Q se réduit naturellement à zéro, et le moment fléchissant devient aux extrémités A et A' : $\frac{1}{3} pa^2$, et au milieu S : $\frac{1}{6} pa^2$. Ces résultats concordent, ainsi qu'on devait le prévoir, avec ceux qui ont été trouvés par l'étude directe des poutres encastrées (30).

Dans le cas d'un arc articulé aux naissances, nous avons précédemment trouvé (136) que la poussée est donnée par la formule :

$$Q = \frac{pa^2}{2b} \cdot \frac{1}{1 + \frac{15 r^2}{8 b^2}}.$$

En encastrant les extrémités de l'arc, on diminue donc la poussée dans le rapport :

$$\frac{1 + \frac{15 r^2}{8 b^2}}{1 + \frac{45 r^2}{4 b^2}} = \frac{8 b^2 + 15 r^2}{8 b^2 + 90 r^2}.$$

Si $\frac{r^2}{b^2}$ est petit, la valeur de la poussée subit une réduction assez peu sensible, qui toutefois influe d'une manière notable sur la valeur du moment fléchissant développé dans l'arc.

Supposons qu'on puisse remplacer sans grande erreur les coefficients $\dfrac{1}{1 + \frac{15 r^2}{8 b^2}}$ et $\dfrac{1}{1 + \frac{45 r^2}{4 b^2}}$ par $1 - \dfrac{15 r^2}{8 b^2}$ et $1 - \dfrac{45 r^2}{4 b^2}$

vu la faible valeur du rapport $\frac{r^2}{b^2}$. Effectuons cette simplification dans les expressions du moment fléchissant; la comparaison de l'arc encastré et de l'arc articulé est résumée dans le tableau suivant :

	ARC ARTICULÉ	ARC ENCASTRÉ
Moment fléchissant aux naissances. $y = 0$	0	$-\frac{1}{2} p a^2 \cdot \frac{15 r^2}{2 b^2}$
Moment fléchissant aux reins. . . $y = \frac{2}{3} b$	$+\frac{1}{2} p a^2 \times \frac{5 r^2}{4 b^2}$	0
Moment fléchissant à la clef. . . . . $y = b$	$+\frac{1}{2} p a^2 \times \frac{15 r^2}{8 b^2}$	$+\frac{1}{2} p a^2 \cdot \frac{15 r^2}{4 b^2}$

La figure ci-jointe permet de comparer les **intensités des** moments fléchissants dans les deux cas.

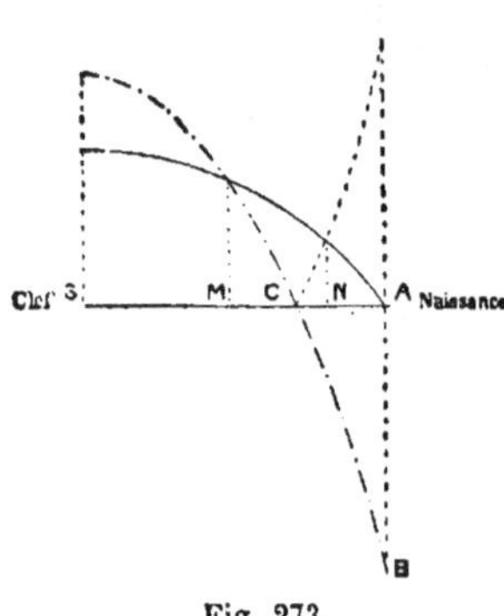

Fig. 273.

L'encastrement double le moment fléchissant à la clef, et lui donne aux naissances une valeur deux fois supérieure à celle relative à la clef. Par conséquent le travail du métal dû au moment fléchissant développé par la charge permanente est le double à la clef et le quadruple aux naissances du maximum qu'il atteindrait à la clef dans le cas de l'arc articulé (*fig.* 273).

Il n'y a réduction dans le travail que sur une zone très restreinte MN, située au droit des reins de l'arc, dans le voisinage du point C où le moment fléchissant s'annule. Quant au travail dû à l'effort normal, il est à peu près le même dans les deux cas. Nous en concluons que, au point de vue de l'effet de la charge permanente, l'encastrement aux naissances est une mesure très désavantageuse qu'il convient d'éviter.

171. Effet de la surcharge. — Pour calculer au moyen de formules générales la poussée et le moment fléchissant Qz dus à un poids isolé quelconque, il faudrait d'abord effectuer les intégrales définies entre les limites correspondant au point d'application du poids. Les formules auxquelles on arriverait sont d'une telle complication qu'il est plus simple en pareil cas d'appliquer la méthode générale du n° 166, en procédant comme pour les arcs de forme quelconque. C'est d'ailleurs ce que l'on serait obligé de faire pour les arcs articulés aux naissances, si les Tables dressées par M. *Bresse* ne fournissaient pas immédiatement les renseignements nécessaires.

On peut toutefois recourir à une méthode de calcul fort simple, qui, bien qu'approximative, est susceptible, croyons-nous, de donner des résultats suffisamment exacts pour les besoins de la pratique.

Considérons un arc très surbaissé, dont l'axe longitudinal circulaire puisse être assimilé sans erreur sensible à une parabole ayant son sommet à la clef S. Négligeons, dans les équations (3) et (4) de la page 437, les termes où figure l'effort normal F, et remplaçons dans les termes en X l'élément de courbe ds par sa projection horizontale dx. Ces simplifications admises, on pourra sans difficulté résoudre le problème relatif à l'effet d'un poids isolé (art. 163 et 164), et obtenir des expressions simples des inconnues : Q, Qz et T.

Soient u la distance horizontale à la naissance de droite A du point d'application N du poids isolé P ; l l'ouverture AA′, et b la flèche Ss de l'arc parabolique.

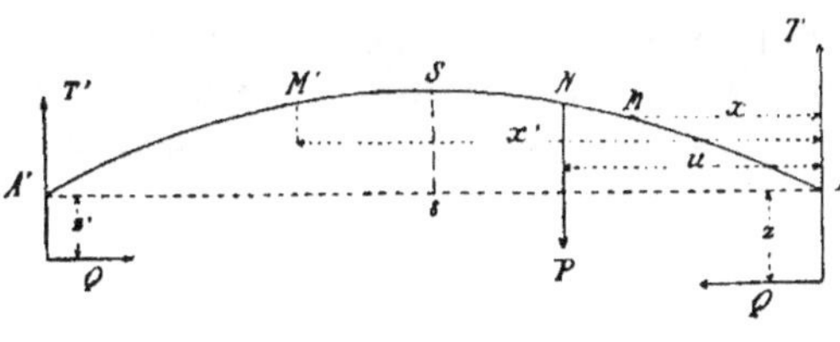

Fig. 274.

Si cet arc était articulé à ses deux naissances A et A′, la valeur de la poussée serait fournie par la relation suivante déjà indiquée à la page 345 sous une forme un peu différente :

$$Q = \frac{5}{8} \frac{P}{bl^3} \, u \, (l - u) \, (l^2 + lu - u^2).$$

Les réactions verticales exercées sur les appuis A et A′ auraient respectivement pour expressions :

$$T = P \frac{(l - u)}{l}, \quad \text{et } T' = \frac{P u}{l}.$$

Si l'arc est encastré en A et en A′, on arrive aux résultats suivants :

Poussée :

$$Q = \frac{15}{4} \frac{P u^2 (l - u)^2}{b l^3} ;$$

Appui A : réaction verticale :

$$T = \frac{P (l - u)^2}{l^3} \, (l + 2u) ;$$

Bras de levier de la poussée :

$$z = -\frac{2}{3}\,b + \frac{4}{15}\,\frac{bl}{u}\,;$$

Appui B : Réaction verticale :

$$\mathrm{T'} = \frac{\mathrm{P}u^2}{l^3}\,(3l - 2u)\,;$$

Bras de levier de la poussée :

$$z' = -\frac{2}{3}\,b + \frac{4}{15}\,\frac{bl}{l-u}\,.$$

Les quantités Q, T, T′, z et z' étant calculées, on obtiendra sans difficulté le moment fléchissant relatif à une section transversale quelconque de l'arc par les relations suivantes :

Arc articulé aux naissances
$$\begin{cases} \text{Point M situé entre A et N}, x<u : \mathrm{X} = \mathrm{T}x - \dfrac{4\mathrm{Q}b}{l^2}\,x(l-x)\,; \\[2ex] \text{Point M' situé entre N et A}, x>u : \mathrm{X'} = \mathrm{T'}(l-x') - \dfrac{4\mathrm{Q}b}{l^2}x'(l-x'). \end{cases}$$

Arc encastré aux naissances
$$\begin{cases} \text{Région AN}, \ x<u : \mathrm{X} = \mathrm{T}x - \mathrm{Q}z - \dfrac{4\mathrm{Q}b}{l^2}\,x(l-x)\,; \\[2ex] \text{Région AN'}, x>u : \mathrm{X'} = \mathrm{T'}(l-x') - \mathrm{Q}z' - \dfrac{4\mathrm{Q}b}{l^2}\,x'(l-x'). \end{cases}$$

On voit que les valeurs de X et X′ sont, pour les deux arcs considérés, indépendantes de la flèche b et du rayon de gyration r de la section transversale de l'arc. Nous avons tracé sur la figure **275** les courbes représentatives de X pour le cas de l'arc articulé (lignes pleines), et celui de l'arc encastré (lignes pointillées), en nous plaçant dans l'hypothèse d'un poids voyageur qui se déplacerait sur le pont en marchant de l'extrémité de gauche jusqu'au milieu de la portée. D'après la remarque faite plus haut, cette épure se rapporte à tous les arcs à section constante, puisque ni le surbaissement $\frac{b}{l}$ ni le moment d'inertie ωr^2 de la section transversale n'influe sur l'expression de X (en raison des simplifications effectuées dans les équations qui ont fourni le point de départ).

Cette épure permet de reconnaître qu'au point de vue de l'effet d'un poids isolé l'encastrement présente de sérieux avantages, en ce qu'il entraine une réduction sensible des valeurs maxima de X, sur presque toute l'étendue du pont.

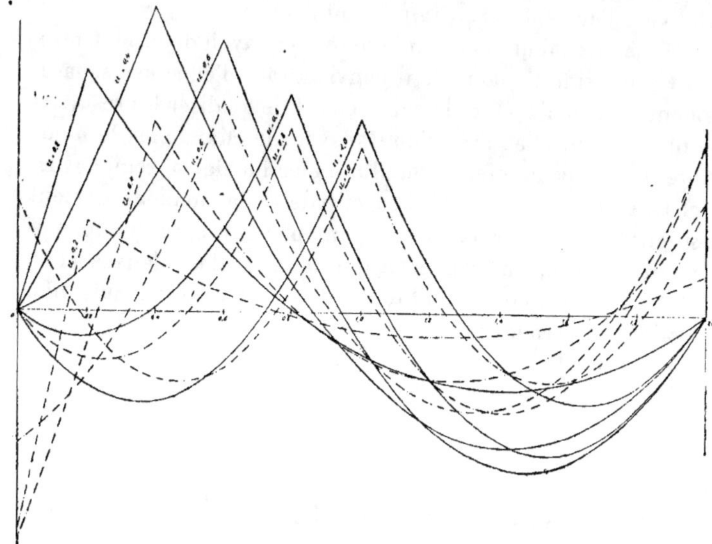

Fig. 275.

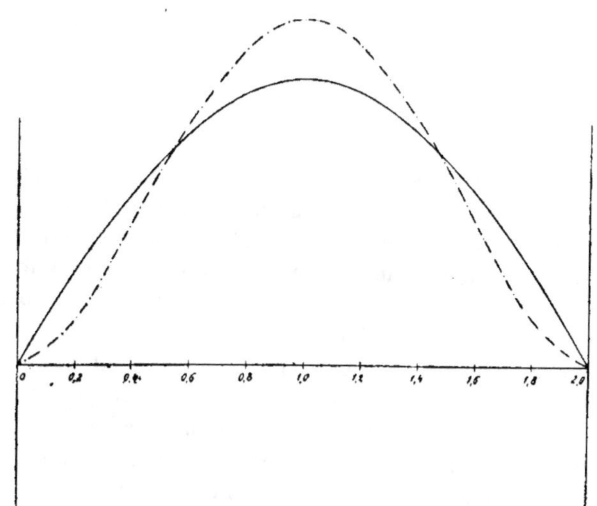

Fig. 275 bis.

La figure 275 *bis* permet de comparer la valeur de la

poussée, correspondant à une position quelconque du poids mobile, relative à l'arc articulé (ligne pleine) à la valeur relative à l'arc encastré (ligne pointillée).

Si, au lieu d'un poids unique, on en avait deux ou trois à envisager simultanément, il conviendrait d'effectuer séparément les calculs pour chacun d'eux et de totaliser les résultats obtenus pour chaque section transversale. Mais plus le nombre des poids augmente, ou plus l'étendue de la région surchargée s'accroit, et plus l'exactitude de la méthode devient sujette à caution. A la limite, pour une surcharge uniformément répartie, on trouverait que les formules relatives à l'un et à l'autre arc conduisent toutes deux aux résultats suivants, également erronés :

$$Q = \frac{p^2}{8b}, \text{ et } X = X' = 0.$$

Cela n'a rien de surprenant, puisqu'on a négligé dans l'établissement de ces formules les termes en $\frac{F}{\Omega}$ dont l'influence se traduit, dans chaque cas, par le coefficient de correction de la poussée :

$$\frac{1}{1 + \frac{15r^2}{8b^2}} \text{ et } \frac{1}{1 + \frac{45r^2}{4b^2}}.$$

En somme cette méthode approximative ne peut donner de renseignements valables qu'eu ce qui touche l'effet produit par une surcharge réduite à un poids unique, ou composée de plusieurs poids rassemblés sur une fraction assez faible du pont, comme une locomotive ou un chariot. Elle permet alors de constater que l'encastrement aux naissances est une mesure avantageuse au point de vue de la stabilité.

Pour avoir des résultats absolument exacts, ou pour étudier l'effet d'une surcharge couvrant une fraction notable du tablier, il faudrait calculer la poussée et les moments fléchissants aux naissances à l'aide des formules rigoureuses qui s'obtiennent par la marche indiquée à l'article 166, étant donné que l'on ne dispose pas de tables relatives aux arcs encastrés de section constante, analogues à celles que M. *Bresse* a établies pour les arcs articulés.

Nous admettrons d'une manière générale que l'encastrement a pour résultat de diminuer (sauf dans le voisinage des naissances) la valeur du travail maximum produit par la surcharge d'épreuve, répartie de la manière la plus défavorable pour la section transversale considérée. Il soulage notamment les reins de l'arc d'une façon très sensible.

172. Effets de l'encastrement et du demi-encastrement. — Il nous parait résulter de l'étude que nous venons de faire que l'encastrement aux naissances est désavantageux au point de vue de l'effet de la charge permanente. Il est également nuisible en ce qui touche l'influence des changements de température :

A la clef, le travail maximum du métal est fourni pour l'arc articulé par l'expression :

$$E\alpha t\left[\frac{1}{1+\dfrac{8}{15}\dfrac{b^2}{r^2}} + \frac{hb}{2r^2+\dfrac{16}{15}b^2}\right],$$

et pour l'arc encastré par l'expression :

$$E\alpha t\left[\frac{1}{1+\dfrac{4}{45}\dfrac{b^2}{r^2}} + \frac{hb}{6r^2+\dfrac{8}{15}b^2}\right],$$

h étant la hauteur de l'arc. Aux naissances, le travail est nul pour l'arc articulé, tandis qu'il est fourni pour l'arc encastré par l'expression :

$$E\alpha t\left[\frac{1}{1+\dfrac{4}{45}\dfrac{b^2}{r^2}} + \frac{hb}{3r^2+\dfrac{4}{15}h^2}\right].$$

En ce qui touche l'effet d'une surcharge variable, l'encastrement présente au contraire un avantage marqué sur l'articulation : il diminue à la fois le travail maximum du métal, et, ainsi que nous le verrons plus tard, l'amplitude des déformations de l'ouvrage.

Considérons un arc articulé aux naissances, dont les travaux

R   30

d'exécution seraient complètement achevés, et qui par conséquent porterait la totalité de sa charge permanente. Supposons qu'on immobilise à ce moment sa sec-
tion d'about, en intercalant entre les sommiers d'appui et les extrémités des semelles
les cales b et b, placées de part et d'autre
de l'articulation centrale a, qui transmet
quant à présent à la culée la réaction de
l'arc. Les cales ayant été placées sans serrage
immédiat, rien ne sera changé à l'effet produit par la charge permanente, qui continuera à agir sur l'ouvrage comme si celui-ci

Fig. 276.

était articulé aux naissances. Mais il n'en sera plus de même
s'il survient un changement de température, ou si l'on place
une surcharge additionnelle sur le pont. L'arc se comportera,
sous l'influence de cette cause nouvelle, comme s'il était encastré. Le résultat obtenu par l'adjonction des cales sera désavantageux à un point de vue, et favorable à l'autre. D'une
manière générale, le travail sera accru dans la section de retombée, et probablement dans celle de clef, mais diminué
dans la région des reins. Suivant que l'influence des changements de température ou celle des surcharges mobiles aura
été trouvée prépondérante, le résultat obtenu devra être
considéré comme bon ou mauvais. C'est donc là une question
d'espèce, à trancher suivant les circonstances.

Cette disposition est presque toujours adoptée dans la
construction des ponts en arc. Toutes choses égales d'ailleurs, elle paraît d'autant mieux justifiée que la surcharge
est relativement plus importante : elle convient donc mieux
aux ponts de chemins de fer qu'aux ponts de routes, et,
pour les premiers, est d'autant plus à recommander que la
portée est plus faible. Enfin à égalité d'ouverture et de surcharge, le dispositif en question est mieux approprié à l'arc
pour lequel le rapport $\dfrac{r^2}{b^2}$ est plus petit.

Il sera toujours facile de reconnaître si, dans un cas déterminé, l'adjonction des cales auxiliaires est justifiée, en traçant
successivement les épures du travail produit par la température et par la surcharge dans l'hypothèse de l'articulation
et dans celle de l'encastrement, d'après les méthodes expo-

sées précédemment. Mais il doit être bien entendu, quel que soit le parti auquel on s'arrête, que, pour ce qui est de la charge permanente, l'encastrement doit être évité. Il ne faut donc mettre en place les cales qu'après avoir décintré l'arc et avoir complètement terminé l'exécution du tablier ou de la chaussée, en choisissant un moment où la température ambiante s'écarte peu de la valeur moyenne correspondant au climat.

§ III.

CALCUL DES ARCS CIRCULAIRES A SECTION VARIABLE

173. Arcs de hauteur constante. — Quand on conserve à l'arc une hauteur constante sur tout son développement, il convient de faire varier le moment d'inertie, en réglant l'aire de chaque section transversale de manière que le travail maximum dû

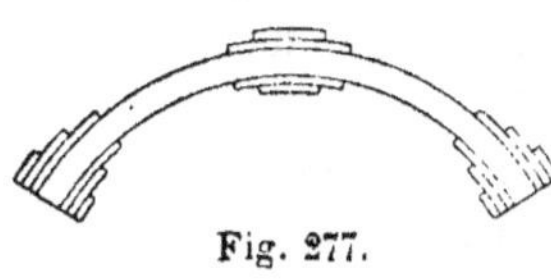

Fig. 277.

au moment fléchissant et à l'effort normal conserve partout à peu près la même valeur. On est ainsi conduit à employer des semelles d'épaisseur variable ; la répartition des tôles se fait absolument de la même manière que pour les poutres droites, et l'on obtient (fig. 277) un résultat analogue à celui qui correspond au cas des poutres à travées solidaires.

Le calcul rigoureux de la poussée et du moment fléchissant aux naissances exigerait, pour un arc de ce genre, des opérations longues et compliquées ; mais on peut se contenter de la solution approximative qui consiste à lui supposer une section uniforme sur toute sa longueur : cette section conventionnelle peut s'évaluer en prenant la moyenne de celles qui correspondent aux naissances, aux reins (quart de l'ouverture) et à la clef, aussi bien pour I que pour Ω. Après avoir déterminé dans ces conditions l'effort normal et le moment fléchissant relatifs à une section transversale quelconque, pour les cas de la charge permanente, de la surcharge ou d'un changement de température, on évaluera le travail en se basant sur l'aire et le moment d'inertie réels de cette section, et non pas sur les moyennes conventionnelles dont il a été fait usage dans les premiers calculs.

Cette manière d'opérer ne peut en aucun cas entrainer d'erreur fâcheuse au point de vue de la pratique.

174. Arcs de hauteur variable. — On peut être tenté de proportionner la hauteur de l'arc à l'intensité du moment fléchissant ; la stricte application de ce principe conduirait à faire décroître la hauteur de la clef aux reins, puis à la faire croître des reins aux naissances. L'aspect de l'ouvrage serait

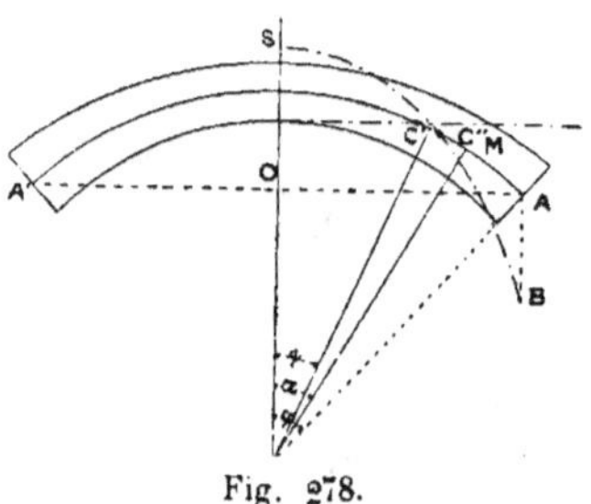
Fig. 278.

disgracieux, son exécution présenterait des difficultés, et son assemblage avec les tympans serait assez compliqué. On devra donc se borner en général à faire croître la hauteur suivant une loi régulière depuis la clef aux naissances, où elle atteindra son maximum.

Cette solution donne un ouvrage d'un aspect agréable et est suffisamment rationnelle, le maximum de hauteur correspondant aux maxima du moment fléchissant et de l'effort normal ; il est nécessaire en pareil cas de renforcer la clef en augmentant l'épaisseur des semelles.

Soit **ASA'** un arc établi dans ces conditions (fig. **278**) : le point de rencontre C' de la courbe des pressions correspondant à la dilatation n'est plus placé aux $\frac{4}{7}$ de la longueur de l'arc à partir de la clef S. Il en est de même du point de rencontre C" de la courbe des pressions correspondant à la charge permanente. Ces points, ainsi qu'il est aisé de s'en rendre compte *a priori*, se sont rapprochés de la clef.

Toutefois le déplacement de ces points est toujours faible, alors même que les moments d'inertie des sections extrêmes A et S seraient très différents. On pourra donc encore, à la rigueur, faire usage, pour le calcul d'un pareil ouvrage, de la méthode approximative indiquée à l'article précédent, en se basant sur les moyennes des valeurs de I et de Ω admises pour les naissances, les reins et la clef.

Il est d'ailleurs nécessaire d'opérer tout d'abord de cette

façon, en vue d'arrêter provisoirement les épaisseurs à attribuer aux semelles de l'arc dans ses différentes sections transversales. Ce premier travail terminé, il faut, si l'on veut écarter toute chance sérieuse d'erreur, reprendre les calculs d'a-
près la méthode générale exposée dans les articles 162 et suivants, en évaluant par quadrature les intégrales définies, de
façon à tenir compte de la variation des sections transversales. Cette manière de procéder nécessite des opérations
longues et laborieuses, mais elle ne saurait présenter de difficulté théorique ou pratique. Les résultats rigoureusement
exacts que l'on obtient de cette façon permettent de rectifier
les valeurs provisoires attribuées aux épaisseurs des semelles.

175. Système Cadiat. — Nous croyons utile de dire
quelques mots d'un système d'arc encastré qui a eu une
certaine vogue pendant quel-
ques années : c'est le système
Cadiat, qui a été appliqué aux
ponts d'*Arcole* à *Paris*, de
Szegedin sur la *Theiss*, de
Saint-Just sur l'*Ardèche*, etc. Il

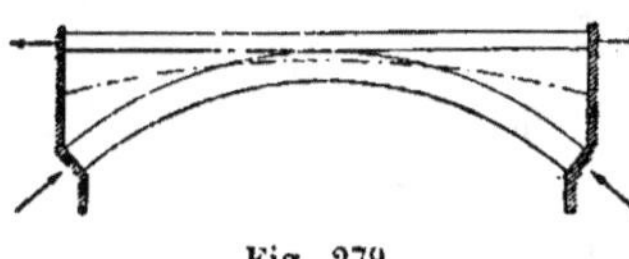

Fig. 279.

consiste à composer l'ouvrage d'une semelle inférieure
courbe, qui constitue l'arc proprement dit, et d'une semelle
supérieure horizontale, ou longeron, reliée à l'arc par une
triangulation rigide (fig. 279), et ancrée dans la culée.

En général, la section extrême d'un arc encastré a une
hauteur assez réduite pour que le travail du métal dû au
moment fléchissant ne puisse guère surpasser aux naissances
le travail de compression dû à l'effort normal : dans ces conditions, il n'y a pas lieu de disposer cette section extrême
de façon qu'elle puisse résister à un effort de tension, et il
suffit de laisser reposer l'arc sur les retombées au moyen de
cales et de plaques d'appui, pour réaliser l'encastrement.
C'est du reste un point à vérifier lorsqu'on se propose d'exécuter un ouvrage de cette nature.

Dans le cas présent, il n'en peut être de même : comme le
longeron supérieur est exposé à travailler à la tension aussi
bien qu'à la compression, il devient nécessaire de le relier à

la culée au moyen de tirants en fer boulonnés dans des plaques de fonte noyées dans la maçonnerie. C'est ainsi qu'on a procédé pour le pont d'Arcole.

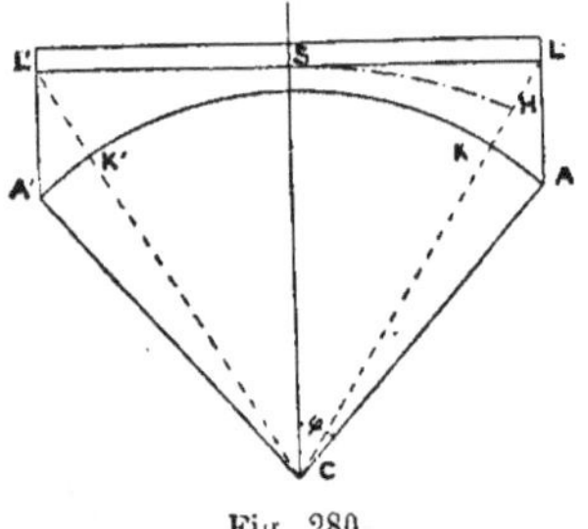

Fig. 280.

Ce système présente les inconvénients suivants (fig. 280):

Les extrémités **L** et **L′** des longerons étant fixes, on doit considérer comme section d'encastrement, lorsque l'on étudie le travail développé dans le longeron, non pas la section extrême **A** de l'arc, mais la section LK passant par l'extrémité **L** du longeron. On voit que, même dans l'hypothèse (fig. 281) où l'arc inférieur embrasse une demi-circonférence,

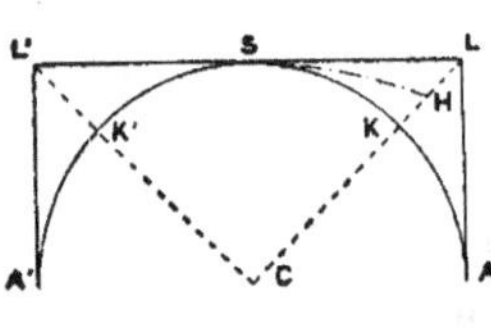

Fig. 281.

l'arc KK′ compris entre les deux sections d'encastrement est toujours très réduit et n'atteint 90° que lorsque l'angle au centre ASA′ est égal à deux droits.

D'autre part l'axe longitudinal de la ferme, composée de l'arc et du longeron, ne coïncide pas avec l'axe de l'arc et est intermédiaire entre lui et l'axe rectiligne du longeron. Si le longeron et l'arc ont des sections équivalentes, cet axe SH est à égale distance du cercle SK et de la droite SL. L'angle qu'il sous-tend est égal à la moitié de l'angle au centre de l'arc SK, et par conséquent l'ouvrage que l'on étudie est un arc circulaire à section variable dont l'angle au centre 2φ est toujours inférieur à $\frac{\pi}{4}$, et n'atteint cette valeur que lorsque la semelle inférieure embrasse une demi-circonférence.

En définitive, avec le système Cadiat, on a toujours affaire à un arc extrêmement surbaissé, et la flèche b est à peu près égale à la valeur du rayon de gyration r de la section d'encastrement : parfois, elle lui est même un peu inférieure.

Étudions l'influence de la température sur un pareil ouvrage: la poussée, qui est appliquée aux $\frac{4}{7}$ de l'axe SH à partir du point S', est par conséquent très voisine de l'axe LL' du longeron. Sa valeur est (169) :

$$Q = \frac{EI\alpha t}{\frac{4}{45}\,b^2 + r^2}.$$

Nous avons vu que b^2 est peu supérieur à r^2. I, valeur du moment d'inertie de l'arc, est égal à Ωr^2, puisque r est la valeur moyenne du rayon de gyration.

On a donc sensiblement :

$$Q = \frac{E\Omega r^2 \alpha t}{\frac{49}{45}r^2} = \frac{45}{49}\,E\Omega\alpha t.$$

Ce qui signifie que la poussée est très sensiblement égale à l'effort qui serait développé par la dilatation dans une pièce droite dont les extrémités seraient fixées à des appuis invariables (27). On a vu que dans ces conditions le travail peut atteindre, pour le fer, 8^k par millimètre carré.

Tel est l'effort normal développé dans le longeron en S par les températures extrêmes ; cet effort est tantôt une pression, tantôt une tension, suivant le signe de t. Aux extrémités L et L' du longeron, l'effort est sensiblement moindre, car le travail dû au moment fléchissant développé dans la section LK vient en déduction du travail dû à l'effort normal (170).

Examinons maintenant l'effet produit par la charge : la poussée est réduite à peu près à zéro, *puisque b est très sensiblement égal à r* :

$$Q = \frac{pa^2}{2b} \times \frac{1}{1 + \frac{45r^2}{4b^2}} = \frac{pa^2}{2b} \times \frac{4b^2}{4b^2 + 45r^2} = \frac{2bpa^2}{49r^2} = \frac{1}{12} \cdot \frac{pa^2}{2b}.$$

Donc l'effort normal est à peu près nul : il en est de même du moment fléchissant à la clef, puisque la poussée Q est appliquée en un point très voisin du sommet S de l'arc. Le travail à la clef est presque nul : on pourrait scier la clef de l'arc sans que l'équilibre de l'ouvrage fût rompu.

Par contre, le moment fléchissant aux naissances atteint une valeur considérable.

On a :

$$-Qz = -\frac{pa^2}{3} \times \frac{1}{\frac{4b^2}{45r^2} + 1}.$$

Admettons que $b' = r'$, nous trouvons :

$$- Q z = - \frac{pa'}{3 + \frac{12}{45}} = - \frac{pa'}{3,27}.$$

Le moment fléchissant est à peu près égal au moment développé à l'appui d'une poutre droite d'ouverture $2a$, qui serait encastrée en L et L′. L'effort de tension développé en L et L′ est donc très important.

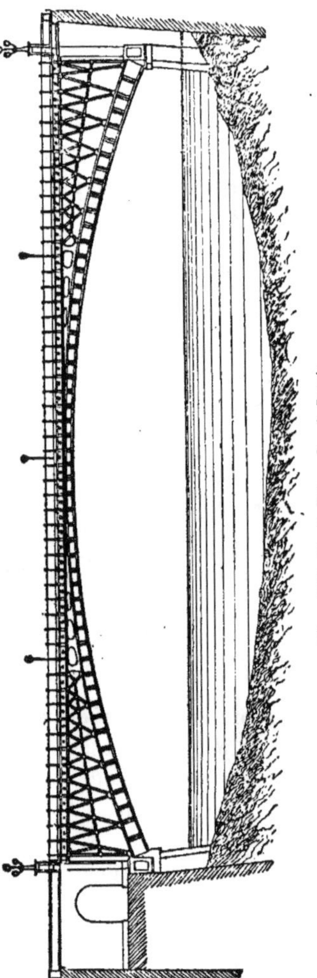

Fig. 282. Pont d'Arcole, à Paris.

Il en résulte que cet ouvrage peut se disloquer de deux manières : 1° Par l'effet de la température, il peut se développer en S des efforts tellement considérables que la limite d'élasticité soit dépassée. C'est ce qui est arrivé au pont d'*Arcole*, où les constructeurs avaient commis l'imprudence de réduire outre mesure la section de l'arc à la clef. La limite d'élasticité a été dépassée, et il s'est formé au milieu de la portée un jarret qui est très visible. Si l'ouvrage tient encore, malgré la désorganisation subie par lui, c'est parce que, ainsi que nous l'avons dit, on pourrait supprimer la clef en sciant l'arc en ce point sans que l'équilibre fût rompu : bien au contraire, on y aurait avantage puisqu'on ferait disparaître le travail dû à la dilation ou à la contraction du métal, sans rien changer aux

conditions dans lesquelles agissent la charge et la surcharge.

2° Par l'effet de la charge et de la surcharge. Comme l'encastrement en L et L' est assuré d'une manière défectueuse
par l'emploi de tirants noyés dans les maçonneries, il peut
arriver que celles-ci, soumises à des efforts constamment
variables, se disloquent et laissent les tirants prendre du jeu.
C'est ce qu'on a constaté au pont de *Szegedin* sur la *Theiss*, où
les longerons ont tiré à bas les maçonneries des culées. On
a dû d'ailleurs supprimer la continuité des longerons d'une
travée à la suivante, pour annuler les efforts énormes développés par les écarts de température, ce qui est revenu à
abandonner le système *Cadiat*.

En somme le système *Cadiat* est des plus mal conçus :
l'encastrement sur la culée est admissible pour les ponts-grues,
tels que le pont de Brest et la passerelle établie sur la Seine
près du Trocadéro, à la condition : 1° de rompre l'ouvrage au
milieu de la portée en laissant un vide à la clef, de façon à ce
que chaque demi-travée soit parfaitement indépendante;
2° de réaliser l'encastrement sur la culée d'une façon absolument certaine et donnant toute sécurité, ce qui ne peut guère
s'obtenir au moyen d'ancrages dans les maçonneries,
quelque soin qu'on apporte dans leur exécution. Il faut,
comme dans le pont de Brest et la passerelle précités, prolonger l'ouvrage métallique au delà de la pile et y établir une
travée symétrique ou une culasse, de façon à constituer un
contrepoids qui réalise nécessairement et invariablement l'encastrement dont il s'agit.

Le système Cadiat paraît d'ailleurs complètement aban-
donné aujourd'hui. Toutefois, lors du concours ouvert pour l'é-
tablissement d'un pont de chemin de fer sur le Douro à Porto,
concours où M. *Eiffel* a laissé bien loin derrière lui tous ses
concurrents, deux des projets présentés se rattachaient au système Cadiat : la figure 383 représente l'un d'eux. Bien qu'on
eût remédié au défaut de l'encastrement en observant la règle
que nous venons de poser, ce qui améliore sensiblement le système, on semblait avoir maintenu la continuité de l'arc à la clef,
sans se préoccuper des effets de la dilatation. Ceci montre que
le type que nous venons d'examiner a encore quelques parti-

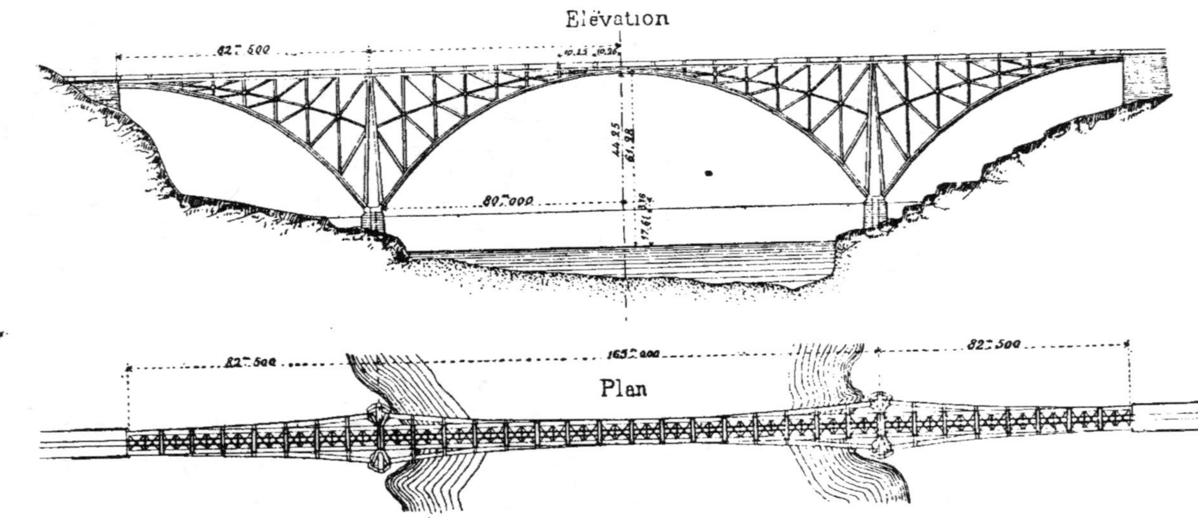

Fig. 283. Projet de pont sur le Douro, près de Porto.

sans et c'est pourquoi nous n'avons pas jugé inutile de rompre une lance contre lui.

Quant au type du pont de Brest, qui a mal à propos servi de modèle à *M. Cadiat*, il n'a aucun rapport avec les ponts en arc: il rentre dans la catégorie des *ponts-grues*, dont le caractère essentiel est d'avoir leurs extrémités libres et un seul point d'appui avec encastrement. Nous n'avons pas fait, dans le présent ouvrage, l'étude de ce genre de construction.

176. Travail développé par la température dans une pièce droite de section variable encastrée à ses extrémités. — Bien que cette question ne se rattache que de loin à l'étude des ponts en arc, nous croyons utile de faire remarquer ici que nous avons donné au n° 27 les valeurs du travail développé par une variation de la température dans un *prisme à section constante* ayant ses deux extrémités fixées d'une manière invariable. Ce travail, ainsi que nous l'avons dit, atteint pour le fer une valeur de 8^k, correspondant aux écarts de température de $\pm\ 35°$.

Supposons que la pièce, au lieu de présenter une section constante d'une extrémité à l'autre, ait une hauteur y variable, la largeur restant constante et égale à l'unité, pour fixer les idées. Soit h la hauteur minimum que nous supposerons correspondre à l'extrémité A, et H la hauteur maximum, que nous supposerons correspondre à l'extrémité A' de la pièce (fig. 284).

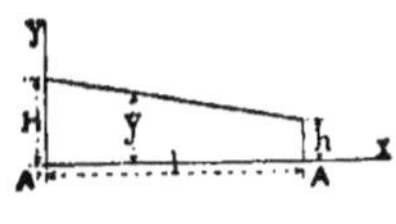

Fig. 284.

Soit F l'effort normal développé par l'élévation de température $+\ t$.

Le travail à la compression est pour une section quelconque de hauteur y et de largeur 1 égal à $\dfrac{F}{y}$; la diminution correspondante sur une longueur dx est égale à $\dfrac{F}{Ey}\,dx$, E étant le coefficient d'élasticité du métal.

La contraction totale $\displaystyle\int_0^L \dfrac{F}{Ey}\,dx$ est égale à $l\alpha t$, allongement de la pièce sous l'influence de l'écart de température.

Or on a :

$$\frac{H-y}{x} = \frac{H-h}{l}.$$

D'où :

$$dx = -dy\,\frac{l}{H-h},$$

$$\int_o^l \frac{F}{Ey}\,dx = -\int_H^h \frac{Fl}{E(H-h)}\frac{dy}{y} = \frac{Fl}{E(H-h)}\log\text{nép}\,\frac{H}{h} = l\alpha t;$$

d'où :

$$F = \frac{E(H-h)}{l} \times \frac{l\alpha t}{\log\text{nép}\,\dfrac{H}{h}} = \frac{E(H-h)}{\log\text{nép}\,\dfrac{H}{h}} \times \alpha t.$$

Le travail développé dans la plus petite section est égal à :

$$R = \frac{E(H-h)}{\log\text{ép}\,\dfrac{H}{h}} \times \frac{\alpha t}{h}.$$

Pour $H = h$, on retombe sur la formule du n° 27 :

$$R = E\alpha t.$$

Pour $H = 3h$, on trouve :

$$R = \frac{2E}{1,10}\,\alpha t = 1,8.\ E\alpha t$$

Le travail est supérieur de 80 0/0 à celui qui se manifesterait dans une pièce de section constante.

Il faut donc se préoccuper dans l'étude des ouvrages en métal des conditions de stabilité des pièces à section variable qui ne subissent pas librement les effets de dilatation et de contraction dus aux changements de température : les efforts développés dans ces pièces peuvent dépasser les limites admissibles, dans les parties où la section est rétrécie.

§ IV

DÉFORMATION.— DISPOSITION DES APPUIS.

177. Méthode générale pour le calcul de la déformation. — Les équations (3) et (4) du n° 161 permettent de calculer, dans une hypothèse de charge et de surcharge quelconque, le déplacement vertical δy et le déplacement horizontal δx d'un point de l'axe longitudinal d'un arc dans des conditions déterminées de charge, surcharge et température.

Nous avons indiqué aux n°ˢ 150 et 151 la méthode à suivre pour les arcs articulés aux naissances. Elle est applicable sans changement aux arcs encastrés. Les calculs de stabilité de l'arc déjà effectués ont fait connaître le moment fléchissant X et l'effort normal F développés dans chaque section; on n'aura plus qu'à calculer les intégrales définies de la manière indiquée au n° 166, et l'on trouvera ainsi δx et δy.

En conséquence nous croyons inutile de nous étendre sur cette question et nous n'y reviendrons pas.

Nous ferons remarquer seulement que pour les extrémités de l'arc, qui sont invariablement fixées aux culées, on a toujours $\delta x = \delta y = \delta\theta = o$, et que pour la clef, dans le cas d'une surcharge symétrique seulement, on a : $\delta x = \delta\theta = o$.

Nous nous bornerons à énoncer des formules approximatives pour le calcul de la variation de la flèche b sous l'influence de la température, de la charge permanente et de la surcharge complète, qui sont applicables aux arcs circulaires à section constante très surbaissés.

178. — Effets de la dilatation et de la charge permanente. — Dans le cas d'une dilatation αt, la formule (4) de l'article 161 (page 437) conduit, si l'on néglige ses deux derniers termes $\displaystyle\int_{y^o}^{y_1} \frac{F\,dy}{E\Omega}$ et $\alpha t (y_1, - y_0)$, à l'expression suivante de l'accroissement δb subi par la flèche de l'arc. Cet accroissement correspond au soulèvement f éprouvé par la clef de l'arc, à la suite du relèvement de température.

$$(1) \qquad \delta b = f = \frac{45}{24}\,\rho\alpha t = 1{,}875\,\rho\alpha t.$$

Ainsi le déplacement vertical de la clef est égal à l'allongement qu'éprouverait le rayon de courbure de l'arc sous l'influence du changement de température t, multiplié par le coefficient 1,875.

Quant à l'abaissement de la clef sous l'action de la charge uniformément répartie $2pa$, il est fourni par une formule également approximative que nous empruntons à M. *Darcel* (Annales des ponts et chaussées, 1862, 2ᵉ semestre) :

$$(2) \qquad f = \frac{15}{32}\frac{pa^4}{E\Omega\, b^2} = \frac{15}{8}\frac{p\rho^2}{E\Omega}.$$

Comparons à ces deux formules celles, déjà énoncées, qui donnent dans les mêmes conditions la déformation d'un **arc** articulé aux naissances :

$$(3) \qquad f = 1,56\rho\alpha t,$$

$$(4) \qquad f = \frac{25}{16}\cdot\frac{p\rho^2}{E\Omega}.$$

On voit que, avec deux arcs identiques, dont l'un est encastré et l'autre articulé, le déplacement vertical de la clef est plus considérable pour le premier que pour le second, sous l'influence de la dilatation aussi bien que sous celle de la charge. Il est facile de se rendre compte par la géométrie qu'il n'en saurait être autrement.

Considérons l'arc représenté par la figure 285, et supposons que par suite d'un abaissement de température, sa longueur diminue de $2L\times\alpha t$. Si ces extrémités sont articulées, il va décrire la courbe AS_1A'. Si ses extrémités sont en-

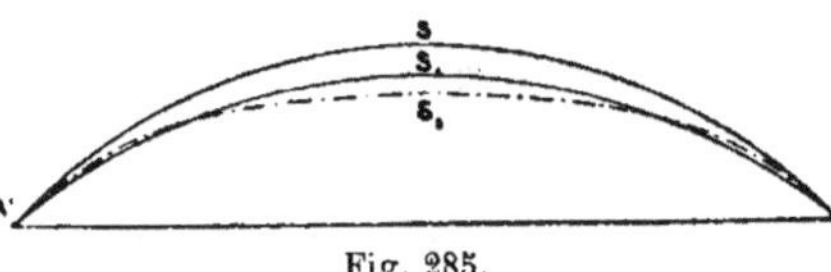

Fig. 285.

castrées, les tangentes en A et A⁴ demeureront invariables, et l'axe longitudinal décrira la courbe AS_2A'.

Le simple examen de la figure montre que, pour que les longueurs développées des deux courbes AS_1A' et AS_2A' soient égales, il est nécessaire que la courbe AS_2A' qui est extérieure à la courbe AS_1A' à ses extrémités A et A', lui soit intérieure à la clef S. Donc le déplacement de la clef est plus grand dans le cas de l'arc encastré (SS$_2$) que dans le cas de l'arc articulé (SS$_1$). Un raisonnement analogue expliquerait comment la charge produit les mêmes résultats comparatifs. D'ailleurs la différence S$_1$S$_2$ des deux déplacements est toujours très faible. Le rapport $\dfrac{S_1S_2}{SS_2}$ est de $\dfrac{1}{6}$ aussi bien dans le cas de la température que dans celui de la charge.

178 *bis*. **Effet d'un poids isolé**. — La déformation produite sur un arc encastré par une charge concentrée en un

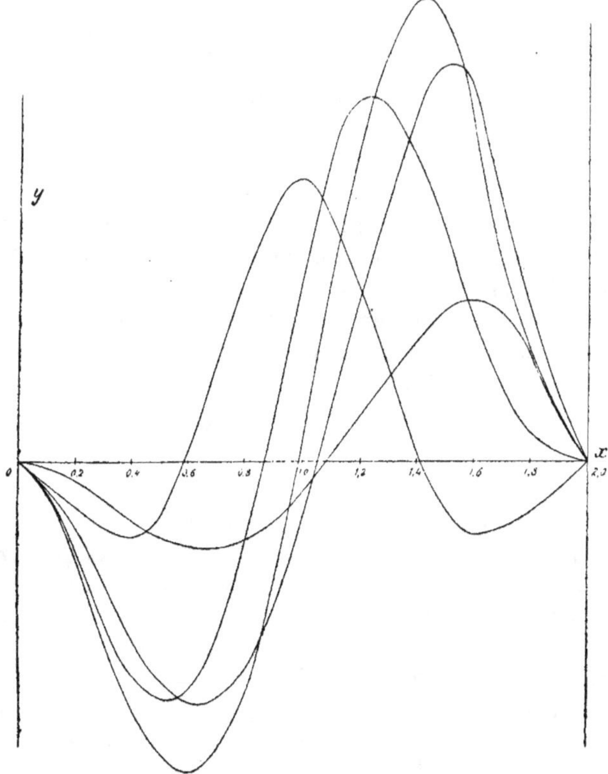

Fig. 285 bis.

point peut être déterminée assez facilement, si l'on admet, pour les équations générales (3) et (4), les simplifications déjà mentionnées à la page 461. On trouve, par des calculs simples que nous jugeons inutile d'exposer en détail, que le déplacement vertical δy subi par un point de l'arc, défini par sa distance horizontale x à la naissance de droite A (en désignant par u la distance horizontale à cette même naissance du point d'application du poids P), est fournie par l'une des relations suivantes :

$$1° \quad u > x \,;\, \delta y = \frac{Pl^3}{EI}\left[\frac{5}{4}\frac{u^2(l-u)^2 x^2(l-x)^2}{l^8} - \frac{1}{6}\frac{(l-u)^2}{l^6}x^2\Big(l(u-x)+2u(l-x)\Big)\right]$$
$$- \frac{45}{16}\frac{P}{E\Omega}\frac{u^2(l-u)^2 x(l-x)}{b^2 l^3}\,;$$

$$2° \quad u < x \,;\, \delta y = \frac{Pl^3}{EI}\left[\frac{5u^2(l-u)^2 x^2(l-x)^2}{4\quad l^8} - \frac{1}{6}\frac{(l-x)^2 u^2}{l^6}x^2\Big(l(x-u)+2x(l-u)\Big)\right]$$
$$- \frac{45}{16}\frac{P}{E\Omega}\frac{u^2(l-u)^2 x(l-x)}{b^2 l^3}\,;$$

Dans ces deux relations, le dernier terme représente l'effet du raccourcissement subi par la fibre moyenne de l'arc.

L'application de ces formules à un cas particulier (pont du Carrousel à Paris) a fourni les courbes de déformation représentées sur la figure 285 *bis*. Chacune d'elles correspond à une position particulière d'un poids mobile circulant sur le pont à partir de la naissance de gauche jusqu'au milieu de la portée.

Ainsi que nous l'avons déjà remarqué, les déplacements verticaux seraient notablement plus forts aux reins de l'arc, si celui-ci était articulé au lieu d'être encastré.

179. Contrevement et dispositions générales des arcs et des tympans. — Pour tout ce qui se rapporte au contreventement et aux dispositions générales à adopter pour les arcs et les tympans, nous nous bornerons à renvoyer aux articles 152 et suivants, où la question a été traitée pour les arcs articulés aux naissances. Les mêmes considérations sont applicables au cas présent, sans modification aucune pour le contreventement, mais en tenant compte de la disposition particulière des naissances et de la répartition du travail qui en résulte, en ce qui concerne les arcs et les tympans. Ainsi que nous l'avons déjà dit, il est rationnel d'augmenter la hauteur de l'arc à ses extrémités, et l'emploi des tympans rigides ne doit pas être recommandé comme étant absolument sans aucune utilité.

180. Disposition des appuis. Encastrement et demi-encastrement aux naissances. — Dans un arc parfaitement encastré aux naissances, le moment fléchissant développé dans les sections extrêmes est susceptible de faire travailler le métal à l'extension : la semelle supérieure notamment est toujours nécessairement soumise à un effort de cette nature. Il en résulte que, pour rendre l'encastrement effectif, on est conduit à relier l'arc à la culée au moyen de tirants noyés dans la maçonnerie, qui transmettent à celle-ci l'effort de traction exercé par l'ouvrage métallique. Cette disposition ne présente pas ici les mêmes inconvénients que le système *Cadiat* (175), parce que le point d'appui est pris au centre des maçonneries de la culée, en arrière des sommiers qui sont en général des pierres de taille de grandes dimensions, solidement reliées sur toutes leurs faces avec le massif de la culée.

La figure 286 représente le mode d'encastrement des arcs du pont de *Saint-Louis* sur le *Mississipi* : les plaques d'appui sont en fer forgé (la transmission à la culée d'un effort de traction exclut l'emploi de la fonte, généralement employée dans les retombées des arcs articulés); les boulons ou tirants ancrés dans les culées, au nombre de quatre par semelle d'arc, ont de 7 à 9 mètres de longueur; ils sont boulonnés à leurs extrémités dans des plaques de fonte noyées dans la maçonnerie. Un pareil système donne évidemment toute sécurité, et exclut toute possibilité de mouvement dans les sections d'appui.

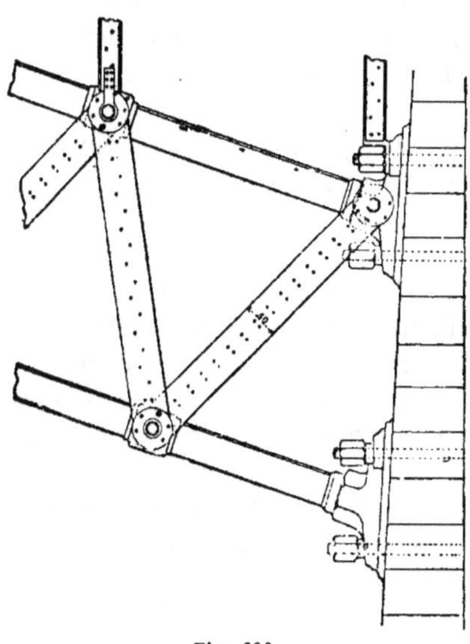

Fig. 286.

On peut rencontrer, en construisant un arc encastré aux naissances, de grandes difficultés pour réaliser, dans les conditions supposées par le calcul, la liaison entre l'arc et la culée. Quand l'arc est monté sur cintre, il faut le relier d'une manière invariable aux sommiers des retombées, et donner aux sections d'appui leur orientation définitive et immuable, au moment où l'ouvrage est complètement monté et prêt à être décintré.

Si l'arc est construit sans cintres, c'est-à-dire de telle manière que, avant d'être complètement monté, il exerce une réaction sur les culées, le problème du règlement exact des retombées est particulièrement malaisé à résoudre. Pour le pont de *Saint-Louis* (*Annales des Ponts et Chaussées*, 1877, 2ᵉ semestre, fig. 287), on s'est heurté à des difficultés inextricables. On s'est borné à régler les arcs à grand'peine en attribuant le plus exactement possible à chacun des tubes formant semelle la longueur indiquée par le calcul. On a opéré par tâtonnement, en agissant successivement et alternativement sur chacun des deux tubes de l'arc, avec des arrêts et des insuccès sans nombre, et, d'après le compte rendu des opérations, il n'est nullement prouvé qu'on soit arrivé à un résultat bien satisfaisant.

Pour ramener tous les arcs à présenter le même profil, on a exercé sur eux des efforts considérables pour raccourcir les tubes trop longs, en forçant d'autant plus que la résistance rencontrée était plus considérable, sans se préoccuper de réaliser l'égalité de compression dans les différentes fermes de chaque travée. Il est difficile dans ces conditions de savoir exactement comment se comporte l'arc, et il est à peu près certain que l'on n'a pas dû développer dans toutes les fermes le même moment fléchissant aux naissances. Un pareil mode de règlement, malaisé et défectueux dans le cas que nous venons de citer, eût été manifestement impossible si les arcs, au lieu d'être formés de tubes réunis par des articulations aux barres de l'âme, eussent été composés de semelles en tôle assemblées par rivets avec la triangulation de l'âme, comme cela se pratique pour les ponts européens. Nous ne voyons pas en particulier comment on eût pu procéder pour le pont du *Douro*, si l'on avait jugé à propos d'encastrer ses extrémités.

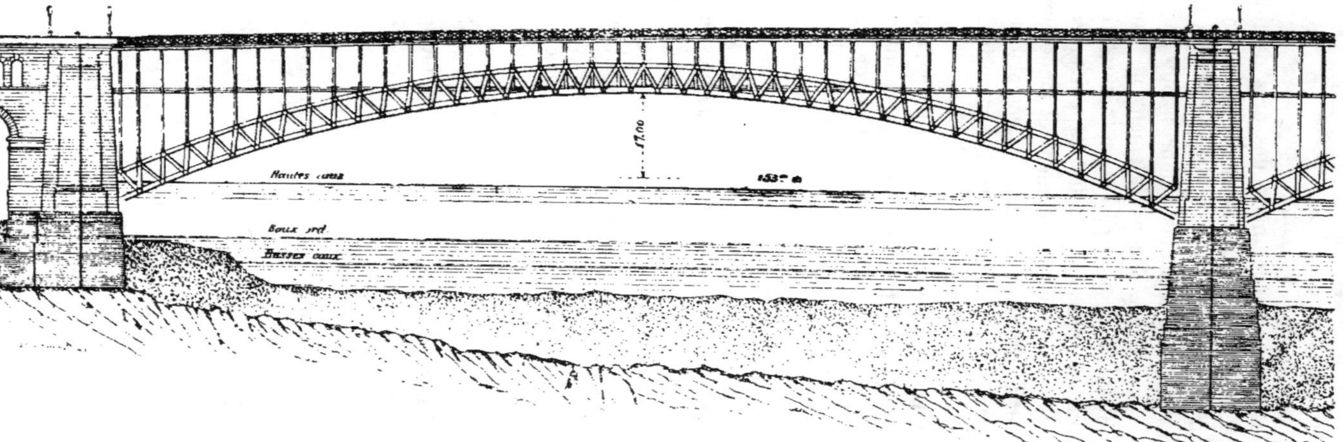

Fig. 287. Pont en acier de St-Louis sur le Mississipi.

Nous avons déjà parlé précédemment des arcs demi-encastrés : on les décintre à la température moyenne en les laissant reposer sur des articulations centrales placées aux naissances, et l'on ne rend invariable qu'après coup l'orientation des sections extrêmes. Leur règlement ne saurait présenter aucune difficulté et on l'opérera en toute certitude et sécurité. Il suffira de placer les cales d'appui entre les plaques de retombée, et de serrer également et modérément les écrous qui relient les boulons d'ancrage à ces plaques.

Les boulons jouent ici un rôle bien moins important que dans le cas qui précède : en effet, lors du décintrement, le moment dû à la charge permanente est, par construction, nul aux naissances, et l'effet produit par la charge se réduit à une compression uniforme de la section d'appui. Il en résulte que les efforts de tension transmis par l'arc aux boulons d'ancrage sont toujours petits. On peut même les faire disparaître entièrement sans aucun inconvénient. Supposons, en effet, que nous supprimions les boulons d'ancrage (*fig.* 288) et que nous nous bornions à interposer des cales entre l'arc et le sommier d'appui. Ce mode de construction présentera le caractère suivant : les cales ne pouvant transmettre au sommier les efforts de traction, la courbe des pressions ne pourra pas sortir de la base d'appui limitée par les cales extrêmes. Dans le cas où le calcul indiquerait qu'il en doit être autrement, par exemple que cette courbe doit passer au-dessus de la cale supérieure, alors l'arc cesserait à ce moment de se comporter comme un arc encastré aux naissances : la cale supérieure fonctionnerait comme une articulation effective, autour de laquelle tournerait la plaque de retombée, en quittant l'articulation centrale et la cale inférieure.

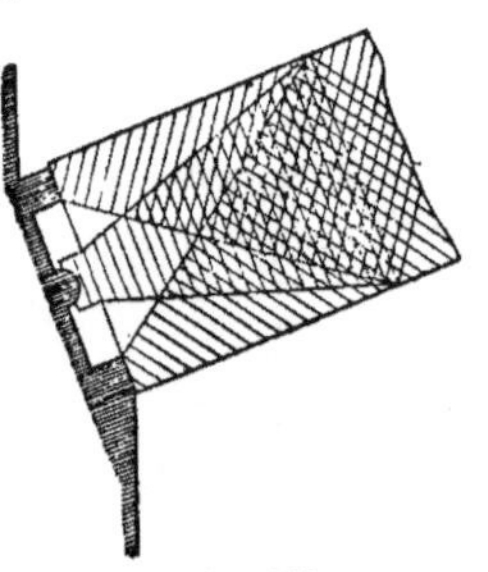

Fig. 288.

L'ouvrage se comportera en définitive on comme un arc encastré, mais comme un arc articulé dont les articulations seraient mobiles entre les cales extrêmes des retombées, et se déplaceraient de façon à réaliser, en toute hypothèse de sur-

charge et de température, l'invariabilité d'orientation de la
section d'appui de l'arc, qui ne serait susceptible de subir un
déplacement angulaire que dans le cas où la courbe des pressions sortirait des limites déterminées par la base d'appui.

On sait que pour un arc articulé la section extrême se réduit
à l'articulation elle-même, avec laquelle la section normale de
l'arc doit être raccordée sans variation brusque de hauteur.

Il en résulte que lorsque la courbe des pressions passe au
centre de la base d'appui (température moyenne, surcharge
nulle), l'extrémité de l'arc qui transmet l'effort à l'articulation est réduite au triangle marqué sur la *figure* 288 par des
hachures normales à l'axe de l'arc ; les triangles extérieurs,
non couverts par les hachures, sont des parties inutiles et ne
subissent aucun travail. Si, au contraire, l'arc est placé dans
la situation extrême où l'articulation coïncide avec la cale
supérieure, la partie de l'ouvrage qui supporte tout l'effort
se réduit au triangle, également marqué par des hachures,

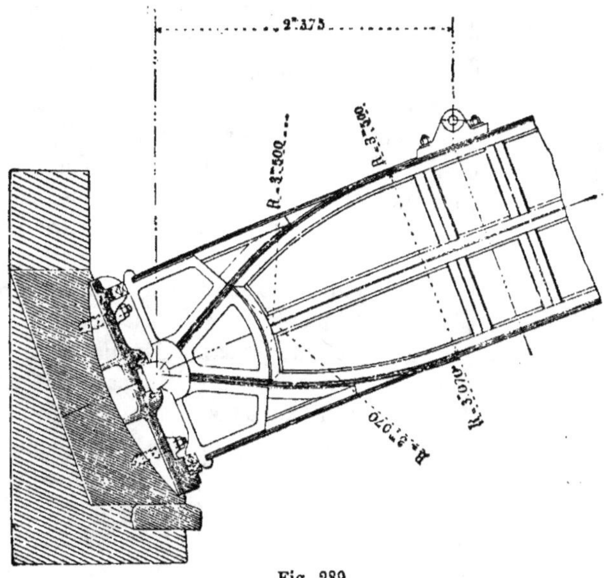

Fig. 289.

qui a son sommet sur la cale supérieure. Dans l'autre état
limite, ce serait le triangle qui aboutit à la cale inférieure. Il

faut donc que l'extrémité de l'arc soit établie assez solidement pour ne pas se briser ni se déformer sous l'action de la poussée agissant en un point quelconque de la base d'appui. Il en résulte que, dans les ponts à demi encastrés de cette espèce, il faut attribuer à la portion de l'arc voisine des naissances une solidité exceptionnelle et ne pas se contenter de la section transversale indiquée par le calcul ; on renforce l'ouvrage dans cette zone critique à l'aide de tôles supplémentaires, de pièces en fer forgé ou de flasques ou renforts en fonte.

La *figure* 289 indique la solution adoptée pour un pont à arcs demi-encastrés de 60 mètres d'ouverture établi à Nantes, sur la Loire (*fig.* 290). Un arc de cette forme se comporte, ainsi qu'on l'a vu, très sensiblement comme un arc demi-encastré, sauf le cas exceptionnel où la courbe des pressions tendrait à sortir de la base d'appui, ce qui ne peut guère arriver. On le calculera donc par les formules habituelles relatives aux arcs encastrés (en ce qui touche l'effet de la surcharge et celui de la dilatation), sauf à vérifier à posteriori que les courbes de pression ne pourront jamais dépasser les limites formées par la base d'appui, et à rectifier dans le cas contraire les résultats du calcul, en tenant compte de la mobilité de la section extrême autour d'une de ses extrémités.

Le règlement d'un pareil pont se fait sans difficulté, en plaçant les cales d'appui et les serrant légèrement après avoir décintré l'arc à la température moyenne sur l'articulation centrale.

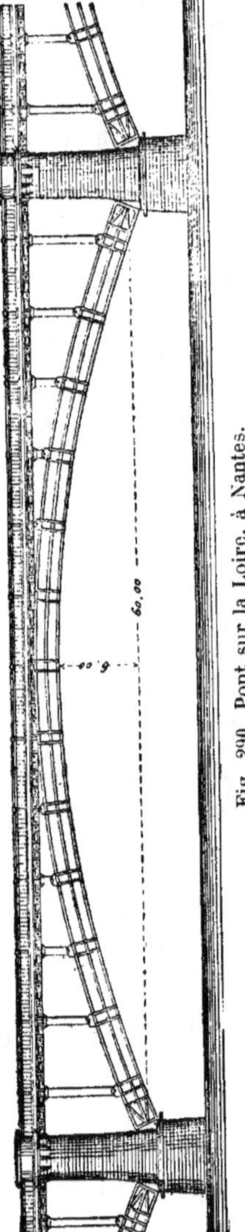

Fig. 290. Pont sur la Loire, à Nantes.

IV. — POIDS DES PONTS EN ARC.

181. Comparaison des différents systèmes de ponts en arc : à triple articulation, à double articulation, à encastrement complet et à demi-encastrement. — Toutes choses égales d'ailleurs, les arcs à triple articulation sont sensiblement plus déformables, sous l'action de la surcharge et de la température, que les arcs à double articulation, inférieurs eux-mêmes à ce point de vue aux arcs encastrés. Les arcs à triple articulation n'exigent aucun réglage ; ils sont plus faciles à mettre en place que les arcs à double articulation. Cette supériorité s'accuse principalement pour les grandes portées, lorsque l'ouvrage doit être monté sans cintres : c'est ce qui explique pourquoi l'ouvrage, qui a été classé le premier lors du concours ouvert en Amérique *(fig.* 187) pour l'érection d'un pont de 228 mètres d'ouverture sur la Rivière de l'Est à New-York, était précisément un pont à triple articulation.

Les arcs à double articulation sont eux-mêmes beaucoup plus aisés à monter et à régler que les arcs encastrés, ainsi que nous l'avons montré précédemment (180).

On voit que, au point de vue du montage et du réglage, le classement de ces trois types généraux est inverse de celui qui se rapporte à l'importance des déformations, l'arc à double articulation occupant le second rang dans les deux cas. Les arcs demi-encastrés jouissent du même avantage que les arcs parfaitement encastrés au point de vue de la rigidité, et de la petitesse des déformations ; ils sont d'autre part aussi faciles à monter et à régler que les arcs à double articulation, puisqu'ils n'en diffèrent que par les cales, que l'on pose après le clavage et le décintrement. C'est un argument très sérieux à invoquer en faveur d'un type d'ouvrage presque universellement adopté par une sorte d'intuition pratique, et substitué au type théorique de l'arc à double articulation, qui figure dans les calculs sans être réalisé dans l'exécution.

Il ne resterait plus, pour terminer l'examen comparatif que nous avons commencé, qu'à indiquer le classement de ces différents types au point de vue du poids du métal qu'ils exigent, c'est-à-dire du coefficient économique qui leur convient. Nous verrons plus loin que l'expérience ne peut fournir à cet égard aucun renseignement valable. D'autre part, l'étude générale que nous avons faite des arcs encastrés ne nous autorise pas à émettre une opinion basée sur la théorie pure : il eût fallu que nous eussions au moins fait quelques applications de nos formules, et les conclusions que nous avons tirées de certaines relations approximatives, d'une exactitude plus ou moins satisfaisante, applicables seulement à des arcs très surbaissés (169-170), ne présentent pas un caractère suffisamment général pour trancher la question.

Nous nous bornerons donc, faute de renseignements concluants, à émettre une simple appréciation, à laquelle nous n'attacherons absolument aucun caractère d'authenticité ; il est *probable* que, toutes choses égales d'ailleurs, les arcs à triple articulation sont un peu plus lourds que les arcs à double articulation, plus pesants eux-mêmes que les arcs à demi encastrés. A supposer que cette classification soit théoriquement vraie quel que soit le surbaissement de l'ouvrage, et que les nécessités de la pratique n'aient pas pour effet, dans l'exécution, de la renverser, il est à présumer que l'économie de métal à faire serait bien minime, et aurait bien peu d'importance en comparaison de l'intérêt qui s'attache à faciliter le montage du pont et à en réduire la déformation sous le passage des charges roulantes ; nous avons vu précédemment dans quelles conditions se présentent ces différents types à ce double point de vue, et nous pensons que c'est toujours cette double considération qui doit guider l'ingénieur dans le choix du type à adopter.

Notre préférence personnelle serait pour l'arc demi-encastré, aussi peu déformable que l'arc parfaitement encastré, aussi aisé à monter et à régler que l'arc à double articulation. Il nous semble, par exemple, que dans le cas du pont de

Porto sur le *Douro*, on eût pu employer un arc de cette espèce sans rien changer aux conditions du montage, puisqu'on aurait laissé les articulations fonctionner jusqu'après le clavage de l'arc, et que la pose des cales, faite après coup, n'eût présenté aucune difficulté.

L'aspect de l'ouvrage eût été, à ce qu'il nous semble (*fig.* 291), tout aussi satisfaisant, en choisissant convenablement la hauteur de la section, et le poids n'en eût pas été augmenté, car, ainsi que nous l'avons dit précédemment (156), le poids de l'arc par mètre courant va en croissant de la clef aux naissances, bien que sa hauteur diminue rapidement (*fig.* 241).

Cette solution n'eût d'ailleurs été acceptable qu'à la condition de calculer l'arc en tenant compte de ses conditions réelles d'établissement, c'est-à-dire en supposant la double articulation pour la charge permanente, et l'encastrement complet pour la surcharge et la dilatation. Le calcul serait un peu plus pénible que celui effectué pour le pont dont il s'agit. Il serait incomparablement plus facile et plus rapide (l'arc demi-encastré étant de hauteur à peu près constante), si l'on avait pour le calcul des arcs encastrés des tables numériques analogues à celles dressées par M. *Bresse* pour les arcs articulés aux naissances. Nous avons déjà fait voir précédemment que le calcul de pareilles tables ne serait pas beaucoup plus compliqué, en se servant des formules que nous avons indiquées. Malheureusement ce travail n'est pas fait, et dans ces conditions le calcul d'un arc encastré est une opération de longue haleine exigeant beaucoup de patience et de temps. Il est donc à craindre qu'on ne continue à calculer des arcs articulés aux naissances, sauf à revenir en exécution au demi-encastrement, sans se préoccuper de l'inconvénient qu'il y a à s'écarter des conditions théoriques prévues, et à exposer certaines parties de l'arc à subir des efforts excessifs que l'on n'a pas évalués. M. *Eiffel* s'est attaché, pour le pont du *Douro*, à réaliser avec une exactitude parfaite les conditions théoriques admises dans ses calculs, et nous croyons que, surtout pour les ponts de très grande portée, où l'on cherche à économiser le métal, ce doit être une règle absolue dont il ne faut jamais se départir, si l'on ne

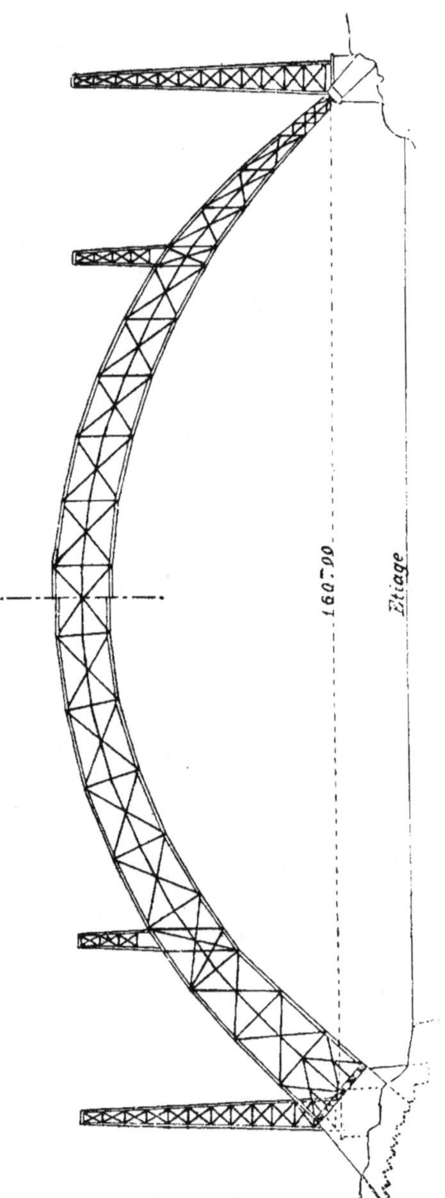

Fig. 291.

veut s'exposer à des mécomptes graves, qui, il faut d'ailleurs
le reconnaître, ne se sont jamais jusqu'ici manifestés par des
accidents et des ruptures de pont.

182. Emploi de la fonte, du fer et de l'acier. —
Jusqu'à présent nous avons toujours supposé que les types
d'ouvrages étudiés par nous seraient exécutés en fer ; la
fonte, qui se prête très mal au travail par extension, ne conviendrait pas pour les poutres droites, à plus forte raison
pour les ponts suspendus.

On a bien tenté de s'en servir dans les poutres droites, en
exécutant en fonte les parties qui travaillent uniquement à
la compression, c'est-à-dire la semelle supérieure et les bras,
et employant le fer dans les pièces tendues d'une manière
permanente ou d'une manière accidentelle. Cet emploi simultané du fer et de la fonte ne semble pas avoir donné en pratique de bons résultats, et on paraît y avoir renoncé ;
aux points d'assemblages des éléments en fer et des éléments
en fonte, il y a toujours nécessairement des parties de fonte,
oreilles, nervures et mortaises, auxquelles est transmis un
effort de traction, et il en résulte des ruptures fréquentes [1].

L'emploi de la fonte, rejeté pour les poutres droites, est
encore très fréquemment admis pour les ponts en arc ; la
critique dirigée contre ce métal n'a plus ici de raison d'être,
car l'arc travaille principalement à la compression, et si la
semelle inférieure est sujette (142) à travailler encore à la
tension, les efforts de cette nature sont toujours assez faibles
et bien moins importants que les efforts de compression. On
peut d'ailleurs les réduire a volonté en diminuant la hauteur
de l'arc. On sait que, dans une pièce fléchie, le travail maximum du métal est donné par la relation :

$$ R = \frac{F}{\Omega} + \frac{Xu}{I}. $$

F est ici négatif ; si X est positif, il suffit pour que R reste
négatif et représente un effort de compression, de faire
décroître $\frac{u}{I}$ en maintenant $\frac{1}{I}$ constant, ce qui revient à réduire
la hauteur de l'arc. Si cette opération est faite uniquement
pour la semelle inférieure de l'arc, qui seule est sujette à

---

[1] D'autre part, le coefficient d'élasticité de la fonte étant la moitié seulement de celui du fer, il y a discordance entre les déformations des éléments
de la poutre.

travailler à l'extension, on a une section dissymétrique [1].

En général, on exécute en fonte non seulement les arcs, mais encore les tympans du pont. Or, nous avons signalé à l'article 158 (page 424) la discordance des déformations que subissent ces deux parties de l'ouvrage, sous l'influence des changements de température. Leurs assemblages mutuels sont soumis de ce chef à des efforts de traction considérables, qui peuvent entraîner la destruction des boulons d'attache, dont les têtes sautent, ou la rupture des nervures et la fissuration des panneaux de tympan ou des voussoirs d'arc. On peut obvier à ce danger, qui amènerait à la longue la dislocation de l'ouvrage, en se servant de boulons à ressort pour relier le tympan à l'arc : ces boulons permettent aux assemblages de subir de notables déformations sans se rompre ni se desserrer [1].

Les ruptures sont encore plus à craindre pour les pièces de contreventement et les éléments du tablier (longerons et pièces de pont), qui sont sujets à travailler à la flexion et à l'extension. Aussi est-il admis à présent que la fonte doit être exclue de ces pièces, que l'on exécute toujours en fer ou en acier. Il est d'ailleurs prudent de faire usage de boulons à ressort pour les assembler avec l'ossature en fonte. Ces boulons sont également à recommander pour relier un panneau de tympan au panneau voisin. Mais il doit être entendu que l'emploi des boulons ordinaires est obligatoire pour la jonction des voussoirs d'arc contigus, dont les déformations sont concordantes.

On reproche aux ponts en fonte d'être beaucoup plus lourds que ceux en fer ou en acier ; cela est parfaitement exact et tient surtout à la nécessité de ménager à toutes les parties d'une pièce de fonte des épaisseurs égales, d'adoucir les angles par des congés, et enfin de ménager pour les assemblages des renforts massifs. Ce poids supplémentaire dont il n'est pas tenu compte dans le calcul du pont, peut aller jusqu'à **20 0/0** du poids total.

Par contre, la fonte a certains avantages : 1° Par sa nature elle paraît résister à la rouille beaucoup mieux que le fer ; comme elle comporte d'autre part des pièces massives, présentant de fortes épaisseurs, et coulées d'un seul morceau, elle n'offre pas, comme les ouvrages en tôles et cornières, des fissures et des ouvertures (trous de rivets, inter-

---

[1] Consulter, à propos de l'emploi des boulons à ressort, notre ouvrage sur les *constructions métalliques : fer, fonte et acier.*

valles des tôles superposées et des cornières, etc.), par
lesquelles l'air et l'humidité pénètrent jusqu'au cœur de
l'ouvrage et vont y porter la rouille ; 2° l'assemblage par
boulons offre, lorsque l'on n'exerce pas une surveillance active
sur un ouvrage métallique, plus de garantie que l'assemblage
par rivets, qu'il faut visiter de temps à autre et vérifier assez
souvent, en remplaçant les rivets relâchés ; 3° enfin la fonte
se prête incomparablement mieux que le fer à la décoration,
et l'on ne peut contester que, pour les ouvrages établis dans
les villes, l'emploi de ce métal offre beaucoup plus de ressources, si l'on se propose d'exécuter un pont ornementé d'un
aspect agréable. Cela est tellement vrai que, dans les ponts
en fer, on est conduit à employer la fonte pour les parties qui
doivent particulièrement contribuer à sa décoration, c'est-à-
dire pour les corniches et les garde-corps.

En résumé si, pour les ouvrages de grande portée et spécialement pour les ouvrages de chemin de fer, la lourdeur de
la fonte et sa fragilité, qui font redouter pour elle le passage
de lourdes charges animées de grandes vitesses, pourraient
motiver son exclusion, en revanche elle présente un avantage
marqué pour les ponts d'ouverture moyenne, notamment
pour les ponts-routes où la charge permanente est extrêmement importante en comparaison de la surcharge roulante
dont la vitesse est toujours médiocre, et surtout pour les ouvrages dont l'entretien ne paraît pas devoir être soigné, où la
visite et le renouvellement des peintures ne seront pas fréquents, ainsi que pour les ponts dont on désire tout particulièrement soigner l'aspect architectural. Mais il faut réserver ce
métal pour les pièces comprimées ou purement ornementales,
comme les arcs, les plaques d'appui, les tympans, les garde-
corps et corniches, et l'écarter autant que possible de points
exposés à des chocs ou sujets à travailler à la traction ou à la
flexion, sous l'influence de la surcharge, ou de la dilatation.

Le fer, réservé pour les ponts de chemin de fer, et pour les
grandes ouvertures, semble devoir être prochainement dé-
trôné par l'acier. Ce métal que l'on parvient depuis peu à
fabriquer avec une homogénéité parfaite, à un prix modéré,
en se tenant exactement dans les conditions de résistance et
de qualité demandées, a sur le fer l'avantage d'une résistance
notablement supérieure : on peut donc en l'employant rele-

ver sensiblement la limite admissible pour le travail maximum du métal, à la compression ou à l'extension. L'acier, adopté en Amérique pour le pont de *Saint-Louis*, a été récemment choisi pour le nouveau pont fixe en construction sur la *Seine* à *Rouen* (*fig.* 292). Comme le type du pont en arc, ainsi que nous allons le voir, se recommande pour les grandes portées par sa grande légèreté, comparativement aux poutres droites, il est naturel, lorsque cette question de légèreté a été le motif déterminant du choix fait, de compléter cette mesure, en employant le métal qui présente pour le moindre poids la plus grande résistance, c'est-à-dire l'acier.

En résumé, si, en choisissant le type du pont en arc, on a été guidé par le désir de construire un ouvrage d'aspect monumental, il faut, à moins que l'ouverture n'en soit exceptionnelle, avoir recours à la fonte ; si c'est pour un motif d'économie, ce qui nécessairement suppose une ouverture exceptionnelle, il semble que l'emploi de l'acier, tel que l'on commence à le fabriquer, sera nécessairement indiqué. Le fer ne doit être conservé que là où la fonte serait trouvée trop cassante, ou trop lourde et par suite trop coûteuse, sans que l'ouverture motivât le choix de l'acier, qui pour des portées ordinaires paraît devoir être

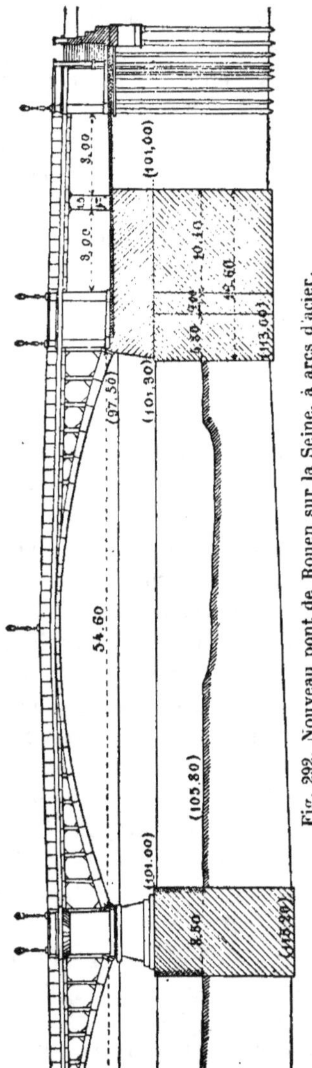

Fig. 292. Nouveau pont de Rouen sur la Seine, à arcs d'acier.

plus cher, du moins dans la situation présente de l'industrie métallurgique.

183. Poids des ponts en arc. — Nous avons vu précédemment que le poids d'une poutre droite à une travée est donné très exactement par la formule suivante :

$$P = K l^3 (p + \pi),$$

où p représente la charge et π la surcharge par mètre courant, l l'ouverture et K un coefficient numérique que nous avons appelé le *coefficient économique* de l'ouvrage. K dépend du type de poutre adopté, de son mode de construction et du rapport de la hauteur à l'ouverture ; il est inversement proportionnel au travail maximum du métal, sous l'influence de la charge et de la surcharge. Si l'on désigne par R ce travail maximum *en kilogrammes par millimètre carré*, la valeur de K varie entre les limites $\dfrac{0,024}{R}$ et $\dfrac{0,036}{R}$: lorsque R = 6, ce qui est le cas général, K est toujours compris entre 0,04 et 0,06.

Il y a lieu d'ajouter au poids du métal P donné par la formule le poids du tablier et du contreventement, à peu près indépendant du type de la poutre, et proportionnel à sa longueur.

Cette formule n'est pas applicable aux ponts en arc, dont le poids ne dépend plus seulement de l'ouverture l et de la hauteur de l'arc, mais encore du surbaissement $\dfrac{b}{l}$, rapport de la flèche à l'ouverture, et du rapport de la charge à la surcharge.

En effet, dans une poutre droite (en laissant de côté les effets dynamiques des surcharges roulantes, dont nous avons jusqu'ici systématiquement évité de parler), la surcharge produit son effet maximum quand elle est complète et couvre toute la travée, et cet effet est à celui de la charge permanente dans le même rapport que les poids par mètre courant qu'elles comportent.

Il n'en est pas de même pour les arcs : le travail maximum correspond à une surcharge partielle. qui produit au point considéré de l'arc un effort beaucoup plus considérable que celui qui serait dû à la surcharge complète : le rapport de son effet à celui de la charge permanente est donc beaucoup plus élevé que celui des poids correspondant à la surcharge et à la charge.

Pour calculer une poutre droite, il suffit de connaître le poids total maximum, comprenant la charge et la surcharge agissant simultanément. Pour calculer un arc, il faut connaître la valeur relative de chaque élément, car une augmentation de surcharge serait loin d'être compensée par une diminution égale de la charge, ce qui est vrai pour les poutres droites.

En définitive nous proposerons de représenter le poids de la partie principale des ponts en arc (Arcs et Tympans) par la formule suivante :

$$P = l'' \sqrt{\frac{l}{b}} \times \frac{6}{R} \times (A p + B \pi),$$

où b représente la flèche de l'arc, et où **A** et **B** sont deux cœfficients numériques qui varient entre les limites suivantes :

	Limite inférieure.	Limite supérieure
A	0,0007	0,0040
B	0,0014	0,0020

Le coefficient économique d'un pareil ouvrage est ainsi représenté par la formule :

$$K = \sqrt{\frac{l}{b}} \times \frac{6}{R} \times \frac{A p + B \pi}{p + \pi}.$$

Toutes choses égales d'ailleurs, c'est-à-dire pour deux arcs également surbaissés et subissant le même travail maximum du métal **R**, le coefficient **K** est d'autant plus petit que le rapport $\frac{\pi}{p}$ est plus réduit.

Posons $R = 6$, $\frac{l}{b} = 10$, ce qui rentre dans les conditions habituelles de la pratique : si la charge permanente repré- sente les 3/4 du poids total de l'ouvrage, le coefficient économique K sera compris entre les limites 0,0028 et 0,0040 ; si la charge permanente représente $\frac{1}{4}$ du poids total de l'ouvrage, le coefficient économique K sera compris entre les limites 0,0039 et 0,0056.

Dans le premier cas l'arc est beaucoup plus léger qu'une poutre droite ; dans le second cas il lui est à peu près équivalent.

Le poids donné par la formule qui précède ne représente que la partie principale de l'ouvrage : il y a lieu d'y ajouter le poids du tablier, qui n'est pas pris en considération dans le calcul du coefficient économique. Ce poids, proportionnel à la longueur de l'ouvrage, est extrêmement variable ; pour le point de *Szegedin* en fer ou le pont du *Carrousel* en fonte, où le tablier est uniquement formé de poutrelles et de madriers en bois, il est nul, tandis que pour le pont de *Tarascon* en fonte, où le platelage est constitué par des plaques en fonte, et où on a adopté un garde-corps et une corniche d'un poids élevé, il atteint 3,000 kil. par mètre courant de pont. En somme on peut admettre que le poids par mètre courant (garde-corps et corniche compris) peut varier de 800 kil. à 1,600 kil., pour les ponts de chemin de fer à voie unique, et de 1,500 à 3,000 kil., pour les ponts à double voie.

Pour les ponts-routes, il y a une telle variété de dispositions en usage qu'il est difficile de pouvoir fournir un renseignement tant soit peu exact : toutefois on peut admettre que, déduction faite des garde-corps et de la corniche dont le poids, essentiellement arbitraire puisqu'il dépend uniquement de la volonté du constructeur, peut varier de 100 kil. à 500 kil. par mètre courant d'ouverture, le poids du métal par mètre carré de tablier serait de 150 kil. environ si la chaussée est portée par des voûtes en briques, de 200 kil. si l'on a employé des tôles embouties, et de 250 à 300 kil. si l'on se sert d'un platelage de fonte, peu en usage aujourd'hui. Il résulte de l'étude que nous venons de faire que les ponts en arc, comportant en général un tablier plus lourd que les poutres droites, sont plus pesants et par suite plus coûteux que ces derniers ouvrages pour les petites portées où leur coefficient économique est d'ailleurs élevé ; l'équilibre s'établit pour les portées moyennes, et l'avantage devient très sensible pour les grandes portées où la surcharge π est très faible par rapport à la charge permanente, surtout s'il s'agit d'un pont-route avec chaussée pavée ou empierrée, ou d'un pont-rail portant du ballast. Pour les portées exceptionnelles. le coefficient économique s'abaisse considérablement et se rapproche des valeurs qui correspondent aux ponts suspendus. La forme en arc est alors extrêmement avantageuse. et doit être préférée à la poutre droite dans tous les cas où des considérations particulières ne justifient pas son exclusion.

Nous donnons plus loin, à l'appui de nos allégations, un tableau où nous avons indiqué les coefficients économiques calculés pour un certain nombre de ponts existants, d'après les données que nous avons pu recueillir à leur sujet. Il ne faut attribuer aux renseignements contenus dans ce tableau qu'*une confiance des plus limitées*, car la plupart des résultats sont entachés par deux causes d'erreur : 1° le poids n'est pas réparti avec précision entre les arcs, les tympans et le tablier, de sorte que l'on ne peut évaluer avec certitude le poids du métal qui doit servir au calcul du coefficient économique. Nous avons en conséquence établi ce chiffre de deux manières : d'abord en considérant le poids des arcs seuls, puis en y ajoutant le poids accusé pour les tympans. C'est ce dernier coefficient qui doit être considéré comme réellement valable, mais comme dans tous les exemples on a porté au compte des tympans une partie des fers et fontes du tablier, il arrive que le coefficient calculé est de beaucoup supérieur à la vérité ; 2° la valeur du travail dû à la charge permanente est généralement assez exacte ; il n'en est pas de même pour celle correspondant à la surcharge, qui a été dans presque tous les cas calculée dans l'hypothèse unique de la surcharge complète et qui est par conséquent sensiblement trop faible, puisque la surcharge partielle peut donner lieu à un travail double. Les nombres de la dernière colonne pèchent donc en général par insuffisance, et il en résulte que certains ouvrages, en réalité très lourds, paraissent assez légers parce que l'on a sous-évalué l'effort maximum subi par le métal. Cette remarque s'applique indistinctement à tous les ponts en fonte.

Nous avons d'ailleurs fait remarquer précédemment que tous ces arcs, calculés dans l'hypothèse de l'articulation, ont été exécutés avec demi-encastrement, et que par conséquent toutes les valeurs du travail maximum sont nécessairement inexactes et diffèrent sensiblement de la réalité, sauf pour le pont de *Porto* sur le *Douro*, et peut-être pour le pont de *Saint-Louis* sur le *Mississipi*, où l'on a cherché à réaliser en exécution les conditions supposées par le calcul.

Quelque douteux que soient les renseignements fournis par le tableau, ils présentent toutefois quelque utilité et permettent de vérifier d'une manière assez satisfaisante l'exactitude de la formule donnée précédemment pour le calcul du poids de la partie principale des ponts en arc.

Nous y voyons aussi que certains ouvrages très bien établis et bien conçus au point de vue des dispositions des arcs proprement dits, c'est-à-dire de la partie essentielle, présentent des tympans d'un poids excessif, absolument hors de proportion avec leur rôle modeste, qui consiste simplement à transmettre à l'arc le poids porté par le tablier. Ainsi se trouve justifiée notre allégation précédente : les tympans rigides alourdissent énormément les ponts en arc, sans utilité démontrée, et il est plus logique d'économiser le métal des tympans, en en profitant, si l'on veut, pour renforcer d'autant les arcs ; on a ainsi un pont plus solide sans être plus coûteux.

Enfin si la valeur du travail maximum accusé pour les ponts en fonte n'était pas toujours beaucoup trop faible, on reconnaîtrait que ces ouvrages sont sensiblement plus lourds, toutes choses égales d'ailleurs, que les ponts en fer, et que l'écart peut atteindre 15 à 20 p. 100 du poids total.

TABLEAU

DONNANT

LES DIMENSIONS PRINCIPALES,
LE POIDS DE LA PARTIE MÉTALLIQUE,
LE TRAVAIL MAXIMUM DU MÉTAL A LA COMPRESSION,
ET LE COEFFICIENT ÉCONOMIQUE
SE RAPPORTANT A DIFFÉRENTS PONTS EN ARC EXISTANTS.

NUMÉROS D'ORDRE	DÉSIGNATION de L'OUVRAGE	DISPOSITIONS GÉNÉRALES	OUVERTURE	FLÈCHE	HAUTEUR DE L'ARC
		I. PONT			
1	Pont-route à 2 voies. Type de la Cie d'Orléans (Paris à Tours).	Deux arcs de rive et trois arcs intermédiaires. Chaussée sur voûtes en briques.	16.00	1,60	0,60
2	Pont-rail biais de Villeneuve - Saint-Georges (2 voies)(Paris à Lyon).	Sept arcs portant directement un plancher en fonte. Les tympans de rive soutiennent le ballast.	15,00	1,50	Naissaces 0, Clef 0,55
3	Pont - route du Carrousel à Paris.	Cinq arcs à section ovoïde ou elliptique. Tympans élastiques formés d'anneaux en fonte. Platelage en bois.	47,67	4,90	0,8
4	Pont-rail à une voie sur la Chiffa. (Alger à Oran).	Deux arcs (système Martin). Tympans rigides en forme de cadres évidés. Ballast sur plancher en fonte.	47,15	4,70	1,4
5	Pont-route d'El-Kantara à Constantine.	Cinq arcs à âme évidée. Tympans a double triangulation. Platelage du tablier en fonte.	56,00	7,00	1,4
6	Pont-rail de Tarascon sur le Rhône. (Tarascon à Cette.)	Huit arcs. Tympans rigides. Platelage en fonte supportant le ballast.	60,00	5,00	1,70
7	Pont-route St - Louis à Paris.	Neuf arcs. Tympans rigides, voûtes en briques sous la chaussée.	64,00	5,85	Naissces 1, Clef 1,20
		II. PONT			
8	Pont-rail à double voie sur l'Étier de Mauves à Nantes.	Deux arcs de rive et quatre arcs pricipaux. Tympans formés de montants verticaux rivés sur l'arc et le longeron. Platelage en tôles striées.	20,00	2,50	C,

POIDS de la PARTIE MÉTALLIQUE POUR UNE TRAVÉE	CHARGE PERMANENTE par mètre courant	SURCHARGE D'ÉPREUVE par mètre courant	COEFICIENT ÉCONOMIQUE K		TRAVAIL MAXIMUM DU MÉTAL par millimètre carré de section	
			DE L'ARC seul	DE L'ARC, des tympans et du contreventement	CHARGE permanente seule	CHARGE et surcharge
EN FONTE.						
Arcs et tympans. . . . 20,000 kil. Tabliers et divers. . . 12.000 »	8,000	2,500	»	0,0074	$2^k,3$	$3^k,0$?
Arcs. . . . . 37,500 » Tablier, tympans et divers. . . . . 53,000 »	24,000	6,000	0,0056	»	1,9	2,8 ?
Arcs et tympans. . . . 256,000 »	11,460	2,480	»	0,0083	1,9	2,3 ?
Arcs et tympans. . . . 110,800 » Tablier et divers . . . 68,400 »	7,740	4,000	»	0,0043	»	6,0
Arcs. . . . . 155,000 » Tympans . . . . 93,000 » Tablier et divers . . . 166,000 »	7,200	6,000	0,0037	0,006	2,6	4,6 ?
Arcs. . . . . 693,000 » Tympans . . . . 220,000 » Tablier et divers . . . 169,000 »	28,000	8,000	0,0053	0,0074	2,8	3,4 ?
Arcs. . . . . 444,000 » Tympans. . . . . 124,000 » Tablier et divers . . . 188,000 »	28,200	9,600	0,0029	0,0037	3,7	4,3 ?
EN FER.						
Arcs (contreventement compris). . . . . . . 31,700 » Tympans (contrevente- ment compris). . . . 6,400 » Tablier. . . . . 20,880 » Fonte : (garde - corps, corniche, plaques d'appui et divers . . 13,500 »	3,500	9,800	0,006	0,0073	0,9	4,6

II. PONTS

NUMÉROS D'ORDRE	DÉSIGNATION de L'OUVRAGE	DISPOSITIONS GÉNÉRALES	OUVERTURE	FLÈCHE	HAUTEUR DE L'ARC
9	Pont-rail projeté sur l'Oued Rouina. (Alger à Oran) une voie.	Deux arcs de rive, deux arcs principaux. Tympans rigides à croix de Saint-André et montants verticaux. Platelage en tôles embouties. Ballast.	50,00	5,00	Naissances 0,85 Clef 0,78
10	Pont-rail dit Pont-aux-Moines. (Orléans à Gien) une voie.	Deux arcs principaux, tympans rigides à montants et écharpes. Platelage en tôles embouties. Ballast.	50,00	5,00	1m,00
11	Pont-rail de Szegedin sur la Theiss. Double voie.	Quatre arcs. Tympans rigides à montants verticaux et écharpes. Tablier en bois.	44,48	5,14	Naissances 0,6 Clef 0,9
12	Pont-rail de Nantes, sur la Loire (deux voies).	Quatre arcs. Tympans formés de montants verticaux articulés sur l'arc et rivés au tablier. Platelage en tôle striée.	60,00	6,00	1,60
13	Pont-route de Barbin, sur l'Erdre à Nantes	Sept arcs. Tympans rigides à montants et écharpes. Platelage en tôles embouties. Pavage.	80,00	7,30	Naissances 1,2 Clef 1,0
14	Pont-rail de la Jonnelière sur l'Erdre, près Nantes. (Nantes à Châteaubriant) double voie.	Quatre arcs. Tympans rigides en tôle emboutie. Ballast.	95,00	12,00	Naissances 2,5 Clef 2,5
15	Pont-rail de Porto sur le Douro. (Lisbonne à Porto) voie unique.	Arcs articulés à treillis rigides en croissant avec fruit de 116 millimètres par mètre de hauteur. Les tympans sont réduits à une pile unique appuyée sur les reins de l'arc.	160,00	42,50	Clef 10 m. Naissances 1,

POIDS de la PARTIE MÉTALLIQUE POUR UNE TRAVÉE	CHARGE PERMANENTE par mètre courant	SURCHARGE D'ÉPREUVE par mètre courant	COEFFICIENT ÉCONOMIQUE K		TRAVAIL MAXIMUM DU MÉTAL par millimètre carré de section	
			DE L'ARC seul	DE L'ARC des tympans et du contreventement	CHARGE permanente seule	CHARGE et surcharge

EN FER (Suite).

POIDS de la PARTIE MÉTALLIQUE POUR UNE TRAVÉE	CHARGE PERMANENTE	SURCHARGE D'ÉPREUVE	DE L'ARC seul	DE L'ARC des tympans et du contreventement	CHARGE permanente seule	CHARGE et surcharge
Arcs et tympans. . . . 87,500 » Tablier . . . . 42,500 »	3,400	4,000	»	0,0047	»	6
Arcs et tympans. . . . 90,000 » Tablier . . . . 49,000 »	3,000	4,000	»	0,0051	»	6,0
Arcs et tympans. . . . 109,000 » Contreventement . . . 27,000 »	4,100	8,200	»	0,0051 (0,00641	»	»
Arcs (contreventement compris) . . . . 214,000 » Tympans . . . . 36.000 » Tablier . . . . 111,300 » Fontes : garde-corps, corniche, plaques d'appui, etc. . . . . . 80,000 »	6,300	7,400	0,0043	0,0051	2,00	5,00 T (5,9)
Arcs (contreventement compris) . . . . 346,000 » Tympans . . . . 45,000 » Tablier . . . . 193,000 » Fontes : garde-corps, corniche, plaques d'appui, etc . . . . . 88,500 »	15,400	3,600	0,0028	0,0034	2,28	4,40 T (5,5)
Arcs. . . . . 541,700 » Tympans . . . . 164,800 » Tablier et divers. . . . 214,000 »	14,500	6,500	0,0029	0,0037	3,35	6,71 T (7,30)
Arcs. . . . . 700,000 » Tympans. . . . . 40,000 » Tablier, contreventement et divers. . . . 220,000 »	6,000	4,000	0,0028	0,0029	»	4,94 T 5,60) V 6,23

NUMÉROS D'ORDRE	DÉSIGNATION de L'OUVRAGE	DISPOSITIONS GÉNÉRALES	OUVERTURE	FLÈCHE	HAUTEUR DE L'ARC
		III. PONTS			
16	Pont-route en construction à Rouen.	Sept arcs à section rectangulaire. Montants verticaux rivés sur l'arc et le longeron.	54,60	4,87	Naissances 1,00 Clef 0,60
17	Pont de Saint-Louis sur le Mississipi. (Route et voie ferrée.)	Quatre arcs à triangulation articulée complètement encastrés sur les appuis. Tympans à montants verticaux articulés. Tablier en bois.	158,50	14,31	3,6

OBSERVATIONS. — La dernière colonne du tableau fournit le travail maximum du métal à preuve complète, ou, pour un petit nombre d'ouvrages, répartie de la manière la plus défavo- à la charge, la surcharge d'épreuve la plus défavorable et l'*écart maximum de température* agis- charge, la surcharge la plus défavorable et l'*effort maximum du vent* agissant simultanément.

Les nombres suivis d'un point d'interrogation sont particulièrement douteux.

POIDS de la PARTIE MÉTALLIQUE POUR UNE TRAVÉE	CHARGE PERMANENTE par mètre courant	SURCHARGE D'ÉPREUVE par mètre courant	COEFFICIENT ÉCONOMIQUE K		TRAVAIL MAXIMUM DU MÉTAL par millimètre carré de section	
			DE L'ARC seul	DE L'ARC, des tympans et du contreventement	CHARGE permanente seule	CHARGE et surcharge

EN ACIER

POIDS de la PARTIE MÉTALLIQUE	CHARGE PERMANENTE	SURCHARGE D'ÉPREUVE	DE L'ARC seul	DE L'ARC, des tympans et du contreventement	CHARGE permanente seule	CHARGE et surcharge
Arcs en acier. . . . . . 219,000 » Tympans, tablier, contreventement, plaques d'appui, etc. . { Fer . . 177,000 » Fonte . 46,000 » }	22,050	5,670	0,0026	»	4,91	8,15 T(9,01)
Arcs (non compris le contreventement) 884,000 » Contreventement, tablier et divers . . . . { Acier . . 588,000 » Fer . . . 297,000 » }	12,000	9,600	0,0016	»	7,00	15,00 T(22) V(20)

la compression sous l'action simultanée de la charge permanente et de la surcharge d'é-
rable ; les nombres placés entre parenthèses et précédés de la lettre T indiquent le travail dû
sant simultanément ; les nombres précédés de la lettre V indiquent le travail dû à la

TABLES NUMÉRIQUES

POUR LE CALCUL DE LA POUSSÉE
DANS LES ARCS CIRCULAIRES A SECTION CONSTANTE
ARTICULÉS A LEURS EXTRÉMITÉS (136).

TABLE I

**Calcul de la partie principale B de la poussée
due à un poids isolé.**

TABLE II

**Calcul de la partie principale (B′, B″ ou B‴) de la
poussée due à la charge permanente ou à la surcharge complète, ainsi qu'à une dilatation indépendante des charges.**

Coefficient de correction K affectant la partie principale de la poussée due à une cause quelconque.

ANGLES AU CENTRE 2 φ — **RAPPORT $\frac{2\varphi}{\pi}$** — **Coefficient de la partie principale B de la poussée due** — **RAPPORT $\dfrac{x}{a} = \dfrac{\sin\theta}{\sin\varphi} =$** (en centièmes)

DEGRÉS	MINUTES	RAPPORT $\frac{2\varphi}{\pi}$	0	5	10	15	20	25	30	35	40
21	36	0.12	4,125	4,113	4,076	4,013	3,928	3,820	3,687	3,532	3,355
23	24	0.13	3,804	3,794	3,759	3,701	3,623	3.523	3,401	3,257	3,094
25	12	0.14	3,529	3,519	3,487	3,432	3,361	3,268	3,155	3,023	2,871
27	00	0.15	3,291	3,282	3,252	3,202	3,135	3,047	2,942	2,819	2,677
28	48	0.16	3,082	3,073	3,045	2,999	2,936	2,866	2,755	2,640	2,508
30	36	0.17	2,897	2,889	2,863	2,819	2,760	2,684	2,590	2,483	2,359
32	24	0.18	2,733	2,726	2,701	2,659	2,694	2.532	2,444	2,343	2,226
34	12	0.19	2,586	2,579	2,555	2,516	2,464	2,396	2,312	2,217	2,106
36	00	0.20	2,453	2,447	2,424	2,388	2,338	2,274	2,195	2,104	1,998
37	48	0.21	2,333	2,327	2,305	2,271	2,223	2,163	2,087	2,000	1,900
39	36	0.22	2,224	2,218	2,197	2,169	2,119	2,061	1,989	1,907	1,811
41	24	0.23	2,124	2,118	2,099	2,067	2,023	1,969	1,900	1,821	1,730
43	12	0.24	2,032	2,027	2,008	1,978	1,937	1,884	1,818	1,743	1,655
45	00	0.25	1,917	1,942	1,924	1,896	1,855	1,806	1,743	1,672	1,587
46	48	0.26	1,869	1,864	1,847	1,820	1,781	1,733	1,673	1,604	1,524
48	36	0.27	1,797	1,792	1,775	1,749	1,711	1,666	1,608	1,542	1,465
50	24	0.28	1,729	1,725	1,709	1,683	1,647	1,603	1,547	1,484	1,411
52	12	0.29	1,666	1,662	1,646	1,622	1,588	1,545	1,491	1,430	1,360
54	00	0.30	1,607	1,603	1,588	1,564	1,532	1,490	1,438	1,380	1,312
55	48	0.31	1,552	1,548	1,534	1,511	1,479	1,439	1,388	1,332	1,267
57	36	0.32	1,500	1,497	1,482	1,460	1,429	1,397	1,343	1,288	1,224
59	24	0.33	1,452	1,448	1,434	1,414	1,384	1,346	1,300	1,246	1,184
61	12	0.34	1,406	1,402	1,389	1,369	1,340	1,303	1,259	1,207	1,146
63	00	0.35	1,362	1,359	1,345	1,326	1,298	1,264	1,220	1,171	1,110
64	48	0.36	1,321	1,318	1,305	1,286	1,259	1,225	1,183	1,135	1,077
66	36	0.37	1,282	1,279	1,266	1,248	1,222	1,189	1,149	1,102	1,046
68	24	0.38	1,245	1,242	1,229	1,213	1,186	1,155	1,116	1,071	1,016
70	12	0.39	1,209	1,206	1,195	1,179	1,153	1,123	1,084	1,041	0,989
72	00	0.40	1,176	1,173	1,161	1,148	1,121	1,092	1,055	1,012	0,965
75	36	0.42	1,113	1,110	0,991	0,978	0,957	0,934	0,902	0,866	0,823
79	12	0.44	1,056	1,053	1,043	1,030	1,007	0,982	0,949	0,910	0,866
82	48	0.46	1,003	1,001	0,991	0,978	0,957	0,934	0,902	0,866	0,823
86	24	0.48	0,955	0,952	0,944	0,931	0,912	0,889	0,859	0,825	0,785
90	00	0.50	0,910	0,908	0,899	0,887	0,868	0,848	0,818	0,787	0,745
93	36	0.52	0,868	0,866	0,858	0,846	0,829	0,809	0,781	0,750	0,714
97	12	0.54	0,829	0,827	0,819	0,808	0,792	0,773	0,746	0,717	0,682
100	48	0.56	0,793	0,791	0,784	0,774	0,757	0,739	0,714	0,685	0,654
104	24	0.58	0,758	0,757	0,750	0,740	0,725	0,708	0,684	0,656	0,627
108	00	0.60	0,726	0,724	0,718	0,709	0,695	0,678	0,655	0,629	0,600
111	36	0.62	0,696	0,694	0,688	0,679	0,666	0,650	0,628	0,603	0,575
115	12	0.64	0,667	0,666	0,660	0,652	0,639	0,623	0,603	0,579	0,552
122	24	0.68	0,614	0,613	0,608	0,600	0,589	0,575	0,556	0,535	0,509
129	36	0.72	0,566	0,565	0,561	0,554	0,544	0,530	0,514	0,495	0,472
136	48	0.76	0,522	0,521	0,521	0,512	0,502	0,490	0,476	0,458	0,436
144	00	0.80	0,482	0,481	0,478	0,472	0,463	0,452	0,439	0,422	0,405
151	12	0.84	0,445	0,444	0,441	0,436	0,427	0,416	0,405	0,389	0,370
158	24	0.88	0,410	0,409	0,407	0,401	0,394	0,384	0,374	0,360	0,34
165	36	0.92	0,378	0,377	0,374	0,370	0,363	0,353	0,343	0,331	0,31
172	48	0.96	0,347	0,346	0,353	0,339	0,333	0,325	0,315	0,304	0,29
180	00	1.00	0,318	0,317	0,315	0,311	0,305	0,298	0,289	0,279	0,26

… en un point quelconque de l'arc (voir … …).

RAPPORT $\dfrac{x}{a} = \dfrac{\sin\theta}{\sin\varphi} =$ (en centièmes)

	50	55	60	65	70	75	80	85	90	95
[illegible]	2,940	2,703	2.45	2.182	1,899	1,603	1.298	0,985	0,664	0.333
[illegible]	2,711	2,493	2.261	2,012	1,752	1,479	1,197	0,909	0,612	0,307
[illegible]	2,513	2.313	2,097	1,807	1,625	1.373	1.411	0,843	0,567	0,285
[illegible]	2,345	2.157	1,955	1,741	1,516	1.280	1,036	0,787	0,527	0,264
[illegible]	2,197	2,021	1,832	1,632	1,420	1,200	0,970	0,736	0,494	0,247
[illegible]	2,067	1,902	1,724	1,533	1,336	1,130	0,913	0,691	0,462	0,231
[illegible]	1,951	1,794	1,627	1,449	1,262	1,068	0,864	0,650	0,435	0,218
[illegible]	1,847	1,699	1,540	1,372	1,195	1,011	0,819	0,617	0,413	0,207
[illegible]	1,753	1,614	1,463	1,304	1,135	0,958	0,774	0,586	0,393	0,198
[illegible]	1,667	1,535	1,391	1,240	1,077	0,912	0,713	0,558	0,374	0,188
[illegible]	1,590	1,464	1,325	1,183	1,027	0,870	0,708	0,531	0,357	0,179
[illegible]	1,518	1,399	1.266	1,129	0,981	0,830	0,676	0,508	0,342	0,171
[illegible]	1,453	1,339	1,212	1,081	0,939	0,795	0,646	0,485	0,327	0,164
[illegible]	1,393	1,284	1,162	1,036	0,900	0,762	0,617	0,466	0,314	0,157
[illegible]	1,337	1,232	1,116	0,994	0,864	0,731	0,594	0,447	0,301	0,151
[illegible]	1,285	1,184	1,073	0,956	0,831	0,703	0,570	0,430	0,290	0,145
[illegible]	1,237	1,140	1,033	0,920	0,800	0,676	0,548	0,415	0,279	0,139
[illegible]	1,192	1,099	0,997	0,887	0,772	0,652	0,528	0,400	0,270	0,134
[illegible]	1,150	1,060	0,962	0,856	0,743	0,628	0,510	0,386	0,260	0,129
[illegible]	1,111	1,024	0,930	0,827	0,720	0,607	0,493	0,372	0,251	0,124
[illegible]	1,073	0,991	0,899	0,801	0,696	0,587	0,477	0,360	0,242	0,120
[illegible]	1,040	0,959	0,868	0,776	0,674	0,569	0,461	0,348	0,235	0,117
[illegible]	1,008	0,928	0,842	0,751	0,653	0,551	0,447	0,338	0,227	0,113
[illegible]	0,977	0,900	0,816	0,729	0,633	0,534	0,433	0,328	0,220	0,110
[illegible]	0,948	0,872	0,792	0,706	0,614	0,519	0,421	0,317	0,213	0,107
[illegible]	0,921	0,848	0,769	0,686	0,596	0,504	0,409	0,309	0,207	0,104
[illegible]	0,895	0,825	0,748	0,666	0,580	0,489	0,397	0,300	0,201	0,101
[illegible]	0,870	0,802	0,726	0,648	0,564	0,476	0,386	0,292	0,196	0,098
[illegible]	0,816	0,780	0,706	0,630	0,549	0,462	0,375	0,285	0,191	0,096
[illegible]	0,802	0,740	0,669	0,597	0,521	0,439	0,354	0,270	0,180	0,091
[illegible]	0,763	0,703	0,636	0,568	0,495	0,418	0,335	0,256	0,171	0,086
[illegible]	0,727	0,668	0,606	0,541	0,471	0,398	0,317	0,243	0,162	0,081
[illegible]	0,694	0,637	0,578	0,516	0,449	0,379	0,300	0,234	0,154	0,077
[illegible]	0,662	0,606	0,551	0,493	0,429	0,361	0,289	0,220	0,146	0,073
[illegible]	0,632	0,580	0,527	0,471	0,410	0,345	0,272	0,209	0,139	0,069
[illegible]	0,604	0,555	0,504	0,451	0,393	0,331	0,261	0,199	0,132	0,065
[illegible]	0,578	0,532	0,483	0,432	0,377	0,318	0,251	0,190	0,126	0,063
[illegible]	0,553	0,510	0,463	0,414	0,363	0,306	0,243	0,181	0,120	0,060
[illegible]	0,530	0,488	0,443	0,396	0,348	0,293	0,234	0,173	0,113	0,057
[illegible]	0,509	0,469	0,426	0,381	0,336	0,283	0,225	0,167	0,108	0,053
[illegible]	0,489	0,450	0,410	0,376	0,323	0,273	0,218	0,164	0,103	0,050
[illegible]	0,451	0,412	0,379	0,340	0,298	0,254	0,203	0,149	0,098	0,045
[illegible]	0,417	0,385	0,351	0,315	0,276	0,236	0,189	0,139	0,092	0,040
[illegible]	0,387	0,357	0,325	0,293	0,257	0,220	0,177	0,132	0,086	0,036
[illegible]	0,358	0,331	0,303	0,275	0,238	0,206	0,165	0,125	0,081	0,032
[illegible]	0,330	0,305	0,280	0,253	0,218	0,189	0,152	0,116	0,078	0,032
[illegible]	0,305	0,282	0,258	0,233	0,201	0,175	0,141	0,107	0,075	0,031
[illegible]	0,281	0,261	0,238	0,214	0,185	0,161	0,131	0,100	0,074	0,031
[illegible]	0,256	0,241	0,220	0,198	0,169	0,147	0,122	0,095	0,072	0,031
[illegible]	0,238	0,221	0,203	0,182	0,156	0,137	0,115	0,089	0,071	0,030

| ANGLES AU CENTRE 2φ | | RAPPORT $\frac{b}{\rho}$ | SURCHARGE UNIFORMÉMENT RÉPARTIE SUIVANT L'HORIZONTALE | | SURCHARGE uniformément répartie suivant l'axe longitudinal de l'arc à double articulation B''. | COEFFICIENT relatif à une [...]tation indépe[...]dante des cha[...] B'''. |
DEGRÉS	MINUTES		COEFFICIENT relatif à un arc à triple articulation (à clef articulée)	COEFFICIENT relatif à un arc à double articulation B'.		
21	36	0,12	2,645	2,641	2,635	208,8
23	24	0,13	2,440	2,436	2,429	177,6
25	12	0,14	2,265	2,261	2,253	152,8
27	00	0,15	2,112	2,108	2,100	132,8
28	48	0,16	1,979	1,974	1,965	116,4
30	36	0,17	1,861	1,856	1,847	102,9
32	24	0,18	1,757	1,751	1,741	91,5
34	12	0,19	1,663	1,657	1,647	81,9
36	00	0,20	1,578	1,573	1,562	73,7
37	48	0,21	1,500	1,496	1,484	66,6
39	36	0,22	1,432	1,426	1,414	60,5
41	24	0,23	1,369	1,362	1,349	55,2
43	12	0,24	1,311	1,304	1,290	50,5
45	00	0,25	1,257	1,250	1,236	46,3
46	48	0,26	1,207	1,200	1,185	42,7
48	36	0,27	1,161	1,153	1,138	39,4
50	24	0,28	1,118	1,110	1,095	36,5
52	12	0,29	1,079	1,070	1,054	33,9
54	00	0,30	1,041	1,033	1,016	31,5
55	48	0,31	1,006	0,998	0,980	29,4
57	36	0,32	0,974	0,964	0,947	27,4
59	24	0,33	0,943	0,933	0.915	25,7
61	12	0,34	0,914	0,904	0,885	24,0
63	00	0,35	0,886	0,876	0,857	22,0
64	48	0,36	0,861	0,850	0,830	21,5
66	36	0,37	0,836	0,825	0,804	20,0
68	24	0,38	0,813	0,802	0,780	18,
70	12	0,39	0,790	0,779	0,757	17,
72	00	0,40	0,769	0,758	0,735	16,
75	36	0,42	0,730	0,718	0,694	15,0
79	12	0,44	0,694	0,681	0,657	13,5
82	48	0,46	0,662	0,648	0,622	12,8
86	24	0,48	0,631	0,617	0,590	11,0
90	00	0,50	0,603	0,589	0,561	10,0
93	36	0,52	0,578	0,562	0,533	9,1
97	12	0,54	0,554	0,537	0,507	8,3
100	48	0,56	0,531	0,514	0,483	7,6
104	24	0,58	0,510	0,492	0,460	6,9
108	00	0,60	0,491	0,472	0,439	6,3
111	36	0,62	0,472	0,453	0,418	5,8
115	12	0,64	0,455	0,435	0,399	5,3
122	24	0,68	0,423	0,401	0,364	4,5
129	36	0,72	0,394	0,371	0,331	3,8
136	48	0,76	0,368	0,343	0,301	3,8
144	00	0,80	0,337	0,317	0.273	2,8
151	12	0,84	0,322	0,293	0,248	2,4
158	24	0,88	0.302	0,271	0,224	2,6
165	36	0,92	0,283	0,251	0,201	1,7
172	48	0,96	0,266	0,231	0,180	1,5
180	00	1,00	0,250	0,212	0,159	1,3

rge, la surcharge complète, et la dilatation. L'oefficient de correction (136).

oefficient de correction **K** qui doit affecter la partie principale
de la poussée due à une cause quelconque

RAPPORT $\dfrac{r^2}{a^2}$ exprimé en dix-millièmes

	10	15	20	25
0,905	0,826	0,760	0,703	0,654
0,918	0,848	0,788	0,736	0,690
0,928	0,866	0,812	0,764	0,721
0,937	0,882	0,832	0,788	0,748
0,944	0,895	0,850	0,809	0,772
0,951	0,906	0,865	0,827	0,793
0,956	0,915	0,877	0,843	0,811
0,960	0,923	0,889	0,857	0,827
0,964	0,930	0,899	0,869	0,841
0,967	0,936	0,907	0,880	0,854
0,970	0,942	0,915	0,890	0,866
0,973	0,947	0,922	0,898	0,876
0,975	0,951	0,928	0,906	0,885
0,977	0,955	0,933	0,913	0,893
0,978	0,958	0,938	0,919	0,901
0,980	0,961	0,942	0,925	0,907
0,981	0,964	0,946	0,930	0,913
0,983	9,966	0,950	0,934	0,919
0,984	0,968	0,953	0,938	0,924
0,985	0,970	0,956	0,942	0,929
0,986	0,972	0,959	0,946	0,933
0,987	0,974	0,961	0,949	0,937
0,988	0,975	0,963	0,952	0,940
0,988	0,977	0,966	0,955	0,944
0,989	0,978	0,967	0,957	0,947
0,989	0,979	0,969	0,959	0,950
0,990	0,980	0,971	0,961	0,952
0,991	0,981	0,972	0,963	0,955
0,991	0,982	0,974	0,965	0,957
0,992	0,984	0,976	0,969	0,961
0,993	0,986	0,978	0,972	0,965
0,993	0,987	0,980	0,974	0,968
0,994	0,988	0,982	0,976	0,970
0,995	0,989	0,984	0,978	0,973
0,995	0,990	0,985	0,980	0,975
0,995	0,991	0,986	0,982	0,977
0,996	0,991	0,987	0,983	0,979
0,996	0,992	0,988	0,984	0,980
0,996	0,993	0,989	0,985	0,982
0,997	0,993	0,990	0,986	0,983
0,997	0,994	0,991	0,987	0,984
0,997	0,994	0,992	0,989	0,986
0,998	9,995	0,993	0,990	0,988
0,998	0,996	0,994	0,992	0,990
0,998	0,996	0,995	0,993	0,991
0,998	0.997	0,995	0,993	0,992
0,999	0,997	0,996	0,994	0,993
0,999	0,997	0,996	0,995	0,994
0,999	0,998	0,997	0,995	0,994
0,999	0,998	0,997	0,996	0,995

SOMMAIRE DES NOTES ANNEXES :

A. Poutres droites.

184. Détermination graphique des moments fléchissants qui se manifestent dans une poutre droite à deux appuis simples, pendant le passage d'un convoi de poids isolés circulant lentement.

B. Pont suspendus.

185. Courbe décrite par un câble sollicité par son propre poids. — 186. Ponts suspendus rigides à double articulation. Poutres auxiliaires des ponts suspendus.

Calcul des poutres auxiliaires ou poutres de rigidité des ponts suspendus. Emploi des haubans de suspension : 187. Théorème fondamental. — 188. Discussion de la formule représentative de X. — 189. Détermination de la partie principale du moment fléchissant.—190. Influence du surbaissement du câble. — 191. Dépendance mutuelle des effets produits sur le câble et la poutre de rigidité par plusieurs poids agissant simultanément. — 192. Effet d'un poids unique. — 193. Effet d'une surcharge uniformément répartie incomplète. — 194. Résumé de la méthode. — 195. Calcul des termes correctifs. — 196. Influence des changements de température.—197. Réglage des haubans.—198. Calcul des câbles et des tiges de suspension. —199. De l'avenir des ponts suspendus. — *Tables numériques.*

C. Ponts en arc.

208. Détermination directe des surcharges partielles les plus défavorables pour un pont en arc.

Arcs encastrés avec culasses formant contrepoids : 201. Dispositions générales du pont Mirabeau. — 202. Calcul du travail. — 203. Effet de la charge permanente. — 204. Effet de la surcharge d'épreuve. — 205. Effet des changements de température. — 206. Observations générales sur ce genre de construction.

Règlement ministériel du 29 août 1891 sur les épreuves des ponts métalliques.

NOTES ANNEXES

A. POUTRES DROITES

181. Détermination graphique des moments fléchissants qui se manifestent dans une poutre droite à deux appuis simples, pendant le passage d'un convoi de poids isolés circulant lentement. — Dans les formules que nous avons données pour le calcul des poutres droites à travées indépendantes, nous avons toujours supposé que la surcharge, couvrant en totalité ou en partie le tablier du pont, était répartie uniformément suivant l'horizontale ; c'est l'hypothèse généralement admise dans toute étude de pont métallique.

On peut toutefois se proposer de rechercher les efforts développés dans une poutre droite par une surcharge composée de poids isolés distribués suivant une loi quelconque, par exemple par un train de chemin de fer, composé de véhicules de poids très différents, qui ne serait nullement assimilable à une surcharge uniformément répartie.

Les formules générales du n° 29 permettent d'effectuer sans difficulté le calcul des moments fléchissants développés dans une poutre droite *pour une position déterminée du convoi sur le pont* ; celles des n°ˢ 45 et 46 permettront également dans la même hypothèse de déterminer tous les efforts qui se manifestent dans les cordes et les barres d'une poutre américaine. Mais il serait intéressant d'effectuer ce calcul pour chaque section transversale de la poutre dans l'hypothèse la plus défavorable, c'est-à-dire en disposant le convoi sur le pont de telle manière que l'effort, développé dans la section considérée, atteignît sa valeur maximum.

On y arrive sans difficulté à l'aide d'une construction géométrique très simple imaginée simultanément par M. *Culmann*, professeur à l'Ecole polytechnique de *Zurich* qui l'a donnée dans son *Traité de statique graphique*, et par M. *Bresse* (A*nnales des ponts et chaussées*, 1877, 2ᵉ semestre), auquel nous empruntons la présente note.

Supposons que le convoi de chemin de fer, dont la longueur prise arbitrairement peut dépasser l'ouverture du pont, se compose des poids isolés 1, 2, 3, 4, 5, 6, 7 et 8 se succé-

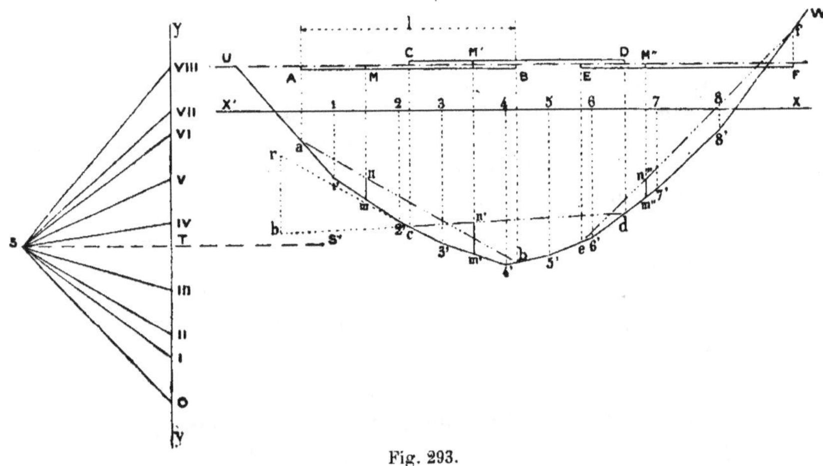

Fig. 293.

dant à des intervalles figurés sur la droite horizontale XX′. Portons successivement sur une droite verticale YY les longueurs représentatives de tous les poids OI, I.II, II.III, etc.; et VII. VIII. La longueur O. VIII figure le poids total du convoi. Soit S un point quelconque du plan situé à une distance arbitraire ST de la verticale YY ; joignons S.I, S.II, S.III... etc. Par un autre point quelconque U du plan, menons une parallèle à la droite S.O, que nous prolongerons jusqu'à son point de rencontre 1′ avec l'ordonnée du point 1 ; à partir du point 1′ menons une parallèle à S.I, que nous prolongerons jusqu'à son point de rencontre 2′ avec l'ordonnée du point 2, etc., etc., jusqu'au point 8′ située sur l'ordonnée du point 8, à partir duquel nous mènerons une parallèle à S.VIII.

Le polygone U 1′ 2′ 3′ 4′ 5′ 6′ 7′ 8′ W est un *polygone funiculaire* relatif au convoi de poids isolés que nous avons considéré. C'est la figure d'équilibre d'un câble flexible qui, fixé invariablement en deux points quelconque des droites U1′ et 8′W, serait sollicité par tous les poids qui composent le convoi. La traction horizontale exercée par ce câble sur ses culées serait figurée par la longueur ST, et les efforts normaux développés dans ses différents éléments seraient représentés par les longueurs des droites parallèles issues du point S ; ainsi, l'effort développé dans l'élément 4′ 5′ serait égal à la longueur S.IV′.

On pourrait évidemment imaginer un nombre infini de polygones funiculaires correspondant au même train, en faisant varier arbitrairement la position du point T sur la droite YY, et la longueur de l'horizontale ST. En remplaçant le point S par le point S′ symétrique par rapport à la droite YY, et effectuant exactement les mêmes constructions que dans le cas précédent, nous obtiendrions une courbe funiculaire symétrique de la courbe U 1′ 2′ 3′ 4′ 5′ 6′ 7′ 8′ W par rapport à une direction horizontale ; cette courbe représenterait non plus un câble flexible, mais un arc dont les différents éléments, symétriques de 1′2′, 2′3′......., seraient en équilibre sous l'influence d'efforts normaux développés par les poids isolés **1, 2, 3**, efforts normaux dont l'intensité serait encore donnée par les distances de S′ aux différents points de division de la droite YY.

Les droites S′WIII et S′O figureraient les réactions obliques exercées par l'ouvrage sur ses culées, la composante horizontale S′T étant la poussée de l'arc.

Considérons maintenant une poutre droite AB de longueur donnée *l* : supposons que le convoi occupe sur le tablier de l'ouvrage la position indiquée par la figure, de telle sorte que les poids **1, 2, 3** et **4** soient placés sur le pont, les autres poids étant encore en deçà de la culée B. Menons les ordonnées verticales qui passent par les extrémités A et B de la travée ; soient *a* et *b* leurs points de rencontre avec la courbe funiculaires ; joignons ces deux points par une droite. Le moment fléchissant en un point quelconque M de la poutre s'obtiendra en effectuant le produit de la portion *mn* de l'ordonnée verticale menée par M comprise entre la corde *ab* et le polygone funiculaire, par le poids représenté par la longueur ST. Comme cette longueur ST peut être prise arbitrairement, rien n'empêche de la choisir égale à l'unité ; la longueur *mn* représente alors précisément à l'échelle convenue le moment fléchissant développé en M par le convoi 1, 2, 3, 4, que porte la poutre AB.

Nous renverrons pour la démonstration de ce théorème au travail de M. *Bresse* ou au *Traité de statique graphique* de M. *Maurice Lévy* (p. 179). Supposons à présent que le convoi continue sa marche en s'avançant sur le pont ; le moment fléchissant développé en M va nécessairement varier. Proposons-nous de trouver la position du convoi pour laquelle il atteindra son maximum. Le mouvement relatif du convoi et de la poutre peut s'obtenir indifféremment en supposant le convoi mobile et la poutre fixe, ou inversement le convoi immobile et la poutre animée d'un mouvement de translation.

Adoptons ce dernier moyen pour simplifier la figure. Lorsque la poutre sera venue en CD, le moment fléchissant développé en M' (nouvelle position du point M) sera représenté par la longueur verticale *n'm'* mesurée entre la corde *cd* et la courbe funiculaire.

De même, la poutre étant venue en EF, le moment fléchissant en M″ sera égal à la longueur *m″n″*.

En résumé, il est très aisé de construire une série de cordes *ab*, *cd*, *ef*, etc., ayant toutes une projection horizontale égale à *l* et correspondant par conséquent à des positions successives de la poutre. On reconnaîtra au premier coup d'œil, ou à l'aide de mesures prises sur l'épure, la corde pour laquelle la longueur de l'ordonnée correspondant à un point choisi sur la poutre atteindra son maximum. En faisant la même opération pour une série de sections transversales de la poutre, on résoudra le problème posé au début de cette note ; on aura en effet déterminé en chaque point le moment fléchissant maximum dû au convoi mobile placé de la façon la plus défavorable. On pourra d'ailleurs avoir une exactitude aussi parfaite qu'on le voudra en traçant une série de cordes très rapprochées dans le voisinage du maximum, afin d'obtenir plus sûrement sa valeur exacte. Dans le cas présent, le maximum du moment fléchissant en M s'obtiendrait sans aucun doute pour une position de la poutre voisine de CD.

Il est bien évident d'ailleurs que la position du convoi, qui dans la poutre droite AB correspondrait au moment fléchissant maximum développé dans la section M, est également celle qui, pour une poutre américaine AB de longueur égale l, développerait en M, dans les deux cordes, les efforts normaux maxima. Cette épure est donc applicable à toutes les poutres droites à travées indépendantes.

Elle permet aussi de trouver immédiatement la réaction verticale exercée par la poutre sur l'un de ses points d'appui ; proposons-nous par exemple de déterminer la réaction verticale exercée en C par la poutre CD. Il suffira de prolonger l'élément de courbe funiculaire $3'2'$ rencontré par la corde cd, ainsi que cette corde elle-même ; portons sur $c\,2'$ la longueur cr égale à S.III et menons par r une verticale qui coupe en f le prolongement de cd. La longueur rf représente précisément la valeur de la réaction verticale exercée par la poutre CD sur l'appui C.

Nous remarquerons en terminant que les *courbes représentatives des moments fléchissants* dans les poutres droites à travée unique appuyées ou encastrées à leurs extrémités, dont il a été question aux nᵒˢ 29, 30, 31, 68, sont tout simplement des courbes funiculaires correspondant aux surcharges considérées. On a vu que, dans le cas d'une surcharge uniformément répartie suivant l'horizontale, la courbe funiculaire est toujours un arc de parabole à axe vertical.

L'étude que nous avons faite des déformations des câbles des ponts suspendus, sous l'action de surcharges concentrées ou réparties suivant l'horizontale d'une manière absolument quelconque, conduit à des formules permettant également de tracer les courbes funiculaires qui correspondent à ces mêmes surcharges ; la courbe décrite par un câble flexible sous l'action d'une série de poids quelconque est effectivement une des courbes funiculaires correspondant à ces poids. Cette courbe est ici déterminée par les positions relatives des points d'attache du câble et par la longueur de ce dernier. Ces deux données permettent de calculer la poussée ST et les réactions sur les appuis OT et T.VIII ; on est donc dans les mêmes conditions que si l'on donnait la position du point T et la longueur de la droite, ce qui suffit pour déterminer la courbe funiculaire. Enfin, nous ajouterons que les courbes, dénommées par nous *courbes des pressions* dans l'étude des ponts en arc, sont encore des courbes funiculaires correspondant aux charges et surcharges considérées ; ces courbes sont ici déterminées par les directions des réactions obliques exercées par l'arc sur ses culées, directions que le calcul de la poussée fait connaître. Connaissant dans la figure 293 les directions des droites S. VIII et SO, on voit que la position du point S est bien définie, et que la courbe funiculaire ne présente plus d'indétermination. Nous en concluons que dans un ouvrage métallique quelconque à travée unique le moment fléchissant développé dans une section choisie arbitrairement est proportionnel à la distance verticale qui existe entre le centre de gravité de cette section et une courbe funiculaire correspondant à la charge et à la surcharge considérée. Nous avons donné dans chaque cas étudié par nous le moyen de tracer cette courbe funiculaire, que nous appelions en parlant des poutres droites la courbe représentative des moments fléchissants, et en parlant des arcs la courbe des pressions.

B. PONTS SUSPENDUS

185. Courbe décrite par un câble sollicité par son propre poids. — Dans l'étude que nous avons faite des ponts suspendus, nous avons admis sans démonstration que les courbes décrites par les câbles étaient toujours des paraboles. Cela est rigoureusement exact lorsque la charge supportée par le câble est répartie uniformément suivant l'horizontale ; cela cesse d'être vrai lorsque la charge est répartie uniformément suivant la fibre moyenne des câbles, ce qui est le cas pour un câble sollicité par son propre poids.

La courbe funiculaire décrite diffère alors d'une parabole :

c'est une *chaînette* à axe vertical, qui, rapportée à sa tangente horizontale au sommet et à son axe vertical (*fig.* 150), a pour équation :

$$y = \frac{m}{2}\left(e^{\frac{x}{m}} + e^{\frac{-x}{m}} - 2\right).$$

e désigne ici la base des logarithmes népériens, c'est-à-dire le nombre incommensurable 2,71828.., m est un coefficient que l'on détermine à l'aide des coordonnées a et b du point d'attache du câble :

$$b = \frac{m}{2}\left(e^{\frac{a}{m}} + e^{\frac{-a}{m}} - 2\right).$$

On peut résoudre cette équation à l'aide d'une table de logarithmes hyperboliques ou népériens, en remarquant que l'on a : Log. nép. $e^{\frac{x}{m}} = \frac{x}{m}$, et

$$e^{\frac{-x}{m}} = \frac{1}{e^{\frac{x}{m}}}.$$

La langueur OM d'un arc de chaînette, mesurée à partir du point O, est donnée par la relation :

$$s = \frac{m}{2}\left(e^{\frac{x}{m}} - e^{\frac{-x}{m}}\right).$$

D'après M. *Debauve* (*Manuel de l'ingénieur des ponts et chaussées*, 11ᵉ fascicule, page 270), on aurait également :

$$a = s - \frac{2}{3}\frac{b^2}{s} - \frac{2}{15}\frac{b^4}{s^3}.$$

D'où l'on tire :

$$b = s\sqrt{\frac{-5 + \sqrt{55 - 30\frac{a}{s}}}{2}}.$$

Cette formule, comparée à la dernière formule du nᵒ 93, montre qu'à égalité d'ouverture a et de longueur s, la flèche b de la chaînette est plus petite que celle de la parabole. La différence est d'autant plus faible que le rapport $\frac{b}{a}$ est plus réduit. Nous avons donc pu supposer sans erreur appréciable que la courbe décrite par un câble de retenue, dont la flèche est toujours minime, est une parabole, l'écart entre la parabole et la chaînette étant toujours négligeable dans ce cas.

Lorsqu'on monte les câbles principaux d'un pont, ceux-ci, avant que le tablier n'ait été posé, sont sollicités uniquement par leur propre poids : il en résulte que la courbe décrite par eux est une chaînette et non une parabole. La différence peut être sensible, le rapport $\frac{a}{b}$, qui diffère peu en général de $\frac{1}{5}$, ayant une valeur assez élevée.

M. Debauve a calculé que, pour un pont ayant **200** mètres d'ouverture et **20** mètres de flèche, la différence entre la flèche de la chaînette et celle de la parabole pourrait atteindre $0^m.29$.

186. Ponts suspendus rigides à double articulation. — Poutres auxiliaires des ponts suspendus. — Nous avons parlé précédemment (104) du pont suspendu de *Mannheim*, dont les deux chaînes sont reliées par une trangulation qui assure à l'ouvrage une certaine rigidité. Considérons un ouvrage semblable (*fig.* **294**), qui serait constitué par deux câbles ou chaînes formant cordes supérieure et inférieure, reliées par une série de barres

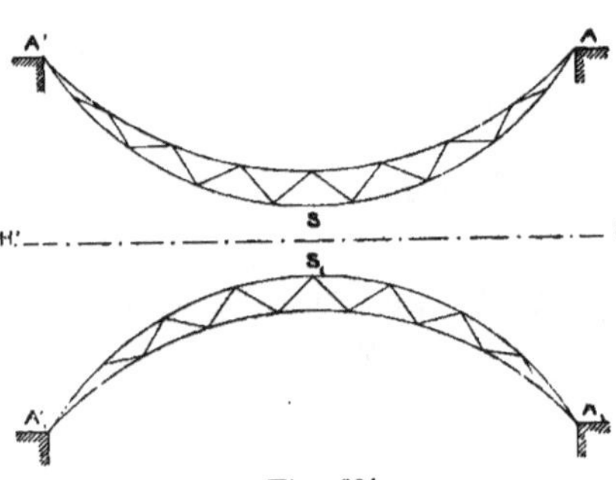

Fig. 294.

formant trangulation. L'analogie qui existe entre ce pont suspendu et le pont en arc à double triangulation, que l'on obtiendrait en traçant la figure symétrique par rapport à une horizontale HII, est évidente.

Il saute aux yeux qu'après avoir calculé l'un des ouvrages, on peut utiliser sans modification tous les résultats obtenus pour la détermination des éléments constitutifs de l'autre, en supposant que la charge et la surcharge présentent identiquement la même valeur, à condition de changer les signes de tous les efforts, et par suite de substituer partout aux pressions des tensions de même intensité, et *vice-versâ* (122).

Le calcul du pont suspendu rigide ASA′ pourra donc se faire sans difficulté par la méthode et les formules applicables à un arc à double articulation, et l'on pourra également se servir des tables numériques de *M. Bresse*, données précédemment, qui conviennent aussi bien aux ponts suspendus rigides circulaires à section constante et articulations aux extrémités, qu'aux arcs à double articulation. L'écart entre la parabole et l'arc de cercle est assez faible pour qu'on puisse le négliger sans grand inconvénient dans le calcul de la poussée.

Comme on n'exécute guère de ponts de ce type (puisque le seul exemple connu de nous est le pont de *Mannheim*, construit en 1835, dont la rigidité est d'ailleurs insuffisante, vu le trop faible écartement des deux chaines), notre remarque serait sans intérêt pratique, si elle ne fournissait l'explication du rôle que jouent dans les ponts suspendus américains les poutres auxiliaires ou poutres de rigidité, au sujet desquelles nous n'avons donné jusqu'à présent que des indications générales.

Supposons que nous ayions calculé les dimensions du câble

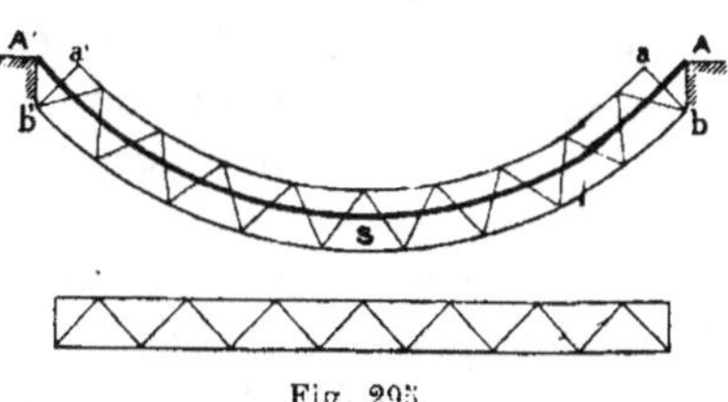

Fig. 295.

principal ASA′ d'un pont suspendu, de façon qu'il puisse résister dans de bonnes conditions à l'effort normal résultant de la charge et de la surcharge complète (*fig. 295*).

Il s'agit de trouver les dimensions qu'il conviendrait d'attribuer à la poutre auxiliaire du pont pour que la courbe décrite par le câble principal restât sensiblement invariable, sous l'action d'une surcharge partielle quelconque. Admettons un moment que le câble ASA′ soit devenu rigide, de telle sorte que la courbe parabolique qu'il décrit reste invariable en toute circonstance : nous aurons alors un pont suspendu rigide articulé à ses extrémités A et A′, et nous pourrons calculer, à l'aide des méthodes applicables aux ponts en arc (138-139), le moment fléchissant maximum qui serait développé dans une section transversale quelconque du câble rigide par la surcharge partielle la plus défavorable. Il n'y aura qu'à suivre exactement la marche indiquée pour les arcs : les résultats auxquels nous arriverons seront semblables à ceux représentés sur la figure 223, avec cette différence que nous ne nous occupons à présent que du moment fléchissant, tandis que, dans la figure 223, on a ajouté à l'effet du moment fléchissant celui de l'effort normal développé par la surcharge partielle. Nous laissons ici de côté l'effort normal, nous bornant à chercher le maximum du moment fléchissant seul.

Rendons maintenant au câble A S A' sa flexibilité première, mais accolons-lui une poutre curviligne $aa'\,b'b$ établie en vue de résister convenablement aux moments fléchissants calculés précédemment, la fonction du câble flexible se bornant à supporter en totalité l'effort normal. La réunion du câble flexible et de la poutre parabolique constituera un ouvrage suspendu rigide, et, si chacun de ces éléments remplit bien le rôle qui lui est attribué, les déformations dues aux surcharges partielles seront égales à celles que subirait un pont en arc ayant les mêmes dimensions principales.

Comme d'ailleurs la poutre curviligne n'a d'autres fonctions que de résister au moment fléchissant, elle ne transmet aucun effort aux culées A et A', le moment fléchissant étant toujours nul aux points d'attache du pont suspendu : on peut donc sans inconvénient arrêter la poutre à une certaine distance des maçonneries. Rien n'oblige même à lui faire épouser exactement la forme parabolique du câble ; on peut l'en séparer et lui donner une direction rectiligne horizontale, à condition bien entendu de la relier au câble de telle manière que celui-ci ne puisse se déformer sans que la poutre fléchisse.

En somme, la poutre auxiliaire des ponts américains est l'équivalent d'une poutre parabolique rigide qui serait juxtaposée au câble et aurait pour rôle spécial de résister aux moments fléchissants développés par les surcharges partielles, dans l'hypothèse de l'invariabilité de la courbe décrite par le câble. Son emploi se justifie par l'impossibilité où l'on se trouve de donner directement de la rigidité au câble. Nous allons exposer ci-après une méthode qui permette de calculer les dimensions à attribuer aux éléments de cette poutre, et de se rendre compte, d'autre part, du rôle que jouent les haubans de suspension dans les ponts américains.

Calcul des poutres auxiliaires ou poutres de rigidité des ponts suspendus. — Emploi des haubans de suspension.

187. Théorème fondamental. — Soit AMA′ la courbe parabolique que décrit un câble parfaitement flexible supportant une charge permanente uniformément répartie.

Supposons que l'on ajoute une charge distribuée irrégulièrement sur la longueur horizontale de la travée. Connaissant les grandeurs et les points d'application de tous les poids partiels dont se composent la charge permanente et la surcharge, il sera toujours possible de tracer la nouvelle courbe AM_1A' que

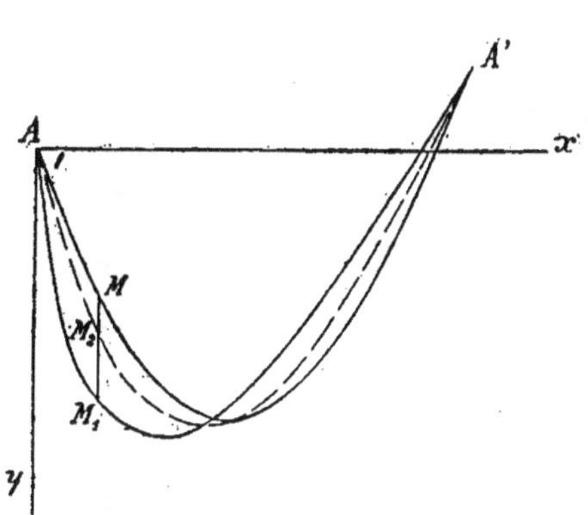

Fig. 297.

va décrire le câble, en tenant compte, pour plus d'exactitude, de l'allongement éprouvé par lui en raison de l'augmentation qu'aura subi le travail à l'extension en chaque point. Il suffira à cet effet d'appliquer les méthodes exposées dans les articles 94, 95 et 96 du chapitre IV.

La courbe AM_1A', dont la longueur développée est égale à celle du câble, est un polygone funiculaire correspondant au mode de répartition de la charge totale, et dont les ordonnées verticales sont proportionnelles aux valeurs des moments fléchissants que cette charge totale déterminerait dans une poutre droite simplement appuyée à ses deux extrémités A et A'.

Admettons à présent qu'avant d'ajouter la surcharge, on ait relié le câble à une poutre auxiliaire, au moyen d'un certain nombre de tiges verticales.

Cette poutre ne sera pas influencée par la charge permanente du câble, puisque l'on aura eu soin de ne pas modifier pendant l'opération la courbe AMA' décrite par le câble, et, par conséquent de ne rien changer à l'équilibre élastique de celui-ci.

Quand on viendra ensuite placer la surcharge, la poutre auxiliaire tendra, en raison de sa rigidité propre, à maintenir le câble dans sa direction primitive, et l'obligera à décrire une courbe AM_2A' plus voisine de la parabole initiale AMA' que la ligne AM_1A'. La section transversale qui est directement reliée au point M du câble, aura subi le même déplacement vertical MM_2 ; par conséquent la poutre, dont la fibre moyenne se trouvera déformée, sera soumise, dans ses différentes sections transversales, à un travail de flexion qui variera de l'une à l'autre.

Considérons les deux axes horizontal Ax et vertical Ay menés par le point d'appui de gauche A du câble. Soient y l'ordonnée du point M, y_1 celle du point M_1, et y_2 celle du point M_2, situés tous les trois à la même distance horizontale x de l'origine sur les trois courbes AMA', AM_1A' et AM_2A' précédemment définies.

Nous nous proposons de déterminer les valeurs du moment fléchissant X et de l'effort tranchant V qui se sont développés dans la section transversale située dans le plan vertical MM_2, lorsque, le câble se déformant ainsi que la poutre sous l'action de la surcharge, le point M est venu en M_2.

Soient Q_1 et T_1 les composantes horizontale et verticale de l'effort de traction qui s'exercerait, sous l'influence simultanée de la charge et de la surcharge, au point M_1 du câble, si ce dernier n'était pas associé à la poutre de rigidité.

Comme la direction de cet effort est tangente à la courbe décrite par le câble supposé parfaitement flexible, on a entre Q_1 et T_1 la relation :

$$T_1 = Q_1 \frac{dy_1}{dx}.$$

On a de même entre Q_2 et T_2, composantes horizontale et verticale de l'effort de traction exercé en M_2 sur le câble associé à la poutre, la relation :

$$T_2 = Q_2 \frac{dy_2}{dx}.$$

Si nous passons du point $M_1 (x, y_1)$ au point infiniment voisin de coordonnées $x + dx$ et $y_1 + dy_1$, l'accroissement subi par la traction verticale T_1 sera $\frac{dT_1}{dx} dx$: cet accroissement sera égal à la fraction de charge et surcharge directement appliquée à cette portion du câble, de longueur horizontale infiniment petite dx.

Pour le câble AM_2A', cette même fraction de charge et de surcharge sera égale à la somme des accroissements subis simultanément par la traction verticale T_2 du câble et par l'effort tranchant V de la poutre :

$$\frac{dT_2}{dx} dx + \frac{dV}{dx} dx.$$

D'où :

$$\frac{dT_2}{dx} dx + \frac{dV}{dx} dx = \frac{dT_1}{dx};$$

et, en intégrant :

$$V = T_1 - T_2 + C.$$

C est une constante à déterminer.

Appliquons la formule connue : $V = \frac{dX}{dx}$:

$$X = \int_0^x V dx + C',$$

C' étant une constante d'intégration à déterminer.
D'où :

$$X = \int_0^x (T_1 - T_2 + C) dx + C'$$
$$= \int_0^x \left(\frac{Q_1 dy_1}{dx} - \frac{Q_2 dy_2}{dx} + C \right) dx + C'$$
$$= Q_1 y_1 - Q_2 y_2 + Cx + C'$$
$$= (Q_1 - Q_2) y_1 + Q_2 (y_1 - y) - Q_2 (y_2 - y) + Cx + C'.$$

Telle est l'expression analytique du moment fléchissant X, qui agit sur la poutre auxiliaire dans la section transversale définie par l'abscisse x. Cette formule est absolument générale, puisque nous n'avons formulé aucune hypothèse sur l'importance et le mode de répartition de la surcharge qui a provoqué le fonctionnement de la poutre de rigidité.

Supposons que nous fassions décroître indéfiniment cette surcharge. Le câble reviendra graduellement à son état d'équilibre primitif, correspondant à la parabole AMA'. Par conséquent y_1 et y_2 se rapprocheront de y ; Q_1 et Q_2 tendront vers Q. A la limite, quand la surcharge aura entièrement disparu, $Q_1 - Q_2$ sera nul, ainsi que $y_2 - y$ et $y_1 - y$. D'autre part, la poutre auxiliaire ne jouera plus aucun rôle, en vertu de l'énoncé du problème. Donc X sera nul pour toute valeur de x, et par conséquent les constantes C et C' seront réduites à zéro.

Ces constantes, qui ne dépendent pas de x, ni par suite de ses fonctions y, y_1 et y_2, doivent ainsi s'annuler en même temps que $Q_1 - Q_2$. On peut, par conséquent, les remplacer par les produits $(Q_1 - Q_2)\,K$ et $(Q_1 - Q_2)\,K'$, où K et K' seraient des coefficients numériques à déterminer.

Nous arrivons en définitive à l'expression suivante du moment fléchissant X :

$$(1) \qquad X = (Q_1 - Q_2)\,(y_1 + Kx + K') + Q_2\,(y_1 - y) - Q_2\,(y_2 - y).$$

Quand le câble passe de la courbe AMA' à la courbe AM_2A', la fibre moyenne de la poutre, qui lui est invariablement reliée, suit son mouvement, et le centre de gravité de la section transversale définie par l'abscisse x s'abaisse verticalement de la longueur MM_2, ou $y_2 - y$. L'apparition du moment de flexion X est la conséquence de cette déformation de la poutre. On a donc, en vertu de la théorie des poutres droites, la relation suivante entre $y_2 - y$ et X :

$$E'I\, d^2 \frac{(y_2 - y)}{dx^2} = X\,;$$

E' est le coefficient d'élasticité longitudinale du métal qui constitue la poutre, et I est le moment d'inertie de la section transversale définie par l'abscisse x.

D'où, en remplaçant X par sa valeur précédemment énoncée :

$$(2) \quad \mathrm{E'I}\, d^2\, \frac{(y_2 - y)}{dx^2} = (Q_1 - Q_2)\,(y_1 + Kx + K') + Q_2\,(y_1 - y) - Q_2\,(y_2 - y).$$

E' et I sont des données du problème ; y_1 et y sont des variables connues, puisque l'on a tracé tout d'abord les courbes funiculaires AMA' et AM₁A' ; la valeur numérique de la quantité Q_1 a été également déterminée dès le principe, en étudiant le fonctionnement du câble séparé de la poutre auxiliaire (art. 95 et 96).

Le terme $(Q_1 - Q_2)\,(y_1 + Kx + K')$ représente le moment fléchissant dû à la fraction de surcharge que la poutre auxiliaire porte à elle seule, comme si elle était indépendante du câble. Chacun des poids partiels P, dont se compose cette surcharge, se divise ainsi en deux parties, dont le rapport $\dfrac{Q_1 - Q_2}{Q_2 - Q}$ est indépendant de la position qu'occupe entre A et A' le point d'application de ce poids considéré en particulier :

1° La portion $P\,\dfrac{Q_1 - Q_2}{Q_1 - Q}$, qui est directement supportée par la poutre auxiliaire fonctionnant comme un ouvrage indépendant, et n'exerce aucune action sur les conditions d'équilibre élastique du câble ;

2° La portion complémentaire $P\,\dfrac{Q_2 - Q}{Q_1 - Q}$ que porte le câble seul, la poutre auxiliaire n'agissant ici que comme organe de rigidité, et ayant pour rôle unique de limiter le déplacement du câble, sans rien changer à la traction horizontale Q_2 : celle-ci est la même que si le câble, ne portant que la charge toute entière et la fraction $\dfrac{Q_2 - Q}{Q_1 - Q}$ de la surcharge, n'était pas relié à la poutre auxiliaire.

Il est aisé dans ces conditions de déterminer les constantes K et K', en cherchant la manière dont se comporterait la poutre auxiliaire séparée du câble sous l'action de la surcharge, dont le mode de répartition est connu. C'est un problème qui se résout sans difficulté par l'application des méthodes de calcul relatives aux poutres droites. Si la poutre se termine en A et A′, et est simplement appuyée à ses deux extrémités, on a : $K = K' = o$. Si la poutre est encastrée à une ou deux extrémités, ou si elle est continue sur plusieurs travées successives, K et K' auront des valeurs numériques que l'on pourra toujours se procurer, connaissant la distribution de la surcharge, en étudiant la poutre séparée du câble.

Cela fait, l'équation (**2**) ne contiendra plus comme inconnues que la traction horizontale Q_2 et la variable y_2, qui définissent l'état d'équilibre élastique dans laquelle se trouve le câble associé à la poutre de rigidité, sous l'influence simultanée de la charge et de la surcharge.

Soit S la longueur primitive que possédait le câble avant qu'il ne fût soumis à aucun travail d'extension ; le câble s'est allongé depuis, en raison des efforts développés dans ses différents points. Soient ds la longueur initiale d'un élément, ds_1 ce qu'est devenue cette longueur pour la position AM_1A', et ds_2 ce qu'elle est devenue pour la position AM_2A'. On a, en désignant par Ω l'aire de la section transversale du câble et par E le coefficient d'élasticité du métal qui le constitue :

$$ds = \frac{ds_1}{1 + \frac{\sqrt{Q_1{}^2 + T_1{}^2}}{E\Omega}} = \frac{ds_2}{1 + \frac{\sqrt{Q_2{}^2 + T_2{}^2}}{E\Omega}}.$$

D'où :

$$S = \int_0^l \frac{ds_1}{1 + \frac{\sqrt{Q_1{}^2 + T_1{}^2}}{E\Omega}} = \int_0^l \frac{ds_2}{1 + \frac{\sqrt{Q_2{}^2 + T_2{}^2}}{E\Omega}}.$$

Ce qui peut s'écrire, en remarquant que $ds_2 = \sqrt{dx^2 + dy_2{}^2}$, que $T_2 = Q_2 \dfrac{dy_2}{dx}$, etc.

$$(3) \quad \int_0^l \frac{\sqrt{1 + \left(\frac{dy_1}{dx}\right)^2}}{1 + \frac{Q_1}{E\Omega}\sqrt{1 + \left(\frac{dy_1}{dx}\right)^2}}\, dx = \int_0^l \frac{\sqrt{1 + \left(\frac{dy_2}{dx}\right)^2}}{1 + \frac{Q_2}{E\Omega}\sqrt{1 + \left(\frac{dy_2}{dx}\right)^2}}\, dx.$$

Les équations (**2**) et (**3**) ne contiennent qu'une seule variable inconnue, y_2, et une seule constante inconnue, Q_2. En éliminant cette dernière entre elles, on obtiendra finalement une équation différentielle à une seule variable inconnue y_2, dont l'intégration conduira à l'équation de la courbe AM_2A', c'est-à-dire à l'expression de y_2 en fonction de x et des données du problème. On en déduira ensuite sans difficulté les expressions de X et de V, et le problème sera résolu.

Ces opérations analytiques ne peuvent évidemment s'effectuer sur les équations simultanées (2) et (3) prises sous leur forme générale. Pour rendre possible l'élimination de Q_2 et l'intégration de l'équation différentielle entre y_2 et x, il faut de toute nécessité formuler une hypothèse préalable sur le mode de répartition de la surcharge.

Nous allons chercher à tirer des résultats pratiques de cette étude, qui ne nous a conduit jusqu'à présent qu'à une solution purement théorique.

188. Discussion de la formule représentative de X.

— *Terme* $(Q_1 - Q_2)(y_1 + Kx + K')$. — Les expressions

$$\frac{Q_1}{E\Omega} \sqrt{1 + \left(\frac{dy_1}{dx}\right)^2} \text{ et } \frac{Q_2}{E\Omega} \sqrt{1 + \left(\frac{dy_2}{dx}\right)^2},$$

qui représentent les rapports, à la longueur primitive ds d'un élément du câble, des allongements élastiques éprouvés par cet élément sous l'influence de la charge et de la surcharge, sont assimilables à des infiniments petits du premier ordre. On peut donc mettre l'équation (3) sous la forme :

$$\int_0^l \sqrt{1 + \left(\frac{dy_1}{dx}\right)^2}\left(1 - \frac{Q_1}{E\Omega}\sqrt{1 + \left(\frac{dy_1}{dx}\right)^2}\right)dx = \int_0^l \sqrt{1 + \left(\frac{dy_2}{dx}\right)^2}\left(1 - \frac{Q_2}{E\Omega}\sqrt{1 + \left(\frac{dy_2}{dx}\right)^2}\right)dx.$$

Soient S_1 la longueur développée de la courbe AM_1A', et S_2 celle de la courbe AM_2A'.

Nous admettrons que l'aire Ω de la section transversale du câble soit constante d'une extrémité à l'autre.

Par des calculs simples, dont nous jugeons inutile de donner le détail, on peut intégrer l'équation qui précède, et obtenir la relation approximative suivante qui, étant donné que l'allongement du câble n'est jamais qu'une fraction très faible de sa longueur primitive, et que $\frac{dy}{dx}$ est toujours très inférieur à l'unité, est, au point de vue pratique, rigoureusement exacte :

$$S_1 - \frac{Q_1}{E\Omega}(2S_1 - l) = S_2 - \frac{Q_2}{E\Omega}(2S_2 - l).$$

D'où :

$$Q_1 - Q_2 = \frac{S_1 - S_2}{2S_2 - l}(E\Omega - 2Q_1).$$

$2Q_1$ est d'ailleurs négligeable devant $E\Omega$, et par conséquent l'on peut écrire :

$$Q_1 - Q_2 = \frac{S_1 - S_2}{2S_2 - l} E\Omega.$$

On voit que la différence $Q_1 - Q_2$ est proportionnelle à l'allongement $S_1 - S_2$ éprouvé par le câble quand il passe de la position AM_2A' à la position AM_1A'. Si, dans les conditions où le problème est posé, on pouvait regarder cet allongement comme négligeable, et admettre que le câble est inextensible, on serait conduit à attribuer à Q_2 la même valeur qu'à Q_1.

Pour nous rendre compte de l'importance que peut avoir, au point de vue de la stabilité de la poutre auxiliaire, le moment de flexion partiel $(Q_1 - Q_2)(y_1 + Kx + K')$, considérons à titre d'exemple le cas où la surcharge serait uniformément répartie, à raison de π kilogs. par mètre courant de tablier. Nous supposerons d'autre part que, les appuis A et A' étant au même niveau, le sommet de la parabole se trouve au milieu de l'ouverture l ; que la poutre est à section constante, se termine sur les verticales des sommets A et A', et est simplement appuyée à ses deux extrémités.

Dans ces conditions, la poutre ne fonctionne pas comme organe de rigidité, et son rôle unique se borne à supporter une fraction de la surcharge, fraction que nous allons déterminer.

Soit f l'abaissement vertical simultané du sommet de la parabole et du milieu de la poutre, qui, étant reliés ensemble par une tige de suspension, subissent nécessairement le même déplacement.

Nous avons établi à la page 226 la relation qui existe entre l'abaissement vertical f du sommet de la parabole et la surcharge uniforme $\dfrac{Q_2 - Q}{Q_1 - Q}\, \pi l$, qui a déterminé cet abaissement :

$$f = \pi . \frac{Q_2 - Q}{Q_1 - Q} \cdot \frac{l^4}{E\Omega} \cdot \frac{15 l^2 + 80 b^2}{160 l^2 b^2 - 768 b^4} \cdot$$

La poutre porte à elle seule le surplus de la surcharge, soit $\dfrac{Q_1 - Q_2}{Q_1 - Q}\, \pi l$; d'où, en appliquant une formule indiquée à la page 78 :

$$f = \pi \frac{Q_1 - Q_2}{Q_1 - Q} \times \frac{l^4}{E'I} \times \frac{5}{384} \cdot$$

Ω représente ici l'aire de la section du câble, supposée constante sur toute sa longueur ; I est le moment d'inertie de la section transversale de la poutre ; E et E' sont les coefficients d'élasticité longitudinale des matières qui constituent ces deux éléments de l'ouvrage. Si le câble et la poutre sont formés de la même matière, on a :

$$E' = E.$$

Eliminons f entre les deux relations énoncées plus haut. Il vient :

$$\frac{Q_1 - Q_2}{Q_2 - Q} = \frac{E'I}{E\Omega} \cdot \frac{9 l^2 + 48 b^2}{5 l^2 b^2 - 24 b^4} \cdot$$

Etant donné que b^2 est toujours une très petite fraction de l^2, qui ne s'écarte guère de $\dfrac{l^2}{100}$, on peut, sans erreur sensible, écrire cette formule comme il suit :

$$\frac{Q_1 - Q_2}{Q_2 - Q} = \frac{E'I}{E\Omega} \cdot \frac{9}{5 b} \cdot$$

Connaissant les dimensions du câble et celles de la poutre, on évaluera donc sans difficulté le rapport $\dfrac{Q_1 - Q_2}{Q_2 - Q}$, dans le cas particulier que nous avons envisagé.

Soient p le poids par mètre courant de la charge permanente, supposée uniformément répartie, qui agit sur le câble comme s'il était isolé de la poutre, et π celui de la surcharge d'épreuve ; R le travail à l'extension déterminé dans le câble, au sommet de la parabole, par la charge et la surcharge com-

PONT DE NEW-YORK SUR L'EAST RIVER

Fig. 297. Elévation.

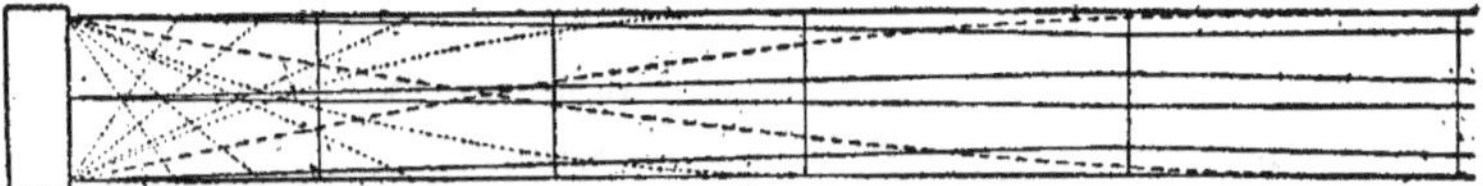

Fig. 298. Plan.

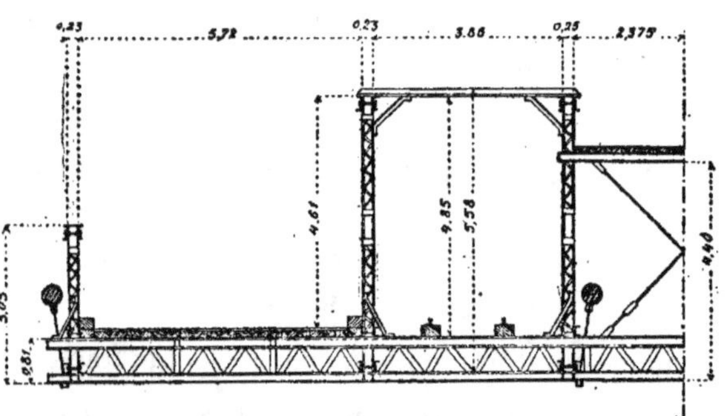

Fig. 299. Coupe transversale.

plète agissant simultanément; h la hauteur de la poutre; et $\mathbf{R}'$ le travail à la flexion que déterminerait dans la section milieu de cette poutre une surcharge uniformément répartie égale à $\frac{1}{6} \mathopen| \pi l.$

On a :

$$\mathbf{R} = \frac{(p + \pi)l^2}{8b\Omega} \; ;$$

$$\mathbf{R}' = \frac{\pi l^2 h}{96\mathrm{I}} \cdot$$

D'où :

$$\frac{Q_1 - Q_2}{Q_2 - Q} = \frac{\mathrm{E}'\mathbf{R}}{\mathrm{E}\mathbf{R}'} \times \frac{\pi}{p + \pi} \times \frac{9h}{60b} \cdot$$

Or, nous verrons ci-après (art. 193 et table numérique IV) que, dans l'hypothèse d'une surcharge uniforme mobile, qui vient couvrir graduellement le tablier à partir d'une extrémité de la travée, le moment de flexion maximum subi par la poutre, fonctionnant comme organe de rigidité, est inférieur au sixième de celui, $\frac{\pi l_2}{8}$, que déterminerait, dans la même poutre isolée du câble, la surcharge complète πl.

La formule qui précède permet donc d'évaluer $\frac{Q_1 - Q_2}{Q_2 - Q}$, en attribuant à R' et R les valeurs connues du travail maximum à l'extension admises en principe pour la poutre et pour le câble.

Prenons pour exemple le pont de New York sur l'East-River (page 299, et fig. 297, 298, 299) : $h = 4^m 60$; $b = 39^m$; $R = 33.000.000$; $\pi = 3.300k$; $p + \pi = 16.126$. Admettons que E soit égal à E', et supposons, faute de renseignements sur ce point, que l'on ait voulu limiter à 12 kil. par m.m.q. le travail à la flexion de la poutre de rigidité. Nous trouverons :

$$\frac{Q_1 - Q_2}{Q_2 - Q} = 0,01.$$

Ainsi, dans ce cas particulier, la fraction de surcharge directement portée par la poutre auxiliaire ne représenterait que $\frac{1}{100}$ de celle que porte le câble. C'est insignifiant, aussi bien pour la poutre que pour le câble. Ce coefficient de *partage*, qui croît proportionnellement au rapport $\frac{R}{R'}$ des limites de sécurité admises pour le câble et pour la poutre, au rapport $\frac{\pi}{p+\pi}$ de la surcharge d'épreuve seule à la somme de la charge permanente et de la surcharge, au rapport $\frac{h}{b}$ de la hauteur de la poutre à la flèche du câble [1], peut varier en plus ou en

---

[1]. En général le rapport $\frac{h}{b}$ est compris entre $\frac{1}{10}$ et $\frac{1}{15}$. Dans le pont de New York sur l'East-River, il s'élève à $\frac{1}{8,5}$. Cette limite extrême ne paraît avoir été atteinte dans aucun ouvrage. Elle est ici justifiée par la faible valeur du rapport $\frac{\pi}{p+\pi}$, qui ne dépasse guère $\frac{1}{5}$. Au fur et à mesure que ce dernier rapport s'élève, le rapport $\frac{h}{b}$ doit logiquement diminuer, pour que la poutre de ri-

moins suivant les cas. Mais son ordre de grandeur ne s'écarte pas, dans les conditions pratiques que l'expérience a consacrées pour les ponts suspendus, de celui que nous venons de trouver pour le pont de New York. Si la poutre, au lieu d'être simplement appuyée, est encastrée aux extrémités de la travée, le coefficient de partage s'accroît de 66 $\%$ environ. Si la surcharge, au lieu d'être uniformément répartie, était concentrée au milieu de l'ouverture, l'accroissement serait de 30 $\%$.

En définitive, si l'on calcule, par la méthode que nous allons exposer plus loin, la valeur maximum du moment de flexion déterminé, dans la section la plus fatiguée de la poutre, par les conditions de surcharge les plus défavorables, il n'est pas supposable que l'erreur relative commise en négligeant le terme $(Q_1 - Q_2)(y_1 + Kx + K')$ puisse dépasse 7 à 8 $\%$ du résultat obtenu.

Terme $Q_2(y_1 - y)$. — Ce terme correspond au rôle joué par la poutre comme organe de rigidité. Si l'on supposait le câble inextensible et la poutre indéformable, c'est à ce terme unique que se réduirait l'expression du moment fléchissant X. Il représente donc la *partie principale* du moment de flexion subi par la poutre auxiliaire.

Terme $Q_2(y_2 - y)$. — Si la poutre auxiliaire ne subissait aucune déformation, le câble conserverait rigoureusement son tracé parabolique initial, abstraction faite de l'allongement, dont l'influence a été étudiée plus haut. On aurait donc, pour une valeur quelconque de $x : y_2 = y$, et le terme dont il s'agit serait nul. En réalité, il n'en est pas ainsi, et la courbe décrite par le câble diffère toujours de la parabole primitive. Mais dans les circonstances ordinaires, c'est-à-dire avec une poutre de rigidité dont la hauteur soit au moins égale au vingtième de la flèche du câble, et une surcharge d'épreuve *au moins égale* au quart de la charge permanente, la différence $y_2 - y$ est toujours une fraction très peu importante de la différence $y_1 - y$: le terme $Q_2(y_2 - y)$ peut sans erreur appréciable être négligé devant le terme $Q_2(y_1 - y)$.

Conclusions. — En résumé, l'expression du moment fléchis-

gidité conserve la même efficacité. Plus la surcharge d'épreuve est importante comparativement à la charge permanente, plus la hauteur relative de la poutre auxiliaire doit être réduite.

sant X comporte un terme principal $Q_2(y_1 - y)$, qui est le seul à considérer en tant que l'on regarde le câble comme inextensible et la poutre comme indéformable. On le calcule sans difficulté en supposant que Q_2 soit égal à Q_1, ce qui donne une légère erreur par excès : nous avons vu que la différence $Q_1 - Q$ ne dépasse $Q_2 - Q$ que de 2 °/₀ au maximum.

Les autres termes de l'expression de X sont des termes *correctifs* correspondant l'un à l'allongement du câble, et l'autre à la déformation de la poutre. Dans les conditions de la pratique, ces termes sont négligeables, c'est-à-dire que leur valeur cumulée ne représente qu'une fraction insignifiante de celle du terme principal[1].

Il est bien entendu d'ailleurs que cette assertion serait inexacte si la hauteur h de la poutre n'était pas comprise entre les limites supérieure $\frac{1}{8} b$ et inférieure $\frac{1}{20} b$, que nous avons déjà mentionnées. Avec $h > \frac{1}{8} b$, le premier terme, relatif à l'allongement du câble, peut atteindre une valeur comparable à celle du terme principal.

Par exemple, si l'on prenait $h = b$ (poutre droite associée à un câble parabolique attaché au milieu de la semelle inférieure et aux deux extrémités de la semelle supérieure), il pourrait arriver que la poutre supportât plus de la moitié de la surcharge.

Au contraire, si la hauteur h décroît et tend vers zéro, le second terme, relatif à la déformation de la poutre, va en augmentant, et, à la limite, il est exactement égal et de signe contraire au terme principal : X est nul et le déplacement du câble s'effectue librement sous l'action de la surcharge. Il faut reconnaître par exemple que, pour le pont suspendu de *Mannheim*, représenté par la figure 163 (page 242), la poutre de rigidité, obtenue en reliant par une triangulation les barres dont sont formés les câbles, est trop peu haute pour que son rôle soit bien efficace : le premier terme du développement de X

---

1. Dans la section où l'un de ces termes atteint son maximum, la valeur de l'autre est nécessairement de signe opposé, de sorte que l'on n'aurait le cas échéant à faire entrer en ligne de compte que la différence des deux résultats numériques correspondant à l'un et l'autre terme.

est quasi nul, mais le troisième est très important, et sa valeur doit se rapprocher de celle du terme principal. La déformation effective du câble ne diffère sans doute guère de celle qu'il éprouverait s'il était parfaitement flexible.

Si la charge permanente est très considérable par rapport à la surcharge d'épreuve, le résultat est le même que si $\frac{h}{b}$ est très petit.

En définitive, l'expression exacte de X peut être mise sous la forme :

$$X = Q_1(y_1 - y) + (Q_1 y - Q_2 y_2) + (Q_1 - Q_2)(Kx + K').$$

Si les dimensions de la poutre de rigidité ont été établies dans les conditions consacrés par la pratique, le premier terme de ce développement est le seul dont la valeur soit notable. Les deux autres sont des termes correctifs que l'on a le droit de négliger, en admettant que $Q_1 y$ diffère très peu de $Q_2 y_2$, et Q_1 très peu de Q_2.

Nous allons indiquer la méthode à suivre pour évaluer le terme principal $Q_1(y_1 - y)$, et faire de cette méthode quelques applications à des cas usuels, sauf à montrer plus tard comment on pourrait, sinon calculer exactement les termes correctifs, du moins se rendre compte *a posteriori* de leur peu d'importance, et vérifier qu'ils sont bien réellement négligeables, comme on a dû le supposer tout d'abord (sauf, dans l'hypothèse contraire, à faire les rectifications convenables).

189. Détermination de la partie principale du moment fléchissant. — Nous supposons que le câble est inextensible et la poutre auxiliaire indéformable. Soient AMB la parabole suivie par le câble, et AM′B la ligne, de même longueur développée, qu'il décrirait, en raison de sa flexibilité, sous l'influence de la surcharge s'il n'était pas relié à la poutre auxiliaire. On pourra toujours tracer sans difficulté cette courbe funiculaire, connaissant la charge et la surcharge, et quel que soit le mode de répartition de cette dernière, en se servant des méthodes exposées dans les articles 95 et 96 ; on calculera en même temps la traction horizontale Q_1 exercée sur ses appuis par le câble AM′B.

Soit z la distance verticale des deux points M et M'. Le moment fléchissant qui sollicite la section transversale de la poutre située sur cette verticale MM' aura pour expression $Q_1 z$. On peut d'ailleurs le démontrer très simplement, sans recourir aux théorème général de l'article 187 : l'effort de traction F_1 (dont les composantes verticale et horizontale sont T_1 et Q_1), qui agit en M' sur le câble, peut être remplacé dans le plan par un effort égal F passant en M et par le couple $Q_1 z$. Il suffit par conséquent de soumettre chaque section transversale de la poutre à l'action du moment fléchissant correspondant $Q_1 z$, pour que le câble, qui doit toujours décrire la courbe enveloppe des efforts F, revienne au tracé parabolique AMB.

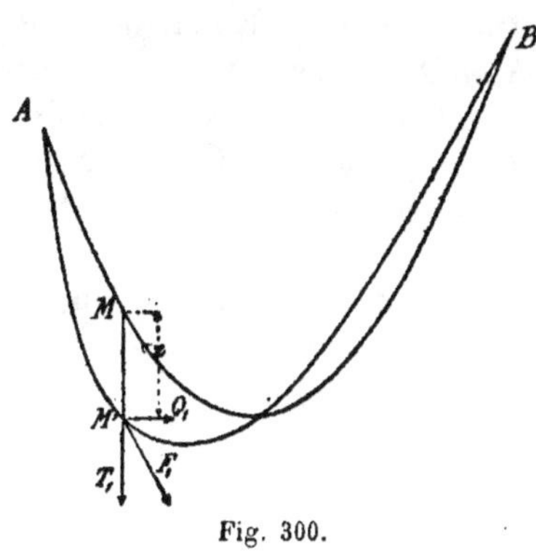

Fig. 300.

190. Influence du surbaissement du câble. — La méthode qui vient d'être exposée présente au point de vue pratique un défaut assez grave : elle oblige à tracer une courbe funiculaire, relative à la charge et la surcharge agissant simultanément, dont la longueur développée S est fixée à l'avance. Nous allons voir que, dans les circonstances habituelles, on peut se soustraire à cette sujétion.

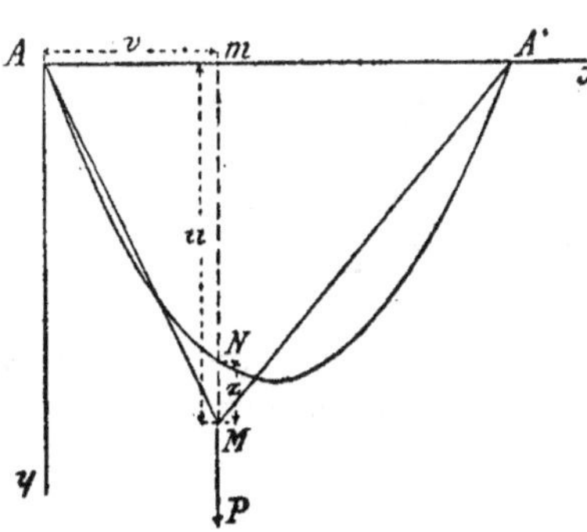

Fig. 301.

Considérons le cas particulier où la surcharge serait réduite à un poids unique P appliqué à une distance horizontale v de l'appui de gauche A, et où la surcharge permanente totale pl (uniformément répartie suivant l'horizontale) serait une fraction très faible du poids P, et pourrait être négligée devant lui.

La courbe funiculaire relative à la charge et la surcharge se composera dans ces conditions de deux droites AM et MA′ se rencontrant au point d'application M du poids P. Si le poids est mobile et se déplace de A en A′, le point M décrira une ellipse dont les foyers sont A et A′, et dont la somme des rayons focaux AM et A′M est égale à la longueur S du câble.

Supposons, pour simplifier, que les appuis A et A′ soient au même niveau.

L'ordonnée Mm ou u du point M aura pour expression, en fonction de v, de S et de l'ouverture AA′ ou l :

$$(1) \qquad u = \frac{1}{2} \sqrt{ S^2 - l^2 - (l - 2v)^2 + \frac{l^2(l - 2v)^2}{S^2} } \,.$$

La traction horizontale Q_1, correspondant à la courbe funiculaire AMA′, s'obtient sans difficulté :

$$Q_1 = \frac{Pv\,(l - v)}{lu} \,.$$

Enfin la distance verticale z d'un point quelconque de la ligne brisée AMA′ à la parabole de même longueur ANA′, dont l'équation connue est $y = \dfrac{4bx\,(l - x)}{l^2}$, est facile à calculer.

On trouve : de A en M,

$$o < x < v ; \quad z = \frac{ux}{v} - \frac{4bx(l - x)}{l^2} ;$$

de M en A′,

$$v < x < l ; \quad z = \frac{u(l - x)}{l - v} - \frac{4bx(l - x)}{l^2} \,.$$

La valeur du moment fléchissant $Q_1 z$ ou X, qui sollicite la poutre de rigidité dans la section définie par l'abcisse x, sera par conséquent :

de A en M, $o < x < v$;

$$(2) \qquad X_1 = \frac{P}{l}(l - v)x - \frac{Pv(l - v)}{lu} \cdot \frac{4bx(l - x)}{l^2} ;$$

de M en A', $v < x < l$:

$$(3) \qquad X_2 = \frac{P}{l} v(l-x) - \frac{Pv(l-v)}{lu} \cdot \frac{4bx(l-x)}{l^2} .$$

Le problème est résolu, puisque, pour une valeur donnée de v, on pourra toujours calculer la distance u correspondante, si l'on connaît la longueur développée S de la parabole ANA' décrite par le câble.

Cette longueur S s'obtient, en fonction de l'ouverture et de la flèche b du câble, par une formule déjà énoncée (art. 93), qui peut s'écrire en remplaçant a par $\frac{l}{2}$:

$$S = l + \frac{8}{3} \frac{b^2}{l} - \frac{32}{5} \frac{b^4}{l^3} {}^1 .$$

Supposons que le terme $- \frac{32}{5} \frac{b^4}{l^3}$ puisse être regardé comme négligeable, et qu'on s'en tienne dans le calcul aux deux premiers termes. L'équation (1) pourra alors s'écrire :
$$(4)\; u = 4b \sqrt{\frac{v(l-v)}{3l^2}} ,$$ et les relations qui fournissent X deviendront :

$$(5) \qquad o < x < v, \; X_1 = \frac{P}{l}(l-v)x - P\sqrt{3v(l-v)}\,\frac{x(l-x)}{l^2} ;$$

$$(6) \qquad v < x < l, \; X_2 = \frac{P}{l}v(l-x) - P\sqrt{3v(l-v)}\,\frac{x(l-x)}{l^2} .$$

X_1 et X_2 sont en ce cas indépendants de la flèche b du câble, qui ne figure plus dans leurs expressions.

1. Nous avons négligé de signaler, dans l'article 93, que la longueur S peut se calculer par la formule suivante (rectification de la parabole), qui est rigoureusement exacte : $S = \sqrt{\dfrac{l^2}{4} + 4b^2} + \dfrac{l^2}{8b} \log n.p. \left(\dfrac{4b}{l} + \sqrt{1 + \dfrac{16b^2}{l^2}} \right)$. Cette relation est peu pratique, et c'est en la développant en série qu'on obtient l'expression usuelle de S. Si les appuis de la parabole ne sont pas au même niveau, la relation à employer est :

$$S = \frac{1}{2} \sqrt{a^2 + 4b^2} + \frac{a^2}{4b} \log n.p. \left(\frac{2b}{a} + \sqrt{1 + \frac{4b^2}{a^2}} \right)$$
$$+ \frac{1}{2} \sqrt{a'^2 + 4b^2} + \frac{a'^2}{4b'} \log n.p. \left(\frac{2b'}{a'} + \sqrt{1 + \frac{4b'^2}{a'^2}} \right),$$

dont le développement en série a déjà été donné (page 224).

Nous avons calculé, pour différentes valeurs de v, les **maxima** du moment positif, qui correspondent en chaque cas au point M $(x = v)$, et les valeurs de la poussée Q : 1° avec les formules exactes (**2**) et (**3**), dans l'hypothèse où b serait égal à $\dfrac{1}{10}\, l$ (lignes pleines de la figure) ; 2° avec les formules (**5**) et (**6**), qui conduisent à des résultats indépendants de b (lignes pointillées de la figure). On voit que, pour cette valeur par-

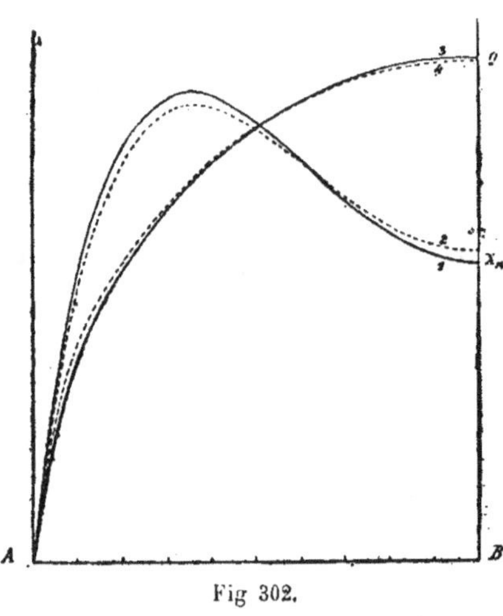

Fig 302.

ticulière de la flèche, la distance entre les lignes pleine et pointillée est insignifiante quand l'abcisse v du point d'application du poids P est comprise entre $0,05l$ et $0,95l$. L'écart moyen n'est guère que de **2,5** $^o/_o$ pour le moment fléchissant en M, et de $1,8\,^o/_o$ pour la traction horizontale, avec un maximum de $5\,^o/_o$ pour X_M et de $9,7\,^o/_o$ pour Q, quand v est égal à $0,05l$ ou à $0,95l$. Dans la région comprise entre les limites $0,10l < v < 0,90l$, l'écart maximum ne dépasse pas $3,8\,^o/_o$ pour X_M et pour Q.

En fait, il est bien rare que le rapport $\dfrac{b}{l}$ soit supérieur à $\dfrac{1}{10}$, et généralement il reste au-dessous. On peut donc sans inconvénient négliger dans l'expression de S le terme $-\dfrac{32}{5}\dfrac{b^4}{l^3}$, qui, pour $b = \dfrac{l}{10}$, ne représente que $0,024$ du terme $\dfrac{8}{3}\dfrac{b^2}{l}$, et $0,00063$ seulement de la longueur S du câble. Nous étendrons cette conclusion, dont le bien fondé vient d'être vérifié pour le cas d'un poids mobile circulant sur un câble ne supportant aucune charge permanente, au cas général d'une surcharge et d'une charge quelconques.

Dans ces conditions, l'expression du moment fléchissant est

toujours indépendante de la flèche b, et l'on n'a à faire entrer en ligne de compte dans les calculs que l'ouverture l, sans se préoccuper du surbaissement, étant bien entendu que le rapport $\frac{b}{l}$ est petit et ne dépasse pas sensiblement la limite supérieure $\frac{1}{10}$, sans quoi cette simplification ne serait plus justifiée : mais nous avons remarqué plus haut que pratiquement il est très rare que $\frac{b}{l}$ atteigne $\frac{1}{8}$, valeur pour laquelle la suppression du terme $-\frac{32}{5}\frac{b^4}{l^3}$ peut encore être admise sans inconvénient.

Cette remarque permet de simplifier considérablement la méthode de recherche exposée à l'article 189 : au lieu de tracer une courbe funiculaire, correspondant à la charge et la surcharge, dont la longueur S soit fixée à l'avance, il suffit de tracer cette courbe dans des conditions telles que sa flèche maximum ne dépasse pas le huitième de son ouverture (longueur de la ligne de fermeture du polygone funiculaire). Cela fait, on déterminera sa longueur développée (ce qui ne présente aucune difficulté pratique), et on tracera la parabole à axe vertical, de même longueur, qui passe par ses points extrêmes. Si les appuis sont de niveau, la flèche de cette parabole sera fournie par la relation :

$$b = \sqrt{\frac{(S-l)\,3l}{8}}.$$

Enfin le moment fléchissant X s'obtiendra pour un point quelconque en effectuant le produit de la poussée Q, relative au polygone funiculaire, par la distance verticale z des deux lignes.

191. Dépendance mutuelle des effets produits sur le câble et la poutre de rigidité par plusieurs poids agissant simultanément. — La Résistance des Matériaux repose sur l'axiome fondamental suivant : *l'effet produit en un point quelconque d'une ferme métallique* (travail ou déplacement élastique), *par une force agissant sur elle, est indépendant des effets produits sur la même ferme par d'autres forces qui la sollicitent en même temps.*

L'effet total, travail ou déplacement, dû à l'action simultanée de toutes les forces est la résultante géométrique de tous les effets partiels résultant chacun de l'action d'une d'elles agissant isolément. Si tous ces effets partiels sont mesurés dans la même direction, l'effet total est égal à leur somme (en tenant compte des signes).

Ce principe de l'indépendance des effets des forces, mathématiquement rigoureux pour les solides invariables de la Mécanique générale, est exact pour les systèmes rigides ou articulés de la Résistance des Matériaux, parce que les déformations subies par ces systèmes sont très faibles et ne modifient pas de façon sensible leur figure et leurs dimensions. Mais il n'en est pas de même pour les corps flexibles, comme les câbles, sujets à des déformations notables qui altèrent leur figure. *Il y a en pareil cas dépendance entre les effets des forces agissant simultanément*, et l'on ne peut se rendre un compte exact de l'état d'équilibre élastique du corps en étudiant séparément l'effet de chaque force comme si elle agissait seule.

Cette assertion pouvant paraître *a priori* paradoxale, il nous paraît utile d'en démontrer le bien fondé par un exemple simple.

Considérons un câble tel que AMA′ ne supportant aucune charge permanente et sollicité par un poids unique P appliqué en M à la distance horizontale v de l'appui de gauche A. En vertu des calculs faits à l'article précédent, nous possédons, en ce qui touche l'équilibre du câble, les résultats suivants :

Distance verticale Mm ou u :

$$u = \frac{1}{2}\sqrt{S^2 - l^2 - (l - 2v)^2 + \frac{l^2(l - 2v)^2}{S^2}}.$$

Distance ML du point M à la parabole AMA′ :

$$z = u - \frac{4bv(l - v)}{l^2}.$$

Traction horizontale du câble : $Q = \dfrac{Pv\,(l - v)}{lu}$.

Moment fléchissant en M de la poutre de rigidité : $X = Qz$.

Cherchons maintenant ce qui se passerait en M si le poids P était appliqué en N à la distance horizontale v de l'appui de droite A′. On obtiendra sans difficulté les résultats suivants :

Distance verticale $M_1 m$ ou u_1 : $u_1 = u \times \dfrac{v}{l - v}$;

Distance verticale $M_1 L$, ou $-z_1$: $-z_1 = \dfrac{4\,bv\,(l - v)}{l^2} - u$;

Traction horizontale du câble : $Q_1 = \dfrac{Pv\,(l - v)}{lu}$;

Moment fléchissant de la poutre de rigidité en $M := Q_1 z_1$
Examinons ensuite ce qui arrivera si l'on applique simultanément les deux poids P. Le câble décrira la ligne brisée trapézoïdale AM′N′A, de longueur S. Il est facile de déterminer ses conditions d'équilibre. On trouve :

Distance verticale $M'm$ ou u' :

$$u' = \frac{1}{2} \sqrt{(S - l)\,(S - l + 4v')}.$$

Distance verticale $M'L$ du point M' à la parabole ;

$$z' = u' - \frac{4bv\,(l - v)}{l^2} ;$$

Traction horizontale du câble :

$$Q' = \frac{Pv}{u'} ;$$

Moment fléchissant de la poutre de rigidité en $M' : X' = Q'z'$.

Comparons ces résultats aux précédents, savoir u' à $\dfrac{u + u_1}{2}$, z' à $\dfrac{z + z_1}{2}$,

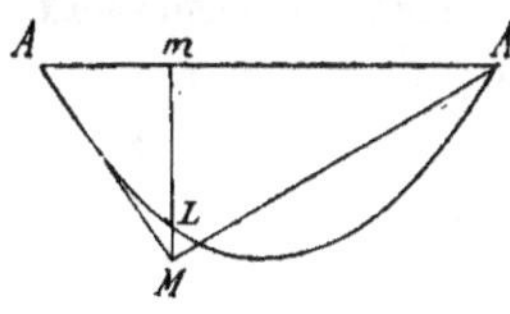

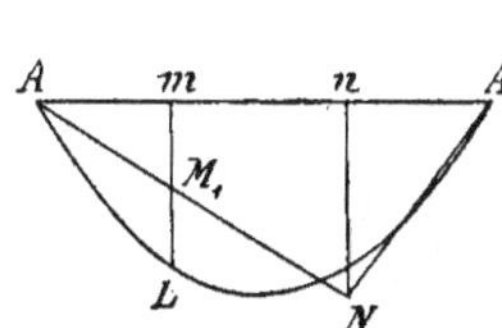

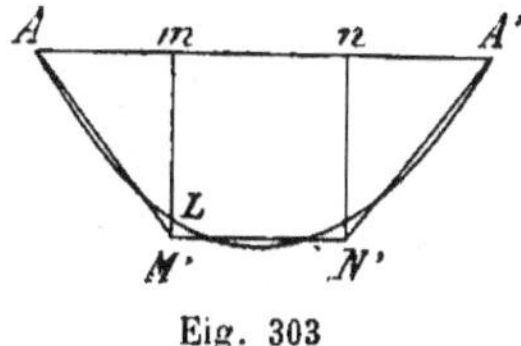

Fig. 303

Q' à $Q + Q_1$, et $X' a X + X_1$. Si l'effet produit par les deux forces P agissant ensemble était égal à la résultante des effets partiels dûs à chacune d'elles considérée à part, il devrait y avoir égalité entre les quantités correspondantes énumérées plus haut. Or on peut vérifier par des exemples numériques qu'il n'en est rien, et que l'écart est parfois considérable.

Il résulte de ceci que, pour étudier le fonctionnement d'une poutre de rigidité sous l'influence d'une charge et d'une surcharge déterminées, il faut considérer l'ensemble des poids que porte le pont suspendu. On s'exposerait à commettre des erreurs notables en étudiant séparément l'effet produit par chaque poids isolé, et totalisant les résultats.

Bien plus, si on augmente l'importance d'un poids **P**, sans rien changer aux autres, l'effet produit par ce poids ne croîtra pas dans le même rapport. La variation éprouvée par le moment fléchissant **X** ne sera pas exactement proportionnelle à P [1].

Toutefois il existe un cas où la décomposition de la surcharge en poids partiels, dont on calcule séparément les effets, n'entraîne aucune erreur. C'est celui où la charge permanente est assez considérable pour qu'on puisse la regarder comme infinie comparativement à la surcharge totale. Dans cette hypothèse particulière, chacun des poids constitutifs de la surcharge agit indépendamment des autres. Du moment, en effet, que la charge est énorme par rapport à la surcharge, celle-ci ne peut déterminer dans le câble flexible, séparé de la poutre auxiliaire, qu'une déformation insignifiante, qui ne modifie pas sensiblement la courbe décrite par lui. La distance z étant ainsi infiniment petite par rapport à la flèche b, on rentre dans le cas général des solides indéformables de la Résistance des Matériaux, et il y a indépendance entre les effets des forces

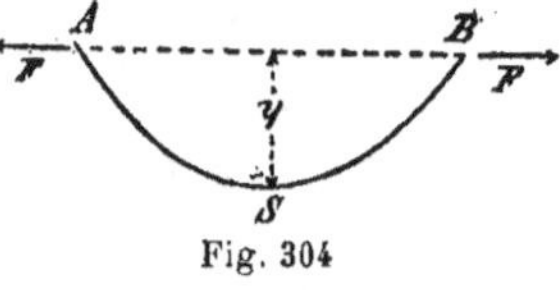

Fig. 304

1. Cette non proportionnalité du travail élastique à la force qui le détermine se retrouve dans toutes les circonstances où la déformation subie par le solide considéré est suffisante pour altérer sensiblement sa figure. — Soit ASB une barre métallique courbe, dont l'épaisseur e, mesurée dans le plan de la fibre moyenne circulaire, est supposée très petite. Appliquons aux extrémités A et B deux forces F égales et de sens opposés, que nous supposerons, pour fixer les idées, dirigées de façon à écarter l'un de l'autre les points A et B. Le travail maximum à l'extension développé en S, milieu de la barre, aura pour expression :

$$R = \frac{F}{\Omega} + \frac{F\,ye}{2I} = F\left(\frac{1}{\Omega} + y\,\frac{e}{2I}\right).$$

Au fur et à mesure que la force F grandit, la barre s'aplatit et la flèche y diminue. Donc le rapport $\dfrac{R}{F}$ va en décroissant et tend vers la limite inférieure $\dfrac{1}{\Omega}$, qui suppose que la fibre moyenne est devenue rectiligne. Si nous changeons les directions des forces F, de façon qu'elles rapprochent les points A et B, nous observerons un phénomène inverse : le travail maximum à la compression croîtra plus rapidement que la force F qui le détermine. C'est pourquoi la limite de sécurité d'une pièce chargée debout doit aller en décroissant au fur et à mesure que sa longueur augmente, alors qu'il n'en est pas de même pour les pièces tendues.

agissant simultanément, abstraction faite bien entendu de la charge permanente, qui n'exerce aucune influence sur l'équilibre élastique de la poutre de rigidité.

192. Effet d'un poids unique. — Considérons un câble d'ouverture l, entre deux appuis A et A' situés au même niveau, qui porte une charge permanente pl uniformément répartie. Supposons que la surcharge se réduise à un poids unique P appliqué à la distance v, inférieure à $\frac{l}{2}$, de l'appui de gauche A.

Il nous est facile, en faisant usage des formules de l'article 96, de tracer la courbe que décrirait le câble s'il n'était pas relié à la poutre de rigidité. Nous admettrons bien entendu la simplification indiquée à l'article 190, en supprimant dans l'expression de S le terme du 4ᵉ degré en u. Cela fait, nous n'aurons plus qu'à déterminer Q_1 et à établir l'expression générale du produit $Q_1 z$. Les calculs à faire étant des plus simples, quoiqu'assez longs, nous nous bornerons à énoncer les résultats. On arrive aux formules suivantes :

$$\text{Région AM}: 0 \leq x \leq v.\ (1)\ X_1 = Q_1 z = \frac{P}{l}x(l-v) - \frac{P}{l}x(l-x)\left[-\frac{pl}{2P} + \sqrt{\frac{p^2l^2}{4P^2} + 3\left(1+\frac{pl}{P}\right)\frac{v}{l}\left(1-\frac{v}{l}\right)}\right];$$

$$\text{Région MA}': v \leq x \leq l.\ (2)\ X_2 = Q_1 z = \frac{P}{l}(l-x)v - \frac{P}{l}x(l-x)\left[-\frac{pl}{2P} + \sqrt{\frac{p^2l^2}{4P^2} + 3\left(1+\frac{pl}{P}\right)\frac{v}{l}\left(1-\frac{v}{l}\right)}\right].$$

On peut traduire graphiquement ces deux équations par les droites : $y = \frac{P}{l}(l-v)x$ et $y' = \frac{P}{l}(l-x)v$, dont les ordonnées représentent des moments de flexion que produirait le poids P dans la poutre auxiliaire, si celle-ci, étant isolée du câble, supportait à elle seule la surcharge ; et par la parabole à axe vertical

$$y'' = \frac{P}{l}x(l-x)\left[\frac{pl}{2P} - \sqrt{\frac{p^2l^2}{4P^2} + 3\left(1+\frac{pl}{P}\right)\frac{v}{l}\left(1-\frac{v}{l}\right)}\right],$$

fournissant le moment de flexion, de signe contraire à celui du premier, qui correspond à l'effort de traction uniformément réparti exercé par le câble sur les tiges qui le relient à la poutre.

La distance verticale mesurée entre une de ces droites et

la parabole représente, pour un point quelconque défini par son abscisse x, le moment de flexion $Q_1 z$ qui sollicite la poutre de rigidité.

On peut d'ailleurs tracer immédiatement les deux paraboles à axes obliques correspondant aux équations (1) et (2), paraboles qui viennent se couper en M, point d'application du poids. Le maximum positif du moment de flexion s'obtient précisément en M, pour $x = v$. Le maximum négatif se manifeste dans la seconde région de la poutre entre M et A′. On peut

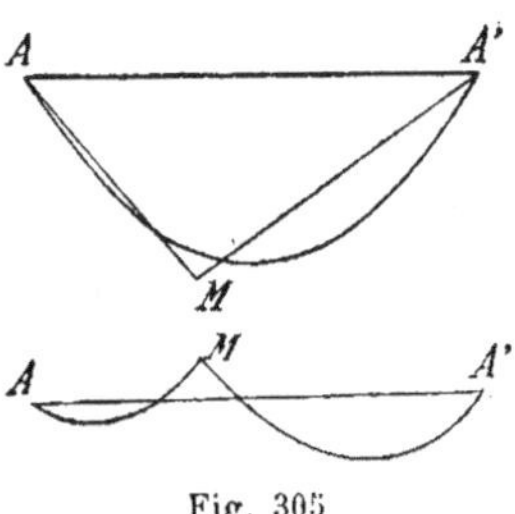

Fig. 305

déterminer sa position en égalant à zéro la dérivée de X_2 par rapport à x.

Si l'on suppose que le poids soit mobile et se déplace en parcourant la travée de A en A′, l'équation de l'enveloppe des moments maxima positifs s'obtiendra en remplaçant v par x dans l'équation (1) ou l'équation (2).

L'enveloppe des moments maxima négatifs s'obtiendra en éliminant v entre l'équation (2) et l'équation $\dfrac{dX}{dv} = o$, qui se déduit de la première par différenciation. Il est donc toujours possible de tracer sans difficulté soit la courbe des moments relative à une position déterminée du poids P, soit les enveloppes des maxima positifs et négatifs de X quand v varie de o à l.

Cas particuliers. A. — Supposons que la charge permanente soit très peu importante et négligeable devant le poids P. On peut alors poser $\dfrac{pl}{P} = o$, et les équations (1) et (2) se simplifient :

$$o<x<v, \ (1) \ \ X_1 = \frac{P}{l}x(l-v) - \frac{P}{l}x(l-x)\sqrt{\frac{3v}{l}\left(1-\frac{v}{l}\right)};$$

$$v<x<l, \ (4) \ \ X_2 = \frac{P}{l}(l-x)v - \frac{P}{l}x(l-x)\sqrt{\frac{3v}{l}\left(1-\frac{v}{l}\right)}.$$

B. — Supposons au contraire que la charge permanente soit très considérable, et que le poids P puisse être négligé devant elle. On peut alors poser $\dfrac{P}{pl} = o$, et les relations (1) et (2) deviennent :

$$o < x < v, \quad (5) \quad X_1 = \frac{P}{l}\,x(l-v) - \frac{3P}{l}\,x(l-x)\,\frac{v}{l}\left(1 - \frac{v}{l}\right) ;$$

$$v < x < l, \quad (6) \quad X_2 = \frac{P}{l}\,(l-x)v - \frac{3P}{l}\,x(l-x)\,\frac{v}{l}\left(1 - \frac{v}{l}\right).$$

L'équation de la courbe-enveloppe des moments positifs, qui est dans le cas général :

$$X' = \frac{P}{l}\,x(l-x) - \frac{P}{l}\,x(l-x)\left[-\frac{pl}{2P} + \sqrt{\frac{p^2 l^2}{4P^2} + 3\left(1 + \frac{pl}{P}\right)\frac{x}{l}\left(1 - \frac{x}{l}\right)} \right],$$

devient dans l'hypothèse A :

$$X' = \frac{P}{l}\,x(l-x) - \frac{P}{l^2}\,x(l-x)\sqrt{3x(l-x)},$$

et dans l'hypothèse B :

$$X' = \frac{P}{l}\,x(l-x) - \frac{3P}{l^3}\,x^2(l-x)^2.$$

L'expression, en fonction de x, de la valeur à attribuer à v pour tirer de la relation (2) le moment fléchissant négatif maximum, pour le point défini par l'abscisse x supposée supérieure à $\dfrac{l}{2}$, est assez compliquée dans le cas général. Dans l'hypothèse A, on trouve : $v = \dfrac{l}{2} - \sqrt{\dfrac{l^2}{4} - \dfrac{3l^2 x^2}{12x^2 + 4l^2}}$.

Dans l'hypothèse B, on trouve $v = \dfrac{l}{2} - \dfrac{l^2}{6x}$, et l'expression du moment fléchissant est assez simple :

$$X'' = \frac{P}{l^2}\,(l-x)\left(\frac{l}{2} - \frac{l^2}{6x}\right)\ \left(\frac{l}{2} - \frac{3x}{2}\right).$$

Nous avons tracé sur la figure 306 les courbes (lignes pointillées) représentatives de X correspondant à l'hypothèse A $\left(\dfrac{pl}{P} = o\right)$, et les mêmes courbes (lignes pleines) correspondant à l'hypothèse B $\left(\dfrac{P}{pl} = o\right)$, pour un certain nombre de valeurs régulièrement croissantes de v. On voit que le rapport $\dfrac{pl}{P}$ a sur le résultat une très grande influence. En lui attribuant une valeur finie, on obtiendrait des courbes intermédiaires entre celles qui correspondent aux hypothèses limites A et B.

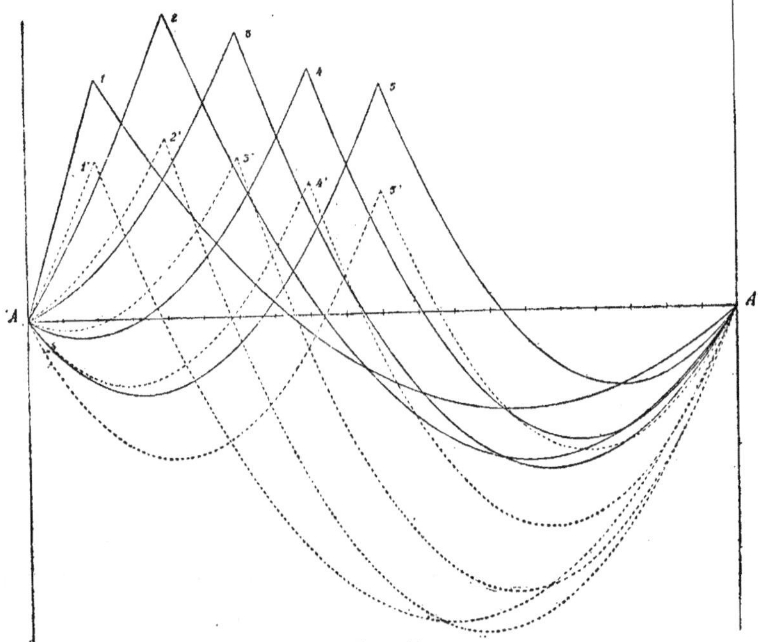

Fig. 306.

La figure 307 représente les courbes-enveloppes des moments fléchissants maxima positifs (lignes situées au-dessus de l'axe horizontal) et négatifs (lignes situées au-dessous), dans les quatre hypothèses suivantes :

$$\text{Ligne I.} \dots\dots\dots \quad \frac{P}{pl} = \infty$$

$$\text{II.} \dots\dots\dots \quad = \frac{1}{4}$$

$$\text{III.} \dots\dots\dots \quad = \frac{1}{10}$$

$$\text{IV.} \dots\dots\dots \quad = 0.$$

En général, un poids voyageur P ne représente guère qu'une fraction peu importante de la charge permanente totale *pl* d'un pont suspendu. Il est donc permis, au moins à titre de première approximation, de tracer les enveloppes des moments fléchissants dans l'hypothèse où $\dfrac{P}{pl}$ serait nul. L'erreur commise est peu sensible tant que P ne dépasse pas $\dfrac{1}{4}\,pl$.

La table numérique I, placée à la fin de la présente étude,

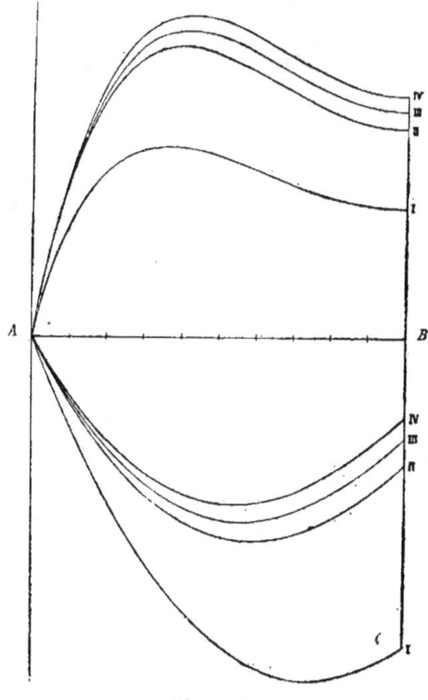

Fig. 307.

donne, pour des valeurs croissantes de *v*, entre *o* et *l*, les valeurs correspondantes du coefficient :

$$-\frac{pl}{2P}+\sqrt{\frac{p^2l^2}{4P^2}+3\left(1+\frac{pl}{P}\right)\frac{v}{l}\left(1-\frac{v}{l}\right)}$$

pour un certain nombre d'hypothèses faites sur le rapport $\dfrac{P}{pl}$ entre l'infini et zéro.

La table numérique II donne les maxima positifs et négatifs qui ont servi à tracer la figure 307. On pourra toujours, en procédant par interpolation, se procurer approximativement les maxima relatifs à une valeur déterminée du rapport $\frac{P}{pl}$.

Quant à l'effort tranchant V qui sollicite la poutre de rigidité, on obtiendra son expression en différenciant celle du moment fléchissant X :

$$\text{Région AM, } o < x < v : \quad V_1 = \frac{dX_1}{dx} ;$$

$$\text{Région MA', } v < x < l : \quad V_2 = \frac{dX_2}{dx} .$$

Les lignes représentatives de V_1 et V_2 sont des droites,

Les valeurs maxima de l'effort tranchant se calculent en posant $x = o$ et $x = v$, dans la relation qui donne V_1 ; et en posant $x = v$ et $x = l$ dans la relation qui donne V_2.

193. Effet d'une surcharge uniformément répartie incomplète. — Nous allons encore traiter le cas d'une surcharge uniformément répartie, couvrant la partie du pont comprise entre l'appui de gauche A et un point M défini par l'abscisse v. Le tracé de la courbe funiculaire décrite par le câble isolé s'effectue sans difficulté en recourant aux formules énoncées à l'article 95.

Nous supposerons toujours que les appuis A et A' sont au même niveau, et que la charge permanente pl est uniformément répartie. Soit π le poids par unité de longueur de la surcharge, dont la valeur totale est par conséquent πv. On arrive sans difficulté aux formules suivantes :

Région AM ; $o < x < v$:

$$(1) \quad X_1 = \frac{\pi x}{2}\left(2v - \frac{v^2}{l} - x\right) - \frac{\pi x(l-x)}{2}\left[-\frac{p}{\pi} + \frac{1}{l^2}\sqrt{\frac{p^2 l^4}{\pi^2} + (6lv^2 - 4v^3)\frac{pl}{\pi} + 4lv^3 - 3v^4}\right].$$

Région MA' ; $v < x < l$:

$$(2) \quad X_2 = \frac{\pi(l-x)}{2}\frac{v^2}{l} - \frac{\pi x(l-x)}{2}\left[-\frac{p}{\pi} + \frac{1}{l^3}\sqrt{\frac{p^2 l^4}{\pi^2} + (6lv^2 - 4v^3)\frac{pl}{\pi} + 4lv^3 - 3v^4}\right].$$

Cas particuliers. A — : $\dfrac{p}{\pi} = o$. La charge permanente est négligeable devant la surcharge :

$$(3) \quad X_1 = \frac{\pi x}{2}\left(2v - \frac{v^2}{l} - x\right) - \frac{\pi x(l-x)}{2} \cdot \frac{\sqrt{4lv^3 - 3v^4}}{l^2};$$

$$(4) \quad X_2 = \frac{\pi(l-x)}{2}\frac{v^2}{l} - \frac{\pi x(l-x)}{2}\frac{\sqrt{4lv^3 - 3v^4}}{l^2}.$$

B — : $\dfrac{\pi}{p} = o$. La surcharge est négligeable devant la charge permanente :

$$(5) \quad X_1 = \frac{\pi x}{2}\left(2v - \frac{v^2}{l} - x\right) - \frac{\pi x(l-x)}{2}\left(\frac{3v^2}{l^2} - \frac{2v^3}{l^3}\right);$$

$$(6) \quad X_2 = \frac{\pi(l-x)}{2}\frac{v^2}{l} - \frac{\pi x(l-x)}{2}\left(\frac{3v^2}{l^2} - \frac{2v^3}{l^3}\right).$$

X_1 et X_2 sont représentés graphiquement par les distances verticales de la courbe des moments fléchissants relative au cas d'une poutre droite portant à elle seule la surcharge (cette courbe se compose d'une parabole à axe vertical dans la région MA et d'une droite dans la région MA'), et d'une autre parabole à axe vertical qui représente l'effet du câble.

En supposant que la surcharge soit mobile et s'avance sur le pont à partir de l'appui A, on obtient la valeur positive maximum du moment développé au point défini par l'abcisse x, en éliminant v entre la relation (1) et l'équation dérivée : $\dfrac{dX_1}{dv} = o$. On obtient la valeur négative maximum du moment en éliminant v entre la relation (2) et l'équation dérivée : $\dfrac{dX_2}{dv} = o$.

Le maximum positif de $X\left(x > \dfrac{l}{2}\right)$ se calculera : dans l'hypothèse A, en prenant : $v' = \dfrac{4l^3}{3l^2 + 9(l-x)^2}$; dans l'hypothèse B, en prenant : $v' = \dfrac{l^2}{3(l-x)}$.

Le maximum négatif de $X_2\left(x > \dfrac{l}{2}\right)$ se calculera : dans l'hypothèse A, en prenant : $v'' = l \dfrac{9x^2 + 2l^2 - l\sqrt{9x^2 + 4l^2}}{9x^2 + 3l^2}$; dans

l'hypothèse B, en prenant : $v'' = l - \dfrac{l^2}{3x}$.

On remarquera que, dans l'hypothèse B, le moment négatif maximum est pour un point quelconque égal et de signe
contraire au moment positif maximum, et correspond à la
surcharge complémentaire. C'est là une conséquence de la

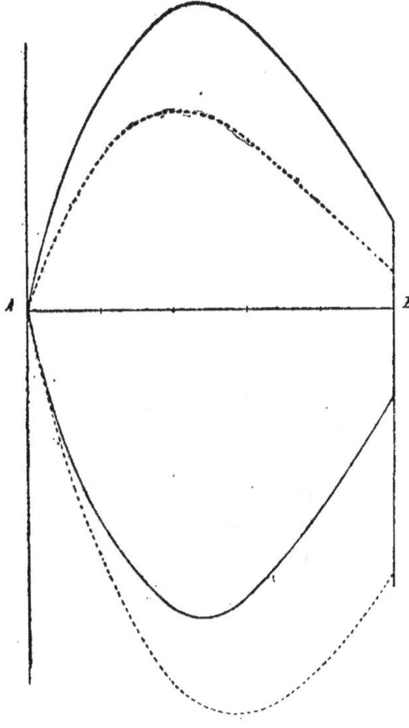

Fig. 308.

remarque déjà faite sur l'indépendance des effets des poids
partiels constitutifs de la surcharge sur un câble et sur sa poutre
de rigidité, *quand la charge permanente est supposée infinie*.
La même observation ne s'applique naturellement pas à l'hypothèse A, où la charge permanente est supposée négligeable

La table numérique III fournit les valeurs des coefficients

$$\frac{2v - v^2}{l},\ \frac{v^2}{l}\ \text{et}\ -\frac{p}{\pi} + \frac{1}{l^2}\sqrt{\frac{p^2l^4}{\pi^2} + (6lv^2 - 4v^3)\frac{pl}{\pi} + 4lv^3 - 3v^4},$$

qui entrent dans les relations (1) et (2), pour différentes valeurs du rapport $\frac{p}{\pi}$, comprises entre o et ∞. On pourra souvent, pour un cas donné, se procurer par interpolation les valeurs numériques des coefficients à employer.

La table IV donne les maxima positifs et négatifs, qui ont servi, dans les deux hypothèses A et B, à tracer les courbes de la figure 308.

Comme dans le cas précédent, les équations des droites représentatives de l'effort tranchant V s'obtiendront sans difficulté en différenciant les expressions de X par rapport à x.

194. Résumé de la méthode. — En définitive, pour déterminer la partie principale du moment fléchissant développé par une surcharge connue dans une section transversale quelconque de la poutre de rigidité, il convient de procéder comme il suit :

1° On tracera une courbe funiculaire, relative à la charge permanente et à la surcharge agissant simultanément, dont la longueur développée soit égale à celle du câble.

On peut d'ailleurs simplifier cette opération, sans inconvénient appréciable, en traçant cette courbe sans se préoccuper de sa longueur, sous la seule condition que son ordonnée maximum ne dépasse pas le dixième de l'ouverture, ou, si l'on veut, soit approximativement égale à la flèche du câble.

On évaluera ensuite sans difficulté la longueur de cette courbe et la valeur de la traction horizontale Q_1 du câble, qui est supposé la décrire sous l'influence de la charge et de la surcharge.

2° On tracera sur la même épure, et avec les mêmes points de départ et d'arrivée A et A', la courbe parabolique que le câble doit décrire en tout temps, en raison de l'influence exercée par la poutre de rigidité, si on lui attribue une longueur exactement égale à celle de la courbe funiculaire dont il a été question plus haut.

3° Enfin on effectuera, pour la section transversale consi-dérée sur la poutre, le produit $Q_1 z$ de la traction horizontale par la distance verticale des deux courbes déjà tracées. Pour relever avec plus d'exactitude cette distance verticale, on pourra d'ailleurs après coup tracer à nouveau les deux courbes en amplifiant l'échelle des ordonnées verticales dans un rapport convenu. Ce produit $Q_1 z$ sera le moment fléchis-sant cherché : il sera positif toutes les fois que le polygone fu-niculaire passera au-dessus de la parabole et négatif dans le cas contraire. Il est entendu que la charge permanente est supposée uniformément répartie ; dans l'hypothèse contraire, il faudrait substituer à la parabole précitée la courbe funicu-laire décrite par le câble isolé, lorsqu'il est en équilibre sous l'action de la charge seule, et que la poutre ne joue aucun rôle.

Si la charge permanente est uniformément répartie. et que la surcharge se réduise à un poids unique, on pourra faire usage des formules de l'article 192, ou de la table numérique I qui fournit immédiatement les résultats cherchés. Si le poids est mobile et se transporte d'un bout à l'autre de la travée, la table numérique II permettra de déterminer sans calcul, par une simple interpolation, les maxima positif et né-gatif du moment pour un point quelconque de la poutre. Nous avons dit, d'ailleurs, comment on pouvait s'y prendre pour déterminer ces maxima par un calcul direct.

Si la surcharge est uniformément répartie, et couvre une partie de la travée à partir d'un appui, on pourra faire usage des formules de l'article 193 ou de la table numérique III. Les maxima positifs et négatifs du moment fléchissant n'ont été calculés par nous (table IV) que dans les hypothèses limites où $\frac{p}{\pi}$ est nul ou infini. Dans un cas donné, on obtiendrait un ré-sultat intermédiaire, qu'il est d'ailleurs facile de se procurer par le calcul.

Si la charge permanente est beaucoup plus importante que la surcharge comme poids total, on pourra être autorisé à admettre que tout se passe comme si la charge permanente était infinie. En pareil cas l'effet produit en un point quel-conque par la surcharge s'obtient en recherchant les effets partiels de tous les poids qui le constituent, comme s'ils agissaient isolément, puis en totalisant les résultats obtenus.

Cette remarque peut dans certains cas faciliter singulièrement les recherches.

Considérons, par exemple, un pont-rail, dont la surcharge sera représentée par un train de chemin de fer. On pourra décomposer cette surcharge en deux parties :

1º Une fraction uniformément répartie couvrant graduellement la travée à partir d'une extrémité, et dont on évaluera l'effet par les formules de l'article 193, ou les tables III et IV.

2º Un certain nombre de poids isolés, représentant l'excédent du poids d'un essieu de locomotive ou de tender sur celui d'un essieu de wagon, qui a servi de base pour la surcharge uniforme. Comme ces poids partiels représenteront un total peu important, en comparaison de la charge permanente et de la surcharge uniforme déjà considérée, on sera autorisé à déterminer séparément leurs effets par les formules de l'article 192, en supposant nul le rapport $\dfrac{\mathrm{P}}{pl}$. On ajoutera ensuite ces résultats à ceux fournis par le premier calcul, en tenant compte des signes, et l'on connaîtra, avec une exactitude très suffisante, l'effet produit par la surcharge complète. Il semble que cette méthode simple, qui n'exige pas de calculs longs et compliqués, soit admissible tout au moins pour une première étude, sauf à vérifier après coup, en appliquant la règle générale énoncée plus haut, que l'on ne s'est pas trop écarté de la vérité. Une erreur de 4 à 5 0/0 sur la valeur du moment fléchissant ne mérite pas d'être rectifiée.

Après avoir ainsi évalué les valeurs du moment fléchissant $Q_1 z$ relatives à un certain nombre de sections transversales de la poutre, on n'aura plus qu'à déterminer les dimensions de chaque section de façon que le travail $\dfrac{Xh}{2\mathrm{I}}$ ne dépasse pas la limite de sécurité admise pour la matière employée, bois, fer ou acier. On attribue d'habitude à la poutre une section constante, disposition justifiée par ce fait que, d'après les courbes représentées sur les figures 307 et 308, les maxima positifs et négatifs de $Q_1 z$ ne varient pas beaucoup d'une extrémité à l'autre de la travée ; ils atteignent leurs plus grandes valeurs, non pas au milieu de l'ouverture, mais dans la région comprise entre $\frac{l}{5}$ et $\frac{l}{3}$ à partir de chaque appui.

Quant à la hauteur de la poutre, généralement comprise entre $\frac{l}{8}$ et $\frac{l}{15}$, elle se détermine par des considérations sur lesquelles nous nous étendrons ci-après.

195. Calcul des termes correctifs. — Il nous reste à montrer comment on peut évaluer les termes correctifs (art. 188), qui, d'après ce qui a été dit précédemment, sont généralement négligeables devant la partie principale du moment de flexion.

Terme : $(Q_1 - Q_2)(y_1 + Kx + K')$.

Soient AMA′ la courbe d'équilibre du câble soumis à la charge permanente seule, S sa longueur et Q sa traction horizontale. Nous savons déterminer la longueur S_1 et la traction horizontale Q_1 qui se rapportent au même câble isolé de la poutre, lorsqu'il supporte à la fois la charge et la surcharge.

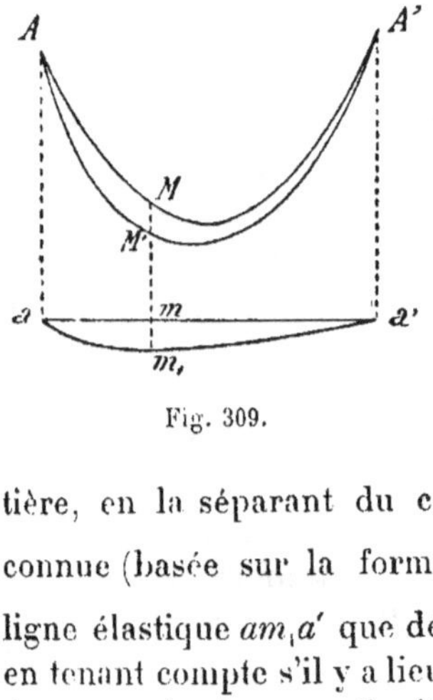

Soit *ama′* la fibre moyenne rectiligne de la poutre auxiliaire ; supposons qu'on lui fasse porter la surcharge entière, en la séparant du câble, et traçons par la méthode connue (basée sur la formule fondamentale $EI\,\dfrac{d^2y}{dx^2} = X$) la ligne élastique am_1a' que décrira la fibre moyenne déformée, en tenant compte s'il y a lieu de son encastrement sur un ou deux appuis, de sa continuité sur plusieurs travées successives etc. (on supposera bien entendu dans ce calcul que le métal constitutif de la poutre possède une résistance indéfinie, son coefficient d'élasticité longitudinale E restant constant quel que soit le travail imposé à la matière ; en fait, il est bien évident que la poutre auxiliaire, séparée du câble, s'effondrerait sous les poids cumulés de la charge et de la surcharge)..

Fig. 309.

Traçons ensuite la courbe AM'A', dont la distance verticale M'M à la courbe AMA' est, pour une abscisse donnée x, égale à la distance verticale mutuelle $m_{1}m$ des deux lignes ama' et $am_{1}a'$. Calculons enfin, par un procédé de rectification quelconque, la longueur développée S' de la courbe AM'A'.

Nous appliquerons finalement la relation :

$$(1) \qquad \frac{Q_1 - Q_2}{Q_2 - Q} = \frac{S_1 - S}{S' - S},$$

d'où nous tirerons la valeur de l'inconnue Q_2.

L'inconvénient de cette méthode est qu'elle oblige à calculer les longueurs S, S_1 et S' avec une très grande précision, en raison des très faibles écarts qui existent entre elles.

La moindre erreur commise s'amplifie énormément dans le résultat : en fait, ce mode de recherche ne peut être considéré comme pratique.

Soit f l'ordonnée de la ligne élastique $am_{1}a'$ au milieu de la portée, c'est-à-dire la flèche d'abaissement de la poutre portant à elle seule la surcharge complète : δb l'augmentation subie par la flèche de la parabole AMA' lorsque sa longueur varie de S à S_1. Ces deux longueurs peuvent être évaluées sans difficulté, et on obtiendra, par la formule suivante, un résultat passablement exact :

$$(2) \qquad \frac{Q_1 - Q_2}{Q_2 - Q} = \frac{\delta b}{f}.$$

Nous avons fait usage de cette formule approximative (art. 188) pour le cas de la surcharge uniforme complète, où elle est rigoureuse. Mais elle peut être considérée comme suffisamment juste pour une surcharge quelconque, alors surtout qu'il ne s'agit que de déterminer l'ordre de grandeur de la différence $Q_1 - Q_2$, généralement négligeable devant $Q_2 - Q$. On doit même admettre que le calcul relatif à l'hypothèse de la surcharge uniformément répartie, tel qu'il a été effectué à l'art. 188, fournit à cet égard un renseignement assez précis.

Si cette vérification faisait connaître que le terme correctif est loin d'être négligeable, il serait temps de recourir à la formule (1), qui offre toute garantie.

Connaissant Q_2, on pourra toujours calculer sans difficulté les valeurs numériques du terme correctif $(Q_1 - Q_2)$ $(y_1 + Kx + K')$ en se basant sur les résultats des recherches faites pour déterminer la déformation de la poutre sous l'action de la surcharge complète. La poutre supporte en effet directement la fraction $\dfrac{Q_1 - Q_2}{Q_2 - Q}$ de la surcharge, le câble n'étant sollicité que par le surplus, soit la fraction $\dfrac{Q_2 - Q}{Q_1 - Q}$.

Toutes choses égales d'ailleurs, la valeur de ce terme correctif croît proportionnellement aux valeurs des rapports suivants :

$\dfrac{h}{b}$, de la hauteur h de la poutre à la flèche b du câble :

$\dfrac{\pi l}{pl}$, de la surcharge d'épreuve πl à la surcharge permanente pl ;

$\dfrac{E'}{E}$, du coefficient d'élasticité E' du métal de la poutre à celui E du métal du câble ;

$\dfrac{R}{R'}$, de la limite de sécurité R admise pour le câble à la limite de sécurité R' admise pour la poutre.

Terme correctif : $Q_2 (y_2 - y)$.

Connaissant la partie principale $Q_1 z$ du moment fléchissant déterminé par la surcharge dans une section transversale quelconque de la poutre, il est aisé de calculer le déplacement vertical de haut en bas subi par un point de sa fibre moyenne en faisant usage de la formule connue :

$$y_2 - y = -x \int_0^x \frac{X\,dx}{E'I} + \int_0^x \frac{Xx\,dx}{E'I} + x \int_0^l \frac{X}{E'I}\,dx - \frac{x}{l} \int_0^l \frac{Xx}{E'I}\,dx.$$

Les intégrales définies qui figurent dans cette relation seront calculées directement si X ou $Q_1 z$ est une fonction simple de x que l'on sache intégrer sous sa forme générale ; dans l'hypothèse contraire, on les évaluera par quadrature, après avoir déterminé par avance les valeurs numériques de $Q_1 z$ relatives à un certain nombre de sections transversales.

Dans le cas du poids unique P appliqué à la distance v de l'appui de gauche, qui a été traité dans l'article 192, l'intégration directe ne présente aucune difficulté, et l'on obtient les formules suivantes où la lettre A désigne le coefficient numérique

$$-\frac{pl}{2P}+\sqrt{\frac{p^2l^2}{4P^2}+3\left(1+\frac{pl}{P}\right)\frac{v}{l}\left(1-\frac{v}{l}\right)}:$$

Région AM, $o < x < v$:

$$y_2-y=\frac{P}{lE'I}\left[x(l-v)\left(-\frac{x^2}{6}+\frac{v^2}{2}+\frac{v^3}{3l}+\frac{v(l-v)^2}{3l}\right)-\frac{Ax(l-x)(l^2+lx-x^2)}{12}\right];$$

Région MA', $v < x < l$:

$$y_2-y=\frac{P}{lE'I}\left[v(l-x)\left(-\frac{(l-x)^2}{6}+\frac{(l-v)^2}{2}-\frac{(l-v)^3}{3l}+\frac{v^2(l-v)}{3l}\right)-\frac{Ax(l-x)(l^2+lx-x^2)}{12}\right)\right].$$

Dans le cas de la surcharge uniforme incomplète πv, qui a été traité dans l'article **193**, on obtient de même les formules suivantes, où la lettre A' désigne le coefficient numérique :

$$-\frac{p}{\pi}+\frac{1}{l^2}\sqrt{\frac{p^2l^4}{\pi^2}+(6lv^2-4v^3)\frac{pl}{\pi}+4lv^3-3v^4}:$$

Région AM, $o < x < v$:

$$y_2-y=\frac{\pi}{2E'I}\left[\frac{x^4}{12}-\left(2v-\frac{v^2}{l}\right)\frac{x^3}{6}+v^2x\left(\frac{l^2}{6}+\frac{2}{3}lv-\frac{17}{12}v^2+\frac{2v^3}{3l}\right)-\frac{A'x(l-x)(l^2+lx-x^2)}{12}\right];$$

Région MA', $v < x < l$:

$$y_2-y=\frac{\pi}{2E'I}\left[-\frac{v^2x^3}{6l}-\frac{2}{3}v^3x+\frac{5}{12}v^4+\frac{v^4x}{l}-\frac{2v^5}{3l}+v^2x\left(\frac{l^2}{6}+\frac{2}{3}lv-\frac{17}{12}v+\frac{2v^3}{3l}\right)-\frac{A'x(l-x)(l^2+lx-x^2)}{12}\right].$$

Le produit $Q_2(y_2-y)$ se déduit sans difficulté de la valeur trouvée pour y_2-y; on peut d'ailleurs substituer dans cette opération Q_1 à Q_2, si le calcul du premier terme correctif a fait reconnaître que la différence Q_1-Q_2 était négligeable.

Toutes choses égales d'ailleurs, la valeur du second terme correctif croît proportionnellement à celle des rapports $\frac{b}{h}$, $\frac{pl}{\pi l}$, $\frac{E}{E'}$ et $\frac{R'^2}{R}$.

On voit ainsi que tout changement apporté à l'ouvrage qui donne lieu à un accroissement du premier terme correctif entraîne en même temps une réduction du second. Or, d'une manière générale, le premier terme représente une augmentation du travail maximum subi par la poutre sous l'influence de la partie principale $Q_1 z$ du moment, tandis que le second terme correspond à une diminution de ce même travail. On n'a donc à prendre en considération que la différence des valeurs numériques de ces deux termes, et il convient autant que possible de s'arranger de façon que cette différence soit en moyenne très faible et presque nulle.

Si le premier terme est prépondérant, la poutre sort de son rôle en supportant à elle seule une fraction notable de la surcharge : elle a une très grande hauteur, comparativement à la flèche du câble, ou bien ses semelles sont trop massives. Si le second terme est important (le premier étant par suite à peu près réduit à zéro), la poutre ne remplit pas convenablement sa fonction d'organe de rigidité, et laisse, au point de vue des déformations, trop de liberté au câble : elle est donc trop peu haute, ou bien ses semelles ne sont pas assez épaisses.

En raison de l'influence exercée par le rapport $\dfrac{pl}{\pi l}$ sur les deux termes correctifs, on voit que la hauteur de la poutre doit être d'autant plus grande que la surcharge d'épreuve est une fraction moins importante de la charge permanente. C'est ainsi que pour le pont de New-York, où la surcharge ($\pi =$ 3.300 k.), ne représente guère que le quart de la charge permanente ($p = 12.826$ k.), le rapport $\dfrac{h}{b}$ a été pris égal à $\dfrac{1}{8,5}$. Ce rapport serait trop élevé pour le pont du Niagara, où $\pi = 0,55\,p$, et le pont de Cincinnati, où $\pi = 0,37\,p$.

Toutefois il y a lieu de remarquer que le métal du câble subit un travail beaucoup plus considérable dans le premier ouvrage (33 k. 3 par milimètre carré) que dans le second (19 k. 6 par millimètre carré), et dans le troisième (26 k. 3 par millimètre carré), ce qui compense dans une certaine mesure l'influence du rapport $\dfrac{pl}{\pi l}$, ainsi que nous l'avons signalé plus haut.

Quand la poutre est en fer ou en acier, comme le câble, le rapport $\dfrac{E'}{E}$ ne s'écarte guère de l'unité. Mais quand la poutre est en bois, la valeur de $\frac{E'}{E}$ se réduit à $\frac{1}{15}$. La rigidité de la poutre est alors tout à fait insuffisante, d'autant plus que les assemblages mutuels des pièces de charpente sont beaucoup plus déformables que les assemblages à rivets ou boulons des constructions métalliques. Il est vrai que le rapport $\frac{R'}{R}$ tombe alors au-dessous de $\frac{1}{10}$, ce qui établit une compensation. Néanmoins il conviendrait en ce cas de relever le rapport $\frac{h}{b}$ à $\frac{1}{6}$, ou même $\frac{1}{3}$, pour avoir une rigidité convenable ; mais alors la poutre en bois serait extrêmement lourde. On s'explique ainsi que les garde-corps massifs en bois, fréquemment employés dans les ponts suspendus européens, soient loin de donner, à poids égal, des résultats équivalents à ceux des poutres en fer américaines. La rigidité est insuffisante, et les oscillations du câble, sous le passage des charges roulantes, ne sont guère atténuées par le garde-corps.

Le calcul de $y^2 - y$, déjà effectué pour déterminer les conditions de stabilité de la poutre, permet en même temps de se rendre compte de son efficacité, puisqu'il fait connaître les déplacements verticaux que subirait, sous l'action de la surcharge, les différends points du tablier. Si ces déplacements paraissaient exagérés, on remédierait au manque de rigidité de la poutre en relevant les rapports $\frac{h}{b}$ et $\frac{R}{R'}$, c'est-à-dire en augmentant la hauteur de la poutre et les épaisseurs de ses semelles. En général $\frac{h}{b}$ est compris entre $\frac{1}{9}$ et $\frac{1}{15}$, et le travail R' varie de 6 k. par mm. carré pour le fer, à 8 ou 12 k. pour l'acier.

Le rapport $\frac{b}{l}$ de la flèche du câble à son ouverture est en pratique compris entre $\frac{1}{6}$ et $\frac{1}{18}$, et le travail maximum du métal du câble, formé de fils de fer ou d'acier parallèles ou tordus en hélice, peut aller de **12 k.** p. mm. carré à **30 k.** et plus (**33 k.** 3 pour le pont de New York).

196. Influence des changements de température.— Supposons que le thermomètre s'élève ou s'abaisse de $t°$ par rapport à la température de montage. Le câble s'allongera ou se raccourcira, et il en résultera une déformation de la poutre auxiliaire, qui entraînera un travail supplémentaire R″. On peut évaluer assez exactement la valeur maximum de ce travail, qui s'observe au milieu de la portée, par la formule approximative : $R'' = 0,9 \dfrac{Eh}{b} \alpha t$. Si la poutre est en fer, la valeur de R″ par millimètre carré de section a environ $\pm 8\,k. \times \dfrac{h}{b}$ pour limites extrêmes, d'après la table de la page 74. C'est encore là un motif sérieux pour ne pas laisser dépasser au rapport $\dfrac{h}{b}$ la valeur $\dfrac{1}{8}$, de façon que les changements de température n'augmentent pas de plus d'un kilog. le travail de la poutre au milieu de sa portée : ce supplément de travail va d'ailleurs en décroissant comme le rapport $\dfrac{x\,(l-x)}{a^2}$ au fur et à mesure que l'on se rapproche d'un appui, et il se trouve réduit de 25 0/0 dans la région, avoisinant les extrémités de la travée, où $Q_1 z$ atteint lui-même son maximum.

Avec une poutre auxiliaire en bois, dont nous avons signalé plus haut l'insuffisance comme organe de rigidité, il n'y a pas à se préoccuper de l'influence des changements de température : même en admettant que les assemblages mutuels des pièces de bois soient absolument indéformables, la valeur du travail, $0,9 \dfrac{E'h}{b} \alpha t$, où α est le coefficient de dilatation du métal du câble et E′ le coefficient d'élasticité du bois, ne peut dépasser les limites extrêmes $\pm 0\,k. 45 \dfrac{h}{b}$ par millimètre carré de section, chiffre nécessairement insignifiant.

Nous ajouterons que la formule indiquée pour le calcul de R″ s'applique au cas où la poutre est supposée simplement appuyée aux deux extrémités de la travée. Si elle était encastrée, ou continue sur plusieurs travées successives, R″ pourrait être triplé. Il nous semble donc qu'il est préférable de couper la poutre sur les piles ; c'est d'ailleurs une mesure presque indispensable quand la travée est longue, afin de permettre à

la poutre de s'allonger et de se raccourcir librement sous l'influence des changements de température.

197. Réglage des haubans. — Nous avons dit (pages 246
et 252) que les haubans d'un pont suspendu se relâchent quand

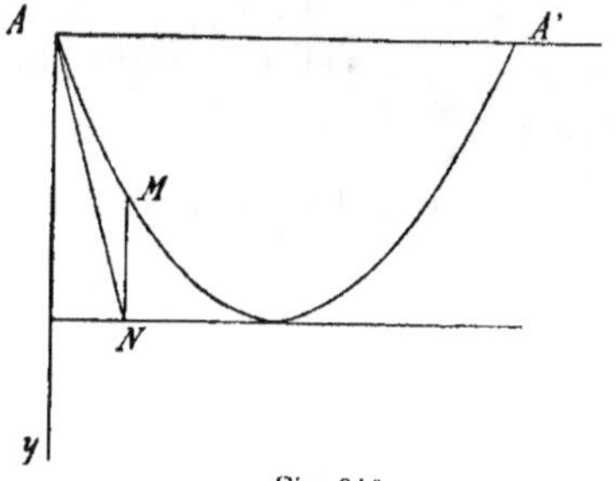

Fig. 310

la température s'abaisse,
et que leur tension finit
par tomber à zéro. Si la
température s'élève, l'effet inverse se produit :
les tiges verticales de suspension se relâchent, et
les haubans portent toute
la charge. Il nous paraît
utile de démontrer ce fait.

Considérons le câble parabolique AMA'. Si la température
s'élève, il va s'allonger de la quantité δS fournie par la relation :

$$\delta S = S \alpha t = \left(l + \frac{8}{3} \frac{b^2}{l} \right) \alpha t.$$

La flèche b subit de ce chef un accroissement δb que
l'on sait calculer (page **226**) :

$$\delta b = \frac{\delta S}{\dfrac{16 b}{3 l} - \dfrac{128 b^3}{5 l^3}} = \frac{15\, l^4 + 40\, b^2 l^2}{80\, b l^2 - 384 b^3} \, \alpha t.$$

Il suffit que $\dfrac{b}{l}$ soit inférieur ou tout au, plus égal à $\dfrac{1}{8}$
pour que δb ne diffère pas sensiblement de $\dfrac{3}{16} \dfrac{l^2}{b} \, \alpha t$.

Le point M, dont les coordonnées par rapport à A sont x et y,
s'abaissera de la quantité δy, fournie par l'équation :

$$\delta y = \delta b \, \frac{4x (l - x)}{l^2}.$$

L'abaissement vertical δz du point N sera égal à celui δy
du point M, augmenté de l'allongement de la tige de suspension MN, qui a pour longueur $b - y$, soit $(b - y) \alpha t$.

$$\delta z = (b - y) \alpha t + \delta b \, \frac{4x (l - x)}{l^2}.$$

La distance AN ou n du point N au point A, primitivement égale à $\sqrt{x^2 + b^2}$, sera, en raison de l'abaissement vertical δz du point N, devenue égale à $\sqrt{x^2 + (b + \delta z)^2}$; δz étant très petit par rapport à b, cet accroissement δn est très exactement représenté par $\dfrac{b\delta z}{\sqrt{x^2 + b^2}}$.

Or une barre de longueur n ou $\sqrt{x^2 + b^2}$ s'allonge, sous l'influence du relèvement de température, de $\alpha t \sqrt{x^2 + b^2}$.

Il s'agit de voir si $\dfrac{b\delta z}{\sqrt{x^2 + b^2}}$ est plus petit ou plus grand que $\sqrt{x^2 + b^2}\,\alpha t$.

Or on a :

$$\frac{b\,dz}{\sqrt{x^2+b^2}} = \frac{b}{\sqrt{x^2+b^2}}\left((b-y)\alpha t + \delta b . \frac{4x(l-x)}{l^2} \right)$$

$$= \frac{\alpha t}{\sqrt{x^2+b^2}}\left[b^2 + b . \frac{4x(l-x)}{l^2}\left(\frac{15l^4 - 40b^2l^2 + 384b^4}{80bl^2 - 384b^3} \right) \right].$$

Ainsi que nous l'avons déjà remarqué, le second terme de la quantité entre parenthèse peut, sans erreur appréciable, être remplacé par $\dfrac{4x(l-x)}{l^2} \times \dfrac{3l^2}{16b}$, quant le rapport $\dfrac{b}{l}$ ne dépasse pas $\dfrac{1}{8}$.

D'où :

$$\frac{b\delta z}{\sqrt{x^2+b^2}} = \frac{\alpha t}{\sqrt{x^2+b^2}}\left(b^2 + \frac{3}{4} . x(l-x) \right).$$

La condition :

$$\alpha t \sqrt{x^2+b^2} < \frac{b\delta z}{\sqrt{x^2+b^2}},$$

peut donc s'écrire :

$$\alpha t \sqrt{x^2+b^2} < \frac{\alpha t}{\sqrt{x^2+b^2}}\left(b^2 + \frac{3}{4}x(l-x) \right),$$

ou :

$$x^2 + b^2 < b^2 + \frac{3}{4}x(l-x).$$

D'où l'on tire :

$$x < \frac{3}{7} l.$$

Ainsi, il suffit que la distance horizontale à la pile du point d'attache du hauban sur le tablier ne dépasse pas $\frac{3}{7} l$ (ce qui est toujours le cas en pratique) pour que l'allongement subi par cet élément en raison de sa propre dilatabilité soit inférieur à celui qui lui est imposé par la déformation du câble lui-même. Donc sa tension doit nécessairement augmenter, et il arrive que la tige de suspension MN se relâche et cesse de soutenir le tablier.

Le phénomène inverse se produit naturellement si la température s'abaisse : le hauban se relâchera et tout le poids sera reporté sur la tige de suspension.

Dans un projet de pont sur l'East-River à New-York, les auteurs, *Serrell et fils*, s'étaient proposé de remédier à ce défaut au moyen d'un système de pivots et de leviers placés sur les tours de support (page 254), dispositif au sujet duquel nous n'avons pas de données précises, mais dont l'efficacité a été considérée comme au moins douteuse.

Il semble pourtant qu'il y aurait un moyen bien simple d'assurer une répartition invariable du poids entre un hauban AB et la tige correspondante CB. Au lieu de rattacher directement chacune de ces pièces au tablier, il suffirait d'intercaler un levier mBn dont l'axe B serait fixé sur la poutre auxiliaire, tandis que les extrémités m et n seraient assemblées au hauban et à la tige.

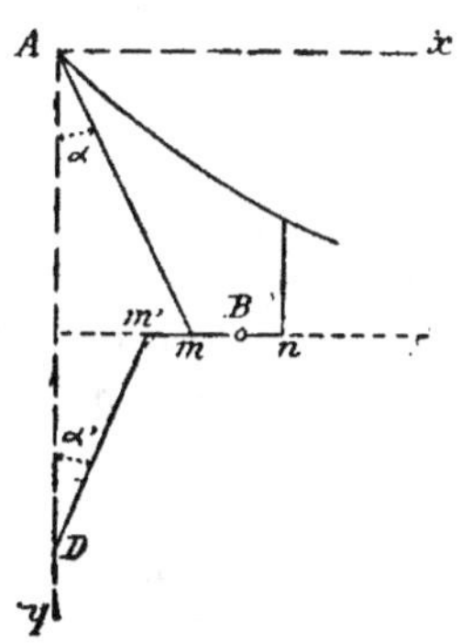

Fig. 311.

Dans ces conditions, les efforts de traction transmis aux deux pièces seraient toujours dans le même rapport que les longueurs des deux bras mB et Bn, quelle que fût la température, et aucun d'eux ne pourrait jamais se relâcher. Nous n'avons pas connaissance que cette disposition bien simple, et, semble-t-il, d'une efficacité absolue, ait jamais été signalée ou appliquée.

On pourrait également utiliser ce même levier pour l'accrochage d'un hauban inférieur Dm', qui aboutirait au point m du bras Bm déjà relié au hauban supérieur, avec la condition que m' fût plus éloigné de l'axe B que m.

Désignons par u la distance à l'axe B du point d'attache n de la tige verticale de suspension ; par v la distance au même axe du point d'attache m du hauban supérieur, par c la longueur de ce hauban et par α l'angle qu'il fait avec la verticale ; par w la distance $m'm$ des points d'attache des deux haubans, par c' la longueur du hauban inférieur et par α' l'angle qu'il fait avec la verticale.

Supposons que la température s'élève de t^0 : le point n s'abaissera de la quantité dz, dont nous avons donné plus haut l'expression ; le hauban supérieur s'allongera de $c\alpha t$ ou δc, et le hauban inférieur de $c'\alpha t$ ou $\delta c'$. Pour que rien ne soit changé dans les conditions d'équilibre des trois pièces Dn, Am et Cm', il est nécessaire et suffisant que la condition suivante soit remplie :

$$w = (u + v)\, \frac{\dfrac{\delta c}{\cos \alpha} + \dfrac{\delta c'}{\cos \alpha'}}{\delta z - \dfrac{\delta c}{\cos \alpha}} \; .$$

On peut donc se donner arbitrairement les longueurs u et v, dont le rapport déterminera le partage de la charge entre la tige de suspension et le hauban supérieur. Mais la longueur w doit être ensuite calculée par la relation qui précède, si l'on veut qu'un changement quelconque de température ne produise pas le relâchement de l'une des trois pièces considérées.

Il est facile de vérifier par des exemples numériques qu'il est toujours possible de réaliser pratiquement le système d'assemblage que nous venons de décrire, avec un levier dont la longueur totale $m'n$ peut être réduite à $\dfrac{1}{500}$ de celle du hauban Am.

On pourrait peut-être objecter le cas où les points d'attache des tiges de suspension sur le tablier seraient plus rapprochés les uns des autres que ceux des haubans (fig. **297**) ; à la rigueur on pourrait relier le même hauban aux extrémités de différents leviers correspondant chacun à une tige. Mais il nous semblerait suffisant d'effectuer le réglage sur une seule tige, en attribuant au bras Bn une longueur très supérieure à celle de Bm, de façon que l'effort de traction transmis au hauban fût beaucoup plus important que celui transmis à la tige.

Quand un pont suspendu est muni de haubans portant une portion notable de la charge et de la surcharge, il peut sembler logique d'en tenir compte dans le calcul du câble et dans celui de la poutre auxiliaire, en réduisant en conséquence les valeurs de la charge et de la surcharge dans les régions extrêmes du tablier rattachées aux haubans. Les formules des articles 192 et 193 ne sont donc plus alors applicables. Il sera toujours facile, en se servant des méthodes proposées dans les articles 94 et 95, de tracer la courbe décrite par le câble sous l'action d'une surcharge d'épreuve quelconque, partagée dans les régions extrêmes du tablier entre les haubans et les tiges, et d'en déduire les moment fléchissants développés dans la poutre auxiliaire.

Cette remarque serait *a fortiori* fondée au cas où, les tiges de suspension étant supprimées dans les régions où viennent s'attacher les haubans, ceux-ci seraient appelés à porter toute la charge et la surcharge dans les portions extrêmes du tablier. Il ne semble pas d'ailleurs que ce dispositif, appliqué à un certain nombre d'ouvrages existants, soit à recommander : il peut exposer, semble-t-il, le dernier hauban, c'est-à-dire le plus incliné sur la verticale, et la première tige, qui le suit immédiatement, à subir accidentellement des efforts excessifs, dans des conditions extrêmes de surcharge et de température. Il paraît préférable de doubler tous les haubans par des tiges verticales.

On peut trouver plus simple de calculer en toutes circonstances les poutres auxiliaires comme si les haubans n'existaient pas ; on obtient de la sorte un surcroit de stabilité au prix d'un excédent de poids de métal qui ne saurait jamais être considérable.

198. Calcul des câbles et des tiges de suspension. —

Les câbles de suspension doivent être calculés comme si la poutre auxiliaire ne jouait aucun rôle, en tenant compte si l'on veut, par une réduction convenable de la charge et de la surcharge sur les régions extrêmes du tablier, du concours apporté par les haubans, qui transmettent directement à l'appui une fraction du poids.

Les tiges de suspension doivent être calculées en vue de résister à la surcharge uniformément répartie, telle qu'elle est transmise au câble par l'intermédiaire de la poutre auxiliaire. Il est utile, si l'ouvrage doit recevoir des charges isolées notables, d'attribuer aux tiges un léger excès de résistance, pour tenir compte de ce fait que la poutre auxiliaire n'est pas absolument indéformable, et que par suite une tige quelconque est exposée à subir un effort de traction supplémentaire, égal à la dérivée du terme correctif $Q_2 (y_2 - y)$.

Mais il convient de pas faire d'exagération à ce point de vue : en calculant les tiges comme si, la poutre auxiliaire n'existant pas, chacune devait supporter intégralement la charge totale appliquée sur le tablier au droit de son point d'attache, on s'exposerait à attribuer à ces pièces des résistances trois et quatre fois supérieures aux besoins. Le fait a été constaté expérimentalement. Il est certainement fâcheux de dépenser ainsi inutilement un poids de métal qui serait mieux utilisé dans le renforcement des câbles.

199. De l'avenir des ponts suspendus. — Quand un pont suspendu n'est pas muni de haubans et de poutres de rigidité, sa stabilité laisse souvent à désirer, en raison des actions dynamiques qu'exercent sur lui le vent et les charges mobiles. Les câbles et le tablier subissent des oscillations notables, et, pour peu que les rafales de vent et que le mouvement propre de la charge mobile (passage d'un troupeau, ou d'une foule marchant d'un pas cadencé) favorisent le développement de ces oscillations, leur amplitude peut devenir telle que le travail des câbles atteigne le double de la valeur calculée pour le cas de la surcharge d'épreuve statique la plus défavorable. Les ruptures de ponts imputables à cette cause ont été assez nombreuses à une époque déjà éloignée, et ces catastrophes ont jeté sur ce genre de construction un discrédit qui persiste encore aujourd'hui, du moins en Europe, où l'on a presque renoncé à construire des ponts suspendus.

Nous avons vu pourtant que les déformations des câbles, et par suite l'amplitude des oscillations que peut leur imprimer l'action du vent ou celle des charges mobiles, peuvent être considérablement atténuées, et ramenées en définitive à l'ordre de grandeur des déformations subies par les poutres droites et les arcs, au moyen de l'adjonction d'organes de rigidité, poutres auxiliaires et haubans. Les ingénieurs américains, qui ont imaginé et appliqué cette amélioration, s'en sont bien trouvés ; ils ont eu la hardiesse de construire des ponts suspendus portant des voies ferrées, et jusqu'à présent l'expérience leur a donné raison. On a pu leur reprocher d'arrêter arbitrairement, en s'appuyant sur des méthodes empiriques, ou se basant sur l'exemple d'ouvrages existants, les dispositions et les dimensions des organes de rigidité, sans se rendre bien compte du rôle qu'ils auraient à jouer. Mais la méthode que nous venons d'exposer permet, à ce qu'il nous semble, de calculer les ponts suspendus à poutres auxiliaires et haubans avec autant d'exactitude et de précision que les ponts rigides en poutre ou en arc, au triple point de vue des dimensions des éléments, du travail du métal et des déformations. Il nous paraît que, pour un ouvrage ainsi étudié, le reproche d'instabilité adressé aux ponts suspendus n'est pas fondé, du moment que l'on a la certitude que le travail du métal ne pourra jamais dépasser en aucun cas la limite de sécurité convenable, les déformations étant assez faibles pour que les effets dynamiques, dus aux vents ou aux charges mobiles, soient nécessairement insignifiants. Une construction de ce genre, judicieusement disposée et convenablement calculée, offrira autant de sécurité et méritera autant de confiance que tout autre ouvrage métallique, poutre, pont-grue ou arc, qui pourrait lui être substitué. Elle présentera d'ailleurs l'avantage d'être beaucoup plus économique, au moins pour les grandes ouvertures.

On s'est plaint, d'autre part, du peu de durée qu'ont les ponts suspendus, en raison de la rapidité avec laquelle les câbles sont détruits par la rouille. Ces câbles sont, en effet, constitués par la réunion de fils de fer ou d'acier, de diamètre compris entre deux et cinq millimètres, qui sont en peu de temps corrodés et détruits par l'air humide ou l'eau aérée, lorsqu'on ne les protège par un enduit absolument imperméable. Or l'emploi de ces fils, qui offrent une résistance par millimètre carré de section très supérieure à celle des tôles et des barres laminées fabriquées avec le même métal, est imposé, du moins pour les grandes ouvertures, par la question de dépense. C'est toujours, en effet, par un motif d'économie que l'on préfère le type de pont suspendu aux systèmes rigides, avec charpente métallique rivée.

Soient π le poids par mètre courant d'un câble métallique et F l'effort limite de traction qu'on peut lui faire supporter sans dépasser la limite de sécurité admissible pour le métal. Si ce câble est constitué par une chaîne à maillons, le rapport $\frac{F}{\pi}$ peut varier de **300** à **600**, suivant la qualité du métal. Si les maillons sont consolidés par des étançons en fonte, le rapport peut s'élever à **800**.

On a également formé les câbles de barres articulées bout à bout (pont de Mannheim, fig. 163), ou de tôles superposées à plat (pont de Langeais sur la Loire). Mais un câble de ce genre est presqu'aussi lourd qu'un chaîne. Il n'est pas possible, avec les dispositions les mieux combinées, de dépasser pour $\frac{F}{\pi}$ la valeur **1200**, si l'on fait usage des aciers doux employés pour la construction des ponts et des charpentes rivées.

Or, avec des fils de fer ou d'acier, le rapport $\frac{F}{\pi}$ est toujours supérieur à **1.200**, et peut s'élever jusqu'à près de **5.000**. Pour le pont de New York sur l'East-River, on a été jusqu'à **4.600**, avec des fils de qualité supérieure extrêmement résistants.

Nous allons évaluer l'augmentation de poids des câbles qui eût résulté pour ce pont de la substitution, aux fils d'aciers, de tôles rivées obligeant à limiter à **1.200** la valeur du rapport $\frac{F}{\pi}$.

Le poids par mètre courant des câbles en fils d'acier est de **2.826** k.; celui du tablier et de la surcharge d'épreuve est de **13.300** (page 199). La valeur du poids par mètre courant π' du câble en tôles rivées nous sera fournie par la relation suivante :

$$\frac{1200\,\pi'}{4600 \times 2826} = \frac{13300 + \pi'}{13300 + 2826}.$$

D'où : $\pi' = $ **27.000** k. $= $ **9,63** $\times$ **2.826** k.

Le poids des câbles eût été décuplé, et celui du pont porté de **12.826** k par mètre courant à **37.000** k. Il eût donc fallu augmenter énormément les empattements des piles et des culées d'ancrage. La dépense d'exécution, tant pour les parties métalliques que pour les maçonneries, eût été accrue dans une proportion considérable.

Nous corroborerons cette conclusion en comparant le pont de New York au pont-grue du Forth, qui a sensiblement la même ouverture de grande travée, mais est constitué par une charpente rivée. Les poutres principales de ce dernier ouvrage pèsent **30.000** k. par mètre courant. Or son tablier n'a que la largeur nécessaire pour le passage de deux voies ferrées, soit **8** ou **9** mètres, tandis que, pour le pont de New York, cette dimension est de **24** mètres (fig. 294). D'autre part, la hauteur libre pour livrer passage aux grands navires n'est obtenue, au Forth, que dans la portion centrale de la grande travée, alors qu'à New York elle persiste sans réduction sensible d'une pile à l'autre. Dans les conditions imposées pour l'établissement de ce dernier ouvrage, et étant donné les difficultés de fondation des piles, il est permis de supposer que l'adoption du type du Forth, approprié aux circonstances spéciales où l'on se trouvait, eût décuplé la dépense.

L'emploi des fils d'acier dans les câbles des ponts suspendus étant ainsi commandé par la question d'économie, il convient de se préoccuper tout particulièrement des moyens à employer pour défendre ces fils contre les atteintes de la rouille. Or on a à ce point vue imaginé différentes améliorations qui semblent conduire à un résultat pleinement satisfaisant. Nous n'avons pas ici à les exposer en détail, et nous nous bornerons à renvoyer le lecteur au traité de M. *Morandière* sur la construction des ponts, à un article de M. de *Boulongne* sur les ponts suspendus modernes inséré dans les

Annales des Ponts et Chaussées (1ᵉʳ semestre 1886), et tout particulièrement à un article de M. *Arnodin*, constructeur de ponts suspendus, inséré dans la *Grande Encyclopédie* (câbles des ponts suspendus).

Nous noterons simplement les points suivants :

En fixant sur la paroi verticale d'une galerie pratiquée dans la culée la portion du câble qui transmet à la maçonnerie d'ancrage la traction horizontale du pont, on l'a soustraite à l'action directe de l'humidité du sol, et on a rendu sa visite possible en tout temps. On n'a donc plus à craindre le dépérissement rapide de cette partie du pont.

Les câbles à fils parallèles, dont on faisait autrefois un usage exclusif, et qui ont été employés dans le pont de New-York, ont été depuis remplacés en Amérique par des câbles tressés, analogues à ceux en usage dans les puits de mines. M. Arnodin, qui s'est fait une spécialité de la construction des ponts suspendus, a considérablement perfectionné cette innovation en imaginant ses câbles tordus alternatifs qui, au double point de vue de la résistance à la traction et de la défense contre la rouille, semblent présenter de grands avantages.

Comme enduit préservateur des câbles, on s'est toujours servi du goudron de houille, qui se maintient mieux que la peinture au minium ou à la céruse, rapidement désagrégée et détruite par le frottement mutuel des fils contigus. M. Arnodin estime que le goudron, convenablement employé et entretenu avec soin, offre toute garantie de durée.

Enfin, dans les derniers ponts construits par cet ingénieur, les câbles sont *amovibles* : on peut à volonté enlever l'un d'eux et le remplacer par un neuf sans démonter le tablier ni même interrompre la circulation sur l'ouvrage pendant plus de quelques heures.

Dans ces conditions, rien n'empêche d'effectuer la visite complète et la réparation de tous les câbles d'un pont, au prix d'une faible dépense ; il suffit d'avoir en réserve un câble de rechange. Si le câble retiré est en bon état de conservation, on le garde en réserve pour être utilisé à une visite ultérieure ; s'il est détérioré, on le répare ou on le met au rebut.

Il est permis de penser qu'un pont suspendu à câbles amovibles est assuré d'une durée égale, sinon supérieure, à celle d'une poutre à treillis, puisqu'on peut en tout temps vérifier et remplacer ses éléments essentiels, opération généralement malaisée à faire sur une charpente rivée.

En définitive, nous croyons qu'un pont suspendu à haubans et poutre de rigidité peut offrir, s'il a été convenablement calculé et judicieusement disposé, autant de garanties de stabilité et de durée que tout autre ouvrage métallique. D'autre part, il a l'avantage d'être extrêmement économique, du moins pour les grandes ouvertures. Ce type de construction semble donc à recommander pour la traversée des vallées profondes, des grands fleuves et des bras de mer, lorsqu'il s'agit de livrer passage à une route ou à un chemin de fer à voie étroite (et à la rigueur, à un chemin de fer secondaire à voie large, suivant l'exemple des Américains). Pour prendre un exemple, il semble que le viaduc de Garabit, construit par MM. Boyer et Eiffel pour un chemin de fer d'intérêt général, aurait pu être remplacé par un pont suspendu, s'il se fût agi d'établir un chemin de fer à voie étroite, la question d'économie primant alors tout autre considération.

Comme le réseau des chemins de fer d'intérêt local est quant à présent peu avancé en France, il est probable qu'on aura occasion dans l'avenir de recourir à l'emploi des ponts suspendus dans les contrées montagneuses. C'est par ce motif que nous avons cru devoir nous étendre un peu longuement sur le calcul de ce genre d'ouvrage.

TABLES NUMÉRIQUES

POUR LE CALCUL DE LA POUTRE DE RIGIDITÉ D'UN PONT SUSPENDU.

A. — *Effet produit par un poids unique P, appliqué à la distance horizontale v de l'appui de gauche.*

TABLE I. — Valeurs numériques du coefficient

$$-\frac{pl}{2P}+\sqrt{\frac{p^2l^3}{4P^2}+3\left(1+\frac{pl}{P}\right)\frac{v}{l}\left(1-\frac{v}{l}\right)}$$

pour différentes valeurs de $\dfrac{P}{pl}$ et de $\dfrac{v}{l}$.

TABLE II. — Maxima positifs X′ et négatifs X″ des moments fléchissants déterminés dans les différents points de la poutre par un poids mobile P parcourant la travée. On a pris pour unité la quantité $\dfrac{Pl}{4}$, qui représente le moment développé dans la section centrale d'une poutre droite d'ouverture l simplement appuyée à ses deux extrémités, par le poids P appliqué au milieu de la portée.

B. — *Effet produit par une surcharge uniformément répartie π, couvrant le tablier du pont sur une longueur horizontale v à partir de l'appui de gauche.*

TABLE III. — Valeurs numériques du coefficient

$$-\frac{p}{\pi}+\frac{1}{l^3}\sqrt{\frac{p^2l^6}{\pi^2}+(6lv^2-4v^3)\frac{pl}{\pi}+4lv^3-3v^4}$$

pour différentes valeurs de $\dfrac{\pi}{p}$ et de $\dfrac{v}{l}$.

TABLE IV — Maxima positifs X′ et négatifs X″ des moments fléchissants déterminés dans les différents points de la poutre par une surcharge mobile couvrant graduellement le tablier à partir de l'appui de gauche ($v′$ et X′), ou à partir de l'appui de droite ($v″$ et X‴), dans les deux hypothèses $\dfrac{\pi}{p}=\infty$ et $\dfrac{\pi}{p}=o$. On a pris pour unité la quantité $\dfrac{\pi l^2}{8}$, qui représente le moment développé dans la section centrale d'une poutre droite d'ouverture l, simplement appuyée à ses deux extrémités, par la surcharge uniforme complète πl.

TABLE NUMÉRIQUE I

$$\text{Valeurs du coefficient} - \frac{pl}{2P} + \sqrt{\frac{p^2l^2}{4P^2} + 3\left(1 + \frac{pl}{P}\right)\frac{v}{l}\left(1 - \frac{v}{l}\right)}.$$

$\dfrac{v}{l} =$		$\dfrac{P}{pl} =$							
		∞	2	4	0,50	0,25	0,10	0,05	0,00
0,00	1,00	0,000000	0,000000	0,000000	0,000000	0,000000	0,000000	0,000000	0,000000
0,05	0,95	0,377492	0,275595	0,231437	0,194780	0,170829	0,154367	0,148532	0,142500
0,10	0,90	0,519615	0,433739	0,388825	0,345366	0,313007	0,288667	0,279591	0,270000
0,15	0,85	0,618467	0,547653	0,507472	0,465435	0,431563	0,404396	0,393334	0,382500
0,20	0,80	0,692820	0,634590	0,600000	0,562050	0,529815	0,502726	0,491901	0,480000
0,25	0,75	0,750000	0,701972	0,672604	0,639360	0,610076	0,584577	0,574143	0,562500
0,30	0,70	0,793725	0,753745	0,728821	0,700000	0,673948	0,650663	0,640958	0,630000
0,35	0,65	0,826136	0,792233	0,770822	0,745709	0,722591	0,701535	0,692632	0,682500
0,40	0,60	0,848528	0,818878	0,800000	0,777639	0,756809	0,737593	0,729399	0,720000
0,45	0,55	0,861684	0,834551	0,817194	0,796524	0,777390	0,759123	0,751395	0,742500
0,50		0,866025	0,839725	0,822876	0,802775	0,783882	0,766281	0,758747	0,750000

TABLE NUMÉRIQUE II

Maxima positifs $\frac{4X'}{Pl}$ et négatifs $\frac{4X''}{Pl}$ des moments fléchissants produits par un poids mobile P.

$\frac{x}{l} =$		$\frac{P}{pl} =$							
		x		0,25		0,10		0,00	
		$\frac{4X'}{Pl}$	$\frac{4X''}{Pl}$	$\frac{4X'}{Pl}$	$\frac{4X''}{Pl}$	$\frac{4X'}{Pl}$	$\frac{4X''}{Pl}$	$\frac{4X'}{Pl}$	$\frac{4X''}{Pl}$
0,00	1,00	+ 0,00000	— 0,00000	+ 0,00000	— 0,00000	+ 0,00000	— 0,00000	+ 0,00000	— 0,00000
0,05	0,95	+ 0,11828	— 0,09250	+ 0,15755	— 0,06805	+ 0,16068	— 0,06363	+ 0,16293	— 0,05970
0,10	0,90	+ 0,17294	— 0,17000	+ 0,24732	— 0,12262	+ 0,25510	— 0,11425	+ 0,26280	— 0,10680
0,15	0,85	+ 0,19458	— 0,23334	+ 0,28990	— 0,16371	+ 0,30376	— 0,15186	+ 0,31493	— 0,14130
0,20	0,80	+ 0,19659	— 0,28341	+ 0,30092	— 0,19133	+ 0,31827	— 0,17645	+ 0,33280	— 0,16320
0,25	0,75	+ 0,18750	— 0,31962	+ 0,29245	— 0,20755	+ 0,31455	— 0,18845	+ 0,32813	— 0,17250
0,30	0,70	+ 0,17327	— 0,34197	+ 0,27388	— 0,21246	+ 0,29341	— 0,19106	+ 0,31080	— 0,17250
0,35	0,65	+ 0,15821	— 0,35281	+ 0,25243	— 0,20213	+ 0,27154	— 0,18199	+ 0,28893	— 0,16188
0,40	0,60	+ 0,14541	— 0,35373	+ 0,23346	— 0,18863	+ 0,25190	— 0,16259	+ 0,26880	— 0,14080
0,45	0,55	+ 0,13693	— 0,34229	+ 0,22057	— 0,16452	+ 0,23849	— 0,13767	+ 0,25493	— 0,11520
0,50		+ 0,13397	— 0,31962	+ 0,24612	— 0,13150	+ 0,23370	— 0,10440	+ 0,25000	— 0,08250

TABLE NUMÉRIQUE III

Valeurs du coefficient $-\dfrac{p}{\pi} + \dfrac{1}{l^2}\sqrt{\dfrac{p^2 l^4}{\pi^2} - (6lv^2 - 4v^3)\dfrac{pl}{\pi} + 4lv^3 - 3v^4}.$

$\dfrac{v}{l}$	$\dfrac{2v}{l} - \dfrac{v^2}{l^2} =$	$\dfrac{v^2}{l^2} =$	$\dfrac{p}{\pi} = \infty$	10	5	2	1	0,50	0,25	0,00
0,00	0,0000	0,0000	0,000000	0,000000	0,000000	0,000000	0,000000	0,000000	0,000000	0,000000
0,05	0,0975	0,0025	0,021937	0,009230	0,008282	0,007672	0,007463	0,007331	0,007303	0,007250
0,10	0,1900	0,0100	0,060829	0,038924	0,034308	0,030754	0,029417	0,028719	0,028362	0,028000
0,15	0,2775	0,0225	0,109458	0,084745	0,076191	0,068094	0,064651	0,062760	0,061771	0,060750
0,20	0,3600	0,0400	0,164924	0,140832	0,129848	0,117414	0,111395	0,107890	0,105995	0,104000
0,25	0,4375	0,0625	0,225348	0,203366	0,191505	0,176041	0,167627	0,162355	0,159421	0,156250
0,30	0,5100	0,0900	0,289308	0,270000	0,257245	0,239392	0,231138	0,224342	0,220391	0,216000
0,35	0,5775	0,1225	0,355642	0,339125	0,328376	0,311315	0,299965	0,292045	0,288124	0,281750
0,40	0,6400	0,1600	0,423320	0,409509	0,400000	0,383835	0,372297	0,363726	0,358348	0,352000
0,45	0,6975	0,2025	0,491404	0,480113	0,471997	0,457461	0,446368	0,437720	0,432078	0,425250
0,50	0,7500	0,2500	0,559034	0,550000	0,543303	0,530776	0,520691	0,512468	0,506939	0,500000
0,55	0,7975	0,3025	0,625440	0,618283	0,612946	0,602602	0,593888	0,586498	0,581373	0,574750
0,60	0,8400	0,3600	0,689346	0,684091	0,680000	0,671836	0,664692	0,658421	0,652870	0,648000
0,65	0,8775	0,4225	0,750321	0,747131	0,744069	0,737833	0,732190	0,727083	0,723344	0,718250
0,70	0,9100	0,4900	0,807310	0,804710	0,802646	0,798345	0,794352	0,790645	0,787870	0,784000
0,75	0,9375	0,5625	0,859230	0,857669	0,856305	0,853673	0,850778	0,848382	0,846461	0,843750
0,80	0,9600	0,6400	0,905096	0,904191	0,903449	0,901856	0,900305	0,898844	0,897673	0,896000
0,85	0,9775	0,7225	0,943653	0,943234	0,942883	0,942127	0,941386	0,940660	0,940089	0,938250
0,90	0,9900	0,8100	0,973499	0,973359	0,973170	0,972990	0,972742	0,972507	0,972293	0,972000
0,95	0,9975	0,9025	0,992959	0,992946	0,992929	0,992893	0,992865	0,992822	0,992791	0,992750
1,00	1,0000	1,0000	1,000000	1,000000	1,000000	1,000000	1,000000	1,000000	1,000000	1,000000

TABLE NUMÉRIQUE IV

Maxima positifs $\frac{8X'}{\pi l^2}$ et négatifs $\frac{8X''}{\pi l^2}$ des moments fléchissants déterminés pour surcharge uniforme couvrant le tablier sur la région o à v',

ou la région v'' à l.

$\frac{x}{l} =$	$\frac{\pi}{p} = \infty$				$\frac{\pi}{p} = 0$			
	$\frac{v'}{l}$	$\frac{8X'}{\pi l^2}$	$\frac{v''}{l}$	$\frac{8X''}{\pi l^2}$	$\frac{v'}{l}$	$\frac{8X'}{\pi l^2}$	$\frac{v''}{l}$	$\frac{8X''}{\pi l^2}$
0,00	0,000	+ 0,00000	0,000	— 0,00000	0,000	+ 0,00000	0,000	— 0,00000
0,10	0,388	+ 0,06366	0,424	— 0,10451	0,370	+ 0,08986	0,370	— 0,08986
0,20	0,457	+ 0,08357	0,471	— 0,15870	0,417	+ 0,12704	0,417	— 0,12704
0,30	0,539	+ 0,07200	0,526	— 0,17036	0,476	+ 0,12072	0,476	— 0,12072
0,40	0,641	+ 0,04367	0,591	— 0,15051	0,555	+ 0,08428	0,555	— 0,08428
0,50	0,762	+ 0,01575	0,666	— 0,11146	0,666	+ 0,03704	0,666	— 0,03704

C. PONTS EN ARC.

200. Détermination directe des surcharges partielles les plus défavorables pour un pont en arc. — Nous avons vu précédemment (**138**) qu'à une section transversale déterminée d'un arc quelconque correspond, pour chacune des deux semelles, une surcharge partielle particulière qui est la plus défavorable, c'est-à-dire qui produit au point considéré l'effort maximum de compression. Nous avons montré comment la méthode de calcul applicable à tous les ponts en arc, que nous avons développée au n° **138**, faisait connaître, pour chacune des sections transversales et chacune des semelles de l'arc, la surcharge défavorable correspondante. Mais, pour en arriver là, il faut appliquer complètement la méthode, ce qui est très long et exige beaucoup de travail, soit que l'on se serve uniquement des formules algébriques, soit qu'on ait recours pour abréger à des constructions géométriques. Dans ce dernier cas cependant (**139**), il est facile de reconnaître immédiatement les limites des zones correspondant aux surcharges défavorables au début même de l'application de la méthode géométrique, lorsque l'on a tracé (*fig.* **220**) la courbe enveloppe des courbes des pressions ou courbes funiculaires relatives à tous les poids isolés appliqués à l'arc.

Si l'on se propose uniquement d'étudier la répartition des surcharges défavorables, une méthode, *due à M. Winkler*, dispense d'effectuer tous les calculs de stabilité de l'arc, et fournit immédiatement le résultat cherché. Ce qui suit est

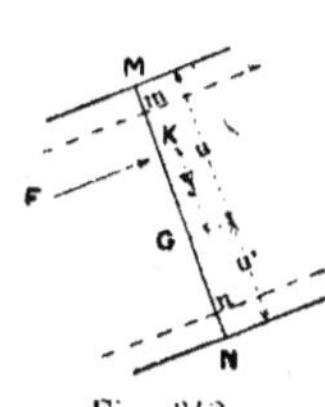

Fig. 312.

extrait textuellement de la *Théorie des arcs à rotation libre sur les appuis* de *M. Maurice Koechlin*, ingénieur des arts et manufactures : c'est de ce travail, inséré en **1882** dans les *Annales des travaux publics*, que nous avons tiré la présente note. Soient MN la section transversale quelconque d'un arc, G son centre de gravité et K le point où la section est rencontrée par la courbe des pressions correspondant à un poids isolé appliqué à l'arc : appelons F l'effort normal développé par ce poids isolé dans la section MN, et y la distance du point K au point G. Le moment fléchissant relatif à la section est égal à Fy. Le travail développé dans la fibre extrême N de la section est, dans le cas représenté par la figure, égal à

$$-\frac{F}{\Omega} + \frac{Fyu'}{I},$$ en appelant Ω et I l'aire et le moment d'inertie de la section transversale, et u la distance NG.

Si cette expression représente un effort de compression, elle doit avoir une valeur négative :

$$-\frac{F}{\Omega} + \frac{Fyu'}{I} < 0,$$

ou :

$$y < \frac{I}{\Omega u'}.$$

Par conséquent, pour que le travail développé en N soit une compression et non une tension, il faut et il suffit que la courbe des pressions rencontre la section transversale MN en un point situé en deçà du point m dont la distance à G est égale à $\frac{I}{\Omega u'}$. De même, pour que l'effort développé en M soit une compression, il faut et il suffit que le point K ne soit pas situé au delà du point n, dont la distance au centre de gravité est égale à $\frac{I}{\Omega u}$.

Ces deux points m et n sont, on le voit, très faciles à trouver. Supposons la section symétrique ; alors u et $u' = \frac{h}{2}$, et l'on a :

$$mG = nG \frac{2I}{\Omega h}.$$

On sait que $I = \Omega r^2$. Le rayon de gyration r est toujours plus petit que la demi-hauteur $\frac{h}{2}$ de l'arc, dont il diffère toutefois très peu lorsqu'il s'agit d'une section à double té.

$$I < \frac{\Omega h^2}{4}, \text{ et } \frac{2I}{\Omega h} = \frac{2r^2}{h} < \frac{h}{2}.$$

Donc les points m et n sont toujours compris entre G et les

fibres extrêmes M et N : par conséquent, lorsque la courbe des
pressions sort de la section transversale, c'est-à-dire lorsque
l'on a $y > \dfrac{h}{2}$, on est toujours absolument certain que la fibre
extrême la plus éloignée du point K travaille à l'extension.

Supposons maintenant que l'on ait déterminé, pour toutes
les sections transversales d'un arc quelconque articulé à ses

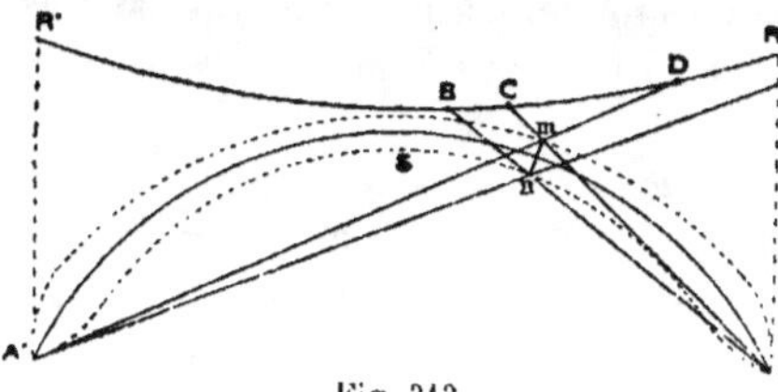

deux extrémités A et
A′, les points m et n
précédemment défi-
nis (*fig.* **313**); les deux
lignes pointillées de
la figure représentent
les lieux géométri-
ques de m et de n.

Fig. 313.

Soit M N une section transversale quelconque : d'après ce que
nous avons dit plus haut, toute surcharge, dont la courbe des
pressions rencontre la section transversale M N en un point
situé entre les deux courbes pointillées, développe un travail de compression dans toutes les fibres de la section :
toutes les fois au contraire que le point de rencontre est en
dehors de la zone $m\,n$ limitée par ces courbes, il y a compression dans la fibre extrême la plus voisine et tension dans
la fibre extrême la plus éloignée.

Supposons que nous ayions tracé (*fig.* **220**) la courbe enveloppe R R′ des courbes de pression correspondant à tous les
poids isolés appliqués sur l'arc. Menons les droites A m, A n,
A′m et A′n, et prolongeons-les jusqu'à leur rencontre avec la
courbe R R′. D'après ce que nous venons de dire, tout poids
appliqué en un point situé entre C et D produira en N un
effort d'extension, car la courbe des pressions correspondant
à un pareil poids coupera la section M N en un point situé
au-dessus de m : donc la surcharge la plus défavorable pour
la semelle inférieure N de la section transversale M N s'é-
tendrait de R′ en C et de D en R ; au contraire la surcharge
couvrant la partie du tablier comprise entre C et D produirait en N le travail maximum à l'extension.

De même la surcharge la plus défavorable pour la fibre M
s'étendrait de B en R, et l'on obtiendrait le travail

maximum à l'extension en surchargeant le tablier de R'
en B.

En résumé, après avoir tracé les deux courbes A'mA et
A'nA, il suffit, pour connaître la surchage la plus défavorable pour la fibre extrême N d'une section transversale quelconque, de joindre le point m aux articulations A et A'. Les
points où ces droites rencontrent la courbe R R' limitent précisément des zones qui correspondent à la surcharge la plus
défavorable au point de vue du travail à la compression et
du travail à l'extension.

Il convient donc, pour obtenir le renseignement que l'on
cherche, de compléter la figure 220 du n° 139 en traçant les
deux courbes AmA' et AnA', que pour plus de simplicité
on peut, en général sans erreur sensible, remplacer par le
contour apparent de l'arc, si la section transversale de cet
ouvrage est un double té *symétrique*.

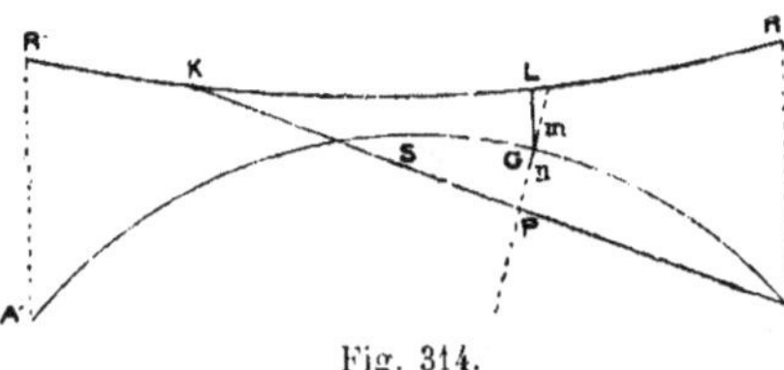

Fig. 314.

La recherche de la
surcharge la plus dé-
favorable au point
de vue de l'effort
tranchant est encore
plus facile à faire
(*fig.* 314), et n'exige
le tracé d'aucune courbe nouvelle.

Soient mn une section transversale de l'arc et GL la verticale
qui passe en son centre de gravité G ; abaissons sur cette
section une perpendiculaire AP du point d'*articulation* le
plus voisin A ; cette perpendiculaire coupe la courbe RR'
en K. Il est facile de reconnaître immédiatement que tous
les poids appliqués entre R' et K et entre L et R développent
dans la section mn des efforts tranchants de même signe, et
de signe opposé à l'effort dû à un poids quelconque appliqué
entre K et L. Les deux cas de surcharge les plus défavorables, à considérer, sont donc : 1° la surcharge couvrant la
zone KL ; 2° la surcharge couvrant simultanément les zones
R'K et LR.

Ces constructions sont très simples : elles peuvent s'effectuer immédiatement sans épure ni tracés nouveaux, lorsqu'on calcule un arc par la méthode géométrique. Dans le cas

où l'on a recours à la méthode algébrique, elles fournissent un moyen rapide et commode de vérifier les résultats des calculs, en constatant la concordance entre les surcharges défavorables auxquelles a conduit l'emploi des formules algébriques, et celles que fournissent les constructions géométriques qui précèdent.

Ce que nous avons dit s'appliquerait tout aussi bien à un arc encastré ou demi-encastré qu'à un arc articulé : on sait que dans ce cas les courbes des pressions ne passent pas aux centres de gravité A et A′ des sections extrèmes de l'arc. Aussi est-il nécessaire de calculer non seulement la poussée due à chaque poids isolé, mais encore le moment fléchissant aux naissances, ce qui permet de déterminer le point de passage de la courbe des pressions au droit de l'extrémité de l'arc. Ce calcul effectué, rien n'empêche de tracer les deux droites qui constituent la courbe des pressions correspondant à chacun des poids isolés en lesquels on a divisé la surcharge ; le lieu de rencontre de ces points est encore la courbe enveloppe RR′, et l'on peut effectuer les mêmes constructions que dans le cas précédent, après avoir tracé les courbes limites AmA' et AnA', puisque l'on a tout d'abord tracé les faisceaux de droites non concourantes qui remplacent ici les droites issues des points A et A′ de la figure : il y a lieu de considérer dans chaque cas les quatre droites qui passent par les points m et n de la section transversale mn dont on s'occupe (*fig*. 313). Si parmi les droites déjà tracées sur la figure il n'en est aucune qui passe au point m, il sera facile d'intercaler sur l'épure avec une exactitude suffisante une droite remplissant la condition voulue et faisant partie du faisceau dont il s'agit.

Arcs encastrés avec culasses formant contre-poids.

201. Dispositions générales du pont Mirabeau. — Nous avons dans l'article 175 du chapitre V discuté le système d'arc imaginé par M. *Cadiat*, et critiqué en particulier l'application qu'on en a faite au pont d'Arcole, à Paris [1]. Nous avons émis à ce propos l'opinion que, si l'on veut encastrer un arc sur ses appuis en vue de réduire sa poussée, le seul moyen pratique et sûr à employer consiste à prolonger l'ossature métallique, au-delà de chaque appui, par une culasse en porte-à-faux formant contrepoids, et exerçant sur le longeron du tablier un effort de traction qui vient en déduction de la poussée primitive. Un ancrage de ce genre résulte de la combinaison, ou plutôt de la superposition, de l'arc ordinaire et du pont-grue ou *cantilever*, dont le pont de *Brest* a été, à notre connaissance, un des premiers spécimens, et dont le pont du *Forth* est, quant à présent, l'application la plus importante. L'arc encastré diffère du pont-grue en ce que la réaction exercée sur un support n'est pas verticale, mais inclinée, la composante horizontale étant la poussée de l'arc. On ne saurait d'ailleurs établir entre ces deux types une démarcation bien tranchée. La passerelle de *Passy*, que nous avons classée dans la catégorie des ponts-grues (page 471, et page 450 du tome II des *Ponts métalliques*), devrait en toute rigueur être qualifiée d'arc encastré, puisque les deux appuis sur pile sont censés fixes : pour annuler complètement la poussée, et obtenir un véritable pont-grue, il eût été né-

---

1. Depuis qu'a été publiée la première édition de cet ouvrage, le pont d'Arcole a éprouvé, dans l'hiver de 1888, un accident grave : par suite de la contraction subie par les longerons sous l'influence du froid, les barres d'ancrage dans les maçonnerie des culées ont été rompues ou arrachées. On a réparé l'ouvrage en supprimant les ancrages et renforçant les arcs. Ce n'est plus aujourd'hui qu'un pont en arc ordinaire, et les critiques formulées dans l'article 175 ne visent que l'ancien dispositif, établi d'après les idées de M. Cadiat, dont l'expérience a ainsi démontré l'instabilité.

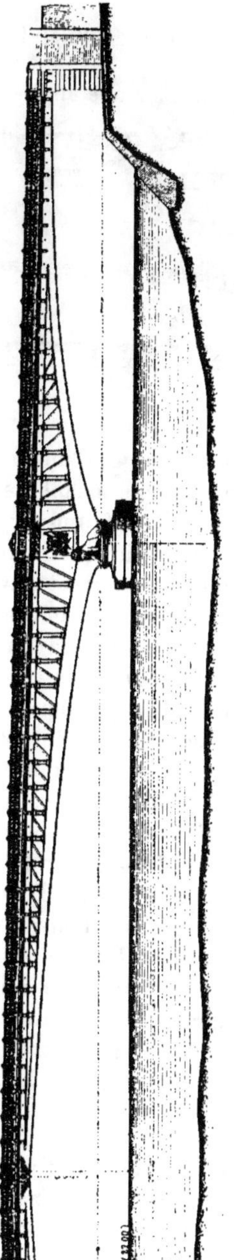

Fig. 315. — Pont Mirabeau, à Paris.

cessaire d'intercaler un chariot de dilatation entre l'une des piles et la ferme métallique. Mais, en raison de la flexibilité des piles elles-mêmes, constituées par des colonnes en fonte de grande hauteur comparativement à leur diamètre, et du dispositif, consistant dans l'emploi d'un fer à té transversal reposant sur une longrine en chêne, adopté pour établir leur liaison avec l'ossature métallique, il n'est pas permis de regarder comme absolument invariable l'écartement des naissances de l'arc central. La poussée due à une élévation de température, ou à une surcharge sur la travée centrale, ne saurait être calculée avec exactitude, et doit d'ailleurs être peu importante en raison du surécartement des appuis. Dans ces conditions, il était prudent de n'en pas tenir compte et de calculer l'ouvrage comme un pont-grue, ainsi qu'on l'a d'ailleurs fait.

Pour qu'un arc encastré avec culasses formant contre-poids réalise exactement les conditions de stabilité indiquées par le calcul, il faut de toute nécessité que, ses appuis étant absolument invariables, la distance mutuelles des naissances ne puisse en aucune circonstance subir de changement, sans quoi la sécurité serait compromise : or tel n'est pas le cas de la passerelle de Passy, construction d'un genre hybride, se rapprochant beaucoup plus en somme du pont-grue que de l'arc encastré.

Nous avons eu récemment l'occasion d'étudier une appli-

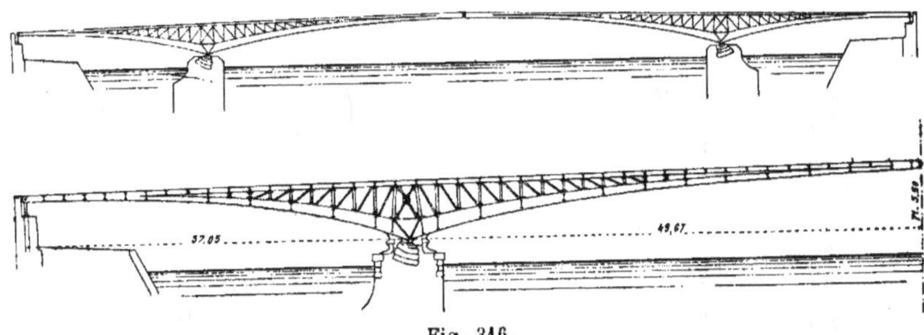

Fig. 316.

cation de ce système d'arc, en préparant le projet d'un ouvrage à construire à Paris. Il nous paraît intéressant de faire connaître les méthodes de calcul dont il a été fait usage.

La figure 316 indique le mode de construction du pont Mirabeau. La travée centrale est articulée à la clef et aux naissances ; chacune des deux fermes opposées dont elle se compose est prolongée au-delà de la pile par une culasse couvrant une des travées latérales. L'about de cette culasse est relié, par une barre verticale articulée à ses deux extrémités, avec un ancrage noyé dans la maçonnerie d'une culée : ce dispositif a pour effet de maintenir l'about à un niveau invariable, en lui laissant toute liberté de déplacement dans le sens horizontal. Comme cette barre ne doit être mise en place qu'après l'achèvement du pont, au moment de le livrer à la circulation, elle ne joue aucun rôle au point de vue de l'effet produit par la charge permanente, qui agit sur l'ouvrage comme si l'about de culasse était parfaitement libre et isolé de la culée. Mais il n'en est pas de même pour les effets dus à la surcharge d'épreuve ou aux changements de température : la barre d'ancrage transmet alors à la culasse une réaction verticale dirigée suivant les cas de bas en haut ou de haut en bas.

202. Calcul du travail. — L'ossature du pont est divisée en deux fermes symétriques arcboutées l'une contre l'autre par l'intermédiaire de l'articulation centrale. En raison de la forme triangulaire affectée par chacune de ces fermes, il y a lieu de recourir dans les calculs à la méthode applicable aux pièces fléchie de hauteur variable[1].

Modules de résistance. — Culasse. — Considérons une section verticale MM′ de la culasse. Soient ω l'aire de la section droite de la membrure supérieure, dont l'axe longitudinal est

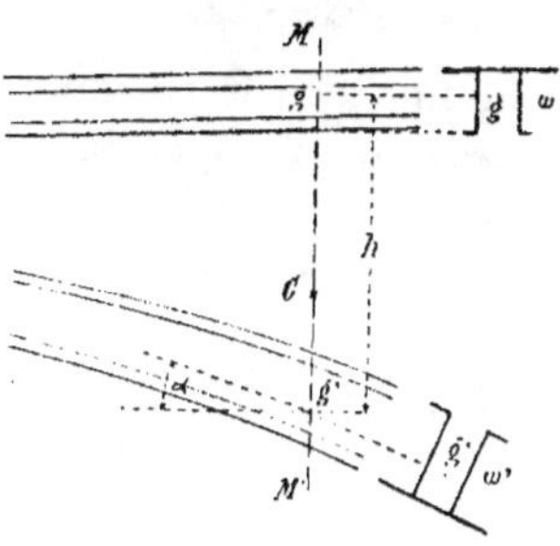

Fig. 317.

sensiblement horizontal ; g le centre de gravité de cette section droite, qu'il est facile de déterminer en même temps que ω ; ω' l'aire de la section droite de la membrure inférieure, et α l'angle, variable avec la position occupée par la section considérée, que fait son axe longitudinal avec l'horizontale ; g' le centre de gravité de cette section ; h la distance verticale gg' des deux centres de gravité.

Le module de résistance à la flexion est :

pour la membrure supérieure : $\dfrac{v}{I} = \dfrac{1}{\omega h}$;

pour la membrure inférieure : $\dfrac{v'}{I} = \dfrac{1}{\omega'\cos\alpha\, h}$.

Le moment d'inertie de la section transversale est :

$$I = \frac{\omega\omega'\cos\alpha\, h^2}{\omega + \omega'\cos\alpha}.$$

Volée[2]. — On calculera de la même façon que pour la culasse les modules de résistance à la flexion :

1. Voir le tome II des *Ponts métalliques* (art. 104, 105 et 106), ainsi que notre ouvrage sur les *Constructions métalliques* (art. 55).

2. Nous appellerons *volée* la portion de la ferme qui couvre la moitié de la travée centrale.

$$\frac{v}{I} = \frac{1}{\omega h}, \quad \frac{v'}{I} = \frac{1}{\omega' \cos \alpha \, h} \; ;$$

et le moment d'inertie : $I = \dfrac{\omega \omega' \cos \alpha \, h^2}{\omega + \omega' \cos \alpha}.$

Il faut de plus déterminer l'aire *utile* Ω de la section transversale MM' :

$$\Omega = \omega' + \omega \cos \alpha \; ;$$

et la position du centre de gravité commun G des deux surfaces partielles ω et $\omega' \cos \alpha$, au moyen de la formule :

$$Gg = h \, \frac{\omega' \cos \alpha}{\omega + \omega' \cos \alpha}.$$

Connaissant ainsi la position du point G, on peut déterminer immédiatement sa distance z à l'horizontale passant par le centre de l'articulation centrale du pont, dont on aura besoin pour le calcul du moment de flexion.

Dans les parties non triangulées de la ferme, on a fait usage, pour le calcul de $\dfrac{v}{I}$, $\dfrac{v'}{I}$, I et Ω, des formules ordinaires relatives aux poutres droites en caisson.

Travail des membrures. — *Culasse.* — Soit X' le moment fléchissant relatif à une section transversale déterminée. Le travail des membrures sera fourni par les relations suivantes :

Membrure supérieure : $R = - X' \dfrac{v}{I}$;

Membrure inférieure : $R = + X' \dfrac{v'}{I}.$

Volée. — Soient Q la poussée de l'arc, c'est-à-dire la composante horizontale de la réaction mutuelle des fermes opposées, que l'on suppose arcboutées l'une contre l'autre par l'intermédiaire de l'articulation centrale, et X le moment fléchissant relatif à une section transversale déterminée. On appliquera les formules suivantes :

Membrure supérieure : $R = - \dfrac{Xv}{I} - \dfrac{Q}{\Omega}$;

Membrure inférieure : $R = + \dfrac{Xv'}{I} - \dfrac{Q}{\Omega}.$

Travail de la triangulation. — Culasse et Volée. — Soit V l'effort tranchant $\left(V = \dfrac{dX}{dx}\right)$ relatif à une section transversale déterminée. L'effort tranchant *réduit* W, qui est transmis par les pièces de triangulation (montants verticaux et tirants obliques), sera fourni par la relation :

$$W = h\,\frac{d}{dx}\left(\frac{X}{h}\right) = V - \frac{X}{h}\,\frac{dh}{dx} = X - \frac{X}{h}\,\mathrm{tg}\,\alpha.$$

Il y a lieu de remarquer ici que W est toujours beaucoup plus petit que V ; en calculant les pièces de triangulation en vue de résister à l'effort tranchant *absolu* $\dfrac{dX}{dx}$, on serait conduit à exagérer leurs dimensions, et l'on ferait une dépense de métal inutile.

203. Effet de la charge permanente. — La charge permanente est distribuée sur le pont symétriquement par rapport à la verticale qui passe par l'articulation centrale.

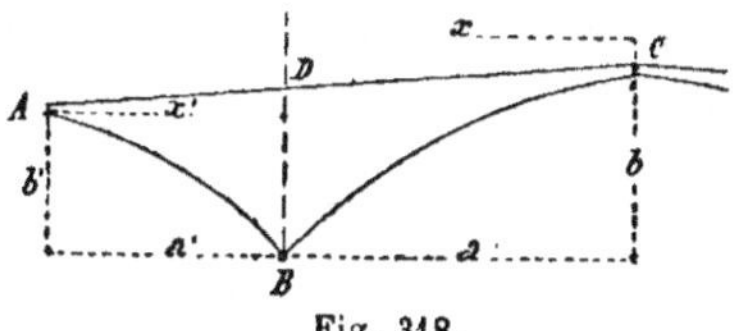

Fig. 318.

Elle agit sur l'ouvrage comme si la barre d'ancrage, reliant la culasse à la maçonnerie de la culée, n'existait pas, puisque cette barre ne doit être placée qu'après l'achèvement des travaux ; l'about de culasse doit donc être considéré comme libre dans le sens horizontal et dans le sens vertical.

Nous distinguerons dans les calculs les deux fractions de la ferme, *culasse* ADB et *volée* CDB.

En ce qui touche la culasse, nous prendrons pour origine des abscisses horizontales x' l'articulation de culée A ; pour la volée, l'origine des abscisses x sera placée à l'articulation centrale C.

Désignons par a' et b' les distances horizontale et verticale de l'articulation de pile B à l'articulation de culée A ; par a

R

et b les distances horizontale et verticale de l'articulation B à l'articulation centrale C.

Chaque section de la culasse sera définie par sa distance horizontale x' au point A ; et chaque section de la volée, par sa distance horizontale x au point C.

Calcul de la poussée et du moment fléchissant. — Traçons séparément pour chacune des deux fractions de la ferme, cu-

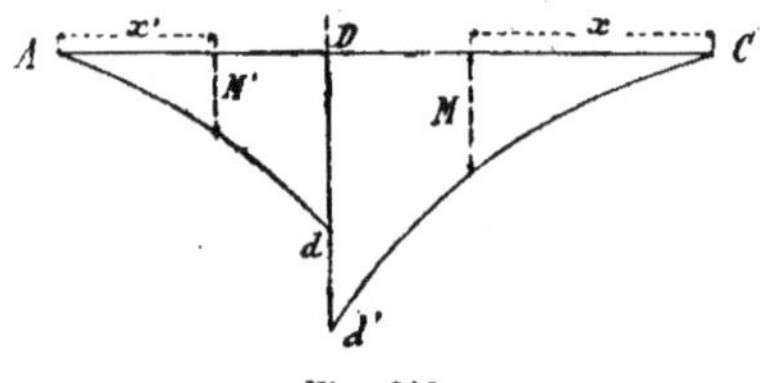

Fig. 319.

lasse et volée, considérée en son particulier comme une console encastrée dans le plan DB et libre à son extrémité A ou C, la courbe des moments fléchissants produits par la charge permanente qu'elle porte directement.

Désignons par M′ le moment fléchissant, nécessairement négatif, ainsi calculé pour la section de la culasse définie par l'abscisse x ; par M le moment fléchissant de même signe obtenu pour une section de la volée ; enfin par M′_D et M_D les maxima négatifs — Dd′ et — Dd relatifs à la section d'encastrement commune des deux consoles.

Les formules à employer pour le calcul de la poussée et du moment fléchissant sont les suivantes :

Poussée : $Q = -\dfrac{1}{b}(M_D - M'_D)$;

Culasse : $o \angle x' \angle a' : X' = M'$;

Volée : $o \angle x \angle a : X = M + \dfrac{z}{b}Q$.

Calcul de la déformation. — **Proposons-nous d'abord de** définir la déformation de la ferme par le déplacement horizontal, $\delta(a - x)$ ou $\delta(a' - x')$, et le déplacement vertical, δy ou $\delta y'$, subis par le centre de gravité M ou M′ d'une section transversale quelconque de la volée ou de la culasse, par rapport au plan de la section d'encastrement DB *considéré comme invariable dans l'espace.* **Les directions positives de**

ces déplacements sont indiquées par les flèches de la figure :
elles correspondent respectivement à des accroissements des

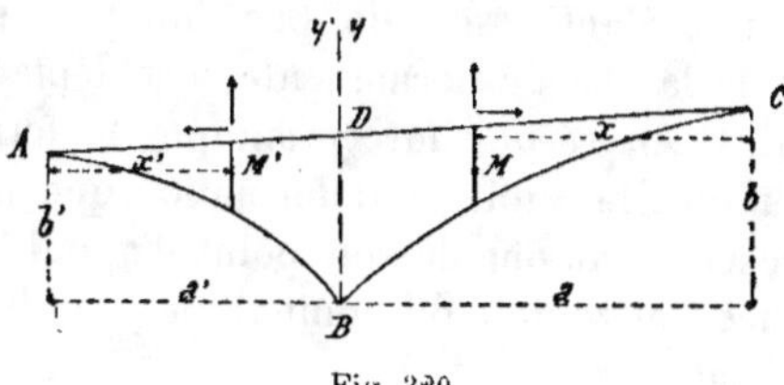

Fig. 320.

distances horizontale et verticale du point M ou M' à l'articulation de pile B.

On obtient sans difficulté les formules suivantes :

$$\text{Point M} \begin{cases} \delta\,(a-x)=-\displaystyle\int^{a}\frac{Q}{E\Omega}\,dx, \\[2mm] dy \;\;=\;\; \displaystyle\int_{x}^{a}\frac{X\,x\,dx}{EI}-x\int_{x}^{a}\frac{X\;dx}{EI}\,; \end{cases}$$

$$\text{Point M'} \begin{cases} \delta\,(a'-x')=o, \\[2mm] \delta y'=\displaystyle\int_{x'}^{a'}\frac{X'\,x'\,dx'}{EI}-x'\int_{x'}^{a'}\frac{X'dx'}{EI}\,. \end{cases}$$

Appliquées aux abouts C et A de la volée et de la culasse,
ces formules conduisent aux résultats suivants :

$$\text{Point C} \begin{cases} \delta a=-\displaystyle\int_{0}^{a}\frac{Q}{E\Omega}\,dx, \\[2mm] \delta b =\displaystyle\int_{0}^{a}\frac{X\,xdx}{EI}\,; \end{cases}$$

$$\text{Point A} \begin{cases} \delta\,a'=o\,, \\[2mm] \delta b'=\displaystyle\int_{0}^{a'}\frac{X'x'dx'}{EI}\,. \end{cases}$$

Connaissant les valeurs du moment d'inertie I pour un certain nombre de sections transversales de la ferme, il sera toujours aisé de calculer ces intégrales par quadrature.

Les formules précédentes supposent que le plan de la section d'encastrement est fixe, ce qui est inexact. En réalité le déplacement horizontal de l'articulation centrale C est nul, cette articulation étant assujettie, par suite de la symétrie de l'ouvrage et de la charge permanente, à se déplacer dans un plan vertical. Il en résulte forcément que la ferme doit, en même temps qu'elle subit la déformation que nous venons d'étudier, basculer autour de son point d'appui B, de façon que la distance horizontale du point C au point B reste invariablement égale à a.

Considérons le triangle ABC, dont les sommets sont aux centres des trois articulations de la ferme. Désignons par c, c' et d les longueurs des trois côtés CB, BA et AC ; les changements subis par ces trois longueurs, en raison de la déformation de la ferme, se déduisent sans difficulté des quantités δa, δb et δc précédemment calculées :

$$c'\delta c' = a'\delta a' + b'\delta b',$$
$$c\delta c = a\delta a + b\delta b,$$
$$d\delta d = (a+a')(\delta a+\delta a')+(b-b')(\delta b-\delta b').$$

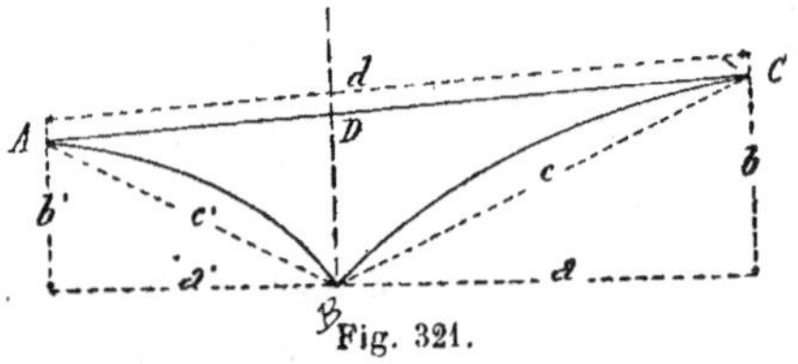

Fig. 321.

Désignons par v et v' les déplacements verticaux, par w et w' les déplacements horizontaux subis respectivement par les points C et A, tant en raison de la déformation propre de la ferme, que par suite du mouvement de bascule, qu'elle a dû opérer autour du point B pour que l'articulation C restât sur la verticale dont la distance à B est a : le déplacement w est nul par hypothèse, et l'on obtient sans difficulté les expressions suivantes de v, v' et w' :

$$\text{Déplacement du point C}\begin{cases} \text{horizontal}:\ w=0, \\[2mm] \text{vertical}:\quad v=\dfrac{c\,\delta c}{b}\,; \end{cases}$$

$$\text{Déplacement du point A}\begin{cases} \text{horizont.}:\ w=\dfrac{d\delta d.bb'-c\delta c.b'(b-b')+c'\delta c'.b(b-b')}{b(ab'+a'b)} \\[3mm] \text{vertical}:\ v'=\dfrac{d\delta d.a'b+c\delta c.a'(b-b')+c'\delta c'.b(a+a')}{b(ab'+a'b)}. \end{cases}$$

D'où en remplaçant $c\delta c$, $c'\delta c'$, $d\delta d$ par leurs valeurs en fonctions de $a\delta a$, $b\delta b$, $a'\delta a'$ et $b'\delta b'$:

$$w = 0,$$

$$v = \delta b + \frac{a}{b}\,\delta a,$$

$$w' = \delta a' + \frac{b'}{b}\,\delta a,$$

$$v' = \delta b' - \frac{a'}{b}\,\delta a :$$

Substituons enfin à δa, δb, $\delta a'$ et $\delta b'$ leurs expressions énoncées plus haut :

$$\text{Point C}\begin{cases} w = 0, \\[2ex] v = \displaystyle\int_0^a \frac{X}{EI}\,x\,dx - \frac{a}{b}\int_0^a \frac{Q}{E\Omega}\,dx; \end{cases}$$

$$\text{Point A}\begin{cases} w = \dfrac{b'}{b}\displaystyle\int_0^a \frac{Q}{E\Omega}\,dx, \\[2ex] v' = \displaystyle\int_0^{a} \frac{X'\,x'\,dx'}{EI} + \frac{a'}{b}\int_0^a \frac{Q}{E\Omega}\,dx. \end{cases}$$

Si, au lieu des points C et A, nous considérons les points M et M', nous obtiendrons sans difficulté les expressions de leurs déplacements verticaux dans l'espace (les déplacements horizontaux sont ici sans intérêt).

Volée. Point M : $v = \displaystyle\int_x^a \frac{X\,x\,dx}{EI} - x\int_x^a \frac{X\,dx}{EI} - \frac{(a-x)}{b}\int_0^a \frac{Q}{E\Omega}\,dx.$

Culasse. Point M': $v' = \displaystyle\int_{x'}^{a'} \frac{X\,x'\,dx'}{EI} - x'\int_{x'}^{a'} \frac{X'\,dx'}{EI} + \frac{(a'-x')}{b}\int_0^a \frac{Q}{E\Omega}\,dx.$

Ces formules permettent de déterminer la courbe des déformations subies, sous l'influence de la charge permanente, par le longeron de la ferme, supposé rectiligne pendant le montage de la partie métallique. Elles nous ont servi à régler la cambrure initiale du pont Mirabeau (art. 76, page 182), de façon à corriger cette déformation et à obtenir un longeron sensiblement droit après l'achèvement des travaux du

pont, et avant la mise en place de la barre verticale d'ancrage.
Dans la figure **322**, les distances verticales des courbes aD
et Dc à la droite AC représentent les déplacements verticaux
dus à la déformation propre de la ferme ; les distances verti-

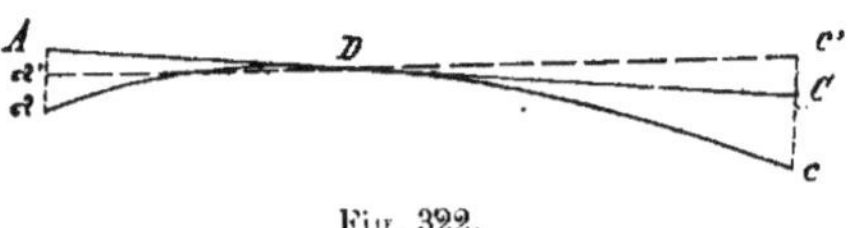

Fig. 322.

cales de la droite a'Dc' à la droite AC représentent l'effet du
mouvement de bascule subi par la ferme autour de son appui.

Les déplacements effectifs totaux sont représentés par les
distances de la droite $a'c'$ à la courbe ac.

204. Effet de la surcharge d'épreuve. — Les barres
d'ancrage dans les culées étant mises en place avant que le
pont ne soit livré à la circulation, il y a lieu de tenir compte,
dans la recherche des effets produit par la surcharge d'é-
preuve, de la réaction verticale exercée par la culée sur chaque about de culasse, assujetti à ne subir que des déplacements horizontaux.

Surcharge symétrique. — Nous supposerons premièrement
que la surcharge soit distribuée symétriquement par rapport
au plan vertical qui passe par l'articulation centrale.

Calcul préliminaire. — Calculons d'abord l'effet de la surcharge en supposant, comme dans le cas traité à l'article précédent, que les abouts de culasse soient libres, les barres
d'ancrage étant supprimées. Soit v' le déplacement vertical
que devrait subir dans ces conditions chacun de ces abouts.

Calcul auxiliaire. — Nous referons le calcul précédent en
supposant la surcharge réduite à deux poids P pris arbitrairement (admettons par exemple, pour fixer les idées, que P
soit égal à 10.000 k.) et appliqués chacun à l'un des abouts de
culasse. Soit u' le déplacement vertical que subirait dans ces
conditions cet about supposé libre.

La réaction verticale exercée par chaque culée aura pour
valeur $\dfrac{10000^{k}v'}{u'}$, puisque la force $-\dfrac{10000 \times v'}{u'}$ est précisément

celle qui, appliquée simultanément à l'une et à l'autre extrémité
du pont, donnerait lieu pour chacune à un déplacement égal et
de signe contraire au déplacement v' calculé plus haut, et ramè-
nerait par conséquent cette extrémité à son niveau primitif.

Il n'y a plus maintenant qu'à totaliser pour chaque section
le moment fléchissant obtenu dans le calcul préliminaire avec
le moment fléchissant fourni par le calcul auxiliaire et réduit
dans le rapport $-\dfrac{v'}{u'}$; puis à faire la même opération pour les
poussées et les déplacements verticaux.

Surcharge dissymétrique. — La marche à suivre est la même,
mais les calculs sont un peu plus compliqués. Soient $A_1B_1C_1$
la ferme de gauche et $A_2B_2C_2$ la ferme opposée, que nous de-
vons ici distinguer puisqu'elles sont inégalement surchargées. Leur réaction mutuelle n'est plus dirigée horizontalement : désignons par Q la composante horizontale, qui est la
poussée, et par π la composante verticale orientée (pour fixer
les idées) de haut en bas pour la ferme $A_1B_1C_1$ et de bas en
haut pour la ferme $A_2B_2C_2$.

Calcul préliminaire. — Nous supposerons d'abord que les
abouts de culasse soient libres, les barres d'ancrage étant supprimées. Calculons pour chaque ferme la somme des moments
par rapport à l'articulation de pile, B_1 ou B_2, des poids cons-

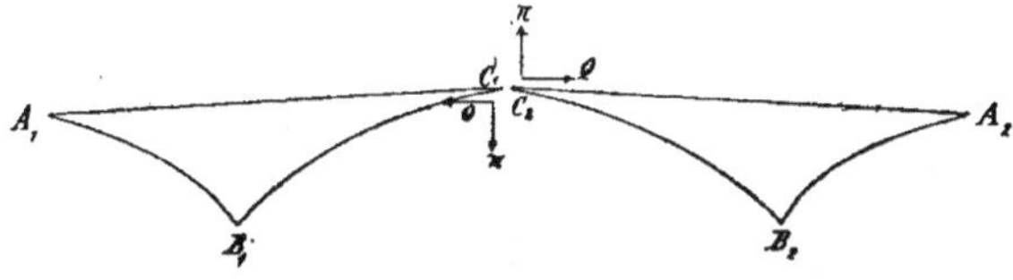

Fig. 323.

titutifs de la surcharge qui lui sont directement appliqués.
Nous aurons les deux équations d'équilibre suivantes :

Ferme $A_1B_1C_1$: $Qb - \pi a + \Sigma M_{B_1}P = o$;
Ferme $A_2B_2C_2$: $Qb + \pi a + \Sigma M_{B_2}P = o$.

Nous en tirerons sans difficulté Q et π : connaissant alors
toutes les forces qui sollicitent chaque ferme, il sera aisé de
calculer le moment fléchissant pour une section transversale
quelconque.

Nous déterminerons ensuite séparément la déformation de chacune des fermes, soumise à l'action de forces toutes connues, par la méthode de l'article précédent, *comme si elle était contrebuttée par une ferme surchargée symétriquement.* Soient α_1 le déplacement du point A_1, et γ_1 celui du point C_1, que nous aurons obtenus ainsi pour la ferme de gauche ; α_2 et

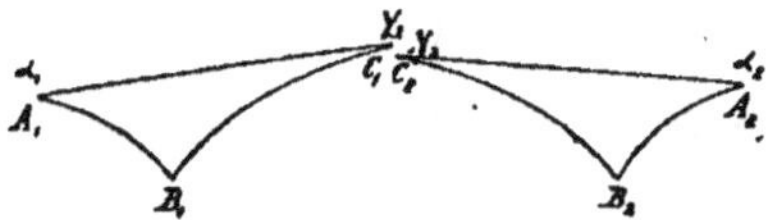

Fig. 324.

γ_2 les déplacements analogues des points A_2 et C_2, pour la ferme de droite : α_1 sera différent de α_2, et γ_1 de γ_2, puisque les deux fermes ne travaillent pas dans les mêmes conditions, et que par suite l'articulation centrale doit forcément éprouver un déplacement horizontal.

Pour ramener les points C_1 et C_2 à coïncider l'un avec l'autre, il faudra faire subir à chacune des deux fermes un mouvement de bascule, de façon à les ramener au contact.

Les déplacements verticaux de l'articulation centrale et des abouts de culasse, supposés libres, seront finalement fournis par les relations :

Articulation centrale C : $v = \dfrac{\gamma_1 + \gamma_2}{2}$;

About de culasse $A_1 : v'_1 = \alpha_1 - \dfrac{\gamma_1 - \gamma_2}{2} \dfrac{a'}{a}$;

About de culasse $A_2 : v'_2 = \alpha_2 + \dfrac{\gamma_1 - \gamma_2}{2} \dfrac{a'}{a}$.

Connaissant la déformation propre de chaque ferme et l'angle $\mp \dfrac{\gamma_1 - \gamma_2}{2a}$ dont elle a tourné dans son mouvement de bascule, il est aisé de déterminer le déplacement vertical subi par une section transversale quelconque.

Calcul auxiliaire. — Supposons que la surcharge dissymétrique se réduise à un poids unique P pris arbitrairement (prenons pour fixer les idées P = 10000 k.), et sollicitant l'un des abouts de culasse, le point A_1 par exemple. Appliquons à ce cas particulier la méthode de calcul que nous venons d'exposer. Soient u_1 le déplacement vertical du point A_1, et u_2 le déplacement vertical du point A_2.

Les réactions verticales F_1 et F_2 exercées sur les abouts de culasse par les barres d'ancrage, lorsque celles-ci fonctionnant le pont porte la surcharge d'épreuve dissymétrique précédemment considérée, s'obtiendront par la résolution des deux équations simultanées du premier degré :

$$v_1 + \frac{F_1}{10000} u_1 + \frac{F_2}{10000} u_2 = 0,$$

$$v_2 + \frac{F_2}{10000} u_1 + \frac{F_1}{10000} u_2 = 0.$$

Le problème est résolu, puisqu'on connaît toutes les forces (y compris les réactions des culées) qui agissent sur le pont. Il n'y a plus qu'à combiner les résultats fournis par le calcul préliminaire avec ceux du calcul auxiliaire (réduits respectivement dans les rapports $\frac{F_1}{10000}$ et $\frac{F_2}{10000}$), pour connaître la poussée, le moment fléchissant et le déplacement vertical relatifs à chaque ferme.

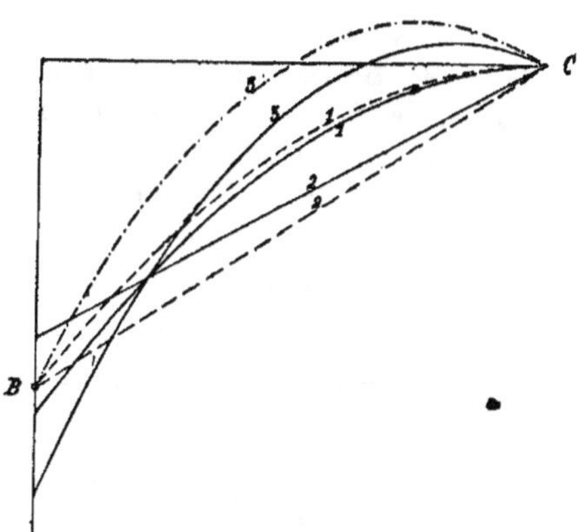

Fig. 325.

La figure 325 donne : 1° *lignes pointillées*, les courbes de pression relatives au pont Mirabeau, dans l'hypothèse où les ancrages dans les culées sont supprimés, pour la surcharge uniforme d'épreuve couvrant la totalité de la travée centrale (parabole 1), la demi-travée de gauche (parabole 3), et la demi-travée de droite (droite 2) ; ces trois lignes passent nécessairement par l'articulation de pile B.

2° *Lignes pleines*, les courbes de pression **1**, **2** et **3** correspondant aux mêmes conditions de surcharge, mais dans l'hypothèse où la barre d'ancrage fonctionne.

On voit que l'encastrement joue un rôle assez important, le point de rencontre de ces trois dernières lignes étant assez éloigné de l'articulation de pile. Tout se passe comme si, la culasse étant supprimée, la ferme centrale était encastrée sur ses appuis B_1 et B_2.

Il convient de remarquer que les surcharges dissymétriques, qui, pour les ponts en arc ordinaire, donnent des résultats beaucoup plus défavorables que la surcharge complète, ne conduisent pas ici à des valeurs de travail sensiblement supérieures : l'écart est à peine de **3** à **4** 0/0 pour le pont Mirabeau. Ce résultat est imputable d'une part à l'encastrement (art. 171) et d'autre part au profil de la ferme, dont l'axe longitudinal s'écarte de la parabole correspondant à la surcharge complète, tandis que dans les arcs ordinaires ces deux lignes sont très voisines.

205. Effets des changements de température. — Supposons que tous les éléments du pont éprouvent un changement de température représenté en grandeur et en signe par t ; soit α le coefficient de dilatation du métal.

Reportons-nous à l'étude générale de la déformation de la ferme sans ancrages, faite à la page **594**.

On a ici :

$$\delta a = a\alpha t, \ \delta b = b\alpha t, \ \delta a' = a'\alpha t, \text{ et } \delta b' = b'\alpha t.$$

D'où :

$$w = 0, \ v = \left(b + \frac{a^2}{b}\right)\alpha t, \ w' = \left(a' + \frac{ab'}{b}\right)\alpha t,$$

et

$$v' = \left(b' - \frac{aa'}{b}\right)\alpha t.$$

Or, le calcul auxiliaire fait à la page **598** nous a appris qu'une charge verticale de **10000** k., appliquée à l'about de chaque culasse, détermine un déplacement vertical de cet about égal à u'.

La réaction nécessaire pour ramener l'about à son niveau primitif en lui faisant subir un déplacement égal à $-v'$, aura donc pour valeur :

$$-\frac{10000}{u'}\, v' = \frac{10000}{u'}\left(b' - \frac{aa'}{b}\right)\alpha t.$$

Il suffit ainsi de réduire dans le rapport $-\dfrac{10000v'}{u'}$ tous les résultats numériques fournis par le calcul auxiliaire pour connaître exactement l'effet produit sur la ferme par le changement de température t.

Dans le pont Mirabeau, le longeron de ferme est protégé par le béton et le pavage de la chaussée contre l'action du soleil et le rayonnement nocturne. Il est donc permis de croire qu'en hiver et en été la température de cet élément sera toujours maintenue dans le voisinage de la moyenne correspondant à la saison considérée, et n'atteindra pas les limites extrêmes qui pourraient être constatées sur la membrure inférieure, laquelle n'est protégée par rien.

Supposons donc que l'écart $\pm t'$, que l'on observera entre la température du longeron et la température moyenne de montage, soit toujours inférieur à l'écart $\pm t$ relatif à l'arc.

Pour voir comment se comportera la ferme dans ces conditions particulières, on fera usage des formules qui donnent v, v' et w' en fonction des allongements δc et $\delta c'$ des arcs, et δd du longeron (page 596) :

On a :

$$v = \frac{c^2}{b}\,\alpha t,$$

$$v' = \frac{-d^2ba'\alpha t' + c^2a'\,(b - b')\,\alpha t + c'^2b\,(a + a')\,\alpha t}{b\,(ab' + a'b)},$$

$$w' = \frac{d^2bb'\alpha t' - c^2b'\,(b - b')\,\alpha t + c'^2b\,(b - b')\,\alpha t}{b\,(ab' + a'b)}.$$

La réaction exercée par la barre d'ancrage sur l'about de culasse est proportionnelle à v'. Or on trouve que, si la valeur absolue de t' tombe au-dessous de celle de t, l'amplitude de v' va en diminuant rapidement.

Pour $t' = 0{,}58\,t$, on constate dans le cas particulier du pont Mirabeau que v' est nul : la réaction de la culée se réduit à zéro. La protection exercée par la chaussée sur le longeron ne peut donc qu'être avantageuse au point de vue de la stabilité, puisqu'en réduisant les écarts de température pour cette partie de la ferme elle atténue considérablement, et peut-être même annihile, les efforts déterminés dans le métal par cette cause spéciale.

206. Observations diverses. — Ainsi que nous l'avons déjà dit, le but essentiel à atteindre par l'emploi de culasses formant contrepoids est, comme dans le système Cadiat, la réduction de la poussée. Dans le pont Mirabeau par exemple, où l'on a alourdi à dessein les deux culasses en plaçant la chaussée en bois sur un massif de béton de 0 ^m. 50 d'épaisseur moyenne, la poussée totale due à la charge permanente n'est que de 598$^\mathrm{T}$, alors que, en réduisant l'ouvrage à sa travée centrale, qui fonctionnerait comme un arc ordinaire à triple articulation, cette poussée s'élèverait à 3696$^\mathrm{T}$.

Avec la surcharge d'épreuve, la poussée peut varier entre les limites 110$^\mathrm{T}$ (surcharge couvrant les culasses à l'exclusion des volées) et 2062$^\mathrm{T}$ (surcharge couvrant la travée centrale à l'exclusion des culasses). La poussée due aux changements de température atteint, avec un écart de $\pm\,26°$ par rapport à la température moyenne, les limites de $\pm\,289^\mathrm{T}$. Il en résulte que, dans les circonstances extrêmes de température et de montage, la poussée peut varier entre $-\,189^\mathrm{T}$ et $+\,2361^\mathrm{T}$. Dans le premier cas, elle est négative : quand la température tombe à $-\,16°$ et que la surcharge couvre les deux culasses à l'exclusion de la travée centrale, les fermes opposées tendent à se séparer ; il est par suite nécessaire que l'articulation centrale soit disposée de façon à les maintenir en contact, en transmettant de l'une à l'autre un effort de traction.

D'après le projet, le poids de la partie métallique du pont, dont la longueur sera de 173 ^m. 50 et la largeur entre garde-corps de 20 m., se décompose comme il suit :

Aciers laminés.	1.980,000 k.
Fers laminés	300,000 k.
Aciers moulés	90,000 k.
Fontes	200,000 k.
Total. . .	2.570,000 k.

Les deux supports en maçonnerie de la travée centrale auront à résister, le cas échéant, à une poussée limite de 2361^T, alors presque égale à la charge verticale (2682^T) qui leur est transmise. Ce sont donc des piles-culées, et leurs dimensions ont dû être établies en tenant compte de l'effort de renversement auquel elles peuvent être soumises éventuellement.

Le dispositif essentiel du système est en somme la culasse formant contrepoids et diminuant la poussée de l'arc, permettant par conséquent d'exécuter des travées de grande ouverture avec un fort surbaissement ; dans le cas du pont Mirabeau, la distance d'axe en axe des piles est de 100^m, et la flèche de la courbe d'intrados n'est que 5^m55. Un pareil surbaissement eût été inadmissible pour un arc ordinaire, ou du moins eût exigé un poids de métal au moins double, peut-être triple.

Quant aux articulations et aux barres d'ancrage, ce sont des dispositifs qui peuvent être utiles et justifiés dans un cas donné, mais ne constituent pas le complément nécessaire de la culasse.

On eût pu par exemple remplacer les articulations centrales des piles par des demi-encastrements (art. 180), en les supprimant après montage et décintrement. Un exemple de ce demi-encastrement à la clef et aux naissances nous est fourni par le viaduc de Blaauw-Krantz, construit en 1884 dans la Colonie du Cap (fig. 326). On a pendant le montage fait emploi de trois rotules placées aux naissances et à la clef, que l'on a fait disparaître après l'achèvement des travaux, de façon que l'arc, articulé en trois points au point de vue de la charge permanente, fût encastré au point de vue de la surcharge et des changements de température.

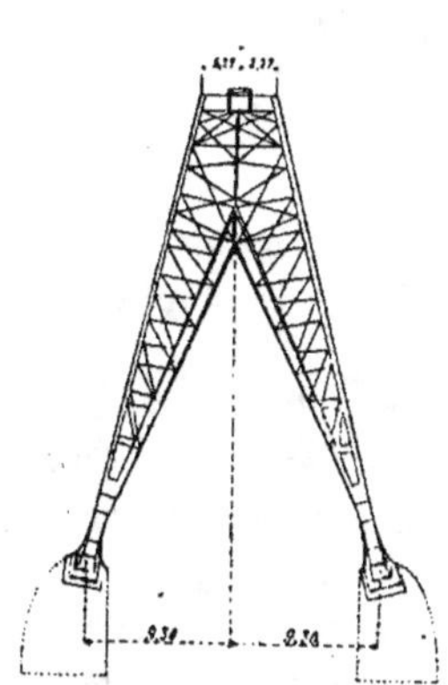

Fig. 326. — Pont de Blaauw-Krantz (Colonie du Cap).

Une mesure de ce genre, avantageuse au point de vue de la

surcharge et défavorable au point de vue de la température,
eût probablement été admissible pour le pont Mirabeau : son

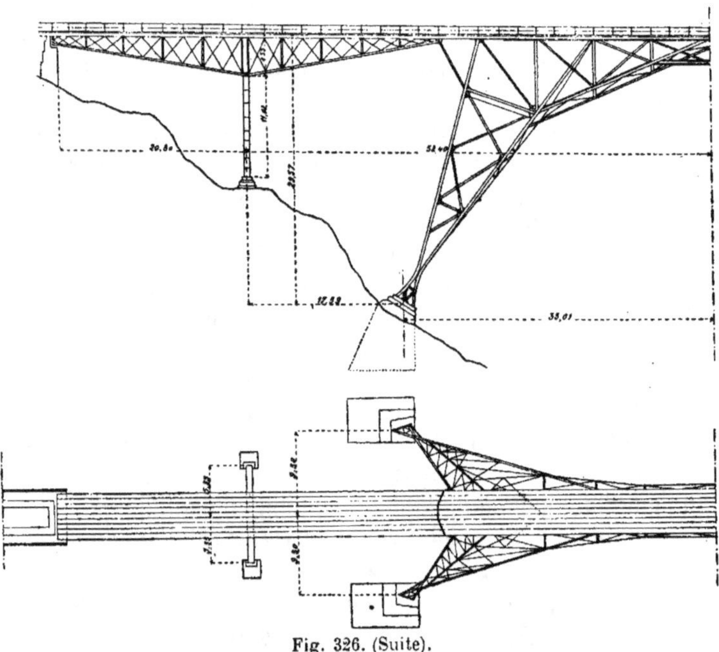

Fig. 326. (Suite).

plus grand inconvénient eût été peut-être de compliquer énormément les calculs de stabilité et d'exiger à ce point de vue un
travail considérable.

Enfin les barres d'ancrage dans les culées peuvent elles-
mêmes être supprimées à la condition d'arrêter la culasse à
une certaine distance de la culée en maçonnerie, et de racheter
cette solution de continuité par une poutre droite appuyée à
ses deux extrémites opposées sur les naissances et sur l'about
de culasse, ainsi qu'il a été fait en Amérique pour le viaduc
du *Kentucky* (Voir Tome II des *Ponts Métalliques*, page 201),
dont la poutre couvrant la travée centrale est prolongée par des
culasses reliées aux culées par des travées indépendantes. Ce
dispositif, combiné avec la triple articulation aux naissances et
à la clef de la travée centrale, aurait pour résultat, comme

dans le pont du Kentucky, de rendre l'ouvrage indifférent aux changements de température.

Nous remarquerons d'ailleurs que le viaduc de Blaauw-Krantz présente une disposition du même genre ; seulement la culasse qui porte l'extrémité de la travée de raccordement est à l'état embryonnaire : en la prolongeant au-delà de la verticale de l'appui de pile, on obtiendrait un arc à demi-encastré à la clef et aux naissances, et dont la culasse aurait son extrémité libre et reliée à la culée par une travée de raccordement.

Nous ajoutons en terminant que le type de l'arc encastré avec culasse formant contrepoids se prête tout particulièrement au montage par encorbellement pour les ponts de grande hauteur au-dessus des vallées, où l'établissement de cintres présenterait de grandes difficultés. En ancrant la travée de rive dans la maçonnerie de la culée, on se donne un appui permettant de monter en porte-à-faux l'arc de la travée centrale jusqu'à la clef. C'est ainsi qu'a été construit le viaduc de Blaauw-Krantz, qui pendant cette période réalisait exactement le type du pont Mirabeau, puisqu'il était pourvu de trois articulations de clef et de naissances et comportait une culasse ancrée dans la maçonnerie. Ce n'est qu'après son achèvement qu'on a supprimé les trois articulations et la barre d'ancrage du pont Mirabeau, et établi l'articulation de la travée de rive, qui ne se rencontre pas dans l'ouvrage précité.

Il peut paraître inutile d'ajouter que le montage par encorbellement ne sera pas appliqué au pont Mirabeau, vu la faible hauteur de cet ouvrage au-dessus du niveau de la Seine.

RÈGLEMENT DU 29 AOUT 1891, RELATIF AUX ÉPREUVES DES PONTS
MÉTALLIQUES EN FRANCE.

INSTRUCTIONS MINISTÉRIELLES POUR L'APPLICATION DU RÈGLEMENT
DU 29 AOUT 1891.

INSTRUCTION MINISTÉRIELLE POUR LA SURVEILLANCE ET L'ENTRETIEN
DES PONTS MÉTALLIQUES EN FRANCE.

INSTRUCTIONS

CHAPITRE PREMIER.

PONTS SUPPORTANT DES VOIES DE FER.

I. VOIES DE LARGEUR NORMALE.

Art. 1ᵉʳ. —L'adoption d'un train-type a pour objet d'uniformiser les conditions d'établissement des ponts métalliques et de mettre leur résistance en rapport avec les plus fortes charges qui soient actuellement appelées à circuler sur les chemins de fer français. C'est ce train qui devra servir de base aux calculs. Toutefois, il y aura lieu de substituer aux machines et wagons-types les machines et wagons en service sur le réseau auquel appartiendra l'ouvrage à construire, dans les cas exceptionnels où il résultera de cette substitution une augmentation des efforts supportés par les différentes pièces de l'ouvrage.

Art. 2. — Les coefficients du travail de la fonte sont fixés surtout en vue de la vérification des efforts supportés par les ouvrages existants; pour les constructions neuves, l'emploi de ce métal, lorsqu'il sera exposé à travailler à l'extension, ne devra être admis que dans des cas tout à fait exceptionnels.

Les règles fixées pour le fer et l'acier ont été établies de façon à réduire d'une manière générale les limites du travail du métal en raison des variations du sens et de la grandeur des efforts qu'il est appelé à supporter; mais elles ne tiennent pas compte des différences qui peuvent se produire, à ce point de vue, entre les divers points des plates-bandes d'une même poutre, et qui, eu égard aux règles habituellement suivies pour les constructions métalliques, ne peuvent entraîner des inégalités de résistance inquiétantes.

Il appartiendra d'ailleurs aux ingénieurs, lorsqu'il le jugeront utile, de déterminer ces différences par une analyse détaillée et de faire varier en conséquence les limites du travail du métal. Pour fixer ces limites, ils pourront faire usage des formules suivantes, dont les résultats sont suffisamment d'accord avec les données de la pratique :

1° Lorsque les efforts correspondant pour la même pièce aux différentes positions des surcharges seront toujours de même sens (extension ou compression) :

$$\text{Pour le fer} \dots \dots \dots \dots \dots \quad 6^k + 3^k \frac{A}{B}$$

$$\text{Pour l'acier} \dots \dots \dots \dots \dots \quad 8^k + 3^k \frac{A}{B}$$

REGLEMENT

CHAPITRE PREMIER

PONTS SUPPORTANT DES VOIES DE FER

I. — VOIES DE LARGEUR NORMALE.

Art. 1er. — *Conditions à remplir.* — **Les** ponts à travées métalliques, qui portent des voies de fer de largeur normale, devront être en état de livrer passage aux trains autorisés à circuler sur le réseau auquel ils appartiennent et, en outre, au train-type défini à l'article 4 ci-dessous.

Art. 2. — *Limites du travail du métal.* — **Les dimensions des** différentes pièces des ponts seront calculées de telle sorte que, dans la position défavorable des trains désignés à l'article premier et en tenant compte de la charge permanente ainsi que des efforts accessoires tels que ceux qui peuvent être produits par les variations de température, le travail (1) du métal par millimètre carré de section nette, c'est-à-dire déduction faite des trous de rivets ou de boulons, ne dépasse pas les limites indiquées ci-dessous.

I. Pour la fonte supportant un effort d'extension directe.   1 k. 50

Pour la fonte travaillant à l'extension dans des pièces soumises à des efforts tendant à les faire fléchir. . . . . 2 k. 50

Pour la fonte supportant un effort de compression . . 6 k. 00

II. Pour le fer et l'acier travaillant à l'extension, à la compresion ou à la flexion, les limites exprimées en kilogrammes par millimètre carré de section seront fixées aux valeurs suivantes :

Pour le fer . . . . 6 k. 50

Pour l'acier. . . . . 8 k. 50

Toutefois ces limites seront abaissées respectivement :

À 5 kilogr. 50 pour le fer et à 7 kilogr. 50 pour l'acier dans les pièces de pont, longerons et entretoises sous rail ;

____

(1) Le mot « travail » est entendu ici non dans son sens scientifique, mais dans le sens d'effort imposé au métal par unité de surface, qui lui est donné dans la pratique des constructions.

(A représentant le plus petit et B le plus grand des efforts auxquels la pièce est exposée).

2° Lorsque le sens des efforts totaux, correspondant pour la même pièce aux différentes positions de la surcharge, variera selon ses positions (extension et compression alternatives) :

$$\text{Pour le fer} \dots\dots\dots\dots\dots\dots\dots\dots\dots\dots\dots \quad 6^k - 7^k \frac{C}{B}$$

$$\text{Pour l'acier} \dots\dots\dots\dots\dots\dots\dots\dots\dots\dots \quad 8^k - 4^k \frac{C}{B}$$

(B représentant le plus grand en valeur absolue des efforts supportés par la pièce, et C le plus grand des efforts en sens contraire).

Ces formules sont données à titre de simple indication et ne limitent en rien l'initiative des ingénieurs qui pourront employer telle méthode qu'ils jugeront convenable.

Les coefficients fixés à l'article 2 ne sont applicables aux pièces comprimées directement que lorsque celles-ci sont assez courtes pour qu'il n'y ait pas lieu de les renforcer en vue d'éviter qu'elles puissent fléchir sous l'action de la charge. Dans le cas contraire, on devra tenir compte des prescriptions de l'article 6 et diminuer, en conséquence, le travail du métal.

Les ingénieurs ne perdront pas de vue les efforts supplémentaires qui pourraient résulter de la répartition dissymétrique des charges, notamment dans les ponts biais et dans ceux sur lesquels la voie est en courbe.

L'évaluation des sections nettes et, par suite, le calcul définitif des efforts supportés par les différentes pièces, doivent être faits seulement lorsque la position des joints des tôles aura été arrêtée et après la détermination du nombre, du diamètre et de la position des rivets.

Le soin de déterminer le rapport entre le diamètre des rivets et l'épaisseur des pièces à assembler est laissé aux ingénieurs, qui se guideront d'après les données de la pratique.

Art 3. — Il n'a pas paru nécessaire de déterminer la qualité de la fonte à laquelle correspondent les coefficients fixés à l'article 2 ; cette détermination est, au contraire, indispensable pour l'acier dont les propriétés peuvent varier dans les limites très étendues, et même pour le fer dont la résistance, et surtout la ductilité, sont parfois insuffisantes pour inspirer une sécurité complète. Les qualités définies par le règlement sont celles des métaux dont l'emploi peut être considéré

(Instructions).

A 4 kilogrammes pour le fer et à 6 kilogrammes pour l'acier, pour les barres de treillis et autres pièces exposées à des efforts alternatifs d'extension et de compression ; ces dernières limites pourront néanmoins être rapprochées des précédentes pour les pièces qui seront soumises à de faibles variations de ces efforts.

Dans l'établissement des projets des ouvrages métalliques d'une ouverture supérieure à 30 mètres, les ingénieurs pourront appliquer au calcul des fermes principales des limites supérieures à celles qui ont été fixées plus haut, sans jamais dépasser :

Pour le fer . . . . 8 k. 50
Pour l'acier. . . . . 11 k. 50

Ils devront justifier, dans chaque cas particulier, les diverses limites dont ils auront cru devoir faire usage.

Lorsque des fers laminés dans un seul sens seront soumis à des efforts de traction perpendiculaires au sens du laminage, les coefficients seront réduits d'un tiers dans les calculs relatifs à ces efforts.

Les coefficients concernant l'acier ne subiront pas cette réduction.

On appliquera aux efforts de cisaillement et de glissement longitudinal les mêmes limites qu'aux efforts d'extension et de compression, mais en leur faisant subir une réduction d'un cinquième, étant entendu que les pièces auront les dimensions nécessaires pour résister au voilement ; pour le fer laminé dans un seul sens, on fera subir à ces coefficients une réduction d'un tiers, lorsque l'effort tendra à séparer les fibres métalliques.

Le nombre et les dimensions des rivets seront calculés de telle sorte que le travail de cisaillement du métal ne dépasse pas les quatre cinquièmes de la limite qui aura été admise pour la plus faible des pièces à assembler, et que le travail d'arrachement des têtes, s'il s'en produit, ne dépasse pas 3 kilogrammes par millimètre carré en sus de l'effort résultant du serrage.

III. Les calculs justificatifs de la rivure seront toujours fournis à l'appui des projets en même temps que les calculs des dimensions des diverses pièces.

Il en sera de même des calculs des assemblages par boulons dans les ponts en fonte.

Art. 3. — *Qualités du fer et de l'acier auxquelles correspondent les limites de travail du métal fixées par l'article 2.* — Les coefficients de travail du métal fixés ci-dessus pour le fer et l'acier correspondent aux qualités définies par les conditions suivantes :

(Règlement)

comme normal dans la construction des ponts ; mais, notamment en ce qui concerne l'acier, le choix qui en a été fait pour fixer les coefficients usuels n'est pas un obstacle à l'emploi d'un métal de qualité différente, dans les cas où il sera justifié. Dans l'état actuel de la métallurgie, il est possible d'élever jusqu'à 55 kilogrammes la résistance de l'acier, avec un allongement de 19 p. 100, sans qu'il cesse de remplir les conditions nécessaires pour la construction des ponts, et l'augmentation de la résistance permet d'élever proportionnellement la limite des efforts normaux par m. m. q. Mais à mesure que la dureté de l'acier augmente, des précautions plus minutieuses sont nécessaires dans la fabrication pour que son emploi soit exempt de tout danger, et la rédaction des projets est d'autant plus délicate qu'on adopte des coefficients de travail plus élevés ; aussi l'Administration se réserve-t-elle de n'autoriser de dérogations à la règle générale que dans les cas où elles seront justifiées par l'importance de l'ouvrage et lorsque les conditions dans lesquelles celui-ci devra être construit offriront des garanties suffisantes au point de vue de l'exécution.

Les cahiers des charges devront, dans tous les cas, renfermer l'énumération des conditions nécessaires pour assurer l'emploi de matériaux de bonne qualité et l'exécution des travaux selon les règles de l'art. Le but de l'article 3 est de définir les qualités du métal auxquelles correspondent les coefficients indiqués à l'article 2, et d'éviter les dangers que l'emploi de l'acier a quelquefois présentés ; ses prescriptions ne sauraient être considérées comme suffisantes pour empêcher les malfaçons, aussi bien dans la fabrication du métal que dans sa mise en œuvre.

Art. 4. — Les poids, les dimensions et le groupement des machines, tenders et wagons définis à l'article 5 ont été choisis de manière à donner au train-type une composition qui se rapproche, autant que possible, de celle des trains les plus lourds formés avec le matériel actuellement en service sur les principaux réseaux.

Les efforts que les ponts auront à supporter normalement ne dépasseront donc pas, en général, ceux qui correspondront au passage du train-type ; ils pourront leur être supérieurs si les machines et tenders sont groupés différemment, ou s'il existe dans le train des

(*Instructions*)

DÉSIGNATION	Allongement minimum de rupture par mmq mesuré sur des éprouvettes de 200 mm. de longueur	Résistance minimum à la traction par mmq, mesurée sur des éprouvettes de 200 mm. de longueur
Fer laminé. { Fer profilé et plat (dans le sens du laminage)............................	8 p. 0/0	32^k
Tôle { dans le sens du laminage....	8 p. 0/0	32^k
dans le sens perpendiculaire au laminage.	3.5 p. 0/0	28^k
Acier laminé............................	22 p. 0/0	42^k
Rivets en fer............................	16 p. 0/0	36^k
Rivets en acier............................	28 p. 0/0	38^k

Les cahiers des charges fixeront pour l'acier le minimum et le maximum entre lesquels devra être compris le rapport de la limite pratique d'élasticité à la résistance à la rupture. Le minimum ne devra pas être inférieur à un demi, et le maximum ne devra pas dépasser deux tiers.

Des coefficients de travail plus élevés pourront être autorisés par l'Administration pour des métaux de qualités différentes, si des justifications suffisantes sont produites.

On ne tolérera dans aucun cas l'emploi d'aciers fragiles, et on s'assurera fréquemment, pendant la construction, de la qualité du métal à ce point de vue. au moyen d'essais de trempe et d'expériences faites en pliant des barres percées de trous au poinçon. Les cahiers des charges devront renfermer des prescriptions détaillées à cet égard, sans préjudice des autres conditions relatives aux qualités du métal.

Dans tous les cas, lorsqu'on emploiera l'acier, les trous des rivets seront forés ou alésés après le perçage sur une épaisseur d'au moins un millimètre, et les bords des pièces coupées à la cisaille seront affranchis sur la même épaisseur.

Art. 4. — Composition du train-type. — *Les auteurs des projets de travées métalliques devront justifier par des calculs suffisamment détaillés qu'ils ont satisfait aux prescriptions des articles 1, 2, et 3 qui précèdent.*

En ce qui concerne les fermes longitudinales, ils seront tenus d'examiner l'hypothèse du passage, sur chaque voie, du train-type défini ci-dessous.

Ce train-type se composera de deux machines à quatre essieux, de leurs tenders et de wagons chargés. Les poids et dimensions des machines, tenders et wagons chargés sont donnés par le tableau et la figure ci-après :

(*Réglement*)

wagons vides ; mais l'augmentation de travail du métal qui en résultera n'atteindra jamais un kilogramme par millimètre carré, et les coefficients fixés par l'article 2 ont été établis de manière à permettre sans danger, dans cette limite, une augmentation exceptionnelle des efforts. On pourra donc se borner à faire les calculs au moyen du train-type, sous la réserve énoncée ci-dessus à propos de l'article premier.

L'Administration entend laisser aux ingénieurs une entière liberté en ce qui concerne le choix des méthodes employées pour faire les calculs ; la seule obligation qu'elle leur impose est de déterminer avec une exactitude suffisante la limite des efforts supportés par chacune des pièces qui composent l'ouvrage, dans les conditions définies par l'article 4. Ainsi on pourra, si on le juge utile, faire usage pour le calcul des moments fléchissants, *ainsi que pour celui des efforts tranchants, de surcharges virtuelles uniformément réparties, sauf à justifier que ces surcharges produisent des efforts supérieurs ou au moins égaux à ceux qui seraient déterminés en chaque point par le passage du train-type*

Quelle que soit la méthode employée, les résultats des calculs devront être groupés dans les épures, de manière à faire ressortir la loi des variations des efforts dans les différentes pièces de l'ouvrage et à faciliter les vérifications.

Art. 5. — Les pressions maxima dues à l'effort du vent, qui sont fixées par l'article 5, sont celles qui sont généralement admises par les constructeurs ; elles sont suffisantes pour donner toute sécurité dans les conditions ordinaires. Il appartiendra aux ingénieurs de proposer l'adoption de pressions plus fortes pour les ouvrages qui seront à construire à une grande hauteur ou dans le voisinage de la mer ; ils pourront, au contraire, pour les ponts convenablement abrités, tenir compte de la diminution de l'intensité du vent qui résultera des circonstances locales. Ils auront également à déterminer, d'après le mode de construction des supports et le système d'attache des sommiers et

(Instructions)

DÉSIGNATION	MACHINE	TENDER	WAGON CHARGÉ
Nombre d'essieux	4	2	2
Charge par essieu	14 T	12 T	8 T
Distance du tampon d'avant au 1ᵉʳ essieu	2ᵐ 60	2ᵐ 00	1ᵐ 50
Écartement des essieux entre eux	1 20	2 50	3 00
Distance du dernier essieu au tampon d'arrière	2 60	2 00	1 50
Poids total	56 T	24 T	16 T
Longueur totale	8ᵐ80	6ᵐ 00	6ᵐ50

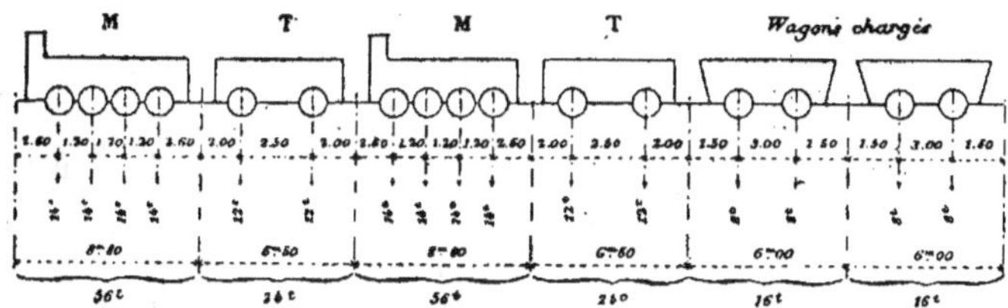

Les machines, avec leurs tenders, seront placées toutes deux en tête du train.

L'ensemble du train sera supposé occuper successivement différentes positions le long de la portée, et ces positions seront choisies de manière à réaliser en chaque point les plus grands efforts tranchants et fléchissants que le passage du train-type puisse déterminer.

Les dimensions des pièces qui ne font pas partie des fermes longitudinales, et notamment celles des pièces de pont, seront calculées d'après les plus grands efforts qu'elles pourront avoir à supporter, soit dans l'hypothèse du passage du train-type, soit dans l'hypothèse du passage d'un essieu isolé pesant 20 tonnes, si cette dernière réalise les plus grands efforts.

Art. 5. — *Pression du vent.* — Le travail du métal sous l'influence des plus grands vents ne devra pas dépasser de plus un kilogramme les limites fixées à l'article 2 ci-dessus.

On admettra que la pression du vent par mètre carré de surface verticale peut s'élever à 270 kilogrammes, mais que le passage des trains est interrompu lorsqu'elle atteint 170 kilogrammes. On supposera, en outre, que cette pression s'exerce sur la surface nette, déduction faite des vides, de chacune des maitresses-poutres, qu'elle agit intégralement sur l'une d'elles et que, sur la suivante, elle est diminuée d'une fraction de sa valeur égale au rapport de la surface

(Règlement)

des palées aux maçonneries, quelle est la limite à partir de laquelle les efforts de glissement transversal et de renversement des tabliers et des piles métalliques devront être considérés comme dangereux.

Il y aura lieu de calculer, pour les grands ouvrages, non seulement les efforts horizontaux, mais aussi l'augmentation des efforts verticaux qui peut résulter, pour certaines pièces, de l'inégale répartition des charges entre les deux files de rails sous l'action du vent.

Art. 6. — Les vérifications relatives au flambage devront être faites pour la fonte comme pour le fer et l'acier.

Lorsqu'on aura recours à des formules de la forme R' = KR, dans lesquelles R' représente le coefficient de travail à adopter pour la pièce considérée, et R le coefficient de travail correspondant à une longueur très petite, on prendra uniformément pour R, dans les pièces soumises à des efforts de sens variables. 6 kilogrammes pour le fer et 8 kilogrammes pour l'acier : on substituera la valeur ainsi trouvée pour R' au coefficient calculé au moyen des règles fixées à l'article 2, s'il en résulte une augmentation de la section de la pièce considérée, à moins que l'on ne modifie la forme des pièces ou leur disposition, de manière à accroître la résistance au flambage.

Art. 7. — Dans le calcul des flèches, on *pourra* faire entrer les poids et les dimensions des machines et wagons *du train d'épreuve, au lieu des éléments similaires du train-type, mais seulement dans le cas où la composition du train d'épreuve pourrait être établie à l'avance avec une entière certitude.*

Art. 8. — La limite des efforts que les tabliers métalliques peuvent subir sans danger pendant le lançage est laissée à l'appréciation des ingénieurs ; cette limite peut. en effet, varier selon la constitution des ouvrages et selon les conditions dans lesquelles ils seront mis en place. La présence de montants verticaux, dans les poutres à treillis ou à croix de saint André, les moyens employés pour consolider les parties faibles, la durée du lançage, etc., sont autant d'éléments dont il y a lieu de tenir compte et que les ingénieurs auront à examiner avant d'arrêter leurs propositions.

(*Instructions*)

nette de la première à la surface totale limitée par son contour ; enfin, que l'effet du vent, en arrière de ces deux poutres, est négligeable. Pour les piles métalliques, on supposera que la pression s'exerce intégralement sur la surface nette de toutes les pièces.

Dans l'hypothèse d'un train placé sur le pont, on comptera, pour sa surface verticale nette, un rectangle de trois mètres de hauteur ayant la même longueur que le pont, et dont le côté inférieur sera placé à 50 centimètres au-dessus du rail ; on déduira de ce rectangle la surface nette de la partie de la première poutre placée en avant, et on supposera que la pression du vent est nulle sur la partie de la seconde poutre masquée par le train.

Enfin, on s'assurera que les efforts de glissement transversal et de renversement des tabliers et des piles métalliques sous l'action du vent n'atteignent pas des limites dangereuses, en tenant compte des conditions spéciales dans lesquelles pourront être placées les ouvrages, et en supposant que le train défini ci-dessus est composé de wagons vides.

Art. 6. — *Pièces travaillant à la compression.*— On s'assurera, autant que possible, que les pièces travaillant à la compression, soit d'une manière continue, soit d'une matière intermittente, ne sont pas exposées à flamber.

Art. 7. — *Calcul des flèches.* — On fournira, à l'appui des projets, le calcul des flèches sous l'action de la charge permanente et sous l'action de la surcharge.

Art. 8. — *Calcul des efforts pendant le lançage.* — Lorsque la mise en place du tablier devra être faite au moyen d'un lançage, on devra justifier que le travail du métal pendant cette opération n'atteindra dans aucune pièce une limite dangereuse.

(Règlement)

Art. 9. — Les longueurs des trains d'épreuve *et leurs positions* ne sont fixées que pour les ponts à poutres droites et les ponts en arcs. Pour les *ponts de types exceptionnels*, les ingénieurs auront à déterminer, dans chaque cas, la longueur de train la plus convenable pour produire sur les principales pièces des efforts aussi rapprochés que possible de ceux qui auront été donnés par le calcul.

Les positions à donner aux trains d'épreuves seront déterminées d'après la portée et la constitution des poutres; elles seront dans tous les cas, choisies de manière à produire les plus grands efforts, non seulement sur les plates-bandes (1), mais sur les treillis.

L'épreuve par poids roulant à la vitesse de 40 kilomètres devra être supprimée lorsque les circonstances locales (voisinage de plaques tournantes dans une gare, insuffisance du rayon des courbes, etc. l'exigeront.

On devra prendre les dispositions nécessaires pour que les flèches puissent être mesurées et vérifiées à toute époque, dans des conditions satisfaisantes de précision ; on établiera, au besoin, des plates-formes spéciales pour faciliter les opérations de nivellement ; on placera des repères fixes, non seulement sur les piles et culées, lorsqu'elles seront exposées à des tassements, mais en dehors de l'ouvrage ; enfin, lorsqu'il y aura lieu, on devra faire subir aux flèches observées les corrections nécessaires pour tenir compte de l'influence variable de la température sur les arcs, et on s'efforcera d'éliminer, dans les poutres droites, les erreurs résultant de la différence de dilatation entre les bandes supérieure et inférieure. On évitera, à cet effet, de prolonger chacune des épreuves au delà du temps nécessaire pour que les déformations normales puissent se produire, et on choisira, de préférence, les premières heures du jour ou un temps couvert pour faire les nivellements destinés à la mesure des flèches permanentes.

Les niveaux des points les plus bas, au milieu et aux extrémités de chaque pont, pourront être relevés directement, pourvu qu'ils soient rattachés, par une mesure facile à effectuer sans erreur, à ceux des points qu'on aura choisis comme intermédiaires.

On mesurera séparément la flèche de chaque poutre, et pour les grandes portées, notamment lorsque les semelles ne seront pas parallèles, on mesurera les abaissements de points intermédiaires entre le milieu de la travée et chaque appui.

Le rapport à l'appui du procès-verbal des épreuves fournira la comparaison des flèches observées avec celles *données par le calcul.*

A cet effet le calcul des flèches sous l'action du train d'épreuve devra

____

(1) Les plates-bandes sont aussi désignées sous les noms de bandes, semelles, tables, membrures, cordes ou brides.

(*Instructions*)

Art. 9. — Chaque travée métallique sera soumise à deux natures d'épreuves, l'une par poids mort, l'autre par poids roulant.

§ 1. — Composition des trains d'épreuves.

Épreuves. — Poids. — *Ces épreuves seront faites au moyen de trains composés de deux machines attelées en tête et de wagons chargés.*

Les poids des éléments de ces trains se rapprocheront autant que possible de ceux du train-type défini à l'article 4.

En tous cas ils devront être au moins égaux aux plus forts poids des éléments similaires appelés à circuler sur la voie considérée.

Longueurs. — *Les longueurs de ces trains seront fixées comme suit :*

Pour les ponts à travées indépendantes, la longueur mesurée entre les deux essieux extrêmes sera au moins égale à la plus grande portée.

Pour les ponts à travées solidaires, la longueur, mesurée comme ci-dessus, devra être suffisante pour couvrir les deux plus grandes travées consécutives.

§ 2. — Ponts à une seule voie ou à voies indépendantes.

Epreuve par poids mort. — *Pour l'épreuve par poids mort : le train d'essai sera placé successivement dans les positions qui produiront les plus grands efforts sur les pièces principales du pont.*

Il suffira toutefois, en général, d'opérer de la manière suivante :

a) Pour les ponts à travées indépendantes, le train d'essai sera amené successivement sur chaque travée de manière à la couvrir complétement, puis à en couvrir une moitié seulement, les machines étant placées en tête du train.

Il séjournera dans chacune de ces positions au moins pendant une demi-heure.

b) Pour les ponts à travées solidaires, chaque travée sera d'abord chargée isolément comme il vient d'être dit. A cet effet, le train d'essai sera coupé à la longueur voulue. Ensuite on chargera simultanément les deux travées contiguës à chaque pile à l'exclusion de toutes les autres, au moyen du train d'essai tout entier.

c) Pour les ponts en arc, on chargera d'abord toute la longueur de la portée, puis chaque moitié seulement, et enfin la partie médiane en y plaçant les deux locomotives nez à nez lorsque faire se pourra et réduisant la composition du train à ces deux locomotives.

Epreuves par poids roulant. — *Les épreuves par poids roulant seront au nombre de deux. Elles seront faites au moyen des mêmes trains qu'on fera circuler sur le pont, d'abord à la vitesse de 20 kilomètres à l'heure, puis à celle de 40 kilomètres à l'heure. Toutefois l'épreuve à la*

(Réglement)

toujours être annexé au procès-verbal d'épreuve. Ce procès-verbal sera classé dans un dossier destiné à recevoir aussi les résultats de constatations ultérieures.

Les épreuves règlementaires ne doivent pas dispenser d'une surveillance attentive des ponts pendant les premiers mois qui suivent leur mise en service, notamment en ce qui concerne le jeu des appareils de dilatation et, pour les poutres à travées solidaires, l'invariabilité du niveau des appuis.

Art. 10. — Les prescriptions de l'article 10 s'appliquent à la fois à la disposition des fers et aux installations spéciales destinées à donner un accès facile aux différentes parties de la construction; on devra chercher à rendre les principales pièces accessibles sans échafaudages spéciaux,et sans qu'il soit nécessaire de circuler le long des poutres dans des conditions dangereuses.

(*Instructions*)

vitesse de 40 kilomètres pourra être ajournée jusqu'à l'époque où la voie aux abords du pont sera suffisamment consolidée.

§ 3. — Ponts à voies solidaires.

Pour les ponts à deux voies solidaires entre elles, l'épreuve par poids mort se fera d'abord sur chaque voie séparément comme il a été dit au paragraphe précédent, l'autre voie restant libre, puis sur les deux voies simultanément. Il en sera de même pour l'épreuve par poids roulant. L'épreuve simultanée des deux voies se fera dans ce cas au moyen de deux trains marchant dans le même sens aux vitesses fixées ci-dessus.

§ 4. — Ponts de types exceptionnels.

Pour les ponts d'un type exceptionnel, les dispositions des épreuves devront être réglées dans un article spécial du cahier des charges.

A défaut, elles seront arrêtées par l'Administration supérieure, sur la proposition des ingénieurs chargés du contrôle de la construction, le concessionnaire ou entrepreneur entendu.

§ 5. — Mesure des flèches.

Visite. — Repère. — *On mesurera, au moment des épreuves, la flèche maximum au milieu de chaque travée, sous l'influence d'abord de la charge immobile, puis de la surcharge en mouvement.*

Lorsque, sur une même ligne, il se trouvera plusieurs ponts de construction identique, dont l'ouverture ne dépassera pas 10 mètres, la mesure des flèches pourra n'être faite que pour l'un d'entre eux.

Immédiatement après les épreuves de chaque pont, la partie métallique sera visitée dans tous ses détails.

En outre, pour les ponts d'une ouverture supérieure à 10 mètres, les niveaux des points les plus bas des sections des poutres ou des arcs, au milieu de chaque travée et à ses extrémités, seront repérés avant les épreuves à deux points fixes choisis de manière à permettre de constater, après l'enlèvement de la surcharge, et ensuite à une époque quelconque, les déformations qui se seraient produites; on repérera par rapport aux mêmes points le dessus de chacun des appuis. Le procès-verbal des épreuves contiendra les renseignements nécessaires pour permettre de retrouver ultérieurement ces repères.

Art. 10. — *Dispositions à prendre pour faciliter la visite et l'entretien.* — On s'attachera à rendre facile la visite, la peinture et la réparation des parties métalliques, et on fera connaitre dans les mémoires à l'appui des projets les mesures prises à cet effet.

(Règlement)

Art. 11. — Le contour fixé par l'article 11 a été déterminé en vue de réserver aux goussets, consoles, etc., un espace aussi grand que possible, sans que les ponts métalliques présentent au passage des trains des obstacles plus rapprochés de la voie que les autres ouvrages d'art ; on devra, en outre, tenir compte, dans l'étude des projets, de la nécessité de ménager aux agents circulant à pied sur la voie les moyens de se garer d'une manière facile et sûre.

Art. 12. — La réserve formulée dans l'article 12 n'a pas pour but de limiter les poids des machines ; mais elle empêchera que les ouvrages soient exposés à recevoir des surcharges en vue desquelles ils n'auront pas été calculés, sans qu'on ait déterminé, au préalable, le maximum des efforts qu'elles imposeraient au métal.

II. VOIES ÉTROITES.

Art. 13. — Sauf en ce qui concerne les poids et les dimensions des machines et des wagons, les épreuves par poids roulant et le contour intérieur limite, les conditions imposées pour la construction des ponts métalliques sont les mêmes pour les lignes à voies étroites que pour les lignes à voie normale, tant que la largeur de la voie ne descend pas au-dessous de un mètre.

(*Instructions*)

Art. 11. — *Distance au rail le plus voisin des pièces les plus rapprochées de la voie.* — Les pièces les plus rapprochées de la voie ne pourront, à partir de cinquante centimètres jusqu'à quatre mètres cinq centimètres de hauteur au-dessus du rail le plus voisin, être placées à moins de un mètre cinquante centimètres de l'axe de ce rail. Les pièces placées à une distance moindre ne pourront, à la partie inférieure, *jusqu'à quatre-vingts centimètres de l'axe du rail le plus voisin, faire saillie sur le niveau de ce rail, et à partir de quatre-vingts centimètres du même axe, dépasser une ligne brisée composée : 1° d'une verticale de vingt-cinq centimètres de hauteur ; 2° d'une horizontale de trois cent vingt-cinq millimètres de longueur ; 3° d'une ligne inclinée à trois de base pour deux de hauteur ; à la partie supérieure les mêmes pièces devront rester au-dessus d'une ligne s'abaissant avec une inclinaison de deux de base pour un de hauteur à partir d'un point pris à*

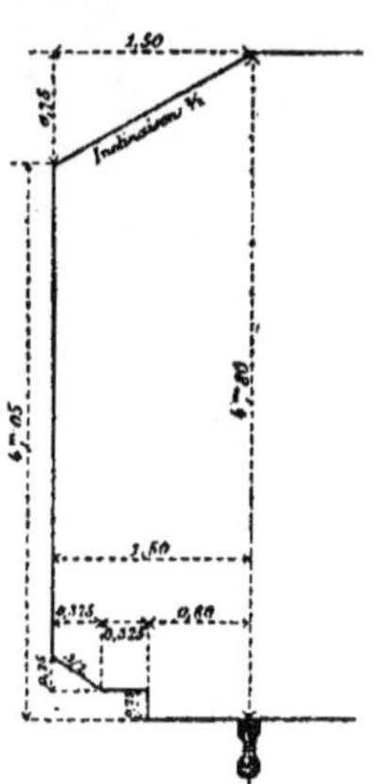

l'aplomb de l'axe du rail le plus voisin et à quatre mètres quatre-vingts centimètres au-dessus de ce rail. Aucune pièce placée au-dessus des voies ou entre-voies ne pourra être à moins de quatre mètres quatre-vingts centimètres de hauteur au-dessus du niveau des rails.

Art. 12. — *Limite du poids des machines qui pourront circuler sur les ponts sans autorisation préalable.* — La mise en circulation, sur les ponts, de machines dont le poids moyen par mètre courant dépasserait de plus de un dixième celui de la machine-type déterminée à l'article 4 ci-dessus, ou dont un des essieux aurait à supporter une charge supérieure à 18 tonnes, ne pourra avoir lieu qu'en vertu d'une autorisation spéciale du Ministre des travaux publics.

II. — VOIES ÉTROITES.

Art. 13. — *Ponts pour les chemins de fer à voie de un mètre et au-dessus.* — Les prescriptions relatives aux ponts pour chemin de fer à voie normale sont applicables aux chemins de fer à voie étroite dont la largeur ne sera pas inférieure à un mètre, sauf les modifications indiquées ci-dessous.

Le poids par essieu des machines du train-type (art. 4) sera réduit à $10^t \times l$, l étant la largeur de la voie entre les bords intérieurs des rails. Les dimensions des machines et les poids et dimensions des wagons seront les mêmes que pour la voie normale, et les tenders se ront supposés avoir les mêmes poids et les mêmes dimensions que les wagons chargés.   *(Règlement)*

Art. 14. — Pour les ouvrages destinés à supporter des voies de largeur inférieure à un mètre, les conditions seront déterminées dans chaque cas particulier ; on ne perdra pas de vue, dans les propositions à faire à ce sujet, que la diminution de largeur de la voie ne saurait être un motif pour restreindre les garanties de sécurité, et que, si les règles posées précédemment à ce sujet peuvent être atténuées, c'est seulement dans le cas où il s'agira de lignes industrielles destinées exclusivement au transport des marchandises.

CHAPITRE II.

PONTS SUPPORTANT DES VOIES DE TERRE.

Art. 15. — Les prescriptions de l'article 15 sont applicables à tous les ponts métalliques pour voie de terre destinés à supporter le passage des voitures.

(*Instructions*)

Pour le calcul du travail du métal sous l'action d'un essieu isolé, on admettra une charge de $14^t \times l$.

La seconde épreuve par poids roulant (art. 9) sera faite à la vitesse de 35 kilomètres à l'heure.

Le contour à l'intérieur duquel aucune pièce des ponts ne devra faire saillie (art. 11) sera déterminé, dans chaque cas, en tenant compte des minima de largeur et de hauteur autorisés, pour les ouvrages d'art, sur la ligne à laquelle appartiendra le pont à construire.

La charge d'essieu maximum, dont le passage ne pourra avoir

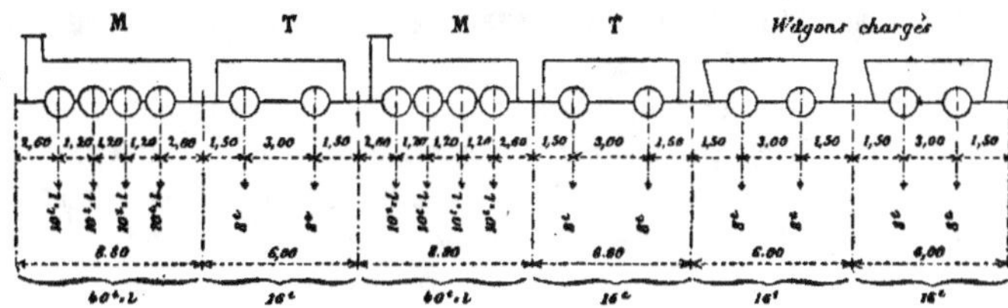

lieu sur les ponts sans autorisation spéciale (art. 12), sera fixée à $12^t \times l$, l étant la largeur de la voie entre les bords intérieurs des rails.

Les trains à employer aux épreuves sont composés avec le plus lourd matériel propre à la ligne sur laquelle est placé le pont métallique.

Art. 14. — *Ponts pour chemins de fer à voie de largeur inférieure à un mètre.* — Les conditions auxquelles devront satisfaire les ponts supportant des voies de chemins de fer de moins de un mètre de largeur seront déterminées, dans chaque cas, sur la proposition du concessionnaire par le Ministre des travaux publics, en tenant compte des poids et des dimensions des machines appelées à circuler sur l'ouvrage.

CHAPITRE II

PONTS SUPPORTANT DES VOIES DE TERRE

Art. 15. — *Conditions à remplir.* — Les ponts à travées métalliques qui portent des voies de terre en état de livrer passage à toute voiture dont la circulation est autorisée par le règlement du 10 août 1852 sur la police du roulage et des messageries, c'est-à-dire aux voitures attelées au maximum de cinq chevaux si elles sont à deux roues, et de huit chevaux si elles sont à quatre roues.

(Règlement)

Art. 16. — Les conditions fixées pour les efforts à faire supporter aux différentes pièces sont les mêmes que celles qui sont relatives aux ponts supportant des voies de fer.

Art. 17 — Les bases fixées pour les calculs par l'article 17 ont été établies seulement en vue de la circulation normale sur les routes. Lorsqu'un pont pourra être appelé à recevoir des chargements exceptionnels tels que ceux qui sont nécessités par certains transports industriels ou militaires, il y aura lieu d'en tenir compte dans les calculs. De même, dans le cas où une voie de fer comportant l'emploi de locomotives ou de machines d'un poids équivalent devra être établie sur la route, on appliquera les prescriptions des articles 13 et 14.

Lorsque les ingénieurs seront amenés à proposer l'adoption de surcharges inférieures aux surcharges réglementaires, ils devront tenir compte de la possibilité de la rectification des routes dans la région, de l'amélioration progressive des moyens de transport, de l'extension croissante de l'emploi des rouleaux compresseurs à vapeur, etc.

Art. 18. — Les observations faites précédemment au sujet des articles 5, 6, 7, 8 et 10 sont applicables aux ponts métalliques pour voies de terre.

(*Instructions*)

Art. 16. — *Limites du travail du métal.* — Les dimensions des différentes pièces des ponts seront calculées dans les conditions fixées à l'article 2, sauf la substitution au train-type des surcharges définies par l'article 17 ci-dessous.

Art. 17. — *Surcharges à adopter pour le calcul.* — On s'assurera que le travail du métal par millimètre carré dans chaque pièce ne dépasse pas les limites fixées à l'art. 2 ci-dessus :

1° Sous l'action d'une surcharge uniformément répartie de 400 kilogrammes par mètre carré sur toute la largeur de l'ouvrage, y compris les trottoirs ;

2° Sous le passage de tombereaux à un essieu, traînés par deux chevaux et formant autant de files continues que le comportera la largeur de la chaussée. On admettra, pour faire ce calcul, que les trottoirs sont surchargés uniformément à raison de 400 kilogrammes par mètre carré, et que les tombereaux et leurs attelages ont les poids et dimensions suivants :

Tombereaux . . .	Poids	6ᵗ
	Longueur (non compris les brancards).	3ᵐ00
	Largeur de voie.	1 70
	Largeur de chaussée occupée. .	2 25
Chevaux.	Poids	700ᵏ
	Longueur (y compris les traits et brancards)	2ᵐ50

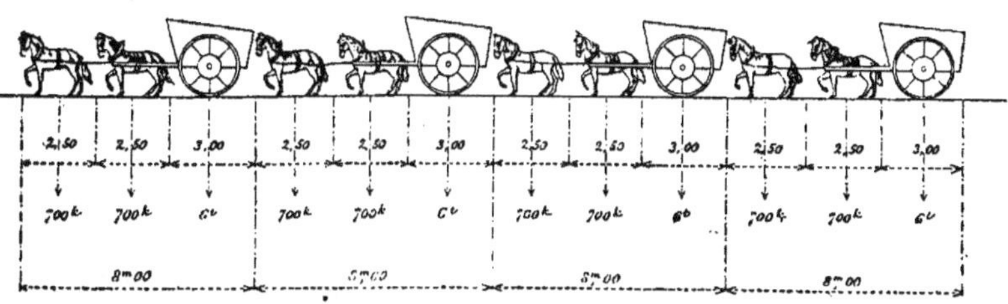

On s'assura que le travail du métal par millimètre carré, dans chaque pièce, ne dépasse pas de plus d'un kilogramme les limites fixées à l'article 2, dans le cas où on substituerait à l'un des tombereaux un véhicule pesant 11 tonnes, ayant les mêmes dimensions et traîné par cinq chevaux sur une seule file, et dans le cas où ces tombereaux seraient remplacés, sur toute la surface du tablier du pont, par des chariots à deux essieux traînés par huit chevaux sur deux files ayant les poids et dimensions suivants :

(Réglement)

Art. 19. — *Les épreuves par poids mort sont définies d'une manière précise dans l'article 19 du règlement pour tous les ponts d'un type courant.*

Pour les ponts d'un type exceptionnel, les ingénieurs auront à se rendre compte, lors de la rédaction des projets, de la longueur des surcharges

(Instructions)

Chariots.	Poids sur chaque essieu.	8^t
	Longueur.	6^m
	Largeur de la voie . . . . . : .	1 70
	Écartement des essieux.	3 00
	Distance du premier essieu à l'avant du chariot.	1 50
	Distance du second essieu à l'arrière du charriot.	1 50
	Largeur de chaussée occupée. .	2 25
Chevaux.	Poids.	700^k
	Longueur (y compris les traits et brancards).	2^m50

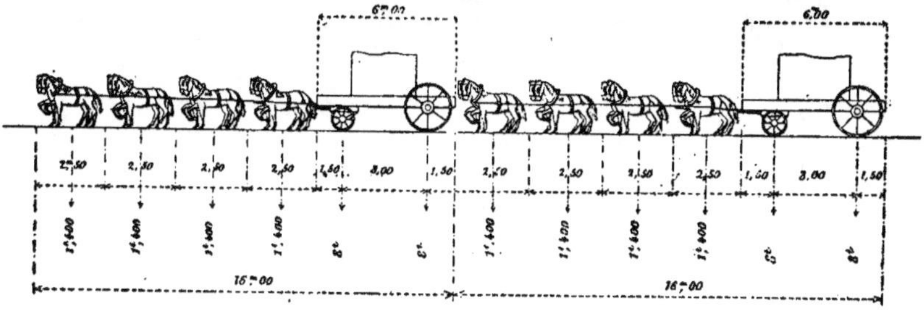

Lorsqu'il s'agira d'ouvrages à établir sur des routes à fortes pentes placées dans des conditions telles que la circulation des charges indiquées ci-dessus ne puisse pas être considérée comme possible dans le présent ni dans l'avenir, l'Administration se réserve d'autoriser l'emploi dans les calculs de charges moindres, qui seront déterminées d'après les circonstances locales. Dans aucun cas, la charge uniformément répartie ne pourra descendre au-dessous de 300 kilogrammes par mètre carré, et les autres charges indiquées ci-dessus ne pourront être réduites de plus de moitié.

Art. 18. — *Pression du vent, pièces travaillant à la compression, calcul des flèches, calcul des efforts pendant le lançage, dispositions à prendre pour faciliter la visite et l'entretien, surveillance.* — Les prescriptions des articles 5, 6, 7, 8 et 10 ci-dessus sont applicables aux ponts pour voies de terre. Toutefois, pour le calcul des efforts résultant de l'effet du vent (art. 5), il ne sera pas tenu compte de la présence possible de véhicules sur le pont.

Art. 19.—*Épreuves.*— Chaque travée métallique sera soumise à deux natures d'épreuves : l'une par poids mort, l'autre par poids roulant.

Composition des surcharges d'épreuve. -- *Pour l'épreuve par poids mort, la surcharge d'épreuve sera de 400 kilogrammes par mètre carré de tablier, trottoirs compris.*

(Réglement)

d'épreuve et des emplacements qu'elles doivent successivement occuper, en vue de développer les efforts maxima dans les différents organes de la construction. Ils indiqueront dans un article du cahier des charges les dispositions qui leur paraîtront devoir être prescrites, tant pour les épreuves par poids mort que pour les épreuves par poids roulant.

La faculté qui est donnée de remplacer par un poids mort de 400 kilogrammes par mètre carré sur la moitié de la largeur de la chaussée une ou plusieurs files de voitures dans l'épreuve par poids roulant, ne fait pas obstacle à ce que ladite épreuve soit faite exclusivement par poids roulant, si on n'éprouve pas de difficulté sérieuse à réunir le nombre de véhicules convenable pour couvrir toute la largeur de la chaussée sur la longueur voulue.

(Instructions)

Pour l'épreuve par poids roulant, les véhicules seront disposés en files continues et devront se rapprocher, autant que possible, comme poids et écartement des essieux, de ceux désignés pour types dans le troisième alinéa de l'article 17. En tous cas, ces véhicules devront représenter, avec leurs attelages, une charge minimum de 400 kilogrammes par mètre carré, en prenant 2 m. 25 pour largeur de la zone occupée.

Longueur des files de voitures. — *Les longueurs des files de voitures seront fixées comme suit ;*

Pour les ponts à travées indépendantes et pour les ponts en arc, la longueur sera au moins égale à la plus grande portée.

Pour les ponts à travées solidaires, la longueur devra être suffisante pour couvrir les deux plus grandes travées consécutives.

Nombre des files de voitures. — *Le nombre des files de voitures devra être égal au quotient de la largeur de la chaussée par le nombre 2 m. 25. Toutefois, ce nombre pourra être réduit quand il y aura difficulté à réunir assez de véhicules pour constituer toutes les files, mais il devra être suffisant pour couvrir au moins la moitié de la largeur du tablier ; le surplus de cette largeur sera alors occupé par une surcharge à poids mort de 400 kilogrammes par mètre carré, répartie de chaque côté des files.*

Épreuves par poids mort. — *Il sera procédé aux épreuves par poids mort de la manière suivante :*

Pour les ponts à travées indépendantes, la surcharge sera étendue successivement d'une extrémité à l'autre, avec interruption d'une demi-heure au moment ou la surcharge aura atteint la moitié de la portée. Lorsque la totalité de la travée aura été couverte, la surcharge devra demeurer en place pendant une demie-heure.

Pour les ponts à travées solidaires, chaque travée sera d'abord chargée isolément comme il vient d'être dit ci-dessus, puis on chargera simultanément les travées contiguës à chaque pile à l'exclusion de toutes les autres.

Pour les ponts en arc, chaque travée sera chargée sur la totalité de sa portée, ensuite sur chaque moitié, et enfin dans la partie médiane seulement.

Épreuve par poids roulant. — *On procédera aux épreuves par poids roulant en faisant circuler au pas les files de voitures d'une extrémité à l'autre du pont.*

On fera passer, en outre, sur le pont un véhicule comprenant au moins un essieu chargé de 11 tonnes.

Tempéraments aux surcharges d'épreuve. — *Lorsque, dans le cas prévu par le dernier alinéa de l'article 17, les surcharges ayant servi à faire les calculs auront été réduites, les surcharges à employer pour faire les épreuves seront réduites dans la même proportion.*

(Règlement)

CHAPITRE III.

PONTS-CANAUX.

Art. 20. — La hauteur de 0 m. 30 d'eau au-dessus du mouillage normal devra être augmentée, pour le calcul des ponts, dans les cas exceptionnels où, pour une raison quelconque, il y aurait lieu de prévoir des variations plus étendues du niveau de l'eau dans le bief.

Art. 21. — Dans le cas où certaines pièces seraient, par leur position, exposées particulièrement à être oxydées, leur épaisseur devrait être augmentée en conséquence.

Art. 22. — Les observations relatives aux articles 5, 6, 8 et 10 sont applicables aux ponts-canaux métalliques.

Art 23. — On devra tenir compte, en ce qui concerne le calcul des flèches, de la réserve faite plus haut relativement aux cas exceptionnels dans lesquels il y aurait lieu de prévoir une surélévation de l'eau supérieure à 0 m. 30.

Art. 24. — Les observations relatives à l'article 9 concernant la mesure des flèches permanentes, la pose des repères, etc..., sont applicables aux ponts-canaux.

Paris, le 29 août, 1891.

(*Instructions*)

Les règles fixées par l'article 9 pour les épreuves des ponts d'un type exceptionnel ainsi que pour les constatations à faire, pendant et après les épreuves, et enfin pour les mesures à prendre en vue des vérifications ultérieures, sont applicables aux ponts supportant des voies de terre.

Chargements exceptionnels. — *Le passage, sur le tablier du pont, de chargements notablement supérieurs à ceux qui auront été adoptés dans les calculs relatifs à la stabilité de l'ouvrage, ne pourra avoir lieu qu'en vertu d'une autorisation spéciale donnée par le préfet conformément au rapport de l'ingénieur en chef.*

CHAPITRE III

PONTS-CANAUX.

Art. 20. — *Conditions à remplir.* — Les ponts-canaux devront être en état de recevoir la charge d'eau correspondant au mouillage normal, augmenté de trente centimètres.

Art. 21. — *Limites du travail du métal.* — Les dimensions des différentes pièces des pont-canaux seront calculées de manière à ce que le travail du métal par millimètre carré de section nette, déduction faite des trous de rivets, ne dépasse nulle part 8 k. 50 pour le fer et 11 k. 50 pour l'acier.

Art. 22. — *Pression du vent, pièces travaillant à la compression, calcul des efforts pendant le lançage, dispositions à prendre pour faciliter la visite et l'entretien, surveillance.* Les prescriptions des articles 5, 6, 8 et 10 sont applicables aux ponts-canaux. Pour l'application de l'article 5, on tiendra compte de la présence de la bâche ainsi que de celle des bateaux sur l'ouvrage ; le calcul sera fait en admettant une pression de 270 kilogrammes par mètre carré de surface verticale ; la surface des bateaux exposée au vent sera comptée pour un rectangle de 1^{m}50 de hauteur au-dessus de la bâche, ayant la même longueur que le pont.

Art. 23. — *Calcul des flèches.* — On fournira, à l'appui des projets, le calcul des flèches sous l'action de la surcharge d'eau prévue à l'article 20.

Art. 24. — *Épreuves.* — L'épreuve des ponts-canaux consistera dans la mesure des flèches avant et après le remplissage au maximum de hauteur fixé par l'article 20.

Immédiatement après les épreuves, l'ouvrage sera visité dans toutes ses parties ; en outre, on repérera à deux points fixes, avant l'épreuve, les niveaux des points les plus bas des sections des poutres, et des axes au milieu de chaque travée et à ses extrémités, de ma-

(Réglement)

nière à pouvoir, après la mise en charge et à une époque quelconque, mesurer les déformations qui se seraient produites ; on repérera, par rapport aux mêmes points, le dessus de chacun des appuis. Le procès-verbal des épreuves contiendra les renseignements nécessaires pour permettre ultérieurement de retrouver ces repères.

CHAPITRE IV

DISPOSITIONS DIVERSES.

Art. 25. — *Contrôle des épreuves.* — Pour les ouvrages construits ou entretenus par des concessionnaires, les épreuves seront faites en présence d'un ingénieur chargé du contrôle ; les procès-verbaux détaillés, dont elles devront être l'objet, seront dressés dans la forme qui sera prescrite par l'Administration.

Art. 26. — *Dérogation aux prescriptions du règlement.* — L'Administration se réserve d'apprécier les cas exceptionnels qui pourraient motiver des dérogations quelconques aux prescriptions du présent règlement.

Paris, le 29 août 1891.

(Règlement)

Instruction ministérielle pour la surveillance et l'entretien des ponts métalliques en France.

1° PRESCRIPTIONS GÉNÉRALES.

I. Entretien et visite périodique. — La surveillance et l'entretien des ponts métalliques doivent être l'objet de soins incessants ; toute avarie susceptible de s'aggraver ou de compromettre la sécurité doit être réparée sans délai. On doit refaire, aussi fréquemment qu'il est nécessaire pour les préserver de la rouille, la peinture des parties vues, et autant que possible des parties cachées.

Indépendamment d'une visite annuelle portant principalement sur l'état de la rivure, les ponts métalliques seront soumis, au moins une fois tous les cinq ans, et, dans tous les cas, chaque fois qu'on refera la peinture, à une inspection détaillée et à une vérification des flèches permanentes. Dans chacune de ces inspections, on vérifiera l'état des pièces, le serrage des boulons et des rivets, le jeu des appareils de dilatation et l'état des maçonneries qui les supportent, enfin, pour les ponts à travées solidaires, le nivellement des appuis.

La vérification des flèches permanentes pourra être supprimée pour les ponts dont l'ouverture ne dépassera pas dix mètres, mais la visite annuelle et l'inspection périodique devront être faites pour tous les ouvrages métalliques sans exception.

Pour les ponts dont l'entretien est confié à des compagnies de chemins de fer ou autres concessionnaires, les inspections périodiques et la vérification des flèches seront faites en présence de l'ingénieur du contrôle ou d'un agent délégué par lui.

La première visite périodique et la première vérification des flèches devront être faites avant le 1er janvier 1893, pour tous les ouvrages existants.

II. Dossiers des ponts métalliques. — Il sera formé pour chaque pont métallique *qui sera construit dans l'avenir, et autant que possible pour ceux existants,* un dossier dans lequel seront groupés tous les renseignements relatifs à cet ouvrage.

L'ensemble de ces dossiers formera une liasse spéciale dans chaque bureau d'ingénieur ordinaire.

Chaque dossier comprendra :

1° L'historique de l'ouvrage (nature et provenance du métal, nom du constructeur, procédé de montage, mode de construction des appuis, résultats des épreuves, réparation des piles, des culées, des supports et du tablier, modifications en cours d'entretien, accidents, etc.) ;

2° Les bases et les résultats des calculs qui auront servi à l'exécution;

3° Les diagrammes des poutres et des pièces de pont, des longerons, des contreventements, etc., avec des croquis à l'appui, ou mieux, lorsque cela sera possible, les dessins de l'ouvrage ;

4° Les procès-verbaux des visites détaillées, des épreuves et des vérifications de flèches.

Les dossiers des ponts métalliques seront tenus constamment à jour ; pour les ponts dont l'entretien est confié à des compagnies de chemins de fer ou autres concessionnaires, les pièces nécessaires seront fournies aux ingénieurs du contrôle par la compagnie ou le concessionnaire.

2° PRESCRIPTIONS SPÉCIALES AUX PONTS POUR CHEMINS DE FER.

III. Vérification de la résistance des ponts pour chemins de fer. — Dans le délai de cinq ans, le calcul de la résistance de tous les ponts métalliques sera refait par les soins de la Compagnie en vue d'apprécier si les efforts supportés par le métal, sous l'influence des surcharges prévues par le règlement du 29 août 1891, n'atteignent nulle part une limite dangereuse. En cas contraire, la Compagnie et au besoin les ingénieurs du contrôle en rendront compte à l'Administration en lui adressant les propositions qu'ils jugeront utiles. Il en sera de même dans le cas où l'ouvrage aurait éprouvé des détériorations de nature à compromettre la sécurité.

3° PRESCRIPTIONS SPÉCIALES AUX PONTS POUR VOIES DE TERRE ET PONTS-CANAUX.

IV. Vérification de la résistance des ponts pour voies de terre ou des ponts-canaux. — La vérification de la résistance des ponts pour voies de terre ou des ponts-canaux sera faite dans les cas suivants :

1° Si les bases des calculs qui ont servi à l'établissement des ponts n'ont pu être retrouvées, si ces bases ne sont plus en rapport avec les charges qui peuvent circuler sur l'ouvrage, enfin, s'il y a des raisons de croire que ces calculs primitifs renferment des inexactitudes ;

2° Si l'ouvrage a éprouvé, par suite de remaniements ou de réparations, des modifications susceptibles d'apporter un changement notable dans sa résistance ou dans la charge morte due à son poids et à celui de la chaussée qu'il supporte.

Dans les deux cas qui précèdent, les calculs seront refaits sur les bases fixées par le règlement du 29 août 1891, et, si les efforts trouvés excèdent de plus d'un tiers les coefficients résultant de l'article 2 du règlement, les ingénieurs en rendront compte à l'Administration en lui adressant les propositions qu'ils jugeront convenables.

Paris, le 29 août 1891.

Imp. et Stér. E. JAMIN, rue Ricordaine, 8.